我的第**1**本
办公技能书

一、同步素材文件　　二、同步结果文件

素材文件方便读者学习时同步练习使用，结果文件供读者参考

四、同步PPT课件

同步的PPT教学课件，方便教师
教学使用，全程再现Word、
Excel、PPT 2013功能讲解

第1篇： 第1章 Word、Excel和PPT 2013的基础操作
第2篇： 第2章 Word学习与应用的经验之谈
第2篇： 第3章 Word文档内容的录入与编辑
第2篇： 第4章 Word文档的格式设置
第2篇： 第5章 Word文档的图文混排
第2篇： 第6章 Word文档中表格的应用
第2篇： 第7章 Word文档的自动化排版
第2篇： 第8章 Word的高级排版功能
第2篇： 第9章 Word信封与邮件合并
第2篇： 第10章 Word文档的审阅与保护
第3篇： 第11章 认识和学习Excel的经验之谈

第3篇： 第12章 Excel表格数据的录入与编辑
第3篇： 第13章 Excel表格的完善和美化
第3篇： 第14章 Excel公式的基础应用
第3篇： 第15章 Excel公式的高级应用
第3篇： 第16章 Excel函数的综合应用
第3篇： 第17章 Excel表格数据的常规分析方法
第3篇： 第18章 Excel数据分析的两大利器
第3篇： 第19章 Excel表格数据的多维度透视分析
第4篇： 第20章 PPT设计与制作的经验之谈
第4篇： 第21章 PPT幻灯片的基础操作
第4篇： 第22章 在PPT中添加多媒体对象
第4篇： 第23章 在PPT中制作交互动态效果的幻灯片
第4篇： 第24章 PPT幻灯片的放映、共享和输出
第5篇： 第25章 实战应用：制作年终总结报告
第5篇： 第26章 实战应用：制作产品销售方案
第5篇： 第27章 实战应用：制作员工培训方案

一、如何学好用好Word、Excel、PPT视频教程

(一)如何学好用好Word视频教程

1. Word最佳学习方法

（1）学习Word，要打好基础
（2）学习Word，要找准方法
……

2. 用好Word的十大误区

误区一 不会合理选择文档的编辑视图
误区二 文档内容丢失后才知道要保存
……

3. Word技能全面提升的十大技法

（1）Word文档页面设置有技巧
（2）不可小觑的查找和替换功能
……

(二)如何学好用好Excel视频教程

1. Excel最佳学习方法

（1）Excel究竟有什么用，用在哪些领域

（2）学好Excel要有积极的心态和正确的方法
……

2. 用好Excel的8个习惯

（1）打造适合自己的Excel工作环境
（2）电脑中Excel文件管理的好习惯
……

3. Excel八大偷懒技法

（1）常用操作记住快捷键可以让你小懒一把
（2）教你如何快速导入已有数据
……

(三)如何学好用好PPT视频教程

1. PPT的最佳学习方法
2. 如何让PPT讲故事
3. 如何让PPT更有逻辑
4. 如何让PPT高大上
5. 如何避免每次从零开始排版

三、同步视频教学

长达16小时的与书同步视频教程，精心策划了"快速入门篇、Word 办公应用篇、Excel办公应用篇、PowerPoint办公应用篇、职场办公实战篇"，共5篇27章内容

➤ 259个"实战"案例　　➤ 88个"妙招技法"　　➤ 3个办公实战项目及9个综合案例

Part 1　本书同步资源

Word、Excel、PPT 2013
超强学习套餐

Part 2　超值赠送资源

二、500个高效办公模板

1.200个Word 模板
60个行政与文秘应用模板
68个人力资源管理模板
32个财务管理模板
21个市场营销管理模板
19个其他常用模板

2.200个Excel模板
19个行政与文秘应用模板
24个人力资源管理模板
29个财务管理模板
86个市场营销管理模板
42个其他常用模板

3.100个PPT模板
12个商务通用模板
9个品牌宣讲模板
21个教育培训模板
21个计划总结模板
6个婚庆生活模板
14个毕业答辩模板
17个综合案例模板

三、4小时 Windows 7视频教程

第1集 Windows 7的安装、升级与卸载
第2集 Windows 7的基本操作
第3集 Windows 7的文件操作与资源管理
第4集 Windows 7的个性化设置
第5集 Windows 7的软硬件管理
第6集 Windows 7用户账户配置及管理
第7集 Windows 7的网络连接与配置
第8集 用Windows 7的IE浏览器畅游互联网
第9集 Windows 7的多媒体与娱乐功能
第10集 Windows 7中相关小程序的使用
第11集 Windows 7系统的日常维护与优化
第12集 Windows 7系统的安全防护措施
第13集 Windows 7虚拟系统的安装与应用

四、9

第1课
第2课
第3课
第4课
第5课
第6课
第7课
第8课
第9课
第10
第11

Part 3 职场高效人士必学

一、5分钟教你学会番茄工作法（精华版）
第1节 拖延症反复发作，让番茄拯救你的一天
第2节 你的番茄工作法为什么没效果
第3节 番茄工作法的外挂神器

二、5分钟教你学会番茄工作法（学习版）
第1节 没有谁在追我，而我追的只有时间
第2节 5分钟，让我教你学会番茄工作法
第3节 意外总在不经意中到来
第4节 要放弃了吗？请再坚持一下
第5节 习惯已在不知不觉中养成
第6节 我已达到目的，你已学会工作

三、10招精通超级时间整理术讲解视频
招数01 零散时间法——合理利用零散碎片时间
招数02 日程表法——有效的番茄工作法
招数03 重点关注法——每天五个重要事件
招数04 转化法——思路转化+焦虑转化
招数05 奖励法——奖励是个神奇的东西
招数06 合作法——团队的力量无穷大
招数07 效率法——效率是永恒的话题
招数08 因人制宜法——了解自己，用好自己
招数09 约束法——不知不觉才是时间真正的杀手
招数10 反问法——常问自己"时间去哪儿啦？"

四、高效办公电子书

手机办公
10
招就够

微信高手
技巧
随身查

QQ高手
技巧
随身查

小时 Windows 10
视频教程

Windows 10快速入门
系统的个性化设置操作
轻松学会电脑打字
电脑中的文件管理操作
软件的安装与管理
电脑网络的连接与配置
网上冲浪的基本操作
便利的网络生活
影音娱乐
电脑的优化与维护
系统资源的备份与还原

Word/Excel/PPT

2013 三合一

完全自学教程

凤凰高新教育　编著

北京大学出版社
PEKING UNIVERSITY PRESS

内 容 提 要

　　Office 是职场中应用最广泛的办公软件，其中，Word、Excel、PPT 又是 Office 办公套件中使用频率最高、功能最强大的商务办公组件。本书以 Office 2013 软件为平台，从办公人员的工作需求出发，配合大量典型案例，全面地讲解了 Word、Excel、PPT 在文秘、人事、统计、财务、市场营销等多个领域中的应用，帮你轻松高效地完成各项办公事务！

　　本书以"完全精通 Word、Excel、PPT"为出发点，以"学好用好 Word、Excel、PPT"为目标来安排内容，全书共 5 篇，分为 27 章。第 1 篇为快速入门篇（第 1 章），本篇先带领读者进入 Word、Excel 和 PPT 的世界，学习和掌握一些 Word、Excel 和 PPT 的基本操作和共通操作应用技能，让读者快速入门；第 2 篇为 Word 办公应用篇（第 2~10 章），Word 2013 是 Office 2013 中的一个核心组件，其优秀的文字处理与布局排版功能，得到广大用户的认可和接受，本篇讲解 Word 的常用、实用和高效的文字处理技能，带领读者进入 Word 的世界，感受其独特魅力；第 3 篇为 Excel 办公应用篇（第 11~19 章），Excel 2013 是一款专业的表格制作和数据处理软件，本篇介绍 Excel 2013 电子表格数据的录入与编辑、Excel 公式与函数、Excel 图表与数据透视表、Excel 的数据管理与分析等内容，教读者如何使用 Excel 快速完成数据统计和分析；第 4 篇为 PPT 办公应用篇（第 20~24 章），PowerPoint 2013 是用于制作和演示幻灯片的软件，在职场商务中被广泛应用。但要想通过 PowerPoint 制作出优秀的 PPT，不仅需要掌握 PowerPoint 软件的基础操作知识，还需要掌握一些设计知识，如排版、布局和配色等，本篇将对 PPT 幻灯片制作与设计的相关知识进行讲解；第 5 篇为办公实战篇（第 25~27 章），本篇通过列举职场中的商务办公典型案例，系统并详细地教会读者如何使用 Word、Excel 和 PowerPoint 三个组件，综合应用来完成一项复杂的工作。

　　本书既适用于被大堆办公文件搞得头昏眼花的办公软件应用小白；也适合即将走向工作岗位的广大毕业生学习；还可以作为广大职业院校、计算机培训班的教学参考用书。

图书在版编目(CIP)数据

Word/Excel/PPT 2013三合一完全自学教程 / 凤凰高新教育编著. —北京：北京大学出版社,2017.12
ISBN 978-7-301-28929-7

Ⅰ.①W… Ⅱ.①凤… Ⅲ.①办公自动化—应用软件—教材 Ⅳ.①TP317.1

中国版本图书馆CIP数据核字(2017)第259526号

书　　　名	Word/Excel/PPT 2013三合一完全自学教程	
	WORD/EXCEL/PPT 2013 SAN HE YI WANQUAN ZIXUE JIAOCHENG	
著作责任者	凤凰高新教育　编著	
责 任 编 辑	尹毅	
标 准 书 号	ISBN 978-7-301-28929-7	
出 版 发 行	北京大学出版社	
地　　　址	北京市海淀区成府路205 号　100871	
网　　　址	http://www.pup.cn　　新浪微博:@北京大学出版社	
电 子 信 箱	pup7@pup.cn	
电　　　话	邮购部62752015　发行部62750672　编辑部62580653	
印 刷 者	北京大学印刷厂	
经 销 者	新华书店	
	889毫米×1194毫米　16开本　25.75印张　彩插2　889千字	
	2017年12月第1版　2017年12月第1次印刷	
印　　　数	1—3000册	
定　　　价	99.00 元	

前　言

如果你是一个文档小白，仅仅懂得 Word 的基础操作；如果你是一个表格菜鸟，只会简单的 Excel 表格制作和计算；如果你已能熟练使用 PowerPoint，但总觉得制作的 PPT 不理想，缺少吸引力；如果你是即将走入职场的毕业生，对 Word、Excel、PPT 了解很少，缺乏足够的编辑和设计技巧，希望全面提升操作技能；如果你想轻松搞定日常工作，成为职场达人，想升职加薪又不想加班……

那么，《Word/Excel/PPT 2013 三合一完全自学教程》一书将是最佳的选择！

这本书将帮助你解决如下问题：

（1）快速掌握 Word、Excel、PPT 2013 的基本功能操作；（2）快速拓展 Word 2013 文档编排的思维方法；（3）全面掌握 Excel 2013 数据处理与统计分析的方法、技巧；（4）汲取 PPT 2013 演示文稿的设计和编排创意方法、理念及相关技能；（5）学会 Word、Excel、PPT 2013 组件协同高效办公技能。

我们不但告诉你怎样做，还要告诉你为什么这样做才能最快、最好、最规范！要学会与精通 Word、Excel、PPT 2013，这本书就够了！

本书特色与特点

（1）内容常用、实用。本书遵循"常用、实用"原则，以 Word、Excel、PPT 2013 为写作标准，在书中还标识出 Word、Excel、PPT 2013 的相关"新功能"及"重点"知识。并且结合日常办公应用的实际需求，全书安排了 259 个"实战"案例、88 个"妙招技法"、3 个办公实战项目及 9 个综合案例，系统讲解了 Word 2013、Excel 2013、PPT 2013 的办公应用技能与实战操作。

（2）图解操作步骤，一看即懂、一学就会。为了让读者更易学习和理解，本书采用"思路引导＋图解操作"的写作方式，而且在步骤讲述中用"❶，❷，❸，…"分解出操作小步骤，并在图上进行对应标识。只要按照书中讲述的方法去练习，就可以做出与书上同样的效果来。为了解决读者在自学过程中可能遇到的问题，我们还在书中设置了"技术看板"板块，解释在应用中出现的或者在操作过程中可能会遇到的一些生僻且重要的技术术语。另外，我们还添加了"技能拓展"板块，目的是让大家学会用不同的思路解决同样的问题，从而达到举一反三的效果。

（3）技能操作＋实用技巧＋办公实战＝应用大全。本书充分考虑到读者"学以致用"的原则，在全书内容安排上以"完全精通 Word、Excel、PPT"为出发点，以"学好用好 Word、Excel、PPT"为目标来安排内容，全书分为 5 篇，共 27 章，教你从快速入门晋升为职场达人，全面掌握办用应用技能。

丰富的教学光盘，物超所值，让你学习更轻松

本书配套光盘内容丰富、实用，全是干货，具体包括以下内容。

（1）同步素材文件。指本书中所有章节实例的素材文件，全部收录在光盘中的"素材文件\第*章"文件夹中。读者在学习时，可以参考书中讲解内容，打开对应的素材文件进行同步操作练习。

（2）同步结果文件。指本书中所有章节实例的最终效果文件，全部收录在光盘中的"结果文件\第*章"文件夹中。读者在学习时，可以打开结果文件，查看其实例效果，为练习操作提供帮助。

（3）同步视频教学文件。本书提供了长达16小时的与书同步的视频教程。读者可以通过相关的视频播放软件（如 Windows Media Player、暴风影音等）打开每章中的视频文件进行学习，就像看电视一样轻松学会。

（4）赠送"Windows 7 系统操作与应用"和"Windows 10 系统操作与应用"视频教程，让读者完全掌握 Windows 7 和 Windows 10 系统的应用。

（5）赠送商务办公实用模板：200 个 Word 办公模板，200 个 Excel 办公模板，100 个 PPT 办公模板。

（6）赠送高效办公电子书："微信高手技巧随身查""QQ 高手技巧随身查""手机办公 10 招就够"，教会读者移动办公诀窍。

（7）赠送"如何学好用好 Word""如何学好用好 Excel""如何学好用好 PPT"视频教程。分享 Word、Excel、PPT 专家学习与应用经验。

（8）赠送"5 分钟学会番茄工作法"讲解视频。教会读者高效工作、轻松应对职场的"那些事儿"，真正让读者"不加班，只加薪"！

（9）赠送"10 招精通超级时间整理术"讲解视频。专家传授 10 招时间整理术，教会读者如何整理时间、有效利用时间。

（10）PPT 课件。本书还提供了较为方便的 PPT 课件，以便教师教学使用。

另外，本书还赠送一本"高效人士效率倍增"手册，教读者学会日常办公中的一些管理技巧，让读者真正做到"高效办公，不加班"。

本书不是单纯的一本 IT 技能 Office 办公书，而是一本职场综合技能传教的实用书籍！

本书由凤凰高新教育策划并组织编写。全书由一线办公专家和多位 MVP（微软全球最有价值专家）教师合作编写，他们都具有丰富的 Word、Excel、PPT 软件应用技巧和办公实战经验，在此对他们的辛苦付出表示衷心的感谢！同时，由于计算机技术发展非常迅速，书中疏漏和不足之处在所难免，敬请广大读者及专家指正。若您在学习过程中产生疑问或有任何建议，可以通过 E-mail 或 QQ 群与我们联系。此外，您也可以登录我们的服务网站，获取更多信息。

投稿信箱：pup7@pup.cn

读者信箱：2751801073@qq.com

读者交流 QQ 群：218192911（办公之家）、586527675（办公之家 2 群）

网址：www.elite168.top

目　录

第2篇　Word 办公应用

Word 2013 是 Office 2013 的一个核心组件，因其优秀的文字处理与布局排版功能，得到广大用户的认可和接受。本篇讲解 Word 的文书处理与排版功能应用，如 Word 文档内容的录入与编辑、Word 文档的图文混排、Word 文档中表格的应用、Word 文档的自动化排版、Word 文档的审阅保护等，带领大家进入 Word 的世界，感受其独特魅力。

第 3 篇　Excel 办公应用

　　Excel 是一款专业的电子表格制作和数据分析处理软件，用户可使用它对数据进行计算、统计、分析和管理。Excel 可以帮助用户对数据进行有效的收集、存储、处理，得出用户需要的相关数据信息。因此，Excel 被广泛应用于市场营销、数据统计、金融财经等众多领域，是人们在现代商务办公中使用率极高的必备工具之一。

　　本篇介绍 Excel 2013 电子表格数据的录入与编辑、Excel 公式与函数、Excel 图表与数据透视表、Excel 的数据管理与分析等内容，教读者如何使用 Excel 快速完成数据统计和分析。

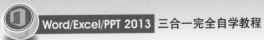

第 4 篇　PPT 办公应用

PowerPoint 是用于制作和演示幻灯片的软件，被广泛应用到职场办公及生活领域中。例如，PPT 可以帮你说服客户，达成一次商务合作；PPT 可以帮你吸引学生，完成一堂生动易懂的课程；月初时，可以用 PPT 帮你做计划汇报；年终时，可以用 PPT 帮你做述职汇报；如果你在找工作，PPT 可以帮你赢得 HR 的倾心；如果你在开网店，PPT 可以帮你做广告；如果你即将结婚，PPT 可以帮你搞气氛……这就是 PPT 的强大功能与作用。

但是，要想通过 PowerPoint 制作出优秀的 PPT，并没有那么简单。它不仅需要用户掌握 PowerPoint 软件相关的基础操作知识，还需要用户掌握一些设计知识，如排版、布局和配色等，本篇将对此进行讲解。

以下内容见本书光盘

第5篇　办公实战

　　没有实战的练习只是纸上谈兵，为了让大家更好地理解和掌握 Word、Excel 和 PPT 2013 的基本知识和技能应用，接下来结合职场办公应用实际，列举几个较为完整典型的案例，系统讲解相关案例的整个制作过程，帮你实现举一反三的效果，让你轻松掌握如何使用 Word、Excel 和 PPT 高效办公！

　　本篇通过列举职场中的商务办公典型案例，系统并详细地教会读者如何使用 Word、Excel 和 PowerPoint 这三个组件，综合应用来完成一项复杂的工作。

第 1 篇

快速入门

Word、Excel 和 PPT 2013 是微软公司推出的三款最受欢迎的办公软件，它们基本能满足各种办公群体的需要，被广泛应用于行政文秘、人力资源、财务管理和市场营销等工作领域。

本篇先领读者进入 Word、Excel 和 PPT 的世界，学习和掌握一些 Word、Excel 和 PPT 的基本操作和共通操作应用技能，让读者快速入门。

第 1 章 Word、Excel 和 PPT 2013 的基础操作

- ➥ Word、Excel、PPT 能做什么？Office 2013 新增了哪些功能？
- ➥ 不会打印文档怎么办？
- ➥ 你会使用 Office 帮助吗？
- ➥ 怎样将 Word、Excel、PPT 文件转换成 PDF 文档？

本章我们将通过介绍 Word、Excel 和 PPT 的基本功能和用途，以及 Office 2013 新增的功能来学习 Office 2013 的相关基础操作。认真学习本章内容，你不仅能找到以上问题的答案，还会给你的学习工作带来极大的便利哦，一起来学习吧！

1.1 Word、Excel 和 PPT 2013 简介

在对 Word、Excel 和 PPT 进行正式学习前，读者朋友们可以先了解这 3 款软件大体可用于哪些领域，特别是办公中的应用领域，从而为后面的学习指明方向。

1.1.1 Word 的应用领域

Word 是一款专业的文档制作软件，在商务办公中可应用的范围特别广，如宣传推广、行政文秘、人事管理等方面。图 1-1 所示的是使用 Word 制作的文档。

图 1-1

1.1.2 Excel 的应用领域

在企业信息化的时代，人事、行政、财务、营销、生产、仓库和统计策划等，图 1-2 所示的是使用 Excel 制作的行业领域表格。

图 1-2（续）

1.1.3 PPT 的应用领域

PPT 逐渐成为人们生活、工作中的重要组成部分，尤其在总结报告、培训教学、宣传推广、项目竞标等领域被广泛使用，如图 1-3 所示。

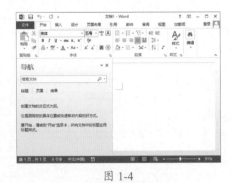

图 1-3

图 1-3（续）

图 1-2

1.2 Word、Excel 和 PPT 2013 新增功能

相对于 Office 2010 来说，Office 2013 的工作界面发生了很大的变化，而且新增了很多功能，使得 Office 2013 办公软件的整体功能增强，进而让用户办公更加快捷、高效。

★ 新功能 1.2.1 Modern 风格的工作界面

Office 2013 的界面主要是配合 Windows 8 操作系统来设计的。它在延续了 Office 2010 的 Ribbon 界面外，新融入了 Windows 8 操作系统的 Modern 风格，使整体界面趋于平面化，显得更加简洁，如图 1-4 所示。

图 1-4

★ 新功能 1.2.2 新增开始屏幕

启动 Office 2010 任意一个组件后，都将直接新建打开一个空白文档，而 Office 2013 则新增了一个开始屏幕，启动任意一个组件后，都将打开相关组件的开始屏幕，在开始屏幕中显示了一系列的文档选项，如图 1-5 所示，方便用户创建各种需要的文档。

图 1-5

★ 新功能 1.2.3 跨设备同步

当你在线保存 Office 文档之后，可以通过 PC、平板电脑中的 Office 2013 或 WebApps 等设备，随时随地进行访问，非常方便，如图 1-6 所示。

图 1-6

★ 新功能 1.2.4 内置图像搜索功能

在 Office 2010 中，要想插入网络中的图片，需要先打开网络浏览器搜索图片后，才能插入 Word、Excel 或 PowerPoint 等 Office 组件中，而在 Office 2013 中，不需要打开网页浏览器，通过 Office 2013 提供的联机视频功能，就可以在必应搜索中找到合适的图片，如图 1-7 所示，然后插入 Office 2013 的任何文档中。

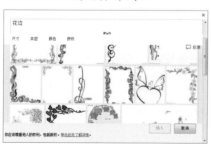

图 1-7

★ 新功能 1.2.5 PDF 文件编辑

在 Office 2010 的 Word 和 PowerPoint 组件中，虽然能将文档保存为 PDF 文件，但不能直接打开，如果要使用 Word 编辑 PDF 文件，需要借助其他应用程序来转换，非常麻烦。而在 Office 2013 的 Word 中，具有直接编辑 PDF 文件的能力，无须将其转换为另一种格式，你就可以从 Word 2013 直接开启 PDF 格式的文件来浏览，也可以直接编辑其中的内容并储存，对于 Office 来说，这是相当大的突破。

★ 新功能 1.2.6 Excel 快速分析工具

过去分析数据需要执行很多工作，在 Excel 2013 中只需执行几个步骤即可完成。使用新增的【快速分析】工具，你可以在两步或更少步骤内将数据以视觉化的方式呈现，如将数据转换为不同类型的图表（包括折线图和柱形图），或添加缩略图（迷你图）。例如，通过一步操作即可将图 1-8 所示的表格数据转换为图 1-9 所示的折线图。

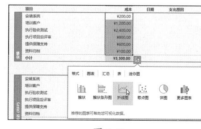

图 1-8

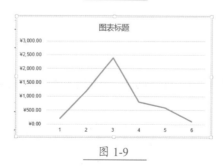

图 1-9

你也可以使用【快速分析】工具

快速应用表样式，创建数据透视表，快速插入总计，并应用条件格式等。例如，通过一步操作即可为图 1-10 中的所选单元格区域应用【色阶】格式，效果如图 1-11 所示。

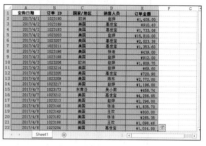

图 1-10

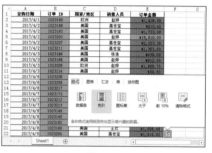

图 1-11

★ 新功能 1.2.7 强大的 One Drive 云存储服务

OneDrive 是网络中的一个云存储服务，用户可以在线创建、编辑和共享文档，而且可以和本地的文档编辑进行任意的切换，并且可以访问和共享 Word 文档、Excel 电子表格和其他 Office 文件。甚至还可以与同事共同处理同一个文件。如图 1-12 所示。

图 1-12

★ 新功能 1.2.8 Office 用户账户

Office 2013 提供了用户账户功能，并且将 Microsoft 账户作为默认的个人账户，当登录 Microsoft 账户后，系统会自动将 Office 与此 Microsoft 账户相关联，而且打开和保存的 Office 文档都将保存到 Microsoft 账户中，当使用其他设备登录到 Microsoft 账户后，也能看到账户中存放的内容，对于跨设备使用非常方便。

除此之外，Office 的 OneDrive、共享等功能需要登录到 Microsoft 账户后才能使用，图 1-13 所示为登录用户账户后的界面。

图 1-13

1.3 熟悉 Word、Excel 和 PPT 2013 应用程序界面和视图模式

了解 Word、Excel 和 PPT 2013 的基本概念和新增功能后，接下来带领大家认识 Word、Excel 和 PPT 2013 各组件的工作界面和视图模式，以便对组件进行操作。

1.3.1 认识 Word、Excel 和 PPT 2013 各组件工作界面

要想使用 Word、Excel 和 PPT 2013 各组件制作文档，首先需要了解各组件的工作界面由哪几部分组成，各部分的作用等，这样才能快速操作各组件。

1. Word 2013 工作界面

Word 2013 的工作界面主要包括快速访问工具栏、标题栏、功能区、导航窗格、文档编辑区、状态栏和滚动条等组成部分，如图 1-14 所示。

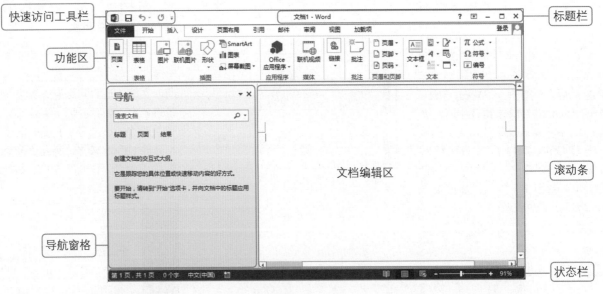

图 1-14

快速访问工具栏：位于 Word 窗口左上角，用于显示一些常用的工具按钮，默认包括"程序"图标、"保存"按钮、"撤销"按钮和"恢复"按钮等，单击相应的按钮可执行相应的操作。

标题栏：主要用于显示正在编辑的文档的文件名以及所使用的软件名，另外还包括帮助、功能区显示选项、最小

化、还原和关闭等按钮。

功能区：主要包含了"文件""开始""插入""设计""页面布局""引用""邮件""审阅""视图"等选项卡，单击功能区上的任意选项卡，即可显示其按钮和命令。

导航窗格：在该导航窗格中，单击文档标题可以快速调整标题在文档中的位置，或者使用搜索框在长文档中迅速搜索内容。

文档编辑区：主要用于文字编辑、页面设置和格式设置等操作，是 Word 文档的主要工作区域。

状态栏：位于工作界面最下方，用于显示当前文档页码、字数统计、视图按钮、缩放比例等，在状态栏空白处单击鼠标右键，从弹出的快捷菜单中选择自定义状态栏的按钮即可。

滚动条：分为水平和垂直滚动条两种，主要用于滚动显示页数较多的文档内容，按住滚动条上的滑轮，上、下或左、右拖动鼠标，即可滚屏浏览文档。

2. Excel 2013 工作界面

Excel 2013 的工作界面与 Word 2013 工作界面相似，除了包括快速访问工具栏、标题栏、功能区、滚动条和状态栏外，还包括名称框、编辑栏、列标、行号、工作区和工作表标签等组成部分，如图 1-15 所示。

图 1-15

名称框：用于显示或定义所选单元格或者单元格区域的名称。

编辑栏：用于显示或编辑所选单元格中的内容。

列标：用于显示工作表中的列，以 A，B，C，D，…的形式进行编号。

行号：用于显示工作表中的行，以 1，2，3，4，…的形式进行编号。

工作区：用于对表格内容进行编辑，每个单元格都以虚拟的网格线进行界定。

工作表标签：用于显示当前工作簿中的工作表名称或插入新的工作表。

3. PowerPoint 2013 工作界面

PowerPoint 2013 工作界面除了与 Word 2013 共有的组成部分外，还包括幻灯片窗格、幻灯片编辑区和备注窗格等组成部分，如图 1-16 所示。

图 1-16

幻灯片窗格：用于显示当前演示文稿的幻灯片，在该窗格中还可对幻灯片进行新建、复制、移动、删除等操作。

幻灯片编辑区：工作界面右侧最大的区域是幻灯片编辑区，在此可以对幻灯片的文字、图片、图形、表格、图表等元素进行编辑。

备注窗格：用于为幻灯片添加备注内容，添加时将插入点定位在其中直接输入即可。

1.3.2 了解 Word、Excel 和 PPT 2013 视图模式

在使用 Office 2013 组件制作与编辑文档的过程中，经常需要对制作的内容进行查看，选用不同的视图浏览模式，其显示的模式不一样，用户可根据实际情况选用不同的视图浏览模式对文档进行查看。下面对 Word、Excel 和 PPT 2013 各组件的视图模式进行简单展示和介绍。

1. Word 2013 视图模式

Word 2013 提供了阅读视图、页面视图、Web 版式视图、大纲视图和草稿视图 5 种视图模式。

➡ 阅读视图：是阅读文档最佳的方式，将会以全屏形式显示文档内容，不能对文档内容进行修改，如图 1-17 所示。

图 1-17

➡ 页面视图：是 Word 2013 默认的视图方式，在其中可对文档进行各种编辑操作。

➡ Web 版式视图：以网页的形式显示文档内容在 Web 浏览器中的外观，如图 1-18 所示。

图 1-18

➡ 大纲视图：主要用于设置文档的格式、显示标题的层级结构，以及检查文档结构，如图 1-19 所示。

图 1-19

➡ 草稿视图：草稿视图取消了页面边距、分栏、页眉页脚和图片等元素，仅显示标题和正文，是最节省计算机系统硬件资源的视图方式。

2. Excel 2013 视图模式

Excel 2013 提供了普通视图、分页预览视图、页面布局视图和自定义视图 4 种视图模式。

➡ 普通视图：是 Excel 默认的视图方

式，主要用于数据的录入、编辑、计算、筛选、排序和分析等各种操作。

➡ 分页预览视图：用于查看打印表格时显示分页符的位置，如图 1-20 所示。

图 1-20

➡ 页面布局视图：用于查看打印表格的外观，如图 1-21 所示。

图 1-21

➡ 自定义视图：是指可以应用自己保存的视图模式，如图 1-22 所示为管理自定义的视图模式对话框。

图 1-22

3. PowerPoint 2013 视图模式

PowerPoint 2013 提供了普通视图、大纲视图、幻灯片浏览视图、备注页视图和阅读视图 5 种视图模式。下面分别进行简单介绍。

➡ 普通视图：是 PowerPoint 2013 默认的视图模式，该视图主要用于设计幻灯片的总体结构，以及编辑单张幻灯片中的内容。

➡ 大纲视图：是以大纲形式显示幻灯片中的标题文本，主要用于查看、编辑幻灯片中的文字内容，如图 1-23 所示。

图 1-23

➡ 幻灯片浏览视图：用于显示演示文稿中所有幻灯片的缩略图，在该视图模式下不能对幻灯片的内容进行编辑，但可以调整幻灯片的顺序，以及对幻灯片进行复制

操作，如图 1-24 所示。

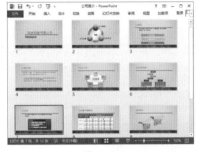

图 1-24

➡ 备注页视图：主要用于为幻灯片添加备注内容，如演讲者备注信息，或解释说明信息等，如图 1-25 所示。

图 1-25

➡ 阅读视图：以窗口的形式对演示文稿中的切换效果和动画进行放映，在放映过程中可以单击鼠标切换放映幻灯片，如图 1-26 所示。

图 1-26

1.4　掌握 Word、Excel 和 PPT 2013 共性操作

了解了 Word、Excel 和 PPT 2013 的各组件的工作界面和视图模式后，接下来带领大家使用 Word、Excel 和 PPT 2013 各组件进行一些共性的操作。

★ 重点 1.4.1　新建文件

要想使用 Word、Excel 和 PPT 2013 组件制作办公文件，首先需要新建文件，而新建文件又分为新建空白文件和根据模板新建两种，下面以 Word 为例分别进行讲解。

1. 新建空白文件

新建空白文件的方法很简单，在桌面上双击 Word 2013 的快捷方式图标，启动 Word 2013 程序，在打开的开始屏幕中单击【空白文档】选项，如图 1-27 所示，即可新建一个 Word 空白文档。

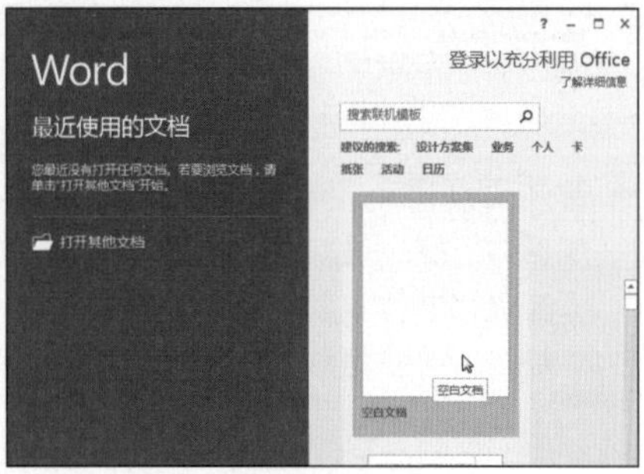

图 1-27

2. 根据模板新建文件

安装 Office 2013 时，会自动为组件安装一些现成的模板，通过提供的模板可快速创建带有固定格式的文档，但前提是计算机必须正常连接网络。下面在 Word 中创建求职简历文件，具体操作如下。

Step 01 启动 Word 2013 程序，进入 Word 开始屏幕，在右侧显示了提供的模板，单击需要创建的模板选项，如单击【创意简历……】选项，如图 1-28 所示。

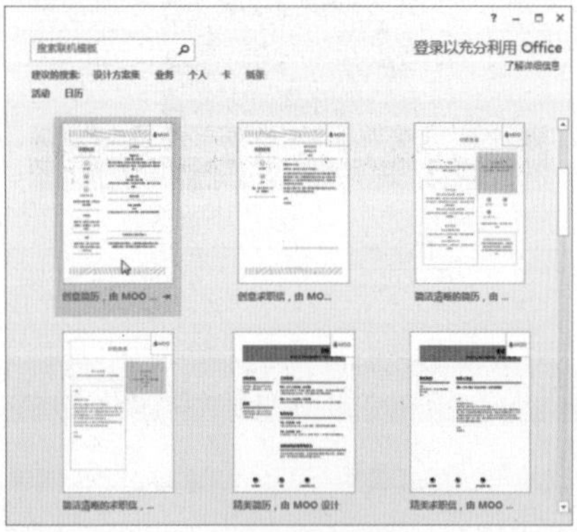

图 1-28

Step 02 在打开的对话框中显示了模板的相关信息，单击【创建】按钮，如图 1-29 所示。

技能拓展——搜索联机模板

如果开始屏幕中没有需要的模板，那么可搜索联机模板。在开始屏幕右侧的【搜索联机模板】搜索框中输入模板关键字，单击【开始搜索】按钮，即可搜索与关键字相关的模板，搜索完成后，将显示搜索结果，单击需要的模板，即可进行下载创建。

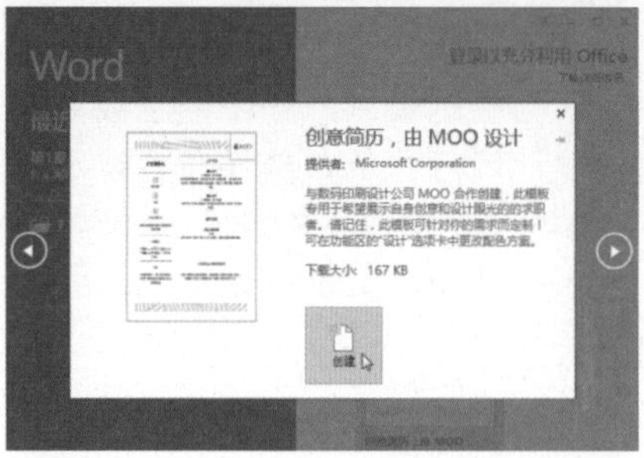

图 1-29

Step 03 即可进入下载界面，开始下载选择的模板，如图 1-30 所示。

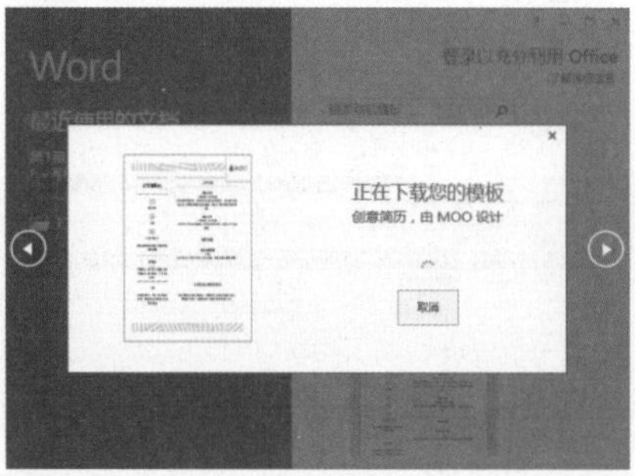

图 1-30

Step 04 下载完成后，即可创建所选的模板文档，如图 1-31 所示。

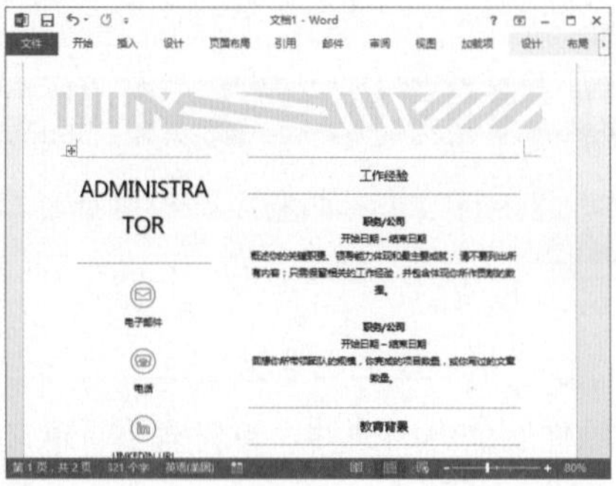

图 1-31

★ 重点 1.4.2 实战：保存文件

实例门类	软件功能
教学视频	光盘\视频\第 1 章\1.4.2.mp4

对于创建和编辑的 Word、Excel 和 PPT 文件，还应及时进行保存，以避免文件内容丢失。下面将对创建的个人简历模板文件进行保存为例，具体操作如下。

Step 01 在 Word 工作界面中单击【文件】，会打开一个菜单，❶ 在打开的界面左侧选择【另存为】选项，❷ 在中间选择位置，如选择【计算机】选项，❸ 单击右侧的【浏览】按钮，如图 1-32 所示。

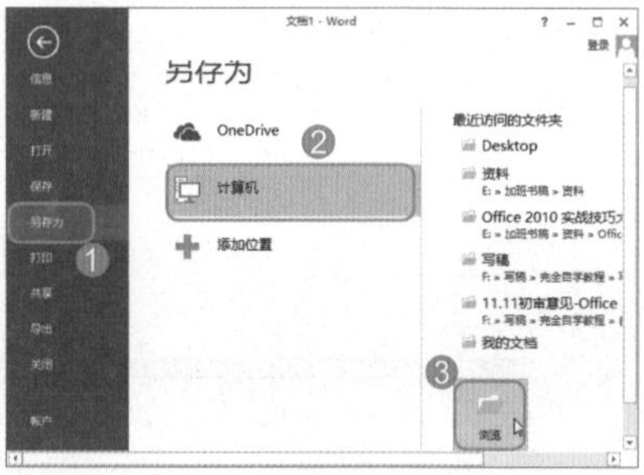

图 1-32

技术看板

如果是第一次保存，在界面中选择【保存】选项，也会打开【另存为】界面。

Step 02 打开【另存为】对话框，❶ 在地址栏中设置文件保存的位置，❷ 在【文件名】文本框输入保存的名称，如输入【个人简历模板】，❸ 单击【保存】按钮，如图 1-33 所示。

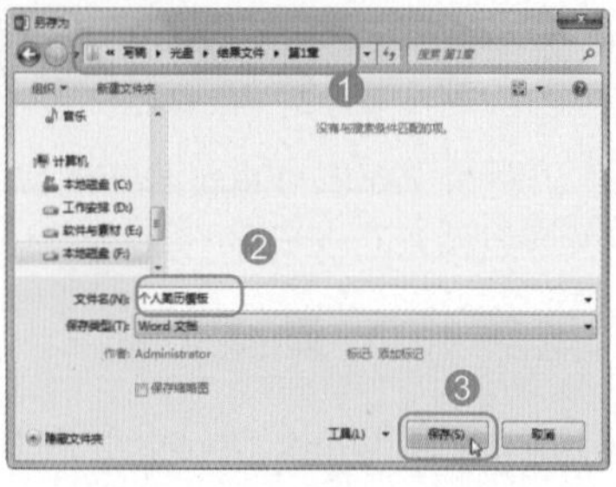

图 1-33

Step03 保存后，该文档标题栏中的名称将发生变化，如图 1-34 所示。

图 1-34

1.4.3 实战：打开文件

实例门类	软件功能
教学视频	光盘 \ 视频 \ 第 1 章 \1.4.3.mp4

保存在计算机中的 Office 文档，如果需要对其进行再次编辑或查看，那么就需要先将其打开。打开文件的具体操作如下。

Step01 在 Word 工作界面中单击【文件】选项卡，❶ 在打开的界面左侧选择【打开】选项，❷ 在中间选择位置，如选择【计算机】选项，❸ 单击右侧的【浏览】按钮，如图 1-35 所示。

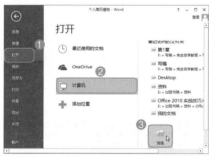

图 1-35

Step02 打开【打开】对话框，❶ 在地址栏中选择所打开文件的保存位置，❷ 在下方右侧选择需要打开的文件，如选择【面试通知】文件，❸ 单击【打开】按钮，如图 1-36 所示。

Step03 即可在 Word 2013 中打开选择

的文档，效果如图 1-37 所示。

图 1-36

图 1-37

技能拓展——双击打开文件

在计算机中选择需要打开的 Office 文件，直接双击或单击鼠标右键，在弹出的快捷菜单中选择【打开】命令，即可自动启动相关的程序打开文件。

1.4.4 实战：关闭文件

实例门类	软件功能
教学视频	光盘 \ 视频 \ 第 1 章 \1.4.4.mp4

当编辑完 Office 文件并对其进行保存后，如果不需要再使用该文件，可将其关闭，以提高计算机的运行速度。

1. 关闭文件的同时退出程序

在文件窗口中单击标题栏中的【关闭】按钮 ✕，即可在关闭文件的同时退出程序。

2. 关闭文件时不退出程序

如果只需要关闭当前文件，不需要退出程序，那么就需要执行"关闭"命令来实现。关闭文件时不退出程序的具体操作如下。

Step01 在文件窗口中单击【文件】选项卡，在打开的界面左侧选择【关闭】选项，如图 1-38 所示。

图 1-38

Step02 即可只关闭当前文件，不退出程序，也不会影响其他文档的打开状态，如图 1-39 所示。

图 1-39

★ 重点 1.4.5 打印文件

在日常办公过程中，经常需要将制作好的 Office 文件打印出来，以便于传阅和保存。Office 2013 提供了打印功能，通过它可快速将制作好的文件打印出来。但在打印文件前，一般需要先预览打印效果，若有不满意的地方还可再进行修改和调整。预览并确认无误后，就可对打印参数进行设置，设置后才能执行打印操作。

以 Word 2013 为例，打印文档时，只需在 Word 窗口中单击【文件】选项卡，在打开的界面左侧选择

【打印】选项，在界面中间将显示打印参数，根据需要对打印参数进行设置，在界面右侧将显示预览效果，如图1-40所示。

各打印参数的作用如下。

➡ 【打印】按钮：单击该按钮，可执行打印操作。

➡ 【份数】数值框：用于设置文档打印的份数。

图 1-40

➡ 【打印机】下拉列表框：用于设置打印时要使用的打印机。

➡ 【打印所有页】下拉列表框：用于设置文档中要打印的页面。

➡ 【页数】文本框：用于设置文档要打印的页数。

➡ 【单面打印】下拉列表框：用于设置将文档打印到一张纸的一面，或手动打印到纸的两面。

➡ 【调整】下拉列表框：当需要将多页文档打印为多份时，用于设置打印文档的排序方式。

➡ 【纵向】下拉列表框：用于设置文档打印的方向。

➡ 【A4】下拉列表框：用于设置文档纸张的打印大小。

➡ 【正常边距】下拉列表框：用于设置文档打印时文档内容与页边的距离。

➡ 【每版打印1页】下拉列表框：用于设置在一张纸上打印计算机中一页或多页的效果。

➡ 【打印机属性】超级链接：单击

该超级链接，可在打开的对话框中对打印机的布局、纸张和质量等进行设置，如图1-41所示。

图 1-41

➡ 【页面属性】超级链接：单击该超级链接，在打开的【页面设置】对话框中可对页边距、纸张大小等进行设置，如图1-42所示。

图 1-42

★ 重点 1.4.6 保护文件

实例门类	软件功能
教学视频	光盘\视频\第1章\1.4.6.mp4

要让制作的 Word、Excel 和 PPT 文件不随意被他人打开或修改编辑等，读者朋友们，可为其设置一个带有密码的打开保护。这样，只有输入正确的密码后，才能打开文件进行查看和编辑。

例如，以"财务报告"演示文稿设置密码保护为例，其具体操作如下。

Step 01 打开"光盘\素材文件\第1章\财务报告.pptx"文件，单击【文件】选项卡进入 Backstage 界面，❶单击【信息】选项卡，❷然后单击【保护演示文稿】按钮，❸在弹出的下拉菜单中选择【用密码进行加密】选项，如图1-43所示。

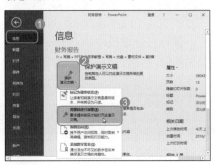

图 1-43

Step 02 ❶打开【加密文档】对话框，在【密码】文本框中输入设置的密码，如输入【0123456789】，❷单击【确定】按钮，如图1-44所示。

图.1-44

Step 03 ❶打开【确认密码】对话框，在【重新输入密码】文本框中输入前面设置的密码【0123456789】，❷单击【确定】按钮，如图1-45所示。

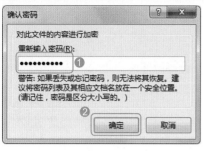

图 1-45

技术看板

　　重新输入的密码必须与前面设置的密码一致。

Step04 即可完成演示文稿的加密，保存并关闭演示文稿，再次打开演示文稿时，会打开【密码】对话框，❶ 在【密码】文本框中输入正确的密码【0123456789】，❷ 单击【确定】按钮后，才能打开该演示文稿，如图

1-46 所示。

图 1-46

1.5　自定义 Word、Excel 和 PPT 工作界面

　　不同的用户，其工作习惯会有所不同，用户可以根据实际需要对 Office 2013 各组件的工作界面进行自定义，以便提高工作效率。

★ 重点 1.5.1　在快速访问工具栏中添加或删除快捷操作按钮

实例门类	软件功能
教学视频	光盘 \ 视频 \ 第 1 章 \1.5.1.mp4

　　默认情况下，Office 2013 各组件快速访问工具栏中只提供了几个常用的按钮，为了方便在编辑文档时能快速实现某些操作，用户可以根据需要将经常使用的按钮添加到快速访问工具栏中，将不常用的按钮从快速访问工具栏中删除。例如，以 Excel 为例，将常用的"打开"和"另存为"按钮添加到快速访问工具栏中，具体操作如下。

Step01 ❶ 启动 Excel 2013 程序，在 Excel 工作界面的快速访问工具栏中单击【自定义快速访问工具栏】按钮▾，❷ 在弹出的下拉菜单中提供了常用的几个命令，选择需要添加到快速访问工具栏中的命令，如选择【打开】命令，如图 1-47 所示。

Step02 即可将【打开】按钮添加到快速访问工具栏，❶ 然后单击【自定义快速访问工具栏】按钮▾，❷ 在弹出的下拉菜单中选择【其他命令】命

令，如图 1-48 所示。

图 1-47

图 1-48

Step03 打开【Excel 选项】对话框，默认选择【快速访问工具栏】选项，❶ 在中间的【常用命令】列表框中选择需要的选项，如选择【另存为】选项，❷ 单击【添加】按钮，❸ 即可将【另存为】添加到【自定义快速访问工具栏】列表框中，单击【确定】

按钮，如图 1-49 所示。

图 1-49

Step04 即可将【另存为】按钮添加到快速访问工具栏中，如图 1-50 所示。

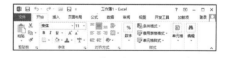

图 1-50

技能拓展——删除快速访问工具栏中的按钮

　　在快速访问工具栏中需要删除的按钮上单击鼠标右键，在弹出的快捷菜单中选择【从快速访问工具栏删除】命令，即可删除该按钮。

1.5.2 实战：将功能区中的按钮添加到快速访问栏中

实例门类	软件功能
教学视频	光盘\视频\第1章\1.5.2.mp4

对于功能区比较常用的按钮，也可将其添加到快速访问工具栏中，这样可简化部分操作，提高工作效率。

例如，将Excel功能区的"插入函数"和"数据验证"按钮添加到快速访问工具栏中，具体操作如下。

Step01 ❶ 在 Excel 2013 工作界面单击【公式】选项卡，在【函数】组中的【插入公式】按钮上单击鼠标右键，❷ 在弹出的快捷菜单中选择【添加到快速访问工具栏】命令，如图 1-51 所示。

图 1-51

Step02 ❶ 即可将【插入函数】按钮 fx 添加到快速访问工具栏，❷ 在【数据】选项卡【数据工具】组中的【数据验证】按钮上单击鼠标右键，在弹出的快捷菜单中选择【添加到快速访问工具栏】命令，如图 1-52 所示。

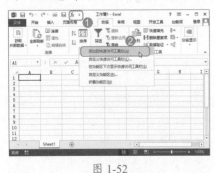

图 1-52

Step03 即可将【数据验证】按钮 添

加到快速访问工具栏，效果如图 1-53 所示。

图 1-53

★ 重点 1.5.3 实战：在选项卡中添加工作组

实例门类	软件功能
教学视频	光盘\视频\第1章\1.5.3.mp4

在使用 Office 2013 制作文档的过程中，用户也可根据自己的使用习惯，为经常使用的命令、按钮创建一个独立的选项卡或工作组，这样可方便操作。以 Excel 2013 为例，在【开始】选项卡中创建一个【常用操作】组，具体操作如下。

Step01 在 Excel 工作界面中单击【文件】选项卡，在打开的界面左侧选择【选项】选项，如图 1-54 所示。

图 1-54

Step02 ❶ 打开【Excel 选项】对话框，在左侧选择【自定义功能区】选项，❷ 在右侧的【自定义功能区】列表框中选择工具组要添加到的具体位置，这里选择【开始】选项，❸ 单击【新建组】按钮，如图 1-55 所示。

Step03 ❶ 即可在【自定义功能区】列表框中的【开始】选项卡下的最后一个组下方添加【新建组（自定义）】选项，保持新建工作组的选中状态，❷ 单击【重命名】按钮，如图 1-56 所示。

图 1-55

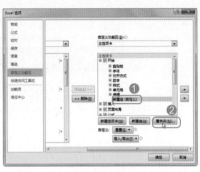

图 1-56

Step04 ❶ 打开【重命名】对话框，在【符号】列表框中选择要作为新建工作组的符号标志，❷ 在【显示名称】文本框中输入新建组的名称，如输入【常用】，❸ 单击【确定】按钮，如图 1-57 所示。

图 1-57

🎓 技术看板

在【Excel 选项】对话框【主选项卡】列表框右侧单击【上移】按钮 ，可向上移动所选组的位置；单击【下移】按钮 ，可向下移动所选组的位置。

Step⑤ 返回【Excel 选项】对话框，在列表框中即可查看到重命名组名称后的效果，❶ 然后将常用的命令添加到该组中，❷ 再单击【确定】按钮，如图 1-58 所示。

图 1-58

Step⑥ 返回 Excel 工作界面，在【开始】选项卡的【常用】组中，即可查看到添加的一些命令，效果如图 1-59 所示。

图 1-59

技能拓展——在功能区中新建选项卡

如果需要在 Excel 工作界面的功能区中新建选项卡，可打开【Excel 选项】对话框，在左侧选择【自定义功能区】选项，在右侧的【主选项卡】列表框中选择新建选项卡的位置，然后单击【新建选项卡】按钮，即可在所选选项卡下方添加一个新选项卡，然后以重命名新建组的方式重命名新建的选项卡。

1.6 使用帮助

在使用 Office 的过程中，如果遇到了自己不常用或者不会的问题，可以使用 Office 的帮助功能进行解决。本节主要介绍一些常用的搜索问题的方法，以快速解决问题。

1.6.1 实战：使用关键字搜索问题

实例门类	软件功能
教学视频	光盘\视频\第 1 章\1.6.1.mp4

在使用搜索功能查看帮助时，可以通过输入关键字来搜索需要查找的问题，快速找到解决方法。例如，在 Word 2013 中使用关键字搜索问题获取帮助，具体操作如下。

Step① 启动 Word 2013 程序，在工作界面标题栏中单击【Microsoft Access 帮助】按钮，如图 1-60 所示。

图 1-60

Step② ❶ 打开【Word 帮助】窗口，在搜索框中输入问题的关键字，如输入【创建表格】，❷ 单击【创建表格】右侧的按钮，如图 1-61 所示。

图 1-61

Step③ 在打开的窗口页面中将显示搜索到的结果，单击需要查看问题对应的超级链接，如图 1-62 所示。

Step④ 在打开的窗口页面中即可查看到问题的相关内容，如图 1-63 所示。

图 1-62

图 1-63

1.6.2 实战：使用对话框获取帮助

实例门类	软件功能
教学视频	光盘 \ 视频 \ 第 1 章 \1.6.2.mp4

在操作与使用 Office 程序时，当打开一个操作对话框而不知道某选项的具体含义时，可以在对话框中单击【帮助】按钮，就可及时、有效地获取帮助信息。以 PowerPoint 为例，使用对话框获取帮助的具体方法如下。

Step01 在 PowerPoint 2013 工作界面中单击【开始】选项卡【段落】组中的【段落】按钮，如图 1-64 所示。

Step02 打开【段落】对话框，单击右上角的【帮助】按钮，如图 1-65 所示。

图 1-64

图 1-65

Step03 打开【PowerPoint 帮助】窗口，在其中显示了与段落设置相关的帮助信息，如图 1-66 所示。

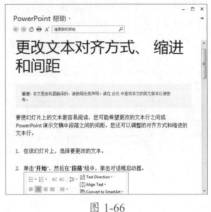

图 1-66

妙招技法

通过前面知识的学习，相信读者朋友已经掌握了一些 Word、Excel 和 PPT 2013 的基础知识，如新功能、各组件工作界面和视图模式等。下面结合本章内容，给大家介绍一些实用技巧，帮助大家更灵活地使用它们。

技巧 01：以最轻松的方式打开修复受损文件

教学视频	光盘 \ 视频 \ 第 1 章 \ 技巧 01.mp4

Word、Excel 和 PPT 文件意外受到损坏，如跳版、乱码、对象显示异常等，用户可对其进行修复打开，这里以 Word 为例，其具体操作如下。

打开【打开】对话框，❶ 选择需要修复的目标文档，❷ 单击【打开】按钮右侧的下拉按钮，❸ 在弹出的下拉菜单中选择【打开并修复】命令，如图 1-67 所示。

图 1-67

技巧 02：设置文档自动保存时间

教学视频	光盘 \ 视频 \ 第 1 章 \ 技巧 02.mp4

使用 Word、Excel、PPT 办公软件编辑文档时，可能会遇到计算机死机、断电及误操作等情况。为了避免不必要的损失，可以设置 Office 的自动保存时间，以 Word 为例，设置自动保存文档的具体操作如下。

Step01 单击【文件】选项卡进入 Backstage 界面，单击【选项】选项，如图 1-68 所示。

图 1-68

Step02 打开【Word 选项】对话框，❶ 切换到【保存】选项卡，❷ 在【保存文档】栏中，【保存自动恢复信息时间间隔】复选框默认为选中状态，在右侧的微调框中设置自动保存的时间间隔，❸单击【确定】按钮即可，如图1-69所示。

图 1-69

技巧 03：设置最近访问文档个数

教学视频	光盘\视频\第1章\技巧03.mp4

在 Office 组件的开始屏幕中默认只显示"25"个最近打开的文档，用户可根据实际需要设置最近打开的文档个数。例如，在 Word 中设置最近访问文档个数的具体操作如下。

打开【Word 选项】对话框，❶在左侧单击选择【高级】选项；❷在右侧【显示】栏中【显示此数目的"最近使用的文档"】数值框中对文档个数进行设置；❸单击【确定】按钮，如图 1-70 所示。

图 1-70

技巧 04：如何打印文件中指定页数内容

教学视频	光盘\视频\第1章\技巧04.mp4

在打印文档时，有时可能只需要打印部分页码的内容，其操作方法如下。❶在【打印】界面的【设置】组中设置打印范围为【自定义打印范

围】，❷在【页码】文本框中输入要打印的页码范围，❸单击【打印】按钮进行打印即可，如图 1-71 所示。

图 1-71

技能拓展——打印当前页

在要打印的文档中，进入【文件】菜单的【打印】界面，在右侧窗格的预览界面中，通过单击◄或►按钮来切换到需要打印的页面，然后在中间窗格的【设置】栏下第一个下拉列表中选择【打印当前页面】选项，然后单击【打印】按钮。

本章小结

通过本章知识的学习，相信读者朋友已经掌握了 Word、Excel 和 PPT 2013 的基本知识和基本设置。我们通过对 Word、Excel 和 PPT 2013 各组件的作用以及新功能等的讲解来为后面的学习做好准备。通过本章的学习，希望读者能够熟悉 Word、Excel 和 PPT 2013 的基本知识，学会定制和优化 Word、Excel 和 PPT 工作环境的技巧，从而快速、高效地完成工作。

第2篇

Word 办公应用

Word 2013 是 Office 2013 的一个核心组件，因其优秀的文字处理与布局排版功能，得到广大用户的认可和接受。本篇讲解 Word 的文书处理与排版功能应用，如 Word 文档内容的录入与编辑、Word 文档的图文混排、Word 文档中表格的应用、Word 文档的自动化排版、Word 文档的审阅保护等，带领大家进入 Word 的世界，感受其独特魅力。

第2章 Word 学习与应用的经验之谈

- ➥ 知道 Word 的用途吗？
- ➥ 知道 Word 的排版原则吗？
- ➥ 知道文档格式的设置要求吗？
- ➥ 知道文档字体该怎样搭配吗？

你是否已被上面的问题搞得晕头转向，不知所措，或是心里即使万言，但却不知如何说起？不必懊恼，下面就带你来解决这些问题。

2.1 Word 有什么用途

提到 Word，许多读者都会认为使用 Word 只能制作一些类似会议通知的简单文档，或者类似访客登记表的简单表格，但实际上，Word 提供了不同类型排版任务的多种功能，既可以制作编写文字类的简单文档，也可以制作图、文、表混排的复杂文档，甚至是批量制作名片、邀请函、奖状等特色文档。

2.1.1 编写文字类的简单文档

Word 最简单、最常见的用途就是编写文字类的文档，如公司规章制度、会议通知等。这类文档结构比较简单，通常只包含文字，不含图片、表格等其他内容，因此在排版上也是最基础、最简单的操作。例如，用 Word 制作的公司规章制度，如图 2-1 所示。

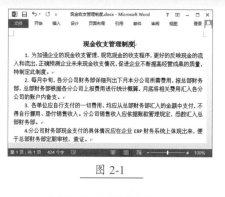

图 2-1

2.1.2 制作表格类文档

经常使用 Word 的用户会知道，表格类文档也是常见的文档形式，最简单的表格文档类似于访客登记表，效果如图 2-2 所示。这类表格制作非常简单，通常只需要创建指定行数和列数的表格，然后依次在单元格中输入相应的内容。

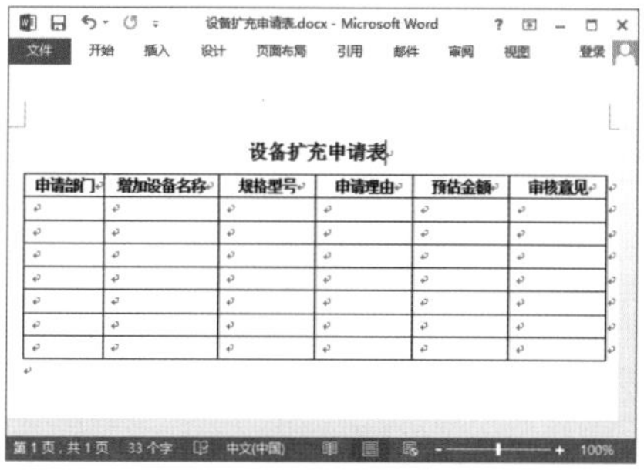

图 2-2

但 Word 并不局限于制作简单的表格，还能制作一些复杂结构的表格。

如图 2-3 所示的表格，就是稍微复杂些的表格，表格中不仅对单元格进行了合并操作，还包含了文字对齐、单元格底纹及表格边框等格式的设置。

图 2-3

使用 Word 的表格功能时，还可以对表格中的数据进行排序、计算等操作，具体方法请参考本书第 6 章的内容。

2.1.3 制作图、文、表混排的复杂文档

使用 Word 制作文档时，还可以制作宣传海报、招聘简章等图文并茂的文档，这类文档一般包含了文字、表格、图片等多种类型的内容，如图 2-4 所示。

图 2-4

2.1.4 制作各类特色文档

在实际应用中，Word 还能制作各类特色文档，如制作信函和标签、制作数学试卷、制作小型折页手册、制作名片、制作奖状等。例如，使用 Word 制作的名片，如图 2-5 所示。

图 2-5

2.2 Word 文档排版原则

常言道，无规矩不成方圆，排版亦如此。要想高效地排出精致的文档，我们必须遵循五大原则，分别是紧凑对比原则、统一原则、对齐原则、自动化原则、重复使用原则。

2.2.1 紧凑对比原则

在 Word 排版中，要想让页面内容错落有致，具有视觉上的协调性，就需要遵循紧凑对比原则。

顾名思义，紧凑是指将相关元素有组织地放在一起，从而使页面中的内容看起来更加清晰，整个页面更具结构化；对比是指让页面中的不同元素有鲜明的差别效果，以便突出重点内容，有效吸引读者的眼球。

例如，在图 2-6 中，所有内容的格式几乎是千篇一律，看上去十分紧密，很难看出各段内容之间是否存在联系，大大降低了可读性。

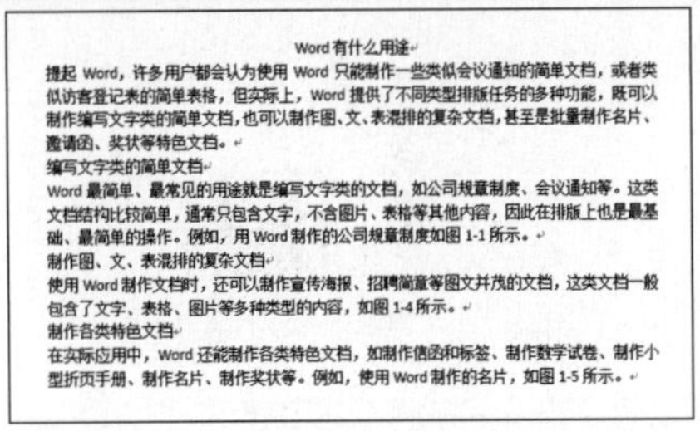

图 2-6

为了使文档内容结构清晰，页面内容引人注目，我们可以根据紧凑对比原则，适当调整段落之间的间距（段落间距的设置方法请参考本书第 4 章的内容），并对不同元素设置不同的字体、字号或加粗等格式（字体、字号等格式的设置方法请参考本书第 4 章的内容）。为了突出显示大标题内容，我们还设置了段落底纹效果（关于底纹的设置方法请参考本书第 4 章的内容），设置后的效果如图 2-7 所示。

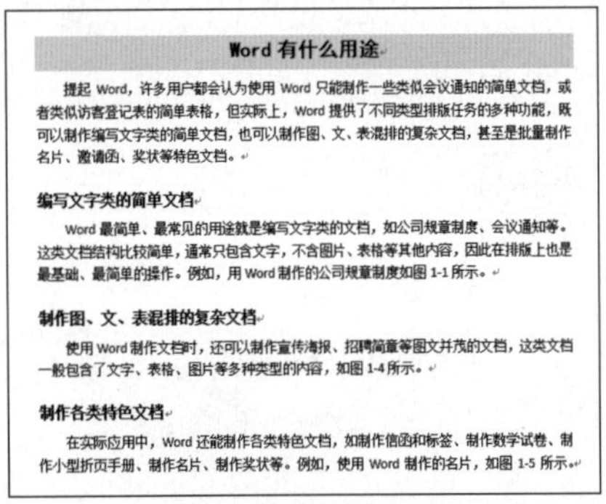

图 2-7

2.2.2 统一原则

当页面中某个元素重复出现多次，为了强调页面的统一性，以及增强页面的趣味性和专业性，可以根据统一原则，对该元素统一设置字体、颜色、大小、形状或图片等修饰。

例如，在图 2-7 的内容基础上，通过统一原则，在各标题的前端插入一个相同的符号（插入符号的方法请参考本书第 3 章的内容），并为它们添加下画线（下画线的设置方法请

参考本书第 4 章的内容），完成设置后，增强了各标题之间的统一性，美化了视觉效果，如图 2-8 所示。

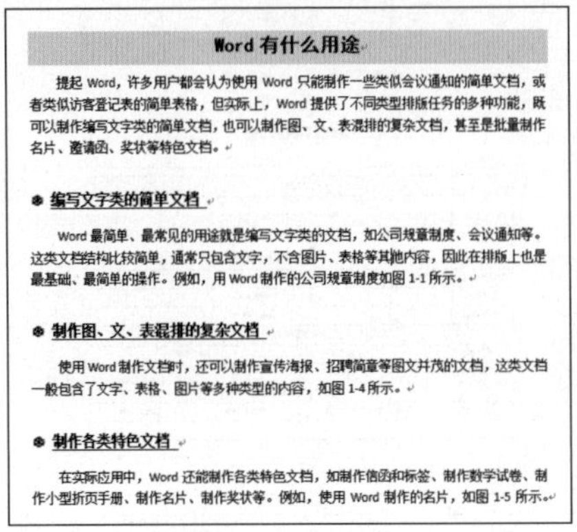

2-8

2.2.3 对齐原则

页面上的任何元素都不是随意安放的，而是要错落有致。根据对齐原则，页面上的每个元素都应该与其他元素建立某种视觉联系，从而形成一个清爽的外观。

例如，在图 2-9 中，我们为不同元素设置了合理的段落对齐方式（段落对齐方式的设置请参考本书的第 4 章内容），从而形成一种视觉联系。

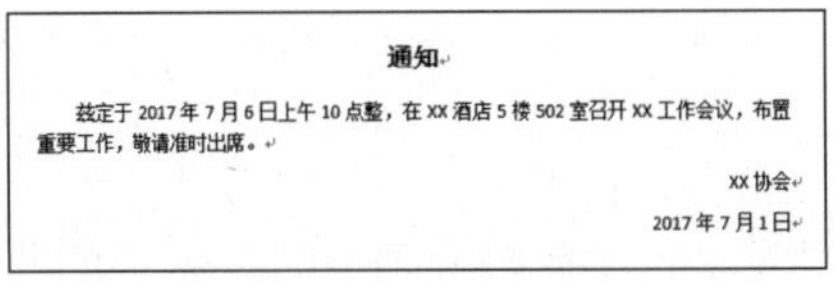

图 2-9

要建立视觉联系，不仅仅局限于设置段落对齐方式，还可以通过设置段落缩进来实现。例如，在图 2-10 中，我们通过制表位设置了悬挂缩进，从而使内容更具有清晰的条理性。

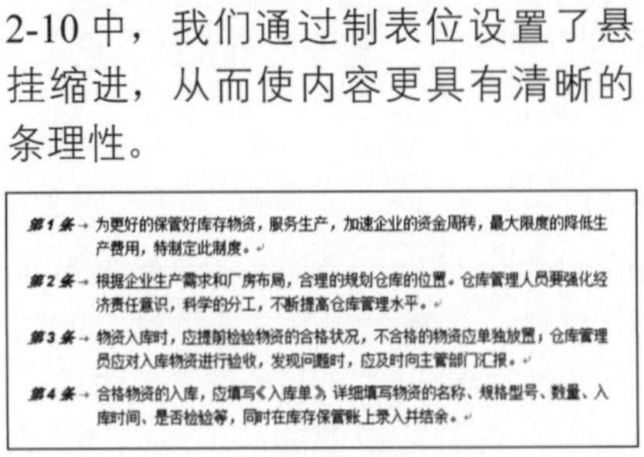

图 2-10

2.2.4 自动化原则

在对大型文档进行排版时，自动化原则尤为重要。对于一些可能发生变化的内容，我们最好合理运用 Word 的自动化功能进行处理，以便这些内容发生变化时，Word 可以自动更新，避免了用户手动逐个进行修改的烦琐。

在使用自动化原则的过程中，比较常见的情况主要包括页码、自动编号、目录、题注、交叉引用等功能。

比如，使用 Word 的页码功能，可以自动为文档页面编号，当文档页面发生增减时，不必忧心编号的混乱，Word 会自动进行更新调整；使用 Word 提供的自动编号功能，可以使标题编号自动化，这样就不必担心由于标题数量的增减或标题位置的调整而手动修改与之对应的编号；使用 Word 提供的目录功能可以生成自动目录，当文档标题内容或标题所在页码发生变化时，可以通过 Word 进行同步更新，而不需要去手动更改。

2.2.5 重复使用原则

在处理大型文档时，遵循重复使用原则，可以让你的排版工作省时又省力。

对于重复使用原则，主要体现在样式和模板等功能上。例如，当需要对各元素内容分别使用不同的格式，则通过样式功能，可以轻松实现；当有大量文档需要使用相同的版面设置、样式等元素，则可以事先建立一个模板，此后基于该模板创建新文档后，这些新建的文档就会拥有完全相同的版面设置，以及相同的样式，此时只需在此基础之上稍加修改，即可快速编辑出不一样的文档。

2.3 Word 文档编排新手易入的 4 种误区

无论是初学者，还是能够熟练操作 Word 的用户，在 Word 排版过程中，通常都会遇见以下这些问题，如文档格式太花哨、使用空格键定位、手动输入标题编号等。

★ 重点 2.3.1 文档格式太花哨

无论是 Word 排版，还是做其他设计，有一个通用原则是版面不能太花哨。如果一个版面使用太多格式，会让版面显得凌乱，影响阅读。例如，在图 2-11 中，因为分别为每段文字设置了不同的格式，所以呈现的排版效果会给人杂乱无章的感觉，大大降低了文档吸引力。

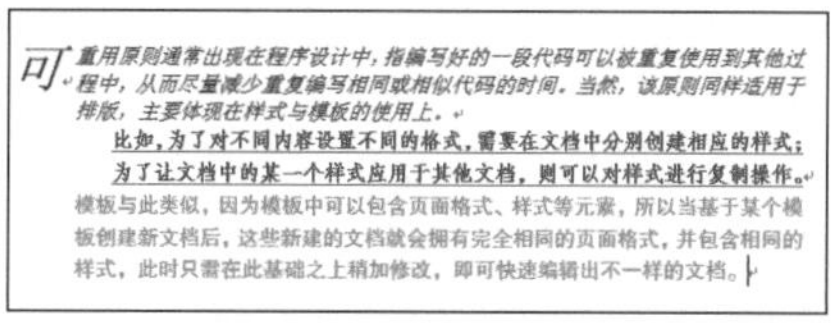

可重用原则通常出现在程序设计中，指编写好的一段代码可以被重复使用到其他过程中，从而尽量减少重复编写相同或相似代码的时间。当然，该原则同样适用于排版，主要体现在样式与模板的使用上。

比如，为了对不同内容设置不同的格式，需要在文档中分别创建相应的样式；为了让文档中的某一个样式应用于其他文档，则可以对样式进行复制操作。

模板与此类似，因为模板中可以包含页面格式、样式等元素，所以当基于某个模板创建新文档后，这些新建的文档就会拥有完全相同的页面格式，并包含相同的样式，此时只需在此基础之上稍加修改，即可快速编辑出不一样的文档。

图 2-11

2.3.2 使用空格键定位

在排版过程中，许多用户会使用空格键对文字进行定位，这是最常见的问题之一。在对中文内容进行排版时，通常每一个段落的第一行都会空两格，许多用户就会通过按空格键的方式来实现。这样的操作方法虽然很方便，但是在重新调整格式时会非常麻烦，因为空格的数量可能各不相同，所以在修改格式时需要手动处理这些空格。为了能够避免日后修改格式的烦琐，以及由此引发的一系列排版问题，需要用户使用 Word 的一些功能为文字进行定位，如为段落设置缩进和对齐方式等。

2.3.3 手动输入标题编号

绝大多数 Word 文档中都会包含大量的编号，有简单的编号，诸如“1、2、3”这样的顺序编号，也有复杂的编号，如多级编号。这类编号不仅有一层，还有包含了多个层次，每层编号格式相同，不同层则有不同格式的编号。

要想快速了解多级编号的一般结构，可查阅书籍的目录。例如，图 2-12 所示的就是一个多级编号的典型示例，它包含了 3 个级别的标题，第一个级别是章的名称，使用了阿拉伯数字进行编号。第二个级别是节的名称，以“a.b”的格式进行编号，a 表示当前章的序号，b 表示当前节在该章中的流水号。以此类推，第三个级别是小节的名称，以“a.b.c”的格式进行编号。

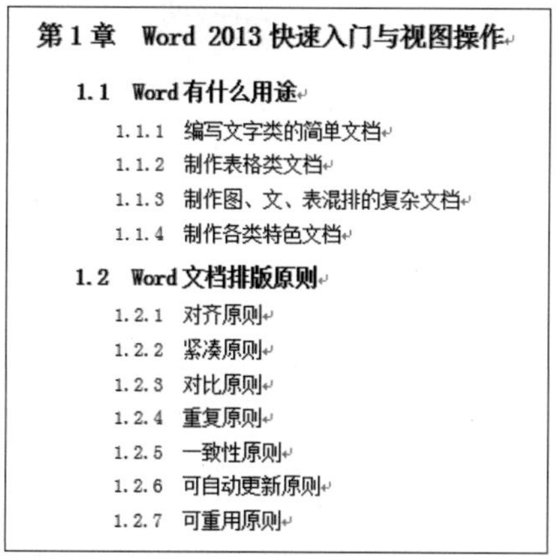

第 1 章 Word 2013 快速入门与视图操作

1.1 Word 有什么用途

1.1.1 编写文字类的简单文档

1.1.2 制作表格类文档

1.1.3 制作图、文、表混排的复杂文档

1.1.4 制作各类特色文档

1.2 Word 文档排版原则

1.2.1 对齐原则

1.2.2 紧凑原则

1.2.3 对比原则

1.2.4 重复原则

1.2.5 一致性原则

1.2.6 可自动更新原则

1.2.7 可重用原则

图 2-12

像这类多级编号，如果以手动的方式输入，那么当需要重新调整标题的次序或者要增减标题内容时，就需要手动修改相应的编号，不仅增加了工作量，而且容易出错。正确的做法应该是使用 Word 提供的多级编号功能进行统一编号（具体内容见本书第 4 章），从而大大提高工作效率，还有利于文档的后期维护。

2.3.4 手动设置复杂格式

在排版过程中，如果要为段落手动设置复杂格式，那么也将是非常烦琐的一个操作。

例如，要为多个段落设置这样的格式：字体“仿宋”，字号“四号”，字体颜色“紫色”，段落首行缩进两个字符，段前段后设置为 0.5 行。手动设置格式的方法大致分两种情况：如果是连续的段落，可以一次性选择这些段落，再进行设置；如果是不连续的，可能就会单独分别设置，或者先按照要求设置好一个段落的格式，然后通过格式刷复制格式。

如果是简单的小文档，那么这样的手动设置方法不会对排版速度有太大的影响。但如果是大型文档，那么问题将接踵而来，一是严重影响排版速度，二是当后期需要修改段落格式时，则又是一个非常烦琐的操作，而且工作量大、易出错。正确的做法应该是为不同的内容所要使用的格式单独创建一个样式，然后通过样式来快速为段落设置格式，具体的操作方法将在本书第 4 章进行讲解。

2.4 文档格式设置的注意事项

文档格式的设置不是随意设置或是随性设置，它必须符合商务办公的基本要求，如协调性、规范性、严肃性等。不过，它并不需要特别高的设计技巧，只需做好两个方面：字体搭配和格式设置。

★ 重点 2.4.1 不同文档对格式的要求

对于办公文档来说，文档主要分为正式和非正式两种类型，正式的文档对文档内容的字体、段落和间距等格式的要求比较严格，但这些格式基本都是固定的，我们只需按固定的格式要求来进行设置。

例如，对"制度"这类正式文档，可按照如下的格式要求进行设置（这里只是作为示范例子，用户可适当进行更改，不是绝对的）。

【1】排版规格：①题目要求二号宋体字；②正文要求三号仿宋体，文中如有大标题可用三号黑体字，小标题则用3号楷体；③一般每页排22行，每行排28个字（页面设置：上3.3，下3，左右各2.5，行空距固定值30）。

【2】制版要求：版面干净无底灰，字迹清楚无断画，尺寸标准，版心不斜，误差不超过1mm。

【3】成文日期：用汉字将年、月、日标全；"零"写为"0"。

【4】页码：用四号半角白体阿拉伯数码标识，至于版心下边缘，数码左右各注一条线，如—1—；空白页和空白页以后的页不标识页码。

【5】发文字号：发文字号由发文机关代字、年份和序号组成。发文机关标识下空2行，用三号仿宋体字，居中排布；年份、字号用阿拉伯数码标识；年份应标全称，用六角扩号"〔〕"括入；序号不编虚位（即1不编为001），不加"第"字。发文字号之下4mm处印一条与版心等宽的红色或黑色反线。

【6】特殊情况说明：当公文排版后所剩空白处不能容下印章位置时，应采取调整行距、字距的措施加以解决，务必使文章与正文同处一面，不得采取标识"此页无正文"的方法解决。

【7】附注：公文如有附注，用3号仿宋体字，居左空2字。

【8】主题词："主题词"用三号黑体字，居左顶格标识，后标全角冒号；词目用三号宋体字；词目之间空1字。

而对非正式性文档内容的格式要求则较低，而且较灵活，只要整体搭配起来较美观、合理即可，如图2-13所示。

图 2-13

★ 重点 2.4.2 字体搭配要合理

文档字体搭配必须遵循一个简单法则：标题级别越高，字体越大。同时，字体搭配要协调，如楷体、黑体、宋体、等线、微软雅黑等属于同一类字体，可进行随意搭配。同时，中文字体与西文字体要搭配协调，如宋体、楷体与Arial字体搭配；微软雅黑与Times New Roman搭配等。

一般文字材料格式要求如下。

（1）大标题一般用二号"宋体"加粗。

（2）副标题或作者姓名一般用三号楷体（不加粗，居中）。

（3）正文用仿宋体。正文小标题层次一般不超过四层：第一层次标题用黑体（不加粗），其余层次标题用仿宋体（不加粗），所用数字、英文字母等用Times New Roman或是Arial字体。

（4）标题及正文均不宜用斜体，除文件外，一般材料可用四号字。

（5）页码数字字号为小四号，字体为Times New Roman或是Arial。

如图2-14所示是一常见的会议制度文档。

图 2-15（续）

图 2-14

对于一些偏个性或设计的文档，其字体搭配没有特别明确的要求或是规定，可以根据实际需要进行选择，不过，其最基础的要求是：清晰和美观。如图 2-15 所示。

图 2-15

本章小结

在开始学习 Word 2013 前，特意安排一章来对 Word 2013 的使用经验进行讲解，这些经验不是凭空想象得出，而是在多次失败教训和实践经验中获得的感悟和心得。希望读者朋友们能够认真领会并将其应用到实际工作中，从而在后面的学习与工作应用中少走弯路。

第3章 Word 文档内容的录入与编辑

➡ 如何将外部文件内容导入文档中？

➡ 您知道选择文本的最实用方法吗？

➡ 怎样快速替换指定字符格式？

➡ 通配符使用中应该注意什么？

上面的问题都是一些常见的文本内容输入、编辑与处理的问题。你要是知道如何操作，不足为奇，不值得骄傲或自满，因为这些只是基础。若是不会操作也不必遗憾，因为可以通过本章的学习进行弥补。

3.1 录入文档内容

制作和设计 Word 文档，首先需要输入对应的内容，如输入普通的文本内容，输入特殊符号，输入大写中文数字等。然后才是进行各种编辑和完善。下面我们介绍一些常规的录入文档内容的方法。

3.1.1 实战：输入通知文本内容

实例门类	软件功能
教学视频	光盘\视频\第 3 章\3.1.1.mp4

在文档中输入文本内容，是基础的操作之一，也是相对灵活的操作之一，它能满足用户在文档中输入内容的大部分要求。

例如，在"放假通知"文档中输入正文内容和落款文本内容。其具体操作如下。

Step01 新建一个名为"放假通知"的文档，切换到合适的汉字输入法，输入需要的内容，如图 3-1 所示。

图 3-1

Step02 完成输入后按【Enter】键换行，输入第 2 段的内容，用同样的方法，继续输入其他文档内容，完成后的效果如图 3-2 所示。

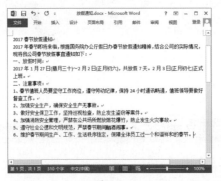

图 3-2

Step03 在落款位置处双击鼠标，如图 3-3 所示。

图 3-3

Step04 鼠标光标自动定位在双击的位置，输入日期落款文本内容，如图 3-4 所示。

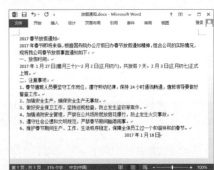

图 3-4

技术看板

提醒：第 3 步和第 4 步的操作，也被称为"即点即输"功能，它在多栏方式、大纲视图及项目符号和编号的后面，无法使用。

3.1.2 实战：在通知中插入符号

实例门类	软件功能
教学视频	光盘\视频\第 3 章\3.1.2.mp4

在输入文档内容的过程中，除了输入普通的文本之外，也会输入一些特殊符号。有些符号能够通过键盘直接输入，如"*""&"等，但有的符号不能直接输入，这时可通过插入符号的方法进行输入，具体操作如下。

Step01 在打开的"放假通知.docx"文档中，① 将鼠标光标定位在需要插入符号的位置，② 切换到【插入】选项卡，③ 在【符号】组中单击【符号】按钮，④ 在弹出的下拉列表中单击【其他符号】选项，如图 3-5 所示。

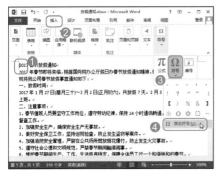

图 3-5

Step02 打开【符号】对话框，① 在【字体】下拉列表中选择字体集，如【Wingdings】，② 在列表框中选中要插入的符号，如【✂】，③ 单击【插入】按钮，④ 此时对话框中原来的【取消】按钮变为【关闭】按钮，单击该按钮关闭对话框，如图 3-6 所示。

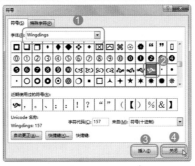

图 3-6

Step03 返回文档，可看见鼠标光标所在位置插入了符号【✂】，如图 3-7 所示。

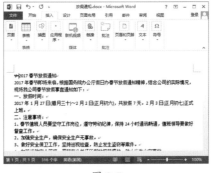

图 3-7

Step04 用同样的方法，在文本"2017春节放假通知"之后插入符号【✂】，效果如图 3-8 所示。

图 3-8

技术看板

在【符号】对话框中，【符号】选项卡用于插入字体中所带有的特殊符号；【特殊字符】选项卡用于插入文档中常用的特殊符号，其中的符号与字体无关。

3.1.3 实战：在通知单文档中输入大写中文数字

实例门类	软件功能
教学视频	光盘\视频\第 3 章\3.1.3.mp4

在制作与金额相关的文档时，经常需要输入大写的中文数字。除了使用汉字输入法输入外，还可以使用 Word 提供的插入编号功能快速输入，具体操作如下。

Step01 打开"光盘\素材文件\第 3 章\付款通知单.docx"的文件，① 将鼠标光标定位到需要输入大写中文数字的位置，② 切换到【插入】选项卡，③ 单击【符号】组中的【编号】按钮，如图 3-9 所示。

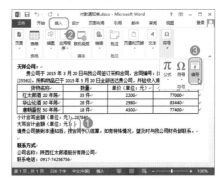

图 3-9

Step02 打开【编号】对话框，① 在【编号】文本框中输入阿拉伯数字形式的数字，如【237840】，② 在【编号类型】列表中选择需要的编号类型，本例中选中【壹，贰，叁…】选项，③ 单击【确定】按钮，如图 3-10 所示。

图 3-10

Step03 返回文档，即可在当前位置输入大写的中文数字，如图 3-11 所示。

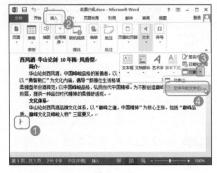

图 3-11

★ **重点** 3.1.4 实战：从外部文件中导入文本

实例门类	软件功能
教学视频	光盘\视频\第 3 章\3.1.4.mp4

若要输入的内容已经存在于某个文档中，那么我们可以将该文档中的内容直接导入当前文档，从而提高文档输入效率，其具体操作如下。

Step01 打开"光盘\素材文件\第 3 章\名酒介绍 .docx"的文档，❶ 将鼠标光标定位到需要输入内容的位置，❷ 切换到【插入】选项卡，❸ 在【文本】组单击【对象】按钮右侧的

下拉按钮 ▼，❹ 在弹出的下拉列表中单击【文件中的文字】选项，如图 3-12 所示。

图 3-12

Step02 打开【插入文件】对话框，❶ 选择包含要导入内容的文件，本例中选择"名酒介绍——郎酒 .docx"文档，❷ 单击【插入】按钮，如图 3-13 所示。

图 3-13

Step03 返回文档，系统自动将"名酒介绍——郎酒 .docx"文档中的内容导入【名酒介绍 .docx】文档中，效果如图 3-14 所示。

图 3-14

技术看板

除了 Word 文件外，我们还可以将文本文件、XML 文件、RTF 文件等不同类型文件中的文字导入 Word 文档中，其方法与导入外部 Word 文件中的文本操作基本相同。

3.2 选择与编辑文档内容

在文档中输入内容后，大多数需要对内容进行某些编辑，如复制、移动、删除等。不过，在对文本内容进行编辑前基本上都需要对指定文本内容进行选择。下面介绍一些选择和编辑文本内容的常用操作。

3.2.1 选择文本内容

若要对文档中的文本进行复制、移动或设置格式等操作，就要先选择需要操作的文本内容。下面介绍几类常用的选择文本内容的方法。

1. 通过鼠标选择文本

通过鼠标选择文本时，根据选中文本内容的多少，可将选择文本分为以下几种情况。

➥ 选择任意文本：将鼠标光标定位到需要选择的文本起始处，然后按住鼠标左键不放并拖动，直至需要选择的文本结尾处释放鼠标即可选中文本，选中的文本将以灰色背景显示，如图 3-15 所示。

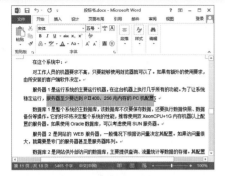

图 3-15

➡ 选择词组：双击要选择的词组，即可将其选中，如图 3-16 所示。

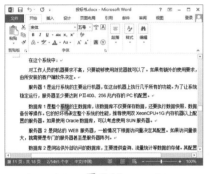

图 3-16

➡ 选择一行：将鼠标光标指向某行左边的空白处，即"选定栏"，当鼠标光标呈 形状时，单击即可选中该行全部文本，如图 3-17 所示。

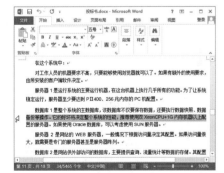

图 3-17

➡ 选择多行：将鼠标光标指向左边的空白处，当鼠标光标呈 形状时，按住鼠标左键不放，并向下或向上拖动鼠标，到文本目标处释放鼠标，即可实现多行选中，如图 3-18 所示。

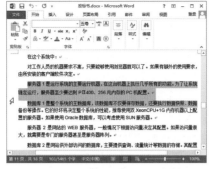

图 3-18

➡ 选择段落：将鼠标光标指向段落左边的空白处，当鼠标光标呈 形状时，双击选择当前段落，如图 3-19 所示。

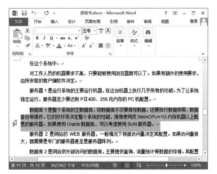

图 3-19

➡ 选择整篇文档：将鼠标光标指向编辑区左边的空白处，当鼠标光标呈 形状时，连续单击 3 次可选中整篇文档。

2. 通过键盘选择文本

键盘是计算机的重要输入设备，用户可以通过相应的按键快速选择目标文本。在选择文本对象时，若熟知许多快捷键的作用，可以提高工作效率。下面就来介绍选择文本的一些常用快捷键。

➡ 【Shift】+【→】：选中鼠标光标所在位置右侧的一个或多个字符。

➡ 【Shift】+【←】：选中鼠标光标所在位置左侧的一个或多个字符。

➡ 【Shift】+【↑】：选中鼠标光标所在位置至上一行对应位置处的文本。

➡ 【Shift】+【↓】：选中鼠标光标

所在位置至下一行对应位置处的文本。

➡ 【Shift+Home】：选中鼠标光标所在位置至行首的文本。

➡ 【Shift+End】：选中鼠标光标所在位置至行尾的文本。

➡ 【Ctrl+A】：选中整篇文档。

➡ 【Ctrl+】小键盘数字键 5：选中整篇文档。

➡ 【Ctrl】+【Shift】+【→】：选中鼠标光标所在位置右侧的单字或词组。

➡ 【Ctrl】+【Shift】+【←】：选中鼠标光标所在位置左侧的单字或词组。

➡ 【Ctrl】+【Shift】+【↑】：与【Shift+Home】组合键的作用相同。

➡ 【Ctrl】+【Shift】+【↓】：与【Shift+End】组合键的作用相同。

➡ 【Ctrl】+【Shift】+【Home】：选中鼠标光标所在位置至文档开头的文本。

➡ 【Ctrl】+【Shift】+【End】：选中鼠标光标所在位置至文档结尾的文本。

除了上述介绍的快捷键，还可以通过【F8】键选择文本，其使用方法如下。

➡ 第 1 次按【F8】键，将打开文本选择模式。

➡ 第 2 次按【F8】键，可以选中鼠标光标所在位置右侧的短语。

➡ 第 3 次按【F8】键，可以选中鼠标光标所在位置的整句话。

➡ 第 4 次按【F8】键，可以选中鼠标光标所在位置的整个段落。

➡ 第 5 次按【F8】键，可以选中整篇文档。

技能拓展——退出文本选择模式

在 Word 中按【F8】键后，便会打开文本选择模式，若要退出该模式，按【Esc】键即可。

3. 鼠标与键盘的结合使用

若将鼠标与键盘结合使用，还可以进行特殊选择，如选择分散文本、垂直文本等。

➥ 选择一句话：按【Ctrl】键的同时，单击需要选择的句中任意位置，即可选中该句，如图 3-20 所示。

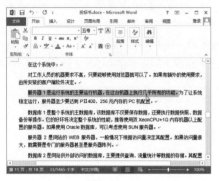

图 3-20

➥ 选择连续区域的文本：将鼠标光标定位到需要选择的文本起始处，按住【Shift】键不放，单击要选择文本的结束位置，可实现连续区域文本的选择，如图 3-21 所示。

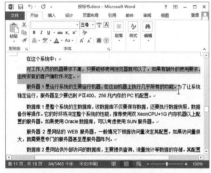

图 3-21

➥ 选择分散文本：先拖动鼠标选中第一个文本区域，再按住【Ctrl】键不放，然后拖动鼠标选择其他不相邻的文本，选择完成后释放【Ctrl】键，即可完成分散文本的选择操作，如图 3-22 所示。

➥ 选择垂直文本：按住【Alt】键，同时按住鼠标左键拖出一块矩形区域，选择完成后释放【Alt】键和鼠标左键，完成垂直文本的选择，如图 3-23 所示。

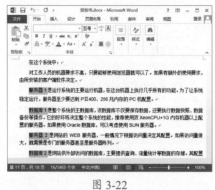

图 3-22

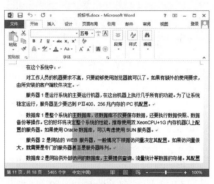

图 3-23

3.2.2 删除文本内容

当输入了错误或多余的内容时，可将其删除，在 Word 中最常用的删除文本内容的方法主要有如下几种。

➥ 按【Backspace】键，可以删除鼠标光标前一个字符。

➥ 按【Delete】键，可以删除鼠标光标后一个字符。

➥ 按【Ctrl+Backspace】组合键，可以删除鼠标光标前一个单词或短语。

➥ 按【Ctrl+Delete】组合键，可以删除鼠标光标后一个单词或短语。

★ 重点 3.2.3 实战：复制和移动公司简介文本

实例门类	软件功能
教学视频	光盘 \ 视频 \ 第 3 章 \3.2.3.mp4

要再次在文档中输入相同的文本内容，不用再次输入，可直接通过复制快速输入。对于位置不对，但又需要的文本内容，我们可以对其进行移动，以节省再次输入所耗费的时间和精力。

1. 复制文本

复制文本内容除了使用【Ctrl+C】组合键外，还可以使用功能区中的【复制】按钮进行。

Step01 打开"光盘 \ 素材文件 \ 第 3 章 \ 公司简介 .docx"的文件，❶ 选中需要复制的文本，❷ 在【剪贴板】组中单击【复制】按钮，如图 3-24 所示。

图 3-24

Step02 ❶ 将鼠标光标定位到需要粘贴的目标位置，❷ 单击【剪贴板】组中的【粘贴】按钮，如图 3-25 所示。

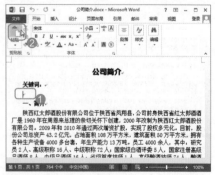

图 3-25

Step03 通过上述操作后，所选内容复制到了目标位置，效果如图 3-26 所示。

图 3-26

2. 移动文本

若要将某个词语或段落移动到其他位置，最为实用和快速的方法是使用剪切和粘贴，其具体操作如下。

Step01 在打开的"公司简介.docx"文档中，❶选择需要移动的文本内容，❷在【开始】选项卡的【剪贴板】组中单击【剪切】按钮✂（或是按【Ctrl+X】组合键），如图 3-27 所示。

图 3-27

Step02 ❶将鼠标光标定位到要移动的目标位置，❷单击【剪贴板】组中的【粘贴】按钮，如图 3-28 所示。

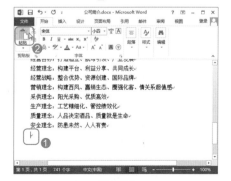

图 3-28

Step03 系统自动将目标文本移动到指定位置，效果如图 3-29 所示。

图 3-29

技能拓展——通过拖动鼠标移动/复制文本

当目标位置与文本所在的原位置在同一屏幕显示范围内时，可选择文本后按住鼠标左键不放将其拖动到目标位置后释放鼠标，实现文本的快速移动。在拖动过程中，若同时按住【Ctrl】键，可实现文本的快速复制。

3.2.4 撤销、恢复与重复操作

实例门类	软件功能
教学视频	光盘\视频\第 3 章\3.2.4.mp4

在制作和设计文档过程中，读者可通过撤销功能来撤销前几步操作。通过恢复功能恢复刚撤销的操作。通过重复功能再次执行上一步操作，从而提高工作效率。

1. 撤销操作

在编辑文档的过程中，当出现一些误操作时，都可利用 Word 提供的"撤销"功能来执行撤销操作，其方法有以下几种。

➥ 单击快速访问工具栏上的【撤销】按钮↩，可以撤销上一步操作，继续单击该按钮，可撤销多步操作，直到"无路可退"。

➥ 按【Ctrl+Z】组合键，可以撤销上一步操作，继续按该组合键可撤销多步操作。

➥ 单击【撤销】按钮↩右侧的下拉按钮▾，在弹出的下拉列表中可选择撤销到某一指定的操作，如图 3-30 所示。

图 3-30

2. 恢复操作

当撤销某一操作后，可以通过以下几种方法取消之前的撤销操作。

➥ 单击快速访问工具栏中的【恢复】按钮↪，可以恢复被撤销的上一步操作，继续单击该按钮，可恢复被撤销的多步操作，如图 3-31 所示。

图 3-31

➥ 按【Ctrl+Y】组合键，可以恢复被撤销的上一步操作，继续按该组合键可恢复被撤销的多步操作。

技术看板

恢复操作与撤销操作是相辅相成的，只有在执行了撤销操作的时候，才能激活【恢复】按钮↪，进而执行恢复被撤销的操作。

3. 重复操作

在没有进行任何撤销操作的情况下，【恢复】按钮 ↻ 会显示为【重复】按钮 ↻，单击【重复】按钮，如图 3-32 所示，或者按【F4】键，可重复上一步操作。

图 3-32

例如，在文档中选择某一文本对象，按【Ctrl+I】组合键，将其设置为倾斜效果后，此时选中其他文本对象，单击【重复】按钮 ↻，可将选择的文本直接设置为加粗效果。

3.3 查找和替换文档内容

Word 的查找和替换功能非常强大，是用户在编辑文档过程中频繁使用的一项功能。使用查找功能，可以在文档中快速定位到指定的内容，使用替换功能可以将文档中的指定内容修改为新内容。结合使用查找和替换功能，可以提高文本的编辑效率。

3.3.1 实战：查找文本

实例门类	软件功能
教学视频	光盘\视频\第 3 章\3.3.1.mp4

在 Word 中查找指定的文档内容，通常有两种方法：使用【导航】窗格查找和使用对话框查找。

1. 使用【导航】窗格查找

在 Word 2013 中通过【导航】窗格可以非常方便地查找内容，具体操作如下。

Step01 打开"光盘\素材文件\第 3 章\公司概况 .docx"文件，❶切换到【视图】选项卡，❷选中【显示】组中的【导航窗格】复选框，打开【导航】窗格，如图 3-33 所示。

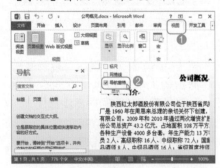

图 3-33

技能拓展——快速打开【导航】窗格

在 Word 2010 及以上的版本中，按【Ctrl+F】组合键，可快速打开【导航】窗格。

Step02 在【导航】窗格的搜索框中输入要查找的内容，Word 会自动在当前文档中进行搜索，并以黄色进行标示，以突出显示查找到的全部内容，同时在【导航】窗格搜索框的下方显示搜索结果数量，如图 3-34 所示。

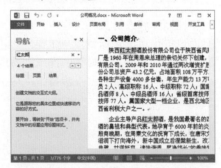

图 3-34

Step03 ❶在【导航】窗格中切换到【结果】标签，❷将会在搜索框下方以列表框的形式显示所有搜索结果，单击某条搜索结果，文档中也会快速定位到相应位置，如图 3-35 所示。

图 3-35

技术看板

在【导航】窗格中，通过单击 ▲ 或 ▼ 按钮，也可以依次选择某个搜索结果。

2. 使用对话框查找

在 Word 2007 及以前的版本中，都是通过【查找和替换】对话框来查找内容的。在 Word 2013 中同样可以使用【查找和替换】对话框进行查找，具体操作如下。

Step01 在打开的"公司概况 .docx"文档中，❶将鼠标光标定位在文档的起始处，❷在【导航】窗格的搜索框右侧单击下拉按钮 ▾，❸在弹出的下拉列表中单击【高级查找】选项，如图 3-36 所示。

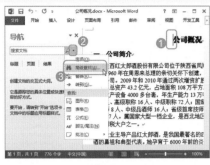

图 3-36

图 3-38

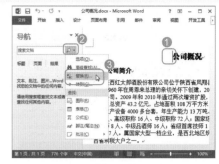

图 3-39

技能拓展——通过功能区打开【查找和替换】对话框

在要查找内容的文档中,在【开始】选项卡的【编辑】组中,单击【查找】按钮右侧的下拉按钮▾,在弹出的下拉列表中单击【高级查找】选项,也可打开【查找和替换】对话框。

Step ⑫ 打开【查找和替换】对话框,并自动定位在【查找】选项卡,❶ 在【查找内容】文本框中输入要查找的内容,本例中输入【红太郎酒】,❷ 单击【查找下一处】按钮,Word 将从鼠标光标所在位置开始查找,当找到"红太郎酒"出现的第一个位置时,会以选中的形式显示,如图 3-37 所示。

图 3-37

Step ⑬ 若继续单击【查找下一处】按钮,Word 会继续查找,当查找完成后会弹出提示框提示完成搜索,❶ 单击【确定】按钮关闭该提示框,❷ 返回【查找和替换】对话框,单击【关闭】按钮☒关闭该对话框即可,如图 3-38 所示。

技能拓展——突出显示查找内容

在【查找内容】文本框中输入要查找的内容后,单击【阅读突出显示】按钮,在弹出的下拉列表中单击【全部突出显示】命令,将会在文档中突出显示查找到的全部内容,其效果与使用【导航】窗格搜索相同。若要清除突出显示效果,则再次单击【阅读突出显示】按钮,在弹出的下拉列表中单击【清除突出显示】选项即可。

3.3.2 实战:全部替换指定文本

实例门类	软件功能
教学视频	光盘 \ 视频 \ 第 3 章 \3.3.2.mp4

替换功能主要用于修改文档中指定文本词句。它既可以单独或是逐一替换,也可以一次性全部替换。

例如,在"公司概况"文档中将"红太郎酒"更换为"宇翔酒",具体操作如下。

Step ⑪ 在打开的"公司概况 .docx"文档中,❶ 将鼠标光标定位在文档的起始处,❷ 在【导航】窗格中单击搜索框右侧的下拉按钮▾,❸ 在弹出的下拉列表中选择【替换】选项(或是按【Ctrl+H】组合键),如图 3-39 所示。

Step ⑫ 打开【查找和替换】对话框,并自动定位在【替换】选项卡,❶ 在【查找内容】文本框中输入要查找的内容,本例中输入【红太郎酒】,❷ 在【替换为】文本框中输入要替换的内容,本例中输入【宇翔酒】,❸ 单击【全部替换】按钮,如图 3-40 所示。

图 3-40

Step ⑬ Word 将对文档中所有"红太郎酒"一词进行替换操作,完成替换后,❶ 在打开的提示框中单击【确定】按钮,❷ 返回【查找和替换】对话框,单击【关闭】按钮☒关闭该对话框,如图 3-41 所示。

图 3-41

技术看板

若要逐一或是单独替换指定文本,在【查找和替换】对话框中单击【替换】按钮。

Step ⑭ 返回文档,即可查看替换后的效果,如图 3-42 所示。

第 1 篇　第 2 篇　第 3 篇　第 4 篇　第 5 篇

图 3-42

★ 重点 3.3.3 实战：查找和替换指定格式

实例门类	软件功能
教学视频	光盘\视频\第 3 章\3.3.3.mp4

使用查找和替换功能，不仅能查找替换文本内容，还能查找替换格式，如字体格式、样式等。

1. 查找替换字体格式

通过查找替换功能，我们可以很轻松地将指定文本内容字体格式替换为指定格式，从而实现为指定文本内容设置字体格式的目的，从而提高工作效率。

例如，在"面朝大海，春暖花开"文档中查找和替换"从明天起"文本内容的字体格式，其具体操作如下。

Step 01 打开"光盘\素材文件\第 3 章\面朝大海，春暖花开 .docx"的文件，❶ 将鼠标光标定位在文档的起始处，❷ 在【导航】窗格中单击搜索框右侧的下拉按钮▾，❸ 在弹出的下拉列表中单击【替换】选项，如图 3-43 所示。

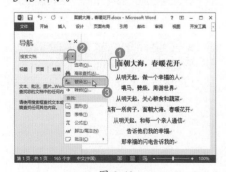

图 3-43

Step 02 打开【查找和替换】对话框，自动定位在【替换】选项卡，通过单击【更多】按钮展开对话框。❶ 在【查找内容】文本框中输入查找内容【从明天起】，❷ 将鼠标光标定位在【替换为】文本框，❸ 单击【格式】按钮，❹ 在弹出的菜单中选择【字体】命令，如图 3-44 所示。

图 3-44

Step 03 ❶ 在打开的【替换字体】对话框中设置需要的字符格式，❷ 完成设置后单击【确定】按钮，如图 3-45 所示。

图 3-45

Step 04 返回【查找和替换】对话框，【替换为】文本框下方显示了要为指定内容设置的格式参数，单击【全部替换】按钮，如图 3-46 所示。

图 3-46

Step 05 Word 将按照设置的查找和替换条件进行查找替换，完成替换后，在弹出的提示框中单击【确定】按钮，如图 3-47 所示。

图 3-47

Step 06 返回【查找和替换】对话框，单击【关闭】按钮关闭该对话框，如图 3-48 所示。

图 3-48

Step 07 返回文档，即可查看替换后的效果，如图 3-49 所示。

图 3-49

2. 查找替换样式

在使用样式排版文档时，若将需要应用 A 样式的文本都误用了 B 样式，则可以通过替换功能进行替换。

例如，在"人力资源部月度工作报告"文档中，将"报告 - 编号列表"样式的段落全部替换为"报告 - 项目符号"样式，其具体操作如下。

Step01 打开"光盘 \ 素材文件 \ 第 3 章 \ 人力资源部月度工作报告 .docx"文件，按【Ctrl+H】组合键打开【查找和替换】对话框，然后单击【更多】按钮，如图 3-50 所示。

图 3-50

Step02 ❶ 将鼠标光标定位在【查找内容】文本框中，❷ 单击【格式】下拉按钮，❸ 在弹出的菜单中选择【样式】命令，如图 3-51 所示。

Step03 ❶ 打开【查找样式】对话框，在【查找样式】列表中选择需要查找的样式，本例中选择【报告 - 编号列表】，❷ 单击【确定】按钮，如图 3-52 所示。

Step04 返回【查找和替换】对话框，在【查找内容】文本框下方显示了要查找的样式。❶ 将鼠标光标定位在【替换为】文本框，❷ 单击【格式】下拉按钮，❸ 在弹出的菜单中单击

【样式】命令，如图 3-53 所示。

图 3-51

图 3-52

图 3-53

Step05 ❶ 打开【替换样式】对话框，在【用样式替换】列表框中选择替换样式，本例中选择【报告 - 项目符号】样式，❷ 单击【确定】按钮，如图 3-54 所示。

Step06 返回【查找和替换】对话框，【替换为】文本框下方显示了要替换的样式，单击【全部替换】按钮，如图 3-55 所示。

图 3-54

图 3-55

Step07 Word 将按照设置的查找和替换条件进行查找替换，完成替换后，在弹出的提示框中单击【确定】按钮，如图 3-56 所示。

图 3-56

Step08 返回【查找和替换】对话框，单击【关闭】按钮关闭该对话框，如图 3-57 所示。

图 3-57

Step09 返回文档，可查看替换样式后的效果，如图3-58所示。

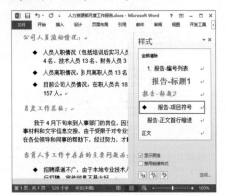

图3-58

★ 重点 3.3.4 实战：图片的查找和替换操作

实例门类	软件功能
教学视频	光盘\视频\第3章\3.3.4.mp4

使用查找和替换功能，还可以非常方便地对图片进行查找和替换操作，如将文本替换为图片、将所有嵌入式图片设置为居中对齐等。

1. 文本替换为图片

在编辑文档的过程中，有时为了具有个性化，会将步骤中的步骤序号用图片来表示。若文档内容已经编辑完成，逐一更改相当麻烦，此时可通过替换功能将文本替换为指定图片，其具体操作如下。

Step01 打开"光盘\素材文件\第3章\步骤图片.docx"的文件，选择步骤1需要使用的图片，按【Ctrl+C】组合键进行复制，如图3-59所示。

图3-59

Step02 打开"光盘\素材文件\第3章\文本替换为图片.docx"的文件，

❶ 将鼠标光标定位在文档的起始处，❷ 在【导航】窗格中单击搜索框右侧的下拉按钮▼，❸ 在弹出的下拉列表中单击【替换】选项，如图3-60所示。

图3-60

Step03 打开【查找和替换】对话框，单击【更多】按钮展开对话框。❶ 在【查找内容】文本框中输入查找内容，本例中输入【Step01】，❷ 将鼠标光标定位在【替换为】文本框，❸ 单击【特殊格式】按钮，如图3-61所示。

图3-61

Step04 在弹出的菜单中选择【"剪贴板"内容】命令，如图3-62所示。

Step05 单击【全部替换】按钮，如图3-63所示。

Step06 Word将按照设置的查找和替换条件进行查找替换，完成替换后，在弹出的提示框中单击【确定】按钮，如图3-64所示。

Step07 返回【查找和替换】对话框，单击【关闭】按钮关闭该对话框，如

图3-65所示。

图3-62

图3-63

图3-64

图3-65

Step08 返回文档，可发现所有的文本"Step01"替换成了之前复制的图片，如图 3-66 所示。

图 3-66

Step09 参照上述操作方法，将"文本替换为图片 .docx"文档中的文本"Step02""Step03"分别替换为"步骤图片 .docx"文档中的图片②，③，效果如图 3-67 所示。

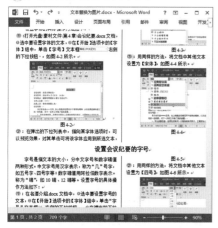

图 3-67

2. 替换图片的段落格式

我们不仅可以将文本替换为图片，同时，也可以对文档中图片的段落格式进行替换。

例如，在"微店产品介绍"文档中替换图片的段落格式为水平居中对齐，具体操作如下。

Step01 打开"光盘\素材文件\第3章\微店产品介绍 .docx"文件，❶ 将

鼠标光标定位在文档的起始处，❷ 在【导航】窗格中单击搜索框右侧的下拉按钮▼，❸ 在弹出的下拉列表中选择【替换】选项，如图 3-68 所示。

图 3-68

Step02 打开【查找和替换】对话框，自动定位在【替换】选项卡，通过单击【更多】按钮展开对话框，❶ 将鼠标光标定位在【查找内容】文本框，❷ 单击【特殊格式】按钮，❸ 在弹出的菜单中选择【图形】命令，如图 3-69 所示。

图 3-69

Step03 ❶ 将鼠标光标定位在【替换为】文本框，❷ 单击【格式】下拉按钮，❸ 在弹出的菜单中选择【段落】命令▼，如图 3-70 所示。

Step04 打开【替换段落】对话框，❶ 在【缩进和间距】选项卡的【常规】栏中，在【对齐方式】下拉列表中选择【居中】选项，❷ 单击【确定】按钮，如图 3-71 所示。

Step05 返回【查找和替换】对话框中，单击【全部替换】按钮，如图

3-72 所示。

图 3-70

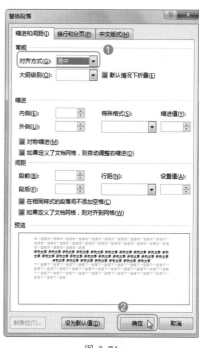

图 3-71

图 3-72

Step06 Word 将按照设置的查找和替换条件进行查找替换，完成替换后，在弹出的提示框中单击【确定】按钮，如图 3-73 所示。

图 3-73

Step07 返回【查找和替换】对话框，单击【关闭】按钮关闭该对话框，如图 3-74 所示。

图 3-74

Step08 返回文档，即可发现文档中所有嵌入式图片设置为居中对齐方式，如图 3-75 所示。

图 3-75

3. 替换删除嵌入式图片

若要删除文档中所有嵌入式图片，通过替换功能可快速完成，具体操作如下。

Step01 打开"光盘 \ 素材文件 \ 第 3 章 \ 公司形象展示 .docx"的文件，❶ 将鼠标光标定位在文档的起始处，❷ 在【导航】窗格中单击搜索框右侧的下拉按钮▼，❸ 在弹出的下拉列表中选择【替换】命令，如图 3-76 所示。

图 3-76

Step02 打开【查找和替换】对话框，自动定位在【替换】选项卡，通过单击【更多】按钮展开对话框。❶ 将鼠标光标定位在【查找内容】文本框，❷ 单击【特殊格式】按钮，❸ 在弹出的菜单中选择【图形】命令，如图 3-77 所示。

图 3-77

Step03 在【替换为】文本框内不输入任何内容，单击【全部替换】按钮，如图 3-78 所示。

图 3-78

Step04 Word 将按照设置的查找和替换条件进行查找替换，完成替换后，在弹出的提示框中单击【确定】按钮，如图 3-79 所示。

图 3-79

Step05 返回【查找和替换】对话框，单击【关闭】按钮关闭该对话框，如图 3-80 所示。

图 3-80

技能拓展——清除查找和替换的格式设置

将鼠标光标定位在【查找内容】或【替换为】文本框内，单击【不限定格式】按钮，可清除对应的格式设置。

Step 06 返回文档，可看见所有的图片被批量删除了，如图 3-81 所示。

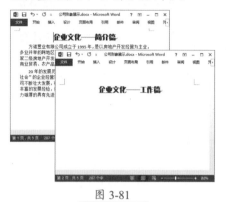

图 3-81

3.3.5 实战：使用通配符进行查找和替换

实例门类	软件功能
教学视频	光盘 \ 视频 \ 第 3 章 \3.3.5.mp4

在查找和替换操作中，使用通配符可以大大拓展查找和替换的作用范围，同时，让其使用操作更加灵活，在编辑和处理文档上更加游刃有余。

1. 通配符的使用规则与注意事项

通配符是 Word 查找和替换中特别指定的一些字符，用来代表一类内容，而不只是某个具体的内容。例如，“?”代表单个字符，“*”代表任意数量的字符。

在文档中打开并展开【查找和替换】对话框后，在【搜索选项】栏中选中【使用通配符】复选框，如图 3-82 所示，这样就可以使用通配符进行查找和替换了。

图 3-82

Word 中可以使用的通配符如图 3-83 所示（这些通配符通常在【查找内容】文本框中使用）。

通配符	说明	示例
?	任意单个字符	例如：b?t，可查找 bet、bat，不查找 beast
*	任意字符串	例如：b*t，可查找 bet、bat，也能查找 beast
<	单词的开头	例如：<(round)，用于查找开头是 round 的单词，可以查找 roundabout，不查找 background
>	单词的结尾	例如：(round)>，用于查找结尾是 round 的单词，可以查找 background，不查找 roundabout
[ ]	指定字符之一	例如：1[34]00，可以查找 1300、1400，不查找 1500
[-]	指定范围内的任意单个字符	例如：[1-3]0000，输入时必须以升序方式表达范围，可以查找 10000、20000、30000，不查找 40000
[!x-z]	中括号内指定字符范围以外的任意单个字符	例如：1[!1-3]000，可查找 14000、15000，不查找 11000、12000、13000
{n}	n 个重复的前一字符或表达式	例如：10{2}1，可以查找 1001，不查找 101、10001
{n,}	至少 n 个前一字符或表达式	例如：10{2,}1，可以查找 1001、10001，不查找 101
{n,m}	n 到 m 个前一个字符或表达式	例如：10{1,3}1，可以查找 101、1001、10001，不查找 100001
@	一个或一个以上的前一个字符或表达式	例如：10@1，可以查找 101、1001、10001、100001
(n)	表达式	例如：(book)，查找 book

图 3-83

同时，在使用通配符时，需要注意以下几点。

- 输入通配符或代码时，要严格区分大小写，而且必须在英文半角状态下输入。
- 要查找已被定义为通配符的字符时，需要在该字符前输入反斜杠“\”。例如：要查找“?”，就输入“\?”；要查找“*”，就输入“*”；要查找“\”字符本身，就输入“\\”。
- 在选中【使用通配符】复选框后，Word 只查找与指定文本精确匹配的文本。请注意，【区分大小写】和【全字匹配】复选框将不可用（显示为灰色），表示这些选项已自动开启，用户无法关闭这些选项。

2. 使用通配符删除空白段落

若要一次性删除所有的空白段落，使用通配符是非常简单快捷的，具体操作如下。

打开“光盘 \ 素材文件 \ 第 3 章 \ 会议纪要 .docx”文件，打开【查找和替换】对话框，❶ 在【搜索选项】栏中选中【使用通配符】复选框，❷ 在【查找内容】文本框中输入查找代码【^13{2,}】，❸ 在【替换为】文本框中输入替换代码【^p】，❹ 单击【全部替换】按钮，如图 3-84 所示。

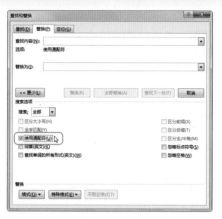

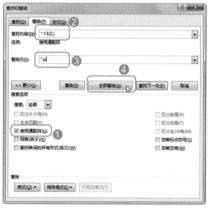

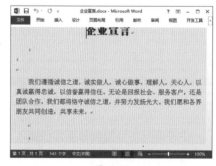

图 3-84

技术看板

^13 表示段落标记，{2,} 表示 2 个或 2 个以上，^13{2,} 表示 2 个或 2 个以上连续的段落标记。

3. 批量删除混合模式的空白段落

要删除文档中硬回车和软回车生成的空白段落，使用通配符可以一次性删除，非常方便，其具体操作如下。

Step 01 打开“光盘 \ 素材文件 \ 第 3 章 \ 企业宣言 .docx”文件，初始效果如图 3-85 所示。

图 3-85

Step 02 打开并展开【查找和替换】对话框，❶ 在【搜索选项】栏中选中

【使用通配符】复选框，❷在【查找内容】文本框中输入查找代码【[^13^11]{2,}】，❸在【替换为】文本框中输入替换代码【^p】，❹单击【全部替换】按钮即可，如图3-86所示。

图 3-86

技术看板

^13表示段落标记，^11表示手动换行符，[ ]表示指定字符之一，{2,}表示2个或2个以上，[^13^11]{2,}表示查找至少2个以上的段落标记或手动换行符。

Step 03 返回文档，可看到所有的空行删除掉了，如图3-87所示。

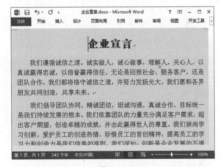

图 3-87

4. 使用通配符批量删除重复段落

若要删除重复段落，将会是一件非常烦琐的工作，尤其是大型文档。这时，我们可以使用通配符的替换功能，将复杂的工作简单化，具体操作

如下。

Step 01 打开"光盘\素材文件\第3章\感谢信 .docx"的文件，打开并展开【查找和替换】对话框，❶选中【使用通配符】复选框，❷在【查找内容】文本框中输入查找代码【(<[!^13]*^13)(*)\1】，❸在【替换为】文本框中输入替换代码【\1\2】，❹反复单击【全部替换】按钮，直到没有可替换的内容为止，如图3-88所示。

图 3-88

Step 02 返回文档，可看到所有重复段落删除掉了，且只保留了第1次出现的段落，如图3-89所示。

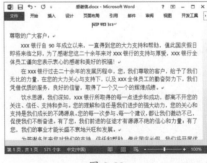

图 3-89

技术看板

在本例中查找代码由3个部分组成，第1部分(<[!^13]*^13)是一个表达式，用于查找非段落标记开头的第一个段落。第2部分(*)也是一个表达式，用于查找第一个查找段落之后

的任意内容。第3部分\1表示重复第1个表达式，即查找由(<[!^13]*^13)代码找到的第一个段落。替换代码\1\2，表示将找到的内容替换为【查找内容】文本框的前两部分，即删除【查找内容】文本框中由\1查找到的重复内容。

5. 使用一次性将英文引号替换为中文引号

在输入文档内容时，若不小心将中文引号输成了英文引号，可通过替换功能进行批量更改，具体操作如下。

Step 01 打开"光盘\素材文件\第3章\名酒介绍 .docx"的文件，打开【Word选项】对话框，❶切换到【校对】选项卡，❷单击【自动更正选项】栏中的【自动更正选项】按钮，如图3-90所示。

图 3-90

Step 02 打开【自动更正】对话框，❶切换到【键入时自动套用格式】选项卡，❷在【键入时自动替换】栏中取消选中【直引号替换为弯引号】复选框，❸单击【确定】按钮，如图3-91所示。

技术看板

将英文引号替换为中文引号之前，需要先取消【直引号替换为弯引号】复选框的选中，否则无法正确替换。

图 3-91

Step03 返回【Word 选项】对话框，单击【确定】按钮，如图 3-92 所示。

图 3-92

Step04 返回文档，打开并展开【查找和替换】对话框，❶ 在【搜索选项】栏中选中【使用通配符】复选框，❷ 在【查找内容】文本框中输入查找代码【"(*)"】，❸ 在【替换为】文本框中输入替换代码【"\1"】，❹ 单击【全部替换】按钮，如图 3-93 所示。

Step05 返回文档，可看到所有英文引号替换为了中文弯引号，如图 3-94 所示。

图 3-93

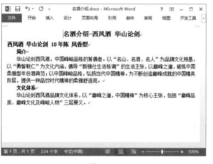

图 3-94

代码解析：查找代码"(*)"表示查找被一对直引括号括起来的内容。替换代码"\1"，\1 表示直引号中的内容，然后使用中文引号""括起来。通俗地理解，就是保持引号中的内容不变，将原来的直引号更改为中文引号。

6. 使用通配符批量删除中文字符之间的空格

通常情况下，英文单词之间需要空格分隔，中文字符之间不需要有空格。在输入文档内容的过程中，因为操作失误，在中文字符之间输入了空格，此时可通过替换功能清除中文字符之间的空格，具体操作如下。

Step01 打开"光盘\素材文件\第3章\生活的乐趣.docx"的文件，初始效果如图 3-95 所示。

图 3-95

Step02 打开并展开【查找和替换】对话框，❶ 在【搜索选项】栏中选中【使用通配符】复选框，❷ 在【查找内容】文本框中输入查找代码【([!^1-^127])[^s]{1,}([!^1-^127])】，❸ 在【替换为】文本框中输入替换代码【\1\2】，❹ 单击【全部替换】按钮，如图 3-96 所示。

图 3-96

Step03 返回文档，可看到中文字符之间的空格被删除掉了，英文字符之间的空格依然存在，如图 3-97 所示。

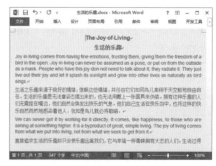

图 3-97

代码解析：[!^1-^127] 表示所有中文汉字和中文标点，即中文字符，[!^1-^127][!^1-^127] 表示两个中文字符，使用圆括号分别将 [!^1-^127] 括起来，将它们转为表达式。两个 ([!^1-^127]) 之间的 [^s]{1,} 表示一个以上的空格，其中，^s 表示不间断空格，^s 左侧的空白分别是输入的半角空格和全角空格。综上所述，([!^1-^127])[^s]{1,}([!^1-^127]) 表示要查找中文字符之间的不定个数的空格。替换代码 \1 和 \2，分别表示两个表达式，即两个中文字符。\1\2 连在一起，表示将两个 ([!^1-^127]) 之间的空格删除掉。

7. 使用通配符批量在单元格中添加指定的符号

完成表格的编辑后，有时候可能需要为表格中的内容添加统一的符号，如为表示金额的数字添加货币符号【￥】，此时可通过替换功能批量完成，具体操作如下。

Step01 打开"光盘\素材文件\第3章\产品价目表.docx"的文件，选择要添加货币符号的列，这里选择【价格】列，如图 3-98 所示。

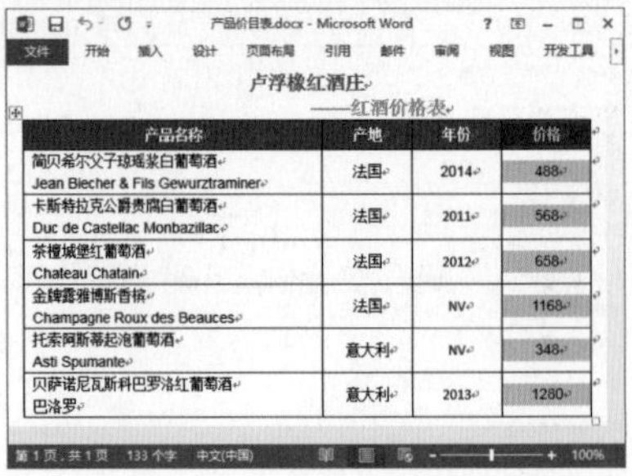

图 3-98

Step02 打开并展开【查找和替换】对话框，❶ 在【搜索选项】栏中选中【使用通配符】复选框，❷ 在【查找内容】文本框中输入查找代码【(<[0-9])】，❸ 在【替换为】文本框中输入替换代码【\￥\1】，❹ 单击【全部替换】按钮，如图 3-99 所示。

图 3-99

Step03 完成替换后，弹出提示框中询问是否搜索文档其余部分，单击【否】按钮，如图 3-100 所示。

图 3-100

Step04 关闭【查找和替换】对话框，返回文档，可看到【价格】列中的所有数字均添加了货币符号，如图 3-101 所示。

图 3-101

代码解析：查找代码中，[0-9] 表示所有数字，<[0-9] 表示以数字开头的内容，通过圆括号将 <[0-9] 转换为表达式。替换代码中，\1 代表 <[0-9]，在 \1 左侧添加￥符号，表示在以数字开头的内容左侧添加货币符号。

妙招技法

通过前面知识的学习，相信读者朋友，基本上掌握了在文档中录入文本内容并对其进行编辑、查找和替换的操作。下面结合本章内容，再给大家介绍一些实用技巧。

技巧01：巧妙预防句首字母自动变大写

教学视频	光盘\视频\第3章\技巧01.mp4

默认情况下，在文档中输入英文后按【Enter】键进行换行时，英文第一个单词的首字母会自动变为大写，如果希望在文档中输入的英文总是小写形式，则需要通过设置防止句首字母自动变大写，具体操作如下。

Step01 打开【Word 选项】对话框，❶ 切换到【校对】选项卡，❷ 在【自动更正选项】栏中单击【自动更正选项】按钮，如图 3-102 所示。

图 3-102

Step⑫ 打开【自动更正】对话框，❶切换到【自动更正】选项卡，❷取消选中【句首字母大写】复选框，❸单击【确定】按钮，如图 3-103 所示。

图 3-103

Step⑬ 返回【Word 选项】对话框，单击【确定】按钮，如图 3-104 所示。

图 3-104

技巧 02：轻松将网页内容变成文档内容

教学视频	光盘\视频\第 3 章\技巧 02.mp4

将网页中的文本内容变成文本内容，最直接的方式是通过粘贴来完成，不过不是直接粘贴，而是选择性粘贴。其具体操作如下。

Step⑪ 在网页上选择目标内容后按【Ctrl+C】组合键进行复制操作，如图 3-105 所示。

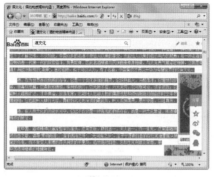

图 3-105

Step⑫ 新建一名为"复制网页内容"空白文档，❶在【剪贴板】组中单击【粘贴】按钮下方的下拉按钮，❷在弹出的下拉列表中选择【只保留文本】选项，如图 3-106 所示。

图 3-106

技巧 03：使用自动更正功能提高录入速度

教学视频	光盘\视频\第 3 章\技巧 03.mp4

对于文档中经常要输入的文本内容，如公司名称、部门名称、常用口号短语等，为了提高录入速度，节省时间和精力，我们可以使用自动更正功能，其具体操作如下。

Step⑪ 打开【Word 选项】对话框，❶切换到【校对】选项卡，❷在【自动更正选项】栏中单击【自动更正选项】按钮，如图 3-107 所示。

图 3-107

Step⑫ 打开【自动更正】对话框，❶切换到【自动更正】选项卡，❷在【替换】和【替换为】文本框中输入对应的内容，这里在【替换】文本框中输入【1】，在【替换为】文本框中输入【成都凤凰高新教育有限公司】，❸单击【添加】按钮，❹单击【确定】按钮，如图 3-108 所示。

图 3-108

Step 03 返回到文档中，按对应键，如这里按【1】键，系统会自动输入其替换为的内容，这里就是"成都凤凰高新教育有限公司"。

技巧 04：禁止【Insert】键控制改写模式

教学视频	光盘\视频\第3章\技巧04.mp4

在 Word 中输入文本时，默认为插入输入状态，输入的文本会插入鼠标光标所在位置，鼠标光标后面的文本会按顺序后移。当不小心按了键盘上的【Insert】键，就会切换到改写输入状态，此时输入的文本会替换掉鼠标光标所在位置后面的文本。

为了防止因为误按【Insert】键而切换到改写状态，使输入的文字替换掉了鼠标光标后面的文字，可以设置禁止【Insert】键控制改写模式，操作方法为：打开【Word 选项】对话框，❶ 切换到【高级】选项卡，❷ 在【编辑选项】栏中取消【用 Insert 键控制改写模式】复选框的选中，❸ 单击【确定】按钮即可，如图 3-109 所示。

图 3-109

技巧 05：输入常用箭头和线条

教学视频	光盘\视频\第3章\技巧05.mp4

在编辑文档时，可能经常需要输入一些箭头和线条符号，下面介绍一些箭头和线条的快速输入方法。

- ➥ ←：在英文状态下输入【<】号和两个【-】号。
- ➥ →：在英文状态下输入两个【-】号和【>】号。
- ➥ ⇐：在英文状态下输入【<】号和两个【=】号。
- ➥ ⇒：在英文状态下输入两个【=】号和【>】号。
- ➥ ⇔：在英文状态下输入【<】、【=】号和【>】号。
- ➥ 省略线：输入三个【*】号后，按【Enter】键。
- ➥ 波浪线：输入三个【~】号后，按【Enter】键。
- ➥ 实心线：输入三个【-】号后，按【Enter】键。
- ➥ 实心加粗线：输入三个【_】，即下画线，然后按【Enter】键。
- ➥ 实心等号线：输入三个【=】后，按【Enter】键。

本章小结

本章主要讲解了制作 Word 文档的基础知识，主要包括 Word 输入、选择与编辑文档内容以及文本内容的查找与替换。其中，文本内容的输入、选择与编辑为最主要，查找与替换为重点。其中，查找与替换的功能非常强大，特别是与通配符联合使用时，使用也非常灵活，希望读者在学习过程中多加思考，灵活应用，举一反三。

Word 文档的格式设置

> ➡ 怎样让文档字符更加符合要求、更加美观？
>
> ➡ 怎样让段落设置更加高效和实用？
>
> ➡ 页面样式应该如何正确设置？
>
> ➡ 常用特色格式有哪些？该怎么用？

　　上面的问题，可能看似简单，但其涉及的范围较广、较深，实用性也很强。读者朋友们可要细细品味，并带着这样的思考，开始本章知识的学习。

4.1 字符格式的设置

　　要想自己的文档从众多的文档中脱颖而出，就必须对其精雕细琢，通过对文本设置各种格式，如设置字体、字号、字体颜色、下画线及字符间距等，从而让文档变得更加生动。本节先讲解如何设置字体格式，主要包括设置字体、字号、字体颜色等。

★ 重点 4.1.1 实战：设置会议文本的字体格式

实例门类	软件功能
教学视频	光盘 \ 视频 \ 第 4 章 \4.1.1.mp4

　　字体格式没有一个明确的定义，它主要包括 3 个方面：字体、字号和字体颜色。

　　例如，在"会议纪要"文档中为指定文本内容设置字体、字号和字体颜色，其具体操作如下。

1. 设置字体

　　字体是指文字的外观形状，如宋体、楷体、华文行楷、黑体等。设置字体的具体操作如下。

Step01 打开"光盘 \ 素材文件 \ 第 4 章 \ 会议纪要 .docx"文件，❶ 选中要设置字体的文本，❷ 在【开始】选项卡的【字体】组中单击【字体】文本框 宋体(中文正)· 右侧的下拉按钮 ▼，如图 4-1 所示。

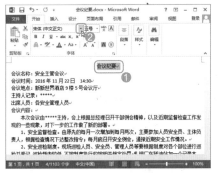

图 4-1

Step02 在弹出的下拉列表中（指向某字体选项时，可以预览效果）选择相应的字体选项，如图 4-2 示。

图 4-2

技能拓展——设置字体格式的其他方法

　　对选中的文本设置字体、字号、字体颜色、加粗、倾斜、下画线等格式时，不仅可以通过功能区设置，还可以通过浮动工具栏和【字体】对话框设置。

　　通过浮动工具栏设置：默认情况下，选中文本后会自动显示浮动工具栏，此时通过单击相应的按钮，便可设置相应的格式。

　　通过【字体】对话框设置：选中文本后，在【字体】组中单击【功能扩展】按钮 ，打开【字体】对话框，在相应的选项中进行设置。

2. 设置字号

　　字号是指文本的大小，分中文字号和数字磅值两种形式。中文字号用汉字表示，称为"几"号字，如五号字、四号字等；数字磅值用阿拉伯数字表示，称为"磅"，如 10 磅、12 磅等。其具体操作如下。

Step01 在打开的"会议纪要.docx"文档中，❶ 选中要设置字号的文本，❷ 在【字体】组中单击【字号】文本框五号·右侧的下拉按钮▾，如图4-3所示。

图 4-3

Step02 在弹出的下拉列表中选择需要的字号，如【三号】，如图4-4示。

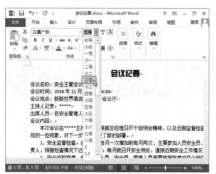

图 4-4

Step03 用同样的方法，将其他文本内容的字号设置为【四号】，如图4-5所示。

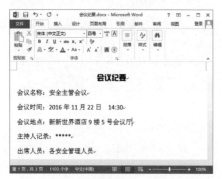

图 4-5

技能拓展——快速改变字号大小

选中文本内容后，按【Ctrl+Shift+>】组合键，或者单击【字体】组中的【增大字号】按钮A´，可以快速放大字号；按【Ctrl+Shift+<】组合键，或者单击【字体】组中的【减小字号】按钮A˅，可以快速缩小字号。

3. 设置字体颜色

字体颜色是指文字的显示色彩，如红色、蓝色、绿色等。对文本内容设置不同的颜色，不仅可以起到强调区分的作用，还能达到美化文档的目的。其具体操作如下。

Step01 在打开的"会议纪要.docx"文档中，❶ 选中要设置字体颜色的文本，❷ 在【开始】选项卡的【字体】组中单击【字体颜色】按钮A·右侧的下拉按钮▾，如图4-6所示。

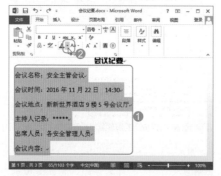

图 4-6

Step02 在弹出的下拉列表中选择需要的颜色，如【蓝色】，如图4-7所示。

技术看板

在【字体颜色】下拉列表中，若选择【其他颜色】命令，可在打开的【颜色】对话框中自定义字体颜色；若选择【渐变】选项，在弹出的级联列表中，选择相应选项为文本应用渐变颜色。

图 4-7

4.1.2 实战：设置会议文本字体效果

实例门类	软件功能
教学视频	光盘\视频\第4章\4.1.2.mp4

设置文本格式时，还经常需要对一些文本内容设置加粗、倾斜、下画线等格式，接下来就分别讲解这些格式的具体设置方法。

1. 设置加粗效果

为了强调重要内容，我们可以对其设置加粗效果，因为它可以让文本的笔画线条看起来更粗一些。设置加粗效果的具体操作如下。

Step01 在"会议纪要.docx"文档中，❶ 选中要设置加粗效果的文本，❷ 在【开始】选项卡的【字体】组中单击【加粗】按钮B，如图4-8所示。

图 4-8

Step02 所选文本内容即可呈加粗显示，效果如图4-9所示。

图 4-9

技能拓展——快速设置加粗效果

选中文本内容后，按【Ctrl+B】组合键，可快速对其设置加粗效果。

2. 设置倾斜效果

设置文本格式时，对重要内容设置倾斜效果，也可起到强调的作用。设置倾斜效果的具体操作如下。

Step01 在"会议纪要.docx"文档中，❶选中要设置倾斜效果的文本，❷在【开始】选项卡的【字体】组中单击【倾斜】按钮 *I*，如图 4-10 所示。

图 4-10

技能拓展——快速设置倾斜效果

选中文本内容后，按【Ctrl+I】组合键，快速对其设置倾斜效果。

Step02 所选文本内容即可呈倾斜显示，效果如图 4-11 所示。

图 4-11

技能拓展——取消加粗、倾斜效果

对文本内容设置加粗或倾斜效果后，再次单击【加粗】或【倾斜】按钮，便可取消已添加的加粗或倾斜效果。

3. 设置下画线

人们在查阅书籍、报纸或文件等纸质文档时，通常会在重点词句的下方添加一条下画线以示强调。其实，在 Word 文档中同样可以为重点词句添加下画线，并且还可以为添加的下画线设置颜色，具体操作如下。

Step01 在"会议纪要.docx"文档中，❶选中需要添加下画线的文本，❷在【开始】选项卡的【字体】组中单击【下画线】按钮 U 右侧的下拉按钮，❸在弹出的下拉列表选择需要的下画线样式，如图 4-12 所示。

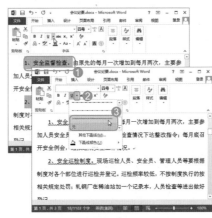

图 4-12

技能拓展——快速添加下划线

选中文本内容后，按【Ctrl+U】组合键，可快速对该文本添加单横线样式的下画线，下画线颜色为文本当前正在使用的字体颜色。

Step02 保持文本的选中状态，❶单击【下画线】按钮 U 右侧的下拉按钮，❷在弹出的下拉列表中单击【下画线颜色】选项，❸在弹出的级联列表中选择需要的下画线颜色即可，如图 4-13 所示。

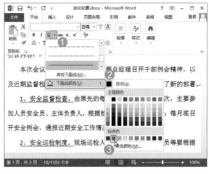

图 4-13

★ 重点 4.1.3 实战：为测试题设置下标和上标

实例门类	软件功能
教学视频	光盘\视频\第 4 章\4.1.3.mp4

在编辑诸如数学试题这样的文档时，经常会需要输入"x1y1""ab2"这样的数据，这就涉及设置上标或下标的方法，具体操作如下。

Step01 打开"光盘\素材文件\第 4 章\数学试题.docx"的文件，❶选中要设置为上标的文本，❷在【开始】选项卡的【字体】组中单击【上标】按钮 x^2，如图 4-14 所示。

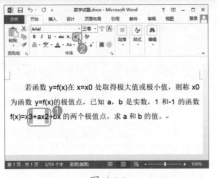

图 4-14

Step02 ❶ 选中要设置为下标的文本对象，❷ 在【字体】组中单击【下标】按钮 x_2，如图 4-15 所示。

图 4-15

Step03 完成上标和下标的设置，效果如图 4-16 所示。

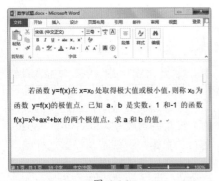

图 4-16

技能拓展——快速设置上标、下标

选中文本内容后，按【Ctrl+Shift+=】组合键可将其设置为上标，按【Ctrl+=】组合键可将其设置为下标。

★ 重点 4.1.4 实战：设置会议纪要的字符缩放、间距与位置

实例门类	软件功能
教学视频	光盘\视频\第 4 章\4.1.4.mp4

排版文档时，为了让版面更加美观，有时还需要设置字符的缩放和间距效果，以及字符的摆放位置，接下来一一为读者进行演示。

1. 设置缩放大小

字符的缩放是指缩放字符的横向大小，默认为 100%，根据操作需要，可以进行调整，具体操作如下。

Step01 在 "会议纪要 .docx" 文档中，❶ 选中需要设置缩放大小的文字，❷ 在【开始】选项卡的【字体】组中，单击【功能扩展】按钮 ，如图 4-17 所示。

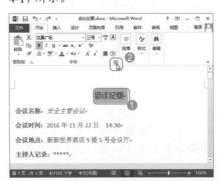

图 4-17

技能拓展——快速打开【字体】对话框

在 Word 文档中选中文本内容后，按【Ctrl+D】组合键，可快速打开【字体】对话框。

Step02 打开【字体】对话框，❶ 切换到【高级】选项卡，❷ 在【缩放】下拉列表中选择需要的缩放比例，或者直接在文本框中输入需要的比例大小，本例中在下拉列表中选择【150%】选项，❸ 单击【确定】按

钮，如图 4-18 所示。

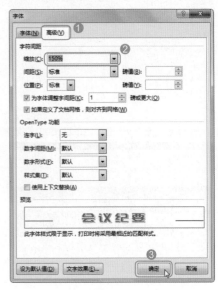

图 4-18

Step03 返回文档，可看见设置后的效果，如图 4-19 所示。

图 4-19

技能拓展——通过功能区设置字符缩放大小

除了上述操作方法外，我们还可以通过功能区设置字符的缩放大小，方法为：选中文本内容后，在【开始】选项卡的【段落】组中单击【中文版式】按钮 ，在弹出的下拉列表中单击【字符缩放】选项，在弹出的级联列表中选择缩放比例即可。

2. 设置字符间距

顾名思义，字符间距就是指字符间的距离，通过调整字符间距可以

使文字排列得更紧凑或者更疏散。Word 提供了"标准""加宽"和"紧缩"三种字符间距方式，其中默认以"标准"间距显示，若要调整字符间距，可按下面的操作方法实现。

Step01 在"会议纪要.docx"文档中，❶ 选中需要设置字符间距的文字，❷ 在【开始】选项卡的【字体】组中，单击【功能扩展】按钮 🖝，如图4-20 所示。

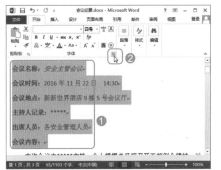

图 4-20

Step02 打开【字体】对话框，❶ 切换到【高级】选项卡，❷ 在【间距】下拉列表中选择间距类型，如这里选择【加宽】，在右侧的【磅值】微调框中设置间距大小，❸ 设置完成后单击【确定】按钮，如图4-21 所示。

图 4-21

Step03 返回文档，可查看设置后的效果，如图4-22 所示。

图 4-22

3. 设置字符位置

通过调整字符位置，可以设置字符在垂直方向的位置。

Word 提供了标准、提升、降低三种选择，默认为"标准"，若要调整位置，其具体操作如下。

Step01 在"会议纪要.docx"文档中，❶ 选中需要设置位置的文字，❷ 在【开始】选项卡的【字体】组中，单击【功能扩展】按钮 🖝，如图4-23 所示。

图 4-23

Step02 打开【字体】对话框，❶ 切换到【高级】选项卡，❷ 在【位置】下拉列表中选择位置类型，这里选择【提升】，在右侧的【磅值】微调框中设置间距大小，❸ 设置完成后单击【确定】按钮，如图4-24 所示。

图 4-24

Step03 返回文档，可查看设置后的效果，如图4-25 所示。

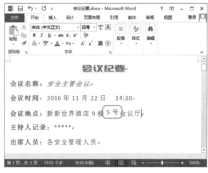

图 4-25

4.1.5　实战：设置管理制度文本的字符边框和底纹

实例门类	软件功能
教学视频	光盘 \ 视频 \ 第 4 章 \4.1.5.mp4

除了前面介绍的一些格式设置，我们还可以对文本设置边框和底纹，来凸显指定文本内容。

1. 设置字符边框

对文档进行排版时，还可对文本设置边框效果，从而让文档更加美观漂亮，并突出重点内容。其具体操作如下。

Step01 打开"光盘\素材文件\第4章\销售人员管理制度.docx"的文件，❶选中要设置边框效果的文本，❷在【开始】选项卡的【段落】组中，单击【边框】按钮右侧的下拉按钮，❸在弹出的下拉列表中选择【边框和底纹】选项，如图4-26所示。

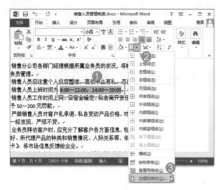

图 4-26

Step02 打开【边框和底纹】对话框，❶在【边框】选项卡中的【设置】栏中选择边框类型，❷在【样式】列表框中选择边框的样式，❸在【颜色】下拉列表中选择边框颜色，❹在【宽度】下拉列表中设置边框粗细，❺在【应用于】下拉列表中选择【文字】选项，❻单击【确定】按钮，如图4-27所示。

图 4-27

Step03 返回文档，即可查看设置的边框效果，如图4-28所示。

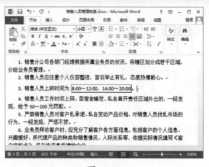

图 4-28

2. 设置字符底纹

除了设置边框效果外，还可对文本设置底纹效果，以达到美化、强调的作用。为文本设置底纹效果的具体操作如下。

Step01 在"销售人员管理制度.docx"文档中，❶选中要设置底纹效果的文本，❷在【开始】选项卡的【段落】组中，单击【边框】按钮右侧的下拉按钮，❸在弹出的下拉列表中选择【边框和底纹】选项，如图4-29所示。

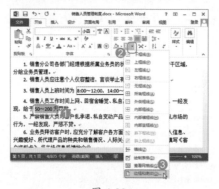

图 4-29

Step02 打开【边框和底纹】对话框，❶切换到【底纹】选项卡，❷在【填充】下拉列表中选择底纹颜色，❸在【应用于】下拉列表中选中【文字】选项，❹单击【确定】按钮，如图4-30所示。

技能拓展——丰富底纹效果

设置底纹效果时，为了丰富底纹效果，用户还可以在【图案】下拉列表中选择填充图案，在【颜色】下拉列表中选择图案的填充颜色。

Step03 返回文档，即可查看设置的底纹效果，如图4-31所示。

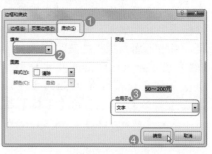

图 4-30

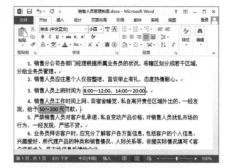

图 4-31

技能拓展——通过功能区设置边框和底纹效果

通过【边框和底纹】对话框，可以对所选文本自定义设置各种样式的边框和底纹效果。如果只需要设置简单的边框和底纹效果，可通过功能区快速实现，其方法有以下两种。

1. 选中要设置边框和底纹的文本，在【开始】选项卡的【字体】组中，单击【字符边框】A按钮，可对所选文本设置默认效果的边框；单击【字符底纹】按钮A，可对所选文本设置默认效果的底纹。

2. 选中要设置边框和底纹的文本，在【开始】选项卡的【段落】组中，单击【底纹】按钮右侧的下拉按钮，在弹出的下拉列表中可以设置底纹颜色；单击【边框】按钮右侧的下拉按钮，在弹出的下拉列表中可以选择边框样式。

4.2　段落格式的设置

段落格式是指以段落为单位的格式设置，是文档排版中主要操作的对象之一。与字体格式类似，段落格式也属于排版中的基本格式。对段落设置对齐方式、缩进、间距等基本格式时，不需要选择段落，只需要将鼠标光标定位到该段落内即可。当然，如果需要对多个段落设置相同格式，就需要先选中这些段落，然后再进行设置。

4.2.1　实战：设置段落对齐方式

实例门类	软件功能
教学视频	光盘 \ 视频 \ 第 4 章 \4.2.1.mp4

对齐方式是指段落在页面上的分布规则，其规则主要有水平对齐和垂直对齐两种。

1. 水平对齐方式

水平对齐方式是最常设置的段落格式之一。当我们要对段落设置对齐方式时，通常就是指设置水平对齐方式。水平对齐方式主要包括左对齐、居中、右对齐、两端对齐和分散对齐5 种，其含义介绍如下。

➡ 左对齐：段落以页面左侧为基准对齐排列。

➡ 居中：段落以页面中间为基准对齐排列。

➡ 右对齐：段落以页面右侧为基准对齐排列。

➡ 两端对齐：段落的每行在页面中首尾对齐。当各行之间的字体大小不同时，Word 会自动调整字符间距。

➡ 分散对齐：与两端对齐相似，将段落在页面中分散对齐排列，并根据需要自动调整字符间距。与两端对齐相比较，最大的区别在于对段落最后一行的处理方式，当段落最后一行包含大量空白时，分散对齐会在最后一页文本之间调整字符间距，从而自动填满页面。

设置段落水平对齐方式的具体操作如下。

Step01 打开"光盘 \ 素材文件 \ 第 4 章 \ 放假通知 .docx"的文件，❶ 将鼠标光标定位到需要设置对齐方式的段落，❷ 在【开始】选项卡的【段落】组中单击【居中】按钮，如图 4-32 所示。

图 4-32

Step02 此时，当前段落将以"居中"对齐方式进行显示，效果如图4-33 所示。

图 4-33

2. 垂直对齐方式

当段落中存在不同字号的文字，或存在嵌入式图片时，对其设置垂直对齐方式，可以控制这些对象的相对位置。段落的垂直对齐方式主要包括顶端对齐、居中、基线对齐、底端对齐和自动设置 5 种。设置垂直对齐方式的具体操作如下。

Step01 在"放假通知 .docx"文档中，❶ 将鼠标光标定位在需要设置垂直对齐方式的段落中，❷ 在【开始】选项卡的【段落】组中单击【功能扩展】按钮，如图 4-34 所示。

图 4-34

Step02 打开【段落】对话框，❶ 切换到【中文版式】选项卡，❷ 在【文本对齐方式】下拉列表中选择需要的垂直对齐方式，如【居中】，❸ 单击【确定】按钮，如图 4-35 所示。

图 4-35

Step03 返回文档，可查看设置后的效果，如图 4-36 所示。

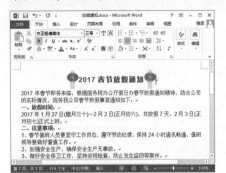

图 4-36

4.2.2 实战：设置段落缩进

实例门类	软件功能
教学视频	光盘 \ 视频 \ 第 4 章 \4.2.2.mp4

为了增强文档的层次感，提高可阅读性，可以对段落设置合适的缩进。

例如，要对段落设置首行缩进 2 字符，具体操作如下。

Step01 在"放假通知 .docx"文档中，❶ 选中需要设置缩进的段落，❷ 在【开始】选项卡的【段落】组中单击【功能扩展】按钮 ，如图 4-37 所示。

图 4-37

Step02 打开【段落】对话框，❶ 在【缩进】栏的【特殊格式】下拉列表中选择【首行缩进】选项，❷ 在右侧的【缩进值】微调框设置【2字符】，❸ 单击【确定】按钮，如图 4-38 所示。

图 4-38

Step03 返回文档，可查看设置后的效果，如图 4-39 所示。

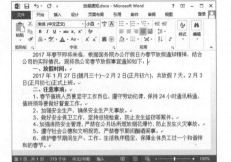

图 4-39

★ 重点 4.2.3 实战：设置段落间距

实例门类	软件功能
教学视频	光盘 \ 视频 \ 第 4 章 \4.2.3.mp4

段落间距是指相邻两个段落之间的距离，本节就先讲解段落间距的设置方法，具体操作如下。

Step01 在打开的"放假通知 .docx"文档中，❶ 选中需要设置间距的段落，❷ 在【开始】选项卡的【段落】组中单击【功能扩展】按钮 ，如图 4-40 所示。

图 4-40

Step02 打开【段落】对话框，❶ 在【间距】栏中通过【段前】微调框可以设置段前距离，通过【段后】微调框可以设置段后距离，这里设置段前 0.5 行、段后 0.5 行，❷ 单击【确定】按钮，如图 4-41 所示。

图 4-41

Step 03 返回文档，可查看设置后的效果，如图 4-42 所示。

图 4-42

★ 重点 4.2.4 实战：设置放假通知段落行距

实例门类	软件功能
教学视频	光盘 \ 视频 \ 第 4 章 \4.2.4.mp4

行距是指段落中行与行之间的距离，通过设置合适的行距，可以拉开行与行之间的距离，从而有效地避免发生阅读错行的情况。默认情况下，段落的行距间隔是单倍行距，如果需要更改，可按下面的操作方法实现。

Step 01 在"放假通知 .docx"文档中，❶ 选中需要设置行距的段落，❷ 在【开始】选项卡的【段落】组中，单击【行和段落间距】按钮 ↕≡▼，如图 4-43 所示。

图 4-43

Step 02 在弹出的下拉列表中提供了一些数值选项，这些数值表示的是每行字体高度的倍数，用户根据需要选择行距选项即可，如【1.15】，如图 4-44 所示。

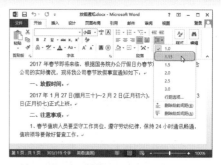

图 4-44

★ 重点 4.2.5 实战：方案项目添加项目符号

实例门类	软件功能
教学视频	光盘 \ 视频 \ 第 4 章 \4.2.5.mp4

对于文档中具有并列关系的内容而言，通常包含了多条信息，我们可以为它们添加项目符号，从而让这些内容的结构更清晰，也更具可读性。

若要套用系统中内置的项目符号，❶ 可选中需要添加项目符号的段落，❷ 在【开始】选项卡的【段落】组中单击【项目符号】按钮 ≔ ▼ 右侧的下拉按钮 ▼，❸ 在弹出的下拉列表中选择需要的项目符号样式，如图 4-45 所示。

若要为文本内容添加个性化项目符号，则可通过自定义新建的方法来完成。

例如，在"试用期管理制度"文档中添加个性化项目符号，其具体操作如下。

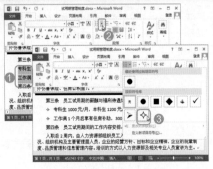

图 4-45

Step01 打开"光盘\素材文件\第4章\试用期管理制度.docx"文件，❶选中需要添加项目符号的段落，❷在【开始】选项卡的【段落】组中单击【项目符号】按钮 ≡ 右侧的下拉按钮 ▾，❸在弹出的下拉列表中选择【定义新项目符号】选项，如图4-46所示。

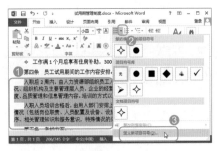

图 4-46

Step02 打开【定义新项目符号】对话框，单击【符号】按钮，如图4-47所示。

图 4-47

Step03 ❶在打开的【符号】对话框中

选择需要的符号，❷单击【确定】按钮，如图4-48所示。

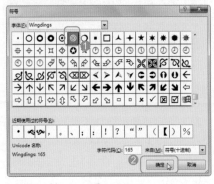

图 4-48

Step04 返回【定义新项目符号】对话框，在【预览】栏中可以预览所设置的效果，单击【确定】按钮，如图4-49所示。

图 4-49

技能拓展——使用图片作为项目符号

根据操作需要，我们还可以将图片设置为项目符号，操作方法为：选中需要设置项目符号的段落，打开【定义新项目符号】对话框中，单击【图片】按钮，在打开的【插入图片】窗口中，选择计算机中的图片或网络图片来设置项目符号即可。

Step05 返回文档，保持段落的选中状态，❶单击【项目符号】按钮 ≡ 右侧的下拉按钮 ▾，❷在弹出的下拉列表中选择之前设置的符号样式，此

时，所选段落即可应用该样式，如图4-50所示。

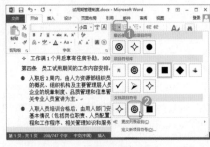

图 4-50

4.2.6 实战：为试用期管理制度添加编号

实例门类	软件功能
教学视频	光盘\视频\第4章\4.2.6.mp4

在 Word 中为文本内容添加编号，同样可分为两种：一是直接套用系统内置的编号；二是添加自定义样式编号。

对于直接套用样式编号的文本内容，❶选中需要添加编号的段落，❷在【开始】选项卡的【段落】组中，单击【编号】按钮 ≡ 右侧的下拉按钮 ▾，❸在弹出的下拉列表中选择需要的编号样式，如图4-51所示。

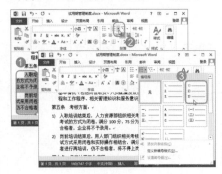

图 4-51

若要自定义编号样式，例如，要自定义一个"流程1""流程2"……，可按如下操作进行。

Step01 在"试用期管理制度.docx"文档中，❶选中需要添加编号的段落，❷在【开始】选项卡的【段落】组

中，单击【编号】按钮 ≡· 右侧的下拉按钮 ▾，❸ 在弹出的下拉列表中选择【定义新编号格式】选项，如图4-52 所示。

图 4-52

Step02 打开【定义新编号格式】对话框，在【编号样式】下拉列表中选择编号样式，本例中需选择【1,2,3,…】，此时，【编号格式】文本框中将出现"1."字样，且"1"以灰色显示，表示不可修改或删除，如图4-53 所示。

Step03 ❶ 将"1"后面的"."删除掉，然后在"1"前面输入文本"流程"，❷ 设置完成后单击【确定】按钮，如图 4-54 所示。

图 4-53

图 4-54

Step04 返回文档，保持段落的选择状态，❶ 单击【编号】按钮 ≡· 右侧的下拉按钮 ▾，❷ 在弹出的下拉列表中选择设置的编号样式即可，如图 4-55 所示。

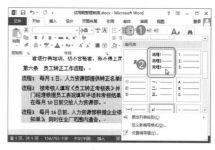

图 4-55

🎯 技术看板

与自定义项目符号一样，若没有对段落设置缩进格式，则无须进行上述第 4 步操作。

4.3 页面格式的设置

无论对文档进行何种样式的排版，所有操作都是在页面中完成的，页面直接决定了版面中内容的多少以及摆放位置。在排版过程中，我们可以使用默认的页面设置，也可以根据需要对页面进行设置，主要包括页边距、纸张大小、纸张方向等。为了保证版式的整洁，一般建议在排版文档之前先设置好页面。

4.3.1 实战：设置公司章程页边距

实例门类	软件功能
教学视频	光盘 \ 视频 \ 第 4 章 \4.3.1.mp4

页边距是页面内容与页边之间的间隔的距离，用户通过页边距的设置，可控制页面内容的布局效果和打印效果。

若只要简单地设置页边距，❶ 可单击【页面布局】选项卡，❷ 单击【页边距】下拉按钮，❸ 在弹出的下拉列表中选择相应的页边距选项，如图 4-56 所示。

如要自定义设置页边距，可通过【页边距】对话框来完成。

例如，在"公司章程"文档中设置左右上下页边距为 1.5 厘米，其具体操作如下。

图 4-56

Step01 打开"光盘\素材文件\第4章\公司章程.docx"文件，❶单击【页面设置】组中的【页边距】下拉按钮，❷在弹出的下拉列表中选择【自定义边距】命令，如图4-57所示。

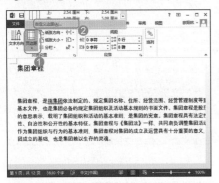

图 4-57

Step02 打开【页面设置】对话框，❶在【页边距】选项卡中分别设置【上】【下】【左】【右】参数为【1.5厘米】，❷单击【确定】按钮，如图4-58所示。

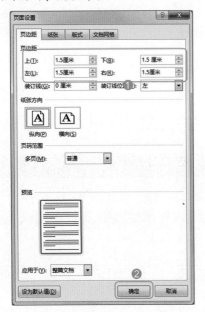

图 4-58

4.3.2 实战：设置员工出差管理制度开本大小

实例门类	软件功能
教学视频	光盘\视频\第4章\4.3.2.mp4

进行页面设置时，通常是先确定页面的大小，即开本大小（纸张大小）。

Word提供了内置纸张大小供用户快速选择（单击【纸张大小】下拉按钮，在弹出的下拉选项中选择相应的选项即可），用户也可以根据需要自定义设置，其具体操作如下。

Step01 打开"光盘\素材文件\第4章\员工出差管理制度.docx"的文件，❶切换到【页面布局】选项卡，❷在【页面设置】组中单击【功能扩展】按钮⤢，如图4-59所示。

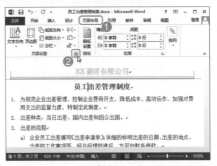

图 4-59

Step02 打开【页面设置】对话框，❶切换到【纸张】选项卡，❷在【纸张大小】下拉列表中选择需要的纸张大小，如【16开（18.4×26厘米）】，❸单击【确定】按钮即可，如图4-60所示。

图 4-60

4.3.3 实战：设置员工出差管理制度纸张方向

实例门类	软件功能
教学视频	光盘\视频\第4章\4.3.3.mp4

纸张的方向主要包括"纵向"与"横向"两种，纵向为Word文档的默认方向，根据需要，用户可以设置纸张方向，其具体操作方法为：在打开的"员工出差管理制度.docx"文档中，❶切换到【页面布局】选项卡，❷在【页面设置】组中单击【纸张方向】按钮，❸在弹出的下拉列表中选择需要的纸张方向即可，本例中选择【横向】，如图4-61所示。

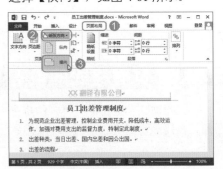

图 4-61

4.3.4 实战：为公司简介添加页眉、页脚内容

实例门类	软件功能
教学视频	光盘\视频\第4章\4.3.4.mp4

Word提供了多种样式的页眉、页脚，用户可以根据实际需要进行选

择，具体操作如下。

Step01 打开"光盘 \ 素材文件 \ 第 4 章 \ 公司简介 .docx"的文件，❶ 切换到【插入】选项卡，❷ 单击【页眉和页脚】组中的【页眉】按钮，❸ 在弹出的下拉列表中选择页眉样式，如图 4-62 所示。

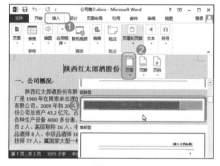

图 4-62

Step02 所选样式的页眉将添加到页面顶端，同时文档自动进入页眉编辑区，❶ 通过单击占位符或在段落标记处输入并编辑页眉内容，❷ 完成页眉内容的编辑后，在【页眉和页脚工具 / 设计】选项卡的【导航】组中单击【转至页脚】按钮，如图 4-63 所示。

图 4-63

Step03 自动转至当前页的页脚，此时，页脚为空白样式，如果要更改其样式，❶ 在【页眉和页脚工具 / 设计】

选项卡的【页眉和页脚】组中单击【页脚】按钮，❷ 在弹出的下拉列表中选择需要的样式，如图 4-64 所示。

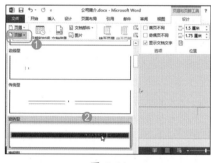

图 4-64

Step04 ❶ 通过单击占位符或在段落标记处输入并编辑页脚内容，❷ 完成页脚内容的编辑后，在【页眉和页脚工具 / 设计】选项卡的【关闭】组中单击【关闭页眉和页脚】按钮，如图 4-65 所示。

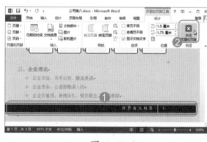

图 4-65

Step05 退出页眉 / 页脚编辑状态，即可看到设置了页眉页脚后的效果，如图 4-66 所示。

图 4-66

4.4 特色格式的设置

在设置段落格式时，还会遇到一些比较常用的特殊格式，如首字下沉、双行合一、纵横混排等。那么，这些格式是怎么设置的呢？下面就来一一揭晓。

4.4.1 实战：设置宣言首字下沉

实例门类	软件功能
教学视频	光盘\视频\第4章\4.4.1.mp4

首字下沉是一种段落修饰，是将文档中第一段第一个字放大并占几行显示，这种格式在报刊、杂志中比较常见。

例如，在"企业宣言"文档中设置首字下沉的具体操作如下。

Step01 打开"光盘\素材文件\第4章\企业宣言.docx"的文件，❶将鼠标光标定位在要设置首字下沉的段落中，❷切换到【插入】选项卡，❸单击【文本】组中的【首字下沉】按钮，❹在弹出的下拉列表中单击【首字下沉选项】选项，如图4-67所示。

图 4-67

Step02 打开【首字下沉】对话框，❶在【位置】栏中选中【下沉】选项，❷在【选项】栏中设置首字的字体、下沉行数等参数，❸设置完成后单击【确定】按钮，如图4-68所示。

图 4-68

Step03 返回文档，可看见设置首字下沉后的效果，如图4-69所示。

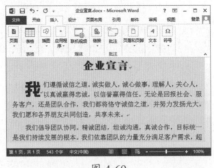

图 4-69

技能拓展——应用默认格式的首字下沉

将鼠标光标定位在要设置首字下沉的段落中后，在【插入】选项卡的【文本】组中单击【首字下沉】按钮，在弹出的下拉列表中直接单击【下沉】选项，Word将按默认设置对当前段落设置首字下沉格式。

★ 重点 4.4.2 实战：使用双行合一功能制作红头文件

实例门类	软件功能
教学视频	光盘\视频\第4章\4.4.2.mp4

对于企业或政府部门的工作人员来说，经常需要制作多单位联合发文的文件，文件头如图4-70所示。

图 4-70

要想制作出图4-70中的文件头，可通过双行合一功能实现。双行合一是 Word 的一个特色功能，通过该功能，可以轻松地制作出两行合并成一行的效果。

Step01 新建一篇名为"联合公文头"的空白文档，在文档中输入"××市人民政府妇女联合会文化厅文件"，将字符格式设置为：字体【方正大黑简体】、字号【三号】、字体颜色【红色】【加粗】，将段落格式设置为：水平对齐方式【居中】，垂直对齐方式【居中】。

Step02 ❶选中"妇女联合会文化厅"文本内容，❷在【开始】选项卡的【段落】组中，单击【中文版式】按钮，❸在弹出的下拉列表中单击【双行合一】选项，如图4-71所示。

图 4-71

Step03 打开【双行合一】对话框，在【预览】栏中可看见所选文字按字数平均分布在了两行，如图4-72所示。

图 4-72

Step04 因为两个联合发文机构名称的字数不同，所以合并效果并不理想，此时，我们需要在【文字】文本框中，通过输入空格的方式对字数较少的机构名称进行调整。❶本例中分别在"文"字与"化"字的后面输入两个空格，❷在【预览】栏中确定效果无误后单击【确定】按钮，如图 4-73 所示。

图 4-73

如果希望制作带括号的双行合一效果，则在【双行合一】对话框中选中【带括号】复选框，然后在【括号样式】下拉列表中选择需要的括号样式即可。

Step 05 返回文档，选中"妇女联合会文化厅"，对其设置大一些的字号，如【小初】。至此，完成了联合公文头的制作，效果如图 4-74 所示。

图 4-74

对文档中的文字设置了双行合一的效果后，如果要取消该效果，可先选中设置了双行合一效果的文本对象，打开【双行合一】对话框，单击【删除】按钮即可。

★ 重点 4.4.3 实战：为销售人员管理制度创建分栏排版

实例门类	软件功能
教学视频	光盘\视频\第 4 章\4.4.3.mp4

默认情况下，页面中的内容呈单栏排列，如果希望文档分栏排版，可利用 Word 的分栏功能实现，具体操作如下。

Step 01 打开"光盘\素材文件\第 4 章\销售人员管理制度 1.docx"文件，❶切换到【页面布局】选项卡，❷单击【页面设置】组中的【分栏】按钮，❸在弹出的下拉列表中选择需要的分栏方式，如【两栏】，如图 4-75 所示。

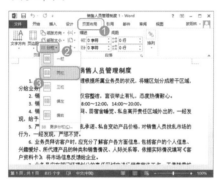

图 4-75

Step 02 此时，Word 将按默认设置对文档进行双栏排版，如图 4-76 所示。

图 4-76

★ 重点 4.4.4 实战：为制度文档添加水印

实例门类	软件功能
教学视频	光盘\视频\第 4 章\4.4.4.mp4

水印是指将文本或图片以水印的方式设置为页面背景，其中文字水印多用于说明文件的属性，通常用作提醒功能，而图片水印则大多用于修饰文档。

对于文字水印而言，Word 提供了几种文字水印样式，用户只需切换到【设计】选项卡，单击【页面背景】组中的【水印】按钮，在弹出的下拉列表中选择需要的水印样式即可，如图 4-77 所示。

图 4-77

在设置了水印的文档中，如果要删除水印，在【页面背景】组中单击【水印】按钮，在弹出的下拉列表中选择【删除水印】选项即可。

但在编排商务办公文档时，Word 提供的文字水印样式并不能满足用户的需求，此时就需要自定义文字水印，具体操作如下。

Step 01 打开"光盘\素材文件\第 4 章\财务盘点制度.docx"文件，❶切换到【设计】选项卡，❷单击【页面背景】组中的【水印】按钮，❸在弹出的下拉列表中单击【自定义水印】选项，如图 4-78 所示。

图 4-78

Step02 打开【水印】对话框，❶选中【文字水印】单选按钮，❷在【文字】文本框中输入水印内容，❸根据操作需要对文字水印设置字体、字号等参数，❹完成设置后单击【确定】按钮，如图 4-79 所示。

图 4-79

Step03 返回文档，即可查看设置后的效果，如图 4-80 所示。

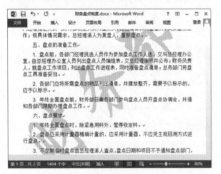

图 4-80

技能拓展——设置图片水印

为了让文档页面看起来更加美观，我们还可以设计图片样式的水印，具体操作方法为：打开【水印】对话框后选中【图片水印】单选按钮，单击【选择图片】按钮，在弹出的【插入图片】页面中单击【浏览】按钮，弹出【插入图片】对话框，选择需要作为水印的图片，单击【插入】按钮，返回【水印】对话框，设置图片的缩放比例等参数，完成设置后单击【确定】按钮即可。

★ 重点 4.4.5 实战：为季度工作总结设置分节

实例门类	软件功能
教学视频	光盘\视频\第 4 章\4.4.5.mp4

在 Word 排版中，"节"是一个非常重要的概念，这个"节"并非书籍中的"章节"，而是文档格式化的最大单位，通俗地理解，"节"是指排版格式（包括页眉、页脚、页面设置等）要应用的范围。

默认情况下，Word 将整个文档视为一个"节"，所以对文档的页面设置、页眉设置等格式是应用于整篇文档的。若要在不同的页码范围设置不同的格式（例如第 1 页采用纵向纸张方向，第 2~7 页采用横向纸张方向），只需插入分节符对文档进行分节，然后单独为每"节"设置格式即可。

插入分节符的具体操作如下。

Step01 打开"光盘\素材文件\第 4 章\2016 年季度工作总结.docx"文件，❶将鼠标光标定位到需要插入分节符的位置，❷切换到【页面布局】选项卡，❸单击【页面设置】组中的【分隔符】按钮，❹弹出下拉列表，在【分节符】栏中选择【下一页】选项，如图 4-81 所示。

图 4-81

Step02 通过上述操作后，将在鼠标光标所在位置插入分节符，并在下一页开始新节。插入分节符后，上一页的内容结尾处会显示分节符标记，如图 4-82 所示。

图 4-82

妙招技法

通过前面知识的学习，相信读者朋友已经掌握了字符格式、段落格式、页面格式以及其他一些较为特殊的格式设置方法。下面将结合本章内容，给大家介绍一些实用的技巧。

技巧 01：改变 Word 的默认字体格式

教学视频	光盘\视频\第4章\技巧 01.mp4

Word 默认的字体为宋体或是等线、字号大小为五号、字体颜色为黑色。读者可根据实际需要将指定字体设置为默认字体，这样可节省设置字体格式的操作，从而提高工作效率。

具体操作方法为：打开【字体】对话框，❶ 在【字体】选项卡中设置相应的字体格式，❷ 单击【设为默认值】按钮，❸ 单击【确定】按钮，如图 4-83 所示。

图 4-83

技巧 02：利用格式刷快速复制相同格式

教学视频	光盘\视频\第4章\技巧 02.mp4

格式刷是一种快速应用格式的工具，能够将某文本对象的格式复制到另一个对象上，从而避免重复设置格式的麻烦。当需要对文档中的文本或段落设置相同格式时，便可通过格式刷复制格式，具体操作如下。

Step 01 打开"光盘\素材文件\第4章\函数语法介绍 .docx"的文件，❶ 选中需要复制的格式所属文本，❷ 在【开始】选项卡的【剪贴板】组中单击【格式刷】按钮，如图 4-84 所示。

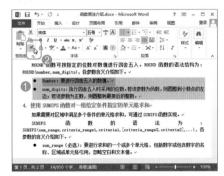

图 4-84

Step 02 鼠标指针将呈刷子形状，按住鼠标左键不放，然后拖动鼠标选择需要设置相同格式的文本，如图 4-85 所示。

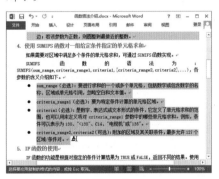

图 4-85

Step 03 此时，被拖动的文本将应用相同格式，即应用了相同的底纹效果，如图 4-86 所示。

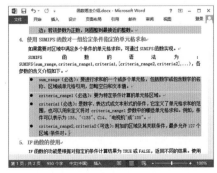

图 4-86

技能拓展——重复使用格式刷

当需要把一种格式复制到多个文本对象时，就需要连续使用格式刷，此时可双击【格式刷】按钮，使鼠标指针一直呈刷子状态。当不再需要复制格式时，可再次单击【格式刷】按钮或按【Esc】键退出复制格式状态。

技巧 03：在同一页面显示完整段落

教学视频	光盘\视频\第4章\技巧 03.mp4

在编辑文档时，经常会遇到页面底端的段落分别显示在当前页底部和下一页顶部的情况，如图 4-87 所示。

图 4-87

如果希望该段落包含的所有内容都显示在同一个页面中，那么可以对段落的换行和分页进行设置，具体操作如下。

Step 01 在"函数语法介绍 .docx"文档中，选择要设置的段落，打开【段落】对话框，❶ 切换到【换行和分页】选项卡，❷ 在【分页】栏中选中【段中不分页】复选框，❸ 单击【确定】按钮，如图 4-88 所示。

图 4-88

Step 02 返回文档，可查看设置后的效果，如图 4-89 所示。

图 4-89

技巧 04：调整文本与下画线之间的距离

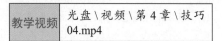

教学视频	光盘 \ 视频 \ 第 4 章 \ 技巧 04.mp4

默认情况下，为文字添加下画线后，下画线与文本之间的距离非常近，为了美观，我们可以调整它们之间的距离，具体操作如下。

Step 01 打开"光盘 \ 素材文件 \ 第 4 章 \ 放假通知 1.docx"的文件，选中文本并添加下画线，如图 4-90 所示。

图 4-90

Step 02 ❶ 添加下画线后，在文本的左侧和右侧各按一次空格键输入空格，然后选择文字部分，❷ 在【开始】选项卡的【字体】组中，单击【功能扩展】按钮，如图 4-91 所示。

图 4-91

Step 03 打开【字体】对话框，❶ 切换到【高级】选项卡，❷ 在【位置】下拉列表中选中【提升】选项，在右侧的【磅值】微调框中设置间距大小，❸ 设置完成后单击【确定】按钮，如图 4-92 所示。

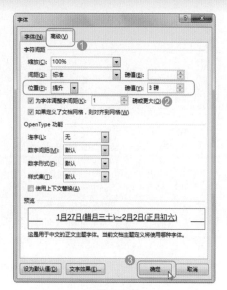

图 4-92

Step 04 返回文档，可看到下画线与文字之间有了明显的距离，如图 4-93 所示。

图 4-93

技巧 05：如何防止输入的数字自动转换为编号

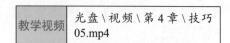

教学视频	光盘 \ 视频 \ 第 4 章 \ 技巧 05.mp4

默认情况下，在以下两种情况时，Word 会自动对其进行编号列表：

➡ 在段落开始处输入类似"1."、"（1）""①"等编号格式的字符时，然后按空格键或【Tab】键。

➡ 在以"1.""（1）""①"或"a."等编号格式的字符开始的段落中，按【Enter】键换到下一段时。

这是因为 Word 提供了自动编号功能，如果希望防止输入的数字自动转换为编号，可设置 Word 的自动更正功能，具体操作如下。

Step01 打开【Word 选项】对话框，❶ 切换到【校对】选项卡，❷ 在【自动更正选项】栏中单击【自动更正选项】按钮，如图 4-94 所示。

Step02 弹出【自动更正】对话框，❶ 切换到【键入时自动套用格式】选项卡，❷ 在【键入时自动应用】栏中，取消【自动编号列表】复选框的选中，❸ 单击【确定】按钮，如图 4-95 所示。

Step03 返回【Word】选项对话框，单击【确定】按钮即可。

图 4-94

图 4-95

本章小结

本章主要讲解了如何对文本内容进行包装、美化，主要包括设置字体格式、段落格式、页面设置等内容。通过本章的学习，希望读者能够熟练运用相应的功能对文档进行美化操作，从而让自己的文档从众多的文档中脱颖而出。

第5章 Word 文档的图文混排

➤ 网上搜索的图片，怎么插入文档中？

➤ 在 Word 中如何制作立体图片效果？

➤ 使用 Word 删除图片背景，你会吗？

➤ 怎么通过形状制作各种想要的图示？

➤ 如何制作循环图、关系图、组织结构图等常用图示？

图文混排可以使文档效果更加美观，在我们的日常工作中也使用得非常频繁，所以本章的内容看似简单，但非常实用，建议读者带着以上问题开始本章的学习，相信能得到不少的收获。

5.1 图文混排须知

文档中除了文字内容外，常常还需要用到图片、图形等内容，这些元素有时会以主要内容的形式存在，有时我们也需要应用这些元素来修饰文档。只有合理地安排这些元素，才能让我们的文档更具有艺术性，更能吸引阅读者，并且更有效地传达文档要表达的意义。

5.1.1 图文混排的艺术

在 Word 中，要想制作出图文混排的效果，往往需要运用到艺术字、图片、形状和 SmartArt 图形等对象，当然，并不是所有对象使用完才能制作出该效果，只要使用其中一个或多个对象，都能制作出图文混排的效果。

要想使制作出的图文混排文档的效果更加美观，那么，对象的布局就显得非常重要。在 Word 中，不同的对象，其默认插入文档中的布局是不一样的，要想随意调整对象的位置，就需要对对象的布局进行设置。

在 Word 2013 中，为对象提供了嵌入型、四周型环绕、紧密型环绕、穿越型环绕、上下型环绕、衬于文字下方和浮于文字上方 7 种布局选项，如图 5-1 所示。用户可根据排版需要选择使用。

图 5-1

同时，用户要明白图形图像在 Word 中的应用原理或目的。这样一来，不仅可以帮助我们表达具体的信息，还能丰富和美化文档，使文档更生动、更具有特色。

1. 图片在文档中的应用

在文档中，有时候需要配上实物照片，如进行产品介绍、产品展示等产品宣传类的文档时，可以在文档中配上产品图片，不仅可以更好地展示产品、吸引客户，还可以增加页面的美感，如图 5-2 所示，添加图片，让阅读者充分了解产品。

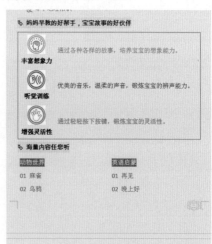

图 5-2

图片除了用于对文档内容进行说明外，还可以用于修饰和美化文档，如作为文档背景，用小图点缀页面等，如图 5-3 所示。

图 5-3

2. 图形在文档中的应用

在文档中我们要表达一个信息，通常使用的方法是通过文字进行描述，但有一些信息的表达，可能用文字描述需要使用一大篇文字甚至还不一定能表达清楚。例如，想要表达项目开展的情况，如图 5-4 所示基本上可以说明一切，但如果用文字来描述，那就得花上很多工夫写大量的文字，这就是图形元素的一种应用。

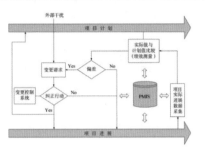

图 5-4

5.1.2 图片选择须谨慎

在制作产品说明书和宣传类文档时，图片的使用是必不可少的，好的图片不仅可以起到画龙点睛的作用，还可以对文档进行修饰，起到美化文档的作用。

所谓的"好的图片"，并不是指好看的图片，而是通过图片的质量、图片的表现力、图片与文字的贴合度以及图片的风格等多方面来决定的，所以，在选择图片时，一定要谨慎，要选择与文档内容相契合的图片，不可随意找些与主题完全不相关的图片，还要注意图片的整体风格是否与文档的整体风格相符合。图 5-5 所示为插入了一张与文档主题搭配不合理的图片；图 5-6 所示为图片与文档主题搭配合理的图片。

图 5-5

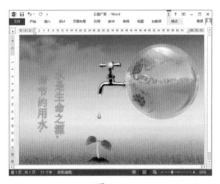

图 5-6

技术看板

在选择图片时，最好选择高清图片，这样放大或缩小图片后，图片的清晰度才不会受影响。

5.2 使用图片充实文档

在制作图文混排的文档效果时，经常需要通过一些图片来对文档内容进行补充说明，或通过图片来美化文档，以制作出图文并茂的文档效果。下面就介绍一些常用的使用图片的方法。

★ 重点 5.2.1 实战：在刊物文档中插入图片

实例门类	软件功能
教学视频	光盘 \ 视频 \ 第 5 章 \5.2.1.mp4

在制作文档的过程中，经常需要使用到图片，在 Word 2013 中，可直接插入计算机中保存的图片，也可在计算机连接网络的情况下，插入网络中搜索到的图片，用户可根据实际情况来选择插入图片的方法。

1. 插入计算机中保存的图片

在制作图文混排效果的文档时，当计算机中保存有文档需要的图片时，可直接通过 Word 2013 提供的图片功能将计算机中保存的图片插入文档中。例如，在"刊首寄语"文档中插入"拼搏"图片，具体操作如下。

Step 01 ❶ 打开"光盘 \ 素材文件 \ 第 5 章 \ 刊首寄语 .docx"文件，将鼠标光标定位到文档最前面，按【Enter】键分段，然后再将鼠标光标定位到空白行开始处，❷ 单击【插入】选项卡【插图】组中的【图片】按钮，如图 5-7 所示。

图 5-7

Step02 ❶ 打开【插入图片】对话框，在左侧的导航窗格中选择图片所保存的盘，这里选择【本地磁盘 (F:)】选项，❷ 在右侧依次选择图片所在文件夹，在打开文件夹中选择需要插入的图片【拼搏】，❸ 单击【插入】按钮，如图 5-8 所示。

图 5-8

技术看板

在【插入图片】对话框中选择需要插入的图片后，双击鼠标，可直接将图片插入文档中。

Step03 返回文档编辑区，即可查看到选择的图片被插入文档中，如图 5-9 所示。

图 5-9

2. 插入联机图片

Word 2013 中新增了联机图片功能，通过该功能，用户可以从网络中搜索需要的图片插入文档中，但前提是，使用联机图片功能时，必须保证计算机已正常连接网络。例如，继续上例操作，在"刊首寄语"文档中插入联机图片，具体操作如下。

Step01 ❶ 将鼠标光标定位到打开的【刊首寄语】文档末尾，❷ 单击【插入】选项卡【插图】组中的【联机图片】按钮，如图 5-10 所示。

图 5-10

Step02 ❶ 打开【插入图片】对话框，在【必应图像搜索】文本框中输入需要的图片类型，如【花边】，❷ 单击【搜索】按钮 ，如图 5-11 所示。

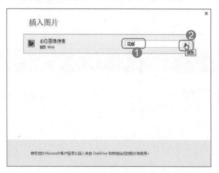

图 5-11

Step03 ❶ 开始搜索图片，在搜索结果中选择需要插入的图片，❷ 单击【插入】按钮，如图 5-12 所示。

Step04 开始下载图片，下载完成后返回文档编辑区，即可查看到选择的图片已插入鼠标光标处，效果如图 5-13 所示。

图 5-12

技术看板

在图片搜索结果对话框中显示了【尺寸】【类型】【颜色】等选项，用户还可根据需要对要查找图片的颜色、尺寸、类型等进行设置，以精确搜索需要的图片。

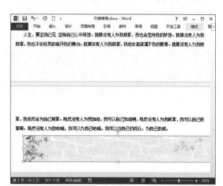

图 5-13

★ 重点 5.2.2 实战：裁剪图片

实例门类	软件功能
教学视频	光盘 \ 视频 \ 第 5 章 \5.2.2.mp4

在编辑图片的过程中，为了使图片更能贴合内容或是符合实际需要，有时需要对图片进行裁剪，具体操作如下。

Step01 打开"光盘 \ 素材文件 \ 第 5 章 \ 裁剪图片 .docx"文件，❶ 选中图片，❷ 切换到【图片工具 / 格式】选项卡，❸ 单击【大小】组中的【裁剪】按钮 ，如图 5-14 所示。

图 5-14

Step02 此时，图片将呈可裁剪状态，指向图片的某个裁剪标志，鼠标光标将变成裁剪状态，如图 5-15 所示。

图 5-15

Step03 鼠标光标呈裁剪状态时，拖动鼠标可进行裁剪，如图 5-16 所示。

图 5-16

◆ 技术看板

在 Word 2010 以上的版本中，选中要裁剪的图片后，单击【裁剪】按钮下方的下拉按钮 ▼，在弹出的下拉列表中还提供了【裁剪为形状】和【纵横比】两种裁剪方式，通过这两种方式，可直接选择预设好的裁剪方案。

Step04 当拖动至需要的位置时释放鼠标，此时阴影部分表示将要被剪掉的部分，按【Enter】键确认，如图 5-17 所示。

图 5-17

Step05 完成裁剪，裁剪后的效果如图 5-18 所示。

图 5-18

5.2.3 调整图片大小和角度

在文档中插入图片后，首先需要调整图片大小，以避免图片过大而占据太多的文档空间。为了满足各种排版需要，我们还可以通过旋转图片的方式随意调整图片的角度。

1. 使用鼠标调整图片大小和角度

使用鼠标来调整图片大小和角度，既快速又便捷，所以许多用户都会习惯性使用鼠标来调整图片大小和角度。

➥ 调整图片大小：打开"光盘\素材文件\第 5 章\调整图片大小和角度.docx"文件，选中图片，图片四周会出现控制点，将鼠标光标

停放在控制点上，待鼠标光标变成双向箭头时，按下鼠标左键并任意拖动，即可改变图片的大小，拖动时，鼠标光标显示为 ✛，如图 5-19 所示。

图 5-19

◆ 技术看板

若拖动图片 4 个角上的控制点，则图片会按等比例缩放大小；若拖动图片 4 边中线处的控制点，则只会改变图片的高度或宽度。

➥ 调整图片角度：在"调整图片大小和角度.docx"文档中，选中图片，将鼠标光标指向旋转手柄 ⟳，鼠标光标显示为 ↺，此时按下鼠标左键并进行拖动，可以旋转该图片，旋转时，鼠标光标显示为 ⟳，如图 5-20 所示，当拖动到合适角度后释放鼠标即可。

图 5-20

2. 通过功能区调整图片大小和角度

如果希望调整更为精确的图片大小和角度，可通过功能区实现。

➡ 调整图片大小：在"调整图片大小和角度.docx"文档中，❶选中图片，❷切换到【图片工具/格式】选项卡，❸在【大小】组中设置高度值和宽度值即可，如图5-21所示。

图 5-21

➡ 调整图片角度：在"调整图片大小和角度.docx"文档中，❶选中图片，❷切换到【图片工具/格式】选项卡，❸在【排列】组中单击【旋转】按钮，❹在弹出的下拉列表中选择需要的旋转角度，如图5-22所示。

图 5-22

技能拓展——恢复图片原始大小

在【布局】对话框的【大小】选项卡中，单击【重置】按钮，可以使图片恢复到原始大小。原始大小并非指将图片插入该文档时的图片大小，而是指图片本身的大小。图片的原始大小参数，可在【原始尺寸】栏中进行查看。

3. 通过对话框调整图片大小和角度

要想精确调整图片大小和角度，还可通过对话框来设置，具体操作如下。

Step ❶ 在"调整图片大小和角度.docx"文档中，❶选中图片，❷切换到【图片工具/格式】选项卡，❸在【大小】组中单击【功能扩展】按钮，如图5-23所示。

图 5-23

Step ❷ 打开【布局】对话框，❶在【大小】选项卡的【高度】栏中设置图片高度值，此时【宽度】栏中的值会自动进行调整，❷在【旋转】栏中设置旋转度数，❸设置完成后单击【确定】按钮，如图5-24所示。

图 5-24

Step ❸ 返回文档，可查看设置后的效果，如图5-25所示。

图 5-25

技术看板

在【布局】对话框调整图片大小时，还可以在【缩放】栏中通过【高度】或【宽度】微调框设置图片的缩放比例大小。

在【布局】对话框的【大小】选项卡中，【锁定纵横比】复选框默认为选中状态，所以通过功能区或对话框调整图片大小时，无论是高度还是宽度的值发生改变，另外一个值便会按图片的比例自动更正；反之，若取消【锁定纵横比】复选框的选中，则调整图片大小时，图片不会按照比例进行自动更正，容易出现图片变形的情况。

5.2.4 实战：在产品介绍中删除图片背景

实例门类	软件功能
教学视频	光盘\视频\第5章\5.2.4.mp4

在编辑图片时，还可通过 Word 提供的"删除背景"功能删除图片背景，具体操作如下。

Step ❶ 在打开的"产品介绍.docx"文档中，❶选中图片，❷切换到【图片工具/格式】选项卡，❸单击【调整】组中的【删除背景】按钮，如图5-26所示。

图 5-26

Step ❷ 图片将处于删除背景编辑状态，❶通过图片上的编辑框调整图片要保留的区域，确保需要保留部分全部包含在保留区域内，❷在【背景消除】选项卡的【关闭】组中单击【保留更改】按钮,如图 5-27 所示。

图 5-27

Step 03 图片的背景将被删掉了,效果如图 5-28 所示。

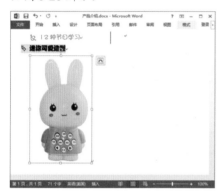

图 5-28

技能拓展——灵活删除图片背景

图片处于删除背景编辑状态时,在【背景消除】选项卡的【优化】组中,单击【标记要保留的区域】按钮,可以在图片中标识出要保留下来的图片区域;单击【标记要删除的区域】按钮,可以在图片中标识出要删除的图片区域。

5.2.5　实战:在形象展示文档中应用图片样式

实例门类	软件功能
教学视频	光盘 \ 视频 \ 第 5 章 \5.2.5.mp4

从 Word 2007 开始,为插入的图片提供了多种内置样式,这些内置样式主要是由阴影、映像、发光等效果元素创建的混合效果。

通过内置样式,可以快速为图片设置外观样式,具体操作方法为:打开"光盘 \ 素材文件 \ 第 5 章 \ 公司形象展示 .docx"文件,❶选择图片,❷切换到【图片工具 / 格式】选项卡,❸在【图片样式】列表框中选择需要的图片样式选项,如图 5-29 所示。

图 5-29

★ 重点 5.2.6　实战:在形象展示中设置图片环绕方式

实例门类	软件功能
教学视频	光盘 \ 视频 \ 第 5 章 \5.2.6.mp4

Word 提供了嵌入型、四周型、紧密型、穿越性、上下型、衬于文字下方和浮于文字上方 7 种文字环绕方式,不同的环绕方式可为阅读者带来不一样的视觉感受。

在 Word 2013 中设置图片环绕方式的具体操作如下。

Step 01 在打开的"公司形象展示 .docx"文档中,❶选中图片,❷切换到【图片工具 / 格式】选项卡,❸在【排列】组中单击【自动换行】下拉按钮,❹在弹出的下拉列表中选择需要的环绕方式,如图 5-30 所示。

Step 02 设置环绕方式并调整位置后的效果如图 5-31 所示。

图 5-30

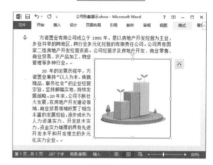

图 5-31

除了上述操作方法之外,还可通过以下两种方式设置图片的环绕方式。

➡ 使用鼠标右键单击图片,在弹出的快捷菜单中选择【环绕方式】命令,在弹出的子菜单中选择需要的环绕方式即可。

➡ 选中图片,图片右上角会自动显示【布局选项】按钮,单击该按钮,可在打开的【布局选项】窗格中选择环绕方式。

技能拓展——调整图片与文字之间的距离

对图片设置四周型、紧密型、穿越性、上下型这 4 种环绕方式后,我们还可以调整图片与文字之间的距离。

其操作方法为:选中图片,切换到【图片工具 / 格式】选项卡,在【排列】组中单击【自动换行】按钮,在弹出的下拉列表中选择【其他布局选项】选项,弹出【布局】对话框,在【文字环绕】选项卡的【距正文】栏中通过【上】【下】【左】【右】微调框进行调整即可。其中,"上下型"环绕方式只能设置【上】和【下】两个距离参数。

5.3 使用形状丰富文档

Word 2013 中提供了多个类别的形状，如线条、矩形、基本形状、箭头等，通过这些形状不仅可以制作组织结构图、流程图等图示，还可对文档进行点缀和美化，使文档内容更丰富，效果更美观。

5.3.1 实战：在贺卡中插入形状

实例门类	软件功能
教学视频	光盘\视频\第 5 章\5.3.1.mp4

为了满足用户在制作文档时的不同需要，Word 提供了多个类别的形状，如线条、矩形、基本形状、箭头等，用户可以从指定类别中找到需要使用的形状，然后将其插入文档中。

在文档中插入形状的具体操作如下。

Step01 打开"光盘\素材文件\第 5 章\礼献母亲节.docx"文件，❶切换到【插入】选项卡，❷单击【插图】组中的【形状】下拉按钮，❸在弹出的下拉列表中选择需要的形状选项，如图 5-32 所示。

图 5-32

Step02 此时鼠标光标呈十字状"十"，在需要插入形状的位置按住鼠标左键不放，然后拖动鼠标进行绘制，如图 5-33 所示。

Step03 当绘制到合适大小时释放鼠标，即可完成绘制，如图 5-34 所示。

图 5-33

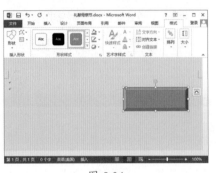

图 5-34

5.3.2 调整形状大小和角度

插入形状后，我们还可以调整形状的大小和角度，其方法和图片的调整相似，所以，此处只进行简单的介绍。

➡ 使用鼠标调整：选择形状，形状四周会出现控制点□，将鼠标光标指向控制点，待鼠标光标变成双向箭头时，按住鼠标左键并任意拖动，即可改变形状的大小；将鼠标光标指向旋转手柄，鼠标光标将显示为，此时按下鼠标左键并进行拖动，可以旋转形状。

➡ 使用功能区：选择形状，切换到【绘图工具/格式】选项卡，在

【大小】组中可以设置形状的大小，在【排列】组中单击【旋转】按钮，在弹出的下拉列表中可以选择形状的旋转角度。

➡ 使用对话框：选择形状，切换到【绘图工具/格式】选项卡，在【大小】组中单击【功能扩展】按钮，打开【布局】对话框，在【大小】选项卡中可以设置形状大小和旋转度数。

技术看板

使用鼠标调整形状的大小时，按住【Shift】键的同时再拖动形状，可等比例缩放形状大小。

此外，形状大小和角度的调整方法，同样适用于文本框、艺术字编辑框的调整，后面的相关知识讲解中将不再赘述。

5.3.3 实战：在贺卡中更改形状

实例门类	软件功能
教学视频	光盘\视频\第 5 章\5.3.3.mp4

在文档中绘制形状后，可以随时改变它们的形状。

例如，将"礼献母亲节"文档中的矩形更改为云形，具体操作如下。

Step01 在打开的"礼献母亲节.docx"文档中，❶选择形状，❷切换到【绘图工具/格式】选项卡，❸在【插入形状】组中单击【编辑形状】按钮，❹在弹出的下拉列表中依次选择【更改形状】→【云形】选项，如图 5-35 所示。

图 5-35

Step02 通过上述操作后，所选形状即可更改为云形，如图 5-36 所示。

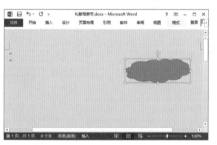

图 5-36

★ 重点 5.3.4 实战：为贺卡中的形状添加文字

实例门类	软件功能
教学视频	光盘 \ 视频 \ 第 5 章 \5.3.4.mp4

插入的形状中是不包含文本内容的，读者可手动添加，具体操作如下。

Step01 在打开的"礼献母亲节 .docx"文档中，❶ 在形状上单击鼠标右键，❷ 在弹出的快捷菜单中选择【添加文字】命令，如图 5-37 所示。

图 5-37

Step02 进入形状编辑状态，输入相应的文字内容，如图 5-38 所示。

图 5-38

Step03 选中输入的文字，通过【开始】选项卡的【字体】组设置字体格式，设置后的效果如图 5-39 所示。

图 5-39

5.3.5 实战：在产品介绍中将多个对象组合为一个整体

实例门类	软件功能
教学视频	光盘 \ 视频 \ 第 5 章 \5.3.5.mp4

在编辑与排版 Word 文档时，我们可以对图片、文本框、艺术字等对象进行自由组合，变成一个整体，从而便于整体的移动和复制，且在调整大小时，不会改变各对象的相对大小和位置。其具体操作如下。

在打开的"产品介绍 .docx"文档中，❶ 按住【Ctrl】键不放，依次选择需要组合的图形，在任一图形上单击鼠标右键，❷ 在弹出的快捷菜单中依次选择【组合】→【组合】命令，如图 5-40 所示。

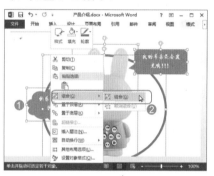

图 5-40

除了上面的这种操作外，读者还可以 ❶ 选择需要组合的多个图形，❷ 切换到【绘图工具 / 格式】选项卡，❸ 单击【排列】组中的【组合】按钮，❹ 在弹出的下拉列表中选择【组合】选项即可，如图 5-41 所示。

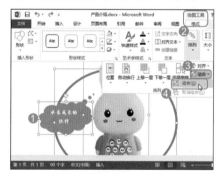

图 5-41

5.4 使用艺术字装饰文档

在制作宣传单、邀请函等文档时，为了使文档标题或文档中的重要内容更加突出，经常会使用到艺术字，通过艺术字，不仅可突出显示内容，还可使文档整体效果更加美观。

5.4.1 实战：在贺卡中插入艺术字

实例门类	软件功能
教学视频	光盘\视频\第5章\5.4.1.mp4

在制作海报、广告宣传等类的文档时，通常会使用艺术字来作为标题，以达到强烈、醒目的外观效果。之所以会选择艺术字来作为标题，是因为艺术字在创建之初就具有特殊的字体效果，可以直接使用而无须做太多额外的设置。从本质上讲，形状、文本框、艺术字都具有相同的功能。

插入艺术字的具体操作如下。

Step 01 在打开的"礼献母亲节.docx"文档中，❶切换到【插入】选项卡，❷单击【文本】组中的【艺术字】按钮，❸在弹出的下拉菜单中选择需要的艺术字样式，如图5-42所示。

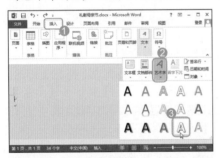

图 5-42

Step 02 在文档的鼠标光标所在位置将出现一个艺术字编辑框，占位符【请在此放置您的文字】为选中状态，按【Delete】键删除，如图5-43所示。

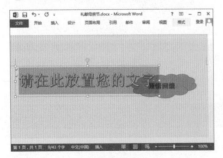

图 5-43

Step 03 输入艺术字内容，并对其设置字体格式，然后将艺术字拖动到合适位置，完成设置后的效果如图5-44所示。

图 5-44

技能拓展——更改艺术字样式

插入艺术字后，若对选择的样式不满意，可以进行更改，其方法为：选择艺术字，切换到【绘图工具/格式】选项卡，在【艺术字样式】组的列表框中重新选择需要的样式即可。

5.4.2 实战：设置艺术字样式

实例门类	软件功能
教学视频	光盘\视频\第5章\5.4.2.mp4

插入艺术字后，根据个人需要，还可在【绘图工具/格式】选项卡中的【艺术字样式】组中，通过相关功能对艺术字的外观进行调整，具体操作方法如下。

Step 01 在打开的"礼献母亲节.docx"文档中，❶选择艺术字，❷切换到【绘图工具/格式】选项卡，❸在【艺术字样式】组中单击【文本效果】按钮A·，❹在弹出的下拉列表中选择需要设置的效果，如【阴影】，❺在弹出的级联列表中选择需要的阴影样式，如图5-45所示。

Step 02 保持艺术字的选中状态，❶在【艺术字样式】组中单击【文本效果】按钮A·，❷在弹出的下拉列表中选择需要设置的效果，如【转

换】，❸在弹出的级联列表中选择相应的转换样式，如图5-46所示。

图 5-45

图 5-46

Step 03 至此，完成了对艺术字外观的设置，最终效果如图5-47所示。

图 5-47

技能拓展——设置艺术字的文本填充和轮廓颜色

选中艺术字，在【绘图工具/格式】选项卡的【艺术字样式】组中，单击【文本填充】按钮▲·右侧的下拉按钮▼，在弹出的下拉列表中可以设置文本的填充颜色；单击【文本轮廓】按钮▲·右侧的下拉按钮▼，在弹出的下拉列表中可以设置艺术字的轮廓颜色。

5.5 使用文本框点缀文档

文本框是一种特殊的文本对象，既可以作为图形对象进行处理，也可以作为文本对象进行处理。通过文本框，可以将文本内容放置于页面中任意位置，使文档排版更灵活、文档内容更丰富，起到点缀的作用。

5.5.1 实战：在贺卡中插入文本框

实例门类	软件功能
教学视频	光盘\视频\第 5 章\5.5.1.mp4

在编辑与排版文档时，若要在文档的任意位置插入文本，一般是通过插入文本框的方法实现。

Word 提供了多种内置样式的文本框，我们可直接插入使用，具体操作如下。

Step01 在打开的"礼献母亲节.docx"文档中，❶ 单击【文本】组中的【文本框】按钮，❷ 在弹出的下拉列表中选择需要的文本框样式，如图 5-48 所示。

图 5-48

Step02 所选样式的文本框将自动插入文档中，根据操作需要，选中文本框并拖动，以调整至合适的位置，效果如图 5-49 所示。

图 5-49

Step03 选择文本框中的占位符【使用文档中的独特引言……，只需拖动它即可。】，按【Delete】键删除，然后输入文字内容，并对其设置字体格式和段落格式，设置后的效果如图 5-50 所示。

图 5-50

> ⚙️ **技能拓展——手动绘制文本框**
>
> 插入内置文本框时，如果需要插入没有任何内容提示和格式设置的空白文本框，可手动绘制文本框，其方法为：在【插入】选项卡的【文本】组中，单击【文本框】下拉按钮，在弹出的下拉列表中选择【绘制文本框】或是【绘制竖排文本框】选项，然后在文档中进行绘制并输入文本内容。

★ 重点 5.5.2 实战：宣传板中的文字在文本框中流动

实例门类	软件功能
教学视频	光盘\视频\第 5 章\5.5.2.mp4

在对文本框的大小有限制的情况下，如果要放置到文本框中的内容过多时，则一个文本框可能无法完全显示这些内容。这时，我们可以创建多个文本框，然后将它们链接起来，链接之后的多个文本框中的内容可以连续显示。

例如，某微店要制作产品宣传板，宣传板是通过绘制形状而成的，设计过程中，希望将宣传内容分配到 4 个宣传板上，且要求这 4 个宣传板的内容是连续的，这时我们可以通过文本框的链接功能进行制作，具体操作如下。

Step01 新建一名为"微店产品宣传板.docx"的空白文档，绘制 4 个大小相同的"圆角矩形"形状，并进行相应的格式设置，然后通过添加文字功能将这 4 个形状转换为文本框，最后将产品宣传内容全部添加到第一个文本框中，如图 5-51 所示。

图 5-51

Step02 ❶ 选择第 1 个形状，❷ 切换到【绘图工具 / 格式】，❸ 单击【文本】组中的【创建链接】按钮，如图 5-52 所示。

Step03 此时，鼠标光标变为状，将鼠标光标移动到第 2 个形状上时，鼠标光标变为形状，如图 5-53 所示。

图 5-52

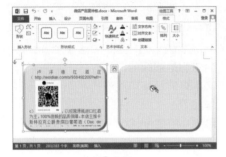

图 5-53

Step04 单击鼠标，即可在第 1 个形状和第 2 个形状之间创建链接，如图 5-54 所示。

图 5-54

Step05 用同样的方法，在第 2 个形状和第 3 个形状之间创建链接，在第 3 个形状和第 4 个形状之间创建链接，最终效果如图 5-55 所示。

图 5-55

5.6 使用 SmartArt 图形形象文档

通过图形列表、流程图和组织结构图等图形来表现内容之间的关系时，可使用 SmartArt 图形功能轻松实现，使内容之间的关联表现得更加直观、清晰和形象。

5.6.1 实战：在公司概况中插入 SmartArt 图形

实例门类	软件功能
教学视频	光盘\视频\第 5 章\5.6.1.mp4

编辑文档时，如果需要通过图形结构来传达信息，通过插入 SmartArt 图形可轻松解决问题，具体操作步骤如下。

Step01 打开"光盘\素材文件\第 5 章\公司概况.docx"文件，❶将鼠标光标定位到要插入 SmartArt 图形的位置，❷切换到【插入】选项卡，❸单击【插图】组中的【SmartArt】按钮，如图 5-56 所示。

Step02 打开【选择 SmartArt 图形】对话框，❶在左侧列表框中选择图形类型，本例中选择【层次结构】，

❷在右侧列表框中选择具体的图形布局，❸单击【确定】按钮，如图 5-57 所示。

Step03 所选样式的 SmartArt 图形将插入文档中，选择 SmartArt 图形，其四周会出现控制点，将鼠标光标指向这些控制点，当鼠标光标呈双向箭头时拖动鼠标可调整其大小，调整后的效果如图 5-58 所示。

图 5-57

图 5-56

图 5-58

Step04 将鼠标光标定位在某个形状

内，【文本】字样的占位符将自动删除，此时可输入并编辑文本内容，完成输入后的效果如图 5-59 所示。

图 5-59

★ 重点 5.6.2 实战：在公司概况中添加 SmartArt 图形形状

实例门类	软件功能
教学视频	光盘\视频\第 5 章\5.6.2.mp4

当 SmartArt 图形中包含的形状数目过少时，可以在相应位置添加形状，具体操作如下。

Step01 在打开的"公司概况.docx"文档中，❶选中"监事会"形状，❷切换到【SMARTART 工具/设计】选项卡，❸在【创建图形】组中单击【添加形状】按钮右侧的下拉按钮▼，❹在弹出的下拉列表中选择【在后面添加形状】选项，如图 5-60 所示。

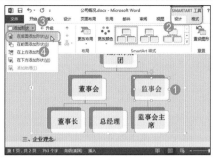

图 5-60

Step02 "监事会"后面将新增一个形状，将其选中，直接输入文本内容即可，如图 5-61 所示。

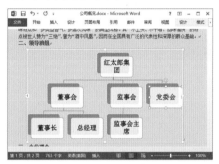

图 5-61

Step03 参照上述方法，依次在其他相应位置添加形状并输入内容。完善 SmartArt 图形的内容后，根据实际需要调整 SmartArt 图形的大小，调整各个形状的大小，以及设置文本内容的字号，完成后的效果如图 5-62 所示。

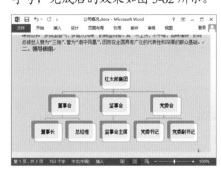

图 5-62

添加形状时，在弹出的下拉列表中有 5 个选项，其作用分别如下。

➡ 在后面添加形状：在选择的形状后面添加同一级别的形状。

➡ 在前面添加形状：在选择的形状前面添加同一级别的形状。

➡ 在上方添加形状：在选择的形状上方添加形状，且所选形状降低一个级别。

➡ 在下方添加形状：在选择的形状下方添加形状，且低于所选形状一个级别。

➡ 添加助理：为所选形状添加一个助理，且比所选形状低一个级别。

★ 重点 5.6.3 实战：调整公司概况中的 SmartArt 图形级别结构

实例门类	软件功能
教学视频	光盘\视频\第 5 章\5.6.3.mp4

调整 SmartArt 的级别结构，主要是针对 SmartArt 图形内部在级别上的调整。

像层次结构这种类型的 SmartArt 图形，其内部包含的形状具有上级、下级之分，因此就涉及形状级别的调整，如将高级别形状降级，或将低级别形状升级。选中需要调整级别的形状，切换到【SMARTART 工具/设计】选项卡，在【创建图形】中单击【升级】按钮可提升级别，单击【降级】按钮可降低级别，如图 5-63 所示。

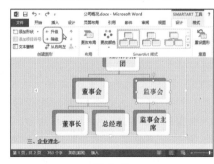

图 5-63

★ 重点 5.6.4 实战：更改公司概况中的 SmartArt 图形色彩和样式

实例门类	软件功能
教学视频	光盘\视频\第 5 章\5.6.4.mp4

Word 为 SmartArt 图形提供了多种颜色和样式供用户选择，从而快速实现对 SmartArt 图形美化操作。美化 SmartArt 图形的具体操作如下。

Step01 在打开的"公司概况.docx"文档中，❶ 选择 SmartArt 图形，❷ 切换到【SMARTART 工具/设计】选项卡，❸ 在【SmartArt 样式】组的列表框中选择需要的 SmartArt 样式，如图 5-64 所示。

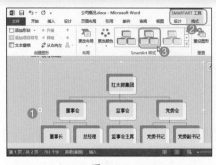

图 5-64

Step02 保持 SmartArt 图形的选中状态，❶ 在【SmartArt 样式】组中单击【更改颜色】按钮，❷ 在弹出的下拉列表中选择需要的颜色样式选项，如图 5-65 所示。

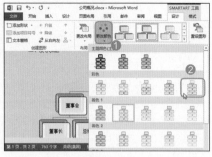

图 5-65

妙招技法

通过前面知识的学习，相信读者朋友已经掌握了 Word 2013 文档中图文混排效果所需使用到的对象的使用方法。下面结合本章内容，给大家介绍一些实用技巧。

技巧 01：简单一步更改对象的叠放层次

教学视频	光盘\视频\第 5 章\技巧 01.mp4

在文档中若是有多个对象处于叠放状态，我们可以指定它们的叠放层次，从而符合设计需要。

例如，在"产品介绍 1"文档中将椭圆形状置于底层，让其他形状叠放在其上，其具体操作如下。

Step01 打开"光盘\素材文件\第 5 章\产品介绍 1.docx"文件，选择绿色椭圆形状并在其上单击鼠标右键，在弹出的快捷菜单中选择【置于底层】→【置于底层】命令，如图 5-66 所示。

图 5-66

Step02 系统自动将椭圆形状置于底层，作为背景图形，其他形状叠放其上，效果如图 5-67 所示。

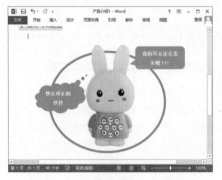

图 5-67

技巧 02：保留格式的情况下更换当前图片

教学视频	光盘\视频\第 5 章\技巧 02.mp4

在文档中插入图片后，对图片的大小、外观、环绕方式等参数进行了设置，此时觉得图片并不适合文档内容，那么就需要更换图片。许多用户最常用的方法便是先选中该图片，然后按【Delete】键进行删除，最后重新插入并编辑图片。

如果新插入的图片需要设置和原图片一样的格式参数，那么为了提高工作效率，可以通过 Word 提供的更换图片功能，在不改变原有图片大小和外观的情况下快速更改图片，其具体操作如下。

Step01 打开"光盘\素材文件\第 5 章\企业简介.docx"文件，❶ 选中图片，❷ 切换到【图片工具/格式】选项卡，❸ 单击【调整】组中的【更改图片】按钮，如图 5-68

所示。

图 5-68

Step 02 打开【插入图片】页面，单击
【浏览】按钮，如图 5-69 所示。

图 5-69

Step 03 ❶ 在弹出的【插入图片】对话
框中选择新图片，❷ 单击【插入】按
钮，如图 5-70 所示。

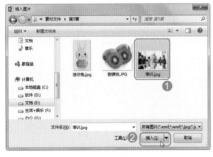

图 5-70

Step 04 返回文档，可看见选择的新图
片替换了原有图片，并保留了原有图
片设置的特性，如图 5-71 所示。

图 5-71

技巧 03：个性化裁剪图片

教学视频	光盘＼视频＼第 5 章＼技巧 03.mp4

在 Word 2013 中，除了就图片按
标准方式进行裁剪外，还可以将图片
裁剪为任意一种形状。

例如，将"企业简介 1"文档
中的图片裁剪为椭圆形，其具体操作
如下。

打开"光盘＼素材文件＼第 5 章＼
企业简介 1.docx"文件，选中目标图
片，❶ 单击【裁剪】下拉按钮，❷ 在
弹出的下拉菜单中选择【裁剪为形
状】选项，❸ 在弹出的子菜单中选
择需要将图片裁剪为哪种形状选项，
即可将图片裁剪为选择的形状，如图
5-72 所示。

图 5-72

技巧 04：快速为普通文本添加艺术字样式

教学视频	光盘＼视频＼第 5 章＼技巧 04.mp4

在 Word 2013 中普通文本也能具
有艺术字的效果样式，而且非常简
单，只需简单 3 步操作，其具体操作
如下。

❶ 选中目标文本，❷ 单击【开
始】选项卡【字体】组中的【文本效
果和版式】下拉按钮 Ａ‧，❸ 在弹出
的下拉列表中选择相应的样式选项即
可，如图 5-73 所示。

图 5-73

技巧 05：零散对象轻松变为一体

教学视频	光盘＼视频＼第 5 章＼技巧 05.mp4

在编辑与排版 Word 文档时，我
们可以对图片、文本框、艺术字等对
象进行自由组合，便于整体移动和复
制，且在调整大小时，不会改变各对
象的相对大小和位置。其方法主要有
以下两种。

➜ 在打开的"产品介绍 .docx"文档
中，❶ 按住【Ctrl】键不放，依
次选择需要组合的图形，使用鼠
标右键单击任意一个图形，❷ 在
弹出的快捷菜单中依次选择【组
合】→【组合】命令即可，如图
5-74 所示。

➜ ❶ 选择需要组合的多个图形，❷ 切
换到【绘图工具 / 格式】选项卡，
❸ 单击【排列】组中的【组合】
按钮，❹ 在弹出的下拉列表中选
择【组合】选项即可，如图 5-75
所示。

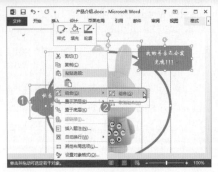

图 5-74

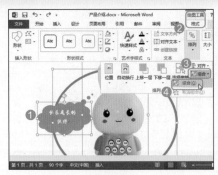

图 5-75

技能拓展——解除组合对象

将多个图形对象组合成一个整体后，如果需要解除组合，可在组合的图形对象上单击鼠标右键，在弹出的快捷菜单中选择【组合】→【取消组合】命令即可。

本章小结

本章主要讲解了图形对象在 Word 文档中的应用，主要包括图片、形状、文本框、艺术字和 SmartArt 图形的插入与编辑等内容。通过本章知识的学习和案例练习，相信读者朋友已经熟练掌握了各种对象的编辑，并能够制作出图文并茂的漂亮文档。

第 4 章 Word 文档中表格的应用

- 创建表格的方法，你知道几种？
- 在多页相同的表格中，如何让表头标题行快速制作在每页上？
- 表格与文本之间是否能相互转换？
- Word 表格中的数据可以计算吗？
- 如何对表格中的数据进行排序？

Word 2013 具有强大的表格制作功能。不用 Excel 也能计算表格数据了，学习本章内容，你将了解到如何使用 Word 来创建并设置表格，以及通过 Word 来计算或处理表格中的相关数据。

6.1 表格的相关知识

谈及表格，可能很多人都会联想到一系列复杂的数据，还会涉及数据的计算与分析等，当然这只是表格的一种应用而已。本节主要是介绍表格应用于 Word 中的相关知识，在学习制作表格之前，首先要对表格有一个大体的认识。

6.1.1 哪些表格适合在文档中创建

在日常生活中，为了表现某些特殊的内容或数据时，用户会按照所需的内容项目画成格子，再分别填写文字或数字。这种书面材料，将其称为“表格”，它便于数据的统计查看，使用极其广泛。

说起表格，很多人就会想到在计算机中的 Excel 电子表格，专做表格处理的软件，其实在 Word 中也可建立表格，而且在 Word 中建立表格也很简单。

带着这些问题，我们先举几个实际的例子看看：出差申请表、利润中心奖金分配表、人事部门月报表、员工到职单等，这些都是常用的一些表格。如图 6-1 至图 6-4 所示。

这些表格，与数据计算几乎没有关系，它们应用表格的主要目的在于让文档中内容的结构更清晰，以及对表格中内容各项分配更明了，这种类型的表格是 Word 中最常见的表格。

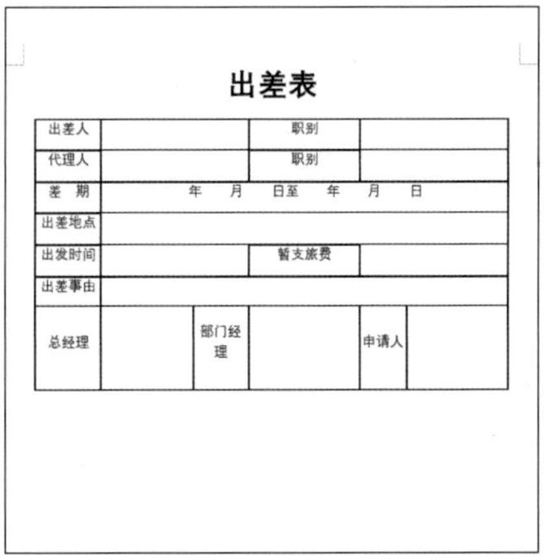

出差表

出差人		职别			
代理人		职别			
差　期	年　月　日至　年　月　日				
出差地点					
出发时间		暂支旅费			
出差事由					
总经理		部门经理		申请人	

图 6-1

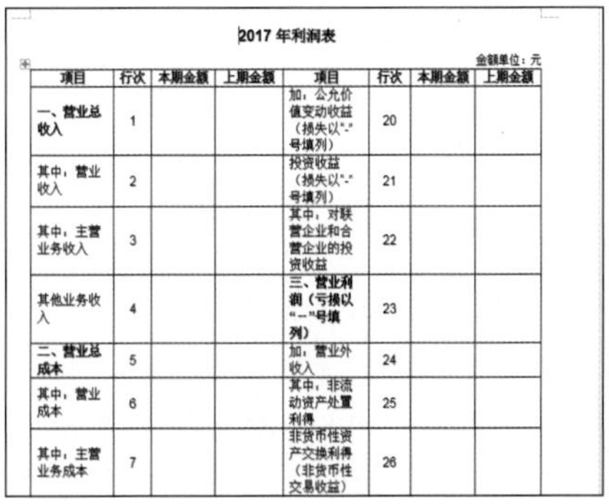

2017 年利润表

金额单位：元

项目	行次	本期金额	上期金额	项目	行次	本期金额	上期金额
一、营业总收入	1			加：公允价值变动收益（损失以"-"号填列）	20		
其中：营业收入	2			投资收益（损失以"-"号填列）	21		
其中：主营业务收入	3			其中：对联营企业和合营企业的投资收益	22		
其他业务收入	4			三、营业利润（亏损以"—"号填列）	23		
二、营业总成本	5			加：营业外收入	24		
其中：营业成本	6			其中：非流动资产处置利得	25		
其中：主营业务成本	7			非货币性资产交换利得（非货币性交易收益）	26		

图 6-2

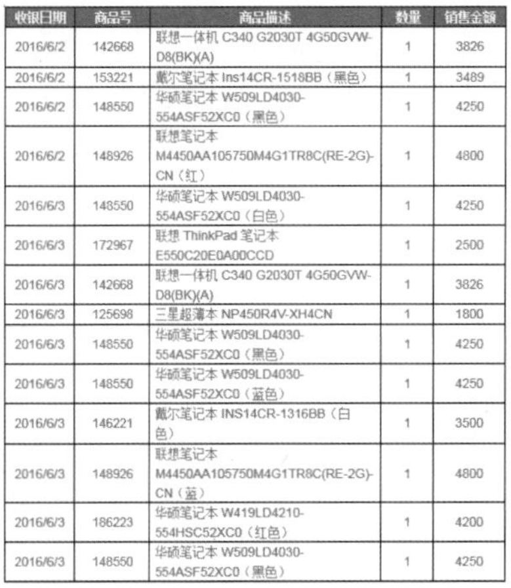

收银日期	商品号	商品描述	数量	销售金额
2016/6/2	142668	联想一体机 C340 G2030T 4G50GVW-D8(BK)(A)	1	3826
2016/6/2	153221	戴尔笔记本 Ins14CR-1518BB（黑色）	1	3489
2016/6/2	148550	华硕笔记本 W509LD4030-554ASF52XC0（黑色）	1	4250
2016/6/2	148926	联想笔记本 M4450AA105750M4G1TR8C(RE-2G)-CN（红）	1	4800
2016/6/3	148550	华硕笔记本 W509LD4030-554ASF52XC0（白色）	1	4250
2016/6/3	172967	联想 ThinkPad 笔记本 E550C20E0A00CCD	1	2500
2016/6/3	142668	联想一体机 C340 G2030T 4G50GVW-D8(BK)(A)	1	3826
2016/6/3	125698	三星超薄本 NP450R4V-XH4CN	1	1800
2016/6/3	148550	华硕笔记本 W509LD4030-554ASF52XC0（黑色）	1	4250
2016/6/3	148550	华硕笔记本 W509LD4030-554ASF52XC0（蓝色）	1	4250
2016/6/3	146221	戴尔笔记本 INS14CR-1316BB（白色）	1	3500
2016/6/3	148926	联想笔记本 M4450AA105750M4G1TR8C(RE-2G)-CN（蓝）	1	4800
2016/6/3	186223	华硕笔记本 W419LD4210-554HSC52XC0（红色）	1	4200
2016/6/3	148550	华硕笔记本 W509LD4030-554ASF52XC0（黑色）	1	4250

图 6-3

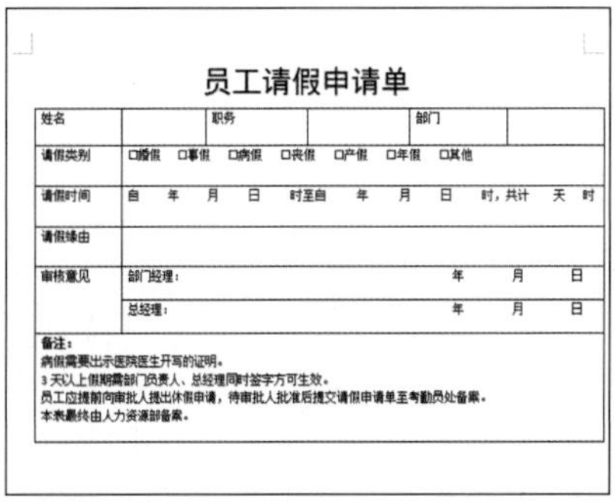

员工请假申请单

姓名		职务		部门	
请假类别	□婚假　□事假　□病假　□丧假　□产假　□年假　□其他				
请假时间	自　年　月　日　时至自　年　月　日　时，共计　天　时				
请假缘由					
审核意见	部门经理：　年　月　日				
	总经理：　年　月　日				

备注：
病假需要出示医院医生开写的证明。
3 天以上假期需部门负责人、总经理同时签字方可生效。
员工应提前向审批人提出休假申请，待审批人批准后提交请假申请单至考勤员处备案。
本表最终由人力资源部备案。

图 6-4

6.1.2 表格的构成元素

表格是由一系列的线条进行分割，形成行、列和单元格来规整数据、表现数据的一种特殊格式。通常，表格需要由行、列和单元格构成。另外，表格中还可以有表头和表尾，作为表格修饰的元素还有表格边框和底纹。

1. 单元格

表格由横向和纵向的线条构成，成条交叉后出现的可以用于放置数据的格式便是单元格，如图 6-5 所示。

		单元格		

图 6-5

2. 行

表格中水平方向上的一组单元格便称为一行，在一个用于表现数据的规整表格中，通常一行用于表示同一条数据的不同属性，如图 6-6 所示。

姓名	语文	数学	英语
陈佳敏	95	86	92
赵恒毅	96	95	75
李明丽	98	89	94

图 6-6

也可用于表示不同数据的同一种属性，如图 6-7 所示。

时间	销售额	成本	利润
2015	2.6 亿	1.3 亿	1.3 亿
2016	3.2 亿	1.7 亿	1.5 亿

图 6-7

3. 列

表格中纵向的一组单元格便称为一列，列与行的作用相同。在用于表现数据的表格中，需要分别赋予行和列不同的意义，以形成清晰的数据表格，每一行代表一条数据，每一列代表一种属性，那么在表格中则应该按行列的意义填写数据，否则将会造成数据混乱。

技术看板

在 Word 或 Excel 的数据表格中也常常会提到"字段"和"记录"概念。在数据表格中，通常把列叫作"字段"，即这一列中的值都代表同一种类型，如成绩表中的"语文""数学"等，而表格中存储的每一条数据则被称为"记录"。

4. 表头

表头是指用于定义表格行列意义的行或列，通常是表格的第一行或第一列。例如，成绩表中第一行的内容有"姓名""语文""数学"等，其作用是标明表格中每列数据所代表的意义，所以这一行则是表格的表头。

5. 表尾

表尾是表格中可有可无的一种元素，通常用于显示表格数据的统计结果，或者说明、注释等辅助内容，位于表格中最后一行或一列，在图 6-8 所示的表格中，最后一行为表尾，也称为"统计行"。

姓名	语文	数学	英语
陈佳敏	95	86	92
赵恒毅	96	95	75
李明丽	98	89	94
平均成绩	96.33	90	87

图 6-8

6. 表格的边框和底纹

为了使表格美观漂亮、符合应用场景，许多时候我们都需要对表格进行一些修饰和美化，除了常规地设置表格文字的字体、颜色、大小、对齐方式、间距等外，还可以对表格的线条和单元格的背景添加修饰。构成表格行、列、单元格的线条称为边框，单元格的背景则是底纹。图 6-9 所示的表格则采用了不同色彩的边框和底纹来修饰表格。

姓名	语文	数学	英语
陈佳敏	95	86	92
赵恒毅	96	95	75
李明丽	98	89	94
平均成绩	96.33	90	87

图 6-9

6.1.3 快速制作表格的技巧

许多人对 Word 表格的制作还不是很熟悉，其实学好用 Word 制作表格非常简单，而且表格的制作过程大致可以分为以下几个步骤。

（1）制作表格前，先要构思表格的大致布局和样式，以便实际操作的顺利完成。

（2）在草纸上画好草稿，将需要数据的表格样式及列数和行数确定。

（3）新建 Word 文档，开始制作表格的框架。

（4）输入表格内容。

根据表格的难易程序，可以将其简单地分为规则表格和非规则表格两大类。规则表格比较方正，绘制起来很容易。"非方正、非对称"的表格制作起来就需要一些技巧。

1. 使用命令制作表格

一般制作规则的表格，可以直接使用 Word 软件提供的制作表格方法，快速插入即可，如图 6-10 和图 6-11 所示的方法。

图 6-10

图 6-11

2. 手动绘制表格

对于"非方正、非对称"这类的表格，就需要使用手动进行绘制了。在【表格】下拉菜单中选择【绘制表格】命令，当鼠标光标变为 ∅ 形状时就可以根据需要直接绘制表格，就像使用铅笔在纸上绘制表格一样简单。如果绘制出错了，还可以单击【表格工具 / 布局】选项卡【绘图】工具组中的【橡皮擦】按钮 🔲 将其擦除。既然那么容易，这里也就不再赘述，请查看本章具体知识讲解部分。

6.1.4 关于表格的设计

要制作一个适用的、美观的表格是需要细心地分析和设计的。用于表现数据的表格设计起来相对比较简单些，我们只需要清楚表格中要展示哪些数据，设计好表头、录入数据，然后加上一定的修饰即可；而用于规整内容、排版内容和数据的表格的设计相对来说就比较复杂，这类表格在设计时，需要先厘清表格中需要展示的内容和数据，然后再按一定规则将其整齐地排列起来，甚至可以先在纸上绘制草图，再到 Word 中制作表格，最后对表格进行各种修饰。

1. 数据表格的设计

在越来越快速高效的工作中，对表格制作的要求也越来越高，因此，对于常用的数据表格也要站在阅读者的角度去思考，怎么才能让表格内容表达得更清晰，让查阅者读起来更容易。例如，一个密密麻麻满是数据的表格，很多人看到这种表格时都会觉得头晕，而我们设计表格时就需要想办法让它看起来更清晰，通常可以从以下几个方面着手来设计数据表格。

（1）精简表格字段。

Word 文档中的表格不适合用于展示字段很多的大型表格，表格中的数据字段过多，会超出页面范围，不便于查看数据。此外，字段过多反而会影响阅读者对重要数据的把握，所以，在设计表格时，我们需要仔细考虑，分析出表格字段的主次，可将一些不重要的字段删除，仅保留重要的字段。

（2）注意字段顺序。

表格中字段的顺序也是不容忽视的。在设计表格时，需要分清各字段的关系、主次等，按字段的重要程度或某种方便阅读的规律来排列字段，每个字段放在什么位置都需要仔细推敲。

（3）行列内容的对齐。

使用表格可以让数据有规律地排列，使数据展示更整齐、统一。而对于表格单元格内部的内容而言，每一行和每一列都应该整齐排列。如图 6-12 所示。

姓名	性别	年龄	学历	职位
孙辉	男	25	本科	工程师
黎莉	女	28	硕士	设计师
吴勇	男	38	本科	经理

图 6-12

（4）行高与列宽。

表格中各字段的内容长度可能不相同，所以不可能做到各列的宽度统一，但通常可以保证各行的高度一致。在设计表格时，应仔细研究表格数据内容，是否有特别长的数据内容，尽量通过调整列宽，使较长的内容在单元格中不用换行，如果实在有单元格中的内容要换行，则统一调整各列的高度，让每一行高度一致，如图 6-13 所示。

序号	名称	作 用
❶	快速访问工具栏	位于 Word 窗口的左上侧，用于显示一些常用的工具按钮，默认包括"保存"按钮 🔲、"撤销"按钮 ◱ 和"恢复"按钮 ◲ 等。
❷	标题栏	位于 Word 窗口的顶部，显示当前文档名称和程序名称。

图 6-13

对于过长的单元格内容，调整各列宽度及各行高度即可，调整后如图 6-14 所示。

序号	名称	作 用
❶	快速访问工具栏	位于 Word 窗口的左上侧，用于显示一些常用的工具按钮，默认包括"保存"按钮 🔲、"撤销"按钮 ◱ 和"恢复"按钮 ◲ 等。
❷	标题栏	位于 Word 窗口的顶部，显示当前文档名称和程序名称。

图 6-14

（5）修饰表格。

数据表格中以展示数据为主，修饰是为了更好地展示数据，所以在表格中应用修饰时，应以数据更清晰为目标，不要一味地追求艺术效果。通常情况下，在表格中设置表格底纹和边框，都是为了更加清晰地展示数据，如图 6-15 所示。

图 6-15

技术看板

对表格进行修饰时，尽量使用常规或简洁的字体，如宋体、黑体等；使用对比明显的色彩，如白底黑字、黑底白字等；表格主体内容区域与表头、表尾采用不同的修饰进行区分，如使用不同的边框、底纹等，这样才能让整个表格简洁大方，一目了然。

2. 不规则表格的设计

当应用表格表现一系列相互之间没有太大关联的数据时，无法使用行或列来表现相同的意义，这类表格的设计相对来说就比较麻烦。例如，要设计一个简历表，表格中需要展示简历中的各类信息，这些信息相互之间几乎没什么关联，当然也可以不选择用表格来展示这些内容，但是用表格来展示这些内容的优势就在于可以使页面结构更美观、数据更清晰明了，所以，在设计这类表格时，依然需要按照更美观、更清晰的标准进行设计。

（1）明确表格信息。

在设计表格前，首先需要明确表格中要展示哪些数据内容，可以先将这些内容列举出来，然后考虑表格的设计。例如，个人简历表中可以包含姓名、性别、年龄、籍贯、身高、体重、电话号码等各类信息，先将这些信息列举出来。

（2）分类信息。

分析要展示的内容之间的关系，将有关联的、同类的信息归为一类，在表格中尽量整体化同一类信息，例如，可将个人简历表中的信息分为基本资料、教育经历、工作经历和自我评价等几大类别。

（3）按类别制作框架。

根据表格内容中的类别，制作出表格大的结构，如图 6-16 所示。

图 6-16

（4）绘制草图。

如果展示较复杂数据的表格，为了使表格结构更合理、更美观，可以先在纸上绘制草图，反复推敲，最后在 Word 中制作表格，如图 6-17 所示。

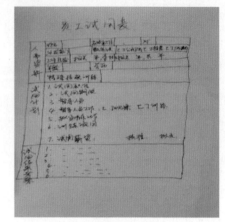

图 6-17

（5）合理利用空间。

应用表格展示数据除了让数据更直观、更清晰外，还可以有效地节省空间，用最少的空间清晰地展示更多的数据，如图 6-18 所示。

图 6-18

这类表格之所以复杂，原因主要在于空间的利用，要在有限的空间展示更多的内容，并且内容整齐、美观，需要有目的性地合并或拆分单元格，不可盲目拆分合并。

6.2 表格的创建

表格是将文字信息进行归纳和整理，通过条理化的方式呈现给读者，比一大篇的文字更易被读者接受。若想要通过表格处理文字信息，就需要先创建表格。创建表格的方法有很多种，我们可以通过 Word 提供的插入表格功能创建表格，也可以手动绘制表格，甚至还可以将输入好的文字转换为表格，灵活掌握这些方法，便可随心所欲创建自己需要的表格。

6.2.1 实战：虚拟表格的创建

实例门类	软件功能
教学视频	光盘\视频\第6章\6.2.1.mp4

Word 提供了虚拟表格功能，通过该功能，可快速在文档中插入表格。例如，要插入一个5列4行的表格，具体操作如下。

Step01 打开"光盘\素材文件\第6章\创建表格.docx"文件，❶将鼠标光标定位到需要插入表格的位置，❷切换到【插入】选项卡，❸单击【表格】组中的【表格】按钮，在弹出的下拉列表的【插入表格】栏中提供了一个10列8行的虚拟表格，如图6-19所示。

图 6-19

Step02 在虚拟表格中拖动鼠标可选择表格的行列值。例如，将鼠标光标指向坐标为5列、4行的单元格，鼠标前的区域将呈选中状态，并显示为橙色，选择表格区域时，虚拟表格的上方会显示"5×4表格"之类的提示文字，该信息表示鼠标光标划过的表格范围，也意味着即将创建的表格大小。与此同时，文档中将模拟出所选大小的表格，但并没有将其真正意义上插入到文档中，如图6-20所示。

技能拓展——在表格中输入内容

创建表格后，就可以在表格中输入所需的内容了，其方法非常简单，只需要将鼠标光标定位在需要输入内

容的位置即可，其方法与在文档中输入内容的方法相似。

图 6-20

6.2.2 实战：使用【插入表格】对话框

实例门类	软件功能
教学视频	光盘\视频\第6章\6.2.2.mp4

使用虚拟表格，最大只能创建10列8行的表格，若要创建的表格超出了这个范围，可以通过【插入表格】对话框进行创建，具体操作如下。

Step01 在"创建表格.docx"文档中，❶将鼠标光标定位到需要插入表格的位置，❷切换到【插入】选项卡，❸单击【表格】组中的【表格】按钮，❹在弹出的下拉列表中单击【插入表格】选项，如图6-21所示。

图 6-21

Step02 打开【插入表格】对话框，❶分别在【列数】和【行数】微调框中设置表格的列数和行数，❷设置好后单击【确定】按钮，如图6-22所示。

图 6-22

Step03 返回文档，可看见文档中插入了指定行列数的表格，如图6-23所示。

图 6-23

技能拓展——重复使用同一表格尺寸

在【插入表格】对话框中设置好表格大小参数后，若选中【为新表格记忆此尺寸】复选框，则再次打开【插入表格】对话框时，该对话框中会自动显示之前设置的尺寸参数。

在【插入表格】对话框的【"自动调整"操作】栏中有3个单选按钮，其作用介绍如下。

➡ 固定列宽：表格的宽度是固定的，表格大小不会随文档版心的宽度或表格内容的多少而自动调整，表格的列宽以"厘米"为单位。当单元格中的内容过多时，会自动进行换行。

➡ 根据内容调整表格：表格大小会根据表格内容的多少而自动调整。若选中该单选按钮，则创建的初

始表格会缩小至最小状态。

➡ 根据窗口调整表格：插入的表格的总宽度与文档版心相同，当调整页面的左、右页边距时，表格的总宽度会自动随之改变。

6.2.3 调用 Excel 电子表格

当涉及复杂的数据关系时，可以调用 Excel 电子表格。在【插入】选项卡的【表格】组中单击【表格】按钮，在弹出的下拉列表中单击【Excel 电子表格】选项，将在 Word 文档中插入一个嵌入的 Excel 工作表并进入数据编辑状态，该工作表与在 Excel 应用程序中的操作相同。

关于在 Word 文档中插入并使用 Excel 工作表的具体操作方法，将在本书的第 17 章进行讲解，此处不再赘述。

6.2.4 实战：使用"快速表格"功能

实例门类	软件功能
教学视频	光盘\视频\第 6 章\6.2.4.mp4

Word 提供了"快速表格"功能，该功能提供了一些内置样式的表格，用户可以根据要创建的表格外观来选择相同或相似的样式，然后在此基础之上修改表格，从而提高了表格的创建和编辑速度。使用"快速表格"功能创建表格的具体操作如下。

Step01 在"创建表格.docx"文档中，❶ 将鼠标光标定位到需要插入表格的位置，❷ 切换到【插入】选项卡，❸ 单击【表格】组中的【表格】按钮，❹ 在弹出的下拉列表中选择【快速表格】选项，❺ 在弹出的级联列表中选择需要的表格样式，如图 6-24 所示。

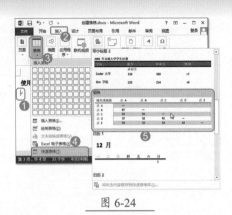

图 6-24

Step02 通过上述操作后，即可在文档中插入所选样式的表格，如图 6-25 所示。

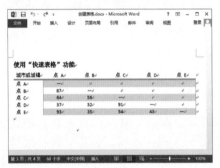

图 6-25

6.2.5 实战：手动绘制表格

实例门类	软件功能
教学视频	光盘\视频\第 6 章\6.2.5.mp4

一般情况下，通常不会使用手动绘制的方法来创建表格，除非是要创建极不规则结构的表格。手动绘制表格的具体操作如下。

Step01 在"创建表格.docx"文档中，❶ 切换到【插入】选项卡，❷ 单击【表格】组中的【表格】下拉按钮，❸ 在弹出的下拉列表中单击【绘制表格】选项，如图 6-26 所示。

Step02 进入表格绘制模式，此时鼠标光标呈笔状，将鼠标定位在要插入表格的起始位置，然后按住鼠标左键并进行拖动，即可在文档中画出一个虚线框，如图 6-27 所示。

图 6-26

图 6-27

Step03 直至大小合适后，释放鼠标即可绘制出表的外框，如图 6-28 所示。

图 6-28

Step04 参照上述操作方法，在框内绘制出需要的横纵线即可，如图 6-29 所示。

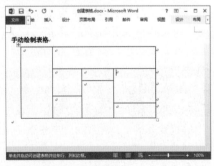

图 6-29

Step 05 如果发现某些边框线绘制错误，可按住【Shift】键不放，此时鼠标光标呈 状，直接单击错误的线条，完成后按【Esc】键，如图 6-30 所示。

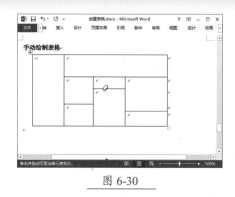

图 6-30

6.3 表格的基本操作

插入表格后，还涉及表格的一些基本操作，如选择操作区域、设置行高与列宽、插入行或列、删除行或列、合并与拆分单元格等，本节将分别进行讲解。

6.3.1 选择操作区域

无论是要对整个表格进行操作，还是要对表格中的部分区域进行操作，在操作前都需要先选择它们。根据选择元素的不同，其选择方法也不同。

1. 选择单元格

单元格的选择主要分选择单个单元格、选择连续的多个单元格、选择分散的多个单元格 3 种情况，选择方法如下。

➡ 选择单个单元格：将鼠标光标指向某单元格的左侧，待指针呈黑色箭头 时，单击可选中该单元格，如图 6-31 所示。

图 6-31

➡ 选择连续的多个单元格：将鼠标光标指向某个单元格的左侧，当指针呈黑色箭头 时按住鼠标左键并拖动，拖动的起始位置到终止

位置之间的单元格将被选中，如图 6-32 所示。

图 6-32

技能拓展——配合【Shift】键选择连续的多个单元格

选择连续的多个单元格区域时，还可通过【Shift】键实现，方法为：先选择第一个单元格，然后按住【Shift】键不放，同时选择另一个单元格，此时这两个单元格包含的范围内的所有单元格将被选择。

➡ 选择分散的多个单元格：选中第一个要选择的单元格后按住【Ctrl】键不放，然后依次选择其他分散的单元格即可，如图 6-33 所示。

图 6-33

2. 选择行

行的选择主要分选择一行、选择连续的多行、选择分散的多行 3 种情况，选择方法如下。

➡ 选择一行：将鼠标光标指向某行的左侧，待指针呈白色箭头 时，单击可选中该行，如图 6-34 所示。

图 6-34

➡ 选择连续的多行：将鼠标光标指向某行的左侧，待指针呈白色箭头 时，按住鼠标左键不放并向上或向下拖动，即可选中连续的多行，如图 6-35 所示。

图 6-35

➡ 选择分散的多行：将鼠标光标指向某行的左侧，待指针呈白色箭头时，按住【Ctrl】键不放，然后依次单击要选择的行的左侧即可，如图 6-36 所示。

图 6-36

3. 选择列

列的选择主要分选择一列、选择连续的多列、选择分散的多列 3 种情况，选择方法如下。

➡ 选择一列：将鼠标光标指向某列的上边，待指针呈黑色箭头时，单击可选中该列，如图 6-37 所示。

图 6-37

➡ 选择连续的多列：将鼠标光标指向某列的上边，待指针呈黑色箭头时，按住鼠标左键不放并向左或向右拖动，即可选中连续的多列，如图 6-38 所示。

➡ 选择分散的多列：将鼠标光标指向某列的上边，待指针呈黑色箭头时，按住【Ctrl】键不放，然后依次单击要选择的列的上方即

可，如图 6-39 所示。

图 6-38

图 6-39

4. 选择整个表格

选择整个表格的方法非常简单，只需将鼠标光标定位在表格内，表格左上角会出现⊞标志，右下角会出现□标志，单击任意一个标志，都可选中整个表格，如图 6-40 所示。

图 6-40

技能拓展——通过功能区选择操作区域

除了上述介绍的方法外，我们还可通过功能区选择操作区域。将鼠标光标定位在某单元格内，切换到【表格工具 / 布局】选项卡，在【表】组中单击【选择】按钮，在弹出的下拉列表中单击某个选项可实现相应的选择操作。

6.3.2 实战：设置表格行高与列宽

实例门类	软件功能
教学视频	光盘 \ 视频 \ 第 6 章 \6.3.2.mp4

插入表格后，可以根据操作需要调整表格的行高与列宽。

调整时，既可以使用鼠标任意调整，也可以通过对话框精确调整，甚至可以通过分布功能让各行、各列平均分布。

1. 使用鼠标调整

在设置行高或列宽时，拖动鼠标可以快速调整行高与列宽。

➡ 设置行高：打开"光盘 \ 素材文件 \ 第 6 章\ 设置表格行高与列宽 .docx"文件，鼠标指针指向行与行之间，待指针呈✛状时，按下鼠标左键并拖动，表格中将出现虚线，待虚线到达合适位置时释放鼠标，即可实现行高的调整，如图 6-41 所示。

图 6-41

➡ 设置列宽：在打开的"设置表格行高与列宽 .docx"文档中，将鼠标指针指向列与列之间，待指针呈↔状时，按下鼠标左键并拖动，当出现的虚线到达合适位置时释放鼠标，即可实现列宽的调整，如图 6-42 所示。

图 6-42

技能拓展——只设置某个单元格的宽度

一般情况下，调整列宽时，都会同时改变该列中所有单元格的宽度，如果只想改变一列中某个单元格的宽度，则可以先选择该单元格，然后按住鼠标左键拖动单元格左右两侧的边框线，便可只改变该单元格的宽度，如图 6-43 所示。

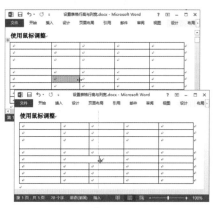

图 6-43

2. 使用对话框调整

如果需要精确设置行高与列宽，则可以通过【表格属性】对话框来实现，具体操作如下。

Step01 在打开的"设置表格行高与列宽 .docx"文档中，❶ 将鼠标光标定位到要调整的行或列中的任意单元格，❷ 切换到【表格工具 / 布局】选项卡，❸ 单击【单元格大小】组中的【功能扩展】按钮，如图 6-44 所示。

图 6-44

技能拓展——通过功能区设置行高与列宽

将鼠标光标定位到要调整的行或列中的任意单元格后，在【表格工具 / 布局】选项卡的【单元格大小】组中，通过【高度】微调框可设置当前单元格所在行的行高，通过【宽度】微调框可设置当前单元格所在列的列宽。

Step02 打开【表格属性】对话框，❶ 切换到【行】选项卡，❷ 选中【指定高度】复选框，在右侧的微调框中设置当前单元格所在行的行高，如图 6-45 所示。

图 6-45

技能拓展——设置其他行的行高

在【表格属性】对话框的【行】选项卡中，单击【上一行】或【下一行】按钮，可切换到其他行并设置行高。

Step03 ❶ 切换到【列】选项卡，❷ 在【指定宽度】微调框中设置当前单元格所在列的列宽，❸ 完成设置后，单击【确定】按钮即可，如图 6-46 所示。

图 6-46

技能拓展——设置其他列的列宽

在【表格属性】对话框的【列】选项卡中，单击【前一列】或【后一列】按钮，可切换到其他列并设置列宽。

3. 均分行高和列宽

为了表格美观整洁，通常希望表格中的所有行等高、所有列等宽。若表格中的行高或列宽参差不齐，则可以使用 Word 提供的功能快速均分多个行的行高或多个列的列宽，具体操作方法如下。

Step01 在"设置表格行高与列宽 .docx"文档中，❶ 将鼠标光标定位在表格内，❷ 切换到【表格工具 / 布局】选项卡，❸ 单击【单元格大小】组中的【分布行】按钮，如图 6-47 所示。

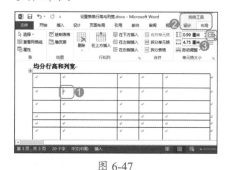

图 6-47

Step02 此时，表格中的所有行高将自动进行平均分布，如图 6-48 所示。

图 6-48

Step03 在【表格工具/布局】选项卡的【单元格大小】组中，单击【分布列】按钮罒，如图6-49所示。

图 6-49

Step04 此时，表格中的所有列宽将自动进行平均分布，如图6-50所示。

图 6-50

6.3.3 实战：插入单元格、行或列

实例门类	软件功能
教学视频	光盘\视频\第6章\6.3.3.mp4

当表格范围无法满足数据的录入时，可以根据实际情况插入单元格、行或列。

1. 插入单元格

单元格的插入操作并不常用，下面只是进行一个简单的讲解。插入单元格的具体操作如下。

Step01 打开"光盘\素材文件\第6章\插入单元格、行或列.docx"文件，❶将鼠标光标定位到某个单元格，❷切换到【表格工具/布局】选项卡，❸单击【行和列】组中的【功能扩展】按钮⌐，如图6-51所示。

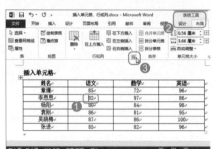

图 6-51

Step02 ❶打开【插入单元格】对话框，选择相对于当前单元格将要插入的新单元格的位置，Word提供了【活动单元格右移】和【活动单元格下移】两种方式，本例中选中【活动单元格下移】单选按钮，❷单击【确定】按钮，如图6-52所示。

图 6-52

Step03 返回文档，当前单元格的上方插入了一个新单元格，如图6-53所示。

图 6-53

2. 插入行

当表格中没有额外的空行或空列来输入新内容时，就需要插入行或列。其中，插入行的具体操作如下。

Step01 在"插入单元格、行或列.docx"文档中，❶将鼠标光标定位在某个单元格，❷切换到【表格工具/布局】选项卡，❸在【行和列】组中，选择相对于当前单元格将要插入的新行的位置，Word提供了【在上方插入】和【在下方插入】两种方式，本例中单击【在下方插入】按钮，如图6-54所示。

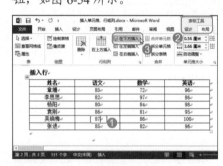

图 6-54

Step02 通过上述操作后，当前单元格所在行的下方将插入一个新行，如图6-55所示。

图 6-55

除了上述操作方法之外，还可通过以下几种方式插入新行。

➡ 将鼠标光标定位在某行最后一个单元格的外边，按【Enter】键，即可在该行的下方添加一个新行。

➡ 将鼠标光标定位在表格最后一个单元格内，若单元格内有内容，则将鼠标光标定位在文字末尾，然后按【Tab】键，即可在表格底端插入一个新行。

➡ 在表格的左侧，将鼠标指针指向

行与行之间的边界线时，将显示⊕标记，单击⊕标记，即可在该标记的下方添加一个新行。

技术看板

⊕标记是 Word 2013 新增的一个功能，将鼠标指针指向行与行之间的边界线，或列与列的边界线时，都会显示⊕标记，对其单击，可以新增一个新行或新列。

3. 插入列

要在表格中插入新列，其操作方法如下。

Step01 在"插入单元格、行或列.docx"文档中，❶将鼠标光标定位在某个单元格，❷切换到【表格工具/布局】选项卡，❸在【行和列】组中，选择相对于当前单元格将要插入的新列的位置，Word 提供了【在左侧插入】和【在右侧插入】两种方式，本例中单击【在左侧插入】按钮，如图 6-56 所示。

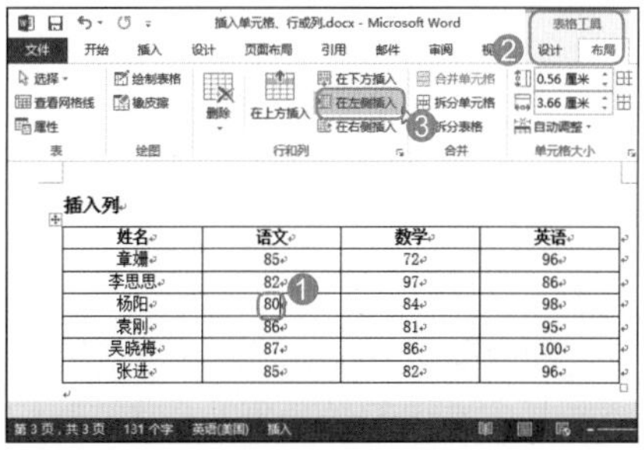

![图6-56 插入列操作界面]

图 6-56

Step02 通过上述操作后，当前单元格所在列的左侧将插入一个新列，如图 6-57 所示。

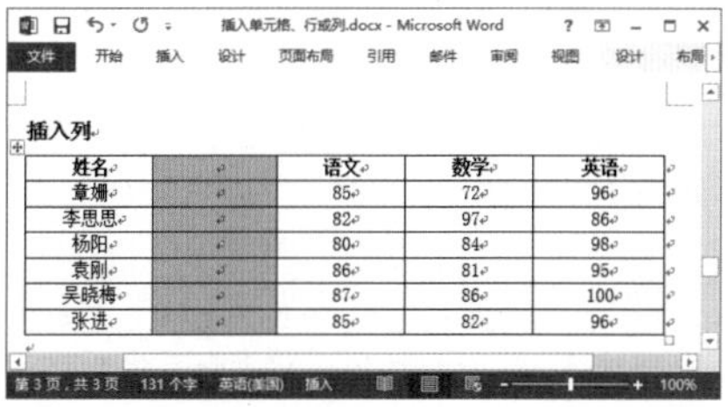

![图6-57 插入列结果界面]

图 6-57

技能拓展——快速插入多行或多列

如果需要插入大量的新行或新列，可一次性插入多行或多列。一次性插入多行或多列的操作方法相似，下面就以一次性插入多行为例进行讲解。例如，要插入 3 个新行，则先选中连续的 3 行，然后在【表格工具/布局】选项卡的【行和列】组中单击【在下方插入】按钮，即可在所选对象的最后一行的下方插入 3 个新行。

6.3.4 实战：删除单元格、行或列

实例门类	软件功能
教学视频	光盘\视频\第6章\6.3.4.mp4

编辑表格时，对于多余的行或列，可以将其删除掉，从而使表格更加整洁。

1. 删除单元格

同插入单元格一样，单元格的操作也不常用。删除单元格的具体操作如下。

Step01 打开"光盘\素材文件\第6章\删除单元格、行或列.docx"文件，❶选择需要删除的单元格，❷切换到【表格工具/布局】选项卡，❸单击【行和列】组中的【删除】按钮，❹在弹出的下拉列表中选择【删除单元格】选项，如图 6-58 所示。

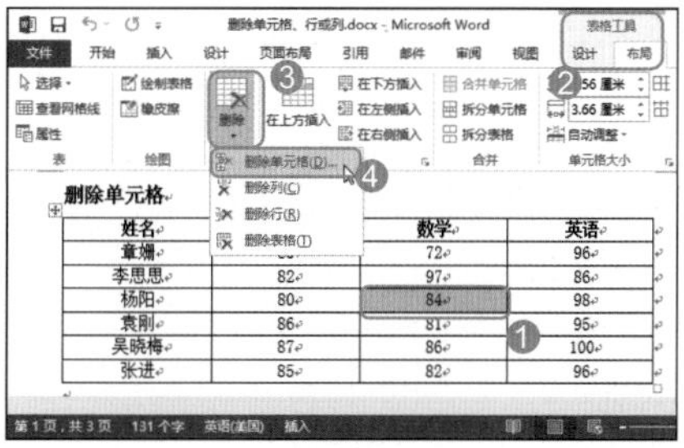

![图6-58 删除单元格操作界面]

图 6-58

Step02 打开【删除单元格】对话框，❶选择删除当前单元格后其右侧或下方单元格的移动方式，Word 提供了【右侧单元格左移】和【下方单元格上移】两种方式，本例中选中【右侧单元格左移】单选按钮，❷单击【确定】按钮，如图 6-59 所示。

图 6-59

Step03 返回文档，可发现当前单元格已被删除，与此同时，该单元格右侧的所有单元格均向左移动了，如图 6-60 所示。

图 6-60

2. 删除行

要想将不需要的行删除掉，可按下面的操作方法实现。

Step01 在"删除单元格、行或列.docx"文档中，❶选择要删除的行，❷切换到【表格工具/布局】选项卡，❸单击【行和列】组中的【删除】按钮，❹在弹出的下拉列表中单击【删除行】选项，如图 6-61 所示。

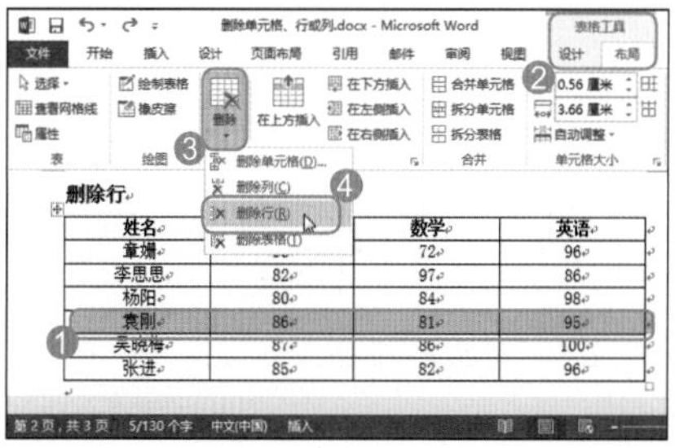

![图6-61 删除行操作界面]

图 6-61

Step 02 通过上述操作后，所选的行被删除掉了，如图 6-62 所示。

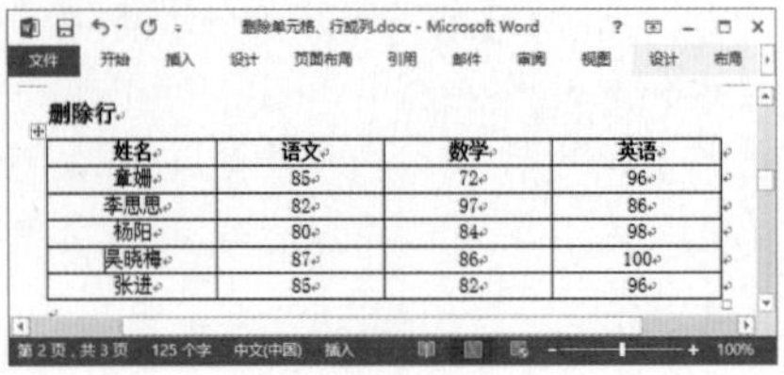

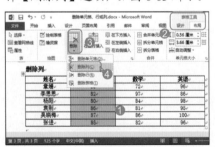

图 6-62

除了上述操作方式之外，还可通过以下几种方式删除行。

➡ 选择要删除的行，单击鼠标右键，在弹出的快捷菜单中单击【删除行】命令即可。

➡ 选择要删除的行，按【Backspace】键可快速将其删除。

3. 删除列

要想将不需要的列删除掉，可按下面的操作方法实现。

Step 01 在"删除单元格、行或列 .docx"文档中，❶选择要删除的列，❷切换到【表格工具/布局】选项卡，❸单击【行和列】组中的【删除】按钮，❹在弹出的下拉列表中选择【删除列】选项，如图 6-63 所示。

图 6-63

Step 02 通过上述操作后，所选的列被删除掉了，如图 6-64 所示。

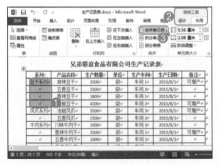

图 6-64

除了上述操作方式之外，还可通过以下几种方式删除列。

➡ 选择要删除的列，单击鼠标右键，在弹出的快捷菜单中选择【删除列】命令即可。

➡ 选择要删除的列，按【Backspace】键可快速将其删除。

★ 重点 6.3.5 实战：合并生产记录表中的单元格

实例门类	软件功能
教学视频	光盘\视频\第 6 章\6.3.5.mp4

合并单元格是指对同一个表格内的多个单元格进行合并操作，以便容纳更多内容，或者满足表格结构上的需要。合并单元格的具体操作如下。

Step 01 打开"光盘\素材文件\第 6 章\生产记录表 .docx"文件，❶选择需要合并的多个单元格，❷切换到【表格工具/布局】选项卡，❸单击【合并】组中的【合并单元格】按钮，如图 6-65 所示。

图 6-65

Step 02 通过上述操作后，选择的多个单元格合并为一个单元格，如图 6-66 所示。

Step 03 参照上述方法，对其他单元格进行合并操作即可，合并后的效果如图 6-67 所示。

图 6-66

图 6-67

★ 重点 6.3.6 实战：拆分税收税率明细表中的单元格

实例门类	软件功能
教学视频	光盘\视频\第 6 章\6.3.6.mp4

在表格的实际应用中，为了满足内容的输入，将一个单元格拆分成多个单元格也是常有的事。拆分单元格的具体操作如下。

Step 01 打开"光盘\素材文件\第 6 章\税收税率明细表 .docx"文件，❶选择需要进行拆分的单元格，❷切换到【表格工具/布局】选项卡，❸单击【合并】组中的【拆分单元格】按钮，如图 6-68 所示。

图 6-68

Step02 打开【拆分单元格】对话框，❶ 设置需要拆分的列数和行数，❷ 单击【确定】按钮，如图 6-69 所示。

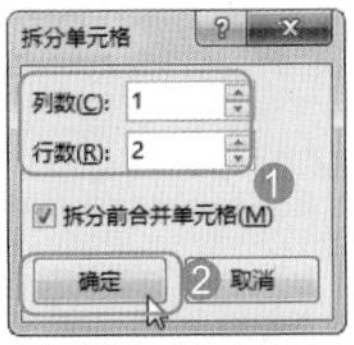

图 6-69

Step03 所选单元格将拆分成所设置的列数和行数，如图 6-70 所示。

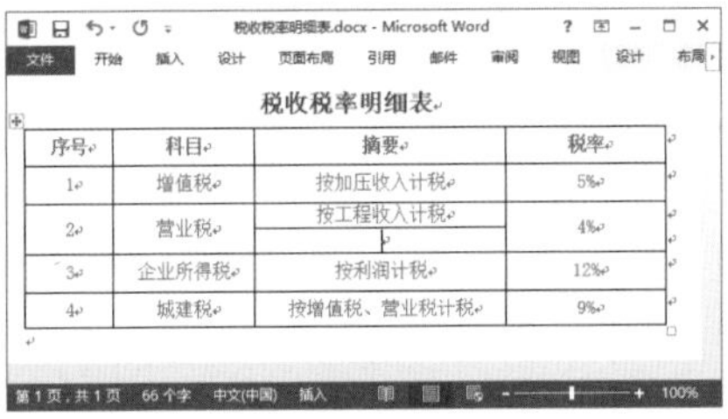

图 6-70

Step04 参照上述操作方法，对第 3 行第 4 列的单元格进行拆分，完成拆分后，在空白单元格中输入相应的内容，最终效果如图 6-71 所示。

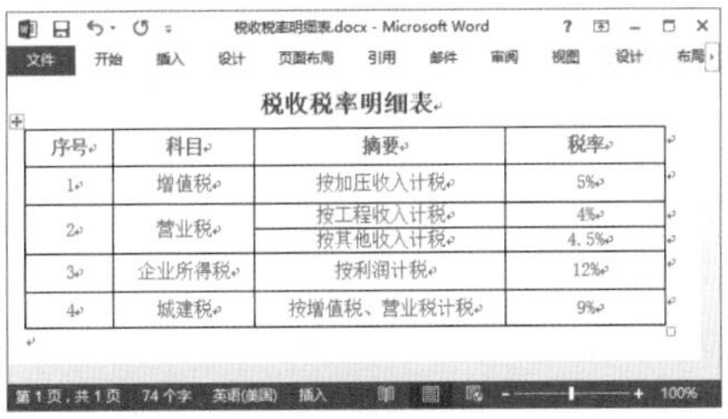

图 6-71

6.3.7 实战：在手机销售情况中绘制斜线表头

实例门类	软件功能
教学视频	光盘 \ 视频 \ 第 6 章 \6.3.7.mp4

斜线表头是比较常见的一种表格操作，其位置一般在第一行的第一列。绘制斜线表头的具体操作如下。

Step01 打开"光盘 \ 素材文件 \ 第 6 章 \ 手机销售情况表 .docx"文件，❶ 选中要绘制斜线表头的单元格，❷ 切换到【表格工具 / 设计】选项卡，❸ 在【边框】组中单击【边框】按钮下方的下拉按钮▼，❹ 在弹出的下拉列表中单击【斜下框线】选项，如图 6-72 所示。

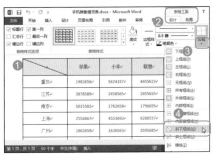

图 6-72

Step02 绘制好斜线表头后，在其中输入相应的内容，并设置好对齐方式即可，效果如图 6-73 所示。

图 6-73

技术看板

与 Word 2013 不同的是，Word 2010 中的【边框】按钮位于【表格工具 / 设计】选项卡的【表格样式】组中。虽然【边框】按钮的位置不同，但添加斜线表头的操作方法基本相同。

6.4 设置表格格式

插入表格后，要想表格更加赏心悦目，仅仅对表格内容设置字体格式是远远不够的，还需要对其设置样式、边框或底纹等格式。

6.4.1 实战：在付款通知单中设置表格对齐方式

实例门类	软件功能
教学视频	光盘 \ 视频 \ 第 6 章 \6.4.1.mp4

默认情况下，表格的对齐方式为左对齐。如果需要更改对齐方式，可按下面的操作方法实现。

Step01 打开"光盘 \ 素材文件 \ 第 6 章 \ 付款通知单 .docx"文件，❶ 选中表格，❷ 切换到【表格工具 / 布局】选项卡，❸ 单击【表】组中的【属性】按钮，如图 6-74 所示。

Step02 打开【表格属性】对话框，

❶ 切换到【表格】选项卡，❷ 在【对齐方式】栏中选择需要的对齐方式，如【居中】，❸ 单击【确定】按钮，如图 6-75 所示。

Step03 返回文档，可看到当前表格以居中对齐方式进行显示，如图 6-76 所示。

图 6-74

图 6-75

图 6-76

技能拓展——调整单元格的内容与边框之间的距离

在【表格属性】对话框的【表格】选项卡中，若单击【选项】按钮，可弹出【表格选项】对话框，此时可通过【上】【下】【左】和【右】微调框调整单元格内容与单元格边框之间的距离。

6.4.2 实战：在付款通知单中设置表格文字对齐方式

实例门类	软件功能
教学视频	光盘\视频\第 6 章\6.4.2.mp4

Word 为单元格中的文本内容提供了靠上两端对齐、靠上居中对齐、靠上右对齐等 9 种对齐方式，各种对齐方式的显示效果如图 6-77 所示。

图 6-77

默认情况下，文本内容的对齐方式为靠上两端对齐，根据实际操作可以进行更改，具体操作如下。

Step01 在 "付款通知单 .docx" 文档中，❶ 选中需要设置文字对齐方式的单元格，❷ 切换到【表格工具 / 布局】选项卡，❸ 在【对齐方式】组中单击某种对齐方式相对应的按钮，本例中单击【水平居中】按钮，如图 6-78 所示。

图 6-78

Step02 执行上述操作后，所选单元格中的文字将以水平居中对齐方式进行显示，如图 6-79 所示。

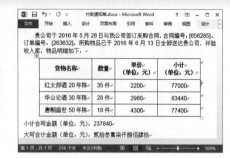

图 6-79

★ 重点 6.4.3 实战：为生产记录表设置边框与底纹

实例门类	软件功能
教学视频	光盘\视频\第 6 章\6.4.3.mp4

默认情况下，表格使用的是粗细相同的黑色边框线。在制作表格时，是可以对表格的边框线颜色、粗细等参数进行设置的。另外，表格底纹是指为表格中的单元格设置一种颜色或图案。在制作表格时，许多用户喜欢单独为表格的标题行设置一种底纹颜色，以便区别于表格中的其他行。

为表格设置边框与底纹的具体操作如下。

Step01 打开 "光盘\素材文件\第 6 章\生产记录表 .docx" 文档中，❶ 选中表格，❷ 切换到【表格工具 / 设计】选项卡，❸ 在【边框】组中单击【功能扩展】按钮，如图 6-80 所示。

图 6-80

Step02 打开【边框和底纹】对话框，❶ 在【样式】列表框中选择边框样式，❷ 在【颜色】下拉列表中选择边框颜色，❸ 在【宽度】下拉列表中选择边框粗细，④ 在【预览】栏中通过单击相关按钮，设置需要使用当前格式的边框线，本例中选择上框线、下框线、左框线和右框线，如图 6-81 所示。

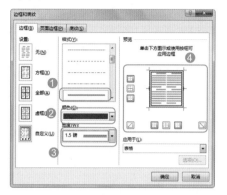

图 6-81

技术看板

Word 2010 中的操作略有不同，选中表格并切换到【表格工具 / 设计】选项卡后，需要在【绘图边框】组中单击【功能扩展】按钮，进而打开【边框和底纹】对话框。

Step03 ① 在【样式】列表框中选择边框样式，② 在【颜色】下拉列表中选择边框颜色，③ 在【宽度】下拉列表中选择边框粗细，④ 在【预览】栏中通过单击相关按钮，设置需要使用当前格式的边框线，本例中选择内部横框线和内部竖框线，⑤ 完成设置后单击【确定】按钮，如图 6-82 所示。

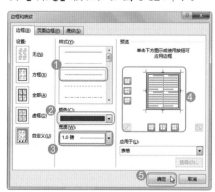

图 6-82

技能拓展——显示表格边框的参考线

如果对表格设置了无框线，为了方便查看表格，则可以将表格边框的参考线显示出来，方法为：将鼠标光标定位在表格内，切换到【表格工具 / 布局】选项卡，在【表】组中单击【查看网格线】按钮即可。

显示表格边框的参考线后，打印表格时不会打印这些参考线。

Step04 返回表格，① 选中需要设置底纹的单元格，② 在【表格工具 / 设计】选项卡的【表格样式】组中，③ 单击【底纹】按钮下方的下拉按钮，④ 在弹出的下拉列表中选择需要的底纹颜色即可，如图 6-83 所示。

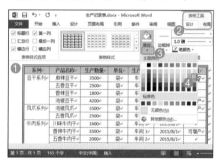

图 6-83

技能拓展——设置图案式表格底纹

如果需要设置图案式表格底纹，可先选中要设置底纹的单元格，然后打开【边框和底纹】对话框，切换到【底纹】选项卡，在【图案】栏中设置图案样式和图案颜色即可。

6.4.4　实战：使用表样式美化销售业绩表

实例门类	软件功能
教学视频	光盘 \ 视频 \ 第 6 章 \6.4.4.mp4

Word 为表格提供了多种内置样

式，通过这些样式，可快速达到美化表格的目的。应用表样式的具体操作如下。

Step01 打开"光盘 \ 素材文件 \ 第 6 章 \ 销售业绩表 .docx"文件，① 将鼠标光标定位在表格内，② 切换到【表格工具 / 设计】选项卡，③ 在【表格样式】组的列表框中选择需要的表样式，如图 6-84 所示。

图 6-84

Step02 应用表样式后的效果如图 6-85 所示。

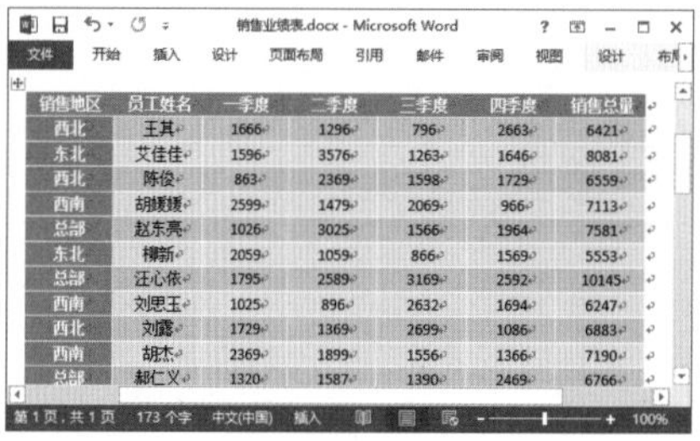

图 6-85

6.4.5　实战：为产品销售清单设置表头跨页

实例门类	软件功能
教学视频	光盘 \ 视频 \ 第 6 章 \6.4.5.mp4

默认情况下，同一表格占用多个页面时，表头（即标题行）只在首页显示，而其他页面均不显示。若要让标题行跨页重复显示，可按如下操作进行。

Step01 打开"光盘 \ 素材文件 \ 第 6 章 \ 产品销售清单 .docx"文件，① 选中标题行，② 切换到【表格工具 / 布局】选项卡，③ 单击【数据】组中的【重复标题行】按钮，如图 6-86 所示。

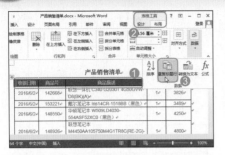

图 6-86

Step 02 通过上述操作后，可看见标题行跨页重复显示，如图 6-87 所示为表格第 2 页的显示效果。

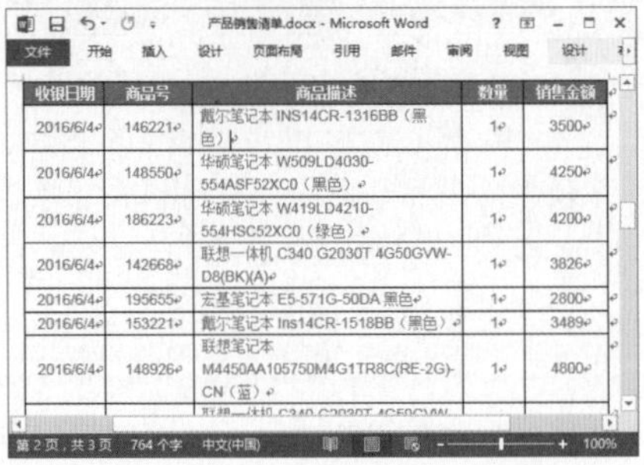

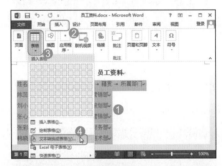

图 6-87

> **技能拓展——通过对话框设置标题行跨页显示**
>
> 在表格中选中标题行后，切换到【表格工具 / 布局】选项卡，单击【表】组中的【属性】按钮，在打开的【表格属性】对话框中切换到【行】选项卡，然后选中【在各页顶端以标题形式重复出现】复选框，实现标题行跨页重复显示。

6.5 表格与文本相互转换

Word 中表格和文本不是绝对独立，表格可以转换为文本，带有制表符或是分界符的文本也可快速转换为表格。用户可利用这一点更加灵活地编辑和处理文本内容和表格。

★ 重点 6.5.1 实战：将员工资料中的文字转换成表格

实例门类	软件功能
教学视频	光盘 \ 视频 \ 第 6 章 \6.5.1.mp4

对于规范化的文字，即每项内容之间以特定的字符（如逗号、段落标记、制表位等）间隔，可以将其转换成表格。例如，要将以制表位为间隔的文本转换成表格，可按下面的操作实现。

Step 01 打开“光盘 \ 素材文件 \ 第 6 章 \ 员工资料 .docx”文件，可看见已经输入好了以制表位为间隔的文本内容，如图 6-88 所示。

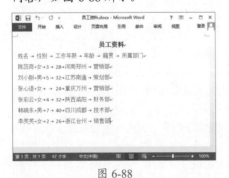

图 6-88

Step 02 ❶ 选中文本，❷ 切换到【插入】选项卡，❸ 单击【表格】组中的【表格】按钮，❹ 在弹出的下拉列表中选择【文本转换成表格】选项，如图 6-89 所示。

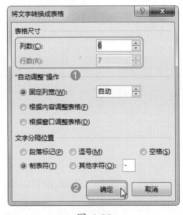

图 6-89

> **技术看板**
>
> 选中文本内容后，在【插入】选项卡的【表格】组中单击【表格】按钮，在弹出的下拉列表中若选择【插入表格】选项，Word 会自动对所选内容进行识别，并直接将其转换为表格。

Step 03 打开【将文字转换成表格】对话框，该对话框会根据所选文本自动设置相应的参数，❶ 确认信息无误（若有误，须手动更改），❷ 单击【确定】按钮，如图 6-90 所示。

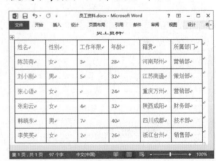

图 6-90

Step 04 返回文档，可看见所选文本转换成了表格，如图 6-91 所示。

图 6-91

技术看板

在输入文本时，如果连续的两个制表位之间没有输入内容，则转换成表格后，两个制表位之间的空白就会形成一个空白单元格。

6.5.2 实战：将冰箱销售统计表转换成文本

实例门类	软件功能
教学视频	光盘\视频\第 6 章\6.5.2.mp4

如果要将表格转换为文本，则可以按照下面的操作方法实现。

Step01 打开"光盘\素材文件\第 6 章\冰箱销售统计表.docx"文件，❶选中需要转换为文本的表格，❷切换到【表格工具/布局】选项卡，❸单击【数据】组中的【转换为文本】按钮，如图 6-92 所示。

Step02 打开【表格转换成文本】对话框，❶在【文字分隔符】栏中选择文本的分隔符，如【逗号】，❷单击【确定】按钮，如图 6-93 所示。

图 6-92

图 6-93

Step03 返回文档，可看见当前表格转换为了以逗号为间隔的文本内容，如图 6-94 所示。

图 6-94

技能拓展——将表格"粘贴"成文本

要将表格转换为文字，还可通过粘贴的方式实现，具体操作方法为：选中表格后按【Ctrl+C】组合键进行复制，在【开始】选项卡的【剪贴板】组中，单击【粘贴】按钮下方的下拉按钮，在弹出的下拉列表中选择【只保留文本】选项。

6.6 处理表格数据

在 Word 文档中，我们不仅可以通过表格来表达文字内容，还可以对表格中的数据进行运算、排序等操作，下面将分别进行讲解。

★ 重点 6.6.1 实战：计算营业额数据

实例门类	软件功能
教学视频	光盘\视频\第 6 章\6.6.1.mp4

Word 提供了 SUM、AVERAGE、MAX、MIN、IF 等常用函数，通过这些函数，可以对表格中的数据进行计算。其具体操作如下。

Step01 打开"光盘\素材文件\第 6 章\营业额统计周报表.docx"文件，❶将鼠标光标定位在需要显示运算结果的单元格，❷切换到【表格工具/布局】选项卡，❸单击【数据】组中的【公式】按钮，如图 6-95 所示。

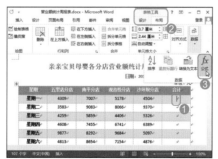

图 6-95

Step02 打开【公式】对话框，❶在【公式】文本框内输入运算公式，当前单元格的公式应为【=SUM(B2:E2)】，❷根据需要，可以在【编号格式】下拉列表中为计算结果选择一种数字格式，或者在【编号格式】文本框中自定义输入编号格式，本例中输入【¥0】，❸完成设置后单击【确定】按钮，如图 6-96 所示。

图 6-96

Step03 返回文档，可看到当前单元格的运算结果，如图 6-97 所示。

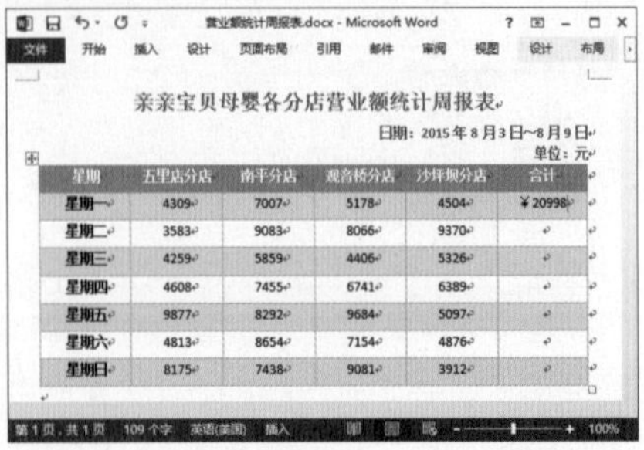

图 6-97

Step04 用同样的方法，使用【SUM】函数计算出其他时间的营业总额，效果如图 6-98 所示。

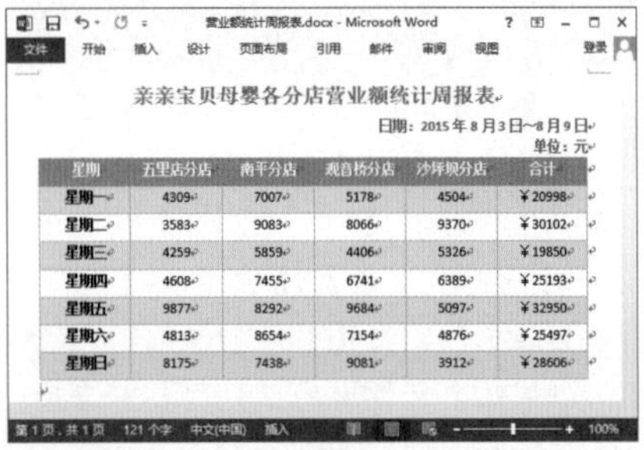

图 6-98

★ 重点 6.6.2 实战：对员工培训成绩表中的数据进行排序

实例门类	软件功能
教学视频	光盘\视频\第 6 章\6.6.2.mp4

要想让表格中的数据具有一定的条理性，可以对表格进行排序操作，具体操作如下。

Step01 打开"光盘\素材文件\第 6 章\员工培训成绩表 .docx"文件，❶选中表格，❷切换到【表格工具/布局】选项卡，❸单击【数据】组中的【排序】按钮，如图 6-99 所示。

Step02 打开【排序】对话框，❶在【主要关键字】栏中设置排序依据，❷选择排序方式，❸单击【确定】按钮，如图 6-100 所示。

Step03 返回文档，当前表格中的数据

将按上述设置的排序参数进行排序，如图 6-101 所示。

图 6-99

图 6-100

图 6-101

★ 重点 6.6.3 实战：插入筛选符合条件的数据记录

实例门类	软件功能
教学视频	光盘\视频\第 6 章\6.6.3.mp4

在 Word 中，可以通过插入数据库功能对表格数据进行筛选，以提取符合条件的数据。

例如，如图 6-102 所示为"光盘\素材文件\第 6 章\员工信息表 .docx"文档中的数据。

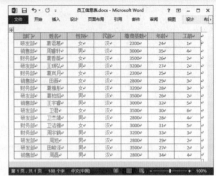

图 6-102

现在，要将部门为研发部的数据筛选出来，具体操作如下。

Step01 将【插入数据库】按钮添加到快速访问工具栏。

Step02 新建一篇名为"筛选'员工信息表'数据"的空白文档，单击快速访问工具栏中的【插入数据库】按钮，如图 6-103 所示。

图 6-103

Step03 打开【数据库】对话框，单击【数据源】栏中的【获取数据】按钮，如图 6-104 所示。

图 6-104

Step04 打开【选取数据源】对话框，❶选择数据源文件，❷单击【打开】按钮，如图 6-105 所示。

图 6-105

Step05 返回【数据库】对话框，单击【数据选项】栏中的【查询选项】按钮，如图 6-106 所示。

图 6-106

Step06 打开【查询选项】对话框，❶设置筛选条件，❷单击【确定】按钮，如图 6-107 所示。

图 6-107

Step07 返回【数据库】对话框，在【将数据插入文档】栏中单击【插入数据】按钮，如图 6-108 所示。

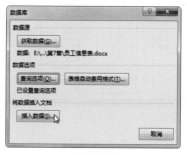

图 6-108

Step08 打开【插入数据】对话框，❶在【插入记录】栏中选中【全部】单选按钮，❷单击【确定】按钮，如图 6-109 所示。

图 6-109

Step09 此时，Word 会将符合筛选条件的数据筛选出来，并将结果显示在文档中，如图 6-110 所示。

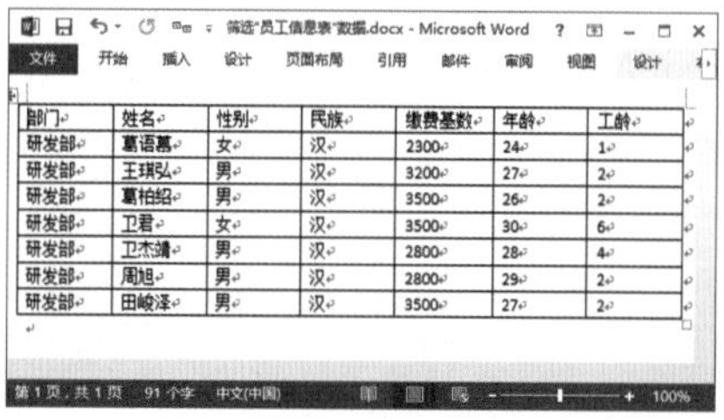

图 6-110

妙招技法

通过前面知识的学习，相信读者朋友已经掌握了 Word 文档中表格的使用方法了。下面结合本章内容，给大家介绍一些实用技巧。

技巧01：灵活调整表格大小

在调整表格大小时，绝大多数用户都会通过拖动鼠标的方式来调整行高或列宽，但这种方法会影响相邻单元格的行高或列宽。

例如，调整某个单元格的列宽时，就会影响其右侧单元格的列宽，针对这样的情况，我们可以利用【Ctrl】键和【Shift】键来灵活调整表格大小。

下面以调整列宽为例，讲解这两个键的使用方法。

➜ 先按住【Ctrl】键，再拖动鼠标调整列宽，通过该方式达到的效果是：在不改变整体表格宽度的情况下，调整当前列宽。当前列以后的其他各列依次向后进行压缩，表格的右边线是不变的，除非当前列以后的各列已经压缩至极限。

➜ 先按住【Shift】键，再拖动鼠标调整列宽，通过该方式达到的效果是：当前列宽发生变化但其他各列宽度不变，表格整体宽度会因此增加或减少。

➜ 先按住【Ctrl+Shift】组合键，再拖动鼠标调整列宽，通过该方式达到的效果是：在不改变表格宽度的情况下，调整当前列宽，并将当前列之后的所有列宽调整为相同。但如果当前列之后的其他列的列宽往表格尾部压缩到极限时，表格会向右延。

技巧02：在表格上方的空行输入内容

教学视频	光盘\视频\第 6 章\技巧02.mp4

在新建的空白文档中创建表格后，可能会发现无法通过定位鼠标光标在表格上方输入文字。

要想在表格上方输入文字，可按下面的操作方法实现。

Step 01 打开"光盘\素材文件\第6章\食品销售表.docx"文件，先将鼠标光标定位在表格左上角单元格内文本的开头，如图6-111所示。

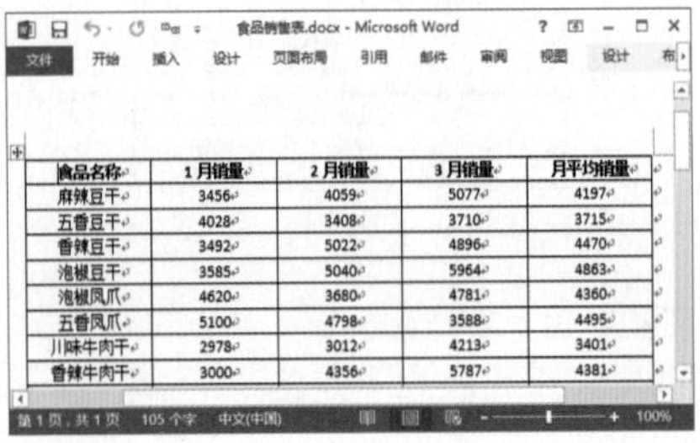

图 6-111

Step 02 按【Enter】键，即可将表格下移，同时表格上方会空出一个新的行，然后输入需要的内容即可，如图6-112所示。

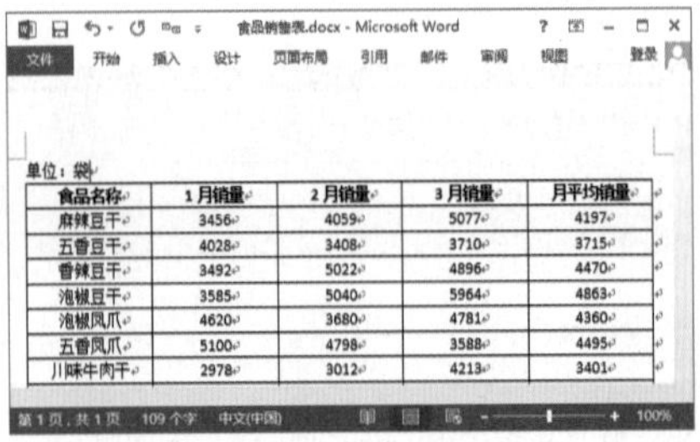

图 6-112

技巧 03：轻松处理表格内容跨页断行

教学视频	光盘\视频\第6章\技巧03.mp4

在同一页面中当表格最后一行的内容超过单元格高度时，会在下一页以另一行的形式出现，从而导致同一单元格的内容被拆分到不同的页面上，影响表格的美观及阅读效果。

针对这样的情况，我们需要通过设置，以防止表格跨页断行，具体操作如下。

Step 01 打开"光盘\素材文件\第6章\2017年利润表.docx"文件，❶选中表格，❷切换到【表格工具/布局】选项卡，❸单击【表】组中的【属性】按钮，如图6-113所示。

图 6-113

Step 02 打开【表格属性】对话框，❶切换到【行】选项卡，❷取消选中【允许跨页断行】复选框，❸单击【确定】按钮，如图6-114所示。

图 6-114

Step 03 完成后的效果如图6-115所示。

图 6-115

技巧 04：巧为表格列添加序号

教学视频	光盘\视频\第6章\技巧04.mp4

在输入表格数据时，若要输入连续的编号内容，可使用 Word 的编号功能进行自动编号，以避免手动输入编号的烦琐。

在表格中使用自动编号的操作方法为：打开"光盘\素材文件\第6章\员工考核标准.docx"的文件，选中需要输入编号的单元格，❶在【开始】选项卡的【段落】组中单击【编号】按钮 右侧的下拉按钮，❷在弹出的下拉列表中选择需要的编号样式，如图6-116所示。

图 6-116

本章小结

在本章中主要介绍了 Word 中表格创建和设置等相关技能技巧，重点内容主要包括创建表格、表格的基本操作、设置表格格式、表格与文本相互转换；难点内容主要是表格数据的处理等，其中会涉及一些函数计算等。通过本章的学习，希望大家能够灵活自如地在 Word 中使用表格。

第7章 Word 文档的自动化排版

- ➡ 题注是什么？如何使用？
- ➡ 怎么在文档中添加脚注和尾注？
- ➡ 脚注和尾注能相互转换吗？

当文档中图片、表格过多时，我们通常会想到为它们添加题注来让文档内容更清晰，如何添加呢？通过本章的学习，相信读者会很快掌握此项技能，以及如何添加脚注与尾注，赶紧学起来吧！

7.1 题注的使用

在编辑复杂的文档时，往往包含了大量的图片和表格，而且在编辑与排版这些内容时，有时还需要为它们添加带有编号的说明性文字。如果手动添加编号，无疑是一项非常耗时的工作，尤其是后期对图片和表格进行了增加、删除，或者调整位置等操作，便会导致之前添加的编号被打乱，这时不得不重新再次编号。Word 提供的题注功能解决了这一问题，该功能不仅允许用户为图片、表格、图表等不同类型的对象添加自动编号，还允许为这些对象添加说明信息，当这些对象的数量或位置发生变化时，Word 便会自动更新题注编号，免去了手动编号的烦琐。

7.1.1 题注的组成

题注可以位于图片、表格、图表等对象的上方或下方，由题注标签、题注编号和说明信息 3 部分组成。

- ➡ 题注标签：题注通常以"图""表""图表"等文字开始，这些字便是题注标签，用于指明题注的类别。Word 提供了一些预置的题注标签供用户选择，用户也可以自行创建。
- ➡ 题注编号：在"图""表""图表"等文字的后面会包含一个数字，这个数字就是题注编号。题注编号由 Word 自动生成，是必不可少的部分，表示图片或表格等对象在文档中的排序序号。
- ➡ 说明信息：题注编号之后通常会包含一些文字，即说明信息，用于对图片或表格等对象做简要说明。说明信息可有可无，如果需要使用说明信息，由用户手动输入即可。

7.1.2 实战：为公司形象展示的图片添加题注

实例门类	软件功能
教学视频	光盘 \ 视频 \ 第 7 章 \7.1.2.mp4

了解了题注的作用后，相信读者已经迫不及待地想使用题注功能了，接下来就讲解如何为图片添加题注，具体操作如下。

Step01 打开"光盘 \ 素材文件 \ 第 7 章 \ 公司形象展示 .docx"文件，❶ 选中需要添加题注的图片，❷ 切换到【引用】选项卡，❸ 单击【题注】组中的【插入题注】按钮，如图 7-1 所示。

图 7-1

Step02 打开【题注】对话框，在【标签】下拉列表中可以选择 Word 预置的题注标签，若均不符合使用需求，则单击【新建标签】按钮，如图 7-2 所示。

图 7-2

Step03 打开【新建标签】对话框，❶ 在【标签】文本框中输入【图】，❷ 单击【确定】按钮，如图 7-3 所示。

图 7-3

Step 04 返回【题注】对话框，刚才新建的标签"图"将自动设置为题注标签，同时题注标签后面自动生成了题注编号，单击【确定】按钮，如图7-4所示。

图 7-4

⚙ **技能拓展——设置题注的说明信息及位置**

根据操作需要，我们可以设置题注的说明信息及位置。

设置说明信息：在【题注】对话框的【题注】文本框中，在题注编号后面可以输入当前对象的说明文字，最好在题注编号与说明文字之间输入一个空格，以便让它们之间产生一定的距离感。

设置题注位置：在【题注】对话框的【位置】下拉列表中，提供的选项用于决定题注位于对象的上方还是下方。默认情况下，Word自动选择的是【所选项目下方】选项，表示题注位于对象的下方。

Step 05 返回文档，所选图片的下方插入了一个题注，如图7-5所示。
Step 06 用同样的方法，对文档中其他图片添加题注，完成后的效果如图7-6所示。

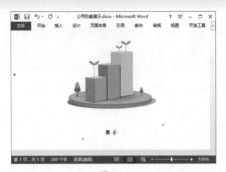

图 7-5

图 7-6

7.1.3 实战：为公司简介的表格添加题注

实例门类	软件功能
教学视频	光盘\视频\第7章\7.1.3.mp4

为表格添加题注的方法与为图片添加题注基本相同，具体操作如下。

Step 01 打开"光盘\素材文件\第7章\公司简介.docx"文件，❶选中要添加题注的表格，❷切换到【引用】选项卡，❸单击【题注】组中的【插入题注】按钮，如图7-7所示。

图 7-7

Step 02 打开【题注】对话框，单击【新建标签】按钮，如图7-8所示。

图 7-8

Step 03 打开【新建标签】对话框，❶在【标签】文本框中输入【表】，❷单击【确定】按钮，如图7-9所示。

图 7-9

Step 04 返回【题注】对话框，刚才新建的标签"表"将自动设置为题注标签，同时题注标签后面自动生成了题注编号。❶在【位置】下拉列表中选择【所选项目上方】选项，❷单击【确定】按钮，如图7-10所示。

图 7-10

🔖 **技术看板**

在【题注】对话框中，若选中【题注中不包括标签】复选框，则创建的题注中将不会包含"图""表"等之类的文字。另外，若创建了错误标签，则可以在【标签】下拉列表中选择该标签，然后单击【删除标签】按钮将其删除。

Step05 返回文档，所选表格的上方插入了一个题注，如图 7-11 所示。用这样的方法，分别为文档中其他表格添加题注即可。

图 7-11

★ 重点 7.1.4 实战：添加包含章节编号的题注

实例门类	软件功能
教学视频	光盘\视频\第 7 章\7.1.4.mp4

按照前面所讲的方法，创建的题注中的编号只包含一个数字，表示与题注关联的对象在文档中的序号。对于复杂文档而言，可能希望为对象创建包含章节号的题注，这种题注的编号包含两个数字，第一个数字表示对象在文档中所属章节的编号，第二个数字表示对象所属章节中的序号。

例如，文档中第 1 章的第 2 张图片，可以表示为"图 1-2"；再如，文档中第 1.2 节的第 2 张图片，可以表示为"图 1.2-2"。

下面以为图片添加含章编号的题注为例，讲解具体操作方法。

Step01 打开"光盘\素材文件\第 6 章\书稿.docx"的文件，❶选中需要添加题注的图片，❷切换到【引用】选项卡，❸单击【题注】组中的【插入题注】按钮，如图 7-12 所示。

Step02 打开【题注】对话框，单击【新建标签】按钮，如图 7-13 所示。

Step03 打开【新建标签】对话框，❶在【标签】文本框中输入【图】，❷单击【确定】按钮，如图 7-14 所示。

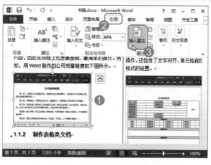

图 7-12

图 7-13

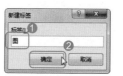

图 7-14

Step04 打开【题注】对话框，单击【编号】按钮，如图 7-15 所示。

图 7-15

Step05 打开【题注编号】对话框，❶选中【包含章节号】复选框，❷在【章节起始样式】下拉列表中选择要作为题注编号中第 1 个数字的样式，本例中选择【标题1】，❸在【使用分隔符】下拉列表中选择分隔符样式，❹单击【确定】按钮，如图 7-16 所示。

Step06 返回【题注】对话框，可以看到题注编号由两个数字组成，单击

【确定】按钮，如图 7-17 所示。

图 7-16

图 7-17

Step07 返回文档，所选图片的下方插入了一个含章编号的题注，如图 7-18 所示。

图 7-18

Step08 用这样的方法，分别为文档中其他图片添加题注，效果如图 7-19 所示。

图 7-19

★ 重点 7.1.5 实战：自动添加题注

实例门类	软件功能
教学视频	光盘\视频\第 7 章\7.1.5.mp4

前面所讲解的操作中，都是选择对象后再添加题注。那么有没有办法实现在文档中插入图片或表格等对象时自动添加题注呢，答案是肯定的。以表格为例，讲解如何实现在文档中插入表格时自动添加题注，具体操作如下。

Step01 新建一篇名为"自动添加题注"的空白文档，❶切换到【引用】选项卡，❷单击【题注】组中的【插入题注】按钮，如图 7-20 所示。

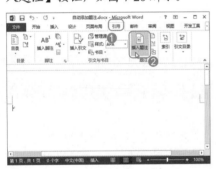

图 7-20

Step02 打开【题注】对话框，单击【自动插入题注】按钮，如图 7-21 所示。

图 7-21

Step03 打开【自动插入题注】对话框，❶在【插入时添加题注】列表框中选中【Microsoft Word 表格】复选框，❷此时，【选项】栏中的选项设置被激活，根据需要设置题注标签、位置等参数，❸完成设置后单击【确定】按钮，如图 7-22 所示。

图 7-22

Step04 返回文档插入一个表格，表格上方会自动添加一个题注，如图 7-23 所示。

图 7-23

Step05 插入第 2 张表格，表格上方同样自动添加了一个题注，如图 7-24 所示。

图 7-24

7.2 设置脚注和尾注

编辑文档时，若需要对某些内容进行补充说明，可通过脚注与尾注实现。通常情况下，脚注位于页面底部，作为文档某处内容的注释；尾注位于文档末尾，列出引文的出处。一般来说，在编辑复杂的文档时，如论文，经常会使用脚注与尾注。

7.2.1 实战：为诗词鉴赏添加脚注

实例门类	软件功能
教学视频	光盘\视频\第 7 章\7.2.1.mp4

编辑文档时，当需要对某处内容添加注释信息，可插入脚注。在一个页面中，可以添加多个脚注，且 Word 会根据脚注在文档中的位置自动调整顺序和编号。其具体操作如下。

Step01 打开"光盘\素材文件\第 7 章\古诗鉴赏——摊破浣溪沙·揉破黄金万点轻 .docx"的文件，❶将鼠标光标定位在需要插入脚注的位置，❷切换到【引用】选项卡，❸单击【脚注】组中的【插入脚注】按钮，如图 7-25 所示。

Step02 Word 将自动跳转到该页面的底端，直接输入脚注内容即可，如图 7-26 所示。

Step03 输入完成后，将鼠标指针指向插入脚注的文本位置，将自动出现脚注文本提示，如图 7-27 所示。

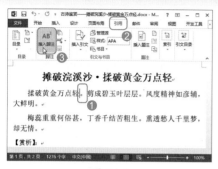

图 7-25

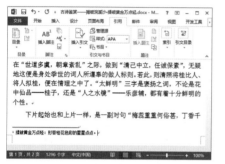

图 7-26

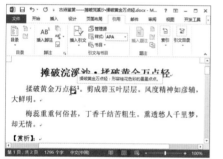

图 7-27

7.2.2　实战：为古诗鉴赏添加尾注

实例门类	软件功能
教学视频	光盘 \ 视频 \ 第 7 章 \7.2.2.mp4

　　编辑文档时，当需要列出引文的出处时，便会使用到尾注，具体操作方法如下。

Step① 在"古诗鉴赏——摊破浣溪沙·揉破黄金万点轻.docx"文档中，❶ 将鼠标光标定位在需要插入尾注的位置，❷ 切换到【引用】选项卡，❸ 单击【脚注】组中的【插入尾注】按钮，如图 7-28 所示。

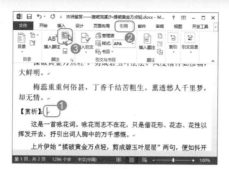

图 7-28

Step② Word 将自动跳转到文档的末尾位置，直接输入尾注内容即可，如图 7-29 所示。

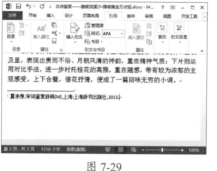

图 7-29

Step③ 输入完成后，将鼠标指针指向插入尾注的文本位置，将自动出现尾注文本提示，如图 7-30 所示。

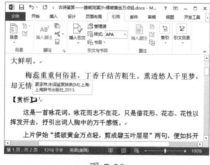

图 7-30

技能拓展——删除脚注和尾注

　　在文档中插入脚注或尾注后，若要删除它们，只需在正文内容中将脚注或尾注的引用标记删除即可。删除引用标记的方法很简单，就像删除普通文字一样，先选择引用标记，按【Delete】键即可。

★ 重点 7.2.3　实战：改变脚注和尾注的位置

实例门类	软件功能
教学视频	光盘 \ 视频 \ 第 7 章 \7.2.3.mp4

　　默认情况下，脚注在当前页面的底端，尾注位于文档结尾，根据操作需要，我们可以调整脚注和尾注的位置。

➜ 脚注：当脚注所在页的内容过少时，脚注位于页面底端可能会影响页面美观，此时，可以将其调整到文字的下方，即当前页面的内容结尾处。

➜ 尾注：若文档设置了分节，有时为了便于查看尾注，可以将其调整到该节内容的末尾。

　　调整脚注和尾注位置的具体操作如下。

Step① 在需要调整脚注和尾注位置的文档中，❶ 切换到【引用】选项卡，❷ 单击【脚注】组中的【功能扩展】按钮，如图 7-31 所示。

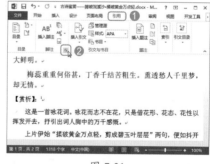

图 7-31

Step② 打开【脚注和尾注】对话框，❶ 如果要调整脚注的位置，则在【位置】栏中选中【脚注】单选按钮，❷ 在右侧的下拉列表中选择脚注的位置，如图 7-32 所示。

Step③ ❶ 如果要调整尾注的位置，则在【位置】栏中选中【尾注】单选按钮，❷ 在右侧的下拉列表中选择尾注的位置，❸ 设置完成后单击【应用】按钮即可，如图 7-33 所示。

图 7-32

图 7-33

7.2.4 实战：设置脚注和尾注的编号格式

实例门类	软件功能
教学视频	光盘＼视频＼第 7 章＼7.2.4.mp4

默认情况下，脚注的编号形式为"1,2,3…"，尾注的编号形式为"i,ii,iii…"，根据操作需要，我们可以更改脚注或尾注的编号形式。例如，要更改脚注的编号形式，具体操作如下。

Step01 在"古诗鉴赏——摊破浣溪沙·揉破黄金万点轻.docx"文档中，① 切换到【引用】选项卡，② 单击【脚注】组中的【功能扩展】按钮，如

图 7-34 所示。

图 7-34

Step02 打开【脚注和尾注】对话框，① 在【位置】栏中选中【脚注】单选按钮，② 在【编号格式】下拉列表中选择需要的编号样式，③ 单击【应用】按钮，如图 7-35 所示。

图 7-35

Step03 返回文档，脚注的编号格式即可更改为所选样式，如图 7-36 所示。

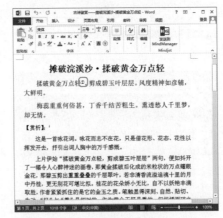

图 7-36

★ 重点 7.2.5 实战：脚注与尾注互相转换

实例门类	软件功能
教学视频	光盘＼视频＼第 7 章＼7.2.5.mp4

在文档中插入脚注或尾注之后，还可随时在脚注与尾注之间转换，即将脚注转换为尾注，或者将尾注转换为脚注，具体操作如下。

Step01 在要编辑的文档中，打开【脚注和尾注】对话框，单击【转换】按钮，如图 7-37 所示。

图 7-37

Step02 打开【转换注释】对话框，① 根据需要选择转换方式，② 单击【确定】按钮，如图 7-38 所示。

图 7-38

技术看板

【转换注释】对话框中的可选项，会根据文档中存在的脚注和尾注的不同而变化。例如，文档中若只有尾注，则【转换注释】对话框中只有【尾注全部转换成脚注】选项可以使用。

Step03 返回【脚注和尾注】对话框，单击【关闭】按钮关闭该对话框即可，如图7-39所示。

图 7-39

妙招技法

通过前面知识的学习，相信读者朋友已经掌握了题注、脚注和尾注的相关处理方法。下面结合本章内容，给大家介绍一些实用技巧。

技巧01：如何让题注由"图一-1"变成"图1-1"

教学视频	光盘\视频\第7章\技巧01.mp4

当文档中的章标题使用了中文数字编号时，如"第一章""第二章"等，那么在文档中添加含章编号的题注时，就会得到"图一-1"这样的形式，如图7-40所示。

图 7-40

如果在不改变标题编号形式的前提下，但又希望在文档中使用"图1-1"形式的题注，则可以按下面的操作方法解决问题。

Step01 打开"光盘\素材文件\第7章\书稿1.docx"的文件，❶ 将鼠标光标定位在章标题段落中，❷ 在【开始】选项卡的【段落】组中单击【多级列表】按钮，❸ 在弹出的下拉列表中单击【定义新的多级列表】选项，如图7-41所示。

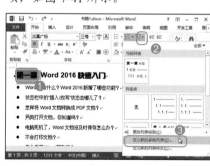

图 7-41

Step02 打开【定义新多级列表】对话框，单击【更多】按钮，如图7-42所示。

图 7-42

Step03 展开【定义新多级列表】对话框，❶ 选中【正规形式编号】复选框，❷ 此时章编号将自动更正为阿拉伯数字形式，单击【确定】按钮，如图7-43所示。

Step04 返回文档，可看见章标题的编号显示为阿拉伯数字形式，如图7-44所示。

Step05 按【Ctrl+A】组合键选中全文，按【F9】键更新所有域，此时所有题注编号将显示为"图1-1"这样的形式，如图 7-45 所示。

图 7-43

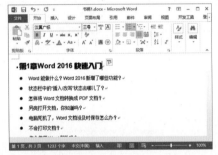

图 7-44

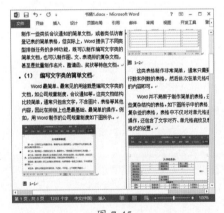

图 7-45

Step06 ❶ 将鼠标光标定位在章标题段落中，❷ 打开并展开【定义新多级列表】对话框，取消选中【正规形式编号】复选框，❸ 单击【确定】按钮，如图 7-46 所示。

Step07 返回文档，可看见章标题的编号恢复为原始状态，题注编号仍然为"图 1-1"这样的形式，如图 7-47 所示。

图 7-46

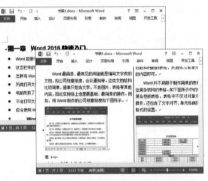

图 7-47

📖 技术看板

上述操作方法适合不再对文档中的域进行更新的情况，如果以后再次对文档更新了所有域，则题注又会恢复到"图一-1"这样的形式。

技巧 02：让题注与它的图或表不"分家"

教学视频	光盘 \ 视频 \ 第 7 章 \ 技巧 02.mp4

在书籍排版中，图、表等对象与其对应的题注应该显示在同一页上，即它们是一个整体，不能分散在两页。

在 Word 排版时，Word 的自动分页功能可能会使它们"分家"，要解决这一问题，通过设置段落格式即可。

其方法为：在"书稿 1.docx"文档中，❶ 将鼠标光标定位到图片所在的段落，❷ 打开【段落】对话框，

换到【换行和分页】选项卡，❸ 选中【分页】栏中的【与下段同页】复选框，❹ 单击【确定】按钮即可，如图 7-48 所示。

图 7-48

技巧 03：删除脚注或尾注处的横线

教学视频	光盘 \ 视频 \ 第 7 章 \ 技巧 03.mp4

在文档中插入脚注之后，会在页面底部自动显示一条分隔线，在分隔线的下方便是脚注内容。

在排版过程中，有时可能想要删除这条分隔线，但发现无法选择它，这时可以按下面的操作方法实现。

Step01 打开"光盘 \ 素材文件 \ 第 7 章 \ 诗词鉴赏——客至.docx"的文件，切换到草稿视图模式（在【视图】选项卡中单击【大纲视图】按钮）。

Step02 ❶ 切换到【引用】选项卡，❷ 单击【脚注】组中的【显示备注】按钮，如图 7-49 所示。

Step03 ❶ 打开【显示备注】对话框，选中【查看脚注区】单选按钮，❷ 单击【确定】按钮，如图 7-50 所示。

Step04 此时，Word 窗口底部将显示备注窗格，在【脚注】下拉列表中选中

【脚注分隔符】选项,如图7-51所示。

图 7-49

图 7-50

图 7-51

Step**05** 备注窗口中将显示脚注分隔线,选择这条分隔线,如图7-52所示,然后按【Delete】键可将其删除。

图 7-52

Step**06** 切换到页面视图模式,发现脚注分隔线已经被删除,如图7-53所示。

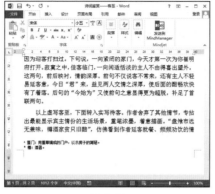

图 7-53

技巧04:自定义尾注符号

教学视频	光盘\视频\第7章\技巧04.mp4

默认情况下,尾注的编号形式为"1,2,3···",其实,我们还可以使用各种各样的符号来替代尾注的编号。

例如,在"诗词鉴赏——客至.docx"中自定义脚注符号,其具体操作如下。

Step**01** 在要编辑的文档中,❶将光标插入点定位到需要插入尾注的位置,❷切换到【引用】选项卡,❸单击【脚注】组中的【功能扩展】按钮□,如图7-54所示。

图 7-54

Step**02** 打开【脚注和尾注】对话框,❶在【位置】栏中选择【尾注】单选按钮,❷在【格式】栏中单击【符号】按钮,如图7-55所示。

图 7-55

Step**03** 弹出【符号】对话框,❶选择需要的符号,❷单击【确定】按钮,如图7-56所示。

图 7-56

Step**04** 返回【脚注和尾注】对话框,单击【插入】按钮,如图7-57所示。

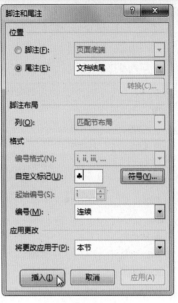

图 7-57

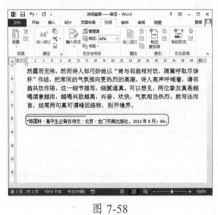

图 7-58

Step⑤ Word 将自动跳转到该页面的底端，尾注的引用编号显示的是之前所选的符号，直接输入尾注内容即可，如图 7-58 所示。

本章小结

本章主要讲解了题注、脚注和尾注在文档中的应用，为文档排版提供了非常大的便利。通过题注功能，读者可以为各种对象添加自动编号，不仅是本章中所提到的图片、表格，还可以是图表、公式、SmartArt 图形等对象，读者可以参考本章所讲方法，尝试为这些对象添加自动编号，以实现排版效率最大化。

第8章 Word 的高级排版功能

➜ 如何应用样式或样式集？
➜ 如何套用主题并更改其颜色和字体？
➜ 如何让首页不显示页码？
➜ 如何快速创建长文档的目录？
➜ 如何手动创建索引？
➜ 封面怎样套用和更改？

上面都是高级排版在实际应用中常见的问题？掌握了上面这些问题的答案，本章的知识就可以算是掌握得差不多了，废话少说，开始本章知识的学习吧。

8.1 高级排版，你得知道这些

高级排版，是指让整个文档的排版更加省时省力、更加富有成效，从而更多地减少人为操作，提高工作效率。在 Word 中高级排版主要包括这样几个方面知识：样式、样式集、主题、目录、索引等。在使用它们之前我们先了解和掌握这些高级排版功能的一些"家底情况"。

★ 重点 8.1.1 样式、主题和样式集的区别

在制作和编排文档的过程中，经常使用样式、主题和样式集来快速设置文档的格式，那么，样式、主题和样式集之间有什么区别呢？

样式是经过特殊打包的格式的集合，包括字体、字体大小、字体颜色、行间距、段落间距、对齐方式、项目符号、编号等。在 Word 2013 工作界面的"开始"选项卡"样式"组中的列表框中显示的"标题""正文""强调""要点"等都属于样式，如图 8-1 所示。

主题就是字体、样式、颜色和页面效果等格式设置的组合，为文档应用主题后，图 8-2 所示为文档应用"基础"主题，Word 2013 提供的样式集会随着主题自动更新，如图 8-3 所示。所以说，不同的主题，对应一组不同的样式集。

图 8-1

图 8-2

图 8-3

样式集是众多样式的集合，可以将文档格式中所需要的众多样式存储为一个样式集。图 8-4 所示为 Word 2013 提供的样式集。

图 8-4

图 8-5

么就能轻松提取出需要的目录，如图 8-7 所示。所以，在设置段落格式时，最好为段落设置相应的级别样式，这样，提取出来的目录才会更加正确。

图 8-6

图 8-7

制作和编排文档的过程中，经常使用模板、样式、主题和样式集来快速设置文档的格式，那么，样式、主题和样式集之间有什么区别呢！

模板又称为样式库，它是一群样式的集合，并包含各种版面设置参数（如纸张大小、页边距、页眉和页脚位置等）。一旦通过模板开始创建新文档，便载入了模板中的版面设置参数和其中的所有样式设置，用户只需在创建的模板中根据提示填写需要的内容即可，图 8-5 所示为 Word 2013 提供的"活动传单"模板。

★ 重点 8.1.2 段落级别对目录的重要性

一般来说，对于制作的各种制度文档，如果文档的内容较多，一般都会为文档提供目录，以方便通过目录查看文档的大致内容。在 Word 中虽然提供了提取目录的功能，但如果文档中段落的级别不清晰，那么，目录可能不能提取，或提取的目录混乱，如图 8-6 所示为段落级别不清晰，提取目录时，提示"未找到目录项"。如果文档中为段落设置了级别，那

8.2 应用样式

样式是经过特殊打包的格式的集合，包括字体类型、字体大小、字体颜色、对齐方式、制表位和边距等，使用样式可以快速对文档的格式进行设置，提高排版效率，特别是对于长文档来说，非常实用。

★ 重点 8.2.1 实战：在公司简介中应用样式

实例门类	软件功能
教学视频	光盘\视频\第 8 章\8.2.1.mp4

Word 提供有许多内置的样式，用户可直接使用内置样式来排版文档。要使用【样式】窗格来格式化文本，可按下面的操作方法实现。

Step01 打开"光盘\素材文件\第 8 章\公司简介.docx"文件，❶选中

要应用样式的段落（可以是多个段落），❷在【样式】窗格中选择需要的样式，如图 8-8 所示。

图 8-8

Step02 此时，该样式即可应用到所选段落中，效果如图 8-9 所示。

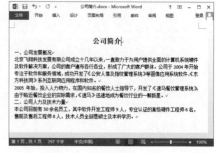

图 8-9

技能拓展——使用样式库格式化文本

除了【样式】窗格外，还可通过样式库来使用内置样式格式化文本，具体操作方法为：选中要应用样式的段落，在【开始】选项卡的【样式】组中，在列表框中选择需要的样式即可。

★ 重点 8.2.2 实战：应用样式集

实例门类	软件功能
教学视频	光盘＼视频＼第 8 章 ＼8.2.2.mp4

Word 2013 提供了多套样式集，每套样式集都提供了成套的内置样式，分别用于设置文档标题、副标题等文本的格式。在排版文档的过程中，可以先选择需要的样式集，再使用内置样式或新建样式排版文档，具体操作如下。

Step01 在打开的"公司简介 .docx"文件，❶单击【设计】选项卡中的【样式集】下拉按钮，❷在弹出的下拉列表中选择需要的样式集，如图 8-10 所示。

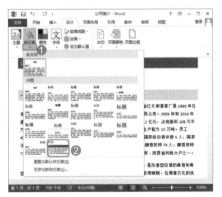

图 8-10

技术看板

将文档格式调整好后，若再重新选择样式集，则文档中内容的格式也会发生相应的变化。

Step02 确定样式集后，此时可以通过内置样式来排版文档内容，排版后的效果如图 8-11 所示。

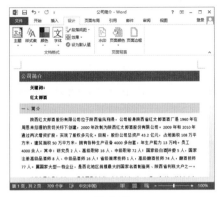

图 8-11

★ 重点 8.2.3 实战：在劳动合同文档中新建样式

实例门类	软件功能
教学视频	光盘＼视频＼第 8 章 ＼8.2.3.mp4

Word 2013 中内置的样式有限，当用户需要为段落应用更多样式时，可以自己动手创建新的样式，创建后的样式将会保存在"样式"任务窗格中。例如，继续上例操作，在"劳动合同"文档中创建"一级标题"和"编号样式"样式，并将以应用到相应的段落中，具体操作如下。

Step01 打开"光盘＼素材文件＼第 8 章＼劳动合同 .docx"文件，❶将鼠标光标定位到【劳动合同期限】文本后，❷单击【开始】选项卡【样式】组中的【样式】按钮，❸在弹出的下拉菜单中选择【创建样式】命令，如图 8-12 所示。

Step02 打开【根据格式设置创建新样式】对话框，单击【修改】按钮，展开对话框，❶在【名称】文本框中输入样式名称，这里输入【一级标题】，❷在【样式基准】下拉列表框中选择新建样式基于什么样式新建，这里选择【副标题】，❸在【格式】栏中设置样式的字体格式，❹单击

【格式】按钮，❺在弹出的快捷菜单中选择【编号】命令，如图 8-13 所示。

图 8-12

图 8-13

技术看板

在【根据格式设置创建新样式】对话框中的【格式】快捷菜单中选择【字体】【段落】等其他选项，可对样式的字体格式、段落格式等进行设置。

Step03 ❶打开【编号和项目符号】对话框，在【编号】选项卡中的列表框中选择需要的编号样式，❷单击【确定】按钮，如图 8-14 所示。

Step04 返回【根据格式设置创建新样式】对话框，单击【确定】按钮，新建的样式将显示在【样式】下拉菜单中，然后为需要应用【一级标题】样式的段落应用样式，效果如图 8-15 所示。

图 8-14

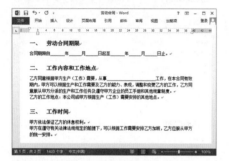

图 8-15

Step 05 使用前面新建【一级标题】样式的方法新建【编号样式】，并将【编号样式】应用于【工作内容和工作地点】下的段落中，如图 8-16 所示。

图 8-16

Step 06 然后将【编号样式】应用于其他需要应用的段落中，选择编号【3】，在其上单击鼠标右键，在弹出的快捷菜单中选择【重新开始于1】命令，如图 8-17 所示。

Step 07 即可从 1 开始编号，然后继续对编号的编号值进行设置，设置完成后的效果如图 8-18 所示。

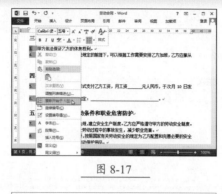

图 8-17

图 8-18

★ 重点 8.2.4 实战：修改样式

实例门类	软件功能
教学视频	光盘\视频\第 8 章\8.2.4.mp4

如果创建的样式有误，或对内置的样式不满意，用户也可根据需要对现有的样式进行修改。例如，继续上例操作，对"劳动合同"文档中的正文样式进行修改，具体操作如下。

Step 01 ❶ 在打开的"劳动合同"文档中单击【样式】组中的【样式】按钮，❷ 在弹出的下拉菜单中选择【修改】命令，如图 8-19 所示。

图 8-19

Step 02 ❶ 打开【修改样式】对话框，单击【格式】按钮，❷ 在弹出的快捷菜单中选择【段落】命令，如图 8-20 所示。

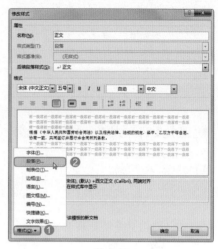

图 8-20

Step 03 ❶ 打开【段落】对话框，在【缩进和间距】选项卡的【特殊格式】下拉列表框中选择【首行缩进】选项，❷ 在【行距】下拉列表框中选择【多倍行距】选项，❸ 在其后的【设置值】数值框中输入行距值，这里输入【1.2】，❹ 单击【确定】按钮，如图 8-21 所示。

图 8-21

Step 04 返回【修改样式】对话框，单击【确定】按钮，返回文档编辑区，即可查看到应用【正文】样式的段落都将发生变化，效果如图 8-22 所示。

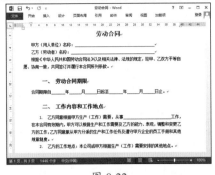

图 8-22

技能拓展——删除样式

对于不常用的样式，无论是内置的样式还是新建的样式，都可以将其删除。其方法是：单击【样式】组中的【样式】按钮，在弹出的下拉菜单的【不明显强调】样式上单击鼠标右键，在弹出的快捷菜单中选择【从样式库中删除】命令，即可从样式库中删除选择的样式。

8.3　使用主题

样式是经过特殊打包的格式的集合，包括字体类型、字体大小、字体颜色、对齐方式、制表位和边距等，使用样式可以快速对文档的格式进行设置，提高排版效率，特别是对于长文档来说，非常实用。

★ 重点 8.3.1　实战：使用主题改变工作总结外观

实例门类	软件功能
教学视频	光盘＼视频＼第 8 章＼8.3.1.mp4

Word 2013 新增了主题功能，使用主题可以快速改变整个文档的外观，与样式集不同的是，主题将不同的字体、颜色、形状效果组合在一起，形成多种不同的界面设计方案。使用主题时，不能改变段落格式，且主题中的字体只能改变文本内容的字体格式（即宋体、仿宋、黑体等），不能改变文本的大小、加粗等格式。

在排版文档时，如果希望同时改变文档的字体格式、段落格式及图形对象的外观，需要同时使用样式集和主题。

使用主题的具体操作如下。

Step01 打开"光盘＼素材文件＼第 8 章＼工作总结.docx"文件，❶切换到【设计】选项卡，❷单击【文档格式】按钮组中的【主题】按钮，❸在弹出的下拉列表中选择需要的主题，如图 8-23 所示。

图 8-23

Step02 应用所选主题后，文档中的风格发生改变，如图 8-24 所示。

图 8-24

选择一种主题方案后，还可在此基础之上选择不同的主题字体、主题颜色或主题效果，从而搭配出不同外观风格的文档。

➡ 设置主题字体：在【设计】选项卡的【文档格式】组中，单击【字体】按钮，在弹出的下拉列表中选择需要的主题字体即可，如图 8-25 所示。

图 8-25

➡ 设置主题颜色：在【设计】选项卡的【文档格式】组中，单击【颜色】按钮，在弹出的下拉列表中选择需要的主题颜色即可，如图 8-26 所示。

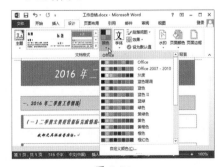

图 8-26

➜ 设置主题效果：在【设计】选项卡的【文档格式】组中，单击【效果】按钮，在弹出的下拉列表中选择需要的主题效果即可，如图8-27所示。

图 8-27

★ 重点 8.3.2 实战：更改主题字体和颜色

实例门类	软件功能
教学视频	光盘＼视频＼第 8 章＼8.3.2.mp4

为文档应用主题后，还可对主题的颜色和字体等进行更改，由于样式集中的主题效果是随着主题的变化而变化的，那么更改主题的颜色和字体后，样式集的颜色和字体也将随之发生变化。

例如，对"工作总结"文档中的主题颜色和字体进行更改，具体操作如下。

Step01 ❶ 在打开的"工作总结"文档中单击【设计】选项卡【文档格式】组中的【颜色】下拉按钮▼，❷ 在弹出的下拉菜单中选择需要的颜色，如选择【紫色Ⅱ】命令，即可将文档的主题色更改为选择的颜色，如图8-28所示。

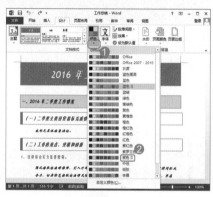

图 8-28

Step02 ❶ 单击【设计】选项卡【文档格式】组中的【字体】按钮，❷ 在弹出的下拉菜单中选择需要的字体，如选择【微软雅黑黑体】命令，即可将文档的字体更改为选择的字体，如图8-29所示。

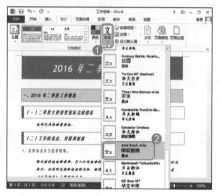

图 8-29

8.4 插入和设置页码

在文档中特别是长文档中，页码非常关键，不仅需要插入页码来标识内容顺序，同时，还需要对页码样式进行设置，使其与文档的整体风格相协调。

8.4.1 实战：插入页码

实例门类	软件功能
教学视频	光盘＼视频＼第 8 章＼8.4.1.mp4

对文档进行排版时，页码是必不可少的，需要用户手动添加。在Word中，可以将页码插入页面顶端、页面底端、页边距等位置。

例如，要在"企业员工薪酬方案"文档的页面顶端插入页码，具体操作如下。

Step01 打开"光盘＼素材文件＼第 8 章＼企业员工薪酬方案.docx"文件，在页脚位置双击鼠标，系统自动切换到【页眉和页脚设计】选项卡，❶ 单击【页眉和页脚】组中的【页码】按钮，❷ 在弹出的下拉列表中单击【页面底端】选项，❸ 在弹出的级联列表中选择需要的页码样式，这里选择【折叠纸张1】选项，如图8-30所示。

Step02 所选样式的页码将插入页面底端，如图8-31所示。

图 8-30

图 8-31

8.4.2 实战：设置页码格式

实例门类	软件功能
教学视频	光盘 \ 视频 \ 第 8 章 \8.4.2.mp4

默认情况下，插入的页码是从首页以罗马数字插入的，如果用户对文档页面页码有所要求，用户可通过设置页码的格式对页码编号样式和页码的起始页码进行设置。

例如，继续在"企业员工薪酬方案"文档中对页码的格式进行设置，具体操作如下。

Step01 在打开的"企业员工薪酬方案 .docx"文件中，在页脚位置双击鼠标，系统自动切换到【页眉和页脚设计】选项卡，❶单击【页眉和页脚】组中的【页码】按钮，❷ 在弹出的下拉列表中【设置页码格式】命令，如图 8-32 所示。

图 8-32

Step02 打开【页码格式】对话框，❶ 在【编号格式】下拉列表中可以选择需要的编号格式，❷ 单击【确定】

按钮，如图 8-33 所示。

图 8-33

Step03 返回文档，在【页眉和页脚工具 / 设计】选项卡的【关闭】组中单击【关闭页眉和页脚】按钮，如图 8-34 所示。

图 8-34

Step04 退出页眉页脚编辑状态，即可看到设置了页码后的效果，如图 8-35 所示。

图 8-35

★ 重点 8.4.3 首页不显示页码

实例门类	软件功能
教学视频	光盘 \ 视频 \ 第 8 章 \8.4.3.mp4

在一些文档中，特别是带有封面的文档中，首页不需要显示页码，但实际存在，后面页码继续显示。要实现这种效果，非常简单。

例如，在"人事档案管理制度"文档中封面页（也就是首页）不显示页码，其具体操作如下。

Step01 打开"光盘 \ 素材文件 \ 第 8 章 \ 人事档案管理制度 .docx"文件，在页脚位置双击鼠标，系统自动切换到【页眉和页脚设计】选项卡，在【选项】组中将【首页不同】复选框取消选中，如图 8-36 所示。

图 8-36

Step02 系统自动将封面页（也就是首页）中的页码去除，单击【关闭】按钮，如图 8-37 所示。

图 8-37

8.5 使用目录与索引

文档创建完成后，为了便于阅读，我们可以为文档添加一个目录或者制作一个索引目录。通过目录可以使文档的结构更加清晰，方便阅读者对整个文档进行定位。

★ 重点 8.5.1 实战：创建招标文件的目录

实例门类	软件功能
教学视频	光盘\视频\第8章\8.5.1.mp4

为文档插入目录，可以使文档的结构更加清晰。Word 2013 中内置了一些目录样式，选择需要的样式后会自动生成目录。

例如，在"招标文件"文档中生成需要的目录，具体操作如下。

Step01 打开"光盘\素材文件\第8章\招标文件.docx"文件，在文档中将鼠标光标定位到需要插入目录的位置，❶ 单击【引用】选项卡【目录】组中的【目录】按钮，❷ 在弹出的下拉菜单中选择需要的目录样式，如选择【自动目录1】命令，如图 8-38 所示。

图 8-38

Step02 经过上步操作，即可在鼠标光标处生成文档目录，如图 8-39 所示。

图 8-39

★ 重点 8.5.2 更新目录

当文档标题发生了改动，如更改了标题内容、改变了标题的位置、新增或删除了标题等，为了让目录与文档保持一致，只需对目录内容执行更新操作即可。更新目录的方法主要有以下几种（这里需要打开"光盘\素材文件\第8章\投标书.docx"文件）。

➡ 将鼠标光标定位在目录内，单击鼠标右键，在弹出的快捷菜单中选择【更新域】命令，如图 8-40 所示。

图 8-40

➡ 将鼠标光标定位在目录内，切换到【引用】选项卡，单击【目录】组中的【更新目录】按钮，如图 8-41 所示。

图 8-41

➡ 将鼠标光标定位在目录内，按【F9】键。

无论使用哪种方法更新目录，都会打开【更新目录】对话框，如图 8-42 所示。

图 8-42

在【更新目录】对话框中，可以进行以下两种操作。

➡ 如果只需要更新目录中的页码，则选中【只更新页码】单选按钮即可。

➡ 如果需要更新目录中的标题和页码，则选中【更新整个目录】单选按钮即可。

技能拓展——预置样式目录的其他更新方法

如果是使用预置样式创建的目录，还可以按这样的方式更新目录，将鼠标光标定位在目录内，激活目录外边框，然后单击【更新目录】按钮即可，如图 8-43 所示。

图 8-43

★ 重点 8.5.3 实战：创建索引

实例门类	软件功能
教学视频	光盘\视频\第 8 章\8.5.3.mp4

通常情况下，在一些专业性较强的书籍的最后部分，会提供一份索引。索引是将书中所有重要的词语按照指定方式排列而成的列表，同时给出了每个词语在书中出现的所有位置对应的页码。创建索引可以方便用户快速找到某个词语在书中的位置，这对大型书籍或大型文档而言非常重要。

在 Word 中创建索引的方法大体上可分为两种：自动创建和手动创建。下面通过实例分别进行讲解。

1. 手动标记索引项为分析报告创建索引

手动标记索引项是创建索引最简单、最直观的方法，先在文档中将要出现在索引中的每个词语手动标记出来，以便 Word 在创建索引时能够识别这些标记过的内容。

通过手动标记索引项创建索引的具体操作如下。

Step01 打开"光盘\素材文件\第 8 章\污水处理分析报告.docx"文件，❶ 切换到【引用】选项卡，❷ 单击【索引】组中的【标记索引项】按钮，如图 8-44 所示。

图 8-44

Step02 打开【标记索引项】对话框，

将鼠标光标定位在文档中，选择要添加到索引中的内容，如图 8-45 所示。

图 8-45

Step03 单击切换到对话框，刚才选中的内容自动添加到【主索引项】文本框中，如果要将该词语在文档中的所有出现位置都标记出来，则单击【标记全部】按钮，如图 8-46 所示。

图 8-46

> **技能拓展——设置索引项的页码格式**
>
> 如果希望设置索引项的页码格式，则在【标记索引项】对话框的【页码格式】栏中选中某个复选框，可实现对应的字符格式。

Step04 标记后，Word 便会在该词语的右侧显示 XE 域代码，如图 8-47 所示。

Step05 用同样的方法，为其他要添加到索引中的内容进行标记，完成标记

后单击【关闭】按钮关闭【标记索引项】对话框，如图 8-48 所示。

图 8-47

> **技术看板**
>
> 如果某个词语在同一段中出现多次，则只将这个词语在该段落中出现的第一个位置标记出来。

图 8-48

> **技术看板**
>
> 当标记的词语中包含有英文冒号时，需要在【主索引项】文本框中的冒号左侧手动输入一个反斜杠"\"，否则 Word 会将冒号之后的内容指定为次索引项。

Step06 ❶ 将鼠标光标定位到需要插入索引的位置，❷ 切换到【引用】选项卡，❸ 单击【索引】组中的【插入索引】按钮，如图 8-49 所示。

图 8-49

Step⑦ 打开【索引】对话框，❶ 根据需要设置索引目录格式，❷ 完成设置后单击【确定】按钮，如图 8-50 所示。

图 8-50

Step⑧ 返回文档，可看见当前位置插入了一个索引目录，如图 8-51 所示。

图 8-51

技术看板

对 Word 设置了显示编辑标记后，便会在文档中显示 XE 域代码。在文档中显示 XE 域代码，可能会增加额外的页面，那么创建的索引中，有些词语的页面就会变得不正确。所以，建议用户在创建索引之前先隐藏 XE 域代码，即隐藏编辑标记。

在【索引】对话框中设置索引目录格式时，可以进行以下设置。

➡ 在【类型】栏中设置索引的布局类型，用于选择多级索引的排列方式，【缩进式】类型的索引类似多级目录，不同级别的索引呈现缩进格式；【接排式】类型的索引则没有层次感，相关的索引在一行中连续排列。

➡ 在【栏数】栏微调框中，可以设置索引的分栏栏数。

➡ 在【排序依据】下拉列表中可以设置索引中词语的排序依据，有两种方式供用户选择：一种是按笔画多少排序；另一种是按每个词语第一个字的拼音首字母排序。

➡ 通过【页面右对齐】复选框，可以设置索引的页码显示方式。

2. 使用自动标记索引文件为建设方案创建索引

使用手动标记索引项的方法来创建索引，虽然简单直观，但是当要在大型长篇文档中标记大量词语时，就会显得非常麻烦。这时，我们可以使用自动标记索引项的方法来创建索引。使用自动标记索引项的方法，可以非常方便地标记大量词语，以及创建多级索引。

例如，要使用自动标记索引文件创建一个多级索引，具体操作如下。

Step① 提前准备一个标记索引文件（本例中索引文件已放在该章的素材文件中），并在其中输入需要索引的内容，如图 8-52 所示。

图 8-52

Step② 打开"光盘\素材文件\第 8 章\企业信息化建设方案.docx"的文件，❶ 切换到【引用】选项卡，❷ 单击【索引】组中的【插入索引】按钮，如图 8-53 所示。

图 8-53

Step③ 打开【索引】对话框，单击【自动标记】按钮，如图 8-54 所示。

图 8-54

Step④ 打开【打开索引自动标记文件】对话框，❶ 选择设置好的标记索引文件，❷ 单击【打开】按钮，如图 8-55 所示。

图 8-55

Step⑤ 返回文档，可看到 Word 已经自动实现全文索引标记，如图 8-56 所示。

图 8-56

图 8-57

Step06 ❶ 将鼠标光标定位到需要插入索引的位置，❷ 切换到【引用】选项卡，❸ 单击【索引】组中的【插入索引】按钮，如图 8-57 所示。

Step07 打开【索引】对话框，❶ 根据需要设置索引目录格式，❷ 完成设置后单击【确定】按钮，如图 8-58 所示。

图 8-58

Step08 返回文档，可看见当前位置插入了一个多级索引目录，如图 8-59 所示。

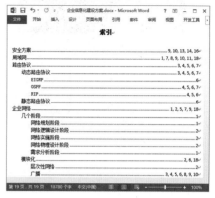

图 8-59

8.6　制作封面

对于一些较为正式或是页数较多的文档，通常情况下，会为其添加一个封面，作为首页，以显得正式规范。下面就介绍 Word 中较为常用和实用的制作封面的两种方法。

★ 重点 8.6.1　实战：插入内置封面

实例门类	软件功能
教学视频	光盘\视频\第 8 章\8.6.1.mp4

为长文档制作封面，不仅可使制作的文档更规范，还可起到引导阅读的作用。在 Word 2013 中提供了很多封面样式，用户可直接应用提供的封面样式，然后对封面内容进行修改即可。

例如，在"员工行为规范"文档中插入封面，具体操作如下。

Step01 打开"光盘\素材文件\第 8 章\员工行为规范 .docx"文件，❶ 单击【插入】选项卡【页面】组中的

【封面】按钮，❷ 在弹出的下拉菜单中显示了 Word 提供的封面样式，选择需要的封面样式【运动型】，如图 8-60 所示。

图 8-60

Step02 即可在文档最前面插入所选择的封面样式，如图 8-61 所示。

图 8-61

Step03 选择封面中的文本【2016】，将其更改为【2017】，❶ 然后在封面下方的【公司】文本框中输入公司名称，❷ 选择封面中的图片，❸ 单击【格式】选项卡【调整】组中的【更改图片】按钮，如图 8-62 所示。

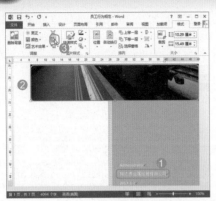

图 8-62

图 8-64

到封面库】命令，如图 8-65 所示。

图 8-65

技术看板

【封面】下拉菜单中提供的封面样式都比较简洁，对于办公文档非常实用。

Step 04 在打开的对话框中单击【浏览】按钮，打开【插入图片】对话框，❶ 在地址栏中设置图片所保存的位置，❷ 在窗口中选择需要插入的图片【工作】，❸ 单击【插入】按钮，如图 8-63 所示。

图 8-63

Step 05 返回文档编辑区，即可查看到更改封面图片后的效果，如图 8-64 所示。

技能拓展——删除封面

当对插入文档中的封面效果并不令人满意时，可单击【插入】选项卡【页面】组中的【封面】按钮，在弹出的下拉菜单中选择【删除封面】选项，即可将当前的封面删除，然后重新插入需要的封面即可。

★ 重点 8.6.2 将制作的封面保存到封面库

实例门类	软件功能
教学视频	光盘\视频\第 8 章\8.6.2.mp4

对于制作好的文档封面，也可将其保存到 Word 封面库中，下次制作其他文档需要使用时，可直接在封面库中调用，以提高工作效率。例如，将"企业内刊"文档的封面保存到封面库中，具体操作如下。

Step 01 在打开的"员工行为规范 .docx"文件，❶ 选择封面中的所有对象，单击【插入】选项卡【页面】组中的【封面】按钮，❷ 在弹出的下拉菜单中选择【将所选内容保存

Step 02 ❶ 打开【新建构建基块】对话框，在【名称】文本框中输入封面名称【员工行为规范】，❷ 其他保持默认设置，单击【确定】按钮，如图8-66 所示。

图 8-66

Step 03 即可将封面保存到封面库中，如图 8-67 所示。

图 8-67

妙招技法

通过前面知识的学习，相信读者朋友已经学会了文档中较为高级的排版方法。下面结合本章内容，给大家介绍一些实用技巧。

技巧01：轻松解决目录无法对齐的情况

教学视频	光盘 \ 视频 \ 第8章 \ 技巧01.mp4

在文档中创建目录后，有时发现目标标题右侧的页码没有右对齐，如图8-68所示。

图 8-68

要解决这一问题，则直接打开【目录】对话框，确保选中【页码右对齐】复选框，然后单击【确定】按钮，在接下来弹出的提示框中单击【是】按钮，使新建目录替换旧目录即可。

如果依然没有解决到问题，❶在【目录】对话框【常规】栏的【格式】下拉列表中选择【正式】选项，❷单击【确定】按钮即可，如图8-69所示。

图 8-69

技巧02：如何为各个章节单独创建目录

教学视频	光盘 \ 视频 \ 第8章 \ 技巧02.mp4

在一些大型文档中，有时需要先插入一个总目录后，再为各个章节单独创建目录，这就需要配合书签为指定范围中的内容创建目录，具体操作如下。

Step01 打开"光盘 \ 素材文件 \ 第8章 \ 公司规章制度.docx"的文件，在文档开始处插入一个总目录，如图8-70所示。

图 8-70

Step02 分别为各个要创建目录的章节设置一个书签。本例中，分别为第2章、第3章、第5章的内容设置书签，书签名称依次为"第2章""第3章""第5章"，如图8-71所示。

图 8-71

Step03 完成书签的设置后，就可以为这些章节单独插入目录了。例如，要为第2章节的内容插入目录，将鼠标光标定位到需要创建目录的位置，然后输入域代码【{ TOC \b 第2章 }】，如图8-72所示。

图 8-72

Step04 将鼠标光标定位在域内，按【F9】键更新域，即可显示第2章的章节目录，如图8-73所示。

图 8-73

Step05 参照第3~4步的操作，为第3章的内容单独创建目录，如图8-74所示。

图 8-74

Step06 参照第3~4步的操作，为第5章的内容单独创建目录，如图8-75

所示。完成了总目录以及章节目录的创建。

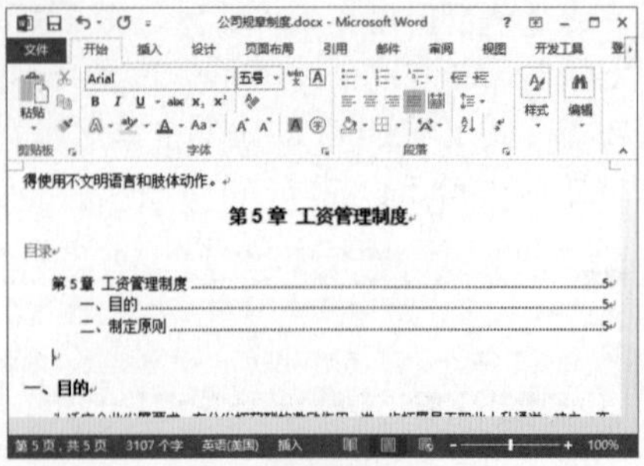

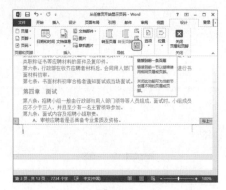

图 8-75

技巧 03：轻松解决目录中出现的"未找到目录项"问题

在更新文档中的目录时，有时会出现"未找到目录项"这样的提示，这是因为创建目录时的文档标题在后来被意外删除了。此时，可以通过以下两种方式解决问题。

➥ 找回或重新输入原来的文档标题。
➥ 重新创建目录。

技巧 04：解决已标记的索引项没有出现在索引中的问题

在文档中标记索引项后，如果在创建索引时没有显示出来，那么需要进行以下几项内容的检查。

➥ 检查是否使用冒号将主索引项和次索引项分隔开了。
➥ 如果索引是基于书签创建的，请检查书签是否仍然存在并有效。
➥ 如果在主控文档中创建索引，必须确保所有子文档都已经展开。
➥ 在创建索引时，如果是手动输入的 Index 域代码及相关的一些开关，请检查这些开关的语法是否正确。

在 Word 文档中创建索引时，实际上是自动插入了 Index 域代码，在图 8-76 中，列出了 Index 域包含的开关及说明。

开关	说明
\b	使用书签指定文档中要创建索引的内容范围
\c	指定索引的栏数，其后输入表示栏数的数字，并用英文双引号括起来
\d	指定序列与页码之间的分隔符，其后输入需要的分隔符号，并用英文双引号括起来
\e	指定索引项与页码之间的分隔符，其后输入需要的分隔符号，并用英文双引号括起来
\f	只使用指定的词条类型来创建索引
\g	指定在页码范围内使用的分隔符，其后输入需要的分隔符，并用英文双引号括起来
\h	指定索引中各字母之间的距离
\k	指定交叉引用和其他条目之间的分隔符，其后输入需要的分隔符号，并用英文双引号括起来
\l	指定多页页码之间的分隔符，其后输入需要的分隔符号，并用英文双引号括起来
\p	将索引限定为指定的字母
\r	将次索引项移入主索引项所在的行中
\s	包括引用页码引用的序列号
\y	为多音索引项启用确定拼音功能
\z	指定 Word 创建索引的语言标识符

图 8-76

技巧 05：简单几步就可从任意页开始显示页码

教学视频	光盘 \ 视频 \ 第 8 章 \ 技巧 05.mp4

在 Word 2013 中，用户也可以设置从指定的任意页开始显示页码，具体操作如下。

Step01 打开"光盘 \ 素材 \ 素材文件 \ 第 8 章 \ 从任意页开始显示页码 .docx"文件，将光标定位在需要开始显示页码的上一页的末尾处，切换到【页面布局】选项卡，❶ 单击【页面设置】组右下角的【插入分页符和分节符】按钮，❷ 从弹出的下拉列表框中选择【下一页】选项，如图 8-77 所示。

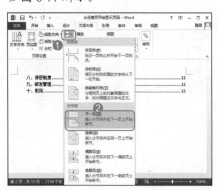

图 8-77

Step02 在需要开始显示页码的页中双击页脚，进入页眉页脚编辑状态，切换到【页眉和页脚工具】栏中的【设计】选项卡，在【导航】组中单击链接到前一条页眉按钮将其撤选，如图 8-78 所示。

图 8-78

Step03 打开【页码格式】对话框，❶ 在【编号格式】下拉列表中选择页码格式，❷ 在【页码编号】组合框中选中【起始页码】单选钮，然后在右侧微调框中输入开始的页码数字，如输入【1】，❸ 单击【确定】按钮，如图 8-79 所示。

图 8-79

Step04 ❶ 在【页眉和页脚】组中单击【页码】按钮，❷ 从弹出的下拉列表中选择【页面底端】→【普通数字2】选项，❸ 单击【关闭页眉和页脚】按钮，关闭页眉页脚编辑状态，如图 8-80 所示。

Step05 即可在第 1 页开始显示页码，效果如图 8-81 所示。

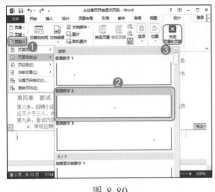

图 8-80

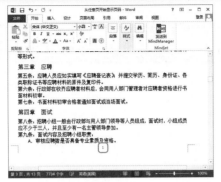

图 8-81

本章小结

　　本章中主要讲解了样式、主题、页码、目录与索引以及封面的相关操作。整体而言，该章知识在文档处理中经常会应用到，实用性非常强。希望读者能好好把握并将其应用到实际工作中，做到举一反三。

第9章 Word 信封与邮件合并

➜ 邮件合并的作用你真的清楚吗？

➜ 如何通过 Word 制作信封？

➜ 在 Word 中如何批量制作办公文档？

➜ 手动创建列表关键步骤你了解吗？

➜ 外部列表如何导入你熟悉吗？

➜ 标签制作，你会吗？

上面的问题看似简单，要给出清晰答案却是不容易的事情。鉴于此，不如和小编一起学习本章知识，从中找到完整的答案吧。

9.1 信封和邮件合并相关知识

信封和邮件合并在 Word 中具有非常重要的作用，直接涉及信封制作和设计、标签批量制作、各类通知条/单的制作和设计等。在学习使用这两个功能前，我们可以先了解一些信封与邮件的相关知识。

9.1.1 制作信封有什么用？

Word 里制作的信封和一般的信封功能一样，只不过它需要一些自己简单的设计创意，这样的信封就可以用在一些特殊的情况下，如婚礼请柬，贺卡什么的都可以用设计过的信封来装，含有独特的意义，看起来比较美观，也给人更专业的感觉。

为了进一步了解信封，我们可以随带了解其尺寸大小。信封分为国内信封和国际信封两种，不同的信封种类，其信封标准尺寸是不一样的，Word 中提供的信封尺寸也是如此。表9-1 和表 9-2 所示为 Word 2013 中提供的两种信封的标准尺寸。

表 9-1　国内信封标准

代号	尺寸大小	备注
B6	176×125	与现行 3 号信封一致
DL	220×110	与现行 5 号信封一致
ZL	230×120	与现行 6 号信封一致

续表

代号	尺寸大小	备注
C5	229×162	与现行 7 号信封一致
C4	324×229	与现行 9 号信封一致

表 9-2　国际信封标准

代号	尺寸大小	备注
C6	162×114	新增国际规格
B6	176×125	与现行 3 号信封一致
DL	220×110	与现行 5 号信封一致
C5	229×162	与现行 7 号信封一致
C4	324×229	与现行 9 号信封一致

9.1.2 邮件合并的作用是什么？

在日常工作中，当遇到处理的文件主要内容相同，只是小部分数据或内容需要更改时，就可利用 Word 提供的邮件合并功能来批量制作，这样不仅操作简单，还可满足不同用户的

需要，如批量打印信封、批量制作邀请函及请柬、批量制作员工工作证及工资条等。如图 9-1 所示为制作的工资条效果。

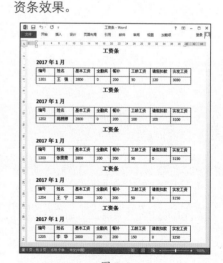

图 9-1

9.1.3 邮件合并的原理与通用流程

使用邮件合并功能，可以批量多种类型的文档，如通知书、奖状、工资条等，这些文档有一个共同的特

征，它们都是由固定内容和可变内容组成的。

例如，录用通知书，在发给每一位应聘者的录用通知书中，姓名、性别等关于应聘者信息的个人信息是不同的，这就是可变内容；通知书中的其他内容是相同的，这就是固定内容。

使用邮件合并功能，无论创建哪种类型的文档，都要遵循以下通用流程，如图 9-2 所示。

图 9-2

9.1.4 邮件合并中的文档类型和数据源类型

Word 为邮件合并提供了信函、电子邮件、信封、标签、目录和普通 Word 文档 6 种文档类型，用户可根据需要自行选择，图 9-3 中列出了各种类型文档的详细说明。

文档类型	视图类型	功能
信函	页面视图	创建用于不同用途的信函，合并后的每条记录独自占用一页
电子邮件	Web 版式视图	为每个收件人创建电子邮件
信封	页面视图	创建指定尺寸的信封
标签	页面视图	创建指定规格的标签，所有标签位于同一页中
目录	页面视图	合并后的多条记录位于同一页中
普通 Word 文档	页面视图	删除与主文档关联的数据源，使文档恢复为普通文档

图 9-3

在邮件合并中，可以使用多种文件类型的数据源，如 Word 文档、Excel 文件、文本文件、Access 数据、Outlook 联系人等。

Excel 文件是最常用的数据源，图 9-4 所示为 Excel 制作的数据源，第一行包含用于描述各列数据的标题，其下的每一行包含数据记录。

图 9-4

如果要使用 Word 文档作为邮件合并的数据源，则可以在 Word 文档中创建一个表格，其表格的结构与 Excel 工作表类似。如图 9-5 所示为 Word 制作的数据源。

图 9-5

如果要使用文本文件作为数据源，则要求各条记录之间以及每条记录中的各项数据之间必须分别使用相同的符号分隔，图 9-6 所示为文本文件格式的数据源。

图 9-6

9.2 制作信封

虽然现在许多办公室都配置了打印机，但大部分打印机都不能直接将邮政编码、收件人、寄件人打印至信封的正确位置。Word 提供了信封制作功能，可以帮助用户快速制作和打印信封。

9.2.1 实战：使用向导制作信封

实例门类	软件功能
教学视频	光盘 \ 视频 \ 第 9 章 \9.2.1.mp4

虽然信封上的内容并不多，但是项目却不少，主要分收件人信息和发件人信息，这些信息包括姓名、邮政编码和地址。如果手动制作信封，既费时费力，而且尺寸也不容易符合邮政规范。通过 Word 提供的信封制作功能，可以轻松完成信封的制作，具体操作如下。

Step01 ❶ 在 Word 窗口中切换到【邮件】选项卡，❷ 单击【创建】组中的【中文信封】按钮，如图 9-7 所示。

图 9-7

Step02 打开【信封制作向导】对话框，单击【下一步】按钮，如图 9-8 所示。

图 9-8

Step03 进入【选择信封样式】向导界面，❶ 在【信封样式】下拉列表中选择一种信封样式，❷ 单击【下一步】按钮，如图 9-9 所示。

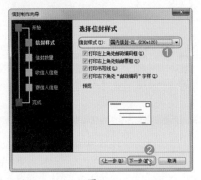

图 9-9

Step04 进入【选择生成信封的方式和数量】向导界面，❶ 选中【键入收信人信息，生成单个信封】单选按钮，❷ 单击【下一步】按钮，如图 9-10 所示。

图 9-10

Step05 进入【输入收信人信息】向导界面，❶ 输入收信人的姓名、称谓、单位、地址、邮编等信息，❷ 单击【下一步】按钮，如图 9-11 所示。

图 9-11

Step06 进入【输入寄件人信息】向导界面，❶ 输入寄信人的姓名、单位、地址、邮编等信息，❷ 单击【下一步】按钮，如图 9-12 所示。

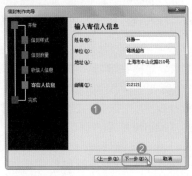

图 9-12

Step07 进入【信封制作向导】界面，单击【完成】按钮，如图 9-13 所示。

图 9-13

Step08 Word 将自动新建一篇文档，并根据设置的信息创建了一个信封，如图 9-14 所示。

图 9-14

9.2.2 实战：制作自定义的信封

实例门类	软件功能
教学视频	光盘 \ 视频 \ 第 9 章 \9.2.2.mp4

根据操作需要，用户还可以自定义制作信封，具体操作如下。

Step01 新建一篇名为"制作自定义的信封"的空白文档，❶ 切换到【邮件】选项卡，❷ 单击【创建】组中的【信封】按钮，如图 9-15 所示。

图 9-15

Step02 打开【信封和标签】对话框，❶ 在【信封】选项卡的【收信人地址】文本框中输入收信人的信息，❷ 在【寄信人地址】文本框中输入写信人的信息，❸ 单击【选项】按钮，如图 9-16 所示。

图 9-16

Step03 打开【信封选项】对话框，❶ 在【信封尺寸】下拉列表中可以选择信封的尺寸大小，❷ 单击【确定】按钮，如图 9-17 所示。

Step04 返回【信封和标签】对话框，单击【添加到文档】按钮，如图 9-18 所示。

图 9-17

图 9-18

在【信封选项】对话框中，单击【收信人地址】或【寄信人地址】栏中的【字体】按钮，可以分别设置对应的字体格式。

此外，将信封制作好后，通过【开始】选项卡或【字体】对话框等方式也可以设置地址信息的字体格式。

Step 05 弹出提示框询问是否要将新的寄信人地址保存为默认的寄信人地址，用户根据需要自行选择，本例中不需要保存，所以单击【否】按钮，如图 9-19 所示。

图 9-19

Step 06 返回文档，可看见自定义创建的信封效果，如图 9-20 所示。

图 9-20

9.2.3 实战：制作标签

实例门类	软件功能
教学视频	光盘＼视频＼第 9 章＼9.2.3.mp4

在日常工作中，标签是使用较多的元素。比如，当要用简单的几个关键词或一个简短的句子来表明物品的信息，就需要使用到标签。利用 Word，我们可以非常轻松地完成标签的批量制作，具体操作如下。

Step 01 ❶ 在 Word 窗口中切换到【邮件】选项卡，❷ 单击【创建】组中的【标签】按钮，如图 9-21 所示。

图 9-21

Step 02 打开【信封和标签】对话框，默认定位到【标签】选项卡，❶ 在

【地址】文本框中输入要创建的标签的内容，❷ 单击【选项】按钮，如图 9-22 所示。

图 9-22

Step 03 打开【标签选项】对话框，❶ 在【标签供应商】下拉列表中选择供应商，❷ 在【产品编号】列表框中选择一种标签样式，❸ 选择好后在右侧的【标签信息】栏中可以查看当前标签的尺寸信息，确认无误后单击【确定】按钮，如图 9-23 所示。

图 9-23

在【标签选项】对话框中，单击【详细信息】按钮，在打开的对话框中修改指定参数来创建符合需要的新标签。

Step 04 返回【信封和标签】对话框，单击【新建文档】按钮，如图 9-24 所示。

图 9-24

Step**05** Word 将新建一篇文档，并根据所设置的信息创建标签，初始效果如图 9-25 所示。

图 9-25

Step**06** 根据个人需要，对标签设置格式进行美化，最终效果如图 9-26 所示。

图 9-26

9.3 合并邮件

当需要批量制作工作证、邀请函、工资条等主题结构和主要内容相同、部分内容不同的文档时，可以通过 Word 2013 提供的邮件合并功能来实现，以提高工作效率。

9.3.1 实战：手动创建邮件合并列表

实例门类	软件功能
教学视频	光盘\视频\第 9 章\9.3.1.mp4

数据源是执行邮件合并的关键，如果没有数据源，就不能制作出多个内容相似但又不完全相同的邮件，所以，用户可根据实际需要来创建邮件合并的数据源。

例如，为"邀请函"文档创建需要的数据源，具体操作如下。

Step**01** 打开"光盘\素材文件\第 9 章\邀请函 .docx"文件，❶ 单击【邮件】选项卡【开始邮件合并】组中的【选择收件人】按钮，❷ 在弹出的下拉菜单中选择需要的命令，这里选择【键入新列表】命令，如图 9-27 所示。

Step**02** 打开【新建地址列表】对话框，❶ 单击【自定义列】按钮，❷ 打开【自定义地址列表】对话框，在

【字段名】列表框中选择需要删除的字段，如选择【职务】选项，❸ 单击【删除】按钮，如图 9-28 所示。

图 9-27

图 9-28

Step**03** 在打开的提示对话框中单击【是】按钮，如图 9-29 所示。

图 9-29

Step**04** 即可删除选择的字段，使用相同的方法将不需要的字段全部删除，❶ 然后在【自定义地址列表】对话框中的【字段名】文本框中选择需要重命名的字段，如选择【名字】选项，❷ 单击【重命名】按钮，如图 9-30 所示。

图 9-30

Step05 ❶ 打开【重命名域】对话框，在【目标名称】文本框中输入字段名称，这里输入【姓名】，❷ 单击【确定】按钮，如图 9-31 所示。

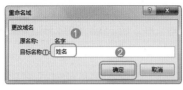

图 9-31

Step06 然后使用相同的方法对需要重命名的字段进行重命名操作，完成后单击【确定】按钮，如图 9-32 所示。

图 9-32

Step07 ❶ 返回【新建地址列表】对话框，在对应的字段名下输入相应的内容，❷ 单击【新建条目】按钮，如图 9-33 所示。

图 9-33

Step08 即可新建一个条目，再单击 4 次【新建条目】按钮新建多个条目，❶ 在新建的条目中输入相应的信息，❷ 完成后单击【确定】按钮，如图 9-34 所示。

Step09 ❶ 打开【保存通讯录】对话框，在地址栏中设置保存的位置，❷ 在【文件名】文本框中输入保存的

名称，如输入【合作商信息】，❸ 单击【保存】按钮，保存创建的数据源，如图 9-35 所示。

图 9-34

图 9-35

技术看板

当新建的条目过多或错误时，可选择该条目，单击【删除条目】按钮，将该条目删除。

Step10 ❶ 将鼠标光标定位到【尊敬的】文本后，❷ 单击【邮件】选项卡【编写和插入域】组中的【插入合并域】按钮，❸ 在弹出的下拉菜单中选择需要的域，这里选择【姓名】命令，如图 9-36 所示。

图 9-36

Step11 即可将【姓名】域插入鼠标光标处，然后单击【邮件】选项卡【预览结果】组中的【预览结果】按钮，如图 9-37 所示。

图 9-37

Step12 可查看到第一个字段名，然后单击【预览结果】组中的【下一记录】按钮，如图 9-38 所示。

图 9-38

Step13 对下一字段名进行查看，查看完成后，❶ 单击【完成】组中的【完成并合并】按钮，❷ 在弹出的下拉菜单中选择【编辑单个文档】命令，如图 9-39 所示。

图 9-39

Step⑭ ❶ 打开【合并到新文档】对话框，设置合并记录范围，这里选中【全部】单选按钮，❷ 再单击【确定】按钮，如图 9-40 所示。

图 9-40

技术看板

在【合并到新文档】对话框中选择【全部】单选按钮，表示将创建包含所有字段的文档；若选中【当前记录】单选按钮，表示将只创建预览结果所显示的单个记录的文档；所选中【从】单选按钮，则可自由设置包含从哪个记录到哪个记录的文档。

Step⑮ 即可新建一个【信函 1】的文档，将其保存为【邀请函】，在其中可以查看邮件合并后的效果，如图 9-41 所示。

图 9-41

★ 重点 9.3.2 实战：使用现有邮件合并列表

实例门类	软件功能
教学视频	光盘\视频\第 9 章\9.3.2.mp4

对于已有的邮件合并列表，如外部的文本文件、Excel 文件、Access 文件，我们不用再手动进行录入创建，可直接调用这些列表，批量制作文件。

无论是哪种外部文件，其使用和调用的方法基本相同，这里以使用外部的 Excel 文件为例，其具体操作如下。

Step① 使用 Word 制作一个名为"工资条"的主文档，如图 9-42 所示。

图 9-42

Step② 使用 Excel 制作一个名为"员工工资表"的数据源，如图 9-43 所示。

图 9-43

Step③ ❶ 在主文档中，切换到【邮件】选项卡，❷ 单击【开始邮件合并】组中的【开始邮件合并】按钮，❸ 在弹出的下拉列表中单击【目录】选项，如图 9-44 所示。

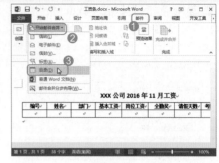

图 9-44

Step④ ❶ 在主文档中，单击【开始邮件合并】组中的【选择收件人】按钮，❷ 在弹出的下拉列表中单击【使用现有列表】选项，如图 9-45 所示。

图 9-45

Step⑤ 打开【选取数据源】对话框，❶ 选择数据源文件，❷ 单击【打开】按钮，如图 9-46 所示。

图 9-46

Step⑥ 打开【选择表格】对话框，❶ 选中数据源所在的工作表，❷ 单击【确定】按钮，如图 9-47 所示。

Step⑦ 参照 9.3.1 的操作方法，在相应位置插入对应的合并域，插入合并域后的效果如图 9-48 所示。

图 9-47

图 9-48

Step⑧ ❶ 在【完成】组中单击【完成并合并】按钮，❷ 在弹出的下拉列表中选择【编辑单个文档】选项，如图 9-49 所示。

图 9-49

Step⑨ 打开【合并到新文档】对话框，❶ 选中【全部】单选按钮，❷ 单击【确定】按钮，如图 9-50 所示。

图 9-50

Step⑩ Word 在新建的文档中显示了各员工的工资条，如图 9-51 所示。

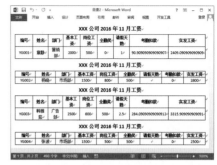

图 9-51

技术看板

合并数据后，如果金额中包含了很多小数位数，或者有的工资记录在两页之间出现了跨页断行的问题，请到本章的妙招技法中查找解决办法。

妙招技法

通过前面知识的学习，相信读者朋友已经掌握了信封的制作，以及批量制作各类特色文档。下面结合本章内容，给大家介绍一些实用技巧。

技巧 01：设置默认的寄信人便于邮件再次发送

教学视频	光盘 \ 视频 \ 第 9 章 \ 技巧 01.mp4

在制作自定义的信封时，如果始终使用同一寄信人，那么可以将其设置为默认寄件人，以方便以后创建信封时自动填写寄件人。

设置默认的寄信人的方法为：打开【Word 选项】对话框，❶ 切换到【高级】选项卡，❷ 在【常规】栏的【通讯地址】文本框中输入寄件人信息，❸ 单击【确定】按钮即可，如图 9-52 所示。

图 9-52

通过上述设置后，以后在创建自定义的信封时，在打开的【信封和标签】对话框中，【寄信人地址】文本框中将自动填写了寄信人信息，如图 9-53 所示。

图 9-53

技巧 02： 合并指定部分记录

教学视频	光盘\视频\第9章\技巧02.mp4

在邮件合并过程中，有时希望合并部分记录而非所有记录，根据实际情况，可以在以下两种方法中选择。

1. 生成合并文档时设置

在生成合并文档时，会弹出如图9-54所示的【合并到新文档】对话框，此时有以下两种选择实现合并部分记录。

图 9-54

➡ 若选中【当前记录】单选按钮，则只生成【预览结果】组的文本框中设置的显示记录。

若选中【从……到……】单选按钮，则可以自定义设置需要显示的数据记录。

2. 在邮件合并过程中筛选记录

要想更加灵活地合并需要的记录，可在邮件合并过程中筛选记录，具体操作如下。

Step01 将"光盘\素材文件\第9章\工资条.docx"文件作为主文档，"员工工资表.xlsx"文件作为数据源。在建立了主文档与数据源的关联后，在【开始邮件合并】组中单击【编辑收件人列表】，如图9-55所示。

Step02 打开【邮件合并收件人】对话框，此时就可以筛选需要的记录了。❶例如本操作中，需要筛选部门为"广告部"的记录，则单击【部门】栏右侧的下拉按钮▼，❷在弹出的下拉列表中选择【广告部】选项，如图9-56所示。

图 9-55

图 9-56

Step03 此时，列表框中将只显示【部门】为【广告部】的记录，且【部门】栏右侧的下拉按钮显示为▼，表示【部门】为当前筛选依据，若确认当前筛选记录，则单击【确定】按钮，如图9-57所示。

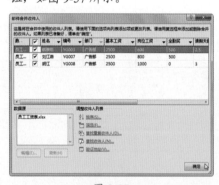

图 9-57

技术看板

筛选记录后，若要清除筛选，即将所有记录显示出来，则单击筛选依据右侧的▼按钮，在弹出的下拉列表中单击【（全部）】选项即可。

Step04 返回主文档，然后插入合并域并生成合并文档即可，具体操作参考前面知识，此处就不赘述了，效果如图9-58所示。

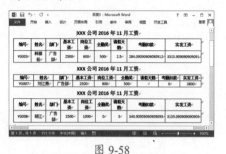

图 9-58

技巧 03： 解决合并记录跨页断行的问题

教学视频	光盘\视频\第9章\技巧03.mp4

在邮件合并过程中，有时希望合并部分记录而非所有记录，根据实际情况，可以在以下两种方法中选择。通过邮件合并功能创建工资条、成绩单等类型的文档时，当超过一页时，可能会发生断行问题，即标题行位于上一页，数据位于下一页，如图9-59所示。

图 9-59

要解决这一问题，需要选择"信函"文档类型进行制作，并配合使用"下一记录"规则，具体操作如下。

Step01 将"光盘\素材文件\第9章\成绩单.docx"文件作为主文档，"学生成绩表.xlsx"文件作为数据源，并在主文档中，将邮件合并的文档类型设置为"信函"。插入合并域后，复制主文档中的内容并进行粘贴，粘满一整页即可，如图 9-60 所示。

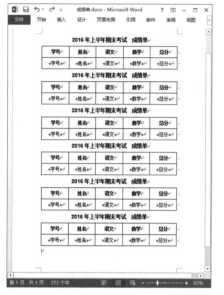

图 9-60

Step02 ❶ 将鼠标光标定位在第一条记录与第二条记录之间，❷ 在【编写和插入域】组中单击【规则】按钮 ，❸ 在弹出的下拉列表中选择【下一记录】选项，如图 9-61 所示。

图 9-61

Step03 两条记录之间即可插入"《下一条记录》"域代码，如图 9-62 所示。

图 9-62

Step04 用这样的方法，在之后的记录之间均插入一个"《下一记录》"域代码，如图 9-63 所示。

Step05 通过上述设置后，生成的合并文档中，各项记录以连续的形式在一页中显示，且不会再出现跨页断行的情况，如图 9-64 所示。

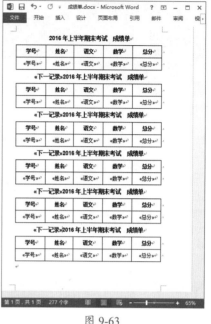

图 9-63

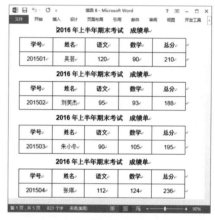

图 9-64

本章小结

通过本章知识的学习，相信读者朋友已经掌握了 Word 邮件合并和信封制作的内容，灵活运用本章的知识，可以批量制作邀请函、面试通知、信封、标签等各种文档，提高工作效率。

在掌握本章基础操作知识的同时，还需要掌握一些技巧，如设置默认的寄信人、合并指定部分记录、解决合并记录跨页断行的问题，以快速完成各种操作。

希望读者在学习过程中能够举一反三，从而高效、批量地制作出各种有特色的文档。

第10章 Word 文档的审阅与保护

➜ 批注有什么作用？

➜ 如何给文档添加和修改批注？

➜ 怎样才能在文档中显示修改痕迹？

➜ 如何快速对两个文档进行同步精确比较？

➜ 将重要文档采取保护措施，你会怎么做？

在日常办公应用中，无论是领导还是同事之间，都经常需要对文档进行审阅或批注修改，本章将带你学习如何使用修订和批注功能审阅文档，以及如何保护我们的重要文档。

10.1 使用批注

若对指定内容有不同意见或是建议时，较好的方式是添加批注进行意见的交换和信息传达，避免直接对文档内容进行修改。下面就介绍一些插入和设置批注的常用方法。

★ 重点 10.1.1 实战：在员工培训计划方案中新建批注

实例门类	软件功能
教学视频	光盘\视频\第 10 章 \10.1.1.mp4

批注是作者与审阅者的沟通渠道，审阅者在修改他人文档时，通过插入批注，可以将自己的建议插入文档中，以供作者参考。插入批注的具体操作如下。

Step01 打开"光盘\素材文件\第 10 章\员工培训计划方案 .docx"文件，❶ 选中需要添加批注的文本，❷ 切换到【审阅】选项卡，❸ 单击【批注】组中的【新建批注】按钮，如图 10-1 所示。

Step02 窗口右侧将出现一个批注框，在批注框中输入自己的见解或建议即可，如图 10-2 所示。

图 10-1

图 10-2

★ 重点 10.1.2 实战：在员工培训计划方案中答复批注

实例门类	软件功能
教学视频	光盘\视频\第 10 章 \10.1.2.mp4

Word 2013 新增了答复批注的功能，当审阅者在文档中使用了批注，作者便可对批注做出答复，从而使审阅者与作者之间的沟通非常轻松。答复批注的具体操作如下。

Step01 在打开的"员工培训计划方案 .docx"文档中，❶ 将鼠标光标定位到需要进行答复的批注内，❷ 单击【答复】按钮，如图 10-3 所示。

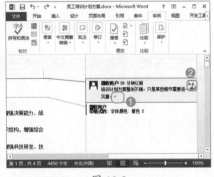

图 10-3

Step02 在出现的回复栏中直接输入答复内容即可，如图 10-4 所示。

图 10-4

10.1.3 删除批注

如果不再需要批注内容，可通过下面的方法将其删除。

➜ 使用鼠标右键单击需要删除的批注，在弹出的快捷菜单中选择【删除批注】命令即可，如图10-5 所示。

图 10-5

➜ 将鼠标光标定位在要删除的批注中，切换到【审阅】选项卡，在【批注】组中单击【删除】按钮下方的下拉按钮 ▾，在弹出的下拉列表中选择【删除】选项即可，如图 10-6 所示。

图 10-6

10.2 添加和设置修订

在编辑会议发言稿之类的文档时，文档由作者编辑完成后，一般还需要审阅者进行审阅，再由作者根据审阅者提供的修改建议进行修改，通过这样的反复修改，最后才能定稿。在这个过程中修订就是较为合适的方法。

★ 重点 10.2.1 实战：在员工培训计划方案中添加修订

实例门类	软件功能
教学视频	光盘\视频\第 10 章\10.2.1.mp4

审阅者在审阅文档时，如果需要对文档内容进行修改，建议先打开修订功能。打开修订功能后，文档中将会显示所有修改痕迹，以便文档编辑者查看审阅者对文档所做的修改。修订文档的具体操作如下。

Step01 在打开的"员工培训计划方案 .docx"文件中，❶ 切换到【审阅】选项卡，❷ 在【修订】组中单击【修订】按钮下方的下拉按钮 ▾，❸ 在弹出的下拉列表中选择【修订】选项，如图 10-7 所示。

Step02 此时，【修订】按钮呈选中状态显示，表示文档呈修订状态。在修订状态下，对文档中进行各种编辑后，会在被编辑区域的边缘附近显示

一根红线，该红线用于指示修订的位置，如图 10-8 所示。

图 10-7

图 10-8

技能拓展——取消修订状态

打开修订功能后，【修订】按钮呈选中状态。如果需要关闭修订功能，则单击【修订】按钮下方的下拉按钮 ▾，在弹出的下拉列表中单击【修订】选项即可。

10.2.2 实战：设置修订显示方式

实例门类	软件功能
教学视频	光盘\视频\第 10 章\10.2.2.mp4

Word 2013 为修订提供了 4 种显示状态，分别是简单标记、所有标记、无标记、原始状态，在不同的状态下，修订以不同的形式进行显示。

➜ 简单标记：文档中显示为修改后的状态，但会在编辑过的区域左边显示一根红线，这根红线表示

附近区域有修订。

➡ 所有标记：在文档中显示所有修改痕迹。

➡ 无标记：文档中隐藏所有修订标记，并显示为修改后的状态。

➡ 原始状态：文档中没有任何修订标记，并显示为修改前的状态，即以原始形式显示文档。

默认情况下，Word 以简单标记显示修订内容，根据操作需要，我们可以随时更改修订的显示状态。为了便于查看文档中的修改情况，一般建议将修订的显示状态设置为所有标记，具体操作如下。

Step01 在打开的"员工培训计划方案.docx"文档中，在【修订】组的下拉列表中选择【所有标记】选项，如图 10-9 所示。

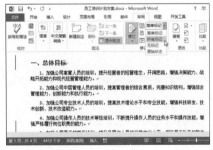

图 10-9

Step02 此时，我们可以非常清楚地看到对文档所做的所有修改，如图 10-10 所示。

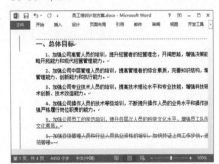

图 10-10

技术看板

修订文档时，Word 2013 与 Word 2010 最大的区别在于，Word 2013 默认以简单标记显示修订内容，Word 2010 默认以"最终：显示标记"显示修订内容。另外，在设置修订显示状态时，虽然各选项名称不一样，但大部分选项的效果相同。

★ 重点 10.2.3 实战：在活动方案中接受与拒绝修订

实例门类	软件功能
教学视频	光盘\视频\第 10 章\10.2.3.mp4

对文档进行修订后，文档编辑者可对修订做出接受或拒绝操作。若接受修订，则文档会保存为审阅者修改后的状态；若拒绝修订，则文档会保存为修改前的状态。

根据个人操作需要，可以逐条接受或拒绝修订，也可以直接一次性接受或拒绝所有修订。

1. 逐条接受或拒绝修订

如果要逐条接受或拒绝修订，可按下面的操作方法实现。

Step01 打开"光盘\素材文件\第 10 章\活动方案.docx"文件，❶将鼠标光标定位在某条修订中，❷切换到【审阅】选项卡，❸若要接受，则在【更改】组中单击【接受】按钮下方的下拉按钮▾，❹在弹出的下拉列表中选择【接受此修订】选项，如图 10-11 所示。

技术看板

在此下拉列表中，若单击【接受并移到下一条】选项，当前修订即可被接受，与此同时，鼠标光标自动定位到下一条修订中。

Step02 当前修订即可被接受，同时修

订标记消失，在【更改】组中单击【下一条】按钮⬛，如图 10-12 所示。

图 10-11

图 10-12

Step03 Word 将查找并选择下一条修订，❶若要拒绝，单击【拒绝】按钮⬛右侧的下拉按钮▾，❷在弹出的下拉列表中选择【拒绝更改】选项，如图 10-13 所示。

图 10-13

技术看板

在此下拉列表中，若单击【拒绝并移到下一条】选项，当前修订即可被拒绝，与此同时，鼠标光标自动定位到下一条修订中。

Step04 当前修订被拒绝，同时修订标记消失，如图 10-14 所示。

图 10-14

Step05 参照上述操作方法，对文档中的修订进行接受或拒绝操作即可，完成所有修订的接受或拒绝操作后，会弹出提示框进行提示，单击【确定】按钮即可，如图 10-15 所示。

图 10-15

2. 接受或拒绝全部修订

有时读者可能不需要去逐一接受或拒绝修订，那么可以一次性接受或拒绝文档中所有修订。

→ 接受所有修订：如果需要接受审阅者的全部修订，则单击【接受】按钮下方的下拉按钮▾，在弹出的下拉列表中选择【接受所有修订】选项即可，如图 10-16 所示。

→ 拒绝所有修订：如果需要拒绝审阅者的全部修订，则单击【拒绝】按钮🗙右侧的下拉按钮▾，在弹出的下拉列表中选择【拒绝所有修订】选项即可，如图 10-17 所示。

图 10-16

图 10-17

10.2.4 实战：锁定修订

实例门类	软件功能
教学视频	光盘\视频\第 10 章\10.2.4.mp4

要保护文档中的修订不被他人随意修改或是删除，我们可以将所有的修订锁定保护。

例如，锁定"员工培训计划方案"文档中的修订，其具体操作如下。

Step01 打开"光盘\素材文件\第 10 章\员工培训计划方案.docx"文件，❶ 在【修订】组中单击【修订】按钮下方的下拉按钮▾，❷ 在弹出的下拉列表中选择【锁定修订】命令，如图 10-18 所示。

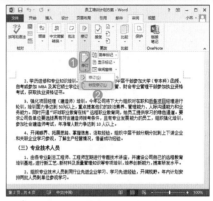

图 10-18

Step02 打开"锁定修订"对话框，❶ 分别在【输入密码】和【重新输入以确认】文本框中输入完全相同的密码，这里输入【1234】，❷ 单击【确定】按钮，如图 10-19 所示。

图 10-19

技能拓展——取消锁定修订

要将锁定的修订重新解锁，让其恢复到最初的状态，可再次单击【修订】按钮下方的下拉按钮，在弹出的下拉列表中选择【锁定修订】命令，在打开的对话框中输入设置的密码，最后确定即可。

10.3 合并和比较文档

通过 Word 提供的合并比较功能，用户可以很方便地对两篇文档进行比较，从而快速找到差异之处，接下来将进行详细讲解。

10.3.1 实战: 合并多个修订文档

实例门类	软件功能
教学视频	光盘\视频\第 10 章\10.3.1.mp4

合并文档并不是将几个不同的文档合并在一起, 而是将多个审阅者对同一个文档所作的修订合并在一起。合并文档的具体操作如下。

Step01 打开 "光盘\素材文件\第 10 章\公司简介.docx" 文件, ❶切换到【审阅】选项卡, ❷在【比较】组中单击【比较】按钮, ❸在弹出的下拉列表中单击【合并】选项, 如图 10-20 所示。

图 10-20

Step02 打开【合并文档】对话框, 在【原文档】栏中单击【文件】按钮, 如图 10-21 所示。

图 10-21

Step03 打开【打开】对话框, 选中原始文档, 然后按【Enter】键将其打开, 如图 10-22 所示。

Step04 返回【合并文档】对话框, 在【修订的文档】栏中单击【文件】按钮, 如图 10-23 所示。

Step05 打开【打开】对话框, ❶选中第一份修订文档, ❷单击【打开】按钮, 如图 10-24 所示。

图 10-22

图 10-23

图 10-24

Step06 返回【合并文档】对话框, 单击【更多】按钮, 如图 10-25 所示。

图 10-25

Step07 ❶打开【合并文档】对话框, 根据需要进行相应的设置, 本例中在【修订的显示位置】栏中选中【原文档】单选按钮, ❷设置完成后单击【确定】按钮, 如图 10-26 所示。

Step08 如果修订文档中有格式修改, 则合并文档时会弹出提示框询问用户要保留的格式修订, 用户根据需要进行选择, 然后单击【继续合并】按钮, 如图 10-27 所示。

Step09 Word 将会对原始文档和第一份修订文档进行合并操作, 并在原文档窗口中显示合并效果, 如图 10-28 所示。

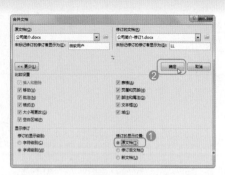

图 10-26

图 10-27

图 10-28

Step10 按【Ctrl+S】组合键保存文档, 重复前面的操作, 通过【合并文档】对话框依次将其他审阅者的修订文档合并进来。在合并修订后的文档中, 可以查看到所有审阅者的修订, 将鼠标指针指向某条修订时, 还会显示审阅者的信息, 如图 10-29 所示。

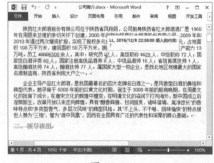

图 10-29

在【合并文档】对话框的【修订的显示位置】栏中，若选中【原文档】单选按钮，则将把合并结果显示在原文档中；若选中【修订后文档】单选按钮，则会将合并结果显示在修订的文档中；若选中【新文档】单选按钮，则会自动新建一个空白文档，用来保存合并结果。

若选中【新文档】单选按钮，则需要先保存合并结果，并将这个保存的合并结果作为原始文档，再合并下一位审阅者的修订文档。

★ 重点 10.3.2 实战：比较文档

实例门类	软件功能
教学视频	光盘\视频\第 10 章\10.3.2.mp4

对于没有启动修订功能的文档，可以通过比较文档功能对原始文档与修改后的文档进行比较，从而自动生成一个修订文档，以实现文档作者与审阅者之间沟通的目的。

比较文档的具体操作如下。

Step01 在 Word 窗口中，❶ 切换到【审阅】选项卡，❷ 在【比较】组中单击【比较】按钮，❸ 在弹出的下拉列表中单击【比较】选项，如图 10-30 所示。

图 10-30

Step02 打开【比较文档】对话框，在【原文档】栏中单击【文件】按钮

，如图 10-31 所示。

图 10-31

Step03 打开【打开】对话框，❶ 选中原始文档，❷ 单击【打开】按钮，如图 10-32 所示。

图 10-32

Step04 返回【比较文档】对话框，在【修订的文档】栏中单击【文件】按钮，如图 10-33 所示。

图 10-33

Step05 打开【打开】对话框，❶ 选中修改后的文档，❷ 单击【打开】按钮，如图 10-34 所示。

图 10-34

Step06 返回【比较文档】对话框，单击【更多】按钮，如图 10-35 所示。

图 10-35

Step07 ❶ 展开【比较文档】对话框，根据需要进行相应的设置，本例中在【修订的显示位置】栏中选中【新文档】单选按钮，❷ 设置完成后单击【确定】按钮，如图 10-36 所示。

图 10-36

Step08 Word 将自动新建一个空白文档，并在新建的文档窗口中显示比较结果，如图 10-37 所示。

图 10-37

10.4 保护文档

编辑文档时，对于重要的文档，为了防止他人随意查看或编辑文档，我们可以对文档设置相应的保护，如设置格式修改权限、设置编辑权限，以及设置打开文档的密码。

★ 重点 10.4.1 实战：设置后勤工作计划的格式修改权限

实例门类	软件功能
教学视频	光盘\视频\第10章\10.4.1.mp4

如果允许用户对文档的内容进行编辑，但是不允许修改格式，则可以设置格式修改权限，具体操作如下。

Step01 打开"光盘\素材文件\第10章\后勤工作计划.docx"文件，❶切换到【审阅】选项卡，❷在【保护】组中单击【限制编辑】按钮，如图10-38所示。

图 10-38

Step02 打开【限制编辑】窗格，❶在【格式设置限制】栏中选中【限制对选定的样式设置格式】复选框，❷在【启动强制保护】栏中单击【是，启动强制保护】按钮，如图10-39所示。

Step03 打开【启动强制保护】对话框，❶设置保护密码，❷单击【确定】按钮，如图10-40所示。

Step04 返回文档，此时用户仅仅可以使用部分样式格式化文本，如在【开始】选项卡中可以看到大部分按钮都呈不可使用状态，如图10-41所示。

图 10-39

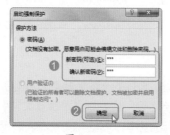

图 10-40

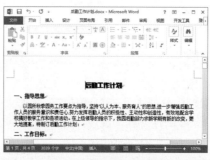

图 10-41

技能拓展——取消格式修改权限

若要取消格式修改权限，则打开【限制编辑】窗格，单击【停止保护】按钮，在打开的【取消保护文档】对话框中输入之前设置的密码，然后单击【确定】按钮即可。

★ 重点 10.4.2 实战：设置报告的编辑权限

实例门类	软件功能
教学视频	光盘\视频\第10章\10.4.2.mp4

如果只允许其他用户查看文档，但不允许对文档进行任何编辑操作，则可以设置编辑权限，具体操作如下。

Step01 打开"光盘\素材文件\第10章\市场调查报告.docx"文件，❶切换到【审阅】选项卡，❷在【保护】组中单击【限制编辑】按钮，如图10-42所示。

图 10-42

Step02 打开【限制编辑】窗格，❶在【编辑限制】栏中选中【仅允许在文档中进行此类型的编辑】复选框，❷在下面的下拉列表中选择【不允许任何人更改（只读）】选项，❸在【启动强制保护】栏中单击【是，启动强制保护】按钮，如图10-43所示。

Step03 打开【启动强制保护】对话框，❶设置保护密码，❷单击【确定】按钮，如图10-44所示。

图 10-43

图 10-44

Step04 返回文档，此时无论进行什么操作，状态栏都会出现【不允许修改，因为所选内容已被锁定】的提示信息，如图 10-45 所示。

图 10-45

★ 重点 10.4.3 实战：设置项目策划的修订权限

实例门类	软件功能
教学视频	光盘\视频\第 10 章\10.4.3.mp4

如果允许其他用户对文档进行编辑操作，但是又希望查看编辑痕迹，则可以设置修订权限。

例如，将"项目策划书"文档的修订权限设置为【123】，其具体操作如下。

Step01 打开"光盘\素材文件\第 10 章\项目策划书.docx"文件，❶切换到【审阅】选项卡，❷在【保护】组中单击【限制编辑】按钮，如图 10-46 所示。

图 10-46

Step02 打开【限制编辑】窗格，❶在【编辑限制】栏中选中【仅允许在文档中进行此类型的编辑】复选框，❷在下面的下拉列表中选中【修订】选项，❸在【启动强制保护】栏中单击【是，启动强制保护】按钮，如图 10-47 所示。

图 10-47

Step03 打开【启动强制保护】对话框，❶设置保护密码，❷单击【确定】按钮，如图 10-48 所示。

图 10-48

Step04 返回文档，此后若对其进行编辑，文档会自动进入修订状态，即任何修改都会做出修订标记，如图 10-49 所示。

图 10-49

★ 重点 10.4.4 实战：为方案添加修改权限密码

实例门类	软件功能
教学视频	光盘\视频\第 10 章\10.4.4.mp4

对于比较重要的文档，在允许其他用户查阅的情况下，为了防止内容被编辑修改，我们可以设置一个修改密码。

打开设置了修改密码的文档时，会打开如图 10-50 所示的【密码】对话框要求输入修改密码，输入正确的密码才能打开文档并有修改权限，否则只能通过单击【只读】按钮以只读方式打开。

图 10-50

对文档设置修改密码的具体操作如下。

Step01 打开"光盘\素材文件\第10章\财务管理方案.docx"文件,按【F12】键打开【另存为】对话框,❶单击【工具】按钮,❷在弹出下拉选项中选择【常规选项】命令,如图 10-51 所示。

图 10-51

Step02 打开【常规选项】对话框,❶在【修改文件时的密码】文本框内输入密码,❷单击【确定】按钮,如

图 10-52 所示。

图 10-52

Step03 ❶在打开的【确认密码】对话框中再次输入密码,❷单击【确定】按钮,如图 10-53 所示。

图 10-53

Step04 返回【另存为】对话框,单击【保存】按钮即可,如图 10-54 所示。

图 10-54

技能拓展——取消修改密码

对文档设置修改密码后,若要取消这一密码保护,则打开上述操作中的【常规选项】对话框,将【修改文件时的密码】文本框内的密码删除,然后单击【确定】按钮即可。

妙招技法

通过前面知识的学习,相信读者已经掌握了如何使用批注、修订审阅文档、如何比较和合并文档以及保护文档。下面结合本章内容,给大家介绍一些实用技巧。

技巧 01: 轻松查看指定审阅者的批注 / 修订

教学视频	光盘\视频\第 10 章\技巧 01.mp4

在审阅文档时,有时会有多个审阅者在文档中插入批注或是修订,如果只需要查看指定审阅者添加的批注或是修订,可按下面的操作方法实现。

打开"光盘\素材文件\第10章\档案管理制度.docx"文件,❶切换到【审阅】选项卡,❷在【修订】组中单击【显示标记】按钮,❸在弹出的下拉列表中选择【特定人员】选

项,❹在弹出的级联列表中设置需要显示的审阅者,本例中只需要显示【LAN】的批注,隐藏【yangxue】选项,以取消该【yangxue】选项的选择状态,如图 10-55 所示。

图 10-55

技巧 02: 使用审阅窗格轻松批注 / 修订

教学视频	光盘\视频\第 10 章\技巧 02.mp4

要查看文档中的批注和修订,可以通过审阅窗格查看,具体操作如下。

Step01 在"档案管理制度.docx"文档中,❶切换到【审阅】选项卡,❷在【修订】组中单击【审阅窗格】按钮右侧的下拉按钮,❸在弹出的下拉列表中提供了【垂直审阅窗格】和【水平审阅窗格】两种形式,读者可自由选择,这里选择【水平审阅窗

格】，如图 10-56 所示。

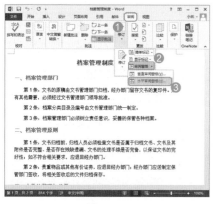

图 10-56

Step 02 此时，在窗口下方的审阅窗格中可查看文档中的批注与修订，如图 10-57 所示。

图 10-57

Step 03 在审阅窗格中将光标插入点定位到某条批注或修订中，文档中也会自动跳转到相应的位置，如图 10-58 所示。

图 10-58

技巧 03：轻松指定修订线样式

教学视频	光盘\视频\第 10 章\技巧 03.mp4

指定修订线样式，其实就是设置修订线的格式，让其以实际需要或是个人喜好进行显示存在，具体操作如下。

Step 01 ❶ 切换到【审阅】选项卡，❷ 在【修订】组中单击【功能扩展】按钮 ⌐，如图 10-59 所示。

图 10-59

Step 02 打开【修订选项】对话框，单击【高级选项】按钮，如图 10-60 所示。

图 10-60

技术看板

在 Word 2010 中，若要设置修订格式，则在【审阅】选项卡的【修订】组中单击【修订】按钮下方的下拉按钮 ▼，在弹出的下拉列表中选择【修订选项】选项，在弹出的【修订选项】对话框中进行设置。

Step 03 打开【高级修订选项】对话框，❶ 在各个选项区域中进行相应的

设置，❷ 完成设置后单击【确定】按钮即可，如图 10-61 所示。

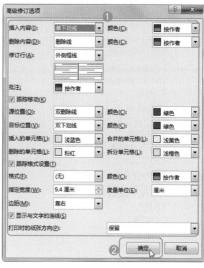

图 10-61

技巧 04：如何为指定文本内容添加编辑权限

教学视频	光盘\视频\第 10 章\技巧 04.mp4

如果允许其他用户对文档中的某部分内容进行编辑，可按下面的操作方法实现。

Step 01 打开"光盘\素材文件\第 10 章\论文 .docx"文件，❶ 选中允许其他用户编辑的部分内容，❷ 切换到【审阅】选项卡，❸ 在【保护】组中单击【限制编辑】按钮，如图 10-62 所示。

图 10-62

Step 02 打开【限制编辑】窗格，❶ 在【编辑限制】栏中选中【仅允许在文

档中进行此类型的编辑】复选框，❷ 在下面的列表框中选中【每个人】复选框，❸ 单击【是，启动强制保护】按钮，如图 10-63 所示。

图 10-63

Step 03 打开【启动强制保护】对话框，❶ 设置保护密码，❷ 单击【确定】按钮，如图 10-64 所示。

图 10-64

Step 04 返回文档，此时可以编辑的段落将呈现底纹效果，而对不可编辑的段落进行编辑时，状态栏中将出现【不允许修改，因为所选内容已被锁定】的提示信息，如图 10-65 所示。

图 10-65

技巧 05：接受或拒绝当前显示修订

教学视频	光盘 \ 视频 \ 第 10 章 \ 技巧 05.mp4

在将指定审阅者添加的修订筛选出来后，我们就可以对其进行接受或拒绝。其方法为：打开"光盘 \ 素材文件 \ 第 10 章 \ 档案管理制度 1.docx"文件，按照技巧 1 的操作将筛选出指定审阅者的修订，❶ 单击【接受】下拉按钮，❷ 在弹出的下选项中选择【接受所有显示的修订】选项，如图 10-66 所示。

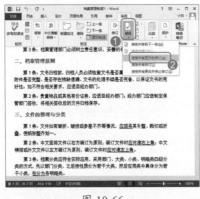

图 10-66

若要拒绝当前显示的修订，❶ 可单击【拒绝】下拉按钮 ，❷ 在弹出的下拉选项中选择【拒绝所有显

示的修订】选项，如图 10-67 所示。

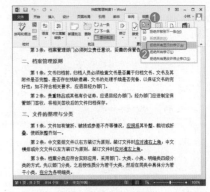

图 10-67

技巧 06：轻松指定文档中批注或修订显示方式

教学视频	光盘 \ 视频 \ 第 10 章 \ 技巧 06.mp4

默认情况下，Word 文档中是以仅在批注框中显示批注和格式的方式显示批注和修订的，根据操作习惯，读者可自行更改，方法为：切换到【审阅】选项卡，❶ 在【修订】组中单击【显示标记】按钮，❷ 在弹出的下拉列表中选择【批注框】选项，❸ 在弹出的级联列表中选择需要的方式即可，如图 10-68 所示。

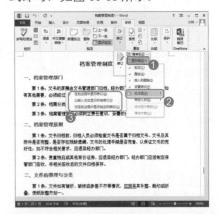

图 10-68

本章小结

　　本章主要讲解了如何审阅与保护文档，主要包括文档批注、修订、合并与比较、保护文档等内容。通过本章的学习，相信读者朋友定能够自如地处理文档的审阅与保护工作了，但理论还需结合实践，希望您在实际操作中能熟练掌握本章的知识应用。

第 3 篇

Excel 办公应用

Excel 是一款专业的电子表格制作和数据分析处理软件，用户可使用它对数据进行计算、统计、分析和管理。Excel 可以帮助用户对数据进行有效的收集、存储、处理，得出用户需要的相关数据信息。因此，Excel 被广泛应用于市场营销、数据统计、金融财经等众多领域，是人们在现代商务办公中使用率极高的必备工具之一。

本篇介绍 Excel 2013 电子表格数据的录入与编辑、Excel 公式与函数、Excel 图表与数据透视表、Excel 的数据管理与分析等内容，教读者如何使用 Excel 快速完成数据统计和分析。

第 11 章　认识和学习 Excel 的经验之谈

➡ 你知道 Excel 具体能做什么？

➡ 学习 Excel 有没有捷径呢？

➡ 如何正确学好用好 Excel？

➡ 新手学习 Excel 通常存在哪些误区？

学习本章知识，你不仅能更清晰地认识 Excel，还能掌握学习 Excel 的上乘方法，帮助你从数据源头解决工作上的难题。

11.1　Excel 具有哪些功能

Excel 的主要功能就是进行数据管理，即对数据进行有效的收集、存储、处理和应用数据的过程。其目的在于充分有效地发挥数据的作用。实现数据有效管理的关键是数据组织。人类自古以来都有处理数据的需求，文明程度越高，需要处理的数据就越多越复杂，而且对处理的要求也越高，速度还必须越来越快。从早期的手工数据记录到现在广泛应用的数据库，我们不断改善所借助的工具来完成数据处理需求。当信息时代来临时，我们频繁地与数据打交道，当然需要借助更强大的工具来处理数据。在我们现代办公应用中，表格依然是数据管理的重要手段。Excel 是使用最频繁的电子表格制作软件，拥有强大的计算、分析、传递和共享功能，可以帮助我们将繁杂的数据转化为信息。

11.1.1 数据记录与整理

孤立的数据包含的信息量太少，而过多的数据又难以厘清头绪。制作成表格是数据管理的重要手段。

记录数据有非常多的方式，用 Excel 不是最好的方式，但相对于纸质方式和其他类型的文件方式来讲，利用 Excel 记录数据会有很大的优势。至少记录的数据在 Excel 中可以非常方便地进行进一步的加工处理，包括统计与分析。例如，我们需要存储客户信息，如果我们把每个客户的信息都单独保存到一个文件中，那么，如果客户量增大之后，后期对于客户数据的管理和维护就非常不方便了。如果我们用 Excel，可以先建立好客户信息的数据表格，然后有新客户我们就增加一条客户信息到该表格中，每条信息都保持了相同的格式，对于后期数据查询、加工、分析等都可以很方便地完成。

在一个 Excel 文件中可以存储许多独立的表格，我们可以把一些不同类型的但是有关联的数据存储到一个 Excel 文件中，这样不仅可以方便整理数据，还可以方便我们查找和应用数据。后期还可以对具有相似表格框架，相同性质的数据进行合并汇总工作。

将数据存储到 Excel 后，使用其围绕表格制作与使用而开发的一系列功能，大到表格视图的精准控制，小到一个单元格格式的设置，Excel 几乎能为用户做到他们在整理表格时想做的一切。例如，我们需要查看或应用数据，可以利用 Excel 中提供的查找功能快速定位到需要查看的数据；可以使用条件格式功能快速标识出表格中具有指定特征的数据，而不必肉眼逐行识别，如图 11-1 所示；可以使用数据有效性功能限制单元格中可以输入的内容范围；对于复杂的数据，还可以使用分级显示功能调整表格的阅读方式，既能查看明细数据，又可获得汇总数据，如图 11-2 所示。

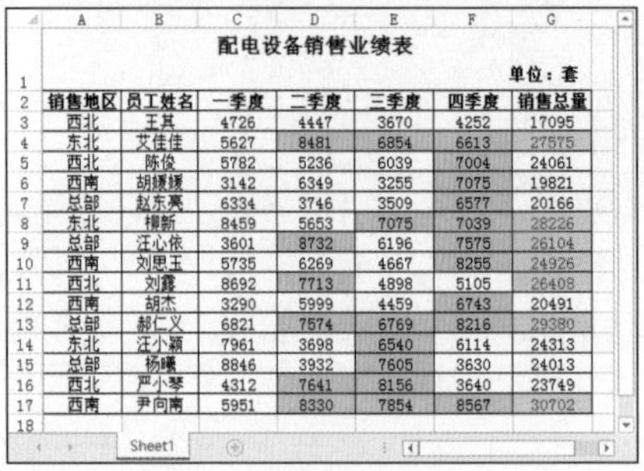

图 11-1

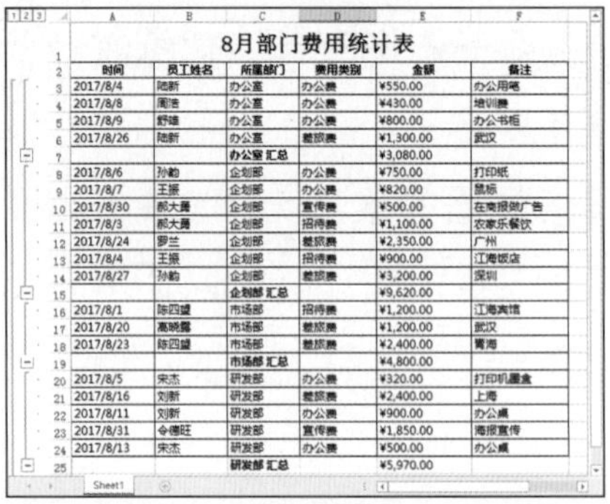

图 11-2

技术看板

Excel 中提供了类似 FoxPro、Access 的数据库管理功能，可以对数据进行排序、筛选、合并计算、分类汇总等命令，实现数据的有效处理，还可以从外部获取数据。创建数据组使得 Excel 具备了能组织和管理大量数据的能力。

11.1.2 数据计算

在现代办公中对数据的要求不仅仅是存储和查看，很多时候是需要对现有的数据进行计算的。例如，每个月我们会核对当月的考勤情况、核算当月的工资、计算销售数据等。

在 Excel 中，我们可以运用公式和函数等功能来对数据进行计算，利用计算结果自动完善数据，这也是 Excel 值得炫耀的功能之一。

Excel 的计算功能与普通电子计算器相比，简直不可同日而语。在 Excel 中，常见的四则运算、开方乘幂等简单计算只需要输入简单的公式就可以完成，如图 11-3 所示为使用加法计算的办公费用开支统计表，在图最上方的公式编辑栏中可以看到该单元格中的公式为【=D4+D5+D6+D9+D10+D11+D12+D15】。

Excel 除了可以进行一般的数据计算工作外，还内置了 400 多个函数，分为了多个类别，可用作统计、财务、数学、字符串等操作以及各种工程上的分析与计算。利用不同的函数组合，用户几乎可以完成绝大多数领域的常规计算任务。

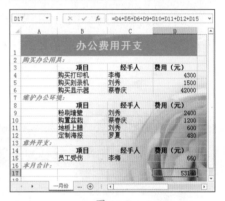

图 11-3

例如，核算当月工资时，我们将所有员工信息及其工资相关的数据整理到一个表格中，然后运用公式和函数计算出每个员工当月扣除的社保、个税、杂费、实发工资等。如图 11-4 所示为一份工资核算表中使用函数进行复杂计算，得到个人所得税的具体扣除金额。如果手动或使用其他计算工具实现起来可能就会麻烦许多。

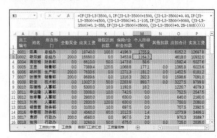

图 11-4

除数学运算外，Excel 中还可以进行字符串运算和较为复杂的逻辑运算，利用这些运算功能，我们还能让 Excel 完成更多、更智能的操作。

例如，我们在收集员工信息时，让大家填写身份证号之后，我们完全可以不用让大家填写什么籍贯、性别、生日、年龄这些信息，因为这些信息在身份证号中本身就存在，我们只需要应用好 Excel 中的公式，让 Excel 自动帮我们完善这些信息。

11.1.3 数据分析

要从大量的数据中获得有用的信息，仅仅依靠计算是不够的，还需要用户沿着某种思路运用对应的技巧和方法进行科学的分析，展示出需要的结果。Excel 专门提供了一组现成的数据分析工具，称为分析工具库。这些分析工具为建立复杂的统计或计量分析工作带来了极大的方便。

排序、筛选、分类汇总是最简单，也是最常见的数据分析工具，使用它们能对表格中的数据做进一步的归类与统计。例如，对销售数据进行各方面的汇总，对销售业绩进行排序，如图 11-5 所示；根据不同分区对销售业绩进行排序，如图 11-6 所示；还可以根据其他不同条件对各销售业绩情况进行分析，根据不同条件对各商品的销售情况进行分析；根据分析结果对未来数据变化情况进行模拟，调整计划或进行决策，如图 11-7 所示为在 Excel 中利用直线回归法根据历史销售记录预测 2017 年销售额。

图 11-6

图 11-7

部分函数也是用于数据分析的，例如，图 11-8 所示是在 Excel 中利用函数来进行的商品分期付款决策分析。

图 11-8

数据透视图表是 Excel 中最具特色的数据分析功能，只需几步操作便能灵活透视数据的不同特征，变换出各种类型的报表。如图 11-10 至图 11-13 所示是对同一数据的透视，原数据如图 11-9 所示，从而分析出该企业的不同层面人员的结构及组成情况。

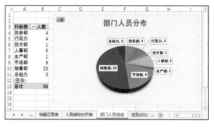

图 11-9

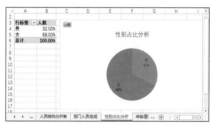

图 11-10

图 11-11

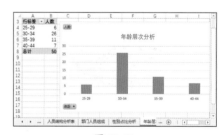

图 11-12

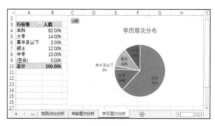

图 11-13

图 11-5

11.1.4 图表制作

密密麻麻的数据展现在人眼前时，总是会让人觉得头晕眼花，所以，很多时候，我们在向别人展示数据的时候或者自己分析数据的时候，为了使数据更加清晰，更容易看懂数据，常常会借助图形来表示。例如，我们想要表现一组数据的变化过程，可以用一条折线或曲线，如图 11-14 所示；想要表现多个数据的占比情况，可以用多个不同大小的扇形来构成一个圆形，如图 11-15 所示；想比较一系列数据并关注其变化过程，可以使用许多柱形来表示，如图 11-16 所示，这些图表类别都是办公应用中常见的一些表现数据的图形报表。

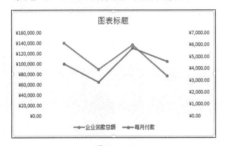

图 11-14

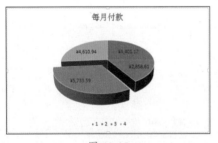

图 11-15

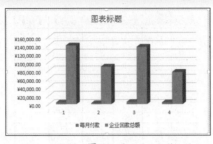

图 11-16

在 Excel 中，这些图形不需要我们使用绘图工具去绘制，也不需要复杂的操作，只需要在 Excel 准备好的表格类型中选择合适的图表类型，便会根据选择的数据快速地创建出相应的图表，应用 Excel 中图表相关的命令或功能，可以调整图表的各种属性和参数，让图表的外观效果更加直观、漂亮。

11.1.5 信息传递和共享

在 Excel 2013 中，使用对象链接和嵌入功能可以将其他软件制作的图形插入 Excel 的工作表中。

如图 11-17 所示是在表格中通过【超链接】功能添加的链接到其他工作表的超级链接。

在 Excel 中插入超链接，还能添加链接到其他工作簿的超级链接，从而将有相互关系的工作表或工作簿联系起来。还能创建指向网页、图片、电子邮件地址或程序的链接。

当需要更改链接内容时，只要在链接处双击，就会自动打开制作该内容的程序，内容将出现在该内容编辑软件中，修改、编辑后的内容也会同步在 Excel 内显示出来。还可以将声音文件或动画文件嵌入 Excel 工作表中，从而制作出一份声形并茂的报表。

此外，Excel 用户还可以登录 Microsoft 账户通过互联网与其他用户进行协同办公，方便地交换信息。

图 11-17

11.1.6 自动化定制 Excel 的功能和用途

尽管 Excel 自身的功能已经能够满足绝大部分用户的需求，但对小众用户的高数据计算和分析需求，Excel 也没有忽视，它内置了 VBA 编程语言，允许用户可以定制 Excel 的功能，开发出适合自己的自动化解决方案。

用户还可以使用宏语言将经常要执行的操作过程记录下来，并将此过程用一个快捷键保存起来。在下一次进行相同的操作时，只需按下所定义的宏功能的相应快捷键即可，而不必重复整个过程。在录制新宏的过程中，用户可以根据自己的习惯设置宏名、快捷键、保存路径和简单的说明。

11.2 Excel 的学习方法

实际工作中，有些人使用 Excel 出神入化，工作效率也特别高。有些人就要问了，"我要从什么地方开始学习 Excel，才能快速成为 Excel 高手？"确实，人人都希望在自己前进的道路中能得到高人指点，少走弯路。那到底有没有什么学习 Excel 的捷径呢？答案是有的，只要能以积极的心态、正确的方法，并持之以恒，就能学好 Excel，而在这个过程中，如果懂得收集、利用学习资源，多花时间练习，就能在较短的时间内取得较大的进步。

11.2.1　积极的心态

成为 Excel 高手的捷径首要在于其拥有积极的心态，积极的心态能够提升学习的效率，能产生学习的兴趣，遇到压力时也能转化为动力。

面对日益繁杂的工作任务，学好了 Excel 不仅能提高自己的工作效率、节省时间，提升职业形象，有时还能帮助朋友，获得满足感。这样考虑以后，你是不是又提升了学习 Excel 的兴趣呢？兴趣是最好的老师，希望在学习 Excel 的过程中你能对 Excel 一直保持浓厚的兴趣，如果暂时实在是提不起兴趣，那么请重视来自工作或生活中的压力，把它们转化为学习的动力。相信学好 Excel 技巧以后，这些先进的工作方法一定能带给你丰厚的回报。

★重点 11.2.2　正确的方法

学习任何知识都要讲究方法，学习 Excel 也不例外。正确的学习方法能使人快速进步，下面总结了一些典型的学习方法。

1. 学习需要循序渐进

学习任何知识都有循序渐进的一个过程，不可能一蹴而就。学习 Excel 需要在自己现有水平的基础上，根据学习资源有步骤地由浅入深地学习。这不是短时间可以完全掌握的，也不可能像小说中才存在的功夫秘籍一样，看一遍就成为高手了。虽然优秀的学习资源肯定存在，但绝对没有什么神器能让新手在短时间内成为高手。

Excel 学习内容主要包括数据操作、图表与图形、公式与函数、数据分析，以及宏与 VBA 5 个方面。根据学习 Excel 知识的难易度，我们把学习的整个过程大致划分为 4 个阶段，即 Excel 入门阶段、Excel 中级阶段、Excel 高级阶段和 Excel 高手阶段。

Excel 入门阶段学习的内容主要针对 Excel 新手，这一阶段只需要对 Excel 软件有一个大概的认识，掌握 Excel 软件的基本操作方法和常用功能。方法可采用如图 11-18 所示的模式。

图 11-18

读者可以通过 Excel 入门教程了解录入与导入数据、查找替换等常规编辑、设置单元格格式、排序、汇总、筛选表格数据、自定义工作环境和保存、打印工作簿等内容。通过这一阶段的学习，读者就能简单的运用 Excel 了，对软件界面和基础的命令菜单都比较熟悉，但对每项菜单命令的具体设置和理解还不是很透彻，不能熟练运用。

Excel 中级阶段主要是让读者通过学习，在入门基础上理解并熟练使用各个 Excel 菜单命令，掌握图表和数据透视表的使用方法，并掌握部分常用的函数以及函数的嵌套运用。

图表能极大地美化工作表，好的图表还能提升你的职业形象，这一阶段读者需要掌握标准图表、组合图标、图表美化、高级图表、交互式图表的制作方法；公式与函数在 Excel 学习过程中是最具魅力的，这一阶段读者只需掌握 SUM 函数、IF 函数、VLOOKUP 函数、INDEX 函数、MATCH 函数、OFFSET 函数、TEXT 函数等 20 个常用函数即可；制作图表的最终目的是分析数据，这一阶段读者还需要掌握通过 Excel 专门的数据分析功能对相关数据进行分析、排序、筛选、假设分析、高级分析等操

作的技巧；还有一些读者在 Excel 中级阶段就开始学习使用简单的宏了。大部分处于 Excel 中级阶段的读者，在实际工作中已经算得上是 Excel 水平比较高的人了，他们有能力解决绝大多数工作中遇到的问题，但是这并不意味着 Excel 无法提供更优秀的解决方案。这一阶段的思路方法可采用如图 11-19 所示的模式进行。

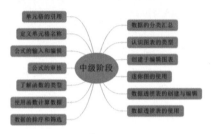

图 11-19

再进一步学习 Excel 高级阶段的内容，就需要熟练运用数组公式，能够利用 VBA 编写不是特别复杂的自定义函数或过程，这一阶段的读者会发现利用宏与 VBA 的强大二次开发，简化了重复和有规律的工作。以前许多看似无法解决的问题，现在也都能比较容易地处理了。这一阶段的学习方法如图 11-20 所示。

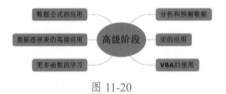

图 11-20

Excel 是应用性极强的软件，也是学无止尽的。从某种意义上来说，能称作 Excel 专家的人，是不能用指标和数字量化的，至少他必定也是某个或多个行业的专家，他们拥有丰富的行业知识和经验，能结合高超的 Excel 技术和行业经验，将 Excel 功能发挥到极致。所以，如果希望成为 Excel 专家，还要学习 Excel 以外的知识。

2. 合理利用资源

除了通过本书来学习 Excel 外，还有很多方法可以帮助你快速学习本书中没有包含的 Excel 知识和技巧，例如通过 Excel 的联机帮助、互联网、书刊杂志和周边人群进行学习。由于本书书页有限，包含的知识点也有限，读者在实际使用过程中如果遇到问题，不妨通过以上方法快速获得需要的解决方法。

要想知道 Excel 中某个功能的具体使用方法，可调出 Excel 自带的联机帮助，集中精力学习这个功能。尤其在学习 Excel 函数的时候该方法特别适用，因为 Excel 的函数实在太多，想用人脑记住全部函数的参数与用法几乎不可能。

Excel 博大精深，如果对所遇问题不知从何下手，甚至不能确定 Excel 能否提供解决方案时，可以求助于他人。身边如果有 Excel 高手那么虚心求教一下，很快就能解决。也可以通过网络解决，一般问题网络上的解决方法有很多，实在没有还可以到某些 Excel 网站上去寻求帮助。

3. 多练习

多阅读 Excel 技巧或案例方面的文章与书籍，能够拓宽你的视野，并从中学到许多对自己有帮助的知识。但是"三天不练，手生"，不勤加练习，把学到的知识和技能转化为自己的知识，过一段时间就忘记了。所以，学习 Excel，阅读与实践必须并重。伟人说"实践出真知"，在 Excel 里，不但实践出真知，而且实践出技巧，很多 Excel 高手就是通过实践达到的，因为 Excel 的基本功能是有限的，只有通过实践练习，才能把解决方法理解得更透彻，以便在实际工作中举一反三。

11.3　新手使用 Excel 的七大误区

上一节我们系统讲解了学习 Excel 的方法，毫无疑问，想要成为 Excel 达人，并不是一朝一夕就能达成的事情，成功的道路上并没有什么捷径可循，经历实践的磨炼，经过时间的沉淀，有一天你终将成为别人心目中的"表哥""表姐"。但是在学习 Excel 的最初阶段，你至少应该稍作留心，尽量避免走入 Excel 新人的这七大误区。

11.3.1　设置适合自己的工作环境

如果你在工作中经常需要和数据打交道，经常需要使用 Excel 处理、计算与分析数据，为了减少加班制作 Excel 表格的概率，提高工作效率，首先需要为自己设置一个合适的工作环境，包括对表格视图的设置、自定义 Excel 工作界面、为常用功能设置快捷键、将使用频率较高的文件固定在【最近使用的工作簿】中等。

这些看似都是小问题，所以很多人不在意，但实际上这不仅影响工作效率，甚至还会影响到正常的工作。工欲善其事，必先利其器，要提高工作效率就应先从改变操作习惯开始。设置一个适合自己工作习惯的工作环境，对你来说最大的实惠便是工作效率极大地提高了，自然也意味着会空出更多的时间，你还会加班吗？相关的操作步骤我们将在本章中讲解，这里就不再赘述。

★ 重点 11.3.2　厘清计算机中的四大类表格

企业中使用的表格一般比较多，这些表格的来源不同、用途也不同，因此，管理表格往往是件令人头痛的事情。而且，在整理的过程中不难发现其实自己计算机中的表格数据很多是重复的，到最后你都不知道哪个版本才是最终的文件，或者是在某个用途下使用的文件才是最恰当的文件。

下面，基于表格的完整制作过程：数据录入→数据处理→数据分析→数据报告，我们将计算机中的表格划分为四大类——原始数据表、数据源表、计算分析表、结果报告表。

1. 原始数据表

原始数据表可以是通过 Excel 或其他电子表格软件（如金山公司的 WPS，lotus 11-2-3，以及在开源系统 linux 上的一些开源电子表格软件）自行编制的业务明细数据，也可以是某些机器记录的数据，最终导出的（如指纹打卡机可以导出员工的上下班数据）。总之，是我们可以获得的第一手数据，但往往不能被直接利用，需要加工后才能用于数据分析。

例如，某电器公司在某市多个商场设立销售点，每个销售点的销售主管每天都需要统计各销售人员的具体销售数据，并汇报给负责该市营销的销售经理。经理在收到各卖场的销售日报表后，可能会将文件名称统一以【月日】格式进行重命名，然后存放在对应卖场名称的相应月份文件夹下，如图 11-21 所示。

图 11-21

你是不是也经常这样管理自己计算机中的文件呢？是的，这样存放原始数据表已经是很不错的了。文件整理得井井有条！若当初还给各卖场的负责人发送了填写日报表的表格模板，则发送回来的表格格式也是统一的。

原始数据表的要求不高，只是表格格式若更接近于分析所需数据源表的要求时，后续制作起来才会更加容易一些。

2. 数据源表

如果你的工作内容包括数据分析，那你一定清楚就算我们把所有收到或制作的原始数据表像图 11-21 所示那样整理了，也很难快速完成上司交给我们的数据分析任务。为什么呢？因为上司要看的资料不是各卖场销售主管提交的销售日报表。虽然，各卖场销售主管提交的销售日报表对于销售主管来说已经是他提供的结果报告表了，但对于销售经理来说只是原始数据表。销售经理的工作就是需要将每次接到的日报表数据按照上司的要求制作出各种结果报告表。若每次都直接根据上司需求收集需要的数据，制作临时的过度表格，再据以编制出结果报告表，其间有些数据无法实现公式运算，可能需要手动输入或动用计算器来完成，这个工作量就可

想而知了。

而且，上司的要求多变，一会儿让分析 A 卖场 12 月的销售情况，一会儿让查看 B 卖场某产品的销量，一会儿又让对比各卖场某天的销售数据……反正有无穷尽不重样的要求！但是通过上面接近于手动操作的方法，要完成上司下达的任务，那么每次都需要重新建立临时的过度表格，并且这些表格也几乎没有被再利用的价值。

该怎么办？除了加班，还是加班……错，你只是缺少一张数据源表！

什么是数据源表？它最理想的状态是一张表，该表中包含了我们预先可以想到的后期用于数据分析的各种基础数据，等于汇总了所有原始表格数据中的各种明细数据，这些数据在后期是可以重复使用的。数据源表一般是不对外报送的，只作为基础数据的录入，而且对表格的格式有一定的要求，在下一节中我们会具体谈到有哪些格式要求。如图 11-22 所示就是一张中规中矩的数据源表。

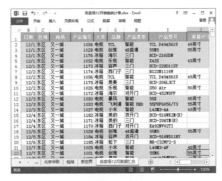

图 11-22

3. 计算分析表

在制作好的数据源表基础上，通过归纳和提取其中的有效数据，又可以自行编制成分析用的工作底稿，即计算分析表，如图 11-23 所示便是一个典型的计算分析表。计算分析表一般也是不对外报送的，只存在于数据分析者的计算机中。

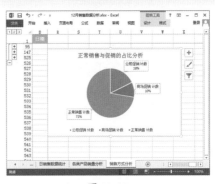

图 11-23

4. 结果报告表

这个表格就是要对外提供的（如发送给上司看的）数据分析结果报表。其实，只需要基于计算分析表中的数据，再进行美化和适当说明，以便于对方查看和理解，或者以更容易理解的图表方式等进行展示，便可以制作出在不同分析情况下的对外提供的分析结果报表了。

结果报告表的格式是按照查看者的需求进行设置的，从数据分析的角度来讲，没有任何格式要求。图 11-24 所示便是根据计算分析表制作出的最终提交的结果报告表。

图 11-24

当然，这只是理论上的划分方式。实际上同一个报表对于不同的用户或不同的环境来说，可能是任何一类表格。例如，卖场主管根据各销售员提供的当日数据制作的日报表，再上交给他的销售经理。该表格对于卖场销售主管来说已经是结果报告表

了，但对于销售经理来说却仅仅是原始数据表。有时候，即使是同一个人分析同一份表格中的数据，该表格可能也属于不同的表格类型。

我们分析一份表格的设计是否合理，首先要判断清楚这份表格是什么类型的表，因为对于原始数据表、数据源表、计算分析表、结果报告表的格式要求是不一样的。

★ 重点 11.3.3 数据源表制作的注意事项

通过前面的讲解，你大概已经知道了数据源表的重要性。一个好的数据源表可以减少你未来查找数据的时间和重复工作的概率，如何做好数据源表呢？数据源表有三大特征：通用、简洁、规范。为了做出一个合格的数据源表，你需要注意以下一些事项。

1. 汇总数据到数据源表

要想在制作计算分析表时只考虑调用对应数据、使用合适的公式和数据分析功能进行制作即可轻松完成，制作数据源表时就最好在一张表格中汇总各项数据。若分别记录在多张表格中，就失去了通过数据源表简化其他计算分析表制作的目的。

例如，要汇总图 11-25 中多个日期的数据，只需要在表格中添加一个【日期】字段，便可以将当月的数据（多个工作表）汇总在一张工作表中了，如图 11-25 所示。

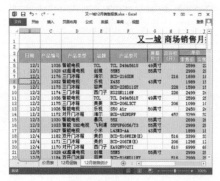

图 11-25

再在图 11-25 的基础上，添加一个【商场】字段，便可以将各商场 12 月的数据（多个工作簿）汇总到一个工作表中了，如图 11-26 所示。

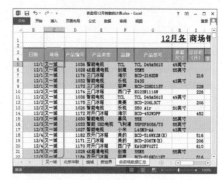

图 11-26

按照这样的方法，我们还可以继续整合，逐步将多个工作表中的文件合并到一个工作表中，再将多个工作簿中的文件合并到一个工作表中，甚至将多个文件夹中的文件合并到一个工作表中。Excel 2013 中的可用行已经增加到 1048576 行，所以，你完全不用担心数据放不下。

2. 补齐分析必须的字段

制作数据源表的初衷就是为了快速完成各种数据分析，所以，在设计表格时，数据属性的完整性是第一考虑要素。这是一张什么表？要记录些什么？而且，在制作初期我们还应该尽量想得多一点，该表格将来可能涉及的分析范畴都要考虑到，然后查看对应的关键字段是否缺少，如果缺少就需要添加相应的字段。

例如，在图 11-26 所示的销售数据汇总表中没有添加销售区域的字段，而以后可能会根据区域对数据进行汇总，那么，就应该在数据源表中添加【区域】字段，完成后的效果如图 11-27 所示。

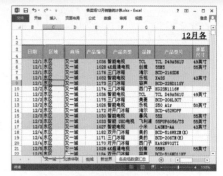

图 11-27

3. 使用单层表头

表头用于指明表格行列的内容和意义，通常是表格（数据所在的连续区域）的第一行或第一列。Excel 默认空白工作表的首行和连续数据区域的首行为表头，用于区别每列数据的属性，是筛选和排序的字段依据。例如，图 11-28 所示的调查表中第一行的内容有【群体】【10～20 岁】【21～30 岁】等，其作用是标明表格中每列数据所代表的意义，所以这一行则是表格的表头。

群体	10～20 岁	21～30 岁	31～40 岁	41～50 岁	50 岁以上
女性	21%	68%	45%	36%	28%
男性	18%	58%	46%	34%	30%

图 11-28

再来看看图 11-29 所示的表格，是不是和前面说的有一点点不一样？对，它有两层表头。作为对外报送的结果报告表，只要能把问题表述清楚，报表使用者能够接受，使用这样的双层或更多层的表格都不是问题，但作为数据源表就不同了，数据源表中只能使用单层表头！

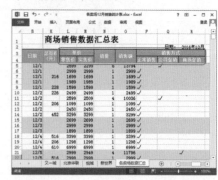

图 11-29

图 11-29 所示的表格中，有着双层内容的部分，第 3 行看似表头，实际上仅仅是些文字说明，对 Excel 识别某列数据的属性并没有任何帮助，特别是在后期需要调用筛选等功能制作其他数据分析表时，因为 Excel 无法自动定位到正确的数据区域，需要手动设置才能完成，这就无形中增加了我们的工作量。而 Excel 默认首行为表头，就是为调用菜单命令及自动识别数据区域提供方便。因此，我们也应按照 Excel 的默认设置，仅仅使用一行内容作为表头。

实际上，图 11-29 所示的表格中只有第 2 行的表头才是真正的标题行，第 1 行的文本是对第 2 行表头的文本说明。而数据源表只是一张明细表，除了使用者本人会使用外，一般不需要给别人查看，所以这样的文本说明也是没有太大意义的。直接将第 1 层的【单价】数据删除，保留第 2 层的【零售价】和【实售价】表头即可，如图 11-30 所示。

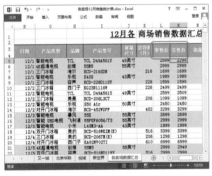

图 11-30

将简单的文字说明型双层表头变成单层表头是很容易的，但双层表头中常见的还有一类，就是将第二层表头用于分化为多个类别，下方的具体数据用表格的形式来进行记录，如图 11-31 所示的销售方式列效果。这样的记录方式在结果报告表中经常出现，尤其在将明细数据打印张贴供人自查时，分列记录并打勾显示是非常清晰直观的。而数据源表制作的目的是要进行下一步的数据分析，这样将

同属性的数据分别显示在多列中，就为数据筛选、排序、分类汇总设置了障碍。所以，在改进这类型的多层表头时，还需要考虑将同类型的数据记录在同一列中。

本例中可以先使用替换功能将图表替换为对应的说明文字，如图 11-31 所示的效果。

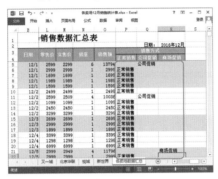

图 11-31

然后通过合并列的方法，将多列数据合并到一列中，并将多余的表头和数据删除，得到如图 11-32 所示的效果。

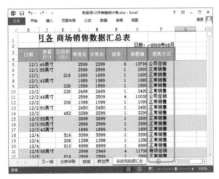

图 11-32

4. 规范字段设置

数据源表中的字段数据以后都是需要参与数据分析的，所以字段内容不能是简短的评论或句子或一些代表符号，每个数据都应该是有明确表述意义的，即具有单一的数据属性。

例如，前面我们就将图标化的【√】替换为了相应的文字说明。另外，从简单的层面来讲，数据源表格中应该将同一种属性的数据记录在同

一列中，这样才能方便在分析汇总数据表中使用函数和数据透视表等工具对同一类数据进行分析。所以，我们将同属于销售方式的数据合并到了一列中。

同样道理，也最好不要在同一列单元格中输入包含多个属性的数据。在图 11-33 所示的表格中我们可以看到【产品类型】列中的数据实际上包含了两种属性，需要将不同属性的内容分别显示在不同的列中，完成后的效果如图 11-34 所示。

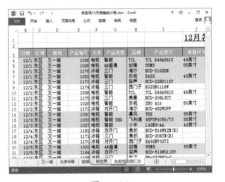

图 11-33

> **技术看板**
>
> 数据源表中也请注意不要输入中文表述的数值，如【三十二】。图形和批注等特殊内容也建议不要出现在数据源表中，所有的内容尽量以单独的字段形式存在。

对于如图 11-34 所示的表格，已经具备了数据分析所要求的所有字段元素，但若以此表格进行分析，还是存在一些问题的，如部分单元格中还没有内容。可能你会怀疑：这些没有内容的单元格中本来就不应该有数据的，没有数据自然就不填写。从数据记录的角度来看，无可厚非。但要用作数据源表，以后还可能需要根据该表内容演变得到更多的表，那么即使没有数据可填也不能留白。

Excel 将单元格划分为两大类：空单元格和非空单元格。尤其很多函数的参数是有明确规定的，参与的单

元格是空单元格还是非空单元格，若是要求参数为非空单元格，而其中包含了空白单元格，那么就会影响到数据分析结果了。处理这个问题的办法也很简单，在数据区域数值部分的空白单元格里输入0，在文本部分的空白单元格里输入相应的文本数据即可。

5. 禁用空行空列、合并单元格等破坏数据完整性

再来说说，为什么不能在数据源表中轻易合并单元格、插入空白行与列等类似操作。

很简单的一个道理，当我们在表格中插入空行后就相当于人为将表格数据分割成多个数据区域了，当选择这些区域中的任意单元格后，按【Ctrl+A】组合键后将只选择该单元格所在的这一个数据区域的所有单元格，如图 11-34 所示。这是因为 Excel 是依据行和列的连续位置来识别数据之间的关联性，而人为设置的空白单元格行和列时就会打破数据之间的这种关联性，Excel 认为它们之间没有任何联系，就会导致后期的数据管理和分析出现问题。

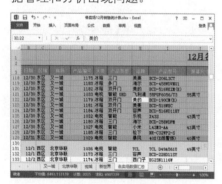

图 11-34

合并单元格也是这样的原理，有些人习惯将连续的多个具有相同内容的单元格进行合并，这样确实可以减少数据输入的工作量，还能美化工作表，但合并单元格后，Excel 默认只有第一个单元格中才保存有数据，

其他单元格都是空白单元格，如图 11-35 所示。这样就会给数据的进一步管理和分析带来不便。

图 11-35

> **技术看板**
>
> 若设置需要在数据源表中区分部分数据，可以通过设置单元格格式来进行区分。

6. 合理的字段顺序

表格中字段的顺序也是不容忽视的，为什么成绩表中通常都把学号或者姓名作为第一列？为什么语文、数学、英语科目的成绩总排列在其他科目成绩的前面？

如果表格中的字段顺序安排不合理，不仅会影响数据录入者的正常思维，还会让他们在忽左忽右的输入过程中浪费大量时间。所以，设计表格时需要分清各字段的关系、主次等，按字段的重要程度或某种方便阅读的规律来排列字段，每个字段放在什么位置都需要仔细推敲。最好能根据填表流程和工作流程等关系来合理安排字段的顺序，让人觉得数据源表的录入过程犹如生产线上的产品一样，从开始到结束一气呵成。

例如，图 11-36 所示的表格中就可以根据常用的思维模式，将 G 列和 H 列的位置互换。

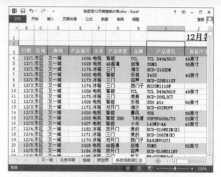

图 11-36

7. 删除多余的合计行

表尾通常用于显示表格数据的统计结果或说明、注释等辅助内容，位于表格中最后一行或列，如图 11-37 所示的表格中，最后一行为表尾，也称为【合计行】。

年度	2011	2012	2013	2014	2015
企业租金	20000	24000	24000	28000	30000
广告费	50000	45000	48000	46000	49000
营业费	34000	36000	40000	32800	35000
调研费	8050	10000	9200	8600	10000
工资	34500	36200	35800	36000	35400
税金	8000	8000	10000	10000	11000
其他	6000	8000	7000	7800	8200
总支出	160550	167200	174000	169200	178600

图 11-37

有时候做表做习惯了，忘记了是数据源表还是计算分析表，有些人边录入源数据边开始汇总统计。因为他们之前可能就混淆了这两种表的区别，所以需要刻意留意一段时间如何来制作这两种表格。

数据源表格中是没有必要保留合计行的。制作好数据源表后，通过这张表就可以变出很多计算分析表，不用急着一时做出合计。

8. 去除多余的表格名称

有时，我们为了图一时方便，会习惯性在表格的第一行甚至前几行添加上表格标题，如图 11-38 所示。

你以为这样就方便了后期使用表格时能快速找到吗？错！下面，我们来说说为什么不能在数据源表格中添加表格标题。

首先，Excel 默认空白工作表

的首行和连续数据区域的首行为标题行，用于区别每列数据的属性，是筛选和排序的字段依据。虽然像图 11-38 所示的表格中那样专门设计了表格标题并不会对数据源表造成破坏，也基本不影响计算分析表的制作，但在使用自动筛选功能时，Excel 无法定位到正确的数据区域，还需要手动进行设置才能完成。

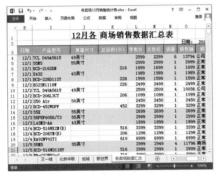

图 11-38

其次，数据源表格本身就是一张明细表，除了使用者本人，一般不需要给别人查看。所以，设置表格标题主要是提醒使用者自己。那么，完全可以直接使用 Excel 提供的标题记录方式——设置合适的工作簿和工作表名称。

综上所述，数据源表格只用于记录数据的明细，版式简洁且规范，只需按照合理的字段顺序填写数据即可，甚至不需要在前面几行制作表格标题，最好让表格中的所有数据都连续排列，不要无故插入空白行与列，或合并单元格。总之，这些修饰和分析的操作都可以在分类汇总表格中进行，而数据源表格要越简单越好。

一个正确的数据源表应该具备以下几个条件。

（1）是一个一维数据表，只在横向或竖向上有一个标题行；

（2）字段分类清晰，先后有序；

（3）数据属性完整且单一，不会在单元格中出现短语或句子的情况；

（4）数据连续，没有空白单元

格、没有合并的单元格或用于分隔的行与列，更没有合计行数据。

11.3.4 学习 Excel 的基础操作

目前有太多工作需要进行数据处理，但事实上，我们很多时候处理数据的最终目的不在表格本身，而是需要将一些数据、策划或预测进行归纳和总结，即重点在于得到结果报告表。所以，我们在制作表格时应该将更多的精力放在实质性的工作上，而非表格本身的编辑和装饰等。在清楚认识到表格制作的目的后，我们再来谈如何使用 Excel 制作表格才有意义。

制作表格前，我们一定要清楚目前制作的表格属于哪种类型的表。从完整的制作流程上来讲，应该先用心设计表格的基本框架，在数据源表格中收集到尽量完整和细致的字段，在录入数据的过程一定要保证数据的准确性；在制作计算分析表的时候要分析具体的实质性数据分析需求，并专心地思考具体要如何分析这些内容；在制作结果报告表的时候才考虑如何将获得的数据分析结果用最容易被理解的方式进行展示，并进行合适的格式调整和美化。

具体的制作方法我们在前面一个小节中基本上已经讲透了，这里再单独说说结果报告表的美化操作。

（1）选择数据展示的形式。

在讲到有关表格的内容时，第一个法则是"文不如表、表不如图"，在展示数据分析的结果报告表时，如果没有对结果汇总报告的格式进行固定要求，那么就应该首先考虑用图表、透视图、逻辑图示等方式来展示结果，其次考虑用表格，最后考虑将结论以文字形式进行总结。当然，你也可以穿插图、表、文的形式进行说明。

（2）精简表格字段。

如果必须要用到表格的形式来展示数据时，则还是要坚持 KISS 原

则，要尽最大努力简化表格。

虽然 Excel 很适合用于展示字段很多的大型表格，但我们不得不承认当字段过多时就会影响阅览者对重要数据的把握。所以，在设计结果报告表时，我们需要仔细考虑，分析出哪些表格字段是不需要的并将它们删除，再进一步分析各字段的主次，将一些不重要的字段向后移，保证重要的字段显示在前面。

如果制作的表格需要打印输出，为了方便查看，应该根据页面大小精简表格字段，只保留最关键的信息，让所有重要数据都打印在一页纸上。

技术看板

内容少才可以保证屏幕或纸上不是密密麻麻，如此才可以让必要的信息显示足够大足够清晰。

（3）保持行列内容对齐。

使用表格可以让数据有规律的排列，使数据展示更整齐统一，而对于表格中各单元格内部的内容而言，每一行和每一列都应该整齐排列。例如，图 11-39 所示的表格，行列中的数据排列不整齐，表格就会显得杂乱无章，查看起来就不太方便了。

姓名	语文	数学	外语
张三	98		93	87
李四		87	85	93
王五		73	90	68
平均成绩	84		89.33	82.67

图 11-39

通常，不同类型的字段，可采用不同的对齐方式来表现，但对于每一列中各单元格的数据应该采用相同的对齐方式，将图 11-39 中的内容按照这个标准进行对齐方式设置后的效果如图 11-40 所示，各列对齐方式可以不同，但每列的单元格对齐方式是统一的。

姓名	性别	年龄	学历	职位
张三	男	23	大专	工程师
李四	女	26	本科	设计师
王五	男	34	大专	部门经理

图 11-40

（4）调整行高与列宽。

在设计表格时，应仔细研究表格数据内容，是否有特别长的数据内容，尽量通过调整列宽，使较长的内容在单元格内采用不换行显示。如果实在有单元格中的内容要换行，则统一调整各列的高度，让每一行高度一致，少用合并单元格形式。

如图 11-41 所示表格中的部分单元格内容过长，此时需要调整各列的宽度及各行的高度，调整后的效果如图 11-42 所示。

姓名	性别	年龄	学历	职位	工作职责
张三	男	23	大专	工程师	负责商品研发工作
李四	女	26	本科	设计师	负责商品设计
王五	男	34	大专	部门经理	负责项目计划、进度管理、员工管理等
赵六	男	38	本科	部门经理兼技术总监	负责项目计划、进度管理、员工管理、技术攻坚等

图 11-41

姓名	性别	年龄	学历	职位	工作职责
张三	男	23	大专	工程师	负责商品研发工作
李四	女	26	本科	设计师	负责商品设计
王五	男	34	大专	部门经理	负责项目计划、进度管理、员工管理等
赵六	男	38	本科	部门经理兼技术总监	负责项目计划、进度管理、员工管理、技术攻坚等

图 11-42

（5）适当应用修饰。

数据表格中以展示数据为主，修饰的目的是更好地展示数据，所以，在表格中应用修饰时应以用户能一眼看得出行列规律，看清楚里边的关系和内容为目标，不要一味地追求艺术。

有时候，结果汇总表中会涉及数据量较大、文字较多的情况，为了更清晰地展示数据，可使用如下方式。

→ 使用常规的或简洁的字体，如宋体、黑体等。

→ 使用对比明显的色彩，如白底黑字、黑底白字等。

→ 表格主体内容区域与表头、表尾采用不同的修饰进行区分，如使用不同的边框、底纹等。

如图 11-43 所示是一个很典型实用的表格设计，表头部分很突出，表格线让行列分明，内容四行用变化色表现也显得很生动且区分明显。这张表是用 Excel 2013 自带的表格样式进行修饰的，其中还提供了更多的表格样式供用户选择，可以在选择时参考到应用的效果。

姓名	性别	年龄	学历	职位	工作职责
张三	男	23	大专	工程师	负责商品研发工作
李四	女	26	本科	设计师	负责商品设计
王五	男	34	大专	部门经理	负责项目计划、进度管理、员工管理等
赵六	男	38	本科	部门经理兼技术总监	负责项目计划、进度管理、员工管理、技术攻坚等

图 11-43

要让表格制作出来的效果令人满意，必须掌握 Excel 的基础操作，也就是要玩转 Excel 各个菜单命令的功能。但不是说只要把每个菜单命令的用法学会了，就全部会了 Excel，就是高手了。事实上到此为止，我们还只是停留在 Excel 的表面功能上。何况就算你学会了 Excel 的每个菜单命令的功能，也不一定会灵活运用。

要想进一步提高，只有多练习，在实际工作中根据不同要求组合不同的菜单命令来得到需要的效果。慢慢地你就会发现 Excel 基础操作里藏着很多实用的玄机呢，有时操作几个菜单命令的先后顺序不一样，得到的结果也会不一样。

★ 重点 11.3.5 走出函数学习的误区

Excel 中最精华的部分就是函数，它是 Excel 中一个强大得闪闪发光的功能，能完成很多看似不能完成、不易完成的工作。

但是 Excel 中的函数很多，还有一些行业性的函数，如财务函数，并不是所有的函数都需要学习的。学习函数不在多，主要在精（当然又多又精通是我们的追求）。不过，据笔者观察，初学者在学习函数时极易走入一个误区——他们会像学习 Excel 基础操作那样记函数、记步骤。他们也很认真地在学习，但通常都是越到最后越不能理解其中的奥妙，所有的函数语法都能看懂，但是一组合就不会了。过段时间以后，甚至可能将曾经记住的内容全部忘干净了，需要用的时候又去翻书翻笔记。结果要么是组合不出需要的函数；或者函数报错了，又找不到错误出在什么地方；或者结算出来的结果不对，层层套用错误结果差点被害死。甚至有时候，有些结果是对的，有些结果是错的；还有可能你自以为学会了某个函数，可很多情况你都没想到居然可以用别的函数来更轻松地解决。又或者，看到其他人的用法，你突然恍然大悟过来——原来这个函数居然还能这样用！

函数学习主要要经历以下 3 个步骤。

1. 查看函数完整说明

学习函数首先要找到微软官方对该函数的详细、全面、具体的说明。我们可以在【Excel 帮助】窗口中查看，或者通过 Bing 搜索引擎搜索到这个函数的详细说明。

建议大家，常用函数一定要一字一句认真看完，记笔记，然后还要一个一个跟着操作学习。尽可能地吃透这个函数，不要仅仅停留在函数最简单、最表面的表象学习，要深挖函数的内涵，这样才能发现该函数的很多特殊用法。

吃透一个函数需要从下面这些方面着手。

（1）学习函数完整的含义、使用的注意事项。

（2）了解每一个参数的要求，包括对数据类型的要求、边界、特殊情况的使用等。

（3）探索参数超出边界时，处理参数的方法，如为参数添加负号，参数中嵌套函数，参数进行逻辑运算，参数缺失，多一个参数等。

（4）探索函数对参数处理的机理，主要是绝对引用，还是相对引用。当参数出现缺失、被删除或插入新行、列等意外情况之后，计算的结果又会如何变化。

（5）探索函数除基本用法之外的，其他更加巧妙、灵活，超出官方介绍文档之外的技巧。

2. 搜集学习 Excel 函数大量的案例

学习函数，需要收集大量的案例，包括别人使用这个函数的方法、技巧、教程、经验，以及别人在使用这个函数时遇到的问题，犯的错误，总结的教训，积累的注意事项等。

目前，要搜集这些案例很容易，通过搜索引擎、知乎、Excel 垂直网站等就可以快速搜到。

搜集案例还是为了练习，我们需要打开 Excel，将这些案例操作一遍，并学习总结出自己的经验。

3. 结合练习和变化式练习

能学以致用，是所学知识技巧的最好报答。学习函数通常是为了更好地运用在日常工作和生活中，能将学到的函数组合运用于解决实际的问题，在大量的实操练习中，因需要结合各种情况变化来选择更合适的用法，这样不仅可以巩固你对函数的掌握，还可能发现更多的函数用法。

11.3.6 使用图表要得当

数据分析常常是 Excel 应用的最终目的，也是 Excel 应用的最高境界。一份有说服力的数据分析，要求读者不仅会熟练使用 Excel 的各项基础操作、函数的编写，还要考察读者对数据的理解和思考方式。

一个完整的、有说服力的数据分析报告，一般包括两个部分：汇总分析报表和分析图表。数据分析报表主要由函数、透视表、排序、筛选等数据分析工具汇总出来，方法比较多，我们这里就不再展开讲解。而分析结果的可视化，是很多人非常欠缺的技能，也是被忽略的技能。

在给相关人士汇报工作时，你总不能喋喋不休地给他们念数据分析表格中的各条数据吧，他们需要的往往是一个整体结果，而且最好是可见的。所以，数据处理后你需要用更直观的方式来展示数据处理结果。图表是以图来代表数据说话，是最适合汇报的形式。

虽然 Excel 中的图表表面给人的感觉很普通，功能也就那么一点点。有些人为了得到专业的图表，甚至会专门买些图表软件。我只想说，其实 Excel 一样可以制作出专业图表，只要你能根据要展示的信息选择合适的图表类型，懂配色，知道如何设计图表元素在图表中的样式、结构，会调整数据的显示方式等，那么你制作的图表就会很出色。加上 Excel 中的图表还能制作成动态图表，让图表随着你数据的变化而变化。当然动态图表离不开函数，也可能会与 VBA 沾上关系。

11.3.7 掌握数据透视表的正确应用方法

透视表是 Excel 中重要的功能，可以快速高效地汇总出你想要的结果。个人认为如果 Excel 没有透视表功能，就有点像一个人少了只胳膊。在 Excel 中，很多复杂的数据汇总透视表都可以轻松完成，而且可以让一个数据源表变幻出多种汇总表，其主要途径是通过数据源表得到计算分析表。透视表还可以与 SQL 数据库技术结合起来，让透视表的功能如虎添翼，更上一层楼。

数据透视表的基本用法很简单，我们在本书的相关章节中会详细讲解。不过先要在这里提醒大家，数据透视表的用法主要也在心法，你想从哪个角度分析数据，得到什么样的分析结果，就如何设置数据透视表字段吧。

本章小结

本章主要介绍了 Excel 的相关知识，包括 Excel 的主要功能、Excel 的学习方法和需要避免的误区，我们在第一时间让大家对 Excel 有了更全面的认识。一般来说，凡是制作表格都可以用 Excel，对需要大量计算的表格特别适用。但 Excel 不仅用于表格的制作、进行各种数据的运算，还可以进行图表处理、统计分析以及辅助决策操作。希望 Excel 初学者在学习本章知识后有所收获，一定要牢记 Excel 的正确学习方法，并在具体学习过程中注意避免走入学习误区。

第12章 Excel 表格数据的录入与编辑

➜ 为什么输入的手机号码、身份证号码显示为科学计数法？

➜ 你有在多个单元格中一键快速输入相同数据的方法吗？

➜ 快速找到相应的数据的方法知道吗？

➜ 如何一次性将某些相同的数据替换为其他数据？

➜ 如何提高录入效率的同时又规范表格数据？

小编提出的上面的问题，读者朋友们是否能及时给出答案呢？如果不能也没有关系。通过本章的学习相信你能找到所有的答案，并有新的发现。

12.1 单元格与工作表的基本操作

单元格是表格中最小的元素，用于数据的放置，工作表是单元格堆放的场所。所以，掌握单元格、工作表的基本操作非常重要。下面我们就讲解相关操作。

12.1.1 认识单元格、单元格区域、行与列

单元格是工作簿中最小的元素，正是这些最小的元素构成了单元格区域、行、列以及工作表。下面我们就分别对单元格、单元格区域、行与列进行认识。

1. 单元格

单元格是工作表中的行线和列线将整个工作表划分出来的每一个小方格，它好比二维坐标中的某个坐标点，或者地理平面中的某个地点。

单元格是 Excel 中构成工作表最基础的组成元素，是存储数据的最小单位，不可以再拆分。众多的单元格组成了一张完整的工作表。

单元格用于存储单个数据，在单元格中可以输入符号、数值、公式以及其他内容。每个单元格都可以通过单元格地址来进行标识。在一个工作表中，所有单元格都具有一个独立的地址。

单元格地址由它所在的行和列组成，其表示方法为【列标＋行号】，如工作表中最左上角的单元格地址为【A1】，即表示该单元格位于第 A 列和第 1 行的交叉点上，如图 12-1 所示；【C5】表示第 C 列第 5 行的单元格，如图 12-2 所示。

图 12-1

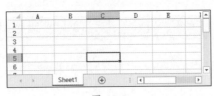

图 12-2

此外，还可以使用【RC】方式表示，如工作表中第 1 个单元格可用【R1C1】表示，工作表中的最后一个单元格我们可以使用地址【R1048576C16384】表示。

当前选择的或是正在编辑中的单元格（即在表格中显示为粗线方框围着的单元格）称为活动单元格，一张表格中只有一个活动单元格。在编辑栏左边的名称框中会显示出活动单元格的名称，若该单元格中有内容，则会将该单元格中的内容显示在编辑栏中，如图 12-3 所示。

图 12-3

在 Excel 的名称框中输入单元格地址，可以快速定位到相应的单元格。

2. 单元格区域

在 Excel 中对数据进行处理时，常常会同时对多个单元格的数据进行处理，因此有了单元格区域的说法。单元格区域的概念实际上是单元格概

念的延伸，多个单元格所构成的单元格群组就被称为单元格区域。构成单元格区域的这些单元格之间如果是相互连续的，即形成的总形状为一个矩形，则称为连续区域；如果这些单元格之间是相互独立不连续的，则它们构成的区域就是不连续区域。

要选择一个单元格区域，可以直接拖动鼠标光标进行选择，或配合键盘按键单击相应的单元格进行选择。还可以在 Excel 的名称框中输入表示该单元格区域的地址来选择。

对于连续的区域，可以使用矩形区域左上角和右下角的单元格地址进行标识，表示方法为【左上角单元格地址：右下角单元格地址】，如 A1:C4 表示此区域从 A1 单元格到 C4 单元格之间形成的矩形区域，该矩形区域宽度为 3 列，高度为 4 行，总共包括 12 个连续的单元格，如图 12-4 所示。

图 12-4

对于不连续的单元格区域，则需要使用【,】符号分隔开每一个不连续的单元格或单元格区域，如【A1:C4,B7,E9】表示该区域包含从 A1 单元格到 C4 单元格之间形成的矩形区域、B7 单元格和 E9 单元格组成，如图 12-5 所示。

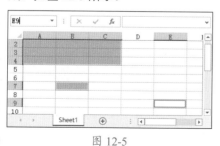

图 12-5

3. 行与列

日常生活中使用的表格都是由许多条横线和许多条竖线交叉而成的一排排格子。在这些线条围成的格子中，填上各种数据就构成了我们所说的表格，如学生使用的课程表、公司使用的人事履历表、工作考勤表等。

Excel 作为一个电子表格软件，其最基本的操作形态就是标准的表格——由横线和竖线所构成的格子。在 Excel 工作表中，由横线所间隔出来的横着的部分被称为行，由竖线所间隔出来的竖着的部分被称作列。

行与列是工作表中用来分隔不同数据的基本元素。在一个用于表现数据的规整表格中，通常一行用于表示同一条数据的不同属性，如图 12-6 所示。

群体	10~20岁	21~30岁	31~40岁	41~50岁	50岁以上
女性	21%	68%	45%	36%	28%
男性	18%	58%	46%	34%	30%

图 12-6

行数据也可用于表示不同数据的同一种属性，如图 12-7 所示。

年度	2011	2012	2013	2014	2015
企业租金	20000	24000	24000	28000	30000
广告费	50000	45000	48000	46000	49000
营业费	34000	36000	40000	32800	35000
调研费	8050	10000	9200	8600	10000
工资	34500	36200	35800	36000	35400
税金	8000	8000	10000	10000	11000
其他	6000	8000	7000	7800	8200

图 12-7

列与行的作用相同，在用于表现数据的表格中，我们需要分别赋予行和列不同的意义，并且保持表格中任意位置这种意义不发生变化，以形成清晰的数据表格。例如，在一个表格中，每一行代表一条数据，每一列代表一种属性，那么在表格中则应该按行列的意义填写数据，否则将会造成数据混乱。

在 Excel 窗口中，工作表的左侧有一组垂直的灰色标签，其中的阿拉伯数字 1，2，3…标识了电子表格的行号；工作表的上面有一排水平的灰色标签，其中的英文字母 A，B，C…

标识了电子表格的列号。这两组标签在 Excel 中分别被称为行号和列标。

行号的概念类似于二维坐标中的纵坐标，或者地理平面中的纬度，而列标的概念则类似于二维坐标中的纵坐标，或者地理平面中的经度。

12.1.2 单元格、行列的选择方法

要对单元格、行或列进行相应的操作，首先需要将其选择。

1. 单元格的选择方法

对单元格的选择是最常见和最常用的操作。下面就介绍几种常用和实用的选择方法。

（1）选择一个单元格。

在 Excel 中当前选中的单元格被称为【活动单元格】。将鼠标光标移动到需要选择的单元格上，单击鼠标左键即可选择该单元格。

在名称框中输入需要选择的单元格的行号和列号，然后按【Enter】键也可选择对应的一个单元格。

选择一个单元格后，该单元格将被一个绿色方框包围，在名称框中也会显示该单元格的名称，该单元格的行号和列标都成突出显示状态，如图 12-8 所示。

图 12-8

（2）选择相邻的多个单元格（单元格区域）。

先选择第一个单元格（所需选择的相邻多个单元格范围左上角的单元格），然后按住鼠标左键不放并拖动到目标单元格（所需选择的相邻多个单元格范围右下角的单元格）。

在选择第一个单元格后，按住【Shift】键的同时选择目标单元格即可选择单元格区域。

选择的单元格区域被一个大的绿色方框包围，但在名称框中只会显示出该单元格区域左上侧单元格的名称，如图 12-9 所示。

图 12-9

（3）选择不相邻的多个单元格。

按住【Ctrl】键的同时，依次单击需要选择的单元格或单元格区域，即可选择多个不相邻的单元格，效果如图 12-10 所示。

图 12-10

（4）选择多个工作表中的单元格。

在 Excel 中，使用【Ctrl】键不仅可以选择同一张工作表中不相邻的多个单元格，还可以使用【Ctrl】键在不同的工作表中选择单元格。先在一张工作表中选择需要的单个或多个单元格，然后按住【Ctrl】键不放，切换到其他工作表中继续选择需要的单元格即可。

企业中制作的一个工作簿中常常包含有多张数据结构大致或完全相同的工作表，又经常需要对这些工作表进行同样的操作，此时就可以先选择这多个工作表中的相同单元格区域，然后再对它们统一进行操作来提高工作效率。

要快速选择多个工作表的相同单元格区域，可以先按住【Ctrl】键选择多个工作表，形成工作组，然后在其中一张工作表中选择需要的单元格区域，这样就同时选择了工作组中每张工作表的该单元格区域，如图 12-11 所示。

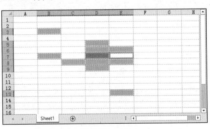

图 12-11

2. 行列的选择方法

行与列的操作与单元格的操作基本相似，但又有不同。下面介绍 4 种常用和实用的选择方法。

（1）选择单行或单列。

将鼠标光标移动到某一行单元格的行号标签上，当鼠标光标变成➡形状时，单击鼠标即可选择该行单元格。此时，该行的行号标签会改变颜色，该行的所有单元格也会突出显示，以此来表示此行当前处于选中状态，如图 12-12 所示。

将鼠标光标移动到某一列单元格的列标标签上，当鼠标光标变成↓形状时，单击鼠标即可选择该列单元格，如图 12-13 所示。

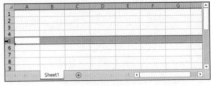

图 12-12

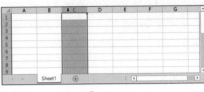

图 12-13

（2）选择相邻连续的多行或多列。

鼠标单击某行的标签后，按住鼠标左键不放向上或向下拖动，即可选择与此行相邻的连续多行。

选择相邻连续多列的方法与此类似，就是在选择某列标签后按住鼠标左键不放并向左或向右拖动即可。拖动鼠标时，行或者列标签旁会出现一个带数字和字母内容的提示框，显示当前选中的区域中包含了多少行或者多少列。

（3）选择不相邻的多行或多列。

要选择不相邻的多行可以在选择某行后，按住【Ctrl】键不放的同时依次单击其他需要选择的行对应的行标签，直到选择完毕后才松开【Ctrl】键。如果要选择不相邻的多列，方法与此类似，效果如图 12-14 所示。

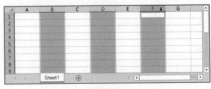

图 12-14

（4）选择表格中所有的行和列。

在行标记和列标记的交叉处有一个【全选】按钮 ▨，单击该按钮选择工作表中的所有行和列，如图 12-15 所示。按【Ctrl+A】组合键也可选择全部的行和列。

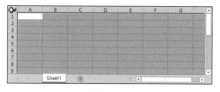

图 12-15

12.1.3 工作表的选择

一个 Excel 工作簿中可以包含多张工作表，如果需要同时在几张工作表中进行输入、编辑或设置工作表的格式等操作，首先就需要选择相应的工作表。选择工作表主要分为 4 种不同的方式。

（1）选择一张工作表：移动鼠标光标到需要选中的工作表标签上，单击即可选中该工作表，使之成为当前工作表。被选中的工作表标签以白色为底色显示。如果看不到所需工作表标签，可以单击工作表标签滚动显示按钮 ◄ ► 以显示所需的工作表标签。

（2）选择多张相邻的工作表：选中需要的第一张工作表后，按住【Shift】键的同时单击需要选择的多张相邻工作表的最后一个工作表标签，即可选中这两张工作表和之间的所有工作表，如图 12-16 所示。

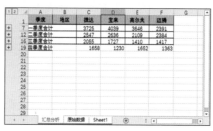

图 12-16

（3）选择多张不相邻的工作表：选中需要的第一张工作表后，按住【Ctrl】键的同时单击其他需要选择的工作表标签，如图 12-17 所示。

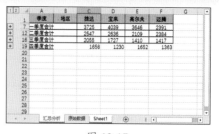

图 12-17

（4）选择工作簿中所有工作表：在任意一个工作表标签上单击鼠标右键，在弹出的快捷菜单中选择【选定全部工作表】命令，如图 12-18 所示，即可选中工作簿中的所有工作表。

图 12-18

12.2 轻松搞定数据的录入

数据是用户保存的重要信息，同时它也是体现表格内容的基本元素。用户在编辑 Excel 电子表格时，首先需要设计表格的整体框架，然后根据构思录入各种表格内容。在 Excel 表格中可以输入多种类型的数据内容，如文本、数值、日期和时间、百分数等，不同类型的数据在输入时需要使用不同的方法，本节就来介绍如何输入不同类型的数据。

12.2.1 在登记表中输入文本

实例门类	软件功能
教学视频	光盘\视频\第 12 章\12.2.1.mp4

文本是 Excel 中最简单的数据类型，它主要包括字母、汉字和字符串。在表格中输入文本可以用来说明表格中的其他数据。输入文本的常用方法有以下 3 种。

例如，要输入康复训练服务登记表的表头内容，其具体操作如下。

Step01 ❶ 新建一个空白工作簿，并以【康复训练服务登记表】为名进行保存，❷ 在 A1 单元格上双击鼠标，将文本插入点定位在 A1 单元格中，切换到合适的输入法并输入文本【服务日期】，如图 12-19 所示。

图 12-19

Step02 ❶ 按【Tab】键完成文本的输入，系统将自动选择 B1 单元格，❷ 将文本插入点定位在编辑栏中，并输入文本【满意程度】，❸ 单击编辑栏中的【输入】按钮 ✓，如图 12-20 所示。

图 12-20

Step03 按【Tab】键自动选择 C1 单元格，直接输入需要的文本【康复训练效果】，如图 12-21 所示。

图 12-21

Step04 按【Tab】键选择右侧的单元格，使用前面的方法继续输入本表格的其他表头文本内容，然后适当调整各列的列宽以显示完所有内容，完成后的效果如图 12-22 所示。

图 12-22

12.2.2 在登记表中输入数值

实例门类	软件功能
教学视频	光盘\视频\第12章\12.2.2.mp4

Excel 中的大部分数据为数字数据，通过数字能直观地表达表格中各类数据所代表的含义。在单元格中输入常规数据的方法与输入普通文本的方法基本相同。

不过，如果要在表格中输入以【0】开始的数据，如 001、002 等，按照普通的输入方法输入后将得不到需要的结果，例如，直接输入编号【001】，按【Enter】键后数据将自动变为【1】。

在 Excel 中，当输入数值的位数超过 12 位时，Excel 会自动以科学记数格式显示输入的数值，如【5.13029E+11】；而且，当输入数值的位数超过 15 位（不含 15 位）时，Excel 会自动将 15 位以后的数字全部转换为【0】。

在输入这类数据时，为了能正确显示输入的数据，我们可以在输入具体的数据前先输入英文状态下的单引号【'】，让 Excel 将其理解为文本格式的数据。

例如，要在康复训练服务登记表中输入普通数字和以 0 开头的档案编号，具体操作如下。

Step01 选择 B2 单元格，并输入数值【86】，如图 12-23 所示。

图 12-23

Step02 ❶ 选择 E2 单元格，❷ 在编辑栏中输入数据【'00160116】，❸ 单击编辑栏中的【输入】按钮✔，如图 12-24 所示。

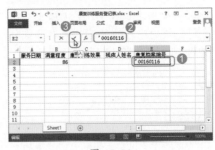

图 12-24

Step03 经过上步操作，可看到单元格中显示的正是由 0 开始的数据，效果如图 12-25 所示。

图 12-25

12.2.3 在登记表中输入日期和时间

实例门类	软件功能
教学视频	光盘\视频\第12章\12.2.3.mp4

在 Excel 表格中输入日期数据时，需要按【年-月-日】格式或【年/月/日】格式输入。默认情况下，输入的日期数据包含年、月、日时，都将以【×年×月×日】格式显示；输入的日期数据只包含月、日时，都将以【××月××日】格式显示。如果需要输入其他格式的日期数据，则需要通过【设置单元格格式】对话框中的【数字】选项卡进行设置。

在工作表中有时还需要输入时间型数据，和日期型数据相同，如果只需要普通的时间格式数据，直接在单元格中按照【×时:×分:×秒】格式输入即可。如果需要设置为其他的时间格式，如 00:00PM，则需要在【设置单元格格式】对话框中进行格式设置。

例如，要在康复训练服务登记表中输入日期和时间数据，具体操作如下。

Step01 选择 A2 单元格，输入【2017-3-18】，如图 12-26 所示。

图 12-26

Step02 按【Enter】键完成日期数据的输入，可以看到输入的日期自动以【年/月/日】格式显示，❶ 选择第一行单元格，❷ 单击【开始】选项卡【单元格】组中的【插入】按钮，如图 12-27 所示。

图 12-27

Step03 经过上步操作，可在最上方插入一行空白单元格。❶ 在 A1 单元格中输入【制表时间】文本，❷ 选择 B1 单元格，并输入【5-31 17:25】，如图 12-28 所示。

图 12-28

Step04 按【Enter】键完成时间数据的输入，可以看到输入的时间自动惯用了系统当时的年份数据，显示为【2017/5/31 17:25】，如图 12-29 所示。

图 12-29

12.2.4 在登记表中插入特殊符号

实例门类	软件功能
教学视频	光盘\视频\第12章\12.2.4.mp4

在制作某些 Excel 表格时，还需要输入一些符号，键盘上有的符号（如 @、#、¥、%、$、^、&、* 等），可以在按住【Shift】键的同时按符号所在的键位输入，方法很简单；如果需要输入的符号无法在键盘上找到与之匹配的键位，即特殊符号，如★、△、◎或●等。这些特殊符号就需要通过【插入特殊符号】对话框进行输入了。

例如，要在康复训练服务登记表中用★符号的多少来表示康复训练的效果，具体操作如下。

Step01 ❶ 选择 C3 单元格，❷ 单击【插入】选项卡【符号】组中的【符号】按钮 Ω，如图 12-30 所示。

图 12-30

Step02 打开【符号】对话框，❶ 在【字体】下拉菜单中选择需要的字符

集，这里选择【Wingdings】选项，❷ 在下面的列表框中选择需要插入的符号，这里选择【★】，❸ 单击【插入】按钮，如图 12-31 所示。

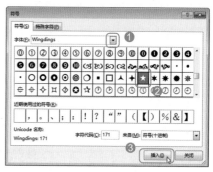

图 12-31

Step03 经过上步操作，即可看到该单元格中插入了一个【★】符号，如图 12-32 所示。

图 12-32

Step04 ❶ 继续单击【插入】按钮，在该单元格中多插入几个【★】符号，❷ 完成后单击【关闭】按钮，如图 12-33 所示。

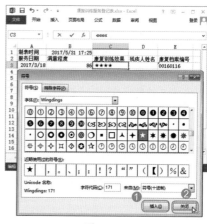

图 12-33

Step05 返回工作簿中即可看到插入的符号效果。❶ 在 D3 单元格中输入该条记录的评价人姓名，❷ 使用相同的方法继续输入其他记录的各项数据，完成后的效果如图 12-34 所示。

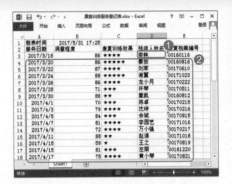

图 12-34

技能拓展——插入常见特殊符号的方法

用户也可以通过软键盘输入特殊符号，即在汉字输入法状态条中的▦图标上单击鼠标右键，在弹出的快捷菜单中选择所需的软键盘类型，打开相应的软键盘，在其中单击任意按键可输入相应的特殊符号。

12.3 玩转系列的快速填充

在制作表格的过程中，有些数据可能相同或具有一定的规律。这时如果采用手动逐个输入不仅浪费时间，而且容易出错。在 Excel 中提供了多种快速填充数据的功能，掌握这些技巧便能轻松输入相同和有规律的数据，在一定程度上缩短了工作时间，有效地提高了工作效率。下面我们就来介绍 Excel 中快速填充数据的相应方法。

12.3.1 在统计表中填充相同的数据

实例门类	软件功能
教学视频	光盘\视频\第 12 章\12.3.1.mp4

在 Excel 中为连续单元格录入相同的数据时，使用填充是较为方便和快捷的方法。

例如，使用拖动控制柄的方法为医疗费用统计表中连续的单元格区域填充相同的部门内容，具体操作如下。

Step01 打开"光盘\素材文件\第 12 章\医疗费用统计表.xlsx"文件，❶ 在 C 列中输入报销了医疗费用的员工姓名，❷ 在 F3 单元格中输入第一名员工的所属部门，这里输入【行政部】，❸ 在 F4 单元格中输入【销售部】，❹ 选择 F4 单元格，并将鼠标光标移至该单元格的右下角，此时鼠标光标将变为╋形状，如图 12-35 所示。

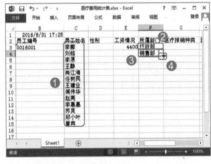

图 12-35

Step02 拖动鼠标光标到 F8 单元格，如图 12-36 所示。

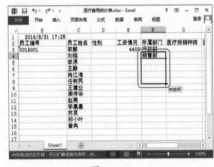

图 12-36

Step03 ❶ 释放鼠标左键后可以看到 F5:F8 单元格区域内都填充了 F4 单元格中相同的内容，❷ 继续输入其他员工对应的部门数据，完成后的效果如图 12-37 所示。

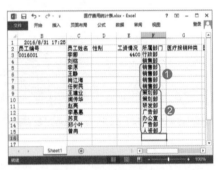

图 12-37

★ 重点 12.3.2 在统计表中填充有序的数据

实例门类	软件功能
教学视频	光盘\视频\第 12 章\12.3.2.mp4

在 Excel 工作表中输入数据时，经常需要输入一些有规律的数据，如等差或等比的有序列数据。对于这些数据，可以使用 Excel 提供的快速填充数据功能来快速输入。

例如，要使用填充功能在医疗费用统计表中填充等差序列编号和日期，具体操作如下。

Step01 ❶ 选择 B3 单元格，❷ 将鼠标光标移至该单元格的右下角，当其变

为 + 形状时向下拖动至 B15 单元格，如图 12-38 所示。

图 12-38

Step02 ❶ 释放鼠标左键后可以看到 B4:B15 单元格区域内自动填充了等差为 1 的数据序列，❷ 选择 A3:A15 单元格区域，❸ 单击【开始】选项卡【编辑】组中的【填充】按钮，❹ 在弹出的下拉选项中选择【序列】命令，如图 12-39 所示。

图 12-39

Step03 打开【序列】对话框，❶ 在【类型】栏中选中【日期】单选按钮，❷ 在【日期单位】栏中选中【工作日】单选按钮，❸ 在【步长值】数值框中输入【4】，❹ 单击【确定】按钮，如图 12-40 所示。

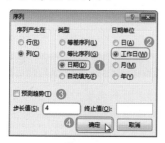

图 12-40

12.3.3　在统计表的多个单元格中填充相同数据

实例门类	软件功能
教学视频	光盘\视频\ 第 12 章 \12.3.3.mp4

如果需要在多个单元格中输入相同的数据内容，此时可以选择多个单元格后同时输入内容。

例如，要在医疗费用统计表中快速输入员工性别，具体操作如下。

Step01 ❶ 选择要输入相同内容的多个单元格或单元格区域，这里选择 D 列中所有性别为女的单元格，❷ 在选择最后一个单元格后输入数据【女】，如图 12-41 所示。

图 12-41

Step02 输入完数据后，按【Ctrl+Enter】组合键，即可一次输入多个单元格的内容，效果如图 12-42 所示。

图 12-42

Step03 使用相同的方法为该列中所有需要输入【男】的单元格数据进行填充，完成后的效果如图 12-43 所示。

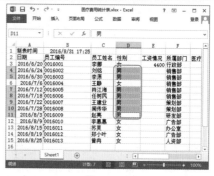

图 12-43

★ 重点 12.3.4　在统计表中填充自定义的序列

实例门类	软件功能
教学视频	光盘\视频\第 12 章 \12.3.4.mp4

在 Excel 中内置了一些特殊序列，但不是所有用户都能用上。如果用户经常需要输入某些固定的序列内容，可以将其自定义为序列，方便后期通过填充序列来提高输入数据的效率。

例如，要在医疗费用统计表中添加各记录的编号，并将其自定义为序列，以方便在其他表格中输入这些数据，具体操作如下。

Step01 ❶ 选择 A 列单元格，❷ 单击【开始】选项卡【单元格】组中的【插入】按钮，如图 12-44 所示。

图 12-44

Step02 经过上步操作，即可在最前方插入一列空白单元格。在 A3 单元格中输入【第 1 条】，将鼠标光标移至该单元格的右下角，当其变为+形状时向下拖动至A15单元格，系统自动填充为数据等差的序列，效果如图12-45所示。

图 12-45

Step03 保持单元格区域的选择状态，让该区域作为要定义序列的区域。单击【文件】选项卡，在弹出的【文件】菜单中选择【选项】选项，如图12-46所示。

图 12-46

Step04 打开【Excel选项】对话框，❶单击【高级】选项，❷在右侧的【常规】栏中单击【编辑自定义列表】按钮，如图12-47所示。

Step05 打开【自定义序列】对话框，❶单击【导入】按钮，❷单击【确定】按钮，如图12-48所示。

图 12-47

图 12-48

技术看板

除了通过上述的方法将已经存在的表格数据自定义为序列外，还可以先打开【自定义序列】对话框，在【输入序列】列表框中输入需要定义的新序列，然后单击【添加】按钮将其添加到左侧列表框中。

Step06 返回【Excel选项】对话框，单击【确定】按钮，如图12-49所示，完成序列的自定义操作。

Step07 ❶新建一个空白工作簿，❷在A1单元格中输入自定义序列的第一

个参数【第1条】，并选中该单元格，❸向下拖动控制柄至相应单元格，即可在这些单元格区域中按照自定义的序列填充数据，效果如图12-50所示。

图 12-49

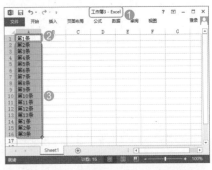

图 12-50

技能拓展——快速填充多行和多列数据

当工作表中的数据比较多时，可能会遇到需要重复复制或按照相同的规律填充连续的多行或多列中的部分单元格区域，此时，不需要逐行或逐列地进行填充，可以同时对多行和多列快速填充数据。只需在多个起始单元格中输入数据后，按照前面对单列或单行单元格区域填充数据的方法进行填充即可。

12.4 编辑数据的常用技巧

在表格数据输入过程中最好适时进行检查，如果发现数据输入有误，或是某些内容不符合要求，可以再次进行编辑，包括插入、复制、移动、删除、合并单元格，修改或删除单元格数据等。单元格的相关操作我们已经在前面讲解了，这里主要介绍单元格中数据的编辑方法，包括修改、查找/替换、删除数据。

12.4.1 实战：修改表中的数据

实例门类	软件功能
教学视频	光盘\视频\第12章\12.4.1.mp4

表格数据在输入过程中，难免会存在输入错误的情况，尤其在数据量比较大的表格中。此时，我们可以像在日常生活中使用橡皮擦一样将工作表中错误的数据修改正确。

例如，要修改快餐菜单中的部分数据，具体操作如下。

Step01 打开"光盘\素材文件\第12章\快餐菜单.xlsx"文件，❶选择E17单元格，❷在编辑栏中选择需要修改的部分文本，这里选择【糟辣】文本，如图12-51所示。

图 12-51

Step02 在编辑栏中直接输入要修改为的文本【香辣】，按【Enter】键确认输入文本，即可修改【糟辣】文本为【香辣】文本，如图12-52所示。

图 12-52

Step03 选择E53单元格，如图12-53所示。

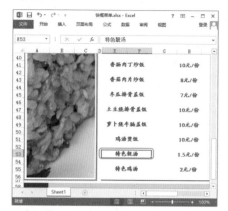

图 12-53

Step04 直接输入【新鲜海带汤】文本，如图12-54所示，按【Enter】键确认输入的文本。

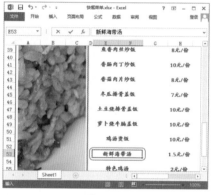

图 12-54

12.4.2 复制和移动数据

对于表格中相同的数据，读者可直接进行复制（选择目标数据单元格按【Ctrl+C】组合键复制，然后选择目标单元格，按【Ctrl+V】组合键粘贴）；对于要移动位置的数据单元格，用户可按如下操作进行。

选择目标单元格，将鼠标光标移到单元格边框上，当鼠标光标变成 形状时，按住鼠标左键不放将其拖动到目标位置，然后释放鼠标，如图12-55所示。

图 12-55

技能拓展——通过剪切进行数据移动

除了通过整个单元格位置的移动来实现数据的移动外，用户还可以选择目标单元格后按【Ctrl+X】组合键剪切数据，然后选择要移动到的单元格，按【Ctrl+V】组合键粘贴。

12.4.3 快速定位库存表中的空白单元格

实例门类	软件功能
教学视频	光盘\视频\第12章\12.4.3.mp4

在编辑数据时，如果要填充的单元格具有某种特殊属性或单元格中数据具有特定的数据类型，我们可以通过【定位条件】命令快速查找和选择目标单元格，然后再输入内容。

例如，要在生产报表中的所有空白单元格中输入【-】，其具体操作如下。

Step01 打开"光盘\素材文件\第12章\生产报表.xlsx"文件，❶选择表格中需要为空白单元格填充数据的区域，这里选择A2:M23单元格区域，❷单击【开始】选项卡【编辑】组中的【查找和选择】按钮 ，❸在弹出的下拉菜单中选择【定位条件】命令，如图12-56所示。

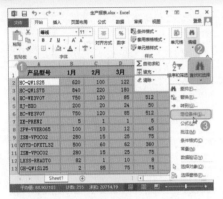

图 12-56

Step02 打开【定位条件】对话框，❶选中【空值】单选按钮，❷单击【确定】按钮，如图 12-57 所示。

图 12-57

Step03 返回工作表中即可看到，所选单元格区域中的所有空白单元格已经被选中了，输入【-】，如图 12-58 所示。

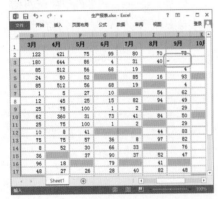

图 12-58

Step04 按【Ctrl+Enter】组合键，即可为所有空白单元格输入【-】，效果如图 12-59 所示。

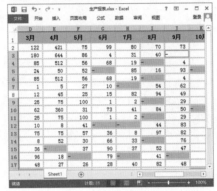

图 12-59

技术看板

查找和选择符合特定条件的单元格之前，需要定义搜索的范围，若要搜索整个工作表，可以单击任意单元格。若要在一定的区域内搜索特定的单元格，需要先选择该单元格区域。

★ 重点 12.4.4 实战：查找和替换指定数据

实例门类	软件功能
教学视频	光盘\视频\第 12 章\12.4.4.mp4

在查阅表格时，如果需要查看某一具体数据信息或发现一处相同的错误在表格中多处存在时，手动逐个查找相当耗费时间，尤其在数据量较大的工作表中要一行一列地查找某一个数据将是一项繁杂的任务，几乎不可能完成。此时使用 Excel 的查找和替换功能可快速查找到满足查找条件的单元格，还可快速替换掉不需要的数据。

1. 查找数据

在工作表中查找数据，主要是通过【查找和替换】对话框中的【查找】选项卡来进行的。利用查找数据功能，用户可以查找各种不同类型的数据，提高工作效率。

例如，要查找快餐菜单中 8 元的数据，具体操作如下。

Step01 在打开的"快餐菜单"文件中，选择靠前方的单元格，方便从最开始查找需要的数据，❶单击【开始】选项卡【编辑】组中的【查找和选择】按钮，❷在弹出的下拉菜单中选择【查找】命令，如图 12-60 所示。

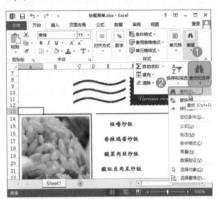

图 12-60

Step02 打开【查找和替换】对话框，❶在【查找内容】文本框中输入要查找的文本【8】，❷单击【查找下一个】按钮，如图 12-61 所示。

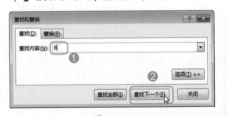

图 12-61

Step03 经过上步操作，所查找到的第一处【8】内容的 H15 单元格便会处于选中状态（这里所谓的第一处实际是从准备查找时定位的位置开始向下找到的第一处符合要求的位置）。单击【查找下一个】按钮，如图 12-62 所示。

Step04 经过上步操作，所查找到的第 2 处【8】内容的 H25 单元格便会处于选中状态。单击【查找全部】按钮，如图 12-63 所示。

图 12-62

图 12-63

Step 05 展开【查找和替换】对话框的下方区域，其中显示了具有相应数据的工作簿、工作表、名称、单元格、值和公式信息，且在最下方的状态栏中将显示查找到的单元格的个数。在下方的列表框中选择需要快速切换到的单元格选项，如图 12-64 所示，即可快速选择表格中的该单元格。查找完成后单击【关闭】按钮。

图 12-64

技术看板

单击【查找和替换】对话框中的【选项】按钮，在展开的对话框中可以设置查找数据的范围、搜索方式和查找范围等选项。

2. 替换数据

如果需要替换工作表中的某些数据，可以使用 Excel 的【替换】功能，在工作表中快速查找到符合某些条件的数据的同时将其替换成指定的内容。例如，要将快餐菜单中的部分 8 元菜品替换为 10 元菜品，并统一将 6 元的菜品替换为 8 元菜品，具体操作如下。

Step 01 在打开的"快餐菜单"文件中，❶ 选择靠前方的单元格，方便从最开始查找需要的数据，❷ 单击【开始】选项卡【编辑】组中的【查找和选择】按钮，❸ 在弹出的下拉菜单中选择【替换】命令，如图 12-65 所示。

图 12-65

Step 02 打开【查找和替换】对话框，❶ 在【替换】选项卡中的【查找内容】下拉列表框中输入要查找的文本【8】，❷ 在【替换为】下拉列表框中输入要用于替换的文本【10】，❸ 单击【查找下一个】按钮，如图 12-66 所示。

Step 03 经过上步操作，所查找到的第一处【8】内容的 H15 单元格便会处于选中状态。单击【替换】按钮，如

图 12-67 所示。

图 12-66

图 12-67

Step 04 经过上步操作，H15 单元格中的【8】便被替换为【10】了，同时系统会向下找到下一处【8】内容的 H25 单元格，这里不需要替换该单元格中的内容，所以继续单击【查找下一个】按钮，如图 12-68 所示。

图 12-68

技能拓展——查找与替换的快捷操作

按【Ctrl+F】组合键可以快速打开【查找和替换】对话框中的【查找】选项卡；按【Ctrl+H】组合键可以快速进行替换操作。

Step05 ❶ 使用相同的方法依次查看是否需要将【8】替换为【10】，并进行相应的操作。❷ 在【替换】选项卡中的【查找内容】下拉列表框中输入【6】，❸ 在【替换为】下拉列表框中输入【8】，❹ 单击【全部替换】按钮，如图 12-69 所示。

图 12-69

Step06 经过上步操作后，工作表中的【6】全部替换为【8】，并打开提示对话框提示进行替换的数量，如图 12-70 所示，单击【确定】按钮。

图 12-70

Step07 返回【查找和替换】对话框，单击【关闭】按钮关闭对话框，如图 12-71 所示。

图 12-71

12.4.5 实战：清除指定数据

实例门类	软件功能
教学视频	光盘\视频\第 12 章\12.4.5.mp4

在表格编辑过程中，如果输入了错误或不需要的数据，可以通过按快捷键和选择菜单命令两种方法对其进行清除。

（1）按快捷键：选择需要清除内容的单元格，按【Backspace】键和【Delete】键均可删除数据。选中需要清除内容的单元格区域，按【Delete】键可删除数据。双击需要删除数据的单元格，将文本插入点定位到该单元格中，按【Backspace】键可以删除文本插入点之前的数据；按【Delete】键可以删除文本插入点之后的数据。这是最简单，也是最快捷的清除数据的方法。

（2）选择菜单命令：选中需要清除内容的单元格或单元格区域，单击【开始】选项卡【编辑】组中的【清除】按钮 ✒，在弹出的下拉菜单中提供了【全部清除】【清除格式】【清除内容】【清除批注】和【清除超链接】5 个命令，用户可以根据需要选择相应的命令。

技术看板

删除单元格操作区别于清除数据操作的本质在于，删除单元格后其他单元格将自动上移或左移，如果单元格中包含有数据，也会自动随单元格进行移动。而清除操作只是清除所选单元格中的相应内容、格式等，单元格或区域的位置并没有改变。

下面将快餐菜单中不再提供的菜品进行清除，并查看清除格式的效果，具体操作如下。

Step01 在打开的"快餐菜单"文件中，选择需要删除的 E23:H23 单元格区域，按【Delete】键删除该单元格区域中的所有数据，如图 12-72 所示。

图 12-72

Step02 ❶ 选择 E17:H19 单元格区域，❷ 单击【开始】选项卡【编辑】组中的【清除】按钮 ✒，❸ 在弹出的下拉菜单中选择【清除格式】命令，如图 12-73 所示。

图 12-73

技术看板

➡ 【清除】菜单下各子命令的具体作用介绍如下。

➡ 【全部清除】命令：用于清除所选单元格中的全部内容，包括所有内容、格式和注释等。

➡ 【清除格式】命令：只用于清除所选单元格中的格式，内容不受影响，仍然保留。

➡ 【清除内容】命令：只用于清除所选单元格中的内容，但单元格对应的如字体、字号、颜色等设置不会受到影响。

→ 【清除批注】命令：用于清除所选单元格的批注，但通常情况下我们还是习惯使用右键快捷菜单中的【删除批注】命令来进行删除。

→ 【清除超链接】命令：用于清除所选单元格之前设置的超链接功能，一般我们也通过右键快捷菜单来清除。

Step 03 经过上步操作，系统自动将E17:H19单元格区域中的数据格式和单元格格式清除，此时单元格区域中的数据恢复为默认的【宋体、11号、黑色】样式，而单元格区域中的填充

颜色也被取消，如图12-74所示。单击快速访问工具栏中的【撤销】按钮。

图 12-74

Step 04 撤销上步执行的清除格式操作后，又可看到恢复格式设置的单元格区域效果，如图12-75所示。

图 12-75

12.5 规范表格数据输入

一般工作表中的表头就能确定某列单元格的数据内容大致有哪些，或者数值限定在哪个范围内，为了保证表格中输入的数据都是有效的，可以提前设置单元格的数据验证功能。设置数据有效性后，不仅可以减少输入错误的概率，保证数据的准确性，提高工作效率，还可以圈释无效数据。

★ 重点 12.5.1 实战：为考核表和申请表设置数据有效性的条件

实例门类	软件功能
教学视频	光盘\视频\第12章\12.5.1.mp4

在编辑工作表时，通过数据验证功能，可以建立一定的规则来限制向单元格中输入的内容，从而避免输入的数据是无效的。这在一些有特殊要求的表格中非常有用，如在共享工作簿中设置数据有效性，可以确保所有人员输入的数据都准确无误且保持一致。通过设置数据有效性，不仅可以将输入的数字限制在指定范围内，也可以限制文本的字符数，还可以将日期或时间限制在某一时间范围之外，甚至可以将数据限制在列表中的预定义项范围内，对于复杂的设置也可以自定义完成。

1. 设置单元格数值（小数）输入范围

在 Excel 工作表中编辑内容时，为了确保数值输入的准确性，可以设置单元格中数字值的输入范围。

例如，在卫生工作考核表中需要设置各项评判标准的分数取值范围，要求只能输入 −5 ～ 5 的数值，总得分为小于 100 的数值，具体操作如下。

Step 01 打开"光盘\素材文件\第12章\卫生工作考核表.xlsx"文件，❶ 选中要设置数值输入范围的C3:C26单元格区域，❷ 单击【数据】选项卡【数据工具】组中的【数据验证】按钮，如图12-76所示。

Step 02 打开【数据验证】对话框，❶ 在【允许】下拉列表框中选择【小数】选项，❷ 在【数据】下拉列表框中选择【介于】选项，❸ 在【最小值】参数框中输入单元格中允许输入的最小限度值【-5】，❹ 在【最大

值】参数框中输入单元格中允许输入的最大限度值【5】，❺ 单击【确定】按钮，如图12-77所示。

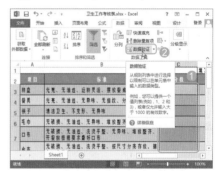

图 12-76

🔧 技术看板

如果在【数据】下拉列表框中选择【等于】选项，表示输入的内容必须为设置的数据。在列表中同样可以选择【不等于】【大于】【小于】【大于或等于】【小于或等于】等选项，再设置数值的输入范围。

图 12-77

框中选择【小于或等于】选项，❸ 在【最大值】参数框中输入单元格中允许输入的最大限度值【100】，❹ 单击【确定】按钮，如图 12-80 所示。

框中选择【大于或等于】选项，❸ 在【最小值】参数框中输入单元格中允许输入的最小限度值【1】，❹ 单击【确定】按钮，如图 12-82 所示。

Step 03 经过上步操作，就完成了对所选区域的数据输入范围的设置。在该区域输入范围外的数据时，将打开提示对话框，如图 12-78 所示，单击【取消】按钮或【关闭】按钮后输入的不符合范围的数据会自动消失。

图 12-80

图 12-82

2. 设置单元格数值（整数）输入范围

在 Excel 中编辑表格内容时，某些情况下（如在设置年龄数据时）还需要设置整数的取值范围。其设置方法与小数取值范围的设置方法基本相同。

例如，在实习申请表中需要设置输入年龄为整数，且始终大于 1，具体操作如下。

3. 设置单元格文本的输入长度

在工作表中编辑数据时，为了增强数据输入的准确性，可以限制单元格的文本输入的长度，当输入了超过或低于设置的长度时，系统将提示无法输入。例如，要限制实习申请表中身份证号码的输入长度为 18 个字节，电话号码的输入长度为 8 个字节，手机号码的输入长度为 11 个字节，进行个人介绍的文本不得超过 200 个字节，具体操作如下。

图 12-78

Step 04 ❶ 选择要设置数值输入范围的 D3:D26 单元格区域，❷ 单击【数据验证】按钮，如图 12-79 所示。

Step 01 打开"光盘 \ 素材文件 \ 第 12 章 \ 实习申请表 .xlsx"文件，❶ 选择要设置数值输入范围的 C25:C27 单元格区域，❷ 单击【数据验证】按钮，如图 12-81 所示。

Step 01 ❶ 选择要设置文本长度的 D4 单元格，❷ 单击【数据验证】按钮，如图 12-83 所示。

图 12-79

图 12-81

图 12-83

Step 05 打开【数据验证】对话框，❶ 在【允许】下拉列表框中选择【小数】选项，❷ 在【数据】下拉列表

Step 02 打开【数据验证】对话框，❶ 在【允许】下拉列表框中选择【整数】选项，❷ 在【数据】下拉列表

Step 02 打开【数据验证】对话框，❶ 在【允许】下拉列表框中选择【文本长度】选项，❷ 在【数据】下拉列

表框中选择【等于】选项，❸在【长度】参数框中输入单元格中允许输入的文本长度值【18】，❹单击【确定】按钮，如图12-84所示。

图 12-84

技术看板

在设置单元格输入的文本长度时，是以字节为单位统计的。如果需要对文字进行统计，则每个文字要算两个字节。如果在【数据】下拉列表框中选择【等于】选项，表示输入的内容必须和设置的文本长度相等。还可以在列表框中选择【介于】【不等于】【大于】【小于】【大于或等于】【小于或等于】等选项后，再设置长度值。

Step03 此时如果在D4单元格中输入了低于或超出限制范围长度的文本，再按【Enter】键时将打开提示对话框提示输入错误，如图12-85所示。

图 12-85

Step04 ❶选择要设置文本长度的B5单元格，❷单击【数据验证】按钮，如图12-86所示。

图 12-86

Step05 打开【数据验证】对话框，❶在【允许】下拉列表框中选择【文本长度】选项，❷在【数据】下拉列表框中选择【等于】选项，❸在【长度】参数框中输入单元格中允许输入的文本长度值【8】，❹单击【确定】按钮，如图12-87所示。即可限制该单元格中只能输入8个字节。

图 12-87

Step06 ❶选择要设置文本长度的D5单元格，❷单击【数据验证】按钮，如图12-88所示。

Step07 打开【数据验证】对话框，❶在【允许】下拉列表框中选择【文本长度】选项，❷在【数据】下拉列表框中选择【等于】选项，❸在【长度】参数框中输入单元格中允许输入的文本长度值【11】，❹单击【确定】按钮，如图12-89所示。即可限制该单元格中只能输入11个字节。

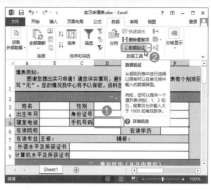

图 12-88

图 12-89

Step08 ❶选中要设置文本长度的A29单元格，❷单击【数据验证】按钮，如图12-90所示。

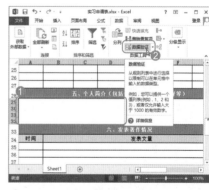

图 12-90

Step09 打开【数据验证】对话框，❶在【允许】下拉列表框中选择【文本长度】选项，❷在【数据】下拉列表框中选择【小于】选项，❸在【最大值】参数框中输入单元格中允许输入的最大文本长度值【200】，❹单击【确定】按钮，如图12-91所示。

即可限制该单元格中最多只能输入200个字节。

图 12-91

4. 设置单元格中准确的日期范围

在工作表中输入日期时，为了保证输入的日期是合法且有效的，可以通过设置数据验证的方法对日期的有效性条件进行设置。

例如，要通过限制实习申请表中填写的出生日期输入范围，来确定申请人员的年龄在 20~35 岁，具体操作如下。

Step01 ❶ 选择要设置日期范围的 B4 单元格，❷ 单击【数据验证】按钮 📋，如图 12-92 所示。

图 12-92

Step02 打开【数据验证】对话框，❶ 在【允许】下拉列表框中选择【日期】选项，❷ 在【数据】下拉列表框中选择【介于】选项，❸ 在【开始日期】参数框中输入单元格中允许输入的最早日期【1982-1-1】，❹ 在【结束日期】参数框中输入单元格中允许

输入的最晚日期【1997-1-1】，❺ 单击【确定】按钮，如图 12-93 所示。即可限制该单元格中只能输入 1982-1-1 到 1997-1-1 之间的日期数据。

图 12-93

5. 制作单元格选择序列

在 Excel 中，可以通过设置数据有效性的方法为单元格设置选择序列，这样在输入数据时就无须手动输入了，只需单击单元格右侧的下拉按钮，从弹出的下拉列表中选择内容即可快速完成输入。

例如，要为实习申请表中的多处设置单元格选择序列，具体操作如下。

Step01 ❶ 选择要设置输入序列的 D3 单元格，❷ 单击【数据验证】按钮 📋，如图 12-94 所示。

图 12-94

Step02 打开【数据验证】对话框，❶ 在【允许】下拉列表框中选择【序列】选项，❷ 在【来源】参数框中输入该单元格中允许输入的各种数

据，且各数据之间用半角的逗号【,】隔开，这里输入【男,女】，❸ 单击【确定】按钮，如图 12-95 所示。

图 12-95

技术看板

设置序列的数据有效性时，可以先在表格空白单元格中输入要引用的序列，然后在【数据验证】对话框的【来源】参数框中通过引用单元格来设置序列。

Step03 经过以上操作，单击工作表中设置了序列的单元格时，单元格右侧将显示一个下拉按钮，单击该按钮，在弹出的下拉列表中提供了该单元格允许输入的序列，如图 12-96 所示，用户从中选择所需的内容即可快速填充数据。

图 12-96

Step04 ❶ 选择要设置输入序列的 F6 单元格，❷ 单击【数据验证】按钮 📋，如图 12-97 所示。

图 12-97

Step05 打开【数据验证】对话框，❶ 在【允许】下拉列表框中选择【序列】选项，❷ 在【来源】参数框中输入【专科,本科,硕士研究生,博士研究生】，❸ 单击【确定】按钮，如图 12-98 所示。

图 12-98

6. 设置只能在单元格中输入数字

遇到复杂的数据有效性设置时，就需要结合公式来进行设置了。例如，在实习申请表中输入数据时，为了避免输入错误，要限制在班级成绩排名部分的单元格中只能输入数字而不能输入其他内容，具体操作如下。

Step01 ❶ 选中要设置自定义数据验证的 G12:G15 单元格区域，❷ 单击【数据验证】按钮，如图 12-99 所示。

Step02 打开【数据验证】对话框，❶ 在【允许】下拉列表框中选择【自定义】选项，❷ 在【公式】参数框中输入【=ISNUMBER(G12)】，❸ 单击

【确定】按钮，如图 12-100 所示。

图 12-99

图 12-100

技术看板

本例在【公式】参数框中输入 ISNUMBER 函数的目的是用于测试输入的内容是否为数值，G12 是指选中单元格区域的第一个活动单元格。

Step03 经过以上操作，在设置了有效性的区域内如果输入除数字以外的其他内容就会出现错误提示的警告，如图 12-101 所示。

技术看板

当在设置了数据有效性的单元格中输入无效数据时，在打开的提示对话框中，单击【重试】按钮可返回工作表中重新输入，单击【取消】按钮将取消输入内容的操作，单击【帮助】按钮可打开【Excel 帮助】窗口。

图 12-101

★ 重点 12.5.2 实战：为申请表设置数据输入提示信息

实例门类	软件功能
教学视频	光盘\视频\第 12 章\12.5.2.mp4

在工作表中编辑数据时，使用数据验证功能还可以为单元格设置输入提示信息，提醒在输入单元格信息时应该输入的内容，提高数据输入的准确性。

例如，要为实习申请表设置部分单元格的提示信息，具体操作如下。

Step01 ❶ 选中要设置数据输入提示信息的 D5 单元格，❷ 单击【数据验证】按钮，如图 12-102 所示。

图 12-102

Step02 打开【数据验证】对话框，❶ 单击【输入信息】选项卡，❷ 在【标题】文本框中输入提示信息的标题，❸ 在【输入信息】文本框中输入具体的提示信息，❹ 单击【确定】按

钮，如图 12-103 所示。

图 12-103

Step03 返回工作表中，当选中设置了提示信息的 D5 单元格时，将在单元格旁显示设置的文字提示信息，效果如图 12-104 所示。

图 12-104

★ 重点 12.5.3 实战：为申请表设置出错警告信息

实例门类	软件功能
教学视频	光盘\视频\第 12 章\12.5.3.mp4

当在设置了数据有效性的单元格中输入了错误的数据时，系统将提示警告信息。除了系统默认的系统警告信息之外，用户还可以自定义警告信息的内容。

例如，要自定义实习申请表中输入允许范围外的出生日期数据时给出的警告信息，具体操作如下。

Step01 ❶ 选择要设置数据输入出错警告信息的 B4 单元格，❷ 单击【数据验证】按钮，如图 12-105 所示。

图 12-105

Step02 打开【数据验证】对话框，❶ 单击【出错警告】选项卡，❷ 在【样式】下拉列表框中选择当单元格数据输入错误时要显示的警告样式，这里选择【停止】选项，❸ 在【标题】文本框中输入警告信息的标题，❹ 在【错误信息】文本框中输入具体的错误原因以作提示，❺ 单击【确定】按钮，如图 12-106 所示。

图 12-106

Step03 设置完成后，返回工作表中，当在 B4 单元格中输入了允许范围外的时间数据时，系统将打开提示对话框，其中提示的出错信息即是自定义的警告信息，如图 12-107 所示。

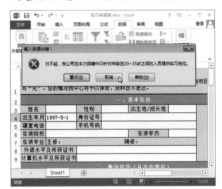

图 12-107

妙招技法

通过前面知识的学习，相信读者朋友已经掌握了表格数据的输入与编辑操作。下面结合本章内容，给大家介绍一些实用技巧。

技巧01: 自定义数字格式

教学视频	光盘\视频\第12章\技巧01.mp4

Excel 2013 中虽然提供了很多数字格式,但在输入某些特殊数据时,如位数较多的编号、为数据添加单位文本等,就可通过自定义数字格式来实现,以提高工作效率。例如,在"新员工入职考核表"中通过自定义的数字格式快速输入员工编号和添加单位,具体操作如下。

Step01 打开"光盘\素材文件\第12章\新员工入职考核表.xlsx"文件,选择 A1:A13 单元格区域,按【Ctrl+1】组合键,如图 12-108 所示。

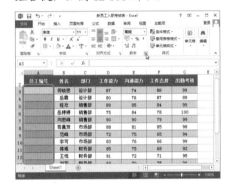

图 12-108

Step02 ① 打开【设置单元格格式】对话框,在【数字】选项卡的【分类】列表框中选择【自定义】选项,② 在右侧的【类型】列表框中输入员工编号固定格式,如输入【"HT2017-"00】,③ 单击【确定】按钮,如图 12-109 所示。

Step03 返回工作表编辑区,在 A3 单元格中输入【1】,按【Enter】键,即可为单元格应用设置的数字格式,效果如图 12-110 所示。

Step04 继续在 A4:A13 单元格区域中输入编号【2,3,4,…】,并按【Enter】键,即可输入完整的员工编号,效果如图 12-111 所示。

图 12-109

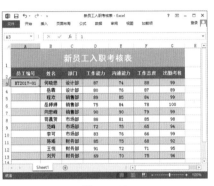

图 12-110

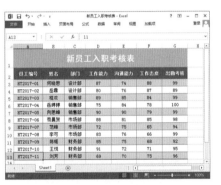

图 12-111

Step05 选中 D3:G13 单元格区域,打开【设置单元格格式】对话框,① 在【数字】选项卡的【分类】列表框中选择【自定义】选项,② 在右侧的【类型】下方的列表框中选择自定义的数字格式,如输入【G/通用格式】选项,③ 即可将该选项显示在【类型】文本框中,并在其后输入单位【分】,④ 然后单击【确定】按钮,如图 12-112 所示。

图 12-112

技术看板

在【设置单元格格式】对话框的【数字】选项卡的【分类】列表框中选择【自定义】选项卡,在【类型】下方的列表框中列出了很多常用的格式,用户可根据需要选择需要的格式进行定义,以创建新的数字格式。

Step06 返回工作表编辑区,即可为选中的单元格添加单位【分】,效果如图 12-113 所示。

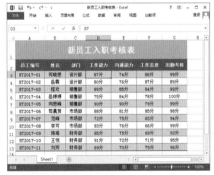

图 12-113

技巧02: 强行让单元格内容分行显示

教学视频	光盘\视频\第12章\技巧02.mp4

我们可以像在 Word 表格中一样,在 Excel 单元格中输入各种文本。默认情况下,在 Word 表格中输入的文本会根据表格的大小和窗口

的大小，自动调整单元格的列宽和行高，且在内容比较多的单元格中呈多行排列效果。还可以在单元格中按【Enter】键换行，输入多段文本内容。

但在 Excel 单元格中输入的文本会呈一行显示。最困扰用户的是，在 Excel 单元格中输入文本后，按【Enter】键会结束当前单元格内容的输入，文本插入点自动移动到当前单元格的下一个单元格。那么如何才能让单元格中的内容分为多行呢？来看看下面的多行排列显示操作方法吧。

Step 01 打开"光盘\素材文件\第12章\实习申请表(不换行).xlsx"文件，❶选择需要将文本内容进行多行显示的单元格，❷在需要换行显示的位置双击定位文本插入点，如图12-114 所示。

图 12-114

Step 02 ❶按【Alt+Enter】组合键，即可对内容进行强行换行，❷输入 4 个空格，效果如图 12-115 所示。

图 12-115

技巧 03：快速将指定数据圈释凸显

教学视频	光盘\视频\第 12 章\技巧 03.mp4

在包含大量数据的工作表中，可以通过设置数据有效性区分有效数据和无效数据，对于无效数据还可以通过设置数据验证的方法将其圈释出来。

例如，要将康复训练服务登记表中时间较早的那些记录标记出来，具体操作如下。

Step 01 打开"光盘\素材文件\第12 章\康复训练服务登记表 .xlsx"文件，❶选择要设置数据有效性的A3:A38 单元格区域，❷单击【数据验证】按钮，如图 12-116 所示。

图 12-116

技术看板

要圈释工作表中的无效数据，需要先在单元格区域中输入数据，再设置数据验证。

Step 02 打开【数据验证】对话框，❶单击【设置】选项卡，❷在【允许】下拉列表框中选择【日期】选项，❸在【数据】下拉列表框中选择【介于】选项，❹在【开始日期】和【结束日期】参数框中分别输入单元格区域中允许输入的最早日期【2017/4/1】和允许输入的最晚日期

【2017/5/31】，❺单击【确定】按钮，如图 12-117 所示。

图 12-117

Step 03 ❶单击【数据验证】按钮下方的下拉按钮，❷在弹出的下拉列表中选择【圈释无效数据】选项，如图12-118 所示。

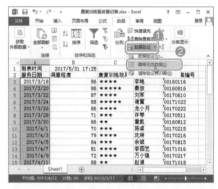
图 12-118

Step 04 经过上步操作，将用红色标记圈释出表格中的无效数据，效果如图12-119 所示。

图 12-119

技巧 04：改变表格数据的排列方向

教学视频	光盘\视频\第 12 章\技巧 04.mp4

在编辑工作表数据时，有时会根据需要对单元格区域进行转置设置，转置的意思即将原来的行变为列，将原来的列变为行。例如，需要将销售分析表中的数据区域进行行列转置，具体操作如下。

Step01 打开"光盘\素材文件\第 12 章\销售分析表 .xlsx"文件，❶ 选中要进行转置的 A1:F8 单元格区域，❷ 单击【开始】选项卡【剪贴板】组中的【复制】按钮，如图 12-120 所示。

图 12-120

Step02 ❶ 选择转置后数据保存的目标位置，这里选择 A11 单元格，❷ 单击【剪贴板】组中【粘贴】按钮右侧的下拉按钮，❸ 在弹出的下拉列表中单击【转置】按钮，如图 12-121 所示。

图 12-121

Step03 经过上步操作，即可看到转置后的单元格区域，效果如图 12-122 所示。

图 12-122

技巧 05：巧用通配符对数据进行模糊查找

教学视频	光盘\视频\第 12 章\技巧 05.mp4

在 Excel 中查找内容时，有时需要查找的并不是一个具体的数据，而是一类有规律的数据，如要查找以【李】开头的人名、以【Z】结尾的产品编号，或者包含【007】的车牌号码等。这时就不能以某个数据为匹配的目标内容进行精确查找了，只能进行模糊查找，这就需要使用通配符。

在 Excel 中，通配符是指可作为筛选以及查找和替换内容时的比较条件的符号，经常配合查找引用函数进行模糊查找。通配符有 3 个——【?】和【*】，还有转义字符【~】。其中，【?】可以替代任何单个字符；【*】可以替代任意多个连续的任何字符或数字；【~】后面跟随的【?】【*】【~】，都表示通配符本身。通配符的实际应用列举如下表所示。

搜索内容	模糊搜索关键字
以【李】开头的人名	李 *
以【李】开头，姓名由两个字组成的人名	李 ?
以【李】开头，以【芳】结尾，且姓名由三个字组成的人名	李 ? 芳
以【Z】结尾的产品编号	*Z
包含【007】的车牌号码	*007*

续表

包含【～ 007】的文档	*~～007*
包含【?007】的文档	*~?007*
包含【*007】的文档	*~*007*

例如，要查找员工档案表中所有姓陈的员工，具体操作如下。

Step01 打开"光盘\素材文件\第 12 章\员工档案表 .xlsx"文件，❶ 单击【开始】选项卡【编辑】组中的【查找和选择】按钮，❷ 在弹出的下拉菜单中选择【查找】命令，如图 12-123 所示。

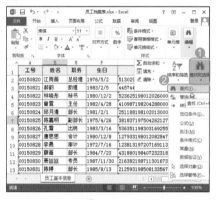

图 12-123

Step02 打开【查找和替换】对话框，❶ 在【查找内容】下拉框中输入【陈*】，❷ 单击【查找全部】按钮，即可在下方的列表框中查看到所有找到的姓李的员工的相关数据，如图 12-124 所示。

图 12-124

技术看板

通配符都是在半角符号状态下输入的。

本章小结

　　通过本章知识的学习和案例练习，相信读者朋友已经掌握了表格数据的录入与编辑方法。本章我们首先介绍了常规表格数据的录入、填充与编辑方法，接着介绍了一些批量处理数据的方法，以及为了保证数据的准确性和唯一性而设置数据有效性的相关操作。这些知识点看似没有太大的联系，但在制作电子表格的过程中输入和编辑操作经常是交错进行的，读者只有对每个功能的操作步骤烂熟于心，才能在实际工作中根据具体情况合理进行操作，提高工作效率。

第13章　Excel 表格的完善和美化

- ➡ 表格单元格、行列有哪些编辑操作？
- ➡ 工作表位置不对可以调整顺序吗？
- ➡ 你知道如何保护工作表中的数据吗？
- ➡ 如何快速对数据表格设置格式？

　　一份漂亮的表格能给人舒适的感觉，所以我们在制作表格的时候，不仅要考虑到它的实用价值，还要考虑到它的美观程度，想让表格易读美观，就得学会表格完善和美化的技能。在本章中，我们将教会你如何设置赏心悦目的电子表格，还不快快进入学习模式！

13.1　单元格和行列的基本操作

　　在 Excel 中单元格或行列的操作，属于必要操作，其中不仅限于各种各样的选择操作，还包括插入与删除、复制与移动、合并与拆分等。下面就分别进行介绍。

13.1.1　实战：插入单元格行、列

实例门类	软件功能
教学视频	光盘\视频\第 13 章\13.1.1.mp4

　　Excel 中建立的表格一般是横向上或竖向上为同一个类别的数据，即同一行或同一列属于相同的字段。所以，如果在编辑工作表的过程中，出现漏输数据的情况，一般会需要在已经有数据的表格中插入一行或一列相同属性的内容。此时，就需要掌握插入行或列的方法了。

　　例如，要在员工档案表中插入行和列，具体操作如下。

　　Step01 打开"光盘\素材文件\第 13 章\员工档案表.xlsx"文件，❶ 选中 G 列单元格，❷ 单击【开始】选项卡【单元格】组中的【插入】按钮，❸ 在弹出的下拉菜单中选择【插入工作表列】命令，如图 13-1 所示。

　　Step02 经过上步操作，即可在原来的 G 列单元格左侧插入一列空白单元格。❶ 选中第 23~27 行单元格，❷ 单击【插入】按钮，❸ 在弹出的下拉

菜单中选择【插入工作表行】命令，如图 13-2 所示。

图 13-1

图 13-2

　　Step03 经过上步操作，即可在所选单元格的上方插入 5 行空白单元格，效果如图 13-3 所示。

图 13-3

13.1.2　实战：复制和移动单元格或区域

实例门类	软件功能
教学视频	光盘\视频\第 13 章\13.1.2.mp4

　　在 Excel 中不仅可以移动和复制行/列，还可以移动和复制单元格和单元格区域，操作方法基本相同。

　　例如，要通过移动和复制操作完

善实习申请表，具体操作如下。

Step01 打开"光盘\素材文件\第13章\实习申请表.xlsx"文件，❶选择需要复制的 A11 单元格，❷单击【开始】选项卡【剪贴板】组中的【复制】按钮，如图 13-4 所示。

图 13-4

Step02 ❶选中需要复制的 A17 单元格，❷单击【开始】选项卡【剪贴板】组中的【粘贴】按钮，即可完成单元格的复制操作，如图 13-5 所示。

图 13-5

Step03 选中需要移动位置的 A35:B36 单元格区域，并将鼠标光标移动到该区域的边框线上，如图 13-6 所示。

图 13-6

Step04 拖动鼠标光标，直到移动到合适的位置再释放鼠标左键，将选择的单元格区域移动到如图 13-7 所示的位置。

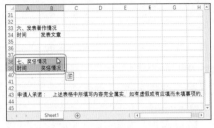

图 13-7

★ **重点 13.1.3 合并申请表中的单元格**

实例门类	软件功能
教学视频	光盘\视频\第 13 章\13.1.3.mp4

在制作表格的过程中，为了满足不同的需求，有时候也需要将多个连续的单元格通过合并单元格操作将其合并为一个单元格，如表头。这时最好将几个单元格合并成一个适合单元格内容大小的单元格，以满足数据的显示。

下面在实习申请表中根据需要合并相应的单元格，其具体操作如下。

Step01 在打开的"实习申请表"文件中，❶选中需要合并的 A1:H1 单元格区域，❷单击【开始】选项卡【对齐方式】组中的【合并后居中】按钮，❸在弹出的下拉菜单中选择【合并单元格】命令，如图 13-8 所示。

图 13-8

Step02 经过上步操作，即可将原来的 A1:H1 单元格区域合并为一个单元格，且不会改变数据在合并后单元格中的对齐方式。❶拖动鼠标光标调整该行的高度到合适位置，❷选中需要合并的 A2:H2 单元格区域，❸单击【合并后居中】按钮，如图 13-9 所示。

图 13-9

Step03 经过上步操作，即可将原来的 A2:H2 单元格区域合并为一个单元格，且其中的内容会显示在合并后单元格的中部。使用相同的方法继续合并表格中的其他单元格，并调整合适的单元格列宽，完成后的效果如图 13-10 所示。

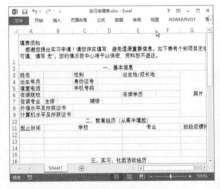

图 13-10

Step04 ❶选中需要合并的 B34:H37 单元格区域，❷单击【合并后居中】按钮，❸在弹出的下拉菜单中选择【跨越合并】命令，如图 13-11 所示。

图 13-11

并 B39:H42 单元格区域，如图 13-12 所示。

图 13-12

Step 05 经过上步操作，即可将原来的 B34:H37 单元格区域按行的方式进行合并，使用相同的方法继续跨行合

13.2　单元格样式的设置和应用

Excel 2013 默认状态下，在工作表中输入数据后，其数据的字体格式、对齐方式等都是固定的，为了使制作的表格条理清晰，可对单元格格式进行设置，包括字体格式、对齐方式、数字格式、边框和底纹的设置等。

★ 重点 13.2.1　实战：设置字体格式

实例门类	软件功能
教学视频	光盘\视频\第 13 章\13.2.1.mp4

Excel 2013 中输入的文字字体默认为宋体，字号为 11 号。为了使表格数据更清晰、整体效果更美观，可以为单元格中的文字设置字体格式，包括对文字的字体、字号、字形和颜色进行调整。

（1）字体。

字体即书体，也就是文字的风格式样。字体的艺术性体现在其完美的外在形式与丰富的内涵之中。我们平常所说的楷书、草书即是指不同的书体。在表格中常用的字体有"微软雅黑""宋体""黑体""楷体"和"隶书"等，如图 13-13 所示。

微软雅黑宋体**黑体**楷体**隶书**

图 13-13

在设置文本的字体时，应根据文档的使用场合和不同的阅读群体的阅读体验进行设置。单从阅读舒适度上来看，宋体是各字体中阅读起来最轻松的一种，尤其在编排数据较多的表格时使用宋体可以让读者的眼睛负担不那么重。因此，宋体或仿宋体常用于表格内容的字体格式，黑体主要用于表格标题，以及需要突出显示的文字内容。

（2）字号。

字号是指字符的大小，在 Excel 中都是以磅值大小进行设置的，用数字 12，14，…表示，数字越大，文字显示得也越大。用户也可以根据自己的需要对比设置字号大小，下表为 Word 与 Excel 字号对照表。

表 12-1　字号大小对照表

Word 字号	Excel 字号	尺寸大小
初号	42 磅	14.82mm
小初	36 磅	12.70mm
一号	26 磅	9.17mm

续表

Word 字号	Excel 字号	尺寸大小
小一	24 磅	8.47mm
二号	22 磅	7.76mm
小二	18 磅	6.35mm
三号	16 磅	13.64mm
小三	15 磅	13.29mm
四号	14 磅	4.94mm
小四	12 磅	4.23mm
五号	10.5 磅	3.70mm
小五	9 磅	3.18mm
六号	7.5 磅	2.56mm
小六	6.5 磅	2.29mm
七号	13.5 磅	1.94mm
八号	5 磅	1.76mm

（3）字形。

字形是指文字表现的形态，Excel 中的字形主要分为正常显示、加粗显示和倾斜显示。通常可以用不同的字形表示文档中部分内容的不同含义或起到引起注意或强调的作用，不同字形表现效果如图 13-14 所示。

正常显示 **加粗效果**
倾斜效果 ***加粗并倾斜***

图 13-14

对于表格内的数据，原则来说不应当使用粗体，以免喧宾夺主。但也有特例，例如，在设置表格标题（表头）的字体格式时，一般使用加粗效果就会更好。另外，当数据稀疏时，可以将其设置为黑体，起到强调的作用。

斜体在中文中尽量不使用，因为斜体看起来有点不符合中国人的使用习惯，如果有英文或者数字需要慎用。

（4）下画线。

下画线是出现在文字下方的线条，通常用于强调文字内容。Excel中提供了多种类形的下画线，用户可根据实际情况来选用，图 13-15所示为文字加上不同下画线的效果。另外，我们还可以设置下画线的颜色。

<u>重要通知</u> 重要通知
重要通知 重要通知

图 13-15

（5）字体颜色。

有些时候我们也需要为表格中的文字设置颜色，一般是为需要突出显示的文字设置红色。此外，我们也要根据文字所在单元格已经填充的背景色来选择文字字体的颜色，主要是保证文字的可读性，看着不累且耐看即可。

在 Excel 2013 中，为单元格设置文字格式，可以在【字体】组中进行设置，也可以通过【设置单元格格式】对话框进行设置。

在【字体】组（如图 13-16所示）中就能够方便地设置文字的字体、字号、颜色、加粗、斜体和下画线等常用字体格式。通过该方法设置字体也是最常用、最快捷的方法。

图 13-16

单击【开始】选项卡【字体】组右下角的【对话框启动器】按钮，即可打开【设置单元格格式】对话框。在该对话框的【字体】选项卡中也可以设置字体、字形、字号、下画线、字体颜色和一些特殊效果等，更主要的是用于设置删除线、上标和下标等文字的特殊效果。

下面讲解通过【字体】组和【设置单元格格式】对话框，为【费用报销单】工作簿设置合适的文字格式，具体操作如下。

Step❶ 打开"光盘\素材文件\第13章\费用报销单.xlsx"文件，❶选中A1 单元格，❷单击【开始】选项卡【字体】组中的【字体】下拉列表框右侧的下拉按钮，❸在弹出的下拉列表中选择需要的字体，如【黑体】，如图 13-17 所示。

图 13-17

Step❷ 保持单元格的选中状态，❶单击【字号】下拉列表框右侧的下拉按钮，❷在弹出的下拉列表中选择【18】选项，如图 13-18 所示。

Step❸ 单击【字体】组中的【加粗】按钮，让单元格中的文字加粗显示，如图 13-19 所示。

Step❹ ❶选中 A8:B8 单元格区域，❷单击【字体颜色】按钮右侧的下拉按钮，❸在弹出的下拉菜单中

选择需要的颜色，如【蓝色】，如图13-20 所示。

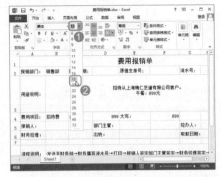

图 13-18

图 13-19

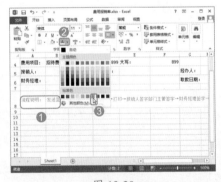

图 13-20

技能拓展——取消加粗和倾斜效果

第一次单击【加粗】或【倾斜】按钮，可将所选的字符加粗或倾斜显示，再次单击【加粗】或【倾斜】按钮又可取消字符的加粗或倾斜显示。

Step❺ ❶选中表格中的提示内容所在的单元格，❷单击【开始】选项卡

【字体】组右下角的【对话框启动器】按钮，如图 13-21 所示。

图 13-21

Step 06 打开【设置单元格格式】对话框，❶ 在【字体】选项卡的【字体】列表框中选择【方正仿宋_GBK】选项，❷ 在【字形】列表框中选择【加粗】选项，❸ 在【颜色】下拉列表框中选择需要的蓝色，❹ 单击【确定】按钮，如图 13-22 所示。

图 13-22

Step 07 返回工作表中，即可看到为所选单元格设置的字体格式效果，保持单元格区域的选中状态，单击【增大字号】按钮，即可根据字符列表中排列的字号大小增大所选字符的字号，如图 13-23 所示。

技能拓展——依次减小字号

单击【减小字号】按钮将根据字符列表中排列的字号大小依次减小所选字符的字号。

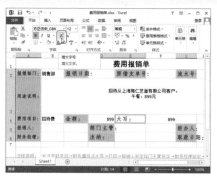

图 13-23

★ 重点 13.2.2 实战：设置报销单的数字格式

实例门类	软件功能
教学视频	光盘\视频\第 13 章\13.2.2.mp4

在单元格中输入数据后，Excel 会自动识别数据类型并应用相应的数字格式。

在 Excel 2013 中为单元格设置数字格式，可以在【开始】选项卡的【数字】组中进行设置，也可以通过【设置单元格格式】对话框进行设置。

例如，为【费用报销单】工作簿中的相关数据设置数字格式，具体操作方法如下。

Step 01 ❶ 选中 D2 单元格，❷ 单击【开始】选项卡【数字】组右下角的【对话框启动器】按钮，如图 13-24 所示。

技能拓展——快速设置百分比符号和千位分隔符

在数字格式设置中，百分比的应用也是非常广泛的，为了快速输入百分比的数字，读者在录入时，需要先选中输入百分比的单元格区域，然后单击【数字】组中的【百分比样式】按钮%，最后输入对应数据即可。

单击【数字】组中的【千位分隔样式】按钮，可以为所选单元格区域中的数据添加千位分隔符。

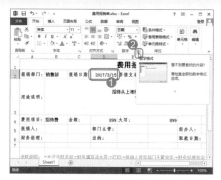

图 13-24

Step 02 打开【设置单元格格式】对话框，❶ 在【数字】选项卡的【分类】列表框中选择【日期】选项，❷ 在【类型】列表框中选择需要的日期格式，❸ 单击【确定】按钮，如图 13-25 所示。

图 13-25

技能拓展——快速打开【设置单元格格式】对话框

按【Ctrl+1】组合键可快速打开【设置单元格格式】对话框。

Step 03 经过上步操作，即可为所选单元格区域设置相应的时间样式，❶ 选中 F2 和 H2 单元格，❷ 单击【数字】组右下角的【对话框启动器】按钮，如图 13-26 所示。

Step 04 打开【设置单元格格式】对话框，❶ 在【数字】选项卡的【分类】列表框中选择【自定义】选项，❷ 在【类型】文本框中输入需要自定义的格式，如【0000000】，❸ 单击【确定】按钮，如图 13-27 所示。

图 13-26

图 13-27

Step 05 经过上步操作，即可让所选单元格内的数字显示为0000001，0000002，…例如，在F2单元格中输入【12345】，即可看到显示为【0012345】，如图13-28所示。

图 13-28

Step 06 ❶选中D4单元格，❷在【数字】组中的【数字格式】下拉列表框中选择【会计专用】选项，如图13-29所示。

Step 07 经过上步操作，即可为所选单元格设置会计专用的货币样式，且数据包含两位小数。连续两次单击【数

字】组中的【减少小数位数】按钮，如图13-30所示。

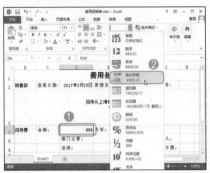

图 13-29

图 13-30

Step 08 经过上步操作，即可让所选单元格中的数据显示为整数。❶选中F4单元格，❷单击【数字】组右下角的【对话框启动器】按钮，如图13-31所示。

图 13-31

Step 09 打开【设置单元格格式】对话框，❶在【数字】选项卡的【分类】列表框中选择【特殊】选项，❷在【类型】列表框中选择【中文大写数字】选项，❸单击【确定】按钮，如图13-32所示。

图 13-32

Step 10 经过上步操作，即可让所选单元格中的数据以中文大写形式显示，效果如图13-33所示。

图 13-33

★ 重点 13.2.3 实战：设置费用报销单中的对齐方式

实例门类	软件功能
教学视频	光盘\视频\第13章\13.2.3.mp4

默认情况下，在Excel中输入的文本显示为左对齐，数据显示为右对齐。为了保证工作表中数据的整齐性，可以为数据重新设置对齐方式。设置对齐方式包括设置文字的对齐方式、文字的方向和自动换行。

→ 垂直对齐

通过【顶端对齐】按钮、【垂直居中】按钮、【底端对齐】按钮可以在垂直方向上设置数据的对齐方式。单击【顶端对齐】按钮，可使相应数据在垂直方向上位于顶端对齐；单击【垂直居中】按钮，可

使相应数据在垂直方向上居中对齐；单击【底端对齐】按钮，可使相应数据在垂直方向上位于底端对齐，效果如图 13-34 所示。

顶端对齐	垂直居中	底端对齐
产品名称	产品名称	产品名称

图 13-34

如果不调整行高，那么垂直对齐设置后看不出效果，当单元格的高度发生改变，这个对齐方式就能显示出效果。

➥ 水平对齐

水平对齐主要包括左对齐、居中对齐和右对齐三种方式，水平对齐方式的设置使用比较频繁。单击【左对齐】按钮，可使相应数据在水平方向上根据左侧对齐；单击【居中】按钮，可使相应数据在水平方向上居中对齐；单击【右对齐】按钮，可使相应数据在水平方向上根据右侧对齐，效果如图 13-35 所示。

左对齐	居中	右对齐
产品名称	产品名称	产品名称

图 13-35

➥ 方向

在表格中文字的显示方向不是惟一的，为了制作出清楚明了简单易懂的表格，在 Excel 中制作特殊表格时，就会涉及设置表格内容显示的方向。单击【开始】选项卡【对齐方式】组中的【方向】按钮，在弹出的下拉菜单中可选择文字需要旋转的 45° 倍数方向，如图 13-36 所示。

图 13-36

选择【设置单元格对齐方式】命令，可在打开的【设置单元格格式】对话框中手动设置需要旋转的具体角度，如图 13-37 所示。

图 13-37

➥ 自动换行

当单元格中的数据太多，无法完整显示在单元格中时，单击【自动换行】按钮，可将该单元格中的数据自动换行后以多行的形式显示在单元格中，方便直接阅读其中的数据，再次单击该按钮又可取消字符的自动换行显示。

设置单元格对齐方式的方法和文字格式的设置方法相似，可以通过在【对齐方式】组中进行设置，也可以通过【设置单元格格式】对话框中的【对齐】选项卡进行设置。

例如，为【费用报销单】工作簿设置合适的对齐方式，具体操作如下。

Step01 ❶选中 A2:J8 单元格区域，❷单击【开始】选项卡【对齐方式】组中的【左对齐】按钮，如图 13-38 所示。

图 13-38

Step02 经过上步操作，即可让选择的单元格区域中的数据靠左对齐。❶选中 B3 单元格，❷单击【对齐方式】组中的【顶端对齐】按钮，如图 13-39 所示。

图 13-39

Step03 经过上步操作，即可让选择的单元格中的数据靠顶部对齐。❶选择 B8 单元格，❷单击【对齐方式】组中的【自动换行】按钮，如图 13-40 所示。

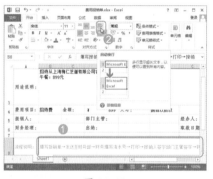

图 13-40

Step04 经过上步操作，即可显示出该单元格中的所有文字内容，效果如图 13-41 所示。

图 13-41

技能拓展——设置缩进

单击【对齐方式】组中的【减少缩进量】按钮，可减小单元格边框与单元格数据之间的边距；单击【增大缩进量】按钮，可增大单元格边框与单元格数据之间的边距。

★ 重点 13.2.4 实战：为费用报销单添加边框和底纹

实例门类	软件功能
教学视频	光盘\视频\第 13 章\13.2.4.mp4

Excel 2013 默认状态下，单元格的背景是白色的，边框为无色显示。为了能更好地区分单元格中的数据内容，使表格美观漂亮、符合应用场景，可以根据需要为表格的线条和单元格的背景添加修饰，构成表格行、列、单元格的线条称为边框，单元格的背景则是底纹。

1. 添加边框

实际上，在打印输出时，默认情况下 Excel 中自带的边线是不会被打印出来的，因此需要让打印输出的表格具有边框，就应在打印前添加边框。

为单元格添加边框后，还可以使制作的表格轮廓更加清晰，让每个单元格中的内容有一个明显的划分。但若不是用于输出的表格，我们一般不会设置全部边框。

为了让表格更加醒目，可以直接使用添加边框线条与否或其粗细来区分数据的层级，可只在重要层级的数据上设置边框或加粗。比如在重要层级添加边框，明细级数据不添加边框；同一层级应使用同一粗细的线条边框，如图 13-42 所示。

图 13-42

技术看板

表格线宽度会对使用表格的人造成比较大的影响。要搭配使用合适的粗细线。最简便易行的方法就是细内线＋粗边框。合理的粗细线结合会让人感觉到表格是你用心设计出来的，会产生一种信任感。另外，如果有大片的小单元格聚集时，表格边线则可考虑采用虚线，以免影响使用者的视线。

如果不是出于后面四个目的之一就不必使用边框：结构化表格、引导阅读、强调突出数据、美化表格。

为单元格添加边框有两种方法，一是单击【开始】选项卡【字体】组中的【边框】按钮右侧的下拉按钮，在弹出的下拉菜单中选择为单元格添加的边框样式；二是在【设置单元格格式】对话框的【边框】选项卡中进行设置。

下面通过设置【费用报销单】工作簿中的边框效果，举例说明添加边框的具体操作。

Step01 ❶ 根据需要合并部分单元格，并调整单元格的列宽到合适，选中 A2:J6 单元格区域，❷ 单击【字体】组中的【边框】按钮右侧的下拉按钮，❸ 在弹出的下拉菜单中选择【所有框线】命令，如图 13-43 所示。

Step02 经过上步操作，即可为所选单元格区域设置边框效果。❶ 选中 A1:J6 单元格区域，❷ 单击【字体】组右下角的【对话框启动器】按钮，如图 13-44 所示。

图 13-43

图 13-44

技术看板

在【边框】下拉菜单中不仅能快速设置常见的边框效果，包括设置单元格或单元格区域的单边边框、两边边框以及四周的边框。如果不显示单元格的边框，可以选择【无框线】选项。还可以在其中的【绘制边框】栏中设置需要的边框颜色和线型，然后手动绘制需要的边框效果，并可使用【擦除边框】命令擦除多余的边框线条，从而制作出更多元化的边框效果。

Step03 打开【设置单元格格式】对话框，❶ 单击【边框】选项卡，❷ 在【颜色】下拉列表框中选择【蓝色】选项，❸ 在【样式】列表框中选择【粗线】选项，❹ 单击【预置】栏中的【外边框】按钮，❺ 单击【确定】按钮，如图 13-45 所示。

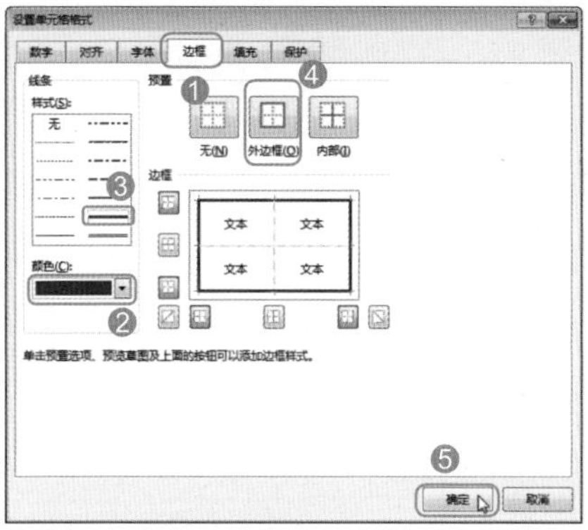

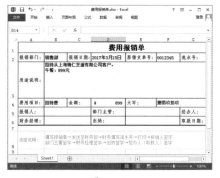

图 13-45

Step04 经过上步操作，即可为所选单元格区域设置外边框，效果如图 13-46 所示。

图 13-46

2. 设置底纹

表格的美化除了可以添加简单的边框进行美化外，还可以将边框和底纹相结合进行造型，以进一步美化表格，设计更丰富、更漂亮的表格。

这里所说的设置底纹包括为单元格填充纯色、带填充效果的底纹和带图案的底纹 3 种。

为单元格设置底纹既能使表格更加美观，又能让表格更具整体感和层次感。为不同层次的数据设置不同的填充色，可以用填充色进行突出强调。填充色不能太暗也不能太亮，颜色要与字体颜色相协调。填充色种类不能太多，多了显得花哨，如图 13-47 所示。

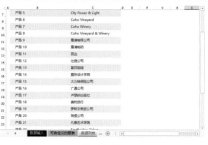

图 13-47

为包含重要数据的单元格设置底纹，还可以使其更加醒目，起到提醒的作用，如图 13-48 所示。

销售地区	销售人员	品名	数量	销售金额
北京				
	张三			
		按摩椅	73	58,400
		微波炉	120	181,500
		液晶电视	77	385,000
	李四			
		跑步机	201	442,200
		微波炉	5	2,500
山东				
	王五			
		微波炉	69	34,500
		显示器	157	235,500
		液晶电视	87	435,000

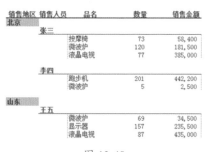

图 13-48

为单元格填充底纹一般需要通过【设置单元格格式】对话框中的【填充】选项卡进行设置。若只为单元格填充纯色底纹，还可以通过单击【开始/字体】组中的【填充颜色】按钮右侧的下拉按钮，在弹出的下拉菜单中选择需要的颜色。

下面以为【费用报销单】工作表设置底纹为例，详细讲解为单元格设置底纹的方法，具体操作如下。

Step01 ❶ 选择提示内容所在的单元格区域，❷ 单击【开始】选项卡【字体】组中的【填充颜色】按钮，❸ 在弹出的下拉菜单中选择需要填充的颜色，这里选择浅灰色，如图 13-49 所示。

Step02 经过上步操作，即可为所选单元格区域填充选择的颜色。❶ 选择 A8:J8 单元格区域，❷ 单击【字体】组右下角的【对话框启动器】按钮，如图 13-50 所示。

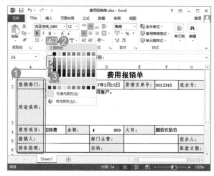

图 13-49

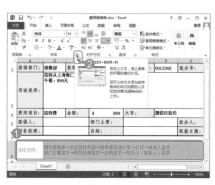

图 13-50

技术看板

在对打印类的结果报告表进行美化之前，需要做到以下几点来保持表格版面的清洁。

- 首先需要删除表格之外单元格的内容和格式。
- 表格中尽量少用批注，如果必须使用批注，至少要做到不遮挡其他数据。也可以在需要批注的数据后加 * 号标注，然后在表格末尾备注。
- 隐藏或删除零值。如果报表使用者不喜欢看到有零值，应根据用户至上的原则，将零值删除或显示成小短横线。

Step03 打开【设置单元格格式】对话框，❶ 单击【填充】选项卡，❷ 在【背景色】栏中选择需要填充的背景颜色，如【粉红色】，❸ 在【图案颜色】下拉列表框中选择图案的颜色，如【白色】，❹ 在【图案样式】下拉列表框中选择需要填充的背景图案，

⑤单击【确定】按钮关闭对话框，如图 13-51 所示。

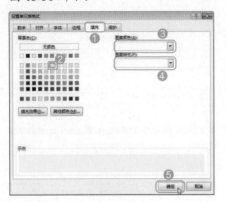

图 13-51

Step04 返回工作界面中即可看到设置的底纹效果，如图 13-52 所示。

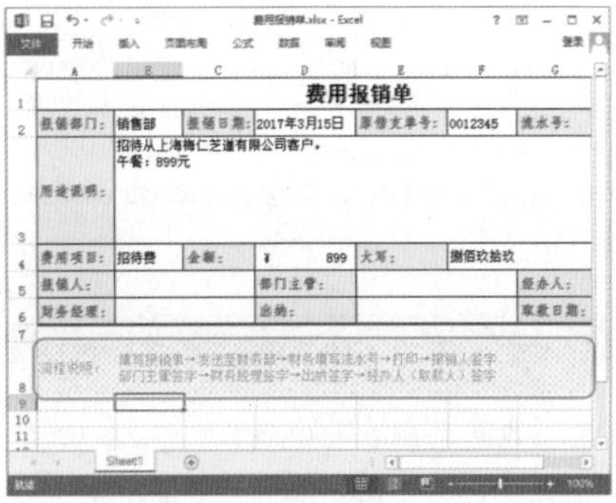

图 13-52

技能拓展——删除单元格中设置的底纹

如果要删除单元格中设置的底纹效果，可以在【填充颜色】下拉菜单中选择【无填充颜色】选项，或是在【设置单元格格式】对话框中单击【无颜色】按钮。

13.2.5 实战：为申购单套用单元格样式

实例门类	软件功能
教学视频	光盘\视频\第 13 章\13.2.5.mp4

如果用户希望工作表中的相应单

元格格式独具特色，却又不想浪费太多的时间进行单元格格式设置，此时便可利用 Excel 2013 自动套用单元格样式功能直接调用系统中已经设置好的单元格样式，快速地构建带有相应格式特征的表格，这样不仅可以提高工作效率，还可以保证单元格格式的质量。

单击【开始】选项卡【样式】组中的【单元格样式】按钮 ，在弹出的下拉菜单中即可看到 Excel 2013 中提供的多种单元格样式。通常，我们会为表格中的标题单元格套用 Excel 默认提供的【标题】类单元格样式，为文档类的单元格根据情况使用非【标题】类的样式。

例如，要为办公物品申购单工作表中的单元格套用单元格样式，具体操作如下。

Step01 打开"光盘\素材文件\第 13 章\办公物品申购单.xlsx"文件，❶选中 A1 单元格，❷单击【开始】选项卡【样式】组中的【单元格样式】按钮 ，❸在弹出的下拉菜单中选择【标题 1】选项，如图 13-53 所示。

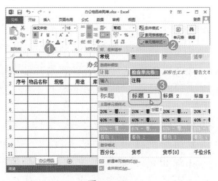

图 13-53

Step02 经过上步操作，即可为所选单元格区域设置标题 1 样式。❶选择 A3:I3 单元格区域，❷单击【单元格样式】按钮 ，❸在弹出的下拉菜单中选择需要的主题单元格样式，如图 13-54 所示。

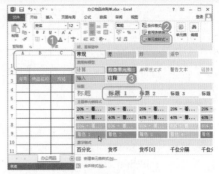

图 13-54

Step03 经过上步操作，即可为所选单元格区域设置选择的主题单元格样式。❶选中 H4:H13 单元格区域，❷单击【单元格样式】按钮 ，❸在弹出的下拉菜单中选择【货币】选项，如图 13-55 所示。

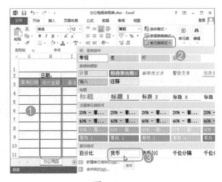

图 13-55

Step04 经过上步操作，即可为所选单元格区域设置相应的货币样式。在 H4:H13 单元格区域中的任意单元格中输入数据，即可看到该数据自动应用【货币】单元格样式的效果，如图 13-56 所示。

图 13-56

13.3 工作表的基本操作

通过前面的介绍，我们知道在 Excel 中对数据进行的多数编辑操作都是在工作表中进行的。所以，本节我们来讲一讲工作表的基本操作。活页夹中的活页纸可以根据需要增减或改变顺序，工作簿中的工作表也可以根据需要增加、删除和移动，表现在具体的操作中就是工作表标签的操作。

13.3.1 实战：重命名工作表

实例门类	软件功能
教学视频	光盘\视频\第 13 章\13.3.1.mp4

默认情况下，新建的空白工作簿中包含一个名为【Sheet1】的工作表，后期插入的新工作表将自动以【Sheet2】【Sheet3】……依次进行命名。

实际上，Excel 是允许用户为工作表命名的。为工作表重命名时，最好命名为与工作表中内容相符的名称，以后只通过工作表名称即可判定其中的数据内容，从而方便对数据表进行有效管理。重命名工作表的方法如下。

Step01 打开"光盘\素材文件\第 13 章\报价单.xlsx"文件，在要重命名的【Sheet1】工作表标签上双击鼠标，让其名称变成可编辑状态，如图 13-57 所示。

图 13-57

技能拓展——重命名工作表

在要命名的工作表标签上单击鼠标右键，在弹出的快捷菜单中选择【重命名】命令，也可以让工作表标签名称变为可编辑状态。

Step02 ❶ 直接输入工作表的新名称，如【报价单】，❷ 按【Enter】键或单击其他位置完成重命名操作，如图 13-58 所示。

图 13-58

13.3.2 实战：改变工作表标签的颜色

实例门类	软件功能
教学视频	光盘\视频\第 13 章\13.3.2.mp4

在 Excel 中，除了可以用重命名的方式来区分同一个工作簿中的工作表外，还可以通过设置工作表标签颜色来区分。

例如，要修改【报价表】工作表的标签颜色，具体操作如下。

Step01 ❶ 在【报价表】工作表标签上单击鼠标右键，❷ 在弹出的快捷菜单中选择【工作表标签颜色】命令，❸ 在弹出的下级子菜单中选择【橙色，着色 2，深色 25%】命令，如图 13-59 所示。

Step02 返回工作表中可以看到【报价表】工作表标签的颜色已变成深橙色，如图 13-60 所示。

图 13-59

图 13-60

13.3.3 插入工作表

默认情况下，在 Excel 2013 中新建的工作簿中包含 3 张工作表。若在编辑数据时发现工作表数量不够或是人为删除后需要补充，可以根据需要增加新工作表。

在 Excel 2013 中，单击工作表标签右侧的【新工作表】按钮⊕，即可在当前所选工作表标签的右侧插入一张空白工作表，插入的新工作表将以【Sheet2】【Sheet3】……的顺序依次进行命名。除此之外，还可以利用插入功能来插入工作表，具体操作如下。

Step01 ❶ 单击【开始】选项卡【单元格】组中的【插入】按钮，❷ 在弹出的下拉菜单中选择【插入工作表】选项，如图 13-61 所示。

图 13-61

Step 02 经过上步操作，在【报价单】工作表之前插入了一个空白工作表【Sheet1】，如图 13-62 所示，单击工作表标签右侧的【新工作表】按钮 ⊕ 两次。

图 13-62

技能拓展——插入工作表的快捷操作

按【Shift+F11】组合键可以在当前工作表标签的左侧快速插入一张空白工作表。

Step 03 经过上步操作，在【Sheet1】工作表右侧又插入了两个空白工作表，效果如图 13-63 所示。

图 13-63

13.3.4 选择工作表

一个 Excel 工作簿中可以包含多张工作表，如果需要同时在几张工作表中进行输入、编辑或设置工作表的格式等操作，首先就需要选择相应的工作表。通过单击 Excel 工作界面底部的工作表标签可以快速选择不同的工作表，选择工作表主要分为 4 种不同的方式。

（1）选中一张工作表：移动鼠标光标到需要选择的工作表标签上，单击即可选择该工作表，使之成为当前工作表。被选中的工作表标签以白色为底色显示。如果看不到所需工作表标签，可以单击工作表标签滚动显示按钮 ◀ ▶ 以显示出所需的工作表标签。

（2）选中多张相邻的工作表：选中需要的第一张工作表后，按住【Shift】键的同时单击需要选择的多张相邻工作表的最后一个工作表标签，即可选择这两张工作表和之间的所有工作表，如图 13-64 所示。

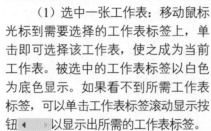

图 13-64

（3）选中多张不相邻的工作表：选择需要的第一张工作表后，按住【Ctrl】键的同时单击其他需要选择的工作表标签即可选中多张工作表，如图 13-65 所示。

图 13-65

（4）选中工作簿中所有工作表：在任意一个工作表标签上单击鼠标右键，在弹出的快捷菜单中选择【选定全部工作表】命令，如图 13-66 所示，即可选中工作簿中的所有工作表。

图 13-66

技术看板

选择多张工作表时，将在窗口的标题栏中显示"【工作组】"字样。单击其他不属于工作组的工作表标签或者在工作组中的任意工作表标签上单击鼠标右键，在弹出的快捷菜单中选择【取消组合工作表】命令，可以退出工作组。

★ 重点 13.3.5 实战：移动或复制工作表

实例门类	软件功能
教学视频	光盘\视频\第 13 章\13.3.5.mp4

在表格制作过程中，有时需要将一个工作表移动到另一个位置，用户可以根据需要使用 Excel 提供的移动工作表功能进行调整。

对于制作相同工作表结构的表格，或者多个工作簿之间需要相同工作表中的数据时，可以使用复制工作表功能来提高工作效率。

工作表的移动和复制有两种实现方法：一种是通过鼠标拖动进行同一个工作簿的移动或复制；另一种是通过快捷菜单命令实现不同工作簿之间的移动和复制。

1. 利用拖动法移动或复制工作表

在同一工作簿中移动和复制工作表主要通过鼠标拖动来完成。通过鼠标拖动的方法是最常用，也是最简单的方法，具体操作如下。

Step 01 打开"光盘\素材文件\第 13 章\日常销售报表 .xlsx"文件，❶ 选中需要移动位置的工作表，如【销售数据】，❷ 按住鼠标左键不放并拖动到要将该工作表移动到的位置，如【销售报表】工作表标签的左侧，如图 13-67 所示。

图 13-67

Step02 释放鼠标后，即可将【销售数据】工作表移动到【销售报表】工作表的左侧。选中需要复制的工作表，如【销售报表】，按住【Ctrl】键的同时拖动鼠标光标到【库存】工作表的右侧，如图 13-68 所示。

图 13-68

Step03 释放鼠标后，即可在指定位置复制得到【销售报表 (2)】工作表，如图 13-69 所示。

图 13-69

2. 通过菜单命令移动或复制工作表

通过拖动鼠标光标的方法在同一工作簿中移动或复制工作表是最快捷的，如果需要在不同的工作簿中移动或复制工作表，则需要使用【开始】选项卡【单元格】组中的命令来完成，具体操作如下。

Step01 ❶ 选中需要移动位置的工作表，如【销售报表 (2)】，❷ 单击【开始】选项卡【单元格】组中的【格式】按钮，❸ 在弹出的下拉菜单中选择【移动或复制工作表】命令，如图 13-70 所示。

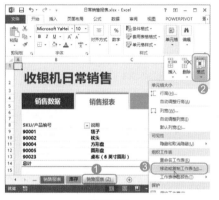

图 13-70

Step02 打开【移动或复制工作表】对话框，❶ 在【将选定工作表移至工作簿】下拉列表框中选择要移动到的工作簿名称，这里选择【新工作簿】选项，❷ 单击【确定】按钮，如图 13-71 所示。

图 13-71

Step03 经过上步操作，即可创建一个新工作簿，并将【日常销售报表】工作簿中的【销售报表 (2)】工作表

移动到新工作簿中，效果如图 13-72 所示。

图 13-72

技术看板

在【移动或复制工作表】对话框中，选中【建立副本】复选框，可将选择的工作表复制到目标工作簿中。在【下列选定工作表之前】列表框中还可以选择移动或复制工作表在工作簿中的位置。

13.3.6　删除工作表

在一个工作簿中，如果新建了多余的工作表或有不需要使用的工作表，可以将其删除，以有效地控制工作表的数量，方便进行管理。删除工作表主要有以下两种方法。

（1）通过菜单命令：选中需要删除的工作表，单击【开始】选项卡【单元格】组中的【删除】按钮，在弹出的下拉列表中选择【删除工作表】选项即可删除当前选择的工作表，如图 13-73 所示。

技术看板

删除存放有数据的工作表时，将打开提示对话框，询问是否永久删除工作表中的数据，单击【删除】按钮即可将工作表删除。

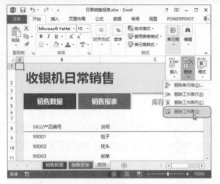

图 13-73

（2）通过快捷菜单命令：在需要删除的工作表的标签上单击鼠标右键，在弹出的快捷菜单中选择【删除】命令，可删除当前选择的工作表，如图 13-74 所示。

图 13-74

★ 重点 13.3.7 显示与隐藏工作表

如果工作簿中包含了多张工作表，而有些工作表中的数据暂时不需要查看，可以将其隐藏起来，当需要查看时，再使用显示工作表功能将其显示出来。

1. 隐藏工作表

隐藏工作表即是将当前工作簿中指定的工作表隐藏，使用户无法查看到该工作表以及工作表中的数据。可以通过菜单命令或快捷菜单命令来实现，用户可根据自己的使用习惯来选择采用的操作方法。下面通过菜单命令的方法来隐藏工作簿中的工作表，具体操作如下。

Step①① 按住【Ctrl】键的同时，选中【销售数据】和【库存】两张工作表，② 单击【开始】选项卡【单元格】组中的【格式】按钮，③ 在弹出的下拉菜单中选择【隐藏和取消隐藏】命令，④ 在弹出的下级子菜单中选择【隐藏工作表】命令，如图 13-75 所示。

图 13-75

Step②② 经过上步操作，系统自动将选中的两张工作表隐藏起来，效果如图 13-76 所示。

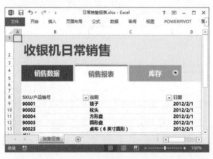

图 13-76

⚙ **技能拓展——快速隐藏工作表**

在需要隐藏的工作表标签上单击鼠标右键，在弹出的快捷菜单中选择【隐藏】命令可快速隐藏选中的工作表。

2. 显示工作表

显示工作表即是将隐藏的工作表显示出来，使用户能够查看到隐藏工作表中的数据，是隐藏工作表的逆向操作。显示工作表同样可以通过快捷菜单命令来实现，例如，要将前面隐藏的工作表显示出来，具体操作如下。

Step①① 单击【开始】选项卡【单元格】组中的【格式】按钮，② 在弹出的下拉菜单中选择【隐藏和取消隐藏】命令，③ 在弹出的下级子菜单中选择【取消隐藏工作表】命令，如图 13-77 所示。

图 13-77

Step②② 打开【取消隐藏】对话框，① 在列表框中选择需要显示的工作表名称，如选择【销售数据】选项，② 单击【确定】按钮，如图 13-78 所示。

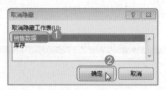

图 13-78

Step③③ 经过上步操作，即可将工作簿中隐藏的【销售数据】工作表显示出来，效果如图 13-79 所示。

⚙ **技能拓展——取消隐藏工作表**

在工作簿中的任意工作表标签上单击鼠标右键，在弹出的快捷菜单中选择【取消隐藏】命令也可打开【取消隐藏】对话框，进行相应设置即可将隐藏的工作表显示出来。

图 13-79

★ 重点 13.3.8 实战：保护预算表

实例门类	软件功能
教学视频	光盘\视频\第13章\13.3.8.mp4

通常情况下，为了保证 Excel 文件中数据的安全性，特别是企业内部的重要数据，或为了防止自己精心设计的格式与公式被破坏，应该为工作表安装【防盗锁】。

在 Excel 中，对当前工作表设置保护，主要是通过【保护工作表】对话框来设置的，具体操作如下。

Step01 打开"光盘\素材文件\第13章\渠道营销预算.xlsx"文件，❶ 选择需要保护的【渠道营销预算】工作表，❷ 单击【审阅】选项卡【更改】

组中的【保护工作表】按钮，如图 13-80 所示。

图 13-80

Step02 打开【保护工作表】对话框，❶ 在文本框中输入密码，如输入【123】，❷ 在列表框中选择允许所有用户对工作表进行的操作，这里选中【选定锁定单元格】和【选定未锁定的单元格】复选框，❸ 单击【确定】按钮，如图 13-81 所示。

图 13-81

Step03 打开【确认密码】对话框，❶ 在文本框中再次输入设置的密码【123】，❷ 单击【确定】按钮，如图 13-82 所示。

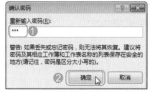

图 13-82

13.4 表格样式的应用和设置

Excel 2013 中不仅提供了单元格样式，还提供了许多预定义的表格样式。与单元格样式相同，表格样式也是一套已经定义了不同文字格式、数字格式、对齐方式、边框和底纹效果等样式的格式模板，只是该模板是作用于整个表格的。这样，使用该功能就可以快速对整个数据表格进行美化了。套用表格格式后还可以为表元素进行设计，使其更符合实际需要。如果预定义的表格样式不能满足需要，可以创建并应用自定义的表格样式，下面将为您逐一讲解其具体操作方法。

13.4.1 实战：为登记表套用表格样式

实例门类	软件功能
教学视频	光盘\视频\第13章\13.4.1.mp4

应用 Excel 预定义的表格样式与应用单元格样式的方法相同，可以为数据表轻松快速地构建带有特定格式特征的表格。同时，还将添加自动筛选器，方便用户筛选表格中的数据。

例如，要为考生信息登记表

应用预定义的表格样式，具体操作如下。

Step01 打开"光盘\素材文件\第13章\考生信息登记表.xlsx"文件，❶ 选中表格中的填写内容部分，即 A2:F17 单元格区域，❷ 单击【开始】

选项卡【样式】组中的【套用表格格式】按钮，❸ 在弹出的下拉菜单中选择需要的表格样式，这里选择【浅色】栏中的【表样式浅色2】选项，如图 13-83 所示。

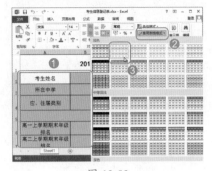

图 13-83

Step02 打开【套用表格式】对话框，❶ 确认设置单元格区域并取消选中【表包含标题】复选框，❷ 单击【确定】按钮关闭对话框，如图 13-84 所示。

图 13-84

Step03 返回工作表中即可看到已经为所选单元格区域套用了选定的表格格式，效果如图 13-85 所示。

图 13-85

13.4.2 实战：为信息登记表设计表格样式

实例门类	软件功能
教学视频	光盘\视频\第13章\13.4.2.mp4

套用表格格式之后，表格区域将变为一个特殊的整体区域，且选择该区域中的任意单元格时，将激活【表格工具设计】选项卡。读者可在其中为其设计相应的样式。

下面为套用表格格式后的【考生信息登记表】工作表设计适合的表格样式，具体操作如下。

Step01 ❶ 选中套用了表格格式区域中的任意单元格或单元格区域，激活【表格工具设计】选项卡，❷ 在【表格样式选项】组中取消选中【标题行】复选框，隐藏因为套用表格格式而生成的标题行，如图 13-86 所示。

图 13-86

Step02 在【表格样式选项】组中选中【镶边列】复选框，即可赋予间隔列以不同的填充色，如图 13-87 所示。

图 13-87

Step03 设置镶边列效果后，我们更容易发现套用表格格式后之前合并过的单元格都拆开了，需要重新进行合并。单击【工具】组中的【转换为区域】按钮，如图 13-88 所示。

图 13-88

Step04 打开提示对话框，单击【是】按钮，如图 13-89 所示。

图 13-89

Step05 返回工作表中，此时可以发现【合并后居中】按钮又可以使用了。❶ 选中需要合并的 B4:D4 单元格区域，❷ 单击【开始】选项卡【对齐方式】组中的【合并后居中】按钮，如图 13-90 所示。

图 13-90

Step⑥ 使用相同的方法继续合并表格中的其他单元格，并更改部分单元格的填充颜色，完成后拖动鼠标光标调整各行的高度至合适，最终效果如图 13-91 所示。

图 13-91

★ 重点 13.4.3 实战：创建及应用表格样式

实例门类	软件功能
教学视频	光盘\视频\第 13 章\13.4.4.mp4

Excel 2013 预定义的表格格式默认有浅色、中等深浅和深色 3 大类型供读者选择。如果预定义的表样式不能满足需要，读者还可以创建并应用自定义的表格样式。

下面将创建一个名为【自然清新表格样式】的表格样式，具体操作如下。

Step① 打开"光盘\素材文件\第 13 章\绿地工作日检查.xlsx"文件，❶ 单击【开始】选项卡【样式】组中的【套用表格格式】按钮 📊，❷ 在弹出的下拉菜单中选择【新建表格样式】命令，如图 13-92 所示。

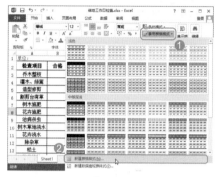

图 13-92

Step② 打开【新建表样式】对话框，❶ 在【名称】文本框中输入新建表样式的名称【自然清新表格样式】，❷ 在【表元素】列表框中选择【整个表】选项，❸ 单击【格式】按钮，如图 13-93 所示。

图 13-93

Step③ 打开【设置单元格格式】对话框，❶ 单击【边框】选项卡，❷ 在

【颜色】下拉列表框中设置颜色为【深绿色】，❸ 在【样式】列表框中设置外边框样式为【粗线】，❹ 单击【外边框】按钮，❺ 在【样式】列表框中设置内部边框样式为【横线】，❻ 单击【内部】按钮，❼ 单击【确定】按钮关闭该对话框，如图 13-94 所示。

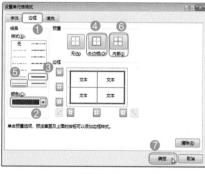

图 13-94

Step④ 返回【新建表样式】对话框，❶ 在【表元素】列表框中选择【第二行条纹】选项，❷ 单击【格式】按钮，如图 13-95 所示。

Step⑤ 打开【设置单元格格式】对话框，❶ 单击【填充】选项卡，❷ 在【背景色】栏中选择【浅绿色】，❸ 单击【确定】按钮，如图 13-96 所示。

图 13-95

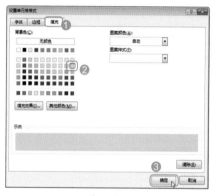

图 13-96

Step⑥ 返回【新建表样式】对话框，❶ 在【表元素】列表框中选择【标题行】选项，❷ 单击【格式】按钮，如图 13-97 所示。

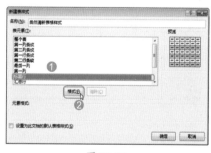

图 13-97

Step⑦ 打开【设置单元格格式】对话框，❶ 单击【字体】选项卡，❷ 在【字形】列表框中选择【加粗】选项，❸ 在【颜色】下拉列表框中选择【白色】选项，如图 13-98 所示。

Step⑧ ❶ 单击【填充】选项卡，❷ 在【背景色】栏中选择【绿色】，❸ 单击【确定】按钮，如图 13-99 所示。

Step⑨ 返回【新建表样式】对话框，单击【确定】按钮，如图 13-100 所示。

图 13-98

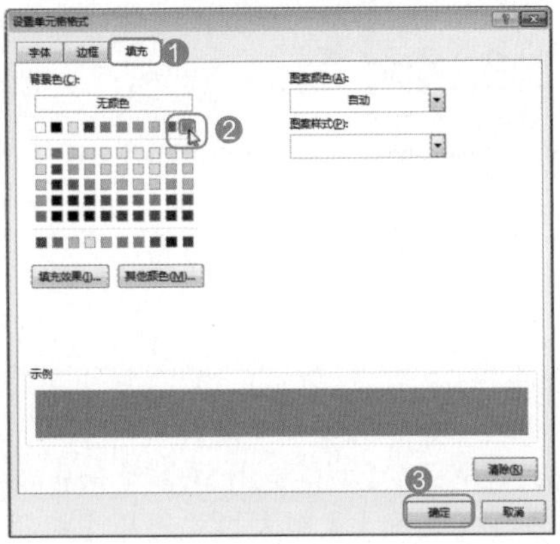

图 13-99

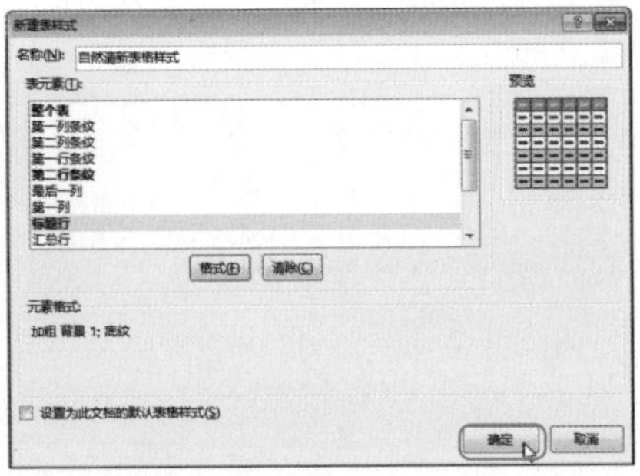

图 13-100

Step10 返回工作簿中，❶ 选中 A2:E18 单元格区域，❷ 单击【套用表格格式】按钮，❸ 在弹出的下拉菜单中选择【自定义】栏中的【自然清新表格样式】选项，如图 13-101 所示。

Step11 打开【套用表格式】对话框，❶ 确认设置单元格区域并选中【表包含标题】复选框，❷ 单击【确定】按钮，如图 13-102 所示。

Step12 经过以上操作，即可为单元格

应用自定义的表格样式，在【表格样式选项】组中取消选中【筛选按钮】复选框，效果如图 13-103 所示。

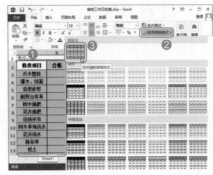

图 13-101

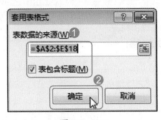

图 13-102

图 13-103

★ 重点 13.4.4 实战：修改表格样式

实例门类	软件功能
教学视频	光盘\视频\第 13 章\13.4.4.mp4

如果对自定义套用的表格格式不满意，除了可以在【表格工具 / 设计】选项卡中进行深入的设计外，还可以返回创建的基础设计中进行修改。若对套用的表格格式彻底不满意，或不需要进行修饰了，可将应用

的表格样式清除。

例如，要修改住宿登记表中的表格样式，然后将其删除，具体操作如下。

Step01 打开"光盘\素材文件\第 13 章\参展企业人员记名证件登记表.xlsx"文件，❶ 单击【套用表格格式】按钮，❷ 在弹出的下拉菜单中找到当前表格所用的表格样式并在其上单击鼠标右键，❸ 在弹出的快捷菜单中选择【修改】命令，如图 13-104 所示。

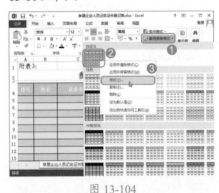

图 13-104

Step02 打开【修改表样式】对话框，❶ 在【表元素】列表框中选择需要修改的表元素，这里选择【标题行】选项，❷ 单击【格式】按钮，如图 13-105 所示。

图 13-105

Step03 打开【设置单元格格式】对话框，❶ 单击【边框】选项卡，❷ 在【颜色】下拉列表框中设置颜色为【浅黄色】，❸ 在【样式】列表框中选择【粗线】选项，❹ 单击【外边框】按钮和【内部】按钮，如图 13-106 所示。

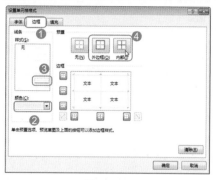

图 13-106

图 13-108

修改后样式的效果。❶ 选择套用了表格样式区域中的任意单元格，❷ 单击【表格工具/设计】选项卡【表格样式】组中的【快速样式】按钮，❸ 在弹出的下拉菜单中选择【清除】命令，如图 13-110 所示。

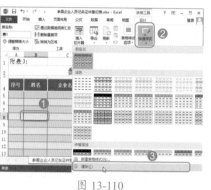

图 13-110

Step04 ❶ 单击【填充】选项卡，❷ 在【背景色】列表框中设置颜色为【咖啡色】，❸ 单击【确定】按钮，如图 13-107 所示。

图 13-107

Step05 返回【修改表样式】对话框，单击【确定】按钮，如图 13-108 所示。
Step06 返回工作表中，❶ 选中 A4:H29 单元格区域，❷ 单击【套用表格格式】按钮，❸ 在弹出下拉菜单【自定义】栏中的样式上单击鼠标右键，❹ 在弹出的快捷菜单中选择【应用并清除格式】命令，如图 13-109 所示。

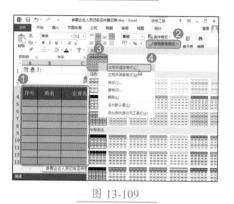

图 13-109

技能拓展——清除表格样式

在【修改表快速样式】对话框中单击【清除】按钮，可以去除表元素的现有格式。

如果是要清除套用的自定义表格格式，还可以在【套用表格格式】下拉菜单中找到套用的表样式，然后在其上单击鼠标右键，在弹出的快捷菜单中选择【删除】命令。

Step07 经过上步操作，即可看到应用

Step08 经上步操作后，即可让工作表中使用该表格样式的所有单元格都以默认的表格样式进行显示，如图 13-111 所示。

图 13-111

妙招技法

通过前面知识的学习，相信读者朋友已经掌握了 Excel 表格完善和美化的相关知识和操作。下面结合本章内容，给大家介绍一些实用技巧。

技巧 01：一次性对多张表格进行相同样式设置

在同一工作簿中，若要对多张表格样式或局部区域设置相同的样式，可使用一个简单的技巧来一次性搞定，其具体操作如下。

❶选中需要设置相同样式（或是格式）的工作表，让它们组成工作组，❷进行相应的样式或格式的设置，如这里设置字体、字号，最后选择任一工作表退出工作组状态即可，如图 13-112 所示。

图 13-112

技巧 02：为单元格设置背景色或图案

教学视频	光盘\视频\第 13 章\技巧 02.mp4

为了让工作表的背景更美观，整体更具有吸引力，除了可以为单元格填充颜色外，还可以为工作表填充喜欢的图片作为背景，其具体操作如下。

Step01 打开"光盘\素材文件\第 13 章\茶品介绍 .xlsx"文件，单击【页面布局】选项卡【页面设置】组中的【背景】按钮，如图 13-113 所示。

Step02 打开【插入图片】对话框，单击【来自文件】选项右侧的【浏览】按钮，如图 13-114 所示。

Step03 打开【插入图片】对话框，

❶选择背景图片的保存路径，❷在下方的列表框中选择需要添加的图片，❸单击【插入】按钮，如图 13-115 所示。

图 13-113

图 13-114

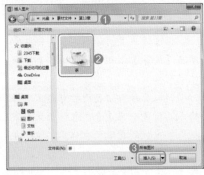

图 13-115

Step04 返回工作表中，可看到工作表的背景即变成插入图片后的效果，如图 13-116 所示。

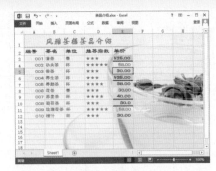

图 13-116

技巧 03：轻松扩大套用表格样式的区域范围

在为表格套用表格样式时，系统会将默认数据单元格区域作为应用区域范围。若是手动添加行列数据区域后，不用再一次套用表格样式或是通过其他方法来扩展表格样式的应用区域。我们可以通过拖动的方法来扩大表格样式的应用区域范围，其具体操作如下。

将鼠标光标移到已套用表格样式区域的右下角，当鼠标光标变成┘形状时，按住鼠标左键不放拖动，即可调整应用区域范围，如图 13-117 所示。

图 13-117

本章小结

通过本章知识的学习和案例练习，相信读者朋友已经掌握了完善和美化表格的方法。不过读者朋友们需要注意的是：表格美化不是随意添加各种修饰，主要作用还是突出重要数据，或方便读者查看。

如果只是对表格进行美化，适当设置单元格的字体格式、数字格式、对齐方式和边框即可；如果要突出表格中的数据，可以实行手动添加底纹，或设置单元格格式；如果需要让表格数据的可读性增加，可采用镶边行或镶边列的方式，这种情况下直接套用表格格式比较快捷。

第14章 Excel 公式的基础应用

- ➥ 公式是由哪些部分构成，你真的清楚吗？
- ➥ 单元格引用的类型你知道几种？相互间的快速转换方式是否明白？
- ➥ 删除公式，真的就只是按【Delete】键全部删除吗？
- ➥ 同类数据的合并计算只能手动或是分类汇总吗？

Excel 对数据的运算功能是非常强大的，而公式是学习 Excel 运算的基础，本章我们将进行对 Excel 的基础公式进行学习，如果对上面问题还有疑问，不必懊恼，下面通过本章知识的学习来攻克它们。

14.1 公式简介

在现代办公工作中，少不了会对一系列的数据进行计算或分析。如果还是依靠古老的手工计算或仅仅借助计算器，往往会让我们的工作任务变得十分繁重甚至痛苦不堪。有了 Excel，我们再也不用担心计算的问题了，无论是简单的数学计算还是复杂的数学问题，利用 Excel 我们都能轻松解决。Excel 相比其他计算工具的计算能力更快、更准、量更大。公式是实现数据计算的重要方式之一，运用公式可以使各类数据处理工作变得方便。使用 Excel 计算数据之前，本节我们先来了解公式的组成、公式中的常用运算符和优先级等知识。

14.1.1 认识公式

Excel 中的公式是存在于单元格中的一种特殊数据，它以字符等号【=】开头，表示单元格输入的是公式，而 Excel 会自动对公式内容进行解析和计算，并显示出最终的结果。

要输入公式计算数据，首先应了解公式的组成部分和意义。Excel 中的公式是对工作表中的数据执行计算的等式。它以等号【=】开始，运用各种运算符号将常量或单元格引用组合起来，形成公式的表达式，如【=A1+B2+C3】，该公式表示将 A1、B2 和 C3 这三个单元格中的数据相加求和。

使用公式计算实际上就是使用数据运算符，通过等式的方式对工作表中的数值、文本、函数等执行计算。公式中的数据可以是直接的数据，称为常量，也可以是间接的数据，如单

元格的引用、函数等。具体来说，输入单元格中的公式可以包含以下 5 种元素中的部分内容，也可以是全部内容。

（1）运算符：运算符是 Excel 公式中的基本元素，它用于指定表达式内执行的计算类型，不同的运算符进行不同的运算。

（2）常量数值：直接输入公式中的数字或文本等各类数据，即不用通过计算的值，如"3.1416""加班""2018-1-1""16:25"等。

（3）括号：括号控制着公式中各表达式的计算顺序。

（4）单元格引用：指定要进行运算的单元格地址，从而方便引用单元格中的数据。

（5）函数：函数是预先编写的公式，它们利用参数按特定的顺序或结构进行计算，可以对一个或多个值进行计算，并返回一个或多个值。

★ 重点 14.1.2 公式中的运算符

Excel 中的公式等号【=】后面的内容就是要计算的各元素（即操作数），各操作之间由运算符分隔。运算符是公式中不可缺少的组成元素，它决定了公式中的元素执行的计算类型。

Excel 中除了支持普通的数学运算外，还支持多种比较运算和字符串运算等，下面分别为大家介绍在不同类型的运算中可使用的运算符。

1. 算术运算符

算术运算是最常见的运算方式，也就是使用加、减、乘、除等运算符完成基本的数学运算、合并数字以及生成数值结果等，是所有类型运算符中使用效率最高的。在 Excel 2013 中可以使用的算术运算符如表 14-1 所示。

表 14-1　算术运算符

算术运算符符号	具体含义	应用示例	运算结果
＋（加号）	加法	6+3	9
－（减号）	减法或负数	6-3	3
*（乘号）	乘法	6×3	18
/（除号）	除法	6÷3	2
%（百分号）	百分比	6%	0.06
^（求幂）	求幂（乘方）	6^3	216

2. 比较运算符

在了解比较运算时，首先需要了解两个特殊类型的值，一个是【TRUE】，另一个是【FALSE】，它们分别表示逻辑值【真】和【假】或者理解为【对】和【错】，也称为【布尔值】。例如，假如我们说 1 是大于 2 的，那么这个说法是错误的，我们可以使用逻辑值【FALSE】表示。

Excel 中的比较运算主要用于比较值的大小和判断，而比较运算得到的结果就是逻辑值【TRUE】或【FALSE】。要进行比较运算，通常需要运算【大于】【小于】【等号】之类的比较运算符，Excel 2013 中的比较运算符及含义如表 14-2 所示。

表 14-2　比较运算符

比较运算符符号	具体含义	应用示例	运算结果
＝（等号）	等于	A1=B1	若单元格 A1 的值等于 B1 的值，则结果为 TRUE，否则为 FALSE
＞（大于号）	大于	18＞10	TRUE
＜（小于号）	小于	3.1415＜3.15	TRUE
＞＝（大于等于号）	大于或等于	3.1415＞＝3.15	FALSE
＜＝（小于等于号）	小于或等于	PI( )＜＝3.14	FALSE
＜＞（不等于号）	不等于	PI( )＜＞3.1416	TRUE

技术看板

比较运算符也适用于文本。如果 A1 单元格中包含 Alpha，A2 单元格中包含 Gamma，则 "A1＜A2" 公式将返回 "TRUE"，因为 Alpha 在字母顺序上排在 Gamma 的前面。

"＝" 符号应用在公式开头，用于表示该单元格内存储的是一个公式，是需要进行计算的，当其应用于公式中时，通常用于表示比较运算，判断 "＝" 左右两侧的数据是否相等。另外需要注意，任意非 0 的数值如果转换为逻辑值后结果为 "TRUE"，数值 0 转换为逻辑值后结果为 "FALSE"。

3. 文本连接运算符

在 Excel 中，文本内容也可以进行公式运算，使用【&】符号可以连接一个或多个文本字符串，以生成一个新的文本字符串。需要注意，在公式中使用文本内容时，需要为文本内容加上引号（英文状态下的），以表示该内容为文本。例如，要将两段文字【北京】和【水立方】连接为一段文字，可以输入公式【=" 北京 "&" 水立方 "】，最后公式得到的结果为【北京水立方】。

使用文本运算符也可以连接数值，数值可以直接输入，不用再添加引号了。例如，要将两段文字【北京】和【2018】连接为一段文字，可以输入公式【=" 北京 "&2018】，最后公式得到的结果为【北京2018】。

使用文本运算符还可以连接单元格中的数据。例如，A1 单元格中包含 123，A2 单元格中包含 456，则输入【=A1&A2】，Excel 会默认将 A1 和 A2 单元格中的内容连接在一起，即等同于输入【123456】。

技术看板

从表面上看，使用文本运算符连接数字得到的结果是文本字符串，但是如果在数学公式中使用这个文本字符串，Excel 会把它看成数值。

4. 引用运算符

引用运算符是与单元格引用一起使用的运算符，用于对单元格进行操作，从而确定用于公式或函数中进行计算的单元格区域。引用运算符主要包括范围运算符、联合运算符和交集运算符，引用运算符包含的具体运算符如表 14-3 所示。

表 14-3　引用运算符

引用运算符符号	具体含义	应用示例	运算结果
:（冒号）	范围运算符，生成指向两个引用之间所有单元格的引用（包括这两个引用）	A1:B3	引用 A1、A2、A3、B1、B2、B3 共 6 个单元格中的数据
,（逗号）	联合运算符，将多个单元格或范围引用合并为一个引用	A1,B3:E3	引用 A1、B3、C3、D3、E3 共 5 个单元格中的数据
（空格）	交集运算符，生成对两个引用中共有的单元格的引用	B3:E4 C1:C5	引用两个单元格区域的交叉单元格，即引用 C3 和 C4 单元格中的数据

5. 括号运算符

除了以上用到的运算符外，Excel 公式中常常还会用到括号。在公式中，括号运算符用于改变 Excel 内置的运算符优先次序，从而改变公式的计算顺序。每一个括号运算符都由一个左括号搭配一个右括号组成。在公式中，会优先计算括号运算符中的内容。因此，当需要改变公式求值的顺序时，可以像我们熟悉的日常数学计算一样，使用括号来提升运算级别。比如需要先计算加法然后再计算除法，可以利用括号将公式按需要来实现，将先计算的部分用括号涵盖起来。如在公式【=(A1+1) / 3】中，将先执行【A1+1】运算，再将得到的和除以 3 得出最终结果。

也可以在公式中嵌套括号，嵌套是把括号放在括号中。如果公式包含嵌套的括号，则会先计算最内层的括号，逐级向外。Excel 计算公式中使用的括号与我们平时使用的数学计算式不一样，无论公式多复杂，凡是需要提升运算级别均使用小括号【（）】。比如数学公式【=(4+5)×[2+(10-8)÷3]+3】，在 Excel 中的表达式为【=(4+5)*(2+(10-8) / 3)+3】。如果在 Excel 中使用了很多层嵌套括号，相匹配的括号会使用相同的颜色。

★ 重点 14.1.3　熟悉公式中运算优先级

运算的优先级？说直白一点就是运算符的先后使用顺序。为了保证公式结果的单一性，Excel 中内置了运算符的优先次序，从而使公式按照这一特定的顺序从左到右计算公式中的各操作数，并得出计算结果。

公式的计算顺序与运算符优先级有关。运算符的优先级决定了当公式中包含多个运算符时，先计算哪一部分，后计算哪一部分。如果在一个公式中包含了多个运算符，Excel 将按表 14-4 所示的次序进行计算。如果一个公式中的多个运算符具有相同的优先顺序（例如，如果一个公式中既有乘号又有除号），Excel 将从左到右进行计算。

表 14-4　Excel 运算符的优先级

优先顺序	运算符	说明
1	:,	引用运算符：冒号，单个空格和逗号
2	—	算术运算符：负号（取得与原值正负号相反的值）
3	%	算术运算符：百分比
4	^	算术运算符：乘幂
5	* 和 /	算术运算符：乘和除
6	＋和－	算术运算符：加和减
7	&	文本运算符：连接文本
8	=,<,>,<=,>=,<>	比较运算符：比较两个值

技术看板

Excel 中的计算公式与日常使用的数学计算式相比，运算符号有所不同，其中算术运算符中的乘号和除号分别用【*】和【/】符号表示，请注意区别于数学中的×和÷，比较运算符中的大于等于号、小于等于号、不等于号分别用【>=】【<=】和【<>】符号表示，请注意区别于数学中的≥、≤和≠。

14.2 公式的输入和编辑

在 Excel 中对数据进行计算时，读者可以根据表格的需要来自定义公式进行数据的运算。输入公式后，我们还可以进一步编辑公式，如对输入错误的公式进行修改，通过复制公式，让其他单元格应用相同的公式，还可以删除公式。本节就来介绍公式的使用方法。

★ 重点 14.2.1 在领用记录表中输入公式

实例门类	软件功能
教学视频	光盘\视频\第 14 章\14.2.1.mp4

在工作表中进行数据的计算，首先要输入相应的公式。输入公式的方法与输入文本的方法类似，只需将公式输入相应的单元格中，即可计算出数据结果。可以在单元格中输入，也可以在编辑栏中输入。但是在输入公式时首先要输入【=】符号作为开头，然后才是公式的表达式。

下面，在"办公用品领用表"工作簿中，通过使用公式计算出第一项办公用品金额数据，具体操作如下。

Step 01 打开"光盘\素材文件\第 14 章\办公用品领用表.xlsx"文件，❶ 选择需要放置计算结果的 G3 单元格，❷ 在编辑栏中输入【=】，❸ 选择 E3 单元格，如图 14-1 所示。

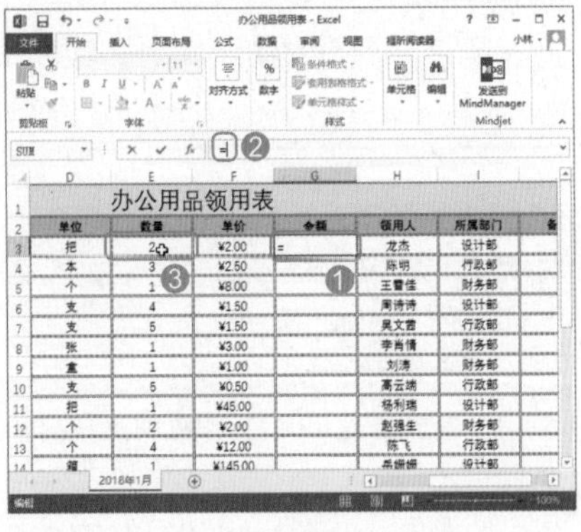

图 14-1

Step 02 经过上步操作，即可引用 E3 单元格中的数据。❶ 继续在编辑栏中输入运算符并选择相应的单元格进行引用，完成表达式的输入，❷ 按

【Ctrl+Enter】组合键确认输入公式，即可在 G3 单元格中计算出公式结果，如图 14-2 所示。

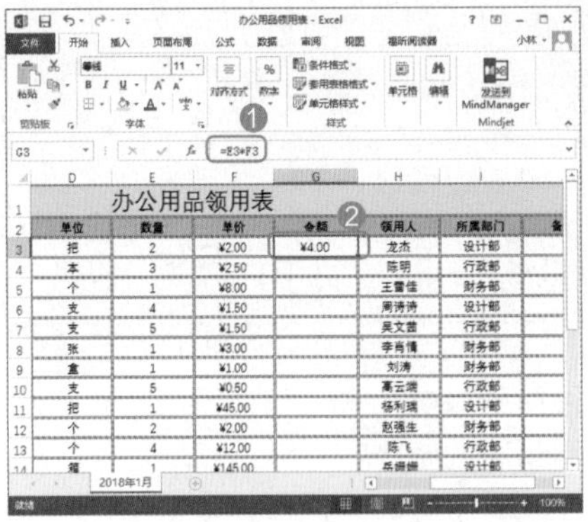

图 14-2

14.2.2 修改领用记录表中的公式

建立公式时难免会出现错误，这时可以重新编辑公式，直接修改公式出错的地方。首先选择需要修改公式的单元格，然后使用修改文本的方法对公式进行修改即可。修改公式需要进入单元格编辑状态进行修改，具体修改方法有两种，一种是直接在单元格中进行修改，另一种是在编辑栏中进行修改。

1. 在单元格中修改公式

双击要修改公式的单元格，让其显示出公式，然后将文本插入点定位到出错的数据处。删除错误的数据并输入正确的数据，再按【Enter】键确认输入。

2. 在编辑栏中修改公式

选择要修改公式的单元格，然后在编辑栏中定位文本插入点至需要修改的数据处。删除编辑栏中错误的数据并输入正确的数据，再按【Enter】键确认输入。

★ 重点 14.2.3 实战：复制领用记录表中的公式

实例门类	软件功能
教学视频	光盘\视频\第 14 章\14.2.3.mp4

有时候需要在一个工作表中使用公式进行一些类似数据的计算，如果在单元格中逐个输入公式进行计算，则会增加计算的工作量。此时复制公式是进行快速计算数据的最佳方法，因为在将公式复制到新的位置后，公式中的相对引用单元格将会自动适应新的位置并计算出新的结果。避免了手动输入公式内容的麻烦，提高了工作效率。

复制公式的方法与复制文本的方法基本相似，主要有以下几种方法实现。

（1）选择【复制】命令复制：选择需要被复制公式的单元格，单击【开始】选项卡【剪贴板】组中的【复制】按钮，然后选择需要复制相同公式的目标单元格，再在【剪贴板】组中单击【粘贴】按钮即可。

（2）通过快捷菜单复制：选择需要被复制公式的单元格，在其上单击鼠标右键，在弹出的快捷菜单中选择【复制】命令，然后在目标单元格上单击鼠标右键，在弹出的快捷菜单中选择【粘贴】命令复制公式。

（3）按快捷键复制：选择需要被复制公式的单元格，按【Ctrl+C】组合键复制单元格，然后选择需要复制相同公式的目标单元格，再按【Ctrl+V】组合键进行粘贴即可。

（4）拖动控制柄复制：选择需要被复制公式的单元格，移动鼠标光标到该单元格的右下角，待鼠标光标变成+形状时，按住鼠标左键不放拖动到目标单元格后释放鼠标即可复制公式到鼠标拖动经过的单元格区域。

下面在"办公用品领用表"工作簿中，通过拖动控制柄复制公式的方法快速计算出每项办公用品的对应金额，具体操作如下。

Step01 选择 G3 单元格，将鼠标光标移动到该单元格区域的右下方，当其变为+形状时，按住鼠标左键不放并向下拖动鼠标至 G25 单元格，如图 14-3 所示。

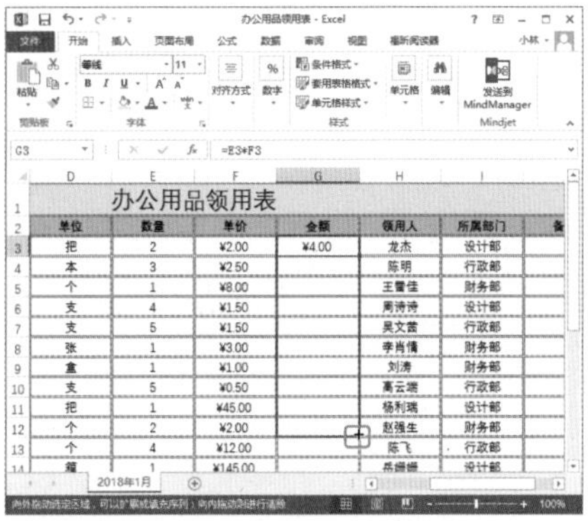

图 14-3

Step02 释放鼠标即可完成公式的复制，在 G4:G25 单元格区域中将自动计算出复制公式的结果，效果如图 14-4 所示。

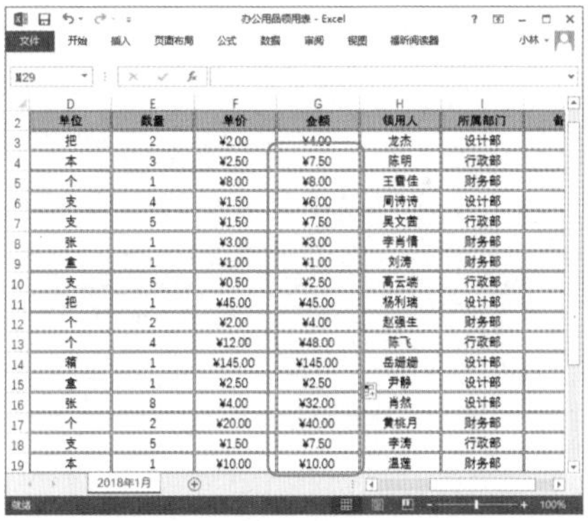

图 14-4

★ 重点 14.2.4 实战：删除公式

实例门类	软件功能
教学视频	光盘\视频\第 14 章\14.2.4.mp4

在 Excel 2013 中，删除单元格中的公式有两种情况，一种是不需要单元格中的所有数据了，选择单元格后直接按【Delete】键删除即可；另一种情况，只是为了删除单元格中的公式，而需要保留公式的计算结果。此时可利用【选择性粘贴】功能将公式结果转化为数值，这样即使改变被引用公式的单元格中的数据，其结果也不会发生变化。

例如，要将"办公用品领用表"工作簿中计算数据的公式删除，只保留其计算结果，具体操作如下。

Step01 ❶ 选中 G2:G25 单元格区域，并在其上单击鼠标右键，❷ 在弹出的快捷菜单中选择【复制】命令，如图 14-5 所示。

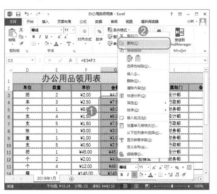

图 14-5

Step02 ❶ 单击【剪贴板】组中的【粘贴】按钮，❷ 在弹出的下拉列表的【粘贴数值】栏中选择【值】选项，如图 14-6 所示。

Step03 经过上步操作，G3:G25 单元格区域中的公式已被删除。选择该单元格区域中的某个单元格后，在编辑栏中只显示对应的数值，如图 14-7 所示。

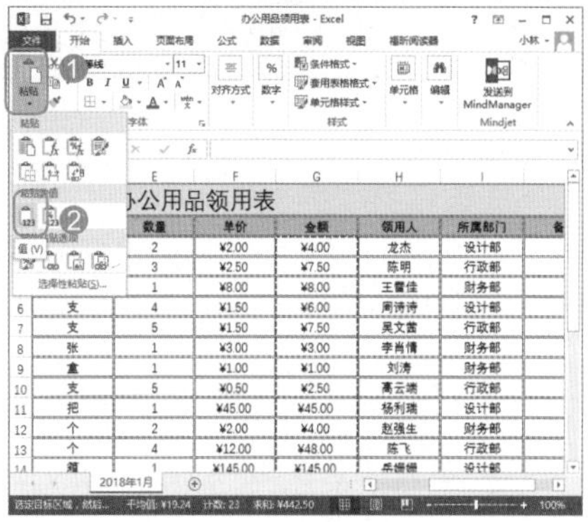

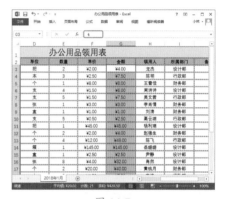

图 14-6

图 14-7

技术看板

复制数据后，在【粘贴】下拉列表中单击【值】按钮，将只复制内容而不复制格式，若所选单元格区域中原来是公式，将只复制公式的计算结果；单击【公式】按钮，将只复制所选单元格区域中的公式；单击【公式和数字格式】按钮，将复制所选单元格区域中的所有公式和数字格式；单击【值和数字格式】按钮，将复制所选单元格区域中的所有数值和数字格式，若所选单元格区域中原来是公式，将只复制公式的计算结果和其数字格式；单击【无边框】按钮，将复制所选单元格区域中除了边框以外的所有内容；单击【保留源列宽】按钮，将从一列单元格到另一列单元格复制列宽信息。

14.3 单元格的引用

在 Excel 中，单元格是工作表的最小组成元素，以左上角第一个单元格为原点，向下向右分别为行、列坐标的正方向，由此构成单元格在工作表上所处位置的坐标集合。在公式中使用坐标方式表示单元格在工作表中的"地址"实现对存储于单元格中的数据的调用，这种方法被称为单元格引用，可以告之 Excel 在何处查找公式中所使用的值或数据。本章我们就来深入了解单元格引用的一些原理和具体使用方法。

14.3.1 单元格引用与引用样式

在应用公式对 Excel 中的数据进行计算时，公式中用到的数据通常是来源于 Excel 表格中的，为了快速在公式中使用单元格或单元格区域中的数据，我们可以引用单元格或单元格区域。在 14.2 节中讲解的案例中就使用了单元格的引用。

一个引用地址就能代表工作表上的一个或者多个单元格或单元格区域。在 Excel 中引用单元格，实际上就是将单元格或单元格区域的地址作为索引，目的是引用该单元格或单元格区域中的数据。因此，引用的作用就在于标识工作表中的单元格或单元格区域，并指明公式中所使用的数据的地址。通过引用，读者可以在公式中使用工作表不同部分的数据；或者在多个公式中使用同一个单元格中的数值；还可以引用同一工作簿中不同工作表的单元格、不同工作簿的单元格，甚至其他应用程序中的数据。

引用单元格数据以后，公式的运算值将随着被引用的单元格数据变化而变化。当被引用的单元格数据被修改后，公式的运算值将自动修改。所以，使用单元格引用的方法更有利于以后的维护。

单元格的引用方法一般有以下两种。

（1）在计算公式中输入需要引用单元格的列标号及行标号，如 A5（表示 A 列中的第 5 个单元格）；A6:B7（表示从 A6 到 B7 之间的所有单元格）。

（2）在编写公式时直接单击选择需要运算的单元格，Excel 会自动将选择的单元格地址添加到公式中。

Excel 中的单元格引用有两种表示的方法，即 A1 和 R1C1 引用样式。

➡ A1 引用样式

以数字为行号、以英文字母为列标的标记方式被称为【A1 引用样式】，这是 Excel 默认使用的引用样式。在使用 A1 引用样式的状态下，工作表中的任意一个单元格都可以用【列标 + 行号】的表示方法来标识其在表格中的位置。

在 Excel 的名称框中输入【列标 + 行号】的组合来表示单元格地址，即可以快速定位到该地址。例如，在名称框中输入【C25】，就可以快速定位到列 C 和行 25 交叉处的单元格。如果要引用单元格区域，就请输入【左上角单元格地址：右下角单元格地址】的表示方法。

➡ R1C1 引用样式

R1C1 引用样式是以【字母"R" + 行数字 + 字母"C" + 列数字】来标识单元格的位置，其中字母 R 就是行（Row）的简写、字母 C 就是列（Column）的简写。这样的表示方式也就是传统习惯上的定位方式：第几行第几列。例如，R5C4 表示位于第五行第四列的单元格，即 D5 单元格。

在 R1C1 引用样式下，列标签是数字而不是字母。例如，在工作表列的上方看到的是 1，2，3，…而不是 A，B，C，…此时，在工作表的名称框中输入形如【RnCn】的组合，即表示 R1C1 引用样式的单元格地址，可以快速定位到该地址。

要在 Excel 2013 中打开 R1C1 引用样式，只需要打开【Excel 选项】对话框，单击【公式】选项卡，在【使用公式】栏中选中【R1C1 引用样式 (R)】复选框，如图 14-8 所示，单击【确定】按钮之后就会发现 Excel 2013 的引用模式改为 R1C1 模式了。如果要取消使用 R1C1 引用样式，则取消选中【R1C1 引用样式 (R)】复选框即可。

图 14-8

14.3.2 认识不同的单元格引用类型

根据表述位置相对性的不同方法，可分为 3 种不同的单元格引用方式，即【相对引用】【绝对引用】和【混合引用】。它们各自具有不同的含义和作用。下面用 A1 引用样式为例分别介绍相对引用、绝对引用和混合引用的使用方法。

1. 相对引用

相对引用是指引用单元格的相对地址，即从属单元格与引用单元格之间的位置关系是相对的。默认情况下，新公式使用相对引用。

使用 A1 引用样式时，相对引用

样式用数字 1，2，3，…表示行号，用字母 A，B，C，…表示列标，采用【列字母＋行数字】的格式表示，如 A1、E12 等。如果引用整行或整列，可省去列标或行号，如 1:1 表示第一行；A:A 表示 A 列。

采用相对引用后，当复制公式到其他单元格时，Excel 会保持从属单元格与引用单元格的相对位置不变，即引用的单元格位置会随着单元格复制后的位置发生改变。例如，在产品销售表的 F2 单元格中输入公式【=D2*E2】，如图 14-9 所示。

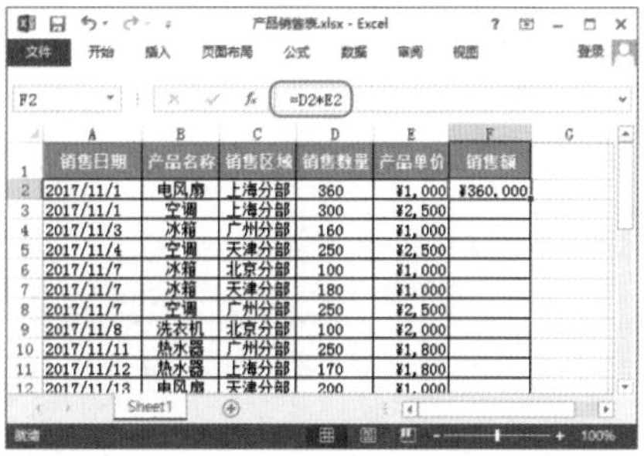

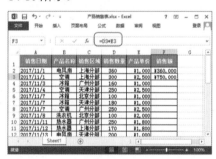

图 14-9

然后将公式复制到下方的 F3 单元格中，则 F3 单元格中的公式会变为【=D3*E3】。这是因为 D2 单元格相对于 F2 单元格来说，是其向左移动了 2 个单元格的位置，而 E2 单元格相对于 F2 单元格来说，是其向左移动了 1 个单元格的位置。因此在将公式复制到 F3 单元格时，始终保持引用公式所在的单元格向左移动 2 个单元格位置的 D3 单元格和其向左 1 个单元格位置的 E3 单元格，如图 14-10 所示。

图 14-10

2. 绝对引用

绝对引用和相对引用相对应，是指引用单元格的实际地址，从属单元格与引用单元格之间的位置关系是绝对的。当复制公式到其他单元格时，Excel 会保持公式中所引用单元格的绝对位置不变，结果与包含公式的单元格位置无关。

使用 A1 引用样式时，在相对引用的单元格的列标和行号前分别添加冻结符号【$】便可成为绝对引用。例如，在 C3 单元格中要计算出本月应缴水费，可以在 C3 单元格中输入公式【=B3*$B$1】，如图 14-11 所示。

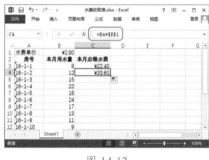

图 14-11

然后将公式复制到下方的 C4 单元格中，则 C4 单元格中的公式会变为【=B4*$B$1】，公式中采用绝对引用的 B1 单元格仍然保持不变，如图 14-12 所示。

图 14-12

3. 混合引用

混合引用是指相对引用与绝对引用同时存在于一个单元格的地址引用中。混合引用具有两种形式，即绝对

列和相对行、绝对行和相对列。绝对引用列采用 $A1、$B1 等形式，绝对引用行采用 A$1、B$1 等形式。

在混合引用中，如果公式所在单元格的位置改变，则绝对引用的部分保持绝对引用的性质，地址保持不变；而相对引用的部分同样保留相对引用的性质，随着单元格的变化而变化。

例如，在工作表中要计算出不同销量和售价情况下的总销售额，可以在目标单元格中输入公式，如图 14-13 所示。

图 14-13

然后将公式复制到右侧的 C3 单元格中（行不变，列改变），公式会变为【=$A3*C$2】，公式中采用绝对引用列的部分不会发生改变（即 $A3 单元格仍然保持不变），而采用相对引用列的部分就会自动改变引用位置（B$2 变成了 C$2），如图 14-14 所示。

图 14-14

再将 B3 单元格中的公式复制到下方的 B4 单元格中（行改变，列不变），则 B4 单元格中的公式会变为【=$A4*B$2】，公式中采用绝对引用行的部分不会发生改变（即 B$2 单元格仍然保持不变），而采用相对引用行的部分就会自动改变引用位置（$A3 变成了 $A4），如图 14-15 所示。

图 14-15

技能拓展——快速切换 4 种不同的单元格引用类型

在 Excel 中创建公式时，可能需要在公式中使用不同的单元格引用方式。如果需要在各种引用方式间不断切换，来确定需要的单元格引用方式时，可按【F4】键快速在相对引用、绝对引用和混合引用之间进行切换。

技能拓展——R1C1 引用样式的相对、绝对和混合引用

在 R1C1 引用样式中，如果希望在复制公式时能够固定引用某个单元格地址，就不需要添加相对引用的标识符号 [ ]，将需要相对引用的行号和列标的数字包括起来。具体参见表 14-5 所示。

表 14-5　单元格引用类型及特性

引用类型	A1 样式	R1C1 样式	特性
相对引用	A1	R[*]C[*]	向右向下复制公式均会改变引用关系
行绝对列相对混合引用	A$1	R1C[*]	向下复制公式不改变引用关系
行相对列绝对混合引用	$A1	R[*]C1	向右复制公式不改变引用关系
绝对引用	$A$1	R1C1	向右向下复制，公式不改变引用关系

上表中的 * 符号代表数字，正数表示右侧或下方的单元格，负数表示左侧或上方的单元格。如果活动单元格是 A1，则单元格相对引用 R[1]C[1] 将引用下面一行和右边一列的单元格，即 B2。

R1C1 引用样式的行和列数据是可以省略的，例如，R[-2]C 表示对在同一列、上面两行的单元格的相对引用；R[-1] 表示对活动单元格整个上面一行单元格区域的相对引用；R 表示对当前行的绝对引用。

R1C1 引用样式对于计算位于宏内的行和列很有用。在 R1C1 样式中，Excel 指出了行号在 R 后而列号在 C 后的单元格的位置。当你录制宏时，Excel 将使用 R1C1 引用样式录制命令。例如，如果要录制这样的宏，当单击【自动求和】按钮时该宏插入将某区域中的单元格求和的公式，Excel 使用 R1C1 引用样式，而不是 A1 引用样式来录制公式。

14.4　数据的合并计算

在 Excel 中，合并计算就是把两个或两个以上的表格中具有相同区域或相同类型的数据运用相关函数（求和、计算、平均值等）进行运算后，再将结果存放到另一个区域中。

★ 重点 14.4.1　实战：按类合并计算销售数据

实例门类	软件功能
教学视频	光盘\视频\第 14 章\14.4.1.mp4

在合并计算时，如果所有数据在同一张工作表中，那么可以在同一张工作表中进行合并计算。

例如，要将汽车销售表中的数据根据季度和品牌合并各季度的销量总和，并将结果放置在同一张表中，具体操作如下。

Step 01 打开"光盘\素材文件\第 14 章\汽车销售表.xlsx"文件，❶ 在表格空白位置选择一处作为存放汇总结果的单元格区域，这里选择 A18 单元格，❷ 单击【数据】选项卡【数据工具】组中的【合并计算】按钮，如图 14-16 所示。

图 14-16

Step02 打开【合并计算】对话框，❶ 在【函数】下拉列表框中选择汇总方式，这里选择【求和】选项，❷ 在【引用位置】参数框中引用表格中需要求和的区域，这里选择 A1:G15 单元格区域，❸ 单击【添加】按钮，将选择的数据区域添加到下方的【所有引用位置】列表中，❹ 选择【标签位置】选项，这里选中【首行】和【最左列】复选框，❺ 单击【确定】按钮，如图 14-17 所示。

图 14-17

技能拓展——更改合并计算的汇总方式

在【合并计算】对话框的【函数】下拉列表框中还可以设置对数据进行的其他合并计算汇总方式，如平均值、计数等。

Step03 经过以上操作，即可合并计算出各季度每种产品的汇总结果，效果如图 14-18 所示。

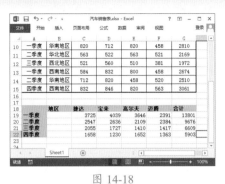

图 14-18

★ 重点 14.4.2 实战：在多张工作表中对业绩数据进行合并计算

实例门类	软件功能
教学视频	光盘\视频\第 14 章\14.4.2.mp4

除了可以对一张工作表进行合并计算外，还可以对多张工作表进行合并计算。参与合并计算的多张工作表可以在同一张工作簿中，也可以在多张工作簿的相同位置。操作方法与对一张工作表进行合并计算的方法基本相同，主要是在选择引用位置时选择的是不同工作表后不同的工作簿而已。

例如，要将"16 级月考成绩统计表"工作簿中的【第一次月考】和【第二次月考】工作表中的数据进行合并计算，并将结果放置在另一张工作表中，具体操作如下。

Step01 打开"光盘\素材文件\第 14 章\16 级月考成绩统计表 .xlsx"文件，❶ 新建一张空白工作表，并命名为【两次月考成绩统计】，❷ 选择该表格的 A1 单元格作为存放汇总结果的单元格区域，❸ 单击【数据】选项卡【数据工具】组中的【合并计算】按钮，如图 14-19 所示。

Step02 打开【合并计算】对话框，❶ 在【函数】下拉列表框中选择【求和】选项，❷ 在【引用位置】参数框中引用【第一次月考】工作表中的 A1:K31 单元格区域，❸ 单击【添加】按钮，

将选择的数据区域添加到【所有引用位置】列表中，如图 14-20 所示。

图 14-19

图 14-20

Step03 ❶ 在【引用位置】参数框中引用【第二次月考】工作表中的 A1:K31 单元格区域，❷ 单击【添加】按钮，将选中的数据区域添加到【所有引用位置】列表中，如图 14-21 所示。

图 14-21

Step04 ❶ 选择标签位置选项，这里选中【首行】和【最左列】复选框，❷ 单击【确定】按钮，如图 14-22 所示。

Step05 经过以上操作，即可合并计算出前两次月考每科成绩的汇总结果。将【第二次月考】工作表中的 B2:B31 单元格区域数据复制到【两次月考成绩统计】工作表的 B2:B31 单元格区域中，如图 14-23 所示。

图 14-22

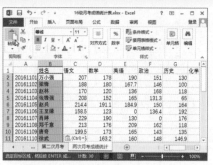

图 14-23

技术看板

在使用合并计算汇总时，需要注意的是一旦所使用的数据表中的数据发生变动后，通过合并计算所得到的数据汇总并不会自动更新，如果要使数据更新，可以选择【合并计算】对话框中的【创建连至数据源的链接】复选框，但此项功能对同一张工作表中的合并计算无效。

妙招技法

通过前面知识的学习，相信读者朋友已经掌握了公式输入与编辑的基本操作，也就是初级的公式使用方法。下面结合本章内容，给大家介绍一些实用技巧。

技巧 01: 使用除【=】开头外的其他符号输入公式

在一个空单元格中输入【=】符号时，Excel 就默认为该单元格中即将输入公式，因为公式都是以等号开头的。公式除了使用【=】开头进行输入外，Excel 还允许使用【＋】或【－】符号作为公式的开头。但是，Excel 总是在公式输入完毕后插入前导符号【=】。其中，以【＋】符号开头的公式第一个数值为正数，以【－】符号开头的公式第一个数值为负数。如在 Excel 中输入【+58+6+7】，即等同于输入【=58+6+7】；输入【−58+6+7】，即等同于输入【=−58+6+7】。

技巧 02: 快速对单元格数据统一进行数据简单运算

教学视频	光盘\视频\第 14 章\技巧 02.mp4

在编辑工作表数据时，可以利用【选择性粘贴】命令在粘贴数据的同时对数据区域进行计算。

例如，要将"销售表"中的各产品的销售数量快速乘以 2，具体操作

如下。

Step01 打开"光盘\素材文件\第 14 章\销售表 .xlsx"文件，❶选择一个空白单元格作为辅助单元格，这里选择 F2 单元格，并输入【2】，❷单击【开始】选项卡【剪贴板】组中的【复制】按钮，将单元格区域数据放入剪贴板中，如图 14-24 所示。

图 14-24

Step02 ❶选择要修改数据的 C2:C7 单元格区域，❷单击【剪贴板】组中的【粘贴】下拉按钮，❸在弹出的下拉菜单中选择【选择性粘贴】命令，如图 14-25 所示。

Step03 打开【选择性粘贴】对话框，❶在【运算】栏中选中相应的简单计算单选按钮，这里选中【乘】单选按钮，❷单击【确定】按钮，如图

14-26 所示。

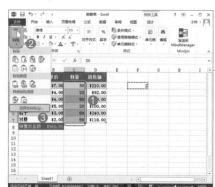

图 14-25

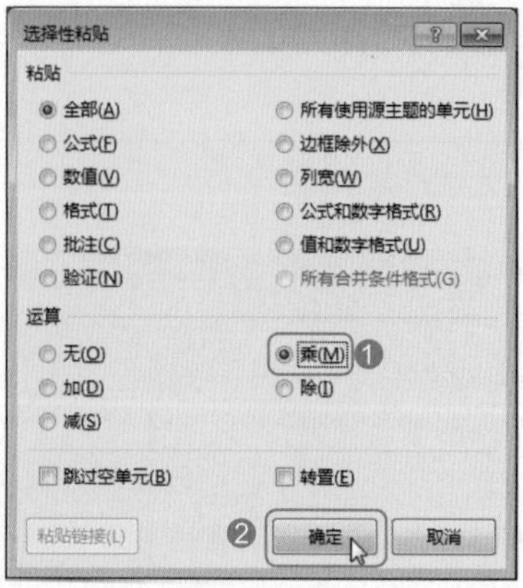

图 14-26

Step04 经过以上操作，表格中选择区域的数字都增加了 1 倍，效果如图 14-27 所示。

图 14-27

技巧03：手动让公式进行计算

教学视频	光盘\视频\第14章\技巧03.mp4

如果一个工作表中创建了多个复杂的公式，Excel的计算就可能变得非常缓慢。

如果希望控制Excel计算公式的时间，可以将公式计算模式调整为【手动计算】，具体操作如下。

Step01 打开"光盘\素材文件\第14章\预测某产品销售额1.xlsx"文件，❶单击【公式】选项卡【计算】组中的【计算选项】按钮，❷在弹出的下拉列表中选择【手动】选项即可，如图14-28所示。

图 14-28

Step02 经过上步操作，即可进入手动计算模式。复制C3单元格中的公式到D3单元格中，选择B3:D3单元格区域，向下拖动填充控制柄复制公式，此时所有单元格中的公式虽然都是正确的但都没有得到正确的计算值，如图14-29所示，单击【公式】选项卡【计算】组中的【开始计算】按钮。

图 14-29

Step03 经过上步操作，即可手动重新计算所有打开的工作簿（包括数据表），并更新所有打开的图表工作表，【预测某产品销售额1】工作表中的公式得到重新计算后的效果如图14-30所示。

图 14-30

技巧04：通过状态栏快速查看计算结果

如果需要查看某个单元格区域中的最大值、最小值、平均值、总和等，都需要一一进行计算的话就比较耗费时间。

Excel中提供了查看常规公式计算的快捷方法，只需进行简单设置即可，具体操作如下。

Step01 在状态栏上单击鼠标右键，在弹出的快捷菜单中选择需要查看结果的计算类型的相应命令，这里选择【平均值】命令，如图14-31所示。

图 14-31

Step02 选择需要计算的单元格区域，即可在状态栏中查看到该区域中数据的平均值，如图14-32所示。

图 14-32

本章小结

通过本章知识的学习和案例练习，相信读者朋友已经掌握了公式的基础应用。本章我们首先介绍了什么是公式，公式中的运算符有哪些，它们是怎样进行计算的。然后举例讲解了公式的录入与编辑操作。接着重点介绍了单元格的引用，读者需要熟练掌握不同类型单元格引用的表示方式，尤其为了简化工作表的计算采用复制公式的方法时如何才能得到正确的结果，使用正确的单元格引用方式是一个重点也是一个难点。最后作为拓展介绍了两种方式的合并计算。希望通过本章的学习，读者朋友能够对办公中的计算数据进行灵活运算。

第15章 Excel 公式的高级应用

➡ 数组维度、维数有几何，你知道吗？

➡ 数组公式在实际中怎样灵活应用？

➡ 为何要用名称参与公式计算，而不是直接引用单元格？

➡ 如何调试公式以及检查运行结果？

在本章中将会介绍一些高级的数据计算功能，但这些高级计算并不是函数，而是数组、名称等元素。惊奇吗？先忍住，小编坦白告诉你，学习完本章知识，你会更惊奇。

15.1 数组公式简介

对于希望精通 Excel 函数与公式的用户来说，数组运算和数组公式是必须跨越的门槛。本章首先来介绍数组的相关知识，让读者能够对数组有更深刻的理解。

15.1.1 认识数组公式

数组公式是相对于普通公式而言的，我们可以认为数组公式是 Excel 对公式和数组的一种扩充，换句话说，数组公式是 Excel 公式中一种专门用于数组的公式类型。

数组公式的特点就是所引用的参数是数组参数，当我们将数组作为公式的参数进行输入，就形成了数组公式。与普通公式的不同之处在于，数组公式能通过输入的这个单一公式，执行多个输入操作并产生多个结果，而且每个结果都将显示在一个单元格中。

普通公式（如【=SUM(B2:D2)】【=B8+C7+D6】等）只占用一个单元格，且只返回一个结果。而数组公式可以占用一个单元格，也可以占用多个单元格，数组的元素可多达6500 个。它对一组数或多组数进行多重计算，并返回一个或多个结果。因此，我们可以将数组公式看成有多重数值的公式，它会让公式中有对应关系的数组元素同步执行相关的计算，或在工作表的相应单元格区域中

同时返回常量数组、区域数组、内存数组或命名数组中的多个元素。

★ 重点 15.1.2 数组的维数

"维数"是数组中的一个重要概念，是指数组中不同维度的个数。根据维数的不同，可将数组划分为一维数组、二维数组、三维数组、四维数组……在 Excel 公式中，我们接触到的一般是一维数组或二维数组。Excel 中主要是根据行数与列数的不同进行一维数组和二维数组的区分的。

1. 一维数组

一维数组存于一行或一列单元格中。根据数组的方向不同，通常又在一维数组中分为一维横向数组和一维纵向数组，具体效果如图 15-1 所示。

图 15-1

当然，我们可以将一维数组简单地理解为是一行或一列单元格数据的集合，如图 15-1 所示的 B3:F3 和 B7:B11 单元格区域。

2. 二维数组

多行多列同时拥有纵向和横向两个维度的数组称为二维数组，具体效果如图 15-2 所示。

图 15-2

我们可以将二维数组看成一个多行多列的单元格数据集合，也可以看成多个一维数组的组合。如图 15-2 所示的 C4:F7 单元格区域是一个四行四列的二维数组。我们可以把它看成 C4:F4、C5:F5、C6:F6 与 C7:F7 这 4 个一维数组的组合。

由于二维数组各行或各列的元素个数必须相等，存在于一个矩形范围内，因此又称为【矩阵】，行列数相

等的矩阵称为【方阵】。

技能拓展——数组的维度

数组的维度是指数组的行列方向，一行多列的数组为横向数组（也称为【水平数组】或【列数组】），一列多行的数组为纵向数组（也称为【垂直数组】或【行数组】）。多行多列的数组则同时拥有横向和纵向两个维度。

15.1.3 数组的尺寸

数组的尺寸是用数组各行各列上包含的元素个数来表示的。一行N列的一维横向数组，我们可以用【1*N】来表示其尺寸；一列N行的一维纵向数组，我们可以用【N*1】来表示其尺寸；对于M行N列的二维数组，可以用【M*N】来表示其尺寸。

★ 重点 15.1.4 Excel 2013 中数组的存在形式

在 Excel 中，根据构成元素的不同，还可以把数组分为常量数组、单元格区域数组、内存数组和命名数组。

1. 常量数组

在 Excel 公式与函数应用中，常量数组是指直接在公式中写入的数组元素，但必须手动输入大括号 {} 将构成数组的常量括起来，各元素之间分别用半角分号【:】和半角逗号【,】来间隔行和列。常量数组不依赖单元格区域，可直接参与公式运算。

顾名思义，常量数组的组成元素只可以是常量元素，绝不能是函数、公式、单元格引用或其他数组。常量

数组中可以包含数字、文本、逻辑值和错误值等，而且可以同时包含不同的数据类型，但不能包含带有逗号、美元符号、括号、百分号的数字。

常量数组只具有行、列（或称水平、垂直）两个方向，因此只能是一维或二维数组。

一维横向常量数组的各元素之间用半角逗号【,】间隔，如【={"A","B","C","D","E"}】表示尺寸为 1 行 *5 列的文本型常量数组，【={1,2,3,4,5}】表示尺寸为 1 行 *5 列的数值型常量数组。

一维纵向常量数组的各元素之间用半角分号【;】间隔，例如，【={"张三";"李四";"王五"}】表示尺寸为 3 行 *1 列的文本型常量数组；【={1;2;3;4;5}】表示尺寸为 5 行 *1 列的数值型常量数组。

二维常量数组在表达方式上与一维数组相同，即数组的每一行上的各元素之间用半角逗号【,】间隔，每一列上的各元素之间用半角分号【;】间隔，如【={1,2," 我爱Excel!";"2018-7-8",TRUE,#N/A}】表示尺寸为 2 行 *3 列的二维混合数据类型的常量数组，包含数值、文本、日期、逻辑值和错误值，具体效果如图 15-3 所示。

图 15-3

二维数组中的元素总是按先行后列的顺序排列，即表达为【{ 第一行的第一个元素，第一行的第二个元素，第一行的第三个元素……；第二行的第一个元素，第二行的第二个元素，第二行的第三个元素……；第三

行的第一个……}】。

2. 单元格区域数组

如果在公式或函数参数中引用工作表的某个连续单元格区域，且其中函数参数不是单元格引用或区域类型（reference、ref 或 range），也不是向量（vector）时，Excel 会自动将该区域引用转换为有区域中各单元格的值构成的同维数同尺寸的数组，也称为单元格区域数组。

简而言之，单元格区域数组是特定情况下通过对一组连续的单元格区域进行引用，被 Excel 自动转换得到的数组。这类数组是用户在利用【公式求值】功能查看公式运算过程时常看到的。例如，在数组公式中，{A1:B8} 是一个 8 行 *2 列的单元格区域数组。Excel 会自动在数组公式外添加括号【{}】，手动输入【{}】符号是无效的，Excel 会认为输入的是一个正文标签。

3. 内存数组

内存数组只出现在内存中，并不是最终呈现的结果。它是指某一公式通过计算，在内存中临时返回多个结果值构成的数组。而该公式的计算结果并不需要存储到单元格区域中，而是作为一个整体直接又嵌入其他公式中继续参与运算了。该公式本身就被称为内存数组公式。

4. 命名数组

命名数组是指使用命名的方式为常量数组、区域数组、内存数组定义了名称的数组。该名称可以在公式中作为数组来调用。

在数据验证（有效性序列除外）和条件格式的自定义公式中不接受常量数组，我们就可以将其命名后，直接调用名称进行运算。

15.2 使用数组公式完成多项计算

Excel 中数组公式非常有用，可建立产生多值或对一组值而不是单个值进行操作的公式。掌握数组公式的相关技能技巧，当在不能使用工作表函数直接得到结果，需要对一组或多组数据进行多重计算时，方可大显身手。本节将介绍在 Excel 2013 中数组公式的使用方法，包括输入和编辑数组、了解数组的计算方式等。

★ 重点 15.2.1 输入数组公式

在 Excel 中数组公式的显示是用大括号 {} 括住以区分普通 Excel 公式。要使用数组公式进行批量数据的处理，首先要学会建立数组公式的方法，主要分为如下几个步骤。

Step 01 选择目标单元格或单元格区域，输入数组的计算公式。

Step 02 按【Ctrl+Shift+Enter】组合键锁定输入的数组公式并确认输入。

其中第 2 步按【Ctrl+Shift+Enter】组合键结束公式的输入是最关键的，这相当于用户在提示 Excel【输入的不是普通公式，是数组公式，需要特殊处理】，此时 Excel 就不会用常规的逻辑来处理公式了。

如果用户在输入公式后，第 2 步只按【Enter】键，则输入的只是一个简单的公式，Excel 只在选择的单元格区域的第 1 个单元格位置（选择区域的左上角单元格）显示一个计算结果。

★ 重点 15.2.2 数组公式的计算方式

实例门类	软件功能
教学视频	光盘\视频\第 15 章\15.2.2.mp4

为了以后能更好地运用数组公式，我们还需要了解数组公式的计算方式。下面根据数组运算结果的多少，我们将数组计算分为多单元格联合数组公式的计算和单个单元格数组公式计算两种分别进行讲解。

1. 多单元格联合数组公式

在 Excel 中使用数组公式可建立产生多值或对应一组值而不是单个值进行操作的公式，其中能产生多个计算结果并在多个单元格中显示出来的单一数组公式，称为【多单元格数组公式】。在数据输入过程中出现统计模式相同，而引用单元格不同的情况时，就可以使用多单元格数组公式来简化计算。需要联合多单元格数组的情况主要有以下几种。

技术看板

多单元格数组公式主要进行批量计算，可节省计算的时间。输入多单元格数组公式时，应先选择需要返回数据的单元格区域，选择的单元格区域的行、列数应与返回数组的行、列数相同。否则，如果选中的区域小于数组返回的行列数，将只显示该单元格区域的返回值，其他的计算结果将不显示。如果选择的区域大于数组返回的行列数，那超出的区域将会返回【#N/A】值。因此在输入多单元格数组公式前，需要了解数组结果是几行几列。

（1）数组与单一数据的运算。

一个数组与一个单一数据进行运算，等同于将数组中的每一个元素均与这个单一数据进行计算，并返回同样大小的数组。

例如，在"水费收取表"工作簿中，要为所有家庭计算出对应的水费，通过输入数组公式快速得到计算结果的具体操作如下。

Step 01 打开"光盘\素材文件\第 15 章\水费收取表.xlsx"文件，❶ 选中 C3:C14 单元格区域，❷ 在编辑栏中输入【=B3:B14*B1】，如图 15-4 所示。

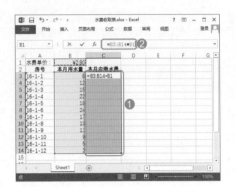

图 15-4

Step 02 按【Ctrl+Shift+Enter】组合键后，可看到编辑栏中的公式变为【{=B3:B14*B1}】，同时会在 C3:C14 单元格区域中显示出计算的数组公式结果，如图 15-5 所示。

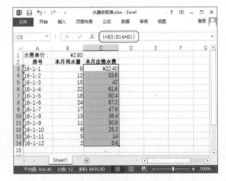

图 15-5

技术看板

该案例中的数组公式相当于在 C3 单元格中输入公式【=B3*$B$1】，然后通过拖动填充控制柄复制公式到 C4:C14 单元格区域中。

（2）一维横向数组或一维纵向数组之间的计算。

一维横向数组或一维纵向数组之间的运算，也就是单列与单列数组或单行与单行数组之间的运算。

相比数组与单一数据的运算，只是参与运算的数据都会随时变动而已，其实质是两个一维数组对应元素间进行运算，即第一个数组的第一个元素与第二个数组的第一个元素进行运算，结果作为数组公式结果的第一个元素，然后第一个数组的第二个元素与第二个数组的第二个元素进行运算，结果作为数组公式结果的第二个元素，接着是第三个元素……直到第N个元素。一维数组之间进行运算后，返回的仍然是一个一维数组，其行、列数与参与运算的行、列数组的行、列数相同。

例如，在产品销售表中，需要计算出各产品的销售额，即让各产品的销售量乘以其销售单价。通过输入数组公式快速得到计算结果的具体操作如下。

Step01 打开"光盘\素材文件\第15章\产品销售表.xlsx"文件，❶ 选中F2:F32单元格区域，❷ 在编辑栏中输入【=D2:D32*E2:E32】，如图15-6所示。

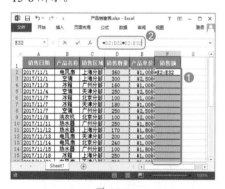

图 15-6

技术看板

该案例中D2:D32*E2:E32是两个一维数组相乘，返回一个新的一维数组。该案例如果使用普通公式进行计算，通过复制公式也可以得到需要的结果，但若需要对100行甚至更多行数据进行计算，光复制公式也会比较麻烦。

Step02 按【Ctrl+Shift+Enter】组合键后，可看到编辑栏中的公式变为【{=D2:D32*E2:E32}】，在F2:F32单元格区域中同时显示出计算的数组公式结果，如图15-7所示。

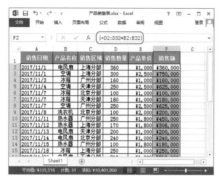

图 15-7

（3）一维横向数组与一维纵向数组的计算。

一维横向数组与一维纵向数组进行运算后，将返回一个二维数组，且返回数组的行数同一维纵向数组的行数相同、列数同一维横向数组的列数相同。返回数组中第M行第N列的元素是一维纵向数组的第M个元素和一维横向数组的第N个元素运算的结果。具体的计算过程我们可以通过查看一维横向数组与一维纵向数组进行运算后的结果来进行分析。

例如，在"预测某产品销售额"工作表中已经将预测的销售价格输入成一组横向数组，并将预计的销售量输入成一组纵向数组，需要通过输入数组公式计算每种销售组合可能性下的销售价格，具体操作如下。

Step01 打开"光盘\素材文件\第15章\预测某产品销售额.xlsx"文件，❶ 选中B3:D12单元格区域，❷ 在编辑栏中输入【=A3:A12*B2:D2】，如图15-8所示。

Step02 按【Ctrl+Shift+Enter】组合键后，可看到编辑栏中的公式变为【{=A3:A12*B2:D2}】，在B3:D12单元格区域中同时显示出计算的数组公式结果，如图15-9所示。

图 15-8

图 15-9

（4）行数（或列数）相同的单列（或单行）数组与多行多列数组的计算。

单列数组的行数与多行多列数组的行数相同时，或单行数组的列数与多行多列数组的列数相同时，计算规律与一维横向数组或一维纵向数组之间的运算规律大同小异，计算结果将返回一个多行列的数组，其行、列数与参与运算的多行多列数组的行列数相同。单列数组与多行多列数组计算时，返回的数组的第M行第N列的数据等于单列数组的第M行的数据与多行多列数组的第M行第N列的数据的计算结果；单行数组与多行多列数组计算时，返回的数组的第M行第N列的数据等于单行数组的第N列的数据与多行多列数组的第M行第N列的数据的计算结果。

例如，在【生产完成率统计】工作表中已经将某一周预计要达到的生产量输入成一组纵向数组，并将各产品的实际生产数量输入成一个二维数组，需要通过输入数组公式计算每种产品每天的实际完成率，具体操作如下。

Step 01 打开"光盘\素材文件\第15章\生产完成率统计.xlsx"文件，❶合并B11:G11单元格区域，并输入相应的文本，❷选中B12:G19单元格区域，❸在编辑栏中输入【=B3:G9/A3:A9】，如图15-10所示。

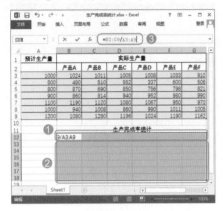

图 15-10

Step 02 按【Ctrl+Shift+Enter】组合键后，可看到编辑栏中的公式变为【{=B3:G9/A3:A9}】，在B12:G19单元格区域中同时显示出计算的数组公式结果，如图15-11所示。

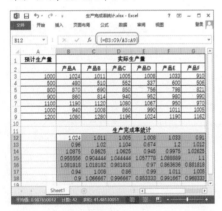

图 15-11

Step 03 ❶为整个结果区域设置边框线，❷在第11行单元格的下方插入一行单元格，并输入相应的文本，❸选择B12:G19单元格区域，❹单击【开始】选项卡【数字】组中的【百分比样式】按钮%，让计算结果显示为百分比样式，如图15-12所示。

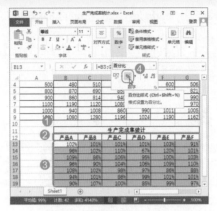

图 15-12

（5）行列数相同的二维数组间的运算。

行列相同的二维数组之间的运算，将生成一个新的同样大小的二维数组。其计算过程等同于第一个数组的第一行的第一个元素与第二个数组的第一行的第一个元素进行运算，结果为数组公式的结果数组的第一行的第一个元素，接着是第二个，第三个……直到第N个元素。

例如，在"月考平均分统计"工作表中已经将某些同学前三次月考的成绩分别统计为一个二维数组，需要通过输入数组公式计算这些同学三次考试的每科成绩平均分，具体操作如下。

Step 01 打开"光盘\素材文件\第15章\月考平均分统计.xlsx"文件，❶选择B13:D18单元格区域，❷在编辑栏中输入【=(B3:D8+G3:I8+L3:N8)/3】，如图15-13所示。

图 15-13

Step 02 按【Ctrl+Shift+Enter】组合键后，即可看到编辑栏中的公式变为【{=(B3:D8+G3:I8+L3:N8)/3}】，在B13:D18单元格区域中同时显示出计算的数组公式结果，如图15-14所示。

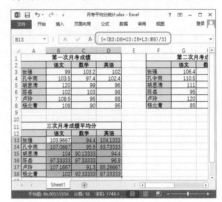

图 15-14

2. 单个单元格数组公式

通过前一节对数组公式的计算规律的讲解和案例分析后，不难发现以下两点：一是，一维数组公式经过运算后，得到的结果可能是一维的，也可能是多维的，存放在不同的单元格区域中；二是，有二维数组参与的公式计算，其结果也是一个二维数组。总之，数组与数组的计算，返回的将是一个新的数组，其行数与参与计算的数组中行数较大的数组的行数相同，列数与参与计算的数组中列数较大的数组的列数相同。

有一个共同点，不知道你发现了没有，前面我们讲解的数组运算都是普通的公式计算，如果我们将数组公式运用到函数中呢，结果又会如何？结果是，上面得出的两个结论都会被颠覆。将数组用于函数计算中，计算的结果可能是一个值也可能是一个一维数组或者二维数组。

由于函数的内容我们还要在后面的章节中讲解，这里先举一个简单的例子来进行说明。例如，要在"产品销售表1"工作表中使用一个函数来完成对所有产品的总销售额进行计提统计，具体操作如下。

Step01 打开"光盘\素材文件\第 15 章\产品销售表 1.xlsx"文件，❶合并 C34:D34 单元格区域，并输入相应文本，❷在 E34 单元格中输入【=SUM(D2:D32*E2:E32)*0.05】，如图 15-15 所示。

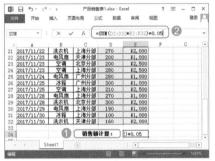

图 15-15

Step02 按【Ctrl+Shift+Enter】组合键后，即可看到编辑栏中的公式变为【{=SUM(D2:D32*E2:E32)*0.05}】，在 E34 单元格中同时显示出计算的数组公式结果，如图 15-16 所示。

图 15-16

技术看板

不难发现，当运算中存在一些只有通过复杂的中间运算过程才会得到结果的情况时，就必须结合使用函数和数组了。

本例中的公式还可以用 SUMPRODUCT 函数来代替，输入【=SUMPRODUCT(F3:F11*G3:G11)*H1】即可。SUMPRODUCT 函数的所有参数都是数组类型的参数，直接支持多项计算，具体应用参考后面的章节。

★ 重点 15.2.3　数组的扩充功能

在公式或函数中使用数组时，参与运算的对象或参数应该和第一个数组的维数匹配，也就是说要注意数组行列数的匹配。对于行列数不匹配的数组，在必要时，Excel 会自动将运算对象进行扩展，以符合计算需要的维数。每一个参与运算的数组的行数必须与行数最大的数组的行数相同，列数必须与列数最大的数组的列数相同。

当数组与单一数据进行运算时，如【=H3:H6+15】公式中的第一个数组为 1 列 ×4 行，而第二个数据并不是数组，而是一个数值，为了让第二个数值能与第一个数组进行匹配，Excel 会自动将数值扩充成 1 列 ×4 行的数组 {15;15;15;15}。所以，最后是使用【{=H3:H6+{15;15;15;15}}】公式进行计算。

例如一维横向数组与一维纵向数组的计算，如公式【={10;20;30;40}+{50,60}}】的第一个数组 {10;20;30;40} 为 4 行 ×1 列，第二个数组 {50,60} 为 1 行 ×2 列，在计算时，Excel 会自动将第一个数组扩充为一个 4 行 ×2 列的数组 {10,10;20,20;30,30;40,40}，也会将第二个数组扩充为一个 4 行 ×2 列的数组 {50,60;50,60;50,60;50,60}，所以，最后是使用【{=10,10;20,20;30,30;40,40}+{50,60;50,60;50,60;50,60}}】公式进行计算。公式最后返回的数组也是一个 4 行 ×2 列的数组，数组的第 M 行第 N 列的元素等于扩充后的两个数组的第 M 行第 N 列的元素的计算结果。

如果行列数均不相同的两个数组进行计算，Excel 仍然会将数组进行扩展，只是在将区域扩展到可以填入比该数组公式大的区域时，已经没有扩大值可以填入单元格内，这样就会出现【#N/A】错误值。如

公式【{={1,2;3,4}+{1,2,3}}】的第一个数组为一个 2 行 ×2 列的数组，第二个数组 {1,2,3} 为 1 行 ×3 列，在计算时，Excel 会自动将第一个数组扩充为一个 2 行 ×3 列的数组 {1,2,#N/A;3,4,#N/A}，也会将第二个数组扩充为一个 2 行 ×3 列的数组 {1,2,#/A;1,2,#N/A}，所以，最后是使用【{={1,2,#N/A;3,4,#N/A}+{1,2,#/A;1,2,#N/A}}】公式进行计算。

由此可见，行列数不相同的数组在进行运算后，将返回一个多行多列数组，行数与参与计算的两个数组中行数较大的数组的行数相同，列数与较大的列数的数组相同。且行数大于较小行数数组行数、大于较大列数数组列数的区域的元素均为【#N/A】。有效元素为两个数组中对应数组的计算结果。

★ 重点 15.2.4　编辑数组公式

数组公式的编辑方法与公式基本相同，只是数组包含数个单元格，这些单元格形成一个整体，所以，数组里的任何单元格都不能被单独编辑。如果对数组公式结果中的其中一个单元格的公式进行编辑，系统会提示你不能更改数组的某一部分，如图 15-17 所示。

图 15-17

如果需要修改多单元格数组公式，必须先选择整个数组区域。要选择数组公式所占有的全部单元格区域，可以先选择单元格区域中的任意一个单元格，然后按【Ctrl+/】组合键。

编辑数组公式时，在选择数组区域后，将文本插入点定位到编辑栏中，此时数组公式两边的大括号 {} 将消失，表示公式进入编辑状态，在编辑公式后同样需要按

【Ctrl+Shift+Enter】组合键锁定数组公式的修改。这样，数组区域中的数组公式将同时被修改。

若要删除原有的多单元格数组公式，可以先选择整个数组区域，然后按【Delete】键删除数组公式的计算结果；或在编辑栏中删除数组公式，然后按【Ctrl + Shift + Enter】组合键完成编辑；还可以单击【开始】选项卡【编辑】组中的【清除】按钮

，在弹出的下拉菜单中选择【全部清除】命令。

15.3 使用名称简化公式

Excel 中使用列标加行号的方式虽然能准确定位各单元格或单元格区域的位置，但是并没有体现单元格中数据的相关信息。为了直观表达一个单元格、一组单元格、数值或者公式的引用与用途，可以为其定义一个名称，从而达到简化公式和便于查看理解的目的。下面介绍名称的概念以及各种与名称相关的基本操作。

★ 重点 15.3.1 定义名称的作用

在 Excel 中，名称是我们建立的一个易于记忆的标识符，它可以引用单元格、范围、值或公式。使用名称有下列优点。

（1）名称可以增强公式的可读性，使用名称的公式比使用单元格引用位置的公式易于阅读和记忆。例如，公式【= 销量 * 单价】比公式【=F6*D6】更直观，特别适合于提供给非工作表制作者的其他人查看。

（2）一旦定义名称之后，其使用范围通常是在工作簿级的，即可以在同一个工作簿中的任何位置使用。不仅减少了公式出错的可能性，还可以让系统在计算寻址时，能精确到更小的范围而不必用相对的位置来搜寻源及目标单元格。

（3）当改变工作表结构后，可以直接更新某处的引用位置，达到所有使用这个名称的公式都自动更新。

（4）用名称方式定义动态数据列表，可以避免使用很多辅助列，跨表链接时能让公式更清晰。

15.3.2 名称的命名规则

在 Excel 中定义名称时，不是任意字符都可以作为名称的，你或许在定义名称的时候也遇到过 Excel 打开提示对话框，提示【输入的名称无效】吧，这说明定义没有成功。

名称的定义有一定的规则。具体需要注意以下几点。

（1）名称可以是任意字符与数字的组合，但名称中的第一个字符必须是字母、下画线【_】或反斜线【/】，如【_1HF】。

（2）名称不能与单元格引用相同，如不能定义为【B5】和【C$6】等。也不能以字母【C】【c】【R】或【r】作为名称，因为【R】【C】在 R1C1 单元格引用样式中表示工作表的行、列。

（3）名称中不能包含空格，如果需要由多个部分组成，则可以使用下画线或句点号代替。

（4）不能使用除下画线、句点号和反斜线以外的其他符号，允许用问号【？】，但不能作为名称的开头。如定义为【Hjing?】可以，但定义为【?Hjing】就不可以。

（5）名称中的字母不区分大小写。

（6）不能将单元格名称定义为【Print_Titles】和【Print_Area】。因为被定义为【Print_Titles】的区域将成为当前工作表打印的顶端标题行和左端标题行；被定义为【Print_Area】的区域将被设置为工作表的打印区域。

★ 重点 15.3.3 实战：在记账表中定义单元格名称

实例门类	软件功能
教学视频	光盘\视频\第 15 章\15.3.3.mp4

在公式中引用单元格或单元格区域时，为了让公式更容易理解，便于对公式和数据进行维护，可以为单元格或单元格区域定义名称。这样就可以在公式中直接通过该名称引用相应的单元格或单元格区域。

例如，在"现金日记账"工作表中要统计所有存款的总金额，可以先为这些不连续的单元格区域定义名称为【存款】，然后在公式中直接运用名称来引用单元格，具体操作如下。

Step01 打开"光盘\素材文件\第15章\现金日记账.xlsx"文件，❶ 按住【Ctrl】键的同时，选中所有包含存款数额的不连续单元格，❷ 单击【公式】选项卡【定义的名称】组中的【定义名称】按钮，❸ 在弹出的下拉列表中选择【定义名称】选项，如图 15-18 所示。

Step02 打开【新建名称】对话框，❶ 在【名称】文本框中为选择的单元格区域命名，这里输入【存款】，❷ 单击【确定】按钮，如图 15-19 所示，即可完成单元格区域的命名。

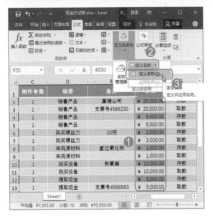

图 15-18

图 15-19

Step03 ❶ 在 E23 单元格中输入相关文本，❷ 选中 F23 单元格，❸ 在编辑栏中输入【＝SUM（存款）】公式，可以看到公式自动引用了定义名称时包含的那些单元格，如图 15-20 所示。

图 15-20

Step04 按【Ctrl+Enter】组合键即可快速计算出定义名称为【存款】的不连续单元格中数据的总和，如图 15-21 所示。

图 15-21

15.4 公式调试及运行结果分析

公式不仅会导致错误值，还会产生某些意外结果。为确保计算的结果正确，减小公式出错的可能性，审核公式是非常重要的一项工作。下面，介绍一些常用的审核技巧。

15.4.1 错误的类型及其形成原因

在 Excel 中输入公式时，可能由于用户的误操作或公式函数应用不当，导致公式结果出现错误值提示信息。了解数据计算出错的处理方法，能有效防止错误的再次发生和连续使用。下面，介绍一些 Excel 中常出现的公式错误值，以及它们出现的原因及处理办法。

1.【#####】错误及解决方法

有时对表格的格式进行调整，并没有编辑表格中的数据，操作完成后却发现有些单元格的左上角将显示一个三角形状 ▮▮▮ ，其中的数据不见了，取而代之的是【#####】形式的数据。

如果整个单元格都使用【#】符号填充，通常表示该单元格中所含的数字、日期或时间超过了单元格的宽度，无法显示数据，此时加宽该列宽度即可。当单元格中的数据类型不对时，也可能显示【#####】错误，此时可以改变单元格的数字格式，直到能显示出数据。如果单元格包含的公式返回无效的时间和日期，如产生了一个负值，也会显示【#####】错误，因此需要保证日期与时间公式的正确性。

2.【#DIV/0!】错误及解决方法

在 Excel 表格中，当公式除以 0 时，将会产生错误值【#DIV/0!】，解决方法是将除数更改为非零值；如果参数是一个空白单元格，由于 Excel 会认为其值为 0，因此也会产生错误值【#DIV/0!】。此时就需要修改单元格引用，或在用作除数的单元格中输入不为零的值，确认函数或公式中的除数不为零或不为空。

3.【#N/A】错误及解决方法

表格中出现【#N/A】错误值的概率也很高。当在公式中没有可用数值时，就会出现错误值【#N/A】，主要有以下几种情况。

（1）目标数据缺失：通常在查找匹配函数（如 MATCH、LOOKUP、VLOOKUP、HLOOKUP 等）时，在执行匹配过程中，匹配失效。

（2）源数据缺失：小数组在复制到大区域中时，尺寸不匹配的部分就会返回【#N/A】错误值。

（3）参数数据缺失：如公式【=MATCH(,,)】，由于没有参数，就会返回【#N/A】错误值。

（4）数组之间的运算：当某一个数组有多出来的数据时，如【SUMPRODUCT(array1,array2)】，当 array1 与 array2 的尺寸不一样时，也会产生【#N/A】错误值。

因此，在出现【#N/A】错误值时，就需要检查目标数据、源数据、参数是否填写完整，相互运算的数组是否尺寸相同。

4.【#NAME?】错误及解决方法

在公式中使用 Excel 不能识别的文本时将产生错误值【#NAME?】。产生该错误值的情况比较多，例如函数名拼写错误；某些函数未加载宏，如 DATEDIF 函数；名称拼写错误；在公式中输入文本时没有使用双引号，或是在中文输入法状态下输入的引号""，而非英文状态下输入的引号""，以至于 Excel 误将其解释为名称，但又找不到对应的函数或名称而出错；单元格引用地址书写错误，如输入了错误公式【=SUM(A1:B)】；使用较高版本制作的工作簿在较低版本中使用时，由于其中包含的某个函数在当前运行的 Excel 版本中不受支持，而产生【#NAME?】错误值。

由此可见，在出现【#NAME?】错误值时，需要确保拼写正确，加载宏，定义好名称，删除不受支持的函数，或将不受支持的函数替换为受支持的函数。

技能拓展——检查单元格名称的正确性

要确认公式中使用的名称是否存在，可以在【名称管理器】对话框中查看所需的名称有没有被列出。如果公式中引用了其他工作表或工作簿中的值或单元格，且工作簿或工作表的名称中包含非字母字符或空格时，需要将该字符放置在单引号【'】中。

5.【#NULL!】错误及解决方法

使用运算符进行计算时，一定要注意是否出现【#NULL!】错误值。该错误值表示公式使用了不相交的两个区域的交集，需要注意的是不相交，而不是相交为空（有关这个概念将在后面的章节中详细讲解）。例如，公式【=1:1 2:2】就是错误的，因为行 1 与行 2 不相交。产生【#NULL!】错误值的原因是使用了不正确的区域运算符，解决的方法就是预先检查计算区域，避免空值的产生。

技能拓展——合并区域引用

若实在要引用不相交的两个区域，一定要使用联合运算符，即半角逗号【,】。

6.【#NUM!】错误及解决方法

通常公式或函数中使用无效数字值时，即在需要数字参数的函数中使用了无法接受的参数时，将出现【#NUM!】错误值。解决的方法是确保函数中使用的参数为正确的数值范围和数值类型。如【=10^309】，超出了 Excel 数值大小的限值，属于范围出错，有时即使需要输入的值是【$6,000】，也应在公式中输入【6000】。

7.【#REF!】错误及解决方法

当单元格引用无效时将产生错误值【#REF!】，该错误值的产生原因主要有以下两种。

（1）引用地址失效：当删除了其他公式所引用的单元格，或将已移动的单元格粘贴到其他公式所引用的单元格中，或使用了拖动填充控制柄的方法复制公式，但公式中的相对引用成分变成了无效引用。

（2）返回无效的单元格：如【=OFFSET($H$2,-ROW(A2),)】，返回的是 $H$2 单元格向上移动 2 行的单元格的值，应该是 H0 单元格，但该单元格并不存在。

由此可见，在出现【#REF!】错误值时，需要更改公式，检查被引用的单元格或区域、返回参数的值是否存在或有效，在删除或粘贴单元格之后恢复工作表中的单元格。

8.【#VALUE!】错误及解决方法

当使用的参数或操作数类型错误，或者当公式自动更正功能不能更正公式时，就会产生【#VALUE!】错误。具体原因可能是数值型与非数值型数据进行了四则运算，或没有以【Ctrl+Shift+Enter】组合键的方式输入数组公式。解决方法是确认公式或函数使用正确的参数或运算对象类型，公式引用的单元格中是否包含有效的数值。

15.4.2 显示明细表中应用的公式

默认情况下，在单元格中输入公式，按【Enter】键后，系统直接显示出计算结果。在一些特定的情况下，在单元格中显示公式比显示数值更加有利于计算方式、规则的查看。

例如，需要查看工资发放明细表中的公式是否引用出错，具体操作如下。

Step01 打开"光盘\素材文件\第15章\工资发放明细表.xlsx"文件，单击【公式】选项卡【公式审核】组中的【显示公式】按钮，如图 15-22 所示。

Step02 经过上步操作，则工作表中所有的公式都会显示出来，同时，为了显示完整的公式，单元格的大小会自动调整，如图 15-23 所示。

图 15-22

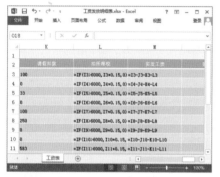

图 15-23

技能拓展——取消持续显示公式

设置显示公式后，就会使公式继续保持原样，即使公式不处于编辑状态，也同样显示公式的内容。如果要恢复默认状态，显示出公式的计算结果，再次单击【显示公式】按钮即可。另外，按【Ctrl+~】组合键可以快速地在公式和计算结果之间进行切换。

15.4.3 实战：查看公式的求值过程

实例门类	软件功能
教学视频	光盘\视频\第15章\15.4.3.mp4

Excel 2013 中提供了分步查看公式计算结果的功能，当公式中的计算步骤比较多时，使用此功能可以在审核过程中按公式计算的顺序逐步查看

公式的计算过程。这也符合人们日常计算的规律，更方便大家一步步了解公式的具体作用。

例如，要使用公式的分步计算功能查看工资表中所得税是如何计算的，具体操作如下。

Step01 ❶ 选择要查看求值过程公式所在的 L3 单元格，❷ 单击【公式】选项卡【公式审核】组中的【公式求值】按钮 ⓕ，如图 15-24 所示。

图 15-24

Step02 打开【公式求值】对话框，在【求值】列表框中显示出了该单元格中的公式，并用下画线标记出第一步要计算的内容，即引用 I3 单元格中的数值，单击【求值】按钮，如图 15-25 所示。

图 15-25

Step03 经过上步操作，会计算出该公式第一步要计算的结果，同时用下画线标记出下一步要计算的内容，即判断 I3 单元格中的数值与 6000 的大小，单击【求值】按钮，如图 15-26所示。

Step04 经过上步操作，会计算出该公式第 2 步要计算的结果，由于 10800大于 6000，所以返回【TRUE】，调

用 IF 函数中判断值为真的结果。同时用下画线标记出下一步要计算的内容，即引用 I3 单元格中的数值，单击【求值】按钮，如图 15-27 所示。

图 15-26

图 15-27

Step05 经过上步操作，会计算出该公式第 3 步要计算的结果，同时用下画线标记出下一步要计算的内容，即用 I3 单元格中的数值乘以 0.15，单击【求值】按钮，如图 15-28 所示。

图 15-28

Step06 经过上步操作，会计算出该公式第 4 步要计算的结果，同时用下画线标记出下一步要计算的内容，即使用 IF 函数最终返回计算结果，单击【求值】按钮，如图 15-29 所示。

Step07 经过上步操作，会计算出该公式的结果，单击【关闭】按钮关闭对话框，如图 15-30 所示。

图 15-29

图 15-30

15.4.4 实战：公式错误检查

实例门类	软件功能
教学视频	光盘\视频\第15章\15.4.4.mp4

在 Excel 2013 中进行公式的输入时，有时可能由于用户的错误操作或公式函数应用不当，导致公式结果返回错误值，如【#NAME?】，同时会在单元格的左上角自动出现一个绿色小三角形，如 #VALUE! ，这是 Excel 的智能标记。其实，这是启用了公式错误检查器的缘故。

启用公式错误检查器功能后，当单元格中的公式出错时，选择包含错误的单元格，将鼠标光标移动到左侧出现的 图标上，单击图标右侧出现的下拉按钮，在弹出的下拉菜单中包括了错误的类型、关于该错误的帮助链接、显示计算步骤、忽略错误，以及在公式编辑栏中编辑等选项，如图 15-31 所示。这样，用户就可以方便地选择需要进行的下一步操作。

如果某台计算机中的 Excel 没有开启公式错误检查器功能，则不能快速检查错误的原因。我们只能通过下面的方法来进行检查，例如要检查销售表中是否出现公式错误，具体操作如下。

图 15-31

Step01 打开"光盘\素材文件\第15章\销售表.xlsx"文件，单击【公式】选项卡【公式审核】组中的【错误检查】按钮 ，如图 15-32 所示。

图 15-32

Step02 打开【错误检查】对话框，在其中显示了检查到的第一处错误，单击【显示计算步骤】按钮，如图 15-33 所示。

图 15-33

技术看板

在【错误检查】对话框中，还可以单击【上一个】和【下一个】按钮，还可以逐个显示出错单元格供用户检查。

Step03 打开【公式求值】对话框，在【求值】列表框中查看该错误运用的

计算公式及出错位置，单击【关闭】按钮，如图 15-34 所示。

图 15-34

Step04 返回【错误检查】对话框，单击【在编辑栏中编辑】按钮，如图 15-35 所示。

图 15-35

Step05 经过上步操作，❶ 返回工作表中选择原公式中的【A6】，❷ 单击鼠标重新选择参与计算的【B6】单元格，如图 15-36 所示。

图 15-36

Step06 本例由于设置了表格样式，系统自动为套用样式的区域定义了名称，所以公式中的【B6】显示为【[@单价]】。在【错误检查】对话框中单击【继续】按钮，如图 15-37 所示。

Step07 同时可以看到出错的单元格运用修改后的公式得出了新结果。并打开提示对话框，提示已经完成错误检查。单击【确定】按钮关闭对话框，如图 15-38 所示。

图 15-37

图 15-38

　　Excel 默认是启用了公式错误检查器的，如果没有启用，可以在【Excel 选项】对话框中单击【公式】选项卡，在【错误检查】栏中选中【允许后台错误检查】复选框进行启用，如图 15-39 所示。

图 15-39

15.4.5　实战：追踪销售表中的单元格引用情况

实例门类	软件功能
教学视频	光盘\视频\第 15 章\15.4.5.mp4

　　在检查公式是否正确时，通常需

要查看公式中引用单元格的位置是否正确，使用 Excel 2013 中的【追踪引用单元格】和【追踪从属单元格】功能，就可以检查公式错误或分析公式中单元格的引用关系了。

1. 追踪引用单元格

　　【追踪引用单元格】功能可以用箭头的形式标记出所选单元格中公式引用的单元格，方便用户追踪检查引用来源数据。该功能尤其在分析使用了较复杂的公式时非常便利。

　　例如，要查看【销售表】中计算销售总额的公式引用了哪些单元格，具体操作如下。

Step01 ❶选择计算销售总额的 B8 单元格，❷单击【公式】选项卡【公式审核】组中的【追踪引用单元格】按钮，如图 15-40 所示。

图 15-40

Step02 经过上步操作，即可以蓝色箭头符号标识出所选单元格中公式的引用源，如图 15-41 所示。

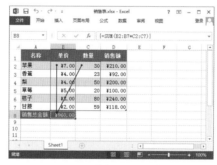

图 15-41

2. 追踪从属单元格

　　在检查公式时，如果要显示出某

个单元格被引用于哪个公式单元格，可以使用【追踪从属单元格】功能。例如，要用箭头符号标识出销售表中销售额被作为参数引用的公式所在的单元格，具体操作如下。

Step01 ❶选择 B8 单元格，❷修改其中的公式为【=SUM(表 1[[销售额]])】，如图 15-42 所示。

图 15-42

Step02 ❶选择 D5 单元格，❷单击【公式】选项卡【公式审核】组中的【追踪从属单元格】按钮，如图 15-43 所示。

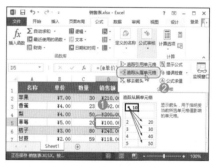

图 15-43

Step03 经过上步操作，即可以蓝色箭头符号标识出所选单元格数据被引用的公式所在单元格，如图 15-44 所示。

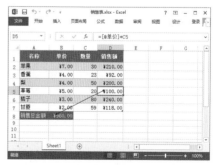

图 15-44

技能拓展——追踪公式错误

在单元格中输入错误的公式不仅会导致出现错误值，还有可能因为引用了错误值产生错误的连锁反应。此时使用【追踪从属单元格】功能可以在很大程度上减轻连锁错误的发生，即使出现错误也可以快速得以修改。

当一个公式的错误是由它引用的单元格的错误所引起时，在【错误检查】对话框中就会出现【追踪错误】按钮。单击该按钮，可使 Excel 在工作表中标识出公式引用中包含错误的单元格及其引用单元格。

3. 移除追踪箭头

使用了【追踪引用单元格】和【追踪从属单元格】功能后，在工作表中将显示出追踪箭头，如果不需要查看到公式与单元格之间的引用关系了，可以隐藏追踪箭头。清除追踪箭头的具体操作如下。

Step01 单击【公式】选项卡【公式审核】组中的【移去箭头】按钮，如图 15-45 所示。

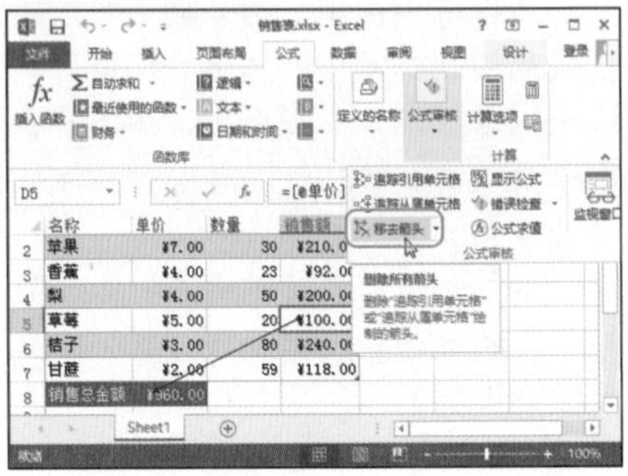

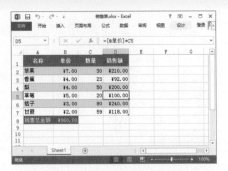

图 15-45

Step02 经过上步操作，清除追踪箭头效果后如图 15-46 所示。

图 15-46

技能拓展——移去单元格的追踪箭头

单击【移去箭头】按钮会同时移去所有箭头，如果我们单击该按钮右侧的下拉按钮，在弹出的下拉列表中选择【移去引用单元格追踪箭头】选项，将移去工作表中所有引用单元格的追踪箭头；若选择【移去从属单元格追踪箭头】选项，则将移去工作表中所有从属单元格的追踪箭头。

妙招技法

通过前面知识的学习，相信读者已经掌握了数组公式、名称、公式调试以及运行结果分析等公式中相对高级的应用操作。下面结合本章内容，给大家介绍一些实用技巧。

技巧 01：快速指定单元格以列标题为名称

教学视频	光盘\视频\第 15 章\技巧 01.mp4

日常工作中制作的表格都具有一定的格式，如工作表每一列的较上方的单元格一般都有表示该列数据的标题（也称为【表头】），而公式和函数的计算通常也可以看作某一列（或多列）与另一列（或多列）的运算。为了简化公式的制作，可以先将各列数据单元格区域以列标题命名。

在 Excel 中如果需要创建多个名称，而这些名称和单元格引用的位置有一定的规则，这时除了可以通过【新建名称】对话框依次创建名称外，使用【根据所选内容创建】功能自动创建名称将更快捷，尤其在需要定义大批量名称时，该方法更能显示其优越性。例如，在销售提成表中要指定每列单元格以列标题为名称，具体操作如下。

Step01 打开"光盘\素材文件\第 15 章\销售提成表 .xlsx"文件，❶选择需要定义名称的单元格区域（包含表头），这里选择 B1:H11 单元格区域，❷单击【公式】选项卡【定义的名称】组中的【根据所选内容创建】按钮，如图 15-47 所示。

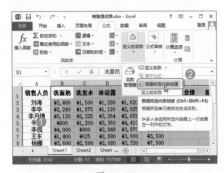

图 15-47

Step02 打开【以选定区域创建名称】对话框，❶选择要作为名称的单元格位置，这里选中【首行】复选框，即 B1:H1 单元格区域中的内容，如图 15-48 所示。❷单击【确定】按钮即可完成区域的名称设置，即将 B2:B11

单元格区域定义为【洗面奶】，将 C2:C11 单元格区域定义为【洗发水】，将 D2:D11 单元格区域定义为【沐浴露】……

图 15-48

技巧 02：轻松隐藏计算公式

教学视频	光盘\视频\第 15 章\技巧 02.mp4

在制作某些表格时，如果不希望让其他人看见表格中包含的公式内容，可以直接将公式计算结果通过复制的方式粘贴为数字，但若还需要利用这些公式来进行计算，就需要对编辑栏中的公式进行隐藏操作了，即要求选择包含公式的单元格时，在公式编辑栏中不显示出公式。例如，要隐藏销售提成表中提成数据的计算公式，具体操作如下。

Step 01 ❶ 在 H2 单元格中输入公式【=销售业绩 *0.045】，❷ 拖动填充控制柄复制公式到后面的单元格中，计算出所有人员的销售提成金额，❸ 保持单元格区域的选中状态（这里将 H2:H11 单元格区域作为要隐藏公式的区域），单击【开始】选项卡【单元格】组中的【格式】按钮，❹ 在弹出的下拉菜单中选择【设置单元格格式】命令，如图 15-49 所示。

Step 02 打开【设置单元格格式】对话框，❶ 单击【保护】选项卡，❷ 选中【隐藏】复选框，❸ 单击【确定】按钮，如图 15-50 所示。

Step 03 返回 Excel 表格，❶ 单击【格式】按钮，❷ 在弹出的下拉菜单中选择【保护工作表】命令，如图

15-51 所示。

图 15-49

图 15-50

图 15-51

Step 04 打开【保护工作表】对话框，❶ 选中【保护工作表及锁定的单元格内容】复选框，❷ 单击【确定】按钮对单元格进行保护，如图 15-52 所示。

图 15-52

Step 05 返回工作表中，选择 H2:H11 单元格区域中的任意单元格，在公式编辑栏中什么也不会显示，公式内容被隐藏了，效果如图 15-53 所示。

图 15-53

📌 技术看板

只有设置了【隐藏】操作的单元格，在工作表内容被保护后其公式内容才会隐藏。为了更好地防止其他人查看未保护的工作表，应在【保护工作表】对话框中设置一个密码。如果要取消对公式的隐藏，只要取消选中【设置单元格格式】对话框【保护】选项卡中的【隐藏】复选框即可。

技巧 03：通过粘贴名称快速完成公式的输入

教学视频	光盘\视频\第 15 章\技巧 03.mp4

定义名称后，就可以在公式中使用名称来代替单元格的地址了，而使用输入名称的方法还不是最快捷的，在 Excel 中为了防止在引用名称时输入错误，可以直接粘贴名称在公式中。

例如，要在销售提成表中运用定义的名称计算销售总额，具体操作如下。

Step 01 打开"光盘\素材文件\第 15 章\销售提成表.xlsx"文件，❶ 选择 G2 单元格，❷ 在编辑栏中输入【=】，❸ 单击【公式】选项卡【定

义的名称】组中的【用于公式】按
钮，❹ 在弹出的下拉菜单中选择
需要应用于公式中的名称，这里选择
【洗面奶】选项，如图 15-54 所示。

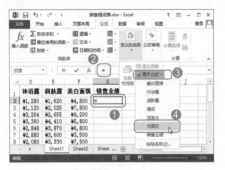

图 15-54

Step 02 经过上步操作，即可将名称输
入到公式中，❶ 使用相同的方法继续
输入该公式中需要运用的名称，并计
算出结果，❷ 拖动填充控制柄复制
公式到后面的单元格中，即可完成所
有人员的销售总额统计，如图 15-55
所示。

图 15-55

技巧 04： 使用快捷键查看公式的部分计算结果

教学视频	光盘 \ 视频 \ 第 15 章 \ 技巧 04.mp4

　　逐步查看公式中的计算结果，有
时非常浪费时间，在审核公式时，我
们可以选择性地查看公式某些部分的
计算结果，具体操作如下。

Step 01 打开"光盘 \ 素材文件 \ 第 15
章 \ 工资发放明细表 .xlsx"文件，
❶ 选择包含公式的单元格，这里选择
L3 单元格，❷ 在公式编辑栏中拖动
鼠标光标，选择该公式中需要显示出
计算结果的部分，如【I3*0.15】，如
图 15-56 所示。

图 15-56

Step 02 按【F9】键即可显示出该部
分的计算结果，整个公式显示为
【=IF(I3>6000,1620,0)】，效果如图
15-57 所示。

图 15-57

技术看板

　　按【F9】键之后，如果要用计算
后的结果替换原公式选择的部分，按
【Enter】键或【Ctrl+Shift+Enter】组
合键即可。如果仅想查看某部分公式
并不希望改变原公式，则按【Esc】
键返回。

本章小结

　　通过本章知识的学习和案例练习，相信读者已经学会了更好、更快速地运用公式的方法。本章我们首先介绍了数组和数组公式，这样就可以快速提高某些具有相同属性公式的计算，后面再结合到函数的运用其威力就更大了；接着又讲解了名称的使用方法，可以让公式变得更一目了然；最后介绍了调试公式以及计算结果分析的多种方法，读者主要应学会查看公式的分步计算，以便审核输入公式的哪个环节出现了错误。

第 16 章 Excel 函数的综合应用

- → 如何快速对表格数据进行求和、平均值、最大 / 小值？
- → 怎样准确无误地查找和返回指定表格数据？
- → 想掌握快速统计指定条件的数据吗？
- → 如何正确使用条件函数？
- → 如何正确使用财务函数？
- → 日期和时间部分如何快速获取？

在本章中我们将会从 Excel 几百个函数中提取出在办公中使用频率较高的办公应用函数进行讲解，认真学习和掌握本章知识后，相信读者就能轻松解决以上问题。

16.1 函数简介

Excel 深受青睐最主要的原因可能就是被其强大的计算功能所深深吸引，而数据计算的依据就是公式和函数。在 Excel 中运用函数可以摆脱老式的算法，简化和缩短工作表中的公式，轻松快速地计算数据。

16.1.1 函数的结构

Excel 中的函数实际上是一些预先编写好的公式，每一个函数就是一组特定的公式，代表着一个复杂的运算过程。不同的函数有着不同的功能，但不论函数有何功能及作用，所有函数均具有相同的特征及特定的格式。

函数作为公式的一种特殊形式存在，也是由【=】符号开始的，右侧也是表达式。不过函数是通过使用一些称为参数的数值以特定的顺序或结构进行计算，不涉及运算符的使用。在 Excel 中，所有函数的语法结构都是相同的，其基本结构为【= 函数名 (参数 1, 参数 2,…)】，如图 16-1 所示，其中各组成部分的含义如下。

参数 1　　　参数 2

=IF(A1>10,SUM(B1:R1),0)

函数名　　　　　参数 2　参数 3

图 16-1

→ 【=】符号

函数的结构以【=】符号开始，后面是函数名称和参数。

→ 函数名

即函数的名称，代表了函数的计算功能，每个函数都有惟一的函数名，如 SUM 函数表示求和计算、MAX 函数表示求最大值计算。因此要使用不同的方式进行计算应使用不同的函数名。函数名输入时不区分大小写，也就是说函数名中的大小写字母等效。

→ 【()】符号

所有函数都需要使用英文半角状态下的括号【( )】，括号中的内容就是函数的参数。同公式一样，在创建函数时，所有左括号和右括号必须成对出现。括号的配对让一个函数成为完整的个体。

→ 函数参数

函数中用来执行操作或计算的值，可以是数字、文本、TRUE 或 FALSE 等逻辑值、数组、错误值或单元格引用，还可以是公式或其他函数，但指定的参数都必须为有效参数值。

不同的函数，由于其计算方式不同，所需要参数的个数、类型也均有不同。有些可以不带参数，如 NOW( )、TODAY( )、RAND( ) 等，有些只有一个参数，有些有固定数量的参数，有些函数又有数量不确定的参数，还有些函数中的参数是可选的。如果函数需要的参数有多个，则各参数间使用英文字符逗号【,】进行分隔。因此，逗号是解读函数的关键。

16.1.2 函数的分类

Excel 2013 中提供了大量的内置函数，这些函数涉及财务、工程、统计、时间、数学等多个领域。要熟练地对这些函数进行运用，首先我们必须了解函数的总体情况。

根据函数的功能，主要可将函数划分为 11 个类型。函数在使用过程中，一般也是依据这个分类进行定位，然后再选择合适的函数。这11种函数分类的具体介绍如下。

（1）财务函数。

Excel 中提供了非常丰富的财务函数，使用这些函数，可以完成大部分的财务统计和计算。如 DB 函数可返回固定资产的折旧值，IPMT 可返回投资回报的利息部分等。财务人员如果能够正确、灵活地使用 Excel 进行财务函数的计算，则能大大减轻日常工作中有关指标计算的工作量。

（2）逻辑函数。

该类型的函数只有 7 个，用于测试某个条件，总是返回逻辑值 TRUE 或 FALSE。它们与数值的关系为：①在数值运算中，TRUE=1，FALSE=0；②在逻辑判断中，0=FALSE，所有非 0 数值 =TRUE。

（3）文本函数。

在公式中处理文本字符串的函数。主要功能包括截取、查找或搜索文本中的某个特殊字符，或提取某些字符，也可以改变文本的编写状态。如 TEXT 函数可将数值转换为文本，LOWER 函数可将文本字符串的所有字母转换成小写形式等。

（4）日期和时间函数。

用于分析或处理公式中的日期和时间值。例如，TODAY 函数可以返回当前日期。

（5）查找与引用函数。

用于在数据清单或工作表中查询特定的数值，或某个单元格引用的函数。常见的示例是税率表。使用 VLOOKUP 函数可以确定某一收入水平的税率。

（6）数学和三角函数。

该类型函数包括很多，主要运用于各种数学计算和三角计算。如 RADIANS 函数可以把角度转换为弧度等。

（7）统计函数。

这类函数可以对一定范围内的数据进行统计学分析。例如，可以计算统计数据，如平均值、模数、标准偏差等。

（8）工程函数。

这类函数常用于工程应用中。它们可以处理复杂的数字，在不同的计数体系和测量体系之间转换。例如，可以将十进制数转换为二进制数。

（9）多维数据集函数。

用于返回多维数据集中的相关信息，例如返回多维数据集中成员属性的值。

（10）信息函数。

这类函数有助于确定单元格中数据的类型，还可以使单元格在满足一定的条件时返回逻辑值。

（11）数据库函数。

用于对存储在数据清单或数据库中的数据进行分析，判断其是否符合某些特定的条件。这类函数在需要汇总符合某一条件的列表中的数据时十分有用。

★ 重点 16.1.3 函数常用调用方法

实例门类	软件功能
教学视频	光盘\视频\第 16 章\16.1.3.mp4

使用函数计算数据时，必须正确输入相关函数名及其参数，才能得到正确的运算结果。如果读者对所使用的函数很熟悉且对函数所使用的参数类型也比较了解，则可像输入公式一样直接输入函数；若不是特别熟悉，则可通过使用【函数库】组中的功能按钮，或使用 Excel 中的向导功能来创建函数。

1. 使用【函数库】组中的功能按钮插入函数

在 Excel 2013 的【公式】选项卡【函数库】组中分类放置了一些常用函数类别的对应功能按钮，单击对应函数类的下拉按钮，在弹出的下拉选项中选择相应的函数进行调用。如图 16-2 所示。❶ 单击【逻辑】

函数分类下拉按钮，❷ 在弹出的下拉选项中选择 IF 函数，调用 IF( ) 函数。

图 16-2

技能拓展——快速选择最近使用的函数

如果要快速插入最近使用的函数，可单击【函数库】组中的【最近使用的函数】按钮，在弹出的下拉菜单中显示了最近使用过的函数，选择相应的函数即可。

2. 使用插入函数向导输入函数

Excel 2013 中提供了 400 多个函数，这些函数覆盖了许多应用领域，每个函数又允许使用多个参数。要记住所有函数的名称、参数及其用法是不太可能的。当用户对函数并不是很了解，如只知道函数的类别，或知道函数的名字，但不知道函数所需要的参数，甚至只知道大概要做的计算目的时，就可以通过【插入函数】对话框根据向导一步步输入需要的函数。

下面同样在销售业绩表中，通过使用插入函数向导输入函数并计算出第 2 位员工的年销售总额，具体操作如下。

Step01 打开"光盘\素材文件\第 16 章\销售业绩表 .xlsx"文件，❶ 选择 G2 单元格，❷ 单击【函数库】组中的【插入函数】按钮 fx，如图 16-3 所示。

图 16-3

Step02 打开【插入函数】对话框，
① 在【搜索函数】文本框中输入需
要搜索的关键字，这里需要寻找求
和函数，所以输入【求和】，② 单
击【转到】按钮，即可搜索与关
键字相符的函数，③ 在【选择函
数】列表框中选择这里需要使用的
【SUM】选项，④ 单击【确定】按
钮，如图 16-4 所示。

图 16-4

技能拓展——打开【插入函数】对话框

　　单击【编辑栏】中的【插入函
数】按钮 *fx*，或在【函数库】组的函
数类别下拉菜单中选择【其他函数】
命令，也可打开【插入函数】对话
框。在对话框的【或选择类别】下拉
列表框中可以选择函数类别。

Step03 打开【函数参数】对话框，单

击【Number1】参数框右侧的【折
叠】按钮，如图 16-5 所示。

图 16-5

Step04 经过上述操作将折叠【函数参
数】对话框，同时，鼠标光标变为
形状。① 在工作簿中拖动鼠标光标
选择需要作为函数参数的单元格即可
引用这些单元格的地址，这里选择
C2:F2 单元格区域，② 单击折叠对话
框右侧的【展开】按钮，如图 16-6
所示。

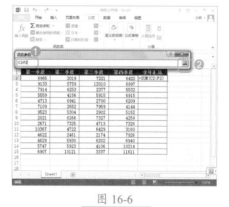

图 16-6

Step05 返回【函数参数】对话框，单
击【确定】按钮，如图 16-7 所示。

图 16-7

技术看板

　　本案例系统自动引用的单元格区
域与手动设置的区域相同，这里只是
介绍一下手动设置的方法，后面的函
数应用可不会再详细讲解这些步骤
了哦。

Step06 经过上述操作，即可在 G2 单
元格中插入函数【=SUM(C2:F2)】并
计算出结果，如图 16-8 所示。

图 16-8

3. 手动输入函数

　　熟悉函数后，尤其是对 Excel 中
常用的函数熟悉后，在输入这些函
数时便可以直接在单元格或编辑栏
中手动输入函数，这是最常用的一
种输入函数的方法，也是最快的输
入方法。

　　手动输入函数的方法与输入公式
的方法基本相同，输入相应的函数名
和函数参数，完成后按【Enter】键
即可。由于 Excel 2013 具有输入记忆
功能，当输入【=】和函数名称开头
的几个字母后，Excel 会在单元格或
编辑栏的下方出现一个下拉列表框，
如图 16-9 所示，其中包含了与输入
的几个字母相匹配的有效函数、参数
和函数说明信息，双击需要的函数即
可快速输入该函数，这样不仅可以节
省时间，还可以避免因记错函数而出
现错误。

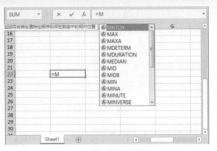

图 16-9

下面通过手动输入函数并填充的方法计算出其他员工的年销售总额，具体操作如下。

Step01 ❶ 选择 G3 单元格，❷ 在编辑栏中输入公式【=SUM(C3:F3)】，如图 16-10 所示。

图 16-10

Step02 按【Enter】键确认函数的输入，即可在 G3 单元格中计算出函数

的结果，向下拖动控制柄至 G15 单元格，即可计算出其他人员的年总销售额，如图 16-11 所示。

图 16-11

16.2 函数须知

使用函数时，还可以掌握一些技巧，方便我们理解和利用函数，当然也有一些函数的通用标准和规则，是需要注意的，本章就来介绍几个函数使用必须知道的技巧。

16.2.1 使用函数提示工具

当公式编辑栏中的函数处于可编辑状态时，会在附近显示出一个浮动工具栏，即函数提示工具，如图16-12 所示。

图 16-12

使用函数提示工具，可以在编辑公式时方便地知道当前正在输入的是函数的哪个参数，以有效避免错漏。将鼠标光标移至函数提示工具中已输入参数值所对应的参数名称时，鼠标光标将变为🖑形状，此时单击该参数名称，则公式中对应的该参数的完整部分将呈选择状态，效果如图 16-13 所示。

图 16-13

16.2.2 使用快捷键在单元格中显示函数完整语法

在输入不太熟悉的函数时，经常需要了解参数的各种信息。通过【Excel 帮助】窗口进行查看需要在各窗口之间进行切换，非常麻烦。此时，按【Ctrl+Shift+A】组合键即可在单元格和公式编辑栏中显示出包含该函数完整语法的公式。

例如，输入【=OFFSET】，然后按【Ctrl+Shift+A】组合键，则可以在单元格中看到【=OFFSET(reference,rows,cols,height,width)】，具体效果

如图 16-14 所示。

图 16-14

如果输入的函数有多种语法，如 LOOKUP 函数，则会打开【选定参数】对话框，如图 16-15 所示，在其中需要选择一项参数组合后单击【确定】按钮，这样，Excel 才会返回相应的完整语法。

图 16-15

16.2.3 使用与规避函数的易失性

易失性函数是指具有 volatile 特性的函数，常见的有 NOW、TODAY、RAND、CELL、OFFSET、COUNTF、SUMIF、INDIRECT、INFO、RANDBETWEEN 等。使用这类函数后，会引发工作表的重新计算。因此对包含该类函数的工作表进行任何编辑，如激活一个单元格，输入数据，甚至只是打开工作簿，都会引发具有易失性的函数进行自动重新计算。这就是为什么我们在关闭某些没有进行任何编辑的工作簿时，Excel 也会提醒你是否进行保存的原因。

虽然易失性函数在实际应用中非常有用，但如果在一个工作簿中使用大量易失性函数，则会因众多的重算操作而影响表格的运行速度。所以应尽量避免使用易失性函数。

16.2.4 突破函数的7层嵌套限制

嵌套函数中，若函数 B 在函数 A 中作为参数，则函数 B 相当于第 2 级函数。如果在函数 B 中继续嵌套函数 C，则函数 C 相当于第 3 级函数，以此类推……一个 Excel 函数公式中可以包含多达 7 级的嵌套函数。

但在实际工作中，常常需要突破函数的 7 层嵌套限制才能编写出满足计算要求的公式。例如要编写一个超过 7 层嵌套限制的 IF 函数，具体结构如下：

=IF(AND(A1<60),"F","")&IF(AND(A1>=60,A1<=63),"D","")&IF(AND(A1>=64,A1<=67),"C-","")&IF(AND(A1>=68,A1<=71),"C","")&IF(AND(A1>=72,A1<=74),"C+","")&IF(AND(A1>=75,A1<=77),"B-","")&IF(AND(A1>=78,A1<=81),"B","")&IF(AND(A1>=82,A1<=84),"B+","")&IF(AND(A1>=85,A1<=89),"A-","")&IF(AND(A1>=90),"A","")

从上面这个 IF 函数中可以看出，它使用了 10 个 IF 语句，是将多个 7 层 IF 语句用【&】符号连接起来突破 7 层限制的。当然如果是数值进行运算，则需要将连接符【&】改为【+】，【""】改为【0】。

16.2.5 突破30个函数参数的限制

Excel 在公式计算方面有其自身的标准与规范，这些规范对公式的编写有一定的限制。除了限制函数的嵌套层数外，还规定函数的参数不能超过 30 个。一旦超过 30 个，又该如何处理呢？

为函数参数的两边添加一对括号，可以形成联合区域，使用联合区域作为参数时，相当于只使用了 1 个参数。因此，使用该方法可以突破 30 个函数参数的限制。如要计算图 16-16 中所选单元格（超过 30 个单元格）的平均值，可写作【=AVERAGE((A1,B3,C1,C3,D1…))】。

图 16-16

> **技术看板**
>
> 使用定义名称的方法可以突破公式编写规范中的很多限制，如函数嵌套级数的限制、函数参数个数的限制、函数内容长度不超过 1024 个字符的限制。

16.3　常用函数的使用

Excel 2013 中提供了很多函数，但常用的函数却只有几种。下面讲解几个日常使用较频繁的函数，如 SUM 函数、AVERAGE 函数、COUNT 函数和 MAX 函数、MIN 函数、SUMIF 函数、VLOOKUP 函数等。

16.3.1 使用 SUM 函数求和

在进行数据计算处理中，经常会对一些数据进行求和汇总，此时就需要使用 SUM 函数来完成。

语法结构：
SUM(number1,[number2],...)

参　数：

number1 必需的参数，表示需要相加的第一个数值参数。

number2 可选参数，表示需要相加的 2 到 255 个数值参数。

使用 SUM 函数可以对所选单元格或单元格区域进行求和计算。

SUM 函数的参数可以是数值，如 SUM(18,20) 表示计算【18+20】，也可以是一个单元格的引用或一个单元格区域的引用，如 SUM(A1:A5) 表示将 A1 单元格至 A5 单元格中的所有数字相加；SUM(A1,A3,A5) 表示将 A1、A3 和 A5 单元格中的数字相加。

SUM 函数实际就是对多个参数求和，简化了大家使用【+】符号来完成求和的过程。SUM 函数在表格中的使用率极高，由于前面讲解输入函数的具体操作时已经举例讲解了该函数的使用方法，这里就不再赘述。

★ 重点 16.3.2 使用 AVERAGE 函数求平均培训成绩

实例门类	软件功能
教学视频	光盘\视频\第 16 章\16.3.2.mp4

在进行数据计算处理中，对一部分数据求平均值也是很常用的，此时就可以使用 AVERAGE 函数来完成。

语法结构：
AVERAGE (number1,[number2],...)
参　数：
number1 必需的参数，表示需要计算平均值的 1 到 255 个参数。
number2... 可选参数，表示需要计算平均值的 2 到 255 个参数。

AVERAGE 函数用于返回所选单元格或单元格区域中数据的平均值。

例如，在培训成绩表中要使用 AVERAGE 函数计算各员工的平均成绩，具体操作如下。

Step01 打开"光盘\素材文件\第 16 章\培训成绩.xlsx"文件，❶ 在 I1 单元格中输入相应的文本，❷ 选择 I2 单元格，❸ 单击【公式】选项卡【函数库】组中的【插入函数】按钮 *fx*，如图 16-17 所示。

Step02 打开【插入函数】对话框，❶ 在【搜索函数】文本框中输入需要搜索的关键字【求平均值】，❷ 单击【转到】按钮，即可搜索与关键字相符的函数，❸ 在【选择函数】列表框

中选择这里需要使用的【AVERAGE】选项，❹ 单击【确定】按钮，如图 16-18 所示。

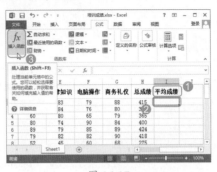

图 16-17

图 16-18

Step03 打开【函数参数】对话框，❶ 在【Number1】参数框中选择要平均的 C2:G2 单元格区域，❷ 单击【确定】按钮，如图 16-19 所示。

图 16-19

Step04 经过上步操作，即可在 I2 单元格中插入 AVERAGE 函数并计算出该员工的平均成绩，向下拖动控制柄至 I19 单元格，即可计算出其他人的平均成绩，如图 16-20 所示。

图 16-20

★ 重点 16.3.3 实战：使用 COUNT 函数计算参数中包含数字的个数

实例门类	软件功能
教学视频	光盘\视频\第 16 章\16.3.3.mp4

在统计表格中的数据时，经常需要统计单元格区域或数字数组中包含某个数值数据的单元格以及参数列表中数字的个数，此时就可以使用 COUNT 函数来完成。

语法结构：
COUNT(value1,[value2],...)
参　数：
value1 必需的参数。表示要计算其中数字的个数的第一个项、单元格引用或区域。
value2... 可选参数。表示要计算其中数字的个数的其他项、单元格引用或区域，最多可包含 255 个。

技术看板

COUNT 函数中的参数可以包含或引用各种类型的数据，但只有数字类型的数据（包括数字、日期、代表数字的文本，如用引号包含起来的数字"1"、逻辑值、直接键入到参数列表中代表数字的文本）才会被计算在结果中。如果参数为数组或引用，则只计算数组或引用中数字的个数。不会计算数组或引用中的空单元格、逻辑值、文本或错误值。

例如，要在培训成绩表中使用 COUNT 函数统计出这次参与培训和实际考试的人数，具体操作如下。

Step01 由于本次统计中有人没有参与考试，所以成绩为空。所以，统计培训人数时，需要制作一列辅助数据。❶ 在 A 列单元格中输入编号数据作为辅助列，❷ 在 D22 单元格中输入相应的文本，❸ 选中 E22 单元格，❹ 单击【函数库】组中的【自动求和】按钮Σ右侧的下拉按钮 ·，❺ 在弹出的下拉菜单中选择【计数】命令，如图 16-21 所示。

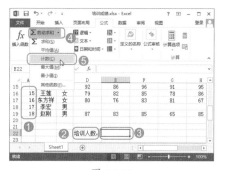

图 16-21

Step02 经过上步操作，即可在单元格中插入 COUNT 函数，❶ 将文本插入点定位在公式的括号内，❷ 拖动鼠标光标选择 A2:A19 单元格区域作为函数参数引用位置，如图 16-22 所示。

图 16-22

Step03 按【Enter】键确认函数的输入，即可在该单元格中计算出这次参与培训的总人数，如图 16-23 所示。

Step04 ❶ 在 D23 单元格中输入相应的文本，❷ 在 E23 单元格中输入【=COUNT(D2:D19)】，即可计算

出这次参与考试的实际人数，如图 16-24 所示。

图 16-23

图 16-24

★ 重点 16.3.4 实战：使用 MAX 函数返回一组数字中的最大值

实例门类	软件功能
教学视频	光盘\视频\第 8 章\16.3.4.mp4

在处理数据时若需要返回某一组数据中的最大值，如计算公司中最高的销量、班级中成绩最好的分数等，就可以使用 MAX 函数来完成。

语法结构：
MAX(number1,[number2],...)
参　数：
number1 必需的参数，表示需要计算最大值的第 1 个参数。
number2... 可选参数，表示需要计算最大值的 2 到 255 个参数。

例如，要在培训成绩表中使用 MAX 函数计算出各科成绩的最高

分，具体操作如下。

Step01 ❶ 合并 D26:E26 单元格区域，并输入相应的文本，❷ 在 F25:J25 单元格区域中分别输入各科名称，❸ 选择 F26 单元格，❹ 单击【函数库】组中的【自动求和】按钮Σ，❺ 在弹出的下拉菜单中选择【最大值】命令，如图 16-25 所示。

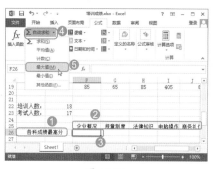

图 16-25

Step02 经过上步操作，即可在单元格中插入 MAX 函数，❶ 拖动鼠标光标重新选择 D2:D19 单元格区域作为函数参数引用位置，❷ 按【Enter】键确认函数的输入，即可在该单元格中计算出函数的结果，❸ 向右拖动填充控制柄复制公式到右侧的单元格中，计算出其他科目的最高分，完成后的效果如图 16-26 所示。

图 16-26

★ 重点 16.3.5 实战：使用 MIN 函数返回一组数字中的最小值

实例门类	软件功能
教学视频	光盘\视频\第 16 章\16.3.5.mp4

与 MAX 函数的功能相反，MIN 函数用于计算一组数值中的最小值。

语法结构：
MIN(Number1,[Number2],...)
参　数：
number1 必需的参数，表示需要计算最小值的第 1 个参数。
number2... 可选参数，表示需要计算最小值的 2 到 255 个参数。

MIN 函数的使用方法与 MAX 相同，函数参数为要求最小值的数值或单元格引用，多个参数间使用逗号分隔，如果是计算连续单元格区域之和，参数中可直接引用单元格区域。

例如，要在培训成绩表中统计出各科成绩的最低分，具体操作如下。

Step01 ❶ 合并 D27:E27 单元格区域，并输入相应文本，❷ 在 F27 单元格中输入【=MIN(D2:D19)】，如图 16-27 所示。

图 16-27

Step02 ❶ 按【Enter】键确认函数的输入，即可在该单元格中计算出函数的结果，❷ 向右拖动填充控制柄复制公式到右侧的单元格中，计算出其他科目的最低分，完成后的效果如图 16-28 所示。

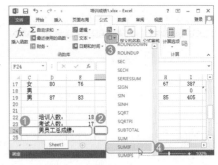

图 16-28

★ 重点 16.3.6 实战：使用 SUMIF 函数按给定条件对指定单元格求和

实例门类	软件功能
教学视频	光盘\视频\第 16 章\16.3.6.mp4

如果需要对工作表中满足某一个条件的单元格数据求和，可以结合使用 SUM 函数和 IF 函数，但此时使用 SUMIF 函数可更快完成计算。

语法结构：
SUMIF (range,criteria,[sum_range])
参　数：

range 必需的参数，代表用于条件计算的单元格区域。每个区域中的单元格都必须是数字或名称、数组或包含数字的引用。空值和文本值将被忽略。

criteria 必需的参数，代表用于确定对哪些单元格求和的条件，其形式可以为数字、表达式、单元格引用、文本或函数。

sum_range 可选参数，代表要求和的实际单元格。当求和区域即为参数 range 所指定的区域时，可省略参数 sum_range。当参数指定的求和区域与条件判断区域不一致时，求和的实际单元格区域将以 sum_range 参数中左上角的单元格作为起始单元格进行扩展，最终成为包括与 range 参数大小和形状相对应的单元格区域，如下表所示。

如果区域是	并且 sum_range 是	则需要求和的实际单元格是
A1:A5	B1:B5	B1:B5
A1:A5	B1:B3	B1:B5
A1:B4	C1:D4	C1:D4
A1:B4	C1:C2	C1:D4

下面在【培训成绩 1】工作表中分别计算出男女员工的总成绩，具体操作如下。

Step01 打开"光盘\素材文件\第 16 章\培训成绩 1.xlsx"文件，❶ 合并 D24:E24 单元格区域，并输入相应的文本，❷ 选择 F24 单元格，❸ 单击【公式】选项卡【函数库】组中的【数字和三角函数】按钮，❹ 在弹出的下拉列表中选择【SUMIF】选项，如图 16-29 所示。

图 16-29

Step02 打开【函数参数】对话框，❶ 在各参数框中输入如图 16-30 所示的值，❷ 单击【确定】按钮。

图 16-30

Step03 经过上步操作，即可计算出相应的结果。❶ 合并 D25:E25 单元格区域，并输入相应的文本，❷ 在 F25 单元格中输入【=SUMIF(C2:C19,"

女 ",I2:I19)】，计算出员工的总成绩，如图 16-31 所示。

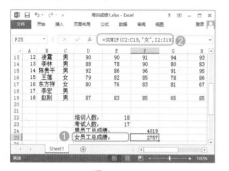

图 16-31

★ 重点 16.3.7 实战：使用 VLOOKUP 函数在区域或数组的列中查找数据

实例门类	软件功能
教学视频	光盘\视频\第 16 章\16.3.7.mp4

VLOOKUP 函数可以在某个单元格区域的首列沿垂直方向查找指定的值，然后返回同一行中的其他值。

语法结构：
VLOOKUP(lookup_value,table_array,col_index_num,range_lookup)
参　数：
lookup_value 必需的参数，用于设定需要在表的第一行中进行查找的值，可以是数值，也可以是文本字符串或引用。

table_array 必需的参数，用于设置要在其中查找数据的数据表，可以使用区域或区域名称的引用。

col_index_num 必需的参数，在查找之后要返回的匹配值的列序号。

range_lookup 可选参数，是一个逻辑值，用于指明函数在查找时是精确匹配，还是近似匹配。如果为 TRUE 或被忽略，则返回一个近似的匹配值（如果没有找到精确匹配值，就返回一个

小于查找值的最大值）。如果该参数是 FALSE，函数就查找精确的匹配值。如果这个函数没有找到精确的匹配值，就会返回错误值【#N/A】。

例如，要在【培训成绩 1】工作表中制作一个简单的查询系统，当我们输入某个员工姓名时，便能通过 VLOOKUP 函数自动获得相关的数据，具体操作如下。

Step01 ❶ 新建一个工作表并命名为【成绩查询表】，❷ 在 B3:C10 单元格区域中输入相应的查询表头，并进行简单的格式设置，❸ 选择 C4 单元格，❹ 单击编辑栏右侧的【插入函数】按钮 fx，如图 16-32 所示。

图 16-32

Step02 打开【插入函数】对话框，❶ 在【或选择类别】下拉列表框中选择【查找与引用】选项，❷ 在【选择函数】列表框中选择【VLOOKUP】选项，❸ 单击【确定】按钮，如图 16-33 所示。

Step03 打开【函数参数】对话框，❶ 在【lookup_value】参数框中输入【C3】，在【table_array】参数框中引用 Sheet1 工作表中的 B2:J19 单元格区域，在【col_index_num】参数框中输入【3】，在【range_lookup】参数框中输入【FALSE】，❷ 单击【确定】按钮，如图 16-34 所示。

Step04 返回工作簿中，即可看到创建的公式为【=VLOOKUP(C3,Sheet1!B2:J19,3,FALSE)】，即在 Sheet1 工作

表中的 B2:J19 单元格区域中寻找与 C3 单元格数据相同的项，然后根据项所在的行返回与该单元格区域第 3 列相交单元格中的数据。❶ 选择 C4 单元格中的公式内容，❷ 单击【剪贴板】组中的【复制】按钮，如图 16-35 所示。

图 16-33

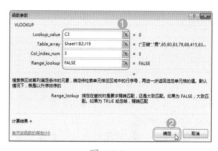

图 16-34

图 16-35

Step05 将复制的公式内容粘贴到 C5:C10 单元格区域中，并依次修改公式中 Col_index_num 参数的值，分别修改为如图 16-36 所示的值。

图 16-36

技术看板

如果 col_index_num 大于 table-array 中的列数，则会显示错误值【#REF!】；如果 table_array 小于 1，则会显示错误值【#VALUE!】。

Step 06 在 C3 单元格中输入任意员工姓名，即可在下方的单元格中查看到相应的成绩数据，如图 16-37 所示。

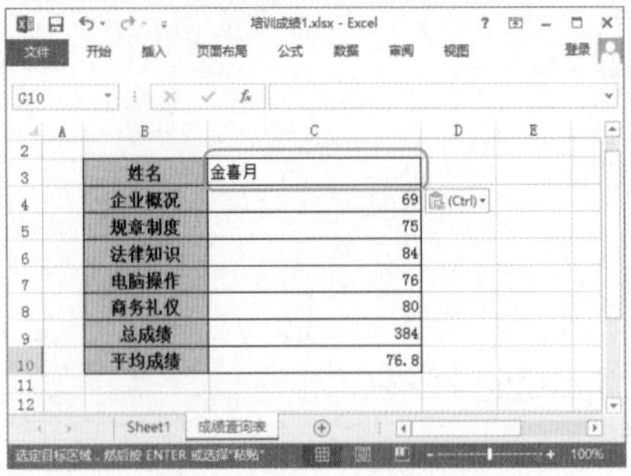

图 16-37

16.4 查找与引用函数的应用

要在表格中对指定数据进行查找引用，最简便、最准确的方法就是使用查找和引用函数。其中最常用的几个函数有 INDEX 函数、CHOOSE 函数、HLOOKUP 函数等，下面进行相应介绍。

★ 重点 16.4.1 实战：使用查找函数对指定数据进行准确查找

实例门类	软件功能
教学视频	光盘\视频\第16章\16.4.1.mp4

在日常业务处理中，经常需要根据特定条件查询定位数据或按照特定条件筛选数据。

例如，在一列数据中搜索某个特定值首次出现的位置、查找某个值并返回与这个值对应的另一个值、筛选满足条件的数据记录等。

1. 使用 CHOOSE 函数根据序号从列表中选择对应的内容

CHOOSE 函数是一个特别的 Excel 内置函数，它可以根据用户指定的自然数序号返回与其对应的数据值、区域引用或者嵌套函数结果。使用该函数最多可以根据索引号从 254 个数值中选择一个。

语法结构：
CHOOSE(index_num,value1,value2...)

参数：

index_num 必需的参数，用来指定返回的数值位于列表中的次序，该参数必须为 1～254 的数字，或者为公式或对包含 1～254 某个数字的单元格的引用。如果 index_num 为小数，在使用前将自动被截尾取整。

value1,value2... 其中，value1 是必需的，后续值是可选的。value1、value2 等是要返回的数值所在的列表。这些值参数的个数介于 1 到 254 之间，函数 CHOOSE 会基于 index_num，从这些值参数中选择一个数值或一项要执行的操作。如果 index_num 为 1，函数 CHOOSE 返回 value1；如果为 2，返回 value2，依此类推。如果 index_num 小于 1 或大于列表中最后一个值的序号，函数将返回错误值【#VALUE!】。参数可以为数字、单元格引用、已定义名称、公式、函数或文本。

根据 CHOOSE 函数的特性，用户可以在某些情况下用它代替 IF 条件判断函数。例如，要根据销售提成表中的数据提取某个固定员工的销售佣金，下面使用 CHOOSE 函数来实

现，具体操作如下。

打开"光盘\素材文件\第 16 章\销售提成表.xlsx"文本，在 D13 单元格中输入【=CHOOSE(4,H2,H3,H4,H5,H6,H7,H8,H9,H10,H11)】，即可得到该员工的提成数据，如图 16-38 所示。

图 16-38

2. 使用 HLOOKUP 函数在区域或数组的行中查找数据

HLOOKUP 函数可以在表格或数值数组的首行沿水平方向查找指定的数值，并由此返回表格或数组中指定行的同一列中的其他数值。

语法结构：
HLOOKUP(lookup_value,table_array,row_index_num,[range_lookup])

参 数：

lookup_value 必需的参数，用于设定需要在表的第一行中进行查找的值，可以是数值，也可以是文本字符串或引用。

table_array 必需的参数，用于设置要在其中查找数据的数据表，可以使用区域或区域名称的引用。

row_index_num 必需的参数，在查找之后要返回的匹配值的行序号。

range_lookup 可选参数，是一个逻辑值，用于指明函数在查找时是精确匹配，还是近似匹配。如果为TRUE 或被忽略，则返回一个近似的匹配值（如果没有找到精确匹配值，就返回一个小于查找值的最大值）。如果该参数是 FALSE，函数就查找精确的匹配值。如果这个函数没有找到精确的匹配值，就会返回错误值【#N/A】。0 表示精确匹配值，1 表示近似匹配值。

例如，某公司的上班类型分为多种，不同的类型对应的工资标准也不一样，所以在计算工资时，需要根据上班类型来统计，我们可以先使用HLOOKUP 函数将员工的上班类型对应的工资标准查找出来，具体操作如下。

Step01 打开"光盘\素材文件\第 16章\工资计算表.xlsx"文件，❶ 选择【8 月】工作表，❷ 在 E2 单元格中输入【=HLOOKUP(C2,工资标准!$A$2:$E$3,2,0)*D2】，按【Enter】键计算出该员工当月的工资，如图16-39 所示。

Step02 使用 Excel 的自动填充功能，计算出其他员工当月的工资，如图16-40 所示。

图 16-39

图 16-40

3. 使用 INDEX 函数以数组或引用形式返回指定位置中的内容

如果已知一个数组 {1,2;3,4}，需要根据数组中的位置返回第一行第 2 列对应的数值，可使用 INDEX函数。

INDEX 函数的数组形式可以返回表格或数组中的元素值，此元素由行序号和列序号的索引值给定。一般情况下，当函数 INDEX 的第一个参数为数组常量时，就使用数组形式。

语法结构：
INDEX (array,row_num,[column_num]);(reference,row_num, [column_num],[area_num])
参 数：
array 必需的参数，单元格区域或数组常量。
row_num 必需的参数，代表数组中某行的行号，函数从该行返回数值。如果省略 row_num，则必须有 column_num。

column_num 可选参数，代表数组中某列的列标，函数从该列返回数值。如果省略 column_num，则必须有 row_num。

reference 必需的参数，为一个或多个单元格区域的引用，如果为引用输入一个不连续的区域，必须将其用括号括起来。

area_num 可选参数，用于选择引用中的一个区域。以引用区域中返回 row_num 和 column_num 的交叉区域。选中或输入的第一个区域序号为 1，第二个区域序号为 2，依此类推。如果省略该参数，则函数INDEX 使用区域 1。

例如，要返回上述数组中第一行第 2 列的数值，可输入公式【=INDEX({1,2;3,4},0,2)】。

★ 重点 16.4.2 实战：**使用引用函数返回指定位置或值**

实例门类	软件功能
教学视频	光盘\视频\第 16 章\16.4.2.mp4

通过引用函数可以标识工作表中的单元格或单元格区域，指明公式中所使用的数据的位置，返回引用单元格中的数值和其他属性。

1. 使用 MATCH 函数返回指定内容所在的位置

MATCH 函数可在单元格区域中搜索指定项，然后返回该项在单元格区域中的相对位置。

语法结构：
MATCH (lookup_value,lookup_array,[match_type])
参 数：
lookup_value 必需的参数，需要在 lookup_array 中查找的值。
lookup_array 必需的参数，函数要搜索的单元格区域。

match_type 可选参数，用于指定匹配的类型，即指定 Excel 如何在 lookup_array 中查找 lookup_value 的值。其值可以是数字-1、0 或 1。当值为 1 或省略该值时，就查找小于或等于 lookup_value 的最大值 (lookup_array 必须以升序排列)；当值为 0 时，就查找第一个完全等于 lookup_value 的值；当值为-1 时，就查找大于或等于 lookup_value 的最小值 (lookup_array 必须以降序排列)。

例如，对一组员工的培训成绩排序后，需要返回这些员工的排名次序，此时可以使用 MATCH 函数来完成，具体操作如下。

打开"光盘\素材文件\第 16 章\培训成绩 2.xlsx"文件，在 C25 单元格中输入公式【=MATCH(C24, I2:I18,0)】，如图 16-41 所示。

图 16-41

技术看板

LARGE 函数用于返回数据集中的第 k 个最大值。其语法结构为 LARGE(array,k)，其中参数 array 为需要找到第 k 个最大值的数组或数字型数据区域；参数 k 为返回的数据在数组或数据区域里的位置 (从大到小)。LARGE 函数计算最大值时忽略逻辑值 TRUE 和 FALSE 以及文本型数字。

2. 使用 ADDRESS 函数返回与指定行号和列号对应的单元格地址

单元格地址除了选择单元格插入和直接输入外，还可以通过 ADDRESS 函数输入。

语法结构：
ADDRESS (row_num,column_num,[abs_num],[a1],[sheet_text])
参　数：
row_num 必需的参数，一个数值，指定要在单元格引用中使用的行号。

column_num 必需的参数，一个数值，指定要在单元格引用中使用的列号。

abs_num 可选参数，用于指定返回的引用类型，可以取的值为 1 ~ 4。当参数 abs_num 取值为 1 或省略时，将返回绝对单元格引用，如 $A$1；取值为 2 时，将返回绝对行号，相对列标类型，如 A$1；取值为 3 时，将返回相对行号，绝对列标类型，如 $A1；取值为 4 时，将返回相对单元格引用，如 A1。

a1 可选参数，用以指定 A1 或 R1C1 引用样式的逻辑值，如果 a1 为 TRUE 或省略，函数返回 A1 样式的引用，如果 a1 为 FALSE，返回 R1C1 样式的引用。

sheet_text 可选参数，是一个文本，指定作为外部引用的工作表的名称，如果省略，则不使用任何工作表名。

如需要获得第 2 行第 3 列的绝对单元格地址，可输入公式【=ADDRESS(2,3,1)】。

3. 使用 COLUMN 函数返回单元格或单元格区域首列的列号

Excel 中默认情况下以字母的形式表示列号，如果用户需要知道数据在具体的第几列时，可以使用 COLUMN 函数返回指定单元格引用的列号。

语法结构：
COLUMN ([reference])
参　数：
reference 为可选参数，表示要返回其列号的单元格或单元格区域。

如输入公式【=COLUMN(D3:G11)】，即可返回该单元格区域首列的列号，由于 D 列为第 4 列，所以该函数返回【4】。

4. 使用 ROW 函数返回单元格或单元格区域首行的行号

既然能返回单元格引用地址中的列号，同样道理，也可以使用函数返回单元格引用地址中的行号。

ROW 函数用于返回指定单元格引用的行号。

语法结构：
ROW ([reference])
参　数：
reference 可选参数，表示需要得到其行号的单元格或单元格区域。

如输入公式【=ROW(C4:D6)】，即可返回该单元格区域首行的行号【4】。

5. 使用 OFFSET 函数根据给定的偏移量返回新的引用区域

OFFSET 函数以指定的引用为参照系，通过给定偏移量得到新的引用，并可以指定返回的行数或列数。返回的引用可以为一个单元格或单元格区域。实际上，函数并不移动任何单元格或更改选定区域，而只是返回一个引用，可用于任何需要将引用作为参数的函数。

语法结构：

OFFSET (reference,rows,cols, [height],[width])

参　数：

reference 必需的参数，代表偏移量参照系的引用区域。reference 必须为对单元格或相连单元格区域的引用；否则，OFFSET 返回错误值【#VALUE!】。

rows 必需的参数，相对于偏移量参照系的左上角单元格，上（下）偏移的行数。如果 rows 为 5，则说明目标引用区域的左上角单元格比 reference 低 5 行。行数可为正数（代表在起始引用的下方）或负数（代表在起始引用的上方）。

cols 必需的参数，相对于偏移量参照系的左上角单元格，左（右）偏移的列数。如果 cols 为 5，则说明目标引用区域的左上角的单元格比 reference 靠右 5 列。列数可为正数（代表在起始引用的右边）或负数（代表在起始引用的左边）。

height 可选参数，表示高度，即所要返回的引用区域的行数。height 必须为正数。

width 可选参数，表示宽度，即所要返回的引用区域的列数。width 必须为正数。

在通过拖动填充控制柄复制公式时，如果采用了绝对单元格引用的形式，很多时候是需要偏移公式中的引用区域的，否则将出现错误。如公式【=SUM(OFFSET(C3:E5,-1,0,3,3))】

的含义即是对 C2:E4 单元格区域求和。

 技术看板

参数 reference 必须是单元格或相连单元格区域的引用，否则，将返回错误值【#VALUE!】；参数 rows 取值为正，则表示向下偏移，取值为负表示向上偏移；参数 cols 取值为正，表示向右偏移，反之，取值为负表示向左偏移；如果省略了 height 或 width，则假设其高度或宽度与 reference 相同。

16.4.3　使用显示数量函数返回指定区域包含行、列及区域数

查找与引用函数除了能返回特定的值和引用位置外，还有一类函数能够返回与数量有关的数据。

1. 使用 AREAS 函数返回引用中包含的区域数量

AREAS 函数用于返回引用中包含的区域个数。区域表示连续的单元格区域或某个单元格。

语法结构：

AREAS (reference)

参　数：

reference 为必需的，代表要计算区域个数的单元格或单元格区域的引用。

如输入公式【=AREAS((B5:D11, E5,F2:G4))】，即可返回【3】，表示该引用中包含了 3 个区域。

2. 使用 COLUMNS 函数返回数据区域包含的列数

在 Excel 中不仅能通过函数返回数据区域首列的列号，还能知道数据区域中包含的列数。

COLUMNS 函数用于返回数组或引用的列数。

语法结构：

COLUMNS (array)

参　数：

array 必需的参数，需要得到其列数的数组、数组公式。

例如，输入公式【=COLUMNS (F3:K16)】，即可返回【6】，表示该数据区域中包含 6 列数据。

3. 使用 ROWS 函数返回数据区域包含的行数

在 Excel 中使用 ROWS 函数可以知道数据区域中包含的行数。

语法结构：

ROWS(array)

参　数：

array 必需的参数，需要得到其行数的数组、数组公式。

例如，输入公式【=ROWS(D2:E57)】，即可返回【56】，表示该数据区域中包含 56 行数据。

16.5 文本函数的应用

文本函数，顾名思义是处理文本字符串的函数，主要功能包括截取、查找或搜索文本中的某个特殊字符，转换文本格式，也可以获取关于文本的其他信息。

16.5.1 实战：使用字符串编辑函数对字符进行处理

实例门类	软件功能
教学视频	光盘\视频\第16章\16.5.1.mp4

在 Excel 中，文本值也称为字符串，它通常由若干个子串构成。在日常工作中，有时需要将某几个单元格的内容合并起来，组成一个新的字符串表达完整的意思，或者需要对几个字符串进行比较。

1. 使用 LEN 函数计算文本中的字符个数

LEN 函数用于计算文本字符串中的字符数。

> 语法结构：
> LEN(text)
> 参　数：
> text 必需的参数，要计算其长度的文本。空格作为字符进行计数。

例如，要设计一个文本发布窗口，要求用户只能在该窗口中输入不超过 60 个的字符，并在输入的同时，提示用户还可以输入的字符个数，具体操作如下。

Step01 新建一个空白工作簿，并设置展示窗口的布局和格式，❶ 合并 A1:F1 单元格区域，输入【信息框】，❷ 合并 A2:F10 单元格区域，并填充为白色，❸ 合并 A11:F11 单元格区域，输入【="还可以输入 " &(60-LEN(A2)&" 个字符 ")】，如图 16-42 所示。

Step02 在 A2 单元格中输入需要发布的信息，即可在 A11 单元格中显示出还可以输入的字符个数，如图 16-43 所示。

图 16-42

图 16-43

2. 使用 CONCATENATE 函数将多个字符串合并到一处

Excel 中使用【&】符号作为连接符，可连接两个或多个单元格。例如，单元格 A1 中包含文本【你】，单元格 A2 中包含文本【好】，则输入公式【=" 你 "&" 好 "】，会返回【你好】，如图 16-44 所示。

图 16-44

除此之外，使用 CONCATENATE 函数也能实现运算符【&】的功能。CONCATENATE 函数用于合并两个或多个字符串，最多可以将 255 个文本字符串联结成一个文本字符串。联结项可以是文本、数字、单元格引用或这些项的组合。如要联结上面情况中的 A1 和 A2 单元格数据，可输入公式【=CONCATENATE(" 你 "," 好 ")】，返回【你好】，如图 16-45

所示。

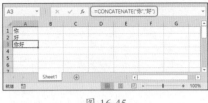

图 16-45

16.5.2 实战：使用返回文本内容函数提取指定字符

实例门类	软件功能
教学视频	光盘\视频\第16章\16.5.2.mp4

从原有文本中截取并返回一部分用于形成新的文本是常见的文本运算。在使用 Excel 处理数据时，经常会遇到含有汉字、字母、数字的混合型数据，有时需要单独提取出某类型的字符串，或者在同类型的数据中提取出某些子串，例如截取身份证号中的出生日期、截取地址中的街道信息等。下面介绍一些常用和实用的文本提取函数。

1. 使用 LEFT 函数从文本左侧起提取指定个数的字符

LEFT 函数能够从文本左侧起提取文本中的第一个或前几个字符。

> 语法结构：
> LEFT (text,[num_chars])
> 参　数：
> text 必需的参数，包含要提取的字符的文本字符串。
> num_chars 可选参数，用于指定要由 LEFT 提取的字符的数量。因此，该参数的值必须大于或等于零。当省略该参数时，则假设其值为 1。

例如，在员工档案表中包含了员工姓名和家庭住址信息，现在要把员工的姓氏和家庭地址的所属省份内容重新保存在一列单元格中。使用

LEFT 函数即可很快完成这项任务，具体操作如下。

Step01 打开"光盘\素材文件\第16章\员工档案表.xlsx"文件，❶ 在 B 列单元格右侧插入一列空白单元格，并输入表头【姓氏】，❷ 在 C2 单元格中输入公式【=LEFT(B2)】，如图 16-46 所示。

图 16-46

Step02 ❶ 按【Ctrl+Enter】组合键即可提取该员工的姓到单元格中，❷ 使用 Excel 的自动填充功能，提取其他员工的姓，如图 16-47 所示。

图 16-47

Step03 在 K 列单元格左侧插入一列空白单元格，并输入表头【祖籍】，❶ 选择 J2 单元格，输入公式【=LEFT(K2,2)】，按【Ctrl+Enter】组合键即可提取该员工家庭住址中的省份内容，❷ 使用 Excel 的自动填充功能，提取其他员工家庭住址的所属省份，如图 16-48 所示。

图 16-48

2. 使用 RIGHT 函数从文本右侧起提取指定个数的字符

RIGHT 函数能够从文本右侧起提取文本字符串中最后一个或多个字符。

> 语法结构：
> RIGHT (text,[num_chars])
> 参　数：
> text 必需的参数，包含要提取字符的文本字符串。
> num_chars 可选参数，指定要由 RIGHT 函数提取的字符的数量。

例如，在产品价目表中的产品型号数据中包含了产品规格大小的信息，而且这些信息位于产品型号数据的倒数 4 位，通过 RIGHT 函数进行提取的具体操作如下。

Step01 打开"光盘\素材文件\第16章\产品价目表.xlsx"文本，❶ 在 C 列单元格右侧插入一列空白单元格，并输入表头【规格（g/支）】，❷ 在 D2 单元格中输入公式【=RIGHT(C2,4)】，按【Enter】键即可提取该产品的规格大小，如图 16-49 所示。

图 16-49

Step02 使用 Excel 的自动填充功能，继续提取其他产品的规格大小，如图 16-50 所示。

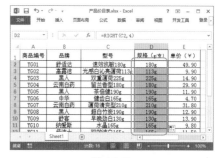

图 16-50

3. 使用 MID 函数从文本指定位置起提取指定个数的字符

MID 函数能够从文本指定位置起提取指定个数的字符。

> 语法结构：
> MID(text,start_num,num_chars)
> 参　数：
> text 必需的参数，包含要提取字符的文本字符串。
> start_num 必需的参数，代表文本中要提取的第一个字符的位置。文本中第一个字符的 start_num 为 1，依此类推。
> num_chars 必需的参数，用于指定希望 MID 函数从文本中返回字符的个数。

例如，某公司的员工证件编号由公司代码（PR80）、部门代码（5位数）和员工编号组成，我们要使用 MID 函数获取部门代码，具体操作如下。

Step01 打开"光盘\素材文件\第16章\员工证件列表.xlsx"文件，在 C2 单元格中输入公式【=MID(B2,5,5)】，按【Enter】键即可提取该员工的部门代码，如图 16-51 所示。

Step02 使用 Excel 的自动填充功能，提取其他员工的部门代码，如图

16-52 所示。

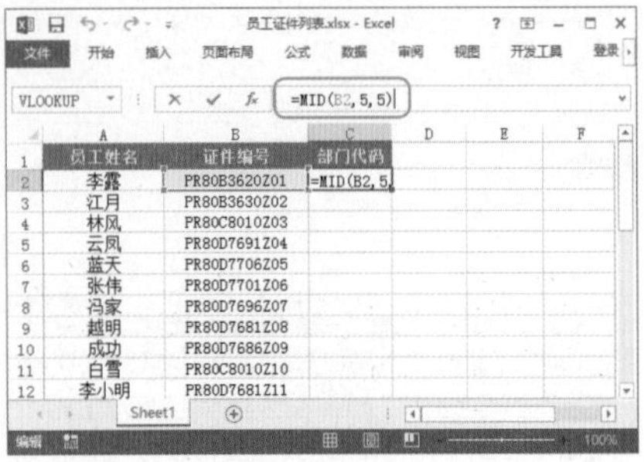

图 16-51

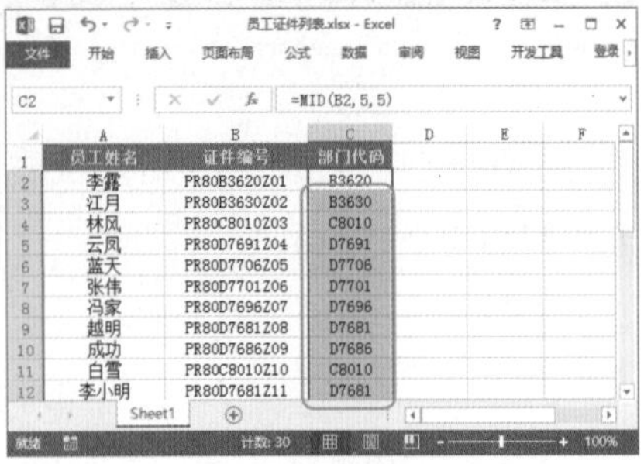

图 16-52

16.5.3 实战：使用文本格式转换函数对字符进行转换

实例门类	软件功能
教学视频	光盘\视频\第16章\16.5.3.mp4

处理文本时，有时需要将现有的文本转换为其他形式，如将字符串中的全/半角字符进行转换、大/小写字母进行转换等。掌握转换文本格式函数的基本操作技巧，便可以快速修改表格中某种形式的文本格式了。

1. 使用 TEXT 函数将数字转换为文本

货币格式有很多种，其小数位数也根据需要而设定。如果能像在【设置单元格格式】对话框中自定义单元格格式一样，可以自定义各种货币的格式，将会方便很多。

Excel 的 TEXT 函数可以将数值转换为文本，并可使用户通过使用特殊格式字符串来指定显示格式。这个函数的价值比较含糊，但在需要以可读性更高的格式显示数字或需要合并数字、文本或符号时，此函数非常有用。

语法结构：

TEXT(value,format_text)

参　数：

value 必需的参数，表示数值、计算结果为数值的公式，或对包含数值的单元格的引用。

format_text 必需的参数，表示使用半角双引号括起来作为文本字符串的数字格式。如，"#,##0.00"。如果需要设置为分数或含有小数点的数字格式，就需要在 format_text 参数中包含占位符、小数点和千位分隔符。

> **技术看板**
>
> TEXT 函数的参数中如果包含有关于货币的符号时，即可替换 DOLLAR 函数。而且 TEXT 函数会更灵活，因为它不限制具体的数字格式。
>
> TEXT 函数还可以将数字转换为日期和时间数据类型的文本，如将 format_text 参数设置为 ""m/d/yyyy""，即输入公式 "=TEXT(NOW()，"m/d/yyyy")"，可返回 "1/24/2011"。

用【0】（零）作为小数位数的占位符，如果数字的位数少于格式中零的数量，则显示非有效零；【#】占位符与【0】占位符的作用基本相同，但是，如果输入的数字在小数点任一侧的位数均少于格式中【#】符号的数量时，Excel 不会显示多余的零。如格式仅在小数点左侧含有数字符号【#】，则小于1的数字会以小数点开头；【?】占位符与【0】占位符的作用也基本相同，但是，对于小数点任一侧的非有效零，Excel 会加上空格，使得小数点在列中对齐；【.】（句点）占位符在数字中显示小数点；【,】（逗号）占位符在数字中显示代表千位分隔符。如在表格中输入公式【=TEXT(45.2345,"#.00")】，则可返回【45.23】。具体的数字格式准则应用，如表 16-1 所示，下面以列表的形式展示一些实用示例。

表 16-1　数字格式准则使用示例

输入内容	显示内容	使用格式
1235.59	1235.6	####.#
8.5	8.50	#.00
0.531	0.5	0.#
1235.568	1235.57	#.0#
0.654	.65	
15	15.0	
8.5	8.5	#.##
45.398	45.398	???.??? （小数点对齐）
105.65	105.65	
2.5	2.5	
5.25	51/4	# ???/ （分数对齐）
5.5	5 5/10	
15000	15,000	#,###
15000	15	#,
15200000	15.2	0.0,,

如果数字的小数点右侧的位数大于格式中的占位符，该数字会四舍五入到与占位符具有相同小数点位的数字。如果小数点左侧的位数大于占位符数，Excel 会显示多余的位数。

2. 使用 T 函数将参数转换为文本

T 函数用于返回单元格内的值引用的文本。

语法结构：

T (value)

参　数：

value 必需的参数，表示需要进行测试的数值。

T 函数常被用来判断某个值是否为文本值。例如，在某留言板中，只允许用户提交纯文本的留言内容。在验证用户提交的信息时，如果发现有文本以外的内容，就会提示用户【您只能输入文本信息】。在 Excel 中可以通过 T 函数进行判断，具体操作如下。

Step01 新建空白工作簿，❶ 合并 A2:E9 单元格区域，❷ 在 A1 单元格中输入公式【=IF(T(A2)="","您只能输入文本信息"," 正在提交你的留言 ")】，如图 16-53 所示。

图 16-53

Step02 经过上步操作，在 A1 单元格中显示【您只能输入文本信息】的内容。在 A2 单元格中输入数字或逻辑值，这里输入【1234566】，则 A1 单元格中会提示你【您只能输入文本信息】，如图 16-54 所示。

图 16-54

Step03 在 A2 单元格中输入纯文本，则 A1 单元格中会提示你【正在提交你的留言】，如图 16-55 所示。

图 16-55

3. 使用 VALUE 函数将文本格式的数字转换为普通数字

在表示一些特殊的数字时，可能为了方便，在输入过程中将这些数字设置成文本格式了，但在一些计算中，文本格式的数字并不能参与运算。此时，可以使用 VALUE 函数快速将文本格式的数字转换为普通数字，再进行运算。

> 语法结构：
> VALUE (text)
> 参　数：
> text 必需的参数，表示带引号的文本，或对包含要转换文本的单元格的引用。可以是 Excel 中可识别的任意常数、日期或时间格式。

如 输 入 公 式【=VALUE("$1,500")】，即可返回【1500】。输入 公 式【=VALUE("14:44:00")-VALUE("9:30:00")】，即会返回【0.218055556】。

🔖 技术看板

如果 text 参数不是 Excel 中可识别的常数、日期或时间格式，则函数 VALUE 将返回错误值【#VALUE!】。通常情况下，并不需要在公式中使用函数 VALUE，Excel 可以自动在需要时将文本转换为数字。提供此函数是为了与其他电子表格程序兼容。

16.5.4 使用文本删除函数删除指定字符或空格

如果希望使用函数一次性删除同类型的字符，可使用 CLEAN 和 TRIM 函数。

1. 使用 CLEAN 函数删除无法打印的字符

CLEAN 函数可以删除文本中的所有非打印字符。

> 语法结构：
> CLEAN (text)
> 参　数：
> text 必需的参数，表示要从中删除非打印字符的任何工作表信息。

例如，在导入 Excel 工作表的数据时，经常会出现一些莫名其妙的"垃圾"字符，一般为非打印字符。此时就可以使用 CLEAN 函数来帮助规范数据格式。

如要删除图 16-56 中出现在数据文件头部或尾部、无法打印的低级计算机代码，可以在 C5 单元格中输入公式【=CLEAN(C3)】，即可删除 C3 单元格数据前后出现的无法打印的字符。

图 16-56

2. 使用 TRIM 函数删除多余的空格

在导入 Excel 工作表的数据时，还经常会从其他应用程序中获取带有不规则空格的文本。此时就可以使用 TRIM 函数清除这些多余的空格。

语法结构：

TRIM (text)

参　数：

text 必需的参数，表示需要删除其中空格的文本。除了直接使用文本外，也可以使用文本的单元格引用。

TRIM 函数可以删除除了单词之间的单个空格外，文本中的所有空格。例如，要删除图 16-57 的 A 列中多余的空格，具体操作如下。

Step 01 在 B2 单元格中输入公式【=TRIM(A2)】，按【Ctrl+Enter】组合键即可将 A2 单元格中多余的空格删除，如图 16-57 所示。

Step 02 使用 Excel 的自动填充功能，继续删除 A3、A4、A5 单元格中多余的空格，完成后的效果如图 16-58所示。

图 16-57

图 16-58

技术看板

从该案例的效果可以看出，虽然在中文内不需要空格，但是使用 TRIM 函数处理后还是会保留一个空格。因此常常利用该函数处理英文的文本，而不是中文文本。且 TRIM 函数能够清除的是文本中的 7 位 ASCII 空格字符（即值为 32 的空格）。不能清除 Unicode 字符集中的不间断空格字符的额外空格字符，即不能清除在网页中用作 HTML 实体 & nbsp; 的字符。

16.6　财务函数的应用

Excel 提供了丰富的财务函数，可以将原本复杂的计算过程变得简单，为财务分析提供极大的便利。本节将为读者介绍一些特别常用的财务类函数，以帮助读者实现举一反三的目的。

16.6.1　实战：使用基本财务函数计算简单财务数据

实例门类	软件功能
教学视频	光盘\视频\第 16 章\16.6.1.mp4

在 Excel 中对一些简单的财务运算，较为常用和实用的函数有 4 个左右，包括 FV、PV 和 RATE 以及 NPER 函数，下面分别进行介绍。

1. 使用 FV 函数计算一笔投资的期值

FV 函数可以在基于固定利率及等额分期付款方式的情况下，计算某项投资的未来值。

语法结构：

FV (rate,nper,pmt,[pv],[type])

参　数：

rate 必需的参数，表示各期利率。通常用年利表示利率，如果是按月利率，则利率应为 11%/12，如果指定为负数，则返回错误值【#NUM!】。

nper 必需的参数，表示付款期总数。如果每月支付一次，则 30 年期为 30×12，如果按半年支付一次，则 30 年期为 30×2，如果指定为负数，则返回错误值【#NUM!】。

pmt 必需的参数，各期所应支付的金额，其数值在整个年金期间保持不变。通常，pmt 包括本金和利息，但不包括其他费用或税款。如果省略 pmt，则必须包括 pv 参数。

pv 可选参数，表示投资的现值（未来付款现值的累积和），如果省略 pv，则假设其值为 0（零），并且必须包括 pmt 参数。

type 可选参数，表示期初或期末，0 为期末，1 为期初。

例如，A 公司将 50 万元投资于一个项目，年利率为 8%，投资 10 年后，该公司可获得的资金总额为多少？下面使用 FV 函数来计算这个普通复利下的终值，具体操作如下。

新建一个空白工作簿，输入如图 16-59 所示的内容，在 B5 单元格中输入公式【=FV(B3,B4,,-B2)】，即可计算出该项目投资 10 年后的未来值。

图 16-59

FV 函数不仅可以进行普通复利终值的计算，还可以用于年金终值的计算。例如，B 公司也投资了一个项目，需要在每年年末时投资 5 万元，年回报率 8%，计算投资 10 年后得到的资金总额，具体操作如下。

新建一张工作表，输入如图 16-60 所示的内容，在 B5 单元格中输入公式【=FV(B3,B4,-B2,,1)】，即可计算出该项目投资 10 年后的未来值。

图 16-60

2. 使用 PV 函数计算投资的现值

PV 函数用于计算投资项目的现值。在财务管理中，现值为一系列未来付款的当前值的累积和。

语法结构：
PV (rate,nper,pmt,[fv],[type])
参　数：

rate 必需的参数，表示投资各期的利率。做项目投资时，如果不确定利率，会假设一个值。

nper 必需的参数，表示投资的总期限，即该项投资的付款期总数。

pmt 必需的参数，表示投资期限内各期所应支付的金额，其数值在整个年金期间保持不变。如果忽略 pmt，则必须包含 fv 参数。

fv 可选参数，表示投资项目的未来值，或在最后一次支付后希望得到的现金余额，如果省略 fv，则假设其值为零。如果忽略 fv，则必须包含 pmt 参数。

type 可选参数，是数字 0 或 1，用以指定投资各期的付款时间是在期初还是期末。

例如，小胡拟在 7 年后获得一笔

20000 元的资金，假设投资报酬率为 3%，那他现在应该存入多少钱？现在使用 PV 函数来计算这个普通复利下的现值，具体操作如下。

新建一个空白工作簿，输入如图 16-61 所示的内容，在 B5 单元格中输入公式【=PV(B3,B4,,-B2,)】，即可计算出要想达到预期的收益，目前需要存入的金额。

图 16-61

PV 函数还可以用于年金的现值计算。例如，小陈出国 3 年，请人代付房租，每年租金 10 万元，假设银行存款利率为 1.5%，他应该现在存入银行多少钱？具体操作如下。

新建一张工作表，输入如图 16-62 所示的内容，在 B5 单元格中输入公式【=PV(B3,B4,-B2,,)】，即可计算出小陈在出国前应该存入银行的金额。

图 16-62

技术看板

由于未来资金与当前资金有不同的价值，使用 PV 函数即可指定未来资金在当前的价值。在该案例中的结果本来为负值，表示这是一笔付款，即支出现金流。为了得到正数结果，

所以将公式中的付款数前方添加了【-】符号。

3. 使用 RATE 函数计算年金各期利率

使用 RATE 函数可以计算出年金的各期利率，如未来现金流的利率或贴现率，在利率不明确的情况下可计算出隐含的利率。

语法结构：
RATE (nper,pmt,pv,[fv],[type],[guess])
参　数：

nper 必需的参数，表示投资的付款期总数。通常用年利率表示利率，如果是按月利率，则利率应为 11%/12，如果指定为负数，则返回错误值【#NUM!】。

pmt 必需的参数，表示各期所应支付的金额，其数值在整个年金期间保持不变。通常，pmt 包括本金和利息，但不包括其他费用或税款。如果省略 pmt，则必须包含 fv 参数。

pv 必需的参数，为投资的现值（未来付款现值的累积和）。

fv 可选参数，表示未来值，或在最后一次支付后希望得到的现金余额，如果省略 fv，则假设其值为零。如果忽略 fv，则必须包含 pmt 参数。

type 可选参数，表示期初或期末，0 为期末，1 为期初。

guess 可选参数，表示预期利率（估计值），如果省略预期利率，则假设该值为 10%。

技术看板

函数 RATE 是通过迭代法计算得出结果，可能无解或有多个解。如果在进行 20 次迭代计算后，函数 RATE 的相邻两次结果没有收敛于 0.0000001，函数 RATE 就会返回错误值【#NUM!】。

例如，C 公司为某个项目投资了 80000 元，按照每月支付 5000 元的方式，16 个月支付完，需要分别计算其中的月投资利率和年投资利率。

Step01 新建一张工作表，输入如图 16-63 所示的内容，在 B5 单元格中输入公式【=RATE(B4*12,-B3,B2)】，即可计算出该项目的月投资利率。

图 16-63

Step02 在 B6 单元格中输入公式【=RATE(B4*12,-B3,B2)*12】，即可计算出该项目的年投资利率，如图 16-64 所示。

图 16-64

4. 使用 NPER 函数计算还款次数

NPER 函数可以基于固定利率及等额分期付款方式，返回某项投资的总期数。

语法结构：
NPER (rate,pmt,pv,[fv],[type])
参　数：
rate 必需的参数，表示各期利率。

pmt 必需的参数，表示各期所应支付的金额，其数值在整个年金期间保持不变。通常，pmt 包括本金和利息，但不包括其他费用或税款。

pv 必需的参数，表示投资的现值（未来付款现值的累积和）。

fv 可选参数，表示未来值，或在最后一次支付后希望得到的现金余额，如果省略 fv，则假设其值为零。如果忽略 fv，则必须包含 pmt 参数。

type 可选参数，表示期初或期末，0 为期末，1 为期初。

例如，小李需要积攒一笔存款，金额为 60 万元，如果他当前的存款为 30 万元，并计划以后每年存款 5 万元，银行利率为 1.5%，问他需要存款多长时间才能积攒到需要的金额。具体操作如下。

❶ 新建一个空白工作簿，输入如图 16-65 所示的内容，❷ 在 B6 单元格中输入公式【=INT(NPER(B2,-B3,-B4,B5,1))+1】，即可计算出小李积攒该笔存款需要的整数年时间。

图 16-65

★ 重点 16.6.2 实战：使用本金和利息函数计算指定期限内的本金和利息

实例门类	软件功能
教学视频	光盘\视频\第 16 章\16.6.2.mp4

本金和利息是公司支付方法的重要手段，也是公司日常财务工作的重要部分。在财务管理中，本金和利息常常是十分重要的变量。为了能够方便高效地管理这些变量，处理好财务问题，Excel 提供了计算各种本金和利息的函数，下面分别进行介绍。

1. 使用 PMT 函数计算贷款的每期付款额

PMT 函数用于计算基于固定利率及等额分期付款方式，返回贷款的每期付款额。

语法结构：
PMT(rate,nper,pv,[fv],[type])
参　数：
rate 必需的参数，代表投资或贷款的各期利率。通常用年利表示利率，如果是按月利率，则利率应为 11%/12，如果指定为负数，则返回错误值【#NUM!】。

nper 必需的参数，代表总投资期或贷款期，即该项投资或贷款的付款期总数。

pv 必需的参数，代表从该项投资（或贷款）开始计算时已经入账的款项，或一系列未来付款当前值的累积和。

fv 可选参数，表示未来值，或在最后一次支付后希望得到的现金余额，如果省略 fv，则假设其值为零。如果忽略 fv，则必须包含 pmt 参数。

type 可选参数，是一个逻辑值 0 或 1，用以指定付款时间在期初还是期末，0 为期末，1 为期初。

在财务计算中，了解贷款项目的分期付款额，是计算公司项目是否盈利的重要手段。例如，D 公司投资某个项目，向银行贷款 60 万元，贷款年利率为 4.9%，考虑 20 年或 30 年还清，请分析一下两种还款期限中按月偿还和按年偿还的项目还款金额，具体操作如下。

Step01 新建一个工作簿，输入如图 16-66 所示的内容，在 B8 单元格中输入公式【=PMT(E3/12,C3*12,A3)】，即可计算出该项目贷款 20 年时每月应偿还的金额。

图 16-66

Step02 在 E8 单元格中输入公式【=PMT(E3,C3,A3)】，即可计算出该项目贷款 20 年时每年应偿还的金额，如图 16-67 所示。

图 16-67

Step03 在 B9 单元格中输入公式【=PMT(E3/12,C4*12,A3)】，即可计算出该项目贷款 30 年时每月应偿还的金额，如图 16-68 所示。

图 16-68

Step04 在 E9 单元格中输入公式【=PMT(E3,C4,A3)】，即可计算出该项目贷款 30 年时每年应偿还的金额，如图 16-69 所示。

技术看板

使用 PMT 函数返回的支付款项包括本金和利息，但不包括税款、保留支付或某些与贷款有关的费用。

图 16-69

2. 使用 IPMT 函数计算贷款在给定期间内支付的利息

基于固定利率及等额分期付款方式情况下，使用 PMT 函数可以计算贷款的每期付款额。但有时候需要知道在还贷过程中，利息部分占多少，本金部分占多少。如果需要计算该种贷款情况下支付的利息，就需要使用 IPMT 函数了。

IPMT（偿还利息部分）函数用于计算在给定时间内对投资的利息偿还额，该投资采用等额分期付款方式，同时利率为固定值。

语法结构：
IPMT(rate,per,nper,pv,[fv],[type])
参　　数：

rate 必需的参数，表示各期利率。通常用年利表示利率，如果是按月利率，则利率应为 11%/12，如果指定为负数，则返回错误值【#NUM!】。

per 必需的参数，表示用于计算其利息的期次，求分几次支付利息，第一次支付为 1。per 必须介于 1 到 nper 之间。

nper 必需的参数，表示投资的付款期总数。如果要计算出各期的数据时，则付款年限 * 期数值。

pv 必需的参数，表示投资的现值（未来付款现值的累积和）。

fv 可选参数，表示未来值，或在最后一次支付后希望得到的

现金余额，如果省略 fv，则假设其值为零。如果忽略 fv，则必须包含 pmt 参数。

type 可选参数，表示期初或期末，0 为期末，1 为期初。

例如，小陈以等额分期付款方式贷款买了一套房子，需要对各年的偿还贷款利息进行计算，具体操作如下。

Step01 新建一个工作簿，输入如图 16-70 所示的内容，在 C8 单元格中输入公式【=IPMT($E$3,A8,$C$3,$A$3)】，即可计算出该项贷款在第一年需要偿还的利息金额。

图 16-70

Step02 使用 Excel 的自动填充功能，计算出各年应偿还的利息金额，如图 16-71 所示。

图 16-71

3. 使用 PPMT 函数计算贷款在给定期间内偿还的本金

基于固定利率及等额分期付款方式情况下，还能使用 PPMT 函数计

算贷款在给定期间内投资本金的偿还额，从而更清楚确定某还贷的利息/本金是如何划分的。

语法结构：

PPMT(rate,per,nper,pv,[fv],[type])

参　数：

rate 必需的参数，表示各期利率。通常用年利表示利率，如果是按月利率，则利率应为 11%/12，如果指定为负数，则返回错误值【#NUM!】。

per 必需的参数，表示用于计算其利息的期次，求分几次支付利息，第一次支付为 1。per 必须在 1 到 nper 之间。

nper 必需的参数，表示投资的付款期总数。如果要计算出各期的数据时，则付款年限 * 期数值。

pv 必需的参数，表示投资的现值（未来付款现值的累积和）。

fv 可选参数，表示未来值，或在最后一次支付后希望得到的现金余额，如果省略 fv，则假设其值为零。如果忽略 fv，则必须包含 pmt 参数。

type 可选参数，表示期初或期末，0 为期末，1 为期初。

例如，要分析上个案例中房贷每年偿还的本金数额，具体操作如下。

Step01 在 E8 单元格中输入公式【=PPMT($E$3,A8,$C$3,$A$3)】，即可计算出该项贷款在第一年需要偿还的本金金额，如图 16-72 所示。

Step02 使用 Excel 的自动填充功能，计算出各年应偿还的本金金额，如图 16-73 所示。

图 16-72

图 16-73

4. 使用 ISPMT 函数计算特定投资期内支付的利息

如果不采用等额分期付款方式，在无担保的普通贷款情况下，贷款的特定投资期内支付的利息可以使用 ISPMT 函数来进行计算。

语法结构：

ISPMT (rate,per,nper,pv)

参　数：

rate 必需的参数，表示各期利率。通常用年利表示利率，如果是按月利率，则利率应为 11%/12，如果指定为负数，则返回错误值【#NUM!】。

per 必需的参数，表示用于计算其利息的期次，求分几次支付利息，第一次支付为 1。per 必须在 1 到 nper 之间。

nper 必需的参数，表示投资的付款期总数。如果要计算出各期的数据时，则付款年限 * 期数值。

pv 必需的参数，表示投资的现值（未来付款现值的累积和）。

例如，在上个房贷案例中如果要换成普通贷款形式，计算出每年偿还的利息数额，具体操作如下。

Step01 在 G8 单元格中输入公式【=ISPMT($E$3,A8,$C$3,$A$3)】，即可计算出该项贷款在第一年需要偿还的利息金额，如图 16-74 所示。

图 16-74

Step02 使用 Excel 的自动填充功能，计算出各年应偿还的利息金额，如图 16-75 所示。

图 16-75

★ 重点 16.6.3 实战：使用投资预算函数计算预算投入

实例门类	软件功能
教学视频	光盘\视频\第 16 章\16.6.3.mp4

在进行投资评价时，经常需要计算一笔投资在复利条件下的现值、未来值和投资回收期等，或是等额支付情况下的年金现值、未来值。

最常用的投资评价方法，包括净现值法、回收期法、内含报酬率法等。这些复杂的计算，可以使用财务函数中的投资评价函数轻松完成，下面分别进行介绍。

1. 通过 FVSCHEDULE 函数计算初始本金的未来值

FVSCHEDULE 函数可以基于一系列复利·（利率数组）返回本金的未来值，主要用于计算某项投资在变动或可调利率下的未来值。

语法结构：
FVSCHEDULE (principal, schedule)
参　数：
principal 必需的参数，表示投资的现值。
schedule 必需的参数，表示要应用的利率数组。

例如，小张今年年初在银行存款 10 万元整，存款利率随时都可能变动，如果根据某投资机构预测的未来 4 年的利率，需要求解该存款在 4 年后的银行存款数额，可通过 FVSCHEDULE 函数进行计算，具体操作如下。

新建一个工作簿，输入如图 16-76 所示的内容，在 B8 单元格中输入公式【=FVSCHEDULE(B2,B3:B6)】，即可计算出在预测利率下该笔存款的未来值。

图 16-76

2. 基于一系列定期的现金流和贴现率，使用 NPV 函数计算投资的净现值

NPV 函数可以根据投资项目的贴现率和一系列未来支出（负值）和收入（正值），计算投资的净现值，即计算一组定期现金流的净现值。

语法结构：
NPV (rate,value1,[value2],...)
参　数：
rate 必需的参数，表示投资项目在某期限内的贴现率。
value1、value2... 其中，value1 是必需的，后续值是可选的。这些是代表项目的支出及收入的 1 到 254 个参数。

例如，E 公司在期初投资金额为 30 000 元，同时根据市场预测投资回收现金流。第一年的收益额为 18 800 元，第二年的收益额为 26 800 元，第三年的收益为 38 430 元，该项目的投资折现率为 6.8%，求解项目在第三年的净现值。此时，可通过 NPV 函数进行计算，具体操作如下。

新建一个工作簿，输入如图 16-77 所示的内容，在 B8 单元格中输入公式【=NPV(B1,-B2,B4,B5,B6,)-B2】，即可返回该项目在第三年的净现值为 9930.53。

图 16-77

技术看板

NPV 函数与 PV 函数相似，主要差别在于：PV 函数允许现金流在期初或期末开始。与可变的 NPV 的现金流数值不同，PV 的每一笔现金流在整个投资中必须是固定的。而 NPV 函数使用 value1,value2,... 的顺序来解释现金流的顺序。所以，务必保证支出和收入的数额按正确的顺序输入。

NPV 函数假定投资开始于 value1 现金流所在日期的前一期，并结束于最后一笔现金流的当期。该函数依据未来的现金流来进行计算。如果第一笔现金流发生在第一个周期的期初，则第一笔现金必须添加到函数 NPV 的结果中，而不应包含在 values 参数中。

3. 使用 XNPV 函数计算一组未必定期发生的现金流的净现值

在进行投资决策理论分析时，往往是假设现金流量是定期发生在期初或期末，而实际工作中现金流的发生往往是不定期的。计算现金流不定期条件下的净现金的数学计算公式如下。

$$XNPV = \sum_{j=1}^{N} \frac{P_j}{(1+\text{rate})^{\frac{(d_j - d_1)}{365}}}$$

式中：
d_j= 第 j 个或最后一个支付日期。
d_1= 第 0 个支付日期。
P_j= 第 j 个或最后一个支付金额。

在 Excel 中，运用 XNPV 函数可以很方便地计算出现金流不定期发生条件下一组现金流的净现值，从而满足投资决策分析的需要。

语法结构：
XNPV (rate,values,dates)
参　数：
rate 必需的参数，表示用于计算现金流量的贴现率。如果指定负数，则返回错误值【#NUM!】。

values 必需的参数，表示和 dates 中的支付时间对应的一系列现金流。首期支付是可选的，并与投资开始时的成本或支付有关。如果第一个值是成本或支付，则它必须是负值。所有后续支付都基于 365 天 / 年贴现。

第一篇 第2篇 第3篇 第4篇 第5篇

数值系列必须至少要包含一个正数和一个负数。

dates 必需的参数，表示现金流的支付日期表。

求不定期发生现金流量的净现值时，开始指定的日期和现金流量必须是发生在起始阶段。

例如，E 公司在期初投资金额为 15 万元，投资折现率为 7.2%，并知道该项目的资金支付日期和现金流数目，需要计算该项投资的净现值。此时，可通过 XNPV 函数进行计算，具体操作如下。

新建一张工作表，输入如图 16-78 所示的内容，在 B11 单元格中输入公式【=XNPV(B1,B4:B9,A4:A9)】，即可计算出该投资项目的净现值。

图 16-78

技术看板

在函数 XNPV 中，参数 dates 中的数值将被截尾取整；如果参数 dates 中包含不合法的日期，或先于开始日期，将返回错误值【#VAIUE】；如果参数 values 和 dates 中包含的参数数目不同，函数返回错误值【#NUM!】。

★ 重点 16.6.4 使用收益函数计算内部收益率

实例门类	软件功能
教学视频	光盘\视频\第 16 章\16.6.4.mp4

在投资和财务管理领域，计算投资的收益率具有重要的意义。因此，为了方便用户分析各种收益率，Excel 提供了多种计算收益率的函数，下面介绍一些常用计算收益率函数的使用技巧。

1. 使用 IRR 函数计算一系列现金流的内部收益率

IRR 函数可以返回由数值代表的一组现金流的内部收益率。这些现金流不必为均衡的，但作为年金，它们必须按固定的间隔产生，如按月或按年。内部收益率为投资的回收利率，其中包含定期支付（负值）和定期收入（正值）。函数 IRR 与函数 NPV 的关系十分密切。函数 IRR 计算出的收益率即净现值为 0 时的利率。

语法结构：
IRR (values,[guess])
参 数：
values 必需的参数，表示用于指定计算的资金流量。
guess 可选参数，表示函数计算结果的估计值。大多数情况下，并不需要设置该参数。省略 guess，则假设它为 0.1(10%)。

例如，F 公司在期初投资金额为 50 万元，投资回收期是 4 年。现在得知第一年的净收入为 30800 元，第二年的净收入为 32800 元，第三年的净收入为 38430 元，第四年的净收入为 52120 元，求解该项目的内部收益率。此时，可通过 IRR 函数进行计算，具体操作如下。

Step 01 新建一个工作簿，输入如图 16-79 所示的内容，在 B7 单元格中输入公式【=IRR(B1:B4)】，得到该项目在投资 3 年后的内部收益率为 44%。

Step 02 在 B8 单元格中输入公式【=IRR(B1:B5)】，得到该项目在投资 4 年后的内部收益率为 59%，如图 16-80 所示。

图 16-79

图 16-80

技术看板

在本例中，如果需要计算两年后的内部收益率，需要估计一个值，如输入公式【=IRR(B1:B3, 70%)】。Excel 使用迭代法计算函数 IRR。从 guess 开始，函数 IRR 进行循环计算，直至结果的精度达到 0.00001%。如果函数 IRR 经过 20 次迭代，仍未找到结果，则返回错误值【#NUM!】。此时，可用另一个 guess 值再试一次。

2. 实战：使用 MIRR 函数计算正负现金流在不同利率下支付的内部收益率

MIRR 函数用于计算某一连续期间内现金流的修正内部收益率，该函数同时考虑了投资的成本和现金再投资的收益率。

语法结构：
MIRR (values,finance_rate,reinvest_rate)
参 数：
values 必需的参数，表示用于指定计算的资金流量。
finance_rate 必需的参数，表示现金流中资金支付的利率。

reinvest_rate 必需的参数，表示将现金流再投资的收益率。

例如，在求解上一个案例的过程中，实际上是认为投资的贷款利率和再投资收益率相等。这种情况在实际的财务管理中并不常见。例如，上一个案例中的投资项目经过分析后，若得出贷款利率为 6.8%，而再投资收益率为 8.42%。此时，可通过 MIRR 函数计算修正后的内部收益率，具体操作如下。

Step01 ❶ 复制 Sheet1 工作表，并重命名为【修正后的内部收益率】，❷ 在中间插入几行单元格，并输入贷款利率和数据，❸ 在 B10 单元格中输入公式【=MIRR(B1:B4,B7,B8)】，得到该项目在投资 3 年后的内部收益率为 30%，如图 16-81 所示。

图 16-81

Step02 在 B11 单元格中输入公式【=MIRR(B1:B5,B7,B8)】，得到该项目在投资 4 年后的内部收益率为 36%，如图 16-82 所示。

图 16-82

🔧 技术看板

Values 参数值可以是一个数组或

对包含数字的单元格的引用。这些数值代表各期的一系列支出（负值）及收入（正值）。其中必须至少包含一个正值和一个负值，才能计算修正后的内部收益率，否则函数 MIRR 会返回错误值【#DIV/0!】。如果数组或引用参数包含文本、逻辑值或空白单元格，则这些值将被忽略；但包含零值的单元格将计算在内。

3. 使用 XIRR 函数计算一组未必定期发生的现金流的内部收益率

投资评价中经常采用的另一种方法是内部收益率法。利用 XIRR 函数可以很方便地解决现金流不定期发生条件下的内部收益率的计算，从而满足投资决策分析的需要。

内部收益率是指净现金流为 0 时的利率，计算现金流不定期条件下的内部收益率的数学计算公式如下。

$$0 = \sum_{j=1}^{N} \frac{P_j}{(1 + \text{rate})^{\frac{(d_j - d_1)}{365}}}$$

式中：

d_j= 第 j 个或最后一个支付日期。

d_1= 第 0 个支付日期。

P_j= 第 j 个或最后一个支付金额。

语法结构：

XIRR (values,dates,[guess])

参　数：

values 必需的参数，表示用于指定计算的资金流量。

dates 必需的参数，表示现金流的支付日期表。

guess 可选参数，表示函数计算结果的估计值。大多数情况下，并不需要设置该参数。省略 guess，则假设它为 0.1(10%)。

例如，G 公司有一个投资项目，在预计的现金流不变的条件下，公司具体预测到现金流的日期。但是这些资金回流日期都是不定期的，因此无

法使用 IRR 函数进行计算。此时就需要使用 XIRR 函数进行计算，具体操作方法如下。

新建一个工作簿，输入如图 16-83 所示的内容，在 B8 单元格中输入公式【=XIRR(B2:B6,A2:A6)】，计算出不定期现金流条件下的内部收益率为 4.43。

图 16-83

★ 重点 16.6.5 实战：使用折旧函数计算折旧值

实例门类	软件功能
教学视频	光盘\视频\第 16 章\16.6.5.mp4

在公司财务管理中，折旧是固定资产管理的重要组成部分。现行固定资产折旧计算方法中，以价值为计算依据的常用折旧方法包括直线法、年数总和法和双倍余额递减法等。

1. 使用 DB 函数计算一笔资产在给定期间内的折旧值

DB 函数可以使用固定余额递减法，计算一笔资产在给定期间内的折旧值。

语法结构：

DB (cost,salvage,life,period,[month])

参　数：

cost 必需的参数，表示资产原值。

salvage 必需的参数，表示资产在使用寿命结束时的残值。

life 必需的参数，表示资产的折旧期限。

period 必需的参数，表示需要计算折旧值的期间。

month 可选参数，表示第一年的月份数，默认数值是 12。

例如，I 工厂在今年的 1 月购买了一批新设备，价值为 200 万元，使用年限为 10 年，设备的估计残值为 20 万元。如果对该设备采用【固定余额递减】的方法进行折旧，即可使用 DB 函数计算该设备的折旧值，具体操作如下。

Step01 新建一个工作簿，输入如图 16-84 所示的内容，在 E2 单元格中输入公式【=DB($B$1,$B$2,$B$3,D2,$B$4)】，计算出第一年设备的折旧值。

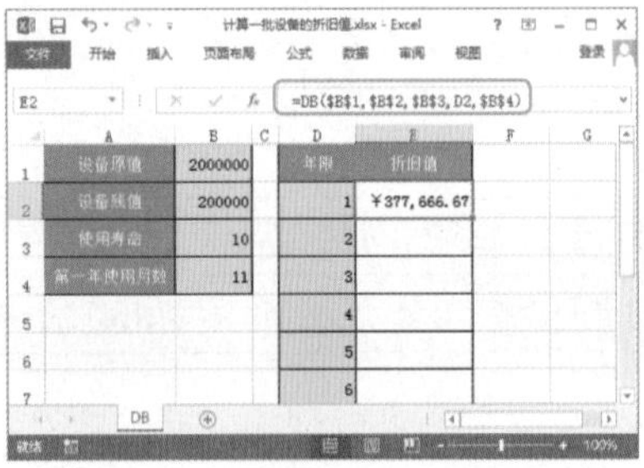

图 16-84

Step02 使用 Excel 的自动填充功能，计算出各年的折旧值，如图 16-85 所示。

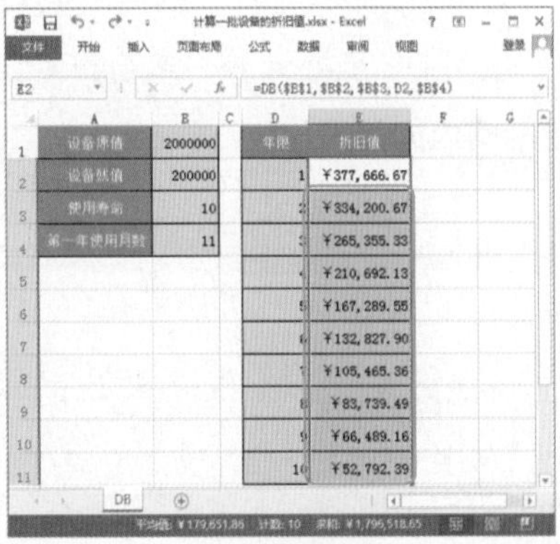

图 16-85

技能拓展——使用 DDB 函数计算一笔资产在给定期间内的双倍折旧值

在 Excel 中，DDB 函数可以使用双倍（或其他倍数）余额递减法计算一笔资产在给定期间内的折旧值。如果不想使用双倍余额递减法，可以更改余额递减速率，即指定为其他倍数的余额递减。其用法与 DB 的用法基本相同。

2. 使用 SLN 函数计算某项资产在一个期间内的线性折旧值

直线法又称平均年限法，是以固定资产的原价减去预计净残值除以预计使用年限，计算每年的折旧费用的折旧计算方法。

Excel 中，使用 SLN 函数可以计算某项资产在一定期间中的线性折旧值。

语法结构：
SLN (cost,salvage,life)
参　数：
cost 必需的参数，表示资产原值。

salvage 必需的参数，表示资产在使用寿命结束时的残值。

life 必需的参数，表示资产的折旧期限。

例如，同样计算上一个案例中设备的折旧值，如果采用【线性折旧】的方法进行折旧，即可使用 SLN 函数计算该设备每年的折旧值，具体操作如下。

❶ 新建一个工作表，并重命名为【SLN】，❷ 输入如图 16-86 所示的内容，❸ 在 B4 单元格中输入公式【=SLN(B1,B2,B3)】，即可计算出该设备每年的折旧值。

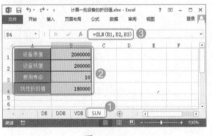

图 16-86

3. 使用 SYD 函数按年限总和折旧法计算的指定期间的折旧值

年数总和法又称年限合计法，是快速折旧的一种方法，它将固定资产的原值减去预计净残值后的净额乘以一个逐年递减的分数计算每年的折旧额，这个分数的分子代表固定资产尚可使用的年数，分母代表使用年限的逐年数字总和。

Excel 中，使用 SYD 函数可以计算某项资产按年限总和折旧法计算的指定期间的折旧值。

语法结构：
SYD (cost,salvage,life,per)
参　数：
cost 必需的参数，表示资产原值。

salvage 必需的参数，表示资产在使用寿命结束时的残值。

life 必需的参数，表示资产的折旧期限。

per 必需的参数，表示期间，与 life 单位相同。

例如，同样计算上一个案例中设备的折旧值，如果采用【年限总和】的方法进行折旧，即可使用 SYD 函数计算该设备各年的折旧值，具体操作如下。

Step01 ❶ 复制【DB】工作表，并重命名为【SYD】，❷ 删除 E2:E11 单元格区域中的内容，❸ 在 E2 单元格中输入公式【=SYD($B$1,$B$2,$B$3,D2)】，即可计算出该设备第一年的折旧值，如图 16-87 所示。

Step02 使用 Excel 的自动填充功能，计算出各年的折旧值，如图 16-88 所示。

图 16-87

图 16-88

16.7 逻辑函数的应用

函数能够将原来须使用烦琐公式才能完成的事件简单表示清楚，简化工作任务，与函数中逻辑关系的使用是分不开的。虽然 Excel 中的逻辑函数并不多，Excel 2013 中提供了 7 个用于进行逻辑判断的函数，但它在 Excel 中应用十分广泛。前面我们已经介绍了使用最多的逻辑函数——IF 函数，大家应该简单了解到逻辑函数的强大功能了，本节我们就来学习剩下的 6 个逻辑函数。

★ 重点 16.7.1 使用逻辑值函数判定是非

通过测试某个条件，直接返回逻辑值 TRUE 或 FALSE 的函数只有两个。掌握这两个函数的使用方法，可以使一些计算变得更简便。

1. 使用 TRUE 函数返回逻辑值 TRUE

在某些单元格中如果需要输入【TRUE】，不仅可以直接输入，还可以通过 TRUE 函数返回逻辑值 TRUE。

> 语法结构：TRUE ( )

TRUE 函数是直接返回固定的值，因此不需要设置参数。用户可以直接在单元格或公式中输入值【TRUE】，Excel 会自动将它解释成逻辑值 TRUE，而该类函数的设立主要是为了方便地引入特殊值，也为了能与其他电子表格程序兼容，类似的函数还包括 PI、RAND 等。

2. 使用 FALSE 函数返回逻辑值 FALSE

FALSE 函数与 TRUE 函数的用途非常类似，不同的是该函数返回的是逻辑值 FALSE。

> 语法结构：FALSE ( )

FALSE 函数也不需要设置参数。用户可以直接在单元格或公式中输入值【FALSE】，Excel 会自动将它解释成逻辑值 FALSE。FALSE 函数主要用于检查与其他电子表格程序的兼容性。

★ 重点 16.7.2 实战：使用交集、并集和求反函数对多条件判定和取反

实例门类	软件功能
教学视频	光盘\视频\第 16 章\16.7.2.mp4

常用的逻辑关系有 3 种：【与】【或】【非】。在 Excel 中可以理解为求取区域的交集、并集等。下面就介绍交集、并集和求反函数的使用，掌握这些函数后可以简化一些表达式。

1. 使用 AND 函数判断指定的多个条件是否同时成立

逻辑函数的返回值不一定全部是逻辑值，有时还可以利用它实现逻辑判断。

当两个或多个条件必须同时成立才判定为真时，称判定与条件的关系为逻辑与关系。AND 函数常用于逻辑与关系运算。

> 语法结构：
> AND (logical1,[logical2],...)
> 参　数：
> logical1 必需的参数，表示需要检验的第一个条件，是必需参数，其计算结果可以为 TRUE 或 FALSE。
>
> logical2,... 可选参数，表示需要检验的其他条件。

在 AND 函数中，只有当所有参数的计算结果为 TRUE 时，才返回 TRUE；只要有一个参数的计算结果为 FALSE，即返回 FALSE。如公式【=AND(A1>0,A1<1)】表示当 A1 单元格的值大于 0 且小于 1 的时候返回 TRUE。AND 函数最常见的用途就是扩大用于执行逻辑检验的其他函数的效用。

例如，某市规定市民家庭在同时满足下面三个条件的情况下，可以购买经济适用住房：一是，具有市区城市常住户口满 3 年；二是，无房户或人均住房面积低于 15 平方米的住房困难户；三是，家庭收入低于当年度市政府公布的家庭低收入标准（35200 元）。现需要根据上述条件判断填写了申请表的用户中哪些是真正符合购买条件的，具体操作如下。

Step01 打开"光盘\素材文件\第 16 章\审核购买资格.xlsx"文件，选择 F2 单元格，输入公式【=IF(AND(C2>3,D2<15,E2<35200)," 可申请","")】，按【Enter】键判断第一个申请者是否符合购买条件，如图 16-89 所示。

图 16-89

被忽略；如果指定的单元格区域未包含逻辑值，则 AND 函数将返回错误值【#VALUE!】。

Step02 使用 Excel 的自动填充功能，判断出其他申请者是否符合购买条件，如图 16-90 所示。

图 16-90

2. 使用 OR 函数判断指定的任一条件是为真，即返回真

当两个或多个条件中只要有一个成立就判定为真时，称判定与条件的关系为逻辑或关系。OR 函数常用于逻辑或关系运算。

语法结构：
OR (logical1,[logical2],...)
参　数：
logical1 必需的参数，表示需要检验的第一个条件，其计算结果可以为 TRUE 或 FALSE。
logical2,... 可选参数，表示需要检验的其他条件。

OR 函数用于对多个判断条件取并集，即只要参数中有任何一个值为真就返回 TRUE，如果都为假才返回 FALSE。如公式【=OR(A1<10,B1<10,C1<10)】表示当 A1、B1、C1 单元格中的任何一个值小于 10 的时候返回 TRUE。

再如，某体育项目允许参与者有 3 次考试机会，并根据 3 次考试成绩的最高分进行分级记录，即只要有一次的考试及格就记录为【及格】；

同样，只要有一次成绩达到优秀的标准，就记录为【优秀】；否则就记录为【不及格】。这次考试的成绩统计实现方法如下。

Step01 打开"光盘\素材文件\第 16 章\体育成绩登记.xlsx"文件，❶ 合并 H1:I1 单元格区域，并输入【记录标准】文本，❷ 在 H2、I2、H3、I3 单元格中分别输入【优秀】【85】【及格】和【60】文本，❸ 选择 F2 单元格，输入公式【=IF(OR(C2>=$I$2,D2>=$I$2,E2>=$I$2)," 优 秀 ",IF(OR(C2>=$I$3,D2>=$I$3,E2>=$I$3)," 及格 "," 不及格 "))】，按【Enter】键判断第一个参与者成绩的级别，如图 16-91 所示。

图 16-91

Step02 使用 Excel 的自动填充功能，判断出其他参与者成绩对应的级别，

如图 16-92 所示。

图 16-92

3. 使用 NOT 函数对逻辑值求反

· 非（NOT）关系。当条件只要成立就判定为假时，称判定与条件的关系为逻辑非关系。NOT 函数常用于将逻辑值取反。

语法结构：

NOT (logical)

参　数：

logical 必需的参数，一个计算结果可以为 TRUE 或 FALSE 的值或表达式。

NOT 函数用于对参数值求反，即如果参数为 TRUE，利用该函数则可以返回 FALSE。如公式【=NOT(A1="优秀")】与公式【=A1<>"优秀"】所表达的含义相同。

NOT 函数常用于确保某一个值不等于另一个特定值的时候。例如，在解决上一案例时，有些人的解题思路可能会有所不同，如有的人是通过实际的最高成绩与各级别的要求进行判断的。当实际最高成绩不小于优秀标准时，就记录为【优秀】，否则再次判断最高成绩，如果不小于及格标准，就记录为【及格】，否则记为【不及格】。即首先利用 MAX 函数取得最高成绩，再将最高成绩与优秀标准和及格标准进行比较判断，具体操作如下。

Step01 选择 G2 单元格，输入公式【=IF(NOT(MAX(C2:E2)<$I$2)," 优秀 ",IF(NOT(MAX(C2:E2)<$I$3)," 及格"," 不及格 "))】，按【Enter】键判断第一个参与者成绩的级别，如图 16-93 所示。

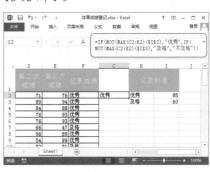

图 16-93

Step02 使用 Excel 的自动填充功能，判断出其他参与者成绩对应的级别，如图 16-94 所示。可以发现 F 列和 G 列中的计算结果是相同的。

图 16-94

技术看板

从上面的案例中可以发现，一个案例可以有多种解题思路。这主要取决于思考的方法有所不同，当问题分析之后，可以使用相应的函数根据解题思路解决实际问题。

16.8 日期和时间函数的应用

在表格中处理日期和时间时，初学者可能经常会遇到处理失败的情况。为了避免出现错误，除了需要掌握设置单元格格式为日期和时间格式外，还需要掌握日期和时间函数的应用方法。

★ 重点 16.8.1 实战：使用年月日函数快速返回指定特定的年月日

实例门类	软件功能
教学视频	光盘\视频\第 16 章\16.8.1.mp4

在表格中，有时需要插入当前日期或时间，如果总是通过手动输入，就会很麻烦。为此，Excel 提供了两个用于获取当前系统日期和时间的函数。下面分别进行介绍。

1. 使用 TODAY 函数返回当前日期

Excel 中的日期就是一个数字，更准确地说，是以序列号进行存储的。默认情况下，1900 年 1 月 1 日的序列号是 1，而其他日期的序列号是通过计算自 1900 年 1 月 1 日以来的天数而得到的。如 2017 年 1 月 1 日距 1900 年 1 月 1 日有 42736 天，因此这一天的序列号是 42736。正因为 Excel 中采用了这个计算日期的系统，因此，要把日期序列号表示为日期，必须把单元格格式化为日期类型。也正因为这个系统，我们可以使用公式来处理日期。例如，可以很简单地通过 TODAY 函数返回当前日期的序列号（不包括具体的时间值）。

语法结构：TODAY ( )

TODAY 函数不需要设置参数。如当前是 2013 年 7 月 1 日，输入公式【=TODAY()】，即可返回【2013-7-1】，设置单元格的数字格式为【数值】，可得到数字【42552】，表示 2013 年 7 月 1 日距 1900 年 1 月 1 日有 42552 天。

技术看板

如果在输入 TODAY 或 NOW 函数前，单元格格式为【常规】，Excel 会将单元格格式更改为与【控制面板】的区域日期和时间设置中指定的日期和时间格式相同的格式。

再如，要制作一个项目进度跟踪表，其中需要计算各项目完成的倒计时天数，具体操作如下。

Step01 打开"光盘\素材文件\第16章\项目进度跟踪表.xlsx"文本，在 C2 单元格中输入公式【=B2-TODAY()】，计算出 A 项目距离计划完成项目的天数，如图 16-95 所示。

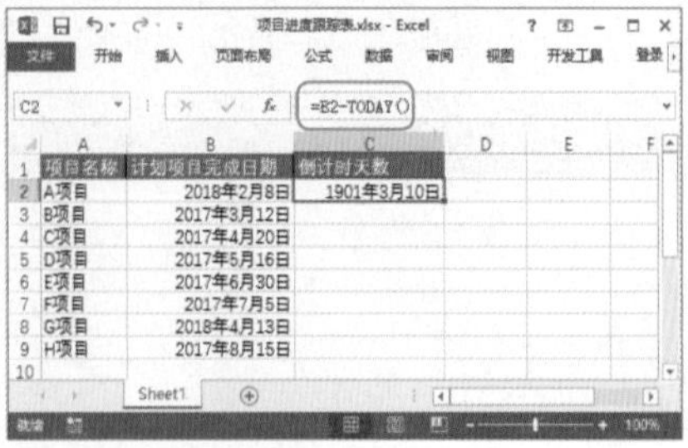

图 16-95

Step02 ❶ 使用 Excel 的自动填充功能判断出后续项目距离计划完成项目的天数，❷ 保持单元格区域的选中状态，在【开始】选项卡【数字】组中的列表框中选择【常规】命令，如图 16-96 所示。

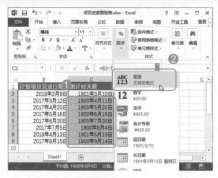

图 16-96

Step03 经过上步操作，即可看到公式计算后返回的日期格式更改为常规格式，显示为具体的天数了，如图 16-97 所示。

图 16-97

2. 使用 NOW 函数返回当前的日期和时间

Excel 中的时间系统与日期系统类似，也是以序列号进行存储的。它是以午夜 12 点为 0、中午 12 点为 0.5 进行平均分配的。当需要在工作表中显示当前日期和时间的序列号，或者需要根据当前日期和时间计算一个值，并在每次打开工作表时更新该值时，使用 NOW 函数很有用。

语法结构：NOW()

NOW 函数比较简单，也不需要设置任何参数。在返回的序列号中小数点右边的数字表示时间，左边的数字表示日期，如序列号【42552.7273】中的【42552】表示的是日期，即 2013 年 7 月 1 日，【7273】表示的是时间，即 17 点 27 分。

技术看板

NOW 函数的结果仅在计算工作表或运行含有该函数的宏时才会改变，它并不会持续更新。如果 NOW 函数或 TODAY 函数并未按预期更新值，则可能需要更改控制工作簿或工作表何时重新计算的设置。

★ 重点 16.8.2 实战：使用工作日函数返回指定工作日或日期

实例门类	软件功能
教学视频	光盘\视频\第 16 章\16.8.2.mp4

日期和时间函数不仅可以获取或返回指定日期和时间，同时还可以计算两个日期之间相差多少天、之间有多少个工作日等，下面介绍一些返回指定工作日或日期的函数。

1. 使用 DAYS360 函数以 360 天为准计算两个日期间天数

使用 DAYS360 函数可以按照一年 360 天的算法（每个月以 30 天计，一年共计 12 个月）计算出两个日期之间相差的天数。

语法结构：
DAYS360 (start_date,end_date,[method])
参　数：
start_date 必需的参数，表示时间段开始的日期。
end_date 必需的参数，表示时间段结束的日期。
method 可选参数，是一个逻辑值，用于设置采用哪一种计算方法。当其值为 TRUE 时，采用欧洲算法。当其值为 FALSE 或省略时，则采用美国算法。

DAYS360 函数的计算方法是一些借贷计算中常用的计算方式。如果会计系统是基于一年 12 个月，每月 30 天，则在会计计算中可用此函数帮助计算支付款项。

例如，小胡于 2013 年 8 月在银行存入了一笔活期存款，假设存款的年利息是 0.15%，在 2017 年 10 月 25 日将其取出，按照每年 360 天计算，要通过 DAYS360 函数计算存款时间和可获得的利息，具体操作如下。

Step01 新建一个空白工作簿，输入如图 16-98 所示的相关内容，在 C6 单元格中输入公式【=DAYS360(B3,C3)】，即可计算出存款时间。

图 16-98

⚙ 技术看板

如果 start_date 参数的值在 end_date 参数值之后，则 DAYS360 函数将返回一个负数。

Step02 在 D6 单元格中输入公式【=A3*(C6/360)*D3】，计算出存款 440 天后应获得的利息，如图 16-99 所示。

图 16-99

2. 使用 NETWORKDAYS 函数计算日期间所有工作日数

NETWORKDAYS 函数用于返回参数 start_date 和 end_date 之间完整的工作日天数，工作日不包括周末和专门指定的假期。

语法结构：
NETWORKDAYS (start_date,end_date,[holidays])
参　数：
start_date 必需的参数，一个代表开始日期的日期。
end_date 必需的参数，一个代表终止日期的日期。
holidays 可选参数，代表不在工作日历中的一个或多个日期所构成的可选区域，一般用于设置这个时间段内的假期。该列表可以是包含日期的单元格区域，或是表示日期的序列号的数组常量。

例如某公司接到一个项目，需要在短时间内完成，现在需要根据规定的截止日期和可以开始的日期，计算排除应有节假日外的总工作时间，然后展开工作计划，具体操作如下。

Step01 新建一个空白工作簿，输入如图 16-100 所示的相关内容，主要是要依次输入可能完成任务的这段时间内法定放假的日期，可以尽量超出完成日期来统计放假日期。

图 16-100

Step02 在 B9 单元格中输入公式【=NETWORKDAYS(A2,B2,C2:C6)】，即可计算出该项目总共可用的工作日

时长，如图 16-101 所示。

图 16-101

⚙ 技能拓展——NETWORKDAYS.INTL 函数

如果在统计工作日时，需要使用参数来指明周末的日期和天数，从而计算两个日期间的全部工作日数，请使用 NETWORKDAYS.INTL 函数。该函数的语法结构为：NETWORKDAYS.INTL(start_date,end_date, [weekend], [holidays])，其中的 weekend 参数用于表示介于 start_date 和 end_date 之间但又不包括在所有工作日数中的周末日。

3. 使用 WORKDAY 函数计算指定日期向前或向后数个工作日后的日期

WORKDAY 函数用于返回在某日期（起始日期）之前或之后、与该日期相隔指定工作日的某一日期的日期值。

语法结构：
WORKDAY (start_date,days,[holidays])
参　数：
start_date 必需的参数，一个代表开始日期的日期。
days 必需的参数，用于指定相隔的工作日天数（不含周末及节假日）。days 为正值将生成未来日期；为负值生成过去日期。
holidays 可选参数，一个可选列表，其中包含需要从工作日历中排除的一个或多个日期，例如各种省\市\自治区和国家\地区的法定假日及非法定假日。该列表可以是包含日期的单元格区域，也可以是由代表日期的序列号所构成的数组常量。

有些工作在开始工作时就根据工作日，给出了完成的时间。例如，某个项目从 2017 年 2 月 6 日正式启动，要求项目在 150 个工作日内完成，除去这期间的节假日，使用 WORKDAY 函数便可以计算出项目结束的具体日期，具体操作如下。

Step01 ❶ 新建一个空白工作簿，输入如图 16-102 所示的相关内容，主要是要依次输入可能完成任务的这段时间内法定放假的日期，可以尽量超出完成日期来统计放假日期，❷ 在 B2 单元格中输入公式【=WORKDAY(A2,150,C2:C7)】。

图 16-102

Step02 默认情况下，计算得到的结果显示为日期序列号。在【开始】选项卡【数字】组中的列表框中选择【短日期】命令，即可将计算出的结果转换为日期格式，得到该项目预计最终完成的日期，如图 16-103 所示。

图 16-103

16.9 数学和三角函数的应用

Excel 2013 中提供的数学和三角函数基本上包含了平时经常使用的各种数学公式和三角函数，使用这些函数，可以完成求和、开方、乘幂、三角函数、角度、弧度、进制转换等各种常见的数学运算和数据舍入功能。同时，在 Excel 的综合应用中，掌握常用的数学函数的应用技巧，对构造数组序列、单元格引用位置变换、日期函数综合应用以及文本函数的提取中都起着重要作用。

★ 重点 16.9.1 实战：使用常规数学函数进行简单计算

实例门类	软件功能
教学视频	光盘\视频\第 16 章\16.9.1.mp4

在处理实际业务时，经常需要进行各种常规的数学计算，如取绝对值、求和、取余等。Excel 中提供了相应的函数，下面就来学习这些常用的数学计算函数。

1. 使用 ABS 函数计算数字的绝对值

在日常数学计算中，需要将计算的结果始终取正，即求数字的绝对值时，可以使用 ABS 函数来完成。绝对值没有符号。

语法结构：ABS(number)
参　数：
number 必需的参数，表示计算绝对值的参数。

例如，要计算两棵树相差的高度，将一颗树的高度值存放在 A1 单元格中，另一棵树的高度值存放在 A2 单元格中，则可输入公式【=ABS(A1-A2)】，即可取得两棵树相差的高度。

2. 使用 SIGN 函数获取数值的符号

SIGN 函数用于返回数字的符号。当数字为正数时返回 1，为零时返回 0，为负数时返回 -1。

语法结构：
SIGN (number)
参　数：
number 必需参数，可以是任意实数。

例如，要根据员工在月初时定的销售任务量，在月底统计时进行对比，刚好完成和超出任务量的表示完成任务，否则未完成任务。继

而对未完成任务的人员进行分析，具体还差多少任务量没有完成，具体操作如下。

Step01 打开"光盘\素材文件\第 16 章\销售情况统计表.xlsx"文本，在 D2 单元格中输入公式【=IF(SIGN(B2-C2)>=0," 完成任务 "," 未完成任务 ")】，判断出该员工是否完成任务，如图 16-104 所示。

图 16-104

Step02 在 E2 单元格中输入公式【=IF(D2=" 未完成任务 ",C2-B2,"")】，判断

出该员工与既定的目标任务还相差多少，如图16-105所示。

图 16-105

Step03 ❶ 选择 D2:E2 单元格区域，❷ 使用 Excel 的自动填充功能，判断出其他员工是否完成任务，若没有完成任务那么继续计算出他实际完成的量与既定的目标任务还相差多少，最终效果如图16-106所示。

图 16-106

技术看板

使用 SIGN 函数可以通过判断两数相减的差的符号，从而判断出减数和被减数的大小关系。例如，本例中在判断员工是否完成任务时，需要先计算出数值的符号，然后根据数值结果进行判断。

3. 使用 PRODUCT 函数计算乘积

Excel 中如果需要计算两个数的乘积，可以使用乘法数学运算符（*）来进行。例如，单元格 A1 和 A2 中含有数字，需要计算这两个数的乘积，输入公式【=A1*A2】即可。但如果需要计算许多单元格数据的乘积，使用乘法数学运算符就显得有些麻烦，此时，如果使用 PRODUCT 函数来计算函数所有参数的乘积结果就会简便很多。

语法结构：
PRODUCT (number1,[number2],...)
参　数：
number1 必需的参数，要相乘的第一个数字或区域（工作表上的两个或多个单元格，区域中的单元格可以相邻或不相邻）。
number2,... 可选参数，要相乘的其他数字或单元格区域，最多可以使用 255 个参数。

例如，需要计算 A1 和 A2 单元格中数字的乘积，可输入公式【=PRODUCT(A1,A2)】，该公式等同于【=A1*A2】。如果要计算多个单元格区域中数字的乘积，则可输入【=PRODUCT(A1:A5,C1:C3)】类型的公式，该公式等同于【=A1*A2*A3*A4*A5*C1*C2*C3】。

4. 使用 MOD 函数计算两数相除的余数

在数学运算中，计算两个数相除是很常见的运算，此时使用运算符【/】即可，但有时还需要计算两数相除后的余数。

在数学概念中，被除数与除数进行整除运算后的剩余的数值被称为余数，其特征是：如果取绝对值进行比较，余数必定小于除数。在 Excel 中，使用 MOD 函数可以返回两个数相除后的余数，其结果的正负号与除数相同。

语法结构：
MOD(number,divisor)
参　数：
number 必需的参数，表示被除数。

divisor 必需的参数，表示除数。如果 divisor 为零，则会返回错误值【#DIV/0!】。

例如，常见的数学题——A 运输公司需要搬运一堆重达 70 吨的沙石，而公司调派的运输车每辆只能够装载的重量为 8 吨，问还剩多少沙石不能搬运？下面使用 MOD 函数来得到答案，具体操作如下。

❶ 新建一个空白工作簿，输入如图 16-107 所示的内容，❷ 在 C2 单元格中输入公式【=MOD (A2,B2)】，即可计算出还剩余6吨沙石没有搬运。

图 16-107

技能拓展——利用 MOD 函数判断一个数的奇偶性

利用余数必定小于除数的原理，当用一个数值对 2 进行取余操作时，结果就只能得到 0 或 1。在实际工作中，可以利用此原理来判断数值的奇偶性。

★ 重点 16.9.2 实战：使用取舍函数对数值进行上下取舍

实例门类	软件功能
教学视频	光盘\视频\第 16 章\16.9.2.mp4

在 Excel 中对数据进行向上或向下取舍，较为常用的函数包括：CEILING、FLOOR、INT 等，下面分别进行介绍。

1. 使用 CEILING 函数向上舍入

CEILING 函数用于将数值按条

件（significance 的倍数）进行向上（沿绝对值增大的方向）舍入计算。

语法结构：

CEILING (number,significance)

参　数：

number 必需的参数，要舍入的值。

significance 必需的参数，代表要舍入到的倍数，是进行舍入的基准条件。

技术看板

如果 CEILING 函数中的参数为非数值型，将返回错误值【#VALUE!】；无论数字符号如何，都按远离 0 的方向向上舍入。如果数字是参数 significance 的倍数，将不进行舍入。

例如，D 公司举办一场活动，需要购买一批饮料和酒水，按照公司的人数，统计出所需要的数量，去批发商那里整箱购买，由于每种饮料和酒水所装瓶数不同，现需要使用 CEILING 函数计算装整箱的数量，然后再计算出要购买的具体箱数，具体操作如下。

Step01 ❶ 新建一个空白工作簿，输入如图 16-108 所示的内容，❷ 在 D2 单元格中输入公式【=CEILING(B2,C2)】，即可计算出百事可乐实际需要订购的瓶数。

图 16-108

Step02 在 E2 单元格中输入公式【=D2/C2】，即可计算出百事可乐实际需要订购的箱数，如图 16-109 所示。

图 16-109

Step03 ❶ 选择 D2:E2 单元格区域，❷ 使用 Excel 的自动填充功能，计算出其他酒水需要订购的瓶数和箱数，完成后的效果如图 16-110 所示。

图 16-110

2. 使用 FLOOR 函数按条件向下舍入

FLOOR 函数与 CEILING 函数的功能相反，用于将数值按条件（significance 的倍数）进行向下（沿绝对值减小的方向）舍入计算。

语法结构：

FLOOR (number,significance)

参　数：

number 必需的参数，要舍入的数值。

significance 必需的参数，要舍入到的倍数。

例如，重新计算 D 公司举办活动需要购买饮料和酒水的数量，按照向下舍入的方法进行统计，具体操作如下。

Step01 ❶ 重命名 Sheet1 工作表为【方案一】，❷ 复制【方案一】工作表，并重命名为【方案二】，删除多余数据，❸ 在 D2 单元格中输入公式

【=FLOOR(B2,C2)】，即可计算出百事可乐实际需要订购的瓶数，同时可以看到计算出的箱数，如图 16-111 所示。

图 16-111

Step02 使用 Excel 的自动填充功能，计算出其他酒水需要订购的瓶数和箱数，如图 16-112 所示。

图 16-112

3. 使用 INT 函数返回永远小于原数字的最接近的整数

在 Excel 中，INT 函数与 TRUNC 函数类似，都可以用来返回整数。但是，INT 函数可以依照给定数的小数部分的值，将其向下舍入到最接近的整数。

语法结构：

INT(number)

参　数：

number 必需的参数，需要进行向下舍入取整的实数。

在实际运算中，在对有些数据取整时，不仅仅是取截取小数位后的整数，还需要将数字进行向下舍入计算，即返回永远小于原数字的最接近

的整数。INT 函数与 TRUNC 函数在处理正数时结果是相同的，但在处理负数时就明显不同了。

如使用 INT 函数返回 8.965 的整数部分，输入【=INT(8.965)】即可，返回【8】。如果使用 INT 函数返回 -8.965 的整数部分，输入【=INT(-8.965)】即可，返回【-9】，因为 -9 是较小的数。而使用 TRUNC 函数返回 -8.965 的整数部分，将返回【-8】。

16.9.3　使用舍入函数对数值进行四舍五入

在日常使用中，四舍五入的取整方法是最常用的，该方法也相对公平、合理一些。在 Excel 中，要将某个数字四舍五入为指定的位数，可使用 ROUND 函数。

> 语法结构：
> ROUND (number,num_digits)
> 参　数：
> number 必需的参数，要四舍五入的数字。
> num_digits 必需的参数，代表位数，按此位数对 number 参数进行四舍五入。

例如，使用 ROUND 函数对 18.163 进行四舍五入为两位小数，则输入公式【=ROUND(18.163,2)】，返回【18.16】。如果使用 ROUND 函数对 18.163 进行四舍五入为一位小数，则输入【=ROUND(18.163,1)】，返回【18.2】。如果使用 ROUND 函数对 18.163 四舍五入到小数点左侧一位，则输入【=ROUND(18.163,-1)】，返回【20】。

16.10　统计函数的应用

统计类函数是 Excel 中使用频率最高的一类函数，绝大多数报表都离不开它们，从简单的计数与求和，到多区域中多种条件下的计数与求和，此类函数总是能帮助读者解决问题。根据函数的功能，主要可将统计函数分为数理统计函数、分布趋势函数、线性拟合和预测函数、假设检验函数和排位函数。本节主要介绍其中最常用和有代表性的一些函数。

16.10.1　使用计数函数对统计指定单元格个数

实例门类	软件功能
教学视频	光盘 \ 视频 \ 第 16 章 \16.10.1.mp4

在 Excel 要对指定单元格进行个数统计，主要有这样几个函数：COUNT（在常用函数中已讲解，这里不再赘述）COUNTA、COUNTBLANK、COUNTIF、COUNTIFS。下面分别进行介绍。

1. 使用 COUNTA 函数计算参数中包含非空值的个数

COUNTA 函数用于计算区域中所有不为空的单元格的个数。

> 语法结构：
> COUNTA (value1,[value2],...)

> 参　数：
> value1 必需的参数，表示要计数的值的第一个参数。
> value2... 可选参数，表示要计数的值的其他参数，最多可包含 255 个参数。

例如，要在员工奖金表中统计出获奖人数，因为没有奖金的人员对应的单元格为空，有奖金人员对应的单元格为获得具体奖金额，所以可以通过 COUNTA 函数统计相应列中的非空单元格个数来得到获奖人数，具体操作如下。

打开"光盘 \ 素材文件 \ 第 16 章 \ 员工奖金表 .xlsx"文件，❶ 在 A21 单元格中输入相应的文本，❷ 在 B21 单元格中输入公式【=COUNTA(D2:D19)】，返回结果为【14】，如图 16-113 所示。

图 16-113

> **技术看板**
>
> 单元格统计函数的功能是统计满足某些条件的单元格的个数。由于在 Excel 中单元格是存储数据和信息的基本单元，因此统计单元格的个数，实质上就是统计满足某些信息条件的单元格数量。从本例中可以发现 COUNTA 函数可以对包含任何类型信息的单元格进行计数，包括错误值

和空文本。如果不需要对逻辑值、文本或错误值进行计数，只希望对包含数字的单元格进行计数，就需要使用 COUNT 函数。

2. 使用 COUNTBLANK 函数计算区域中空白单元格的个数

COUNTBLANK 函数用于计算指定单元格区域中空白单元格的个数。

语法结构：
COUNTBLANK(range)
参　数：
range 必需的参数，表示需要计算其中空白单元格个数的区域。

例如，要在上个案例中统计出没有获奖记录的人数，除了可以使用减法从总人数中减去获奖人数，还可以使用 COUNTBLANK 函数进行统计，具体操作如下。

❶ 在 A22 单元格中输入相应的文本，❷ 在 B22 单元格中输入公式【=COUNTBLANK(D2:D19)】，返回结果为【4】，如图 16-114 所示，即统计到该单元格区域中有 4 个空单元格，也就是说有 4 人没有奖金。

图 16-114

> **技术看板**
>
> 即使单元格中含有返回值为空文本的公式，COUNTBLANK 函数也会将这个单元格统计在内，但包含零值的单元格将不被计算在内。

3. 使用 COUNTIF 函数计算满足给定条件的单元格的个数

COUNTIF 函数用于对单元格区域中满足单个指定条件的单元格进行计数。

语法结构：
COUNTIF (range,criteria)
参　数：
range 必需的参数，要对其进行计数的一个或多个单元格，其中包括数字或名称、数组或包含数字的引用。空值和文本值将被忽略。
criteria 必需的参数，表示统计的条件，可以是数字、表达式、单元格引用或文本字符串。

例如，要在员工奖金表中为行政部的每位人员补发奖励，首先要统计出该部门的员工数，进行统一规划。此时就需要使用 COUNTIF 函数进行统计了，具体操作如下。

❶ 在 A23 单元格中输入相应文本，❷ 在 B23 单元格中输入公式【=COUNTIF(C2:C19," 行政部 ")】，按【Enter】键，Excel 将自动统计出 C2:C19 单元格区域中所有符合条件的数据个数，并将最后结果显示出来，如图 16-115 所示。

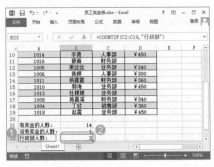

图 16-115

4. 使用 COUNTIFS 函数计算满足多个给定条件的单元格的个数

COUNTIFS 函数用于计算单元格区域中满足多个条件的单元格数目。

语法结构：
COUNTIFS (criteria_range1, criteria1,[criteria_range2,criteria2]...)
参　数：
criteria_range1 必需的参数，在其中计算关联条件的第一个区域。
criteria1 必需的参数，条件的形式为数字、表达式、单元格引用或文本，可用来定义将对哪些单元格进行计数。
criteria_range2,criteria2,... 可选参数，附加的区域及其关联条件。最多允许 127 个区域 / 条件对。

例如，需要统计某公司入职日期在 2009 年 1 月 1 日前，且籍贯为四川的男员工人数，使用 COUNTIFS 函数进行统计的具体操作如下。

打开 "光盘 \ 素材文件 \ 第 16 章 \ 员工档案表 1.xlsx" 文件，❶ 合并 A18:D18 单元格区域，并输入相应文本，❷ 在 E18 单元格中输入公式【=COUNTIFS(B2:B16,"<2009-1-1",D2:D16,"= 男 ",J2:J16,"= 四川 ")】，按【Enter】键，Excel 自动统计出满足上述 2 个条件的员工人数，如图 16-116 所示。

图 16-116

> **技术看板**
>
> COUNTIFS 函数中的每一个附加的区域都必须与参数 criteria_range1

具有相同的行数和列数。这些区域无须彼此相邻。只有在单元格区域中的每一单元格满足对应的条件时，COUNTIFS 函数才对其进行计算。在条件中还可以使用通配符。

16.10.2　使用多条件求和函数按条件进行求和

实例门类	软件功能
教学视频	光盘\视频\第 16 章\16.10.2.mp4

SUMIFS 函数用于对区域中满足多个条件的单元格求和。

语法结构：
SUMIFS (sum_range,criteria_range1,criteria1,[criteria_range2,criteria2],...)
参　数：
sum_range 必需的参数，对一个或多个单元格求和，包括数字或包含数字的名称、区域或单元格引用。忽略空白和文本值。
criteria_range1 必需的参数，在其中计算关联条件的第一个区域。
criteria1 必需的参数，条件的形式为数字、表达式、单元格引用或文本，可用来定义将对criteria_range1 参数中的哪些单元格求和。
criteria_range2, criteria2,... 可选参数，附加的区域及其关联条件。最多允许 127 个区域 / 条件对。

例如，要在电器销售表中统计出大小为 6 升的商用型洗衣机的当月销量，具体操作如下。

打开"光盘\素材文件\第 16 章\电器销售表.xlsx"文件，❶ 在 A42 单元格中输入相应文本，❷ 在 B42 单元格中输入公式【=SUMIFS(D2:D40,A2:A40,"=* 商用型 ",B2:B40,"6")】，按【Ctrl+Enter】

组合键，Excel 将自动统计出满足上述两个条件的机型销量总和，如图 16-117 所示。

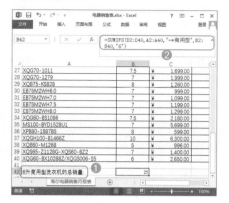

图 16-117

★ 重点 16.10.3　使用条件均值函数计算给定条件平均值

要对指定数据进行指定方式计算平均值，就不能直接使用 AVERAGE，可使用 AVERAGEA 和 AVERAGEIF 函数。

1. 使用 AVERAGEA 函数计算参数中非空值的平均值

AVERAGEA 函数与 AVERAGE 函数的功能都是计算数值的平均值，只是 AVERAGE 函数是计算包含数值单元格的平均值，而 AVERAGEA 函数则是用于计算参数列表中所有非空单元格的平均值（即算术平均值）。

语法结构：
AVERAGEA (value1,[value2],...)
参　数：
value1 必需参数，需要计算平均值的 1~255 个单元格、单元格区域或值。
value2,... 可选参数，表示计算平均值的 1~255 个单元格、单元格区域或值。

例如，要在员工奖金表中统计出该公司员工领取奖金的平均值，可以使用 AVERAGE 和 AVERAGEA 函数

进行两种不同方式的计算，具体操作如下。

Step01 打开"光盘\素材文件\第 16 章\员工奖金表 1.xlsx"文件，❶ 复制 Sheet1 工作表，❷ 在 D 列中数据区域部分的空白单元格中输入非数值型数据，这里输入文本型数据【无】，❸ 在 A21 单元格中输入文本【所有员工的奖金平均值】，❹ 在 C21 单元格中输入公式【=AVERAGEA(D2:D19)】，计算出所有员工的奖金平均值约为 287，如图 16-118 所示。

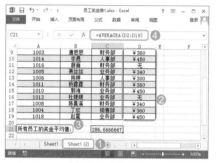

图 16-118

Step02 ❶ 在 A22 单元格中输入文本【所有获奖员工的奖金平均值】，❷ 在 C22 单元格中输入公式【=AVERAGE(D2:D19)】，计算出所有获奖员工的奖金平均值为 369，如图 16-119 所示。

图 16-119

2. 使用 AVERAGEIF 函数计算满足给定条件的单元格的平均值

AVERAGEIF 函数返回某个区域内满足给定条件的所有单元格的平均值（算术平均值）。

语法结构：

AVERAGEIF(range,criteria, [average_range])

参　　数：

range 必需的参数，要计算平均值的一个或多个单元格，其中包括数字或包含数字的名称、数组或引用。

criteria 必需的参数，数字、表达式、单元格引用或文本形式的条件，用于定义要对哪些单元格计算平均值。

average_range 可选参数，表示要计算平均值的实际单元格集。如果忽略，则使用 range。

例如，要在员工奖金表中计算出各部门获奖人数的平均金额，使用 AVERAGEIF 函数进行计算的具体操作如下。

Step01 ❶ 选择【Sheet1 (2)】工作表，❷ 在 F1:G6 单元格区域中输入统计

数据相关的内容，并进行简单的格式设置，❸ 在 G2 单元格中输入公式【=AVERAGEIF(C2:C19,F2,D2:D19)】，计算出销售部的平均获奖金额，如图 16-120 所示。

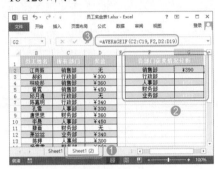

图 16-120

Step02 ❶ 选择 G2 单元格，并向下拖动填充控制柄，计算出其他部门的平均获奖金额，❷ 单击出现的【自动填充选项】按钮，❸ 在弹出的下拉列表中选择【不带格式填充】选项，如图 16-121 所示。

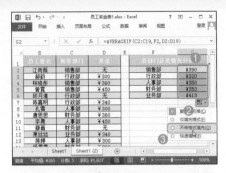

图 16-121

技术看板

如果参数 average_range 中的单元格为空单元格，AVERAGEIF 将忽略它。参数 range 为空值或文本值，则 AVERAGEIF 会返回【#DIV0!】错误值。当条件中的单元格为空单元格，AVERAGEIF 就会将其视为 0 值。如果区域中没有满足条件的单元格，则 AVERAGEIF 会返回【#DIV/0!】错误值。

16.11 其他函数的应用

Excel 中的函数还有很多，前面几节中已经讲解了几大类比较常见的函数，下面介绍几个函数作为补充和拓展，帮助读者了解和掌握更多的函数。

★ 重点 16.11.1 实战：使用 IFERROR 函数对错误结果进行处理

实例门类	软件功能
教学视频	光盘\视频\第 16 章\16.11.1.mp4

如果希望在工作表中的公式计算出现错误值时，使用指定的值替换错误值，就可以使用 IFERROR 函数预先进行指定。

语法结构：

IFERROR (value,value_if_error)

参　　数：

value 必需的参数，用于进行检查是否存在错误的公式。

value_if_error 必需的参数，用于设置公式的计算结果为错误时要返回的值。

IFERROR 函数常用于捕获和处理公式中的错误，避免工作表中出现不必要的错误值。如果判断的公式中没有错误，则会直接返回公式计算的结果。如在工作表中输入了一些公式，希望对这些公式进行判断，当公式出现错误值时，显示【公式出错】文本，否则直接计算出结果，具体操作如下。

Step01 打开"光盘\素材文件\第 16 章\检查公式.xlsx"文件，单击【公式】选项卡【公式审核】组的【显示公式】按钮，使得单元格中的公式直接显示出来，如图 16-122 所示。

图 16-122

Step02 ❶ 选择 B2 单元格，输入公式

【=IFERROR(A2," 公式 包含 错误 内容 ")】，按【Enter】键确认公式输入，❷ 使用 Excel 的自动填充功能，将公式填充到 B3:B7 单元格区域，如图 16-123 所示。

图 16-123

Step 03 再次单击【显示公式】按钮，对单元格中的公式进行计算，并得到检查的结果，如图 16-124 所示。

图 16-124

★ **重点 16.11.2　使用 TYPE 函数快速将数字转换为图形**

TYPE 函数用于返回数值的类型。在 Excel 中，用户可以使用 TYPE 函数来确定单元格中是否含有公式。TYPE 仅确定结果、显示或值的类型。如果某个值是单元格引用，它所引用的另一个单元格中含有公式，则 TYPE 函数将返回此公式结果值的类型。

语法结构：
TYPE (value)
参　数：

value 必需的参数，表示任意 Excel 数值。当 value 为数字时，TYPE 函数将返回 1；当 value 为文本时，TYPE 函数将返回 2；当 value 为逻辑值时，TYPE 函数将返回 4；当 value 为误差值时，TYPE 函数将返回 16；当 value 为数组时，TYPE 函数将返回 64。

例如，输入公式【=TYPE（"Hello"）】，将返回【2】，输入公式【=TYPE(8)】，将返回【1】。

16.11.3　使用 N 函数返回转换为数字后的值

N 函数可以将其他类型的变量转化为数值。

语法结构：
N (value)
参　数：
value 必需的参数，表示要转化的值。

如表 16-2 所示以列表的形式展示其他类型的数值或变量与对应的 N 函数返回值。

表 16-2　value 参数值与 N 函数对应的返回值

数值或引用	函数 N 的返回值
数字	该数字
日期（Excel 的一种内部日期格式）	该日期的序列号
TRUE	1
FALSE	0
错误值，如【#DIV/0!】	错误值
其他值	0

例如，要将日期格式的【2017/6/1】数据转换为数值，可输入公式【=N(2017/6/1)】，返回【336.1666667】。又如，要将文本数据【Hello】转换为数值，可输入公式【=N（"Hello"）】，返回【0】。

本章小结

在本章中我们对 Excel 中常用函数和相关函数进行了讲解，让读者掌握 Excel 在办公中经常使用到的函数，轻松解决实际工作中遇到的数据计算问题。同时，培养读者学会学习和掌握没有见过或使用过函数的能力，达到举一反三的目的。

第17章

Excel 表格数据的常规分析方法

➡ Excel 表格中的排序规则是怎样的？

➡ 如何按简单、较难和复杂条件进行排序？

➡ 如何面对表格中大量数据，快速筛选出满足自己条件的数据？

➡ 如何统计汇总表格中相同类型的数据？

➡ 是否在工作中经常需要对满足条件的数据进行不同格式的标记？

当面对大量的数据时，怎么才能将同类字段的数据排列到一起，怎么才能将数据按照类别进行汇总，怎么从众多数据中筛选出需要的数据，这些都是分析数据时常遇到的问题，通过本章的学习，将能帮你解决该类问题，并能快速得出分析结果。

17.1 排序数据

在表格中，我们常常需要展示大量的数据和信息，在这些信息中一定会按一定的顺序从上至下地存放，并且，每一列的数据也会存在先后顺序，按照人们通常的阅读方式，在查看表格数据时，通常都是按从左至右、从上到下的顺序来查阅内容。所以，在排列数据时，从字段顺序来讲，也就是每一列的先后顺序都应该按照先主后次的顺序来排列；在安排各行数据的顺序时，我们也需要根据不同的数据查阅需要来安排顺序。

此外，如果输入数据的顺序是随机的，我们也可以通过【排序】功能针对数值大小进行排序，或根据数据分类。例如，根据年龄从大到小进行排序，让产品名称按字母顺序排列，将建筑面积按照从小到大的顺序排列，或者对【性别】字段进行排序，排序后性别为【男】的和性别为【女】的数据就自然地分隔开了。

17.1.1 了解数据的排序规则

对数据进行排序是指根据数据表格中的相关字段名，将数据表格中的记录按升序或降序的方式进行排列。在使用排序功能之前，首先需要了解排序的规则，然后再根据需要选择排序的方式。

Excel 2013 在对数字、日期、文本、逻辑值、错误值和空白单元格进行排序时会使用一定的排序次序。在按升序排序时，Excel 使用如表 17-1 所示的规则排序。在按降序排序时，则使用相反的次序。

表 17-1 Excel 排序规则（升序）

排序内容	排序规则（升序）
数字	按从最小的负数到最大的正数进行排序
日期	按从最早的日期到最晚的日期进行排序
字母	按字母从 A 到 Z 的先后顺序排序，在按字母先后顺序对文本项进行排序时，Excel 会从左到右一个字符接一个字符地进行排序
字母数字文本	按从左到右的顺序逐字符进行排序。例如，如果一个单元格中含有文本【A100】，Excel 会将这个单元格放在含有【A1】的单元格的后面、含有【A11】的单元格的前面
文本以及包含数字的文本	按以下次序排序：0 1 2 3 4 5 6 7 8 9（空格）！" # $ % & ( ) * , . / : ; ? @ [\ ] ^ _ ` {	} ~ + < = > A B C D E F G H I J K L M N O P Q R S T U V W X Y Z
逻辑值	在逻辑值中，FALSE 排在 TRUE 之前
错误值	所有错误值的优先级相同
空格	空格始终排在最后

17.1.2 实战：对业绩表中的数据进行简单排序

实例门类	软件功能
教学视频	光盘\视频\第 17 章\17.1.2.mp4

Excel 中最简单的排序就是按一个条件将数据进行升序或降序的排列，即让工作表中的各项数据根据某一列单元格中的数据大小进行排列。例如，要让员工业绩表中的数据按当年累计销售总额从高到低的顺序排列，具体操作如下。

Step01 打开“光盘\素材文件\第 17 章\员工业绩管理表.xlsx”文件，❶ 将 Sheet1 工作表重命名为【数据表】，❷ 复制工作表，并重命名为【累计业绩排名】，❸ 选择要进行排序列（D 列）中的任一单元格，❹ 单击【数据】选项卡【排序和筛选】组中的【降序】按钮，如图 17-1 所示。

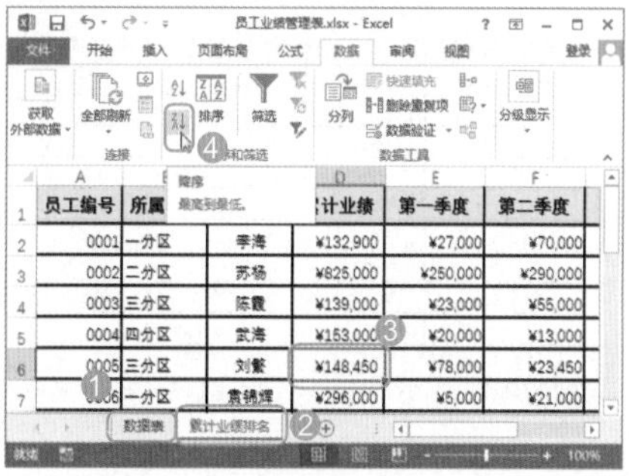

图 17-1

技能拓展——让数据升序排列

单击【数据】选项卡【排序和筛选】组中的【升序】按钮，可以让数据以升序排列。

Step02 经过上步操作，D 列单元格区域中的数据便按照从大到小进行排列了。并且，在排序后会保持同一记录的完整性，如图 17-2 所示。

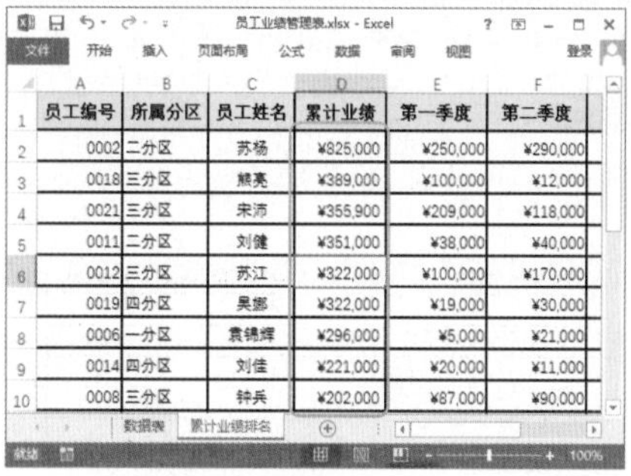

图 17-2

★ 重点 17.1.3 实战：对业绩表中的数据进行复杂排序

实例门类	软件功能
教学视频	光盘\视频\第 17 章\17.1.3.mp4

按一个排序条件对数据进行简单排序时，经常会遇到多条数据的值相同的情况，此时可以为表格设置多个排序条件作为次要排序条件，这样就可以在排序过程中，让在主要排序条件下数据相同的值再次根据次要排序条件进行排序。

例如，要在“员工业绩管理表”工作簿中，以累计业绩额大小为主要关键字，以员工编号大小为次要关键字，对业绩数据进行排列，具体操作如下。

技术看板

排序时需要以某个数据进行排列，该数据称为关键字。以关键字进行排序时，其他列单元格中的数据将随之发生变化。

Step01 ❶ 复制【数据表】，并重命名为【累计业绩排名 (2)】，❷ 选择要进行排序的 A1:H22 单元格区域中任意单元格，❸ 单击【数据】选项卡【排序和筛选】组中的【排序】按钮，如图 17-3 所示。

Step02 打开【排序】对话框，❶ 在【主要关键字】栏中设置主要关键字为【累计业绩】，排序方式为【降序】，❷ 单击【添加条件】按钮，❸ 在【次要关键字】栏中设置次要关键字为【员工编号】，排序方式为【降序】，❹ 单击【确定】按钮，如图 17-4 所示。

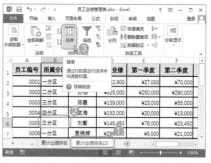

图 17-3

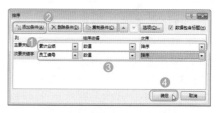

图 17-4

技术看板

在【排序】对话框中默认只有一个主要关键字，单击【添加条件】按钮，可依次添加次要关键字；在【排序依据】栏的下拉列表框中可以选择数值、单元格颜色、字体颜色和单元格图标等作为对数据进行排序的依据；单击【删除条件】按钮，可删除添加的关键字；单击【复制条件】按钮，可复制在【排序】对话框下部列表框中选择的已经设置的排序条件，只是通过复制产生的条件都隶属于次要关键字。

Step03 经过上步操作，表格中的数据会按照累计业绩从大到小进行排列，并且在遇到累计业绩额为相同值时再次根据员工编号从高到低进行排列，排序后的效果如图 17-5 所示。

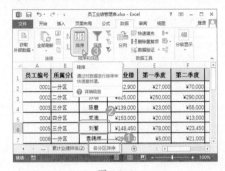

图 17-5

★ 重点 17.1.4 实战：对员工业绩数据进行自定义排序

实例门类	软件功能
教学视频	光盘\视频\第17章\17.1.4.mp4

除了在表格中根据内置的一些条件对数据排序外，用户还可以自定义排序条件，使用自定义排序让表格的内容以自定义序列的先后顺序进行排列。例如，要在员工业绩表中自定义分区顺序，并根据自定义的顺序排列表格数据，具体操作如下。

Step01 ❶ 复制【数据表】，并重命名为【各分区排序】，❷ 选择要进行排序的 A1:H22 单元格区域中任意单元格，❸ 单击【数据】选项卡【排序和筛选】组中的【排序】按钮，如图 17-6 所示。

Step02 打开【排序】对话框，❶ 在【主要关键字】栏中设置主要关键字为【所属分区】选项，❷ 在其后的【次序】下拉列表框中选择【自定义

序列】选项，如图 17-7 所示。

图 17-6

图 17-7

Step03 打开【自定义序列】对话框，❶ 在右侧的【输入序列】文本框中输入需要定义的序列，这里输入【一分区,二分区,三分区,四分区】文本，❷ 单击【添加】按钮，将新序列添加到【自定义序列】列表框中，❸ 单击【确定】按钮，如图 17-8 所示。

图 17-8

Step04 返回【排序】对话框，即可看到【次序】下拉列表框中自动选择了刚刚自定义的排序序列顺序，❶ 单击【添加条件】按钮，❷ 在【次要关键字】栏中设置次要关键字为【累计业绩】，排序方式为【降序】，❸ 单击【确定】按钮，如图 17-9 所示。

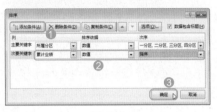

图 17-9

Step05 经过以上操作，即可让表格中的数据以所属分区为主要关键字，以自定义的【一分区，二分区，三分区，四分区】顺序进行排列，并且该列中相同值的单元格数据会再次根据累积业绩额的大小进行从大到小的排列，排序后的效果如图 17-10 所示。

图 17-10

17.2 筛选数据

在大量数据中，有时候只有一部分数据可以供我们分析和参考，此时，我们可以利用数据筛选功能筛选出有用的数据，然后在这些数据范围内进行进一步的统计和分析。在 Excel 中为我们提供了【自动筛选】【自定义筛选】和【高级筛选】3 种筛选方式，本节就来介绍各筛选功能的具体实现方法。

17.2.1 实战：对业绩表中的数据进行简单筛选

实例门类	软件功能
教学视频	光盘\视频\第17章\17.2.1.mp4

要快速在众多数据中查找某一个或某一组符合指定条件的数据，并隐藏其他不符合条件的数据，可以使用Excel 2013中的数据筛选功能。

一般情况下，在一个数据列表的一个列中含有多个相同的值。使用【自动筛选】功能会在数据表中各列标题行中为我们提供筛选下拉列表框，其中的列表框中会将该列中的值（不重复的值）——列举出来，用户通过选择即可筛选出符合条件的相应记录。可见，使用自动筛选功能，可以非常方便地筛选出符合简单条件的记录。

例如，要在员工业绩表中筛选出二分区的相关记录，具体操作如下。

Step01 ❶复制【数据表】工作表，并重命名为【二分区数据】，❷选择要进行筛选的A1:H22单元格区域中的任意单元格，❸单击【数据】选项卡【排序和筛选】组中的【筛选】按钮，如图17-11所示。

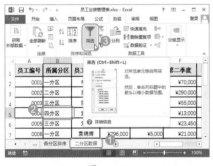

图 17-11

Step02 经过上步操作，工作表表头字段名的右侧会出现一个下拉按钮。❶单击【所属分区】字段右侧的下拉按钮，❷在弹出的下拉菜单的列表框中仅选中【二分区】复选框，❸单击【确定】按钮，如图17-12所示。

图 17-12

Step03 经过上步操作，在工作表中将只显示所属分区为【二分区】的相关记录，且【所属分区】字段名右侧的下拉按钮将变成形状，如图17-13所示。

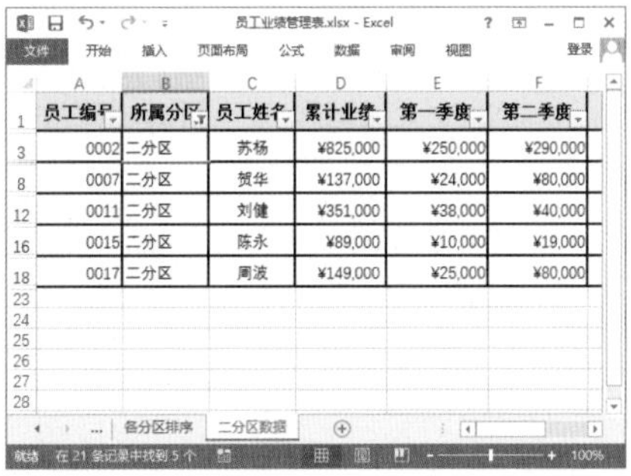

图 17-13

★ 重点 17.2.2 实战：自定义筛选库存表中的数据

实例门类	软件功能
教学视频	光盘\视频\第17章\17.2.2.mp4

简单筛选数据具有一定的局限性，只能满足简单的数据筛选操作，所以，很多时候还需要自定义筛选条件。相比简单筛选，自定义筛选更灵活，自主性也更强。

在Excel 2013中，我们可以对文本、数字、颜色、日期或时间等数据进行自定义筛选。在【筛选】下拉菜单中会根据所选择的需要筛选的单元格数据显示出相应的自定义筛选命令。下面分别讲解对文本、数字和颜色进行自定义筛选的方法。

1. 对文本进行筛选

在将文本数据类型的列单元格作为筛选条件进行筛选时，可以筛选出与设置文本相同、不同或者是否包含相应文本的数据。

对文本数据进行自定义筛选，只需单击包含文本数据类型的列单元格表头字段名右侧的下拉按钮，在弹出的下拉菜单中选择【文本筛选】命令，并在其下级菜单中选择相应的命令即可。

【文本筛选】下拉菜单中各命令的含义如下。

➡ 等于：筛选出等于设置的文本的数据。

➡ 不等于：筛选出不等于设置的文本的数据。

➡ 开头是：筛选出文本开头符合设置文本的数据。

➡ 结尾是：筛选出文本结尾符合设置文本的数据。

➡ 包含：筛选出文本包含有设置文本的数据。

➡ 不包含：筛选出文本没有包含设置文本的数据。

例如，要在员工业绩管理表中进行自定义筛选，仅显示姓刘销售员的记录，具体操作如下。

Step01 复制【数据表】工作表，并重命名为【刘氏销售数据】，选择要进行筛选的A1:H22单元格区域中的任意单元格，❶单击【数据】选项卡【排序和筛选】组中的【筛选】按钮，❷单击【员工姓名】字段右侧的下拉按钮，❸在弹出的下拉菜单中选择【文本筛选】命令，❹在弹出的下级菜单中选择【开头是】命令，如图17-14所示。

Step02 打开【自定义自动筛选方式】对话框，❶在【开头是】右侧的下拉列表框中根据需要输入筛选条件，这里输入文本【刘】，❷单击【确定】按钮，如图17-15所示。

图 17-14

图 17-15

图 17-16

图 17-17

技术看板

【自定义自动筛选方式】对话框中的左侧两个下拉列表框用于选择赋值运算符，右侧两个下拉列表框用于对筛选范围进行约束，选择或输入具体的数值。【与】和【或】单选按钮用于设置相应的运算公式，其中，选中【与】单选按钮后，必须满足第一个和第二个条件才能在筛选数据后被保留；选中【或】单选按钮，表示满足第一个条件或者第二个条件都可以在筛选数据后被保留。

在【自定义自动筛选方式】对话框中输入筛选条件时，可以使用通配符代替字符或字符串，如可以用【？】符号代表任意单个字符，用【*】符号代表任意多个字符。

Step 03 经过上步操作，在工作表中将只显示姓名中由【刘】开头的所有记录，如图 17-16 所示。

2. 对数字进行筛选

在将数字数据类型的列单元格作为筛选条件进行筛选时，可以筛选出与设置数字相等、大于设置数字或者小于设置数字的数据。

对数字数据进行自定义筛选的方法与对文本数据进行自定义的方法基本类似。选择【数字筛选】命令后，在弹出的下级菜单中包含了多种对数字数据进行自定义筛选的依据。其中，部分特殊命令的含义如下。

➡ 高于平均值：可用于筛选出该列单元格中值大于这一列所有值的平均值的数据。

➡ 低于平均值：可用于筛选出该列单元格中值小于这一列所有值的平均值的数据。

➡ 前 10 项：选择该命令后将打开【自动筛选前 10 个】对话框，如图 17-17 所示。在其中的左侧下拉列表框中选择【最小】选项，可以筛选出最小的多个数据；在中间的数值框中可以输入需要筛选出的记录数；在右侧的下拉列表框中还可以设置筛选结果显示个数的计数方式，若选择【项】选项，则中间数值框中设置的值为多少，筛选结果就为多少条记录。若选择【百分比】选项，则筛选结果的记录多少将根据整体数据表中的总数进行百分比计算。

例如，要在员工业绩表中进行自定义筛选，仅显示累计业绩额大于300000 的记录，具体操作如下。

Step 01 ❶ 复制【刘氏销售数据】工作表，并重命名为【销售较高数据分析】，❷ 单击【员工姓名】字段右侧的下拉按钮，❸ 在弹出的下拉菜单中选择【从"员工姓名"中清除筛选】命令，如图 17-18 所示。

图 17-18

Step 02 经过上步操作，即可取消上一次的筛选效果，表格中的数据恢复到未筛选之前的状态了。❶ 单击【累计业绩】字段右侧的下拉按钮，❷ 在弹出的下拉菜单中选择【数字筛选】命令，❸ 在弹出的下级子菜单中选择【大于】命令，如图 17-19 所示。

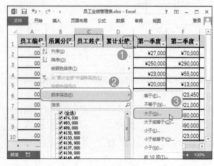

图 17-19

Step 03 打开【自定义自动筛选方式】对话框，❶ 在【大于】右侧的下拉列表框中输入【300000】，❷ 单击【确定】按钮，如图 17-20 所示。

图 17-20

Step04 返回工作表中，即可只显示当年累计业绩额大于 300000 的记录，如图 17-21 所示。

图 17-21

3. 对颜色进行筛选

在将填充了不同颜色的列单元格作为筛选条件进行筛选时，还可以通过颜色来进行筛选，将具有某一种颜色的单元格筛选出来。

对颜色进行自定义筛选的方法与对文本数据进行自定义的方法也基本类似。例如，要在员工业绩表中进行自定义筛选，仅显示新员工的记录，具体操作如下。

Step01 ❶ 复制【数据表】工作表，并重命名为【新员工成绩】，❷ 依次选择新员工姓名所在的单元格，❸ 单击【开始】选项卡【字体】组中的【填充颜色】按钮，❹ 在弹出的下拉菜单中选择需要填充的单元格颜色，这里选择橙色选项，如图 17-22 所示。

Step02 ❶ 选择 A1:H22 单元格区域中的任意单元格，❷ 单击【数据】选项卡【排序和筛选】组中的【筛选】按

钮，❸ 单击【员工姓名】字段右侧的下拉按钮，❹ 在弹出的下拉菜单中选择【按颜色筛选】命令，❺ 在弹出的下级菜单中选择需要筛选出的颜色效果，如图 17-23 所示。

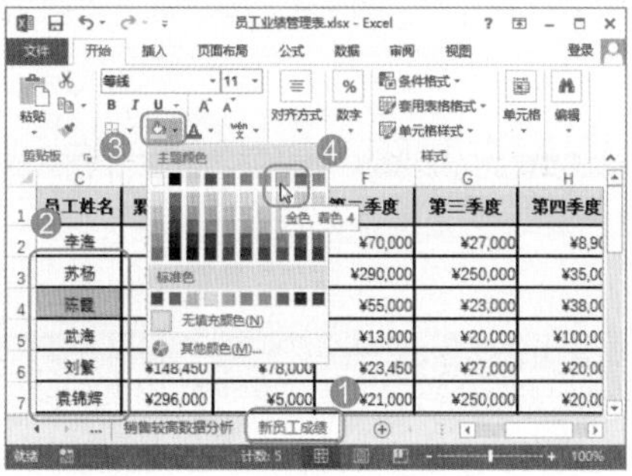

图 17-22

图 17-23

Step03 经过上步操作，即可筛选出员工姓名列中填充了橙色的新员工记录，如图 17-24 所示。

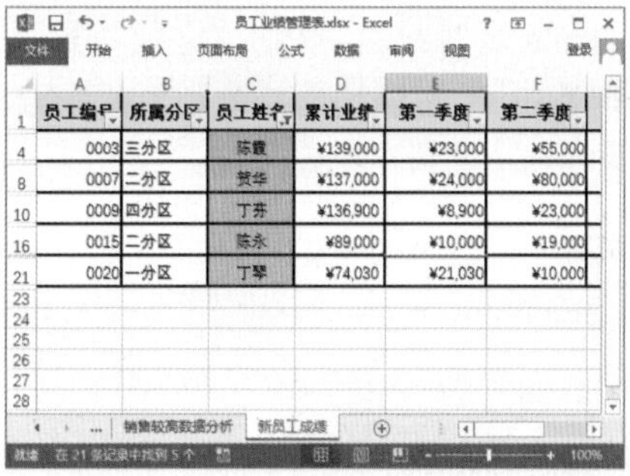

图 17-24

★ 重点 17.2.3 实战：对业绩表中的数据进行高级筛选

实例门类	软件功能
教学视频	光盘 \ 视频 \ 第 17 章 \17.2.3.mp4

虽然前面讲解的自定义筛选具有一定的灵活性，但仍然是针对单列单元格数据中进行的筛选。如果需要对多列单元格数据进行筛选，则需要分别单击这些列单元格表头字段名右侧的下拉按钮，在弹出的下拉菜单中进行设置，甚至一些比较特殊的筛选方式还不能实现。为此，Excel 中还提供了高级筛选功能。

当需要进行筛选的数据列表中的字段比较多，筛选条件比较复杂时，使用高级筛选功能在工作表的空白单元格中输入自定义筛选条件，就可以扩展筛选方式和筛选功能。

例如，要在员工业绩表中筛选出累计业绩超过 200000，且各季度业绩超过 20000 的记录，具体操作如下。

Step01 ❶ 复制【数据表】工作表，并重命名为【稳定表现者】，❷ 在 K1:O2 单元格区域中输入高级筛选的条件，❸ 单击【排序和筛选】组中的【高级】按钮，如图 17-25 所示。

图 17-25

Step02 打开【高级筛选】对话框，❶ 在【列表区域】文本框中引用数据筛选的 A1:H22 单元格区域，❷ 在【条件区域】文本框中引用筛选条件所在的 K1:O2 单元格区域，❸ 单击【确定】按钮，如图 17-26 所示。

Step03 经过上步操作，即可筛选出符合条件的数据，如图 17-27 所示。

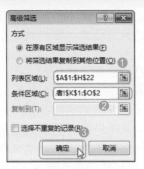

图 17-26

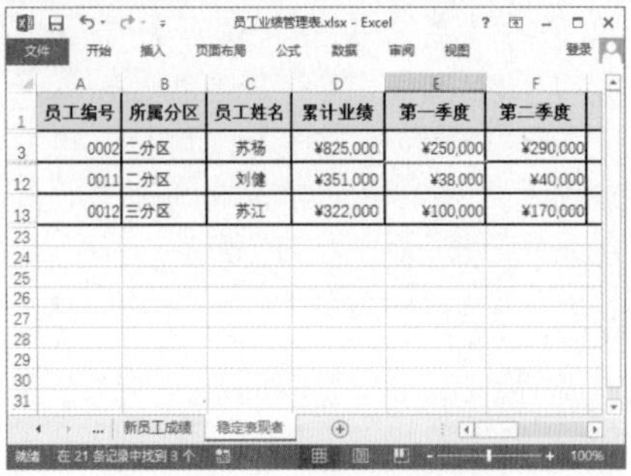

图 17-27

17.3 分类汇总

在查看数据时，我们很多时候不是关注数据本身的信息，最关注的可能是数据的一些结果，也就是数据的汇总信息。使用分类汇总功能可以在分类的基础上进行汇总操作，例如，我们已经利用排序功能将【性别】字段中相同数据集中在了一起，然后利用【分类汇总】命令按照【性别】字段进行分类，再汇总工龄和年龄项，就可以分别得到男性员工和女性员工的平均年龄。

17.3.1 实战：在销售表中创建简单分类汇总

实例门类	软件功能
教学视频	光盘\视频\第 17 章\17.3.1.mp4

单项分类汇总只是对数据表格中的字段进行一种计算方式的汇总。在 Excel 中创建分类汇总之前，首先应对表格中需要进行分类汇总的数据以汇总选项进行排序，其作用是将具有相同关键字的记录表集中在一起，然后再设置分类汇总的分类字段、汇总字段、汇总方式和汇总后数据的显示位置即可。

例如，要在“销售情况分析表”工作簿中统计出不同部门的总销售额，具体操作如下。

Step01 打开“光盘\素材文件\第 17 章\销售情况分析表 .xlsx”文件，❶ 复制【数据表】工作表，并重命名为【部门汇总】，❷ 选择作为分类字段【部门】列中的任意单元格，❸ 单击【数据】选项卡【排序和筛选】组中的【升序】按钮，如图 17-28 所示。

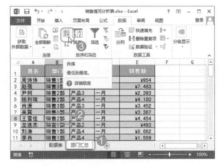

图 17-28

Step02 经过上步操作，即可将不同部门的数据排列在一起。单击【分级显示】组中的【分类汇总】按钮，如图 17-29 所示。

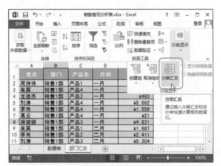

图 17-29

Step03 打开【分类汇总】对话框，❶ 在【分类字段】下拉列表框中选择要进行分类汇总的字段名称，这里选择【部门】选项，❷ 在【汇总方式】下拉列表框中选择计算分类汇总的汇总方式，这里选择【求和】选项，❸ 在【选定汇总项】列表框中选择要进行汇总计算的列，这里选中【销售额】复选框，❹ 选中【替换当前分类汇总】和【汇总结果显示在数据下方】复选框，❺ 单击【确定】按钮，如图 17-30 所示。

图 17-30

技术看板

要进行分类汇总的工作表必须具备表头名称，因为 Excel 2013 是使用表头名称来决定如何创建数据组以及如何进行汇总的。

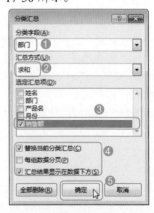

技术看板

如果要按每个分类汇总自动分页，可在【分类汇总】对话框中选中【每组数据分页】复选框；若要指定汇总行位于明细行的下方，可选中【汇总结果显示在数据下方】复选框。

Step04 经过上步操作，即可创建分类汇总，如图17-31所示。可以看到表格中相同部门的销售额总和（汇总结果）将显示在相应的名称下方，最后还将所有部门的销售额总和进行统计并显示在工作表的最后一行。

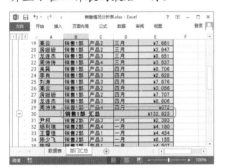

图 17-31

★ 重点 17.3.2　实战：在销售表中创建多重分类汇总

实例门类	软件功能
教学视频	光盘\视频\第17章\17.3.2.mp4

进行简单分类汇总之后，若需要对数据进一步细化分析，可以在原有汇总结果的基础上，再次进行分类汇总，形成多重分类汇总。

多重分类汇总可以是对同一字段进行多种方式的汇总，也可以是对不同字段（两列或两列以上的数据信息）进行汇总。需要注意的是，在分类汇总之前，仍然需要对分类的字段进行排序，否则分类将毫无意义。而且，排序的字段（包括字段的主次顺序）与后面分类汇总的字段必须一致。

例如，要在"销售情况分析表"工作簿中统计出每个月不同部门的总销售额，具体操作如下。

Step01 ❶复制【数据表】工作表，并重命名为【每月各部门汇总】，❷选择包含数据的任意单元格，❸单击【数据】选项卡【排序和筛选】组中的【排序】按钮，如图17-32所示。

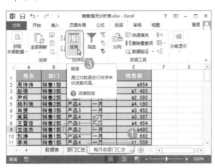

图 17-32

Step02 打开【排序】对话框，❶在【主要关键字】栏中设置分类汇总的主要关键字为【月份】，排序方式为【升序】，❷单击【添加条件】按钮，❸在【次要关键字】栏中设置分类汇总的次要关键字为【部门】，排序方式为【升序】，❹单击【确定】按钮，如图17-33所示。

图 17-33

Step03 经过上步操作，即可根据要创建分类汇总的主要关键字和次要关键字进行排序。单击【分级显示】组中的【分类汇总】按钮，如图17-34所示。

Step04 打开【分类汇总】对话框，❶在【分类字段】下拉列表框中选择要进行分类汇总的主要关键字段名称【月份】，❷在【汇总方式】下拉列表框中选择【求和】选项，❸在【选

定汇总项】列表框中选中【销售额】复选框，❹选中【替换当前分类汇总】和【汇总结果显示在数据下方】复选框，❺单击【确定】按钮，如图17-35所示。

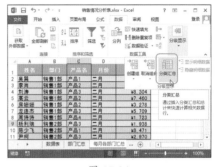

图 17-34

图 17-35

Step05 经过上步操作，即可创建一级分类汇总。单击【分级显示】组中的【分类汇总】按钮，如图17-36所示。

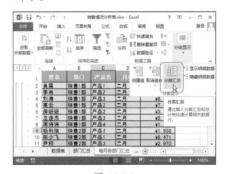

图 17-36

Step06 打开【分类汇总】对话框，❶在【分类字段】下拉列表框中选择要进行分类汇总的次要关键字段名称

【部门】，❷ 在【汇总方式】下拉列表框中选择【求和】选项，❸ 在【选定汇总项】列表框中选中【销售额】复选框，❹ 取消选中【替换当前分类汇总】复选框，❺ 单击【确定】按钮，如图 17-37 所示。

图 17-37

Step07 经过上步操作，即可创建二级分类汇总。可以看到表格中相同级别的相应汇总项的结果将显示在相应的级别后方，同时隶属于一级分类汇总的内部，效果如图 17-38 所示。

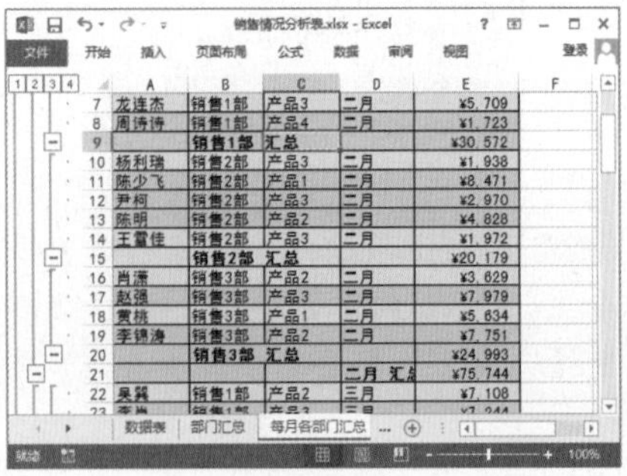

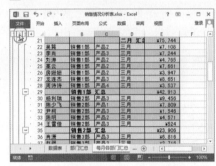

图 17-38

★ **重点 17.3.3 分级显示销售表中的分类汇总数据**

实例门类	软件功能
教学视频	光盘\视频\第 17 章\17.3.3.mp4

进行分类汇总后，工作表中的数据将以分级方式显示汇总数据和明细数据，并在工作表的左侧出现 ☐ ☐ ☐……用于显示不同级别分类汇总

的按钮，单击它们可以显示不同级别的分类汇总。要更详细地查看分类汇总数据，还可以单击工作表左侧的 ⊞ 按钮。例如，要查看刚刚分类汇总的数据，具体操作如下。

Step01 单击窗口左侧分级显示栏中的 ☐2 按钮，如图 17-39 所示。

图 17-39

Step02 经过上步操作，将折叠 2 级分类下的所有分类明细数据。单击工作表左侧需要查看明细数据对应分类的 ⊞ 按钮，如图 17-40 所示。

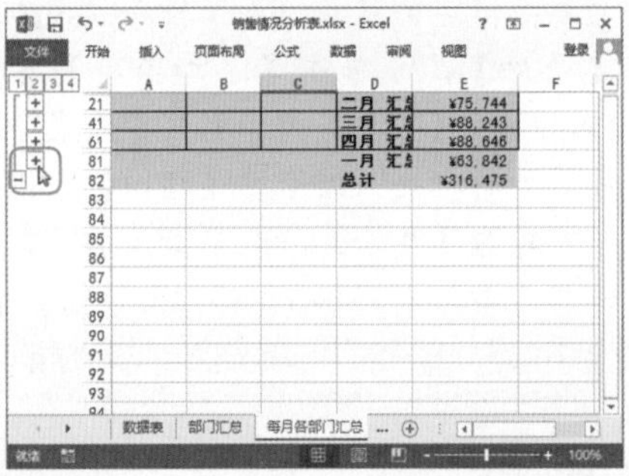

图 17-40

Step03 经过上步操作，即可展开该分类下的明细数据，同时该按钮变为 ☐ 形状，如图 17-41 所示。

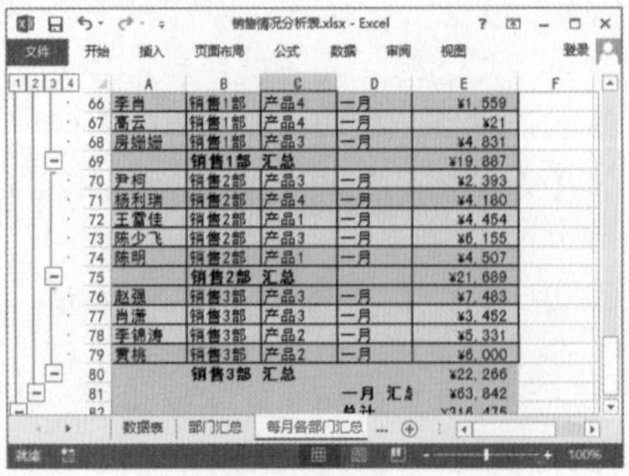

图 17-41

单击 ☐ 按钮可隐藏不需要的单个分类汇总项目的明细行。此外，在工作表中选择需要隐藏的分类汇总数据项中的任一单元格，单击【分级显示】组中的【隐藏明细数据】按钮，可以隐藏该分类汇总数据项，再次单击【隐藏明细数据】按钮，可以隐藏该汇总数据项上一级的分类汇总数据项。单击【显示明细数据】按钮，则可以依次显示各级别的分类汇总数据项。

17.3.4 清除库存表中的分类汇总

实例门类	软件功能
教学视频	光盘\视频\第 17 章\17.3.4.mp4

分类汇总查看完毕后，有时还需要删除分类汇总，使数据恢复到分类汇总前的状态。此时可以使用下面的方法来完成，具体操作如下。

Step01 ❶ 复制【每月各部门汇总】工作表，❷ 单击【数据】选项卡中【分级显示】组中的【分类汇总】按钮，如图 17-42 所示。

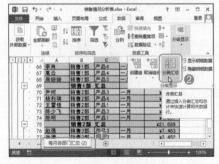

图 17-42

Step02 打开【分类汇总】对话框，单击【全部删除】按钮，如图 17-43所示。

图 17-43

Step13 返回工作表中即可看到已经删除表格中曾创建的分类汇总了，效果如图 17-44 所示，修改工作表名称为【清除汇总】。

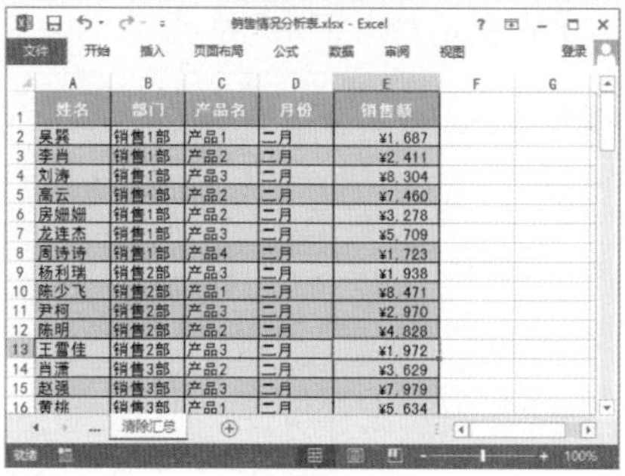

图 17-44

17.4 设置条件格式

在编辑表格时，我们可以为单元格区域、表格或数据透视表设置条件格式。Excel 2013 中提供了非常丰富的条件格式，该功能可以基于设置的条件，并根据单元格内容有选择地自动应用格式，它为 Excel 增色不少的同时，还为我们带来很多方便。下面就详细讲解条件格式的使用方法。

17.4.1 条件格式综述

在分析表格数据时，经常会问自己一些问题，如在利润统计表中汇总过去几年企业的利润时，都出现了哪些异常情况？过去两年的营销调查反映出未来产品购买趋势是什么？某个月哪些员工的销售额超过了 10 万元？企业员工的总体年龄分布情况如何？哪些产品的年收入增长幅度大于15%？

在分析这类数据时，常常需要根据一些特定的规则找出一些数据，然后再根据这些数据进行进一步的分析。在 Excel 2013 中，要强调表格中的数据，我们可以利用单元格字体、字号、文字颜色、单元格背景等单元格格式来突出显示单元格，还可以使用丰富的条件格式在工作表中基于我们设置的条件更改单元格区域的外观。

在对大型数据表进行统计分析时，为了便于区别和查看，可以对满足或不满足条件的数据进行突出显示。条件格式根据条件更改单元格区域的外观。如果条件为真，则根据该条件设置单元格区域的格式；如果条件为假，将保持单元格区域原来的格式。因此，使用 Excel 条件格式可以帮助用户直观地查看和分析数据、解答有关数据的特定问题，以及识别模式和趋势。

Excel 2013 提供的条件格式非常丰富，如可以使用填充颜色、采用数据柱线、颜色刻度和图标集来直观地显示所关注的数据。

17.4.2 实战：为指定的产品设置条件格式

实例门类	软件功能
教学视频	光盘\视频\第 17 章\17.4.2.mp4

在对数据表进行统计分析时，如果要突出显示表格中的一些数据，如大于某个值的数据、小于某个值的数据、等于某个值的数据等，可以使用【条件格式】中的【突出显示单元格规则】选项，基于比较运算符设置这些特定单元格的格式。

在【突出显示单元格规则】命令的下级子菜单中选择不同的命令，可以实现不同的突出效果，具体介绍如下。

➡ 【大于】命令：表示将大于某个值的单元格突出显示。
➡ 【小于】命令：表示将小于某个值的单元格突出显示。
➡ 【介于】命令：表示将单元格中数据在某个数值范围内的突出显示。
➡ 【等于】命令：表示将等于某个值的单元格突出显示。
➡ 【文本包含】命令：可以将单元格中符合设置的文本信息突出显示。
➡ 【发生日期】命令：可以将单元格中符合设置的日期信息突出显示。
➡ 【重复值】命令：可以将单元格中重复出现的数据突出显示。

下面在销售统计表中对女士产品的销售数据进行突出显示，具体操作如下。

Step01 打开"光盘\素材文件\第 17 章\销售统计表.xlsx"文件，❶ 选择 A2:A9 单元格区域，❷ 单击【开始】选项卡【样式】组中的【条件格式】按钮，❸ 在弹出的下拉菜单中选择【突出显示单元格规则】命令，❹ 在弹出的下级子菜单中选择【文本包含】命令，如图 17-45 所示。

图 17-45

Step02 打开【文本中包含】对话框，❶ 在参数框中输入要作为判断条件的包含文本【女士】，❷ 在【设置为】下拉列表框中选择要为符合条件的单元格设置的格式样式，这里选择【浅红填充色深红色文本】选项，❸ 单击【确定】按钮，如图 17-46 所示。

图 17-46

Step03 经过上步操作，即可看到所选单元格区域中包含【女士】文本的单元格格式发生了变化，如图 17-47 所示。

图 17-47

技能拓展——通过引用单元格数据快速设置条件

在创建条件格式时，也可以通过引用单元格来设置条件。但是只能引用同一工作表中的其他单元格，有些情况下也可以引用当前打开的同一工作簿中其他工作表上的单元格。但不能对其他工作簿的外部引用使用条件格式。

17.4.3 实战：对排名前三的产品设置条件格式

实例门类	软件功能
教学视频	光盘\视频\第 17 章\17.4.3.mp4

项目选取规则允许用户识别项目中最大或最小的百分数或数字所指定的项，或者指定大于或小于平均值的单元格。如要在表格中查找最畅销的 3 种产品，在客户调查表中查找最不受欢迎的 10% 产品等，都可以在表格中使用项目选取规则。

在【条件格式】下拉菜单中选择【项目选取规则】命令后，在其子菜单中选择不同的命令，可以实现不同的项目选取目的。

➡ 【前 10 项】命令：表示将突出显示所选单元格区域中值最大的前 10 个（实际上，具体个数还需要在选择该命令后打开的对话框中进行设置）单元格。

➡ 【前 10%】命令：表示将突出显示所选单元格区域中值最大的前 10% 个（相对于所选单元格总数的百分比）单元格。

➡ 【最后 10 项】命令：表示将突出显示所选单元格区域中值最小的后 10 个单元格。

➡ 【最后 10%】命令：表示将突出显示所选单元格区域中值最小的后 10% 个单元格。

➡ 【高于平均值】命令：表示将突出显示所选单元格区域中值高于平均值的单元格。

➡ 【低于平均值】命令：表示将突出显示所选单元格区域中值低于平均值的单元格。

下面在销售统计表中，对销量最多的 3 项单元格进行突出显示，具体操作如下。

Step01 ❶ 选择 D2:D9 单元格区域，❷ 单击【条件格式】按钮，❸ 在弹出的下拉菜单中选择【项目选取规则】命令，❹ 在弹出的下级子菜单中选择【前 10 项】命令，如图 17-48 所示。

图 17-48

技术看板

如果设置条件格式的单元格区域中有一个或多个单元格包含的公式返回错误，则条件格式就不会应用到整个区域。若要确保条件格式应用到整个区域，用户可使用 IS 或 IFERROR 函数来返回正确值（如【0】或【N/A】）。

Step02 打开【前 10 项】对话框，❶ 在数值框中输入需要查看的最大项数，这里输入【3】，❷ 在【设置为】下拉列表框中选择【自定义格式】选项，如图 17-49 所示。

图 17-49

Step03 打开【设置单元格格式】对话框，❶ 单击【字体】选项卡，❷ 在【字形】列表框中选择【加粗】选项，❸ 在【颜色】下拉列表框中选择需要设置的字体颜色，这里选择【白色，背景 1】选项，如图 17-50 所示。

图 17-50

Step 04 ❶ 单击【填充】选项卡，❷ 在【背景色】栏中选择需要填充的单元格颜色，这里选择【红色】，❸ 单击【确定】按钮，如图 17-51 所示。

图 17-51

Step 05 返回【前 10 项】对话框，单击【确定】按钮，如图 17-52 所示。返回工作表中，即可看到所选单元格区域中值最大的前 3 个单元格应用了自定义的单元格格式。

图 17-52

17.4.4 实战：使用数据条显示产出数据

实例门类	软件功能
教学视频	光盘\视频\第 17 章\17.4.4.mp4

使用数据条可以查看某个单元格相对于其他单元格的值。数据条的长度代表单元格中的值，数据条越长，表示值越高；反之，则表示值越低。若要在大量数据中分析较高值和较低值时，使用数据条尤为有用。

下面在销售统计表中，使用数据条来显示二分区各季度的销售额数据，具体操作如下。

❶ 选择 E2:E9 单元格区域，❷ 单击【条件格式】按钮，❸ 在弹出的下拉菜单中选择【数据条】命令，❹ 在弹出的子菜单中选择【橙色数据条】命令，如图 17-53 所示。

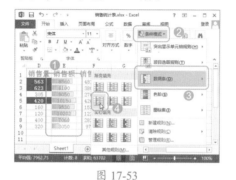

图 17-53

17.4.5 实战：使用三色刻度显示销售总额数据

实例门类	软件功能
教学视频	光盘\视频\第 17 章\17.4.5.mp4

对数据进行直观分析时，除了使用数据条外，还可以使用色阶按阈值将单元格数据分为多个类别，其中每种颜色代表一个数值范围。

色阶作为一种直观的指示，可以帮助用户了解数据的分布和变化。Excel 中默认使用双色刻度和三色刻度两种色阶方式来设置条件格式。

双色刻度使用两种颜色的渐变来比较某个区域的单元格，颜色的深浅表示值的高低。例如，在绿色和红色的双色刻度中，可以指定较高值单元格的颜色更绿，而较低值单元格的颜色更红。三色刻度使用三种颜色的渐变来比较某个区域的单元格。颜色的深浅表示值的高、中、低。例如，在绿色、黄色和红色的三色刻度中，可以指定较高值单元格的颜色为绿色，中间值单元格的颜色为黄色，而较低值单元格的颜色为红色。

下面在销售统计表中，使用一种三色刻度颜色来显示销售额数据，具体操作如下。

❶ 选择 F2:F9 单元格区域，❷ 单击【条件格式】按钮，❸ 在弹出的下拉菜单中选择【色阶】命令，❹ 在弹出的下级子菜单中选择【绿 - 黄 - 红色阶】命令，如图 17-54 所示。

图 17-54

17.4.6 实战：使用图标集显示产出数据

实例门类	软件功能
教学视频	光盘\视频\第 17 章\17.4.6.mp4

在 Excel 2013 中对数据进行格式设置和美化时，为了表现出一组数据中的等级范围，还可以使用图标集对数据进行标识。

下面在销售统计表中，使用图标集中的【四等级】来标识相应产品的销售额数据的大小，具体操作如下。

Step01 ❶ 选择 F2:F9 单元格区域，❷ 单击【条件格式】按钮，❸ 在弹出的下拉菜单中选择【图标集】命令，❹ 在弹出的下级子菜单的【等级】栏中选择【四等级】命令，如图17-55 所示。

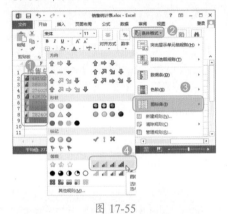

图 17-55

Step02 经过上步操作，即可看到F2:F9 单元格区域中根据数值大小分为了 4 个等级，并为不同等级的单元格数据前添加了不同等级的图标，效果如图 17-56 所示。

图 17-56

技术看板

在 Excel 2013 中，选择需要设置条件格式的单元格区域后，单击单元格右下角显示出的【快速分析】按钮，在弹出的下拉菜单中单击【格式】选项卡，并在下方选择需要的条件格式（如图17-57所示），可以使用默认的相应条件格式填充单元格区域。

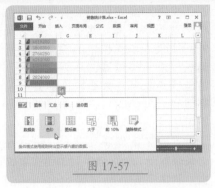

图 17-57

17.4.7 实战：管理销售表中的条件格式

实例门类	软件功能
教学视频	光盘\视频\第17章\17.4.7.mp4

Excel 2013 表格中可以设置的条件格式数量没有限制，可以指定的条件格式数量只受到计算机内存的限制。为了帮助追踪和管理拥有大量条件格式规则的表格，Excel 2013 提供了【条件格式规则管理器】功能，使用该功能可以创建、编辑、删除规则，以及控制规则的优先级。

1. 新建规则

Excel 2013 中的条件格式功能允许用户定制条件格式，定义自己的规则或格式。新建条件格式规则需要在【新建格式规则】对话框中进行。

在【新建格式规则】对话框的【选择规则类型】列表框中，用户可选择基于不同的筛选条件设置新的规则，打开的【新建格式规则】对话框内的设置参数也会随之发生改变。

（1）基于值设置单元格格式。

默认打开的【新建格式规则】对话框的【选择规则类型】列表框中选择的是【基于各自值设置所有单元格的格式】选项。选择该选项可以根据所选单元格区域中的具体值设置单元格格式，要设置何种单元格格式，还需要在【格式样式】下拉列表框中进行选择。

➡ 设置色阶

如果需要设置个性的双色或三色刻度的色阶条件格式，可在【格式样式】下拉列表框中选择【双色刻度】或【三色刻度】选项，如图 17-58 所示，然后在下方的【最小值】【最大值】和【中间值】栏中分别设置数据划分的类型、具体值或占比份额、填充颜色。

图 17-58

技术看板

在图 17-58 所示的【类型】下拉列表框中提供了 4 种数据划分方式。

● **数字**：要设置数字、日期或时间值的格式，就需要选择该选项。

● **百分比**：如果要按比例直观显示所有值，则使用百分比，因为值的分布是成比例的。有效值为 0 到 100。请不要输入百分号。

● **公式**：如果要设置公式结果的格式，就选择该选项。公式必须返回数字、日期或时间值。若公式无效将使所有格式设置都不被应用，所以，最好在工作表中测试公式，以确保公式不会返回错误值。

● **百分点值**：如果要用一种颜色比例直观显示一组上限值，用另一种颜色比例直观显示一组下限值（如后 20 个百分点值），就选择该选项。这两种比例所表示的极值有可能会使数据的显示失真。有效的百分点值为 0 到 100。如果单元格区域包含的数据点超过 8191 个，则不能使用百分点值。

→ 设置数据条

在基于值设置单元格格式时，如果需要设置个性的数据条，可以在【格式样式】下拉列表框中选择【数据条】选项，如图 17-59 所示。该对话框的具体设置和图 17-58 中的方法相同，只是在【条形图外观】栏中需要设置条形图的填充效果和颜色，边框的填充效果和颜色，以及条形图的方向。

图 17-59

→ 设置图标集

如果需要设置个性的图标形状和颜色，可以在【格式样式】下拉列表框中选择【图标集】选项，然后在【图标样式】下拉列表框中选择需要的图标集样式，并在下方分别设置各图标的代表的数据范围，如图 17-60 所示。

图 17-60

（2）对包含相应内容的单元格设置单元格格式。

如果是要为文本数据的单元格区域设置条件格式，可在【新建格式规则】对话框的【选择规则类型】列表框中选择【只为包含以下内容的单元格设置格式】选项，如图 17-61 所示。

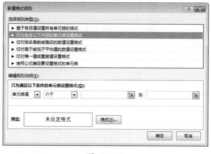

图 17-61

在【编辑规则说明】栏的左侧下拉列表框中可选择按单元格值、特定文本、发生日期、空值、无空值、错误和无错误来设置格式。选择不同选项的具体设置说明如下。

→ 【单元格值】：选择该选项，表示要按数字、日期或时间设置格式，然后在中间的下拉列表框中选择比较运算符，在右侧的下拉列表框中输入数字、日期或时间。

→ 【特定文本】：选择该选项，表示要按文本设置格式，然后在中间的下拉列表框中选择比较运算符，在右侧的下拉列表框中输入文本。

→ 【发生日期】：选择该选项，表示要按日期设置格式，然后在后面的下拉列表框中选择比较的日期。

→ 【空值】和【无空值】：空值即单元格中不包含任何数据，选择这两个选项，表示要为空值或无空值单元格设置格式。

→ 【错误】和【无错误】：错误值包括【#####】【#VALUE!】【#DIV/0!】【#NAME?】【#N/

A】【#REF!】【#NUM!】 和【#NULL!】。选择这两个选项，表示要为包含错误值或无错误值的单元格设置格式。

（3）根据单元格内容排序位置设置单元格格式。

想要扩展项目选取规则，对单元格区域中的数据按照排序方式设置条件格式，可以在【新建格式规则】对话框的【选择规则类型】列表框中选择【仅对排名靠前或靠后的数值设置格式】选项，如图 17-62 所示。

图 17-62

在【编辑规则说明】栏左侧的下拉列表框中可以设置排名靠前或靠后的单元格，而具体的单元格数量则需要在其后的文本框中输入，若选中【所选范围的百分比】复选框，则会根据所选择的单元格总数的百分比进行单元格数量的选择。

（4）根据单元格数据相对于平均值的大小设置单元格格式。

如果需要根据所选单元格区域的平均值来设置条件格式，可以在【新建格式规则】对话框的【选择规则类型】列表框中选择【仅对高于或低于平均值的数值设置格式】选项，如图 17-63 所示。

图 17-63

在【编辑规则说明】栏的下拉列表框中可以设置相对于平均值的具体条件是高于、低于、等于或高于、等于或低于，以及各种常见标准偏差。

（5）根据单元格数据是否惟一设置单元格格式。

如果需要根据数据在所选单元格区域中是否惟一来设置条件格式，可以在【新建格式规则】对话框的【选择规则类型】列表框中选择【仅对唯一值或重复值设置格式】选项，如图17-64 所示。

图 17-64

在【编辑规则说明】栏的下拉列表框中可以设置具体是对惟一值还是对重复值进行格式设置。

（6）通过公式完成较复杂条件格式的设置。

其实前面的这些选项都是对Excel提供的条件格式进行扩充设置，

如果这些自定义条件格式都不能满足需要，那么就需要在【新建格式规则】对话框的【选择规则类型】列表框中选择【使用公式确定要设置格式的单元格】选项，来完成较复杂的条件设置了，如图 17-65 所示。

图 17-65

在【编辑规则说明】栏的参数框中输入需要的公式即可。要注意：一是，与普通公式一样，以等于号开始输入公式；二是，系统默认是以选中单元格区域的第一个单元格进行相对引用计算的，也就是说只需要设置好所选单元格区域的第一个单元格的条件，其后的其他单元格系统会自动计算。

通过公式来扩展条件格式的功能很强大，也比较复杂，下面举例说明。例如，在订单统计表中，要通过自定义条件格式为奇数行添加底纹，具体操作如下。

Step01 打开"光盘\素材文件\第17章\订单统计.xlsx"文件，❶选中A2:I35单元格区域，❷单击【条件格式】按钮，❸在弹出的下拉菜单中选择【新建规则】命令，如图17-66所示。

Step02 打开【新建格式规则】对话框，❶在选择规则类型列表框中选择【使用公式确定要设置格式的单元格】选项，❷在【编辑规则说明】栏中的【为符合此公式的

值设置格式】文本框中输入公式【=MOD(ROW(),2)=1】，❸单击【格式】按钮，如图 17-67 所示。

图 17-66

图 17-67

技能拓展——添加偶数行的底纹

如果用户需要为选择的单元格区域偶数行添加底纹，则在【新建规则】对话框中需要输入的公式为【=MOD(ROW(),2)=0】。

Step03 打开【设置单元格格式】对话框，❶单击【填充】选项卡，❷在【背景色】栏中选择需要填充的单元格颜色，这里选择【浅粉色】，❸单击【确定】按钮，如图17-68所示。

Step04 返回【新建格式规则】对话框，在【预览】栏中可以查看到设置的单元格格式，单击【确定】按钮，如图17-69所示。

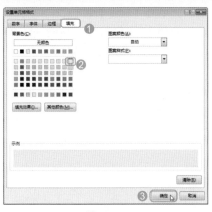

图 17-68

图 17-69

Step05 经过上步操作，A2:I35 单元格区域中的奇数行便添加了设置的底纹，效果如图 17-70 所示。

图 17-70

技能拓展——打开【新建格式规则】对话框的其他方法

【条件格式规则管理器】功能综合体现在【条件格式规则管理器】对话框中。在【条件格式】下拉菜单中

选择【管理规则】命令即可打开【条件格式规则管理器】对话框。单击其中的【新建规则】按钮，可以打开【新建格式规则】对话框。

2. 修改规则

为单元格应用条件格式后，如果感觉不满意，还可以在【条件格式规则管理器】对话框中对其进行编辑。

【条件格式规则管理器】对话框中可以查看当前所选单元格或当前工作表中应用的条件规则。在【显示其格式规则】下拉列表框中可以选择相应的工作表、表或数据透视表，以显示出需要进行编辑的条件格式。单击【编辑规则】按钮，可以在打开的【编辑格式规则】对话框中对选择的条件格式进行编辑，编辑方法与新建规则的方法相同。

例如，工艺品销售情况表中的数据已经添加了图标集格式，现在需要通过编辑让格式更贴合这里的数据显示，具体操作如下。

Step01 打开"光盘\素材文件\第17章\工艺品销售情况表.xlsx"文件，❶ 单击【条件格式】按钮，❷ 在弹出的下拉菜单中选择【管理规则】命令，如图 17-71 所示。

图 17-71

Step02 打开【条件格式规则管理器】对话框，❶ 在【显示其格式规则】下拉列表框中选择【当前工作表】选项，❷ 在下方的列表框中选择需要编

辑的条件格式选项，❸ 单击【编辑规则】按钮，如图 17-72 所示。

图 17-72

Step03 打开【编辑格式规则】对话框，❶ 在【编辑规则说明】栏中的各图标后设置类型为【数字】，❷ 在各图标后对应的【值】参数框中输入需要作为等级划分界限的数值，❸ 单击【确定】按钮，如图 17-73 所示。

图 17-73

Step04 返回【条件格式规则管理器】对话框，单击【确定】按钮，如图 17-74 所示。

图 17-74

Step05 经过上步操作，返回工作表中即可看到 E2:E12 单元格区域中的图标根据新定义的等级划分区间进行了重新显示，效果如图 17-75 所示。

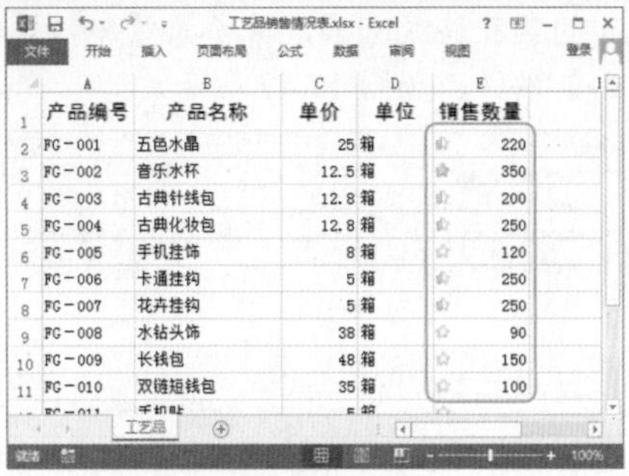

图 17-75

3. 调整条件格式的优先级

Excel 允许对同一个单元格区域设置多个条件格式。当两个或更多条件格式规则同时作用于一个单元格区域时，如果规则之间没有冲突，则会全部规则都得到应用。例如，一个规则将单元格字体设置为【微软雅黑】，另一个规则将同一个单元格的底纹设置为【橙色】，则在满足条件的情况下会将单元格的字体设置为【微软雅黑】，底纹设置为【橙色】。

但如果为同一个单元格区域设置的两个或多个规则之间存在冲突，则只执行优先级较高的规则。例如，一个规则将单元格字体设置为【微软雅黑】，另一个规则将单元格的字体设置为【宋体】，因为这两个规则存在冲突，所以只应用其中一个规则，且执行的是优先级较高的规则。

在 Excel 中，将按照创建的条件规则在【条件格式规则管理】对话框中列出的优先级顺序执行这些规则。在该对话框的列表框中，位于上方的规则，其优先级高于位于下方的规则。而默认情况下，新规则总是添加到列表框中最上方的位置，因此具有最高的优先级。

我们可以先在【条件格式规则管理】对话框的列表框中选择需要调整优先级的规则，然后通过该对话框中的【上移】按钮 和【下移】按钮 来更改其优先级顺序。

例如，要调整【第二次月考】工作表中条件规则的优先级顺序，具体操作如下。

Step 01 打开"光盘\素材文件\第 17 章\第二次月考成绩统计表 .xlsx"文件，❶ 单击【开始】选项卡【样式】组中的【条件格式】按钮，❷ 在弹出的下拉菜单中选择【管理规则】命令，如图 17-76 所示。

图 17-76

Step 02 打开【条件格式规则管理器】对话框，❶ 在【显示其格式规则】下拉列表中选择【当前工作表】选项，❷ 在下方的列表框中选择需要编辑的条件格式选项，这里选择【数据条】规则，❸ 单击【上移】按钮，如图 17-77 所示。

图 17-77

Step 03 经过上步操作，可以在【条件格式规则管理器】对话框的列表框中看到所选的【数据条】规则向上移动一个位置后的效果，如图 17-78 所示。同时也调整了该表格中【数据条】规则的优先级。❶ 在列表框中选择需要删除的条件格式选项，这里选择【渐变颜色刻度】规则，❷ 单击【删除规则】按钮。

Step 04 经过上步操作，在【条件格式规则管理器】对话框中将不再显示【渐变颜色刻度】规则，如图 17-79

所示，单击【确定】按钮。

图 17-78

图 17-79

Step 05 同时表格中原来应用了【渐变颜色刻度】规则的单元格区域也会取消对该条规则样式的显示，如图 17-80 所示。

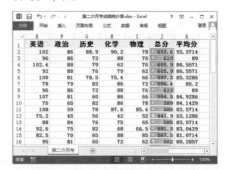

图 17-80

4. 清除规则

如果不需要用条件格式显示数据值了，用户还可以清除格式。只要单击【开始】选项卡【样式】组中的【条件格式】按钮，在弹出的下拉菜单中选择【清除规则】命令，然后在弹出的下级子菜单中选择【清除所选单元格的规则】命令清除所选单元格区域中包含的所有条件规则；或者选择【清除整个工作表的规则】命令，清除该工作表中的所有条件规则；或者选择【清除此数据透视表的规则】命令，清除该数据透视表中设置的条件规则。

也可以在【条件格式规则管理器】对话框的【显示其格式规则】下拉列表框中设置需要清除条件格式的范围，然后单击【删除规则】按钮清除相应的条件规则。

清除条件规则后，原来设置了对应条件格式的单元格都会显示为默认单元格设置。

妙招技法

通过前面知识的学习，相信读者已经掌握了为工作表中的数据进行排序、筛选和分类汇总的操作。下面结合本章内容，给大家介绍一些实用技巧。

技巧01：如何对表格中的行进行排序

教学视频	光盘\视频\第17章\技巧01.mp4

Excel默认的是对数据按列进行排序，不过用户同样可以对行进行排序，使表格结构更加清晰和流畅。例如，在"业绩管理"表格中对行1（也就是标题行）进行排序，使其按照月份大小进行排序，具体操作如下。

Step01 打开"光盘\素材文件\第17章\业绩管理.xlsx"文件，❶选择D~L列，❷单击"数据"选项卡中的"排序"按钮，如图17-81所示。

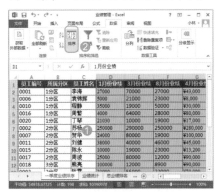

图 17-81

Step02 打开【排序】对话框，单击【选项】按钮，如图17-82所示。

图 17-82

Step03 打开"排序选项"对话框，❶选中【按行排序】单选按钮，❷单击【确定】按钮，如图17-83所示。

图 17-83

Step04 返回【排序】对话框，❶选择【主要关键字】选项为【行1】，❷单击【确定】按钮，如图17-84所示。

图 17-84

Step05 返回到工作表中即可查看到表中数据按行进行排列（在标题行中最为明显），如图17-85所示。

图 17-85

技巧02：让排序结果返回至初始顺序

对数据进行排序后，特别是多条件数据排序后，要想恢复到排序前的数据状态，可借用数字列来"标识"数据顺序，具体操作如下。

Step01 在表格的末列添加一记录表格数据顺序的辅助列，如图17-86所示。

图 17-86

Step02 对表格数据进行排序后，辅助列中的数字顺序随之发生相应的变化，这时要恢复到排列前的数据顺序，❶可选择该列中的任一单元格，❷单击"升序"或按钮 ⇅（要按照数据序列原始序列顺序选择，如辅助列数据序列是升序，则单击"升序"按钮），随后隐藏或删除辅助列，如图 17-87 所示。

图 17-87

技巧 03：如何将高级筛选结果放置到其他工作表中

教学视频	光盘\视频\第 17 章\技巧 03.mp4

在对工作表中的数据进行高级筛选时，不仅可在原数据区域显示筛选结果，也可在其他工作表中显示筛选结果，具体操作如下。

Step 01 打开"光盘\素材文件\第 17章\业务员销售业绩统计表 .xlsx"文件，在"原表"工作表中的 A21:B22 单元格区域中输入高级筛选的条件，如图 17-88 所示。

图 17-88

Step 02 ❶切换到"筛选结果"工作表，❷单击【数据】选项卡【排序

和筛选】组中的【高级】按钮，如图 17-89 所示。

图 17-89

技术看板

要想将筛选结果筛选到"筛选结果"工作表中，必须在"筛选结果"工作表中执行高级筛选操作，否则将不能正确筛选出结果。

Step 03 打开【高级筛选】对话框，❶选中【将筛选结果复制到其他位置】单选按钮；❷单击【列表区域】文本框右侧的【折叠】按钮，折叠对话框，如图 17-90 所示。

图 17-90

Step 04 ❶在"原表"工作表中拖动鼠标选择 A3:J18 单元格区域，❷然后单击【展开】按钮，如图 17-91 所示。

Step 05 返回【高级筛选】对话框，此时，即可在【列表区域】文本框中显示"列表区域"的范围，❶在【条件区域】文本框中输入筛选条件所在的区域，这里输入【原表 !$A$21:$B$22】，❷在【复制到】文本框中输入筛选结果放置的位置，这里输入【筛选结果表 !$A$1】，❸单击【确定】按钮，如图 17-92 所示。

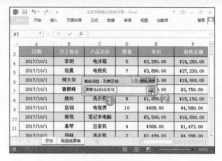

图 17-91

图 17-92

技术看板

在【复制到】文本框也可输入列表区域所在工作表中的其他空白单元位置，这样可将筛选结果放置在和表格数据所在的同一个工作表中。

Step 06 即可将筛选结果显示在"筛选结果表"工作表中，效果如图 17-93 所示。

图 17-93

技巧 04：随意对数据进行分类汇总

教学视频	光盘\视频\第 17 章\技巧 04.mp4

在 Excel 2013 中浏览大量数据时，为了方便查看数据，可以使用分

组的方法将数据进行分组，从而简化显示表格数据。

组合显示数据功能中提供了数据的分级显示，它可以实现对某个范围内的单元格进行关联，从而可对其进行折叠或展开。它与分类汇总的区别在于，分类汇总是将相同数据类型的记录集合在一起进行汇总，而组合只是将某个范围内的记录集合在一起，它们之间可以没有任何关系且并不进行汇总。

在拥有数据的大型表格中，如果用户在数据表中设置了汇总行或列，并对数据应用了求和或其他汇总方式，那么 Excel 可以自动判断分级的位置，从而自动分级显示数据表。

例如，要自动在【汽车销售表1】中创建组分析显示时，具体操作如下。

Step01 打开"光盘\素材文件\第17章\汽车销售表1.xlsx"文件，❶选择第 7 行单元格，❷单击【开始】选项卡【单元格】组中的【插入】按钮 ，如图 17-94 所示。

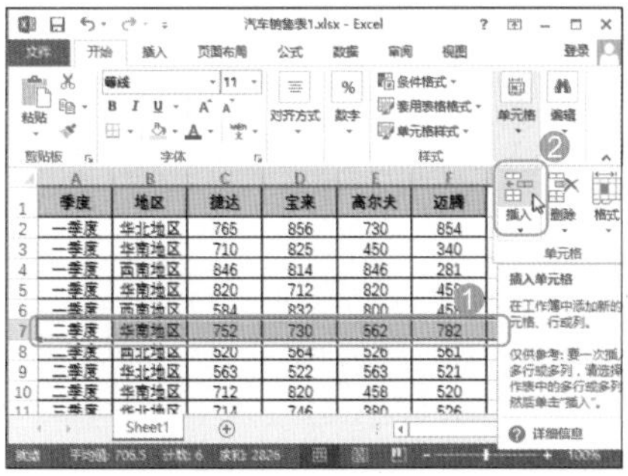

图 17-94

Step02 ❶在 A7 单元格中输入相应的文本，❷在 C7 单元格中输入公式【=SUM(C2:C6)】，计算出捷达汽车一季度的销售总和，❸向右拖动填充控制柄至 F7 单元格，计算出其他产品的一季度销售总和，如图 17-95 所示。

Step03 使用相同的方法，分别插入第 12、16、19 行单元格，并在相应的 C、D、E、F 列中使用自动求和的方

式计算出各季度各产品的合计值，完成后的效果如图 17-96 所示。

图 17-95

图 17-96

Step04 ❶选择表格中的任意单元格，❷单击【数据】选项卡【分级显示】组中的【创建组】按钮 ，❸在弹出的下拉列表中选择【自动建立分级显示】选项，如图 17-97 所示。

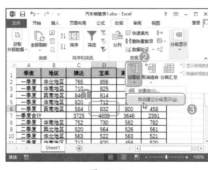

图 17-97

Step05 经过以上操作，即可自动建立分级显示，效果如图 17-98 所示，单击左侧的 按钮。

Step06 经过以上操作，将隐藏所有明细数据，只显示一级汇总数据，效果如图 17-99 所示。

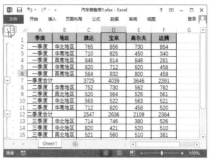

图 17-98

图 17-99

技能拓展——手动分组数据

在 Excel 表格中，还可以选择多行或者多列后按照自己的意愿手动创建分组。首先，选择需要进行组合的数据所在的单元格区域，然后单击【创建组】按钮，在打开的【创建组】对话框中选择以行或列的方式创建组即可。

技巧 05：使用通配符筛选数据

教学视频	光盘\视频\第17章\技巧05.mp4

在 Excel 中，通配符 "*" 表示一串字符，"?" 表示一个字符，使用通配符可以快速筛选出一列中满足条件的记录。

例如，在"固定资产清单"中以通配符筛选数据的方法筛选"资产名称"中含有"车"字的数据记录，具体操作如下。

Step 01 打开"光盘\素材文件\第17章\固定资产清单.xlsx"文件，❶单击【排序和筛选】组中的【筛选】按钮，进入筛选状态，❷单击"资产名称"字段右侧的下拉按钮，❸在弹出的下拉菜单中选择【文本筛选】命令，❹在弹出的子菜单中选择【自定义筛选】命令，如图17-100所示。

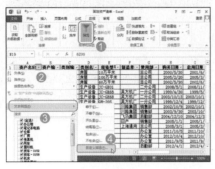

图 17-100

Step 02 打开【自定义自动筛选方式】对话框，❶在"资产名称"下方的第一个下拉列表框中选择【等于】选项，❷在后面的文本框中输入"*车*"，❸单击【确定】按钮，如图17-101所示。

图 17-101

Step 03 返回工作表编辑区，即可筛选出"资产名称"中含有"车"字的数据记录，效果如图17-102所示。

图 17-102

本章小结

通过本章知识的学习，相信读者已经掌握了数据排序、筛选数据、数据汇总、设置条件格式等知识的操作方法。在实际工作中，要重点掌握数据排序、筛选和分类汇总等知识，因为这些知识在管理和分析数据的过程中经常使用到。本章在最后还讲解了一些排序、筛选和汇总数据的操作技巧，以帮助读者更好、更合理地对数据进行分析。

第18章 Excel 数据分析的两大利器

- ➡ 表格数据太多，难以理解？做成图表吧！
- ➡ 图表类型太多，不会选择？
- ➡ 默认图表元素过多或不够，需要再加工。
- ➡ 图表效果太 low，不会美化？
- ➡ 你会使用辅助线分析图表数据吗？
- ➡ 最简单的展示和分析方法你掌握了吗？

我们已经进入到一个速食般的"读图时代"，对信息进行更为有效的梳理和表达已经成为当今社会信息传达的迫切需要。在这种现实情况下，图表设计这种准确、形象、快捷的表达方式显示出它独特的优势。这一章，我们就将带你领略专业图表的美，帮你分析如何制作出更漂亮的图表，一起来学习吧！

18.1 图表简介

在分析数据或展示数据时，如果可以将数据表现得更直观，不用查看密密麻麻的文字和数字，那么分析数据或查看数据一定会更轻松。所以有了另一种展示数据的方式，那就是图表。在 Excel 2013 中使用统计图表不仅可以对数据间那些细微的、不易阅读的内容进行区分，还可以采用不同的图表类型加以突出，分析数据间一些不容易识别的区别或联系。从而提高使用者对数据的使用率。下面我们先来对图表做做科普。

18.1.1 图表的特点及使用分析

在现代办公应用中，我们需要记录和存储各种数据，而这些数据记录和存储的目的无非是为了日后的查询或分析。

Excel 中，对数据实现查询和分析的重要手段除了上一章中介绍的几种数据分析的常规武器外，还提供了丰富实用的图表功能。Excel 2013 图表具有美化表格、直观形象、实时更新和二维坐标等特点。

1. 美化表格

每天面对大量的表格数据你会看得头晕眼花，此时，可以将这些数据换一种方式进行浏览并分析，选择图表就是一种最好的方法。在图表中以数据和百分比的方式显示。运用 Excel 2013 的图表功能，可以帮助用户迅速创建各种各样的商业图表。

图表是图形化的数据，整个图表由点、线、面与数据匹配组合而成，具有良好的视觉效果，不同类型的图表中可能会使用不同的图形。

2. 直观形象

普通的表格是由行、列和单元格来构成，表格中通常有大量的文字或数字，尽管我们可以为表格添加各种样式来修饰和美化表格、突出重点数据、让数据展示更清晰，但是表格中始终是确切的值，很多时候我们需要先理解表格中的数据含义，并进行一些思考和分析才能得到一些确切的信息。

例如，图 18-1 所示数据表中的数据已经是经过处理和分析的一组数据，但如果只是阅读这些数字，可能无法得到整组数据所包含的更有价值的信息。

产品接受程度对比图

群体	女性	男性
10～20岁	21%	-18%
21～30岁	68%	-58%
31～40岁	45%	-46%
41～50岁	36%	-34%
50岁以上	28%	-30%

图 18-1

然而，图表可以应用不同色彩、不同大小或不同形状来表现不同的数据，所以，图表最大的特点就是直观形象，能使用户一目了然地看清数据的大小、差异、构成比例和变化趋势。

如果将图 18-1 中所展示的数据制作成图 18-2 所示的图表，则图表中至少反映了如下 3 个信息。

一是，该产品的主要用户集中在 21 ～ 40 岁年龄阶段。

二是，10 ～ 20 岁的用户基本上对该产品没有兴趣。

三是，整体上来讲，女性比男性更喜欢这个产品。

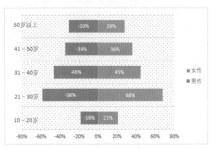

图 18-2

3. 实时更新

一般情况下，用户使用 Excel 工作簿内的数据制作图表，生成的图表也存放在工作簿中。

Excel 2013 中的图表具有实时更新功能，即图表中的数据可以随着数据表中的数据变化而自动更新。

图表实时更新的前提是，已经设置了表格数据自动进行重算。用户可以在【Excel 选项】对话框中单击【公式】选项卡，然后在【计算选项】栏中选中【自动重算】单选按钮来设置，如图 18-3 所示。

图 18-3

4. 二维坐标

Excel 中虽然也提供了一些三维图表类型。但从实际运用的角度来看，其实质还是二维的平面坐标系下建立的图表。如图 18-4 所示的三维气泡图只有两个数值坐标轴。而如图 18-5 至图 18-8 所示的三维柱形图、三维折线图、三维面积图、三维曲面图中，虽然显示了 3 个坐标轴，但是 x 轴为分类轴，y 轴为系列轴，只有 z 轴为数值轴，使用平面坐标的图表也能完全地表现出来。

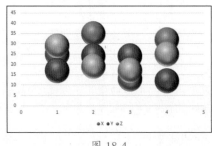

图 18-4

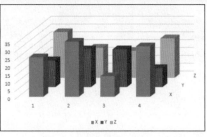

图 18-5

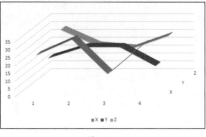

图 18-6

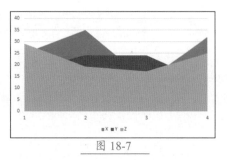

图 18-7

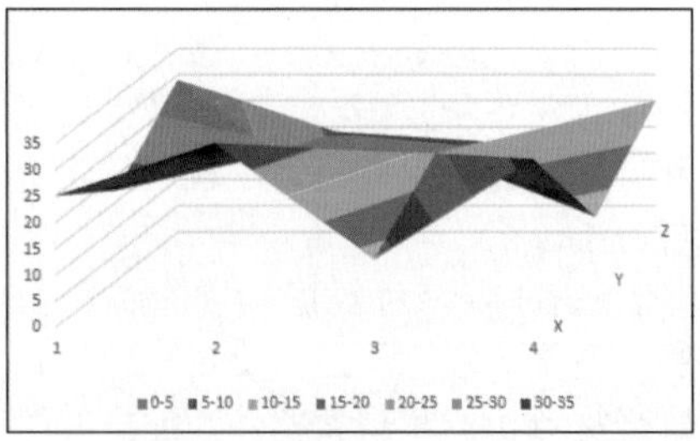

图 18-8

18.1.2 图表的构成元素

Excel 2013 提供了多种标准的图表类型，每一种图表类型都分为几种子类型，但每一种图表的绝大部分组件是相同的。一个完整的图表主要由图表区、图表标题、坐标轴、绘图区、数据系列、网格线和图例等部分组成。下面以柱形图图表为例讲解图表的组成，如图 18-9 和表 18-1 所示。

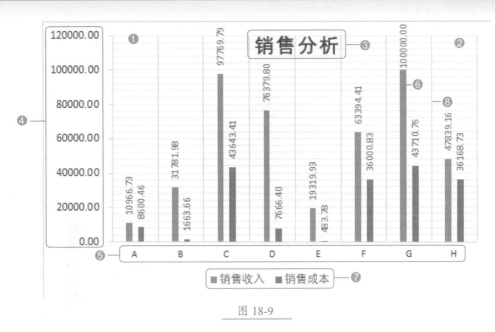

图 18-9

表 18-1　图表的组成

序号	名称	作　用
❶	图表区	在 Excel 中，图表是以一个整体的形式插入到表格中的，它类似于一个图片区域，这就是图表区。图表及图表相关的元素均存在于图表区中。在 Excel 中可以为图表区设置不同的背景颜色或背景图像
❷	绘图区	在图表区中通过横坐标轴和纵坐标轴界定的矩形区域，用于绘制图表序列和网格线，图表中用于表示数据的图形元素也将出现在绘图区中。标签、刻度线和轴标题在绘图区外、图表区内的位置绘制
❸	图表标题	图表上显示的名称,用于简要概述该图表的作用或目的。图标标题在图表区中以一个文本框的形式呈现,我们可以对其进行各种调整或修饰
❹	垂直轴	即图表中的纵（Y）坐标轴。通常为数值轴，用于确定图表中垂直坐标轴的最小和最大刻度值
❺	水平轴	即图表中的横（X）坐标轴。通常为分类轴，主要用于显示文本标签。不同数据值的大小会依据垂直轴和水平轴上标定的数据值（刻度）在绘图区中绘制产生。不同坐标轴表示的数值或分类的含义可以使用坐标标题进行标识和说明
❻	数据系列	在数据区域中，同一列（或同一行）数值数据的集合构成一组数据系列，也就是图表中相关数据点的集合，这些数据源自数据表的行或列。它是根据用户指定的图表类型以系列的方式显示在图表中的可视化数据。图表中可以有一组到多组数据系列，多组数据系列之间通常采用不同的图案、颜色或符号来区分。在图 18-9 中，不同产品的销售收入和销售成本形成了两个数据系列，它们分别以不同的颜色来加以区分。在各数据系列数据点上还可以标注出该系列数据的具体值，即数据标签
❼	图例	列举各系列表示方式的方框图，用于指出图表中不同的数据系列采用的标识方式，通常列举不同系列在图表中应用的颜色。图例由两部分构成：一是，图例标示，代表数据系列的图案，即不同颜色的小方块；二是，图例项，与图例标示对应的数据系列名称，一种图例标识只能对应一种图例项
❽	网格线	贯穿绘图区的线条，用于作为估算数据系列所示值的标准

★ 新功能 18.1.3 如何选择合适的图表

Excel 2013 内置的图表包括 10 大类图表类型：柱形图、折线图、饼图、条形图、面积图、XY（散点图）、股价图、曲面图、雷达图和组合图，每种图表类型下还包括多种子图表类型，如图 18-10 所示。

图 18-10

图表设计是为了实施各种管理、配合生产经营的需要而进行的。但只有将数据信息以最合适的图表类型进行显示时，才会让图表更具有阅读价值，否则再漂亮的图表也是无效的。

1. 图表类型有哪些

不同类型的图表表现数据的意义和作用是不同的。如下面的几种图表类型，它们展示的数据是相同的，但表达的含义可能截然不同。

我们从图 18-11 所示的图表中主要看到的是一个趋势和过程。

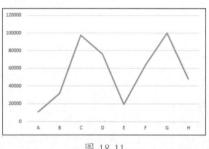

图 18-11

从图 18-12 所示的图表中我们主要看到的是各数据之间的大小及趋势。

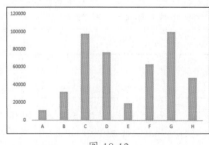

图 18-12

从图 18-13 所示的图表中我们几乎看不出趋势，只能看到各组数据的占比情况。

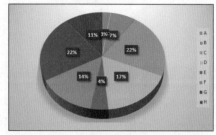

图 18-13

到底什么时候该用什么类型的图表呢？如何通过图表的方式快速展现我们想要的内容？如果你对这些问题很迷茫，那就先来了解一下各种图表类型的基本知识，以便在创建图表时选择最合适的图表，让图表具有阅读价值。

（1）柱形图。

柱形图是最常见的图表类型，它的适用场合是二维数据集（每个数据点包括两个值 x 和 y），但只有一个维度需要比较的情况。

如图 18-14 所示的柱形图就表示了一组二维数据，【年份】和【销售额】就是它的两个维度，但只需要比较【销售额】这一个维度。

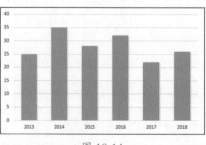

图 18-14

柱形图通常沿水平轴组织类别，而沿垂直轴组织数值，利用柱子的高度，反映数据的差异。肉眼对高度差异很敏感，辨识效果非常好，所以非常容易解读。柱形图的局限在于只适用中小规模的数据集。

通常来说，柱形图用于显示一段时间内的数据的变化，即柱状图

的 x 轴是时间维的，用户习惯性认为存在时间趋势（但表现趋势并不是柱形图的重点）。如果遇到 x 轴不是时间维的情况，如需要用柱形图来描述各项之间的比较情况，建议用颜色区分每根柱子，改变用户对时间趋势的关注。

如图 18-15 所示为 6 个不同类别数据的展示。

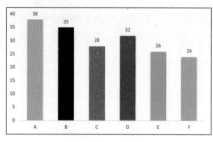

图 18-15

（2）折线图。

折线图也是常见的图表类型，它是将同一数据系列的数据点在图上用直线连接起来，以等间隔显示数据的变化趋势，如图 18-16 所示。

折线图适合二维的大数据集，尤其是那些趋势比单个数据点更重要的场合。

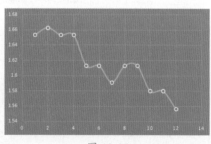

图 18-16

折线图可以显示随时间而变化的连续数据（根据常用比例设置），它强调的是数据的时间性和变动率，因此非常适用于显示在相等时间间隔下数据的变化趋势。在折线图中，类别数据沿水平轴均匀分布，所有的数据值沿垂直轴均匀分布。

折线图也适合多个二维数据集的比较，如图 18-17 所示为两个产品在同一时间内的销售情况比较。

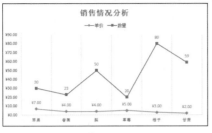

图 18-17

不管是用于表现一组还是多组数据的大小变化趋势，在折线图中数据的顺序非常重要，通常数据之间有时间变化关系才会使用折线图。

技术看板

图表是【数据可视化】的常用手段，其中又以基本图表——柱状图、折线图、饼图最为常用。有人觉得基本图表太简单，不高端、不大气、不惊艳，因此追求更复杂的图表。但是，越简单的图表越容易理解，而快速易懂地理解数据才是数据可视化的最重要目的和最高追求！所以，不要小看这些基本图表。

（3）饼图。

饼图虽然也是常用的图表类型，但在实际应用中我们应尽量避免使用，因为肉眼对面积的大小不敏感。如对同一组数据使用饼图和柱形图来显示，效果如图 18-18 所示。

图 18-18

图 18-18 中，显然左侧饼图的五个色块的面积排序不容易看出来。换成右侧柱状图后各数据的大小就容易看出来了。

一般情况下，总是应该用柱状图替代饼图。但是有一个例外，就是要反映某个部分占整体的比重，如要了解各产品的销售比重，可以使用饼图，如图 18-19 所示。

图 18-19

这种情况下，饼图会先将某个数据系列中的单独数据转为数据系列总和的百分比，然后依照百分比例绘制在一个圆形上，数据点之间用不同的图案填充。但是它只能显示一个数据系列，如果有几个数据系列同时被选中，将只显示其中的一个系列。

技术看板

一般在仅有一个要绘制的数据系列（即仅排列在工作表的一列或一行中的数据），且要绘制的数值中不包含负值，也几乎没有零值时，才使用饼图。由于各类别分别代表整个饼图的一部分，所以饼图中最好不要超过 7 个类别，否则就会显得杂乱，也不好识别其大小。

饼图中包含了圆环图，圆环图类似于饼图，它使用环形一部分来表现一个数据在整体数据中的大小比例。圆环图也用来显示单独的数据点相对于整个数据系列的关系或比例，但是圆环图可以含有多个数据系列，如图 18-20 所示。圆环图中的每个环代表一个数据系列。

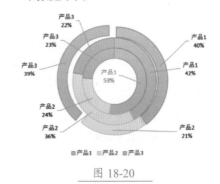

图 18-20

（4）条形图。

条形图用于显示各项目之间数据的差异，它与柱形图具有相同的表现目的，不同的是，柱形图是在水平方向上依次展示数据，条形图是在纵向上依次展示数据，如图 18-21 所示。

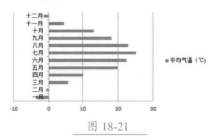

图 18-21

条形图描述了各项之间的差别情况。分类项垂直组织，数值水平组织。这样可以突出数值的比较，而淡化随时间的变化。

条形图常应用于轴标签过长的图表的绘制中，以免出现柱形图中对长分类标签省略的情况，如图 18-22 所示。条形图中显示的数值是持续型的。

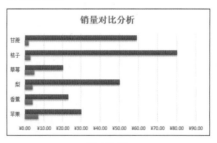

图 18-22

（5）面积图。

面积图与折线图类似，也可以显示多组数据系列，只是将连线与分类轴之间用图案填充，主要用于表现数据的趋势。但不同的是，折线图只能单纯地反映每个样本的变化趋势，如某产品每个月的变化趋势；而面积图除了可以反映每个样本的变化趋势外，还可以显示总体数据的变化趋势，即面积，如图 18-23 所示。

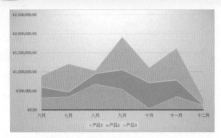

图 18-23

面积图可用于绘制随时间发生的变化量，常用于引起人们对总值趋势的关注。通过显示所绘制的值的总和，面积图还可以显示部分与整体的关系。面积图强调的是数据的变动量，而不是时间的变动率。

技术看板

折线图，一般在日期力度比较大或者比较小的时候，不太好表示，这时比较适合用面积图来反映数据的变化。但当某组数据变化特别小时，使用面积图就不太合适，会被遮挡。

（6）XY（散点图）。

XY 散点图主要用来显示单个或多个数据系列中各数值之间的相互关系，或者将两组数字绘制为 *xy* 坐标的一个系列。

散点图有两个数值轴，沿横坐标轴（*x* 轴）方向显示一组数值数据，沿纵坐标轴（*y* 轴）方向显示另一组数值数据。一般情况下，散点图用这些数值构成多个坐标点，通过观察坐标点的分布，即可判断变量间是否存在关联关系，以及相关关系的强度。

散点图适用于三维数据集，但其中只有两维需要比较的情况（为了识别第三维，可以为每个点加上文字标示，或者不同颜色）。常用于显示和比较成对的数据，例如，科学数据、统计数据和工程数据，如图 18-24 所示。

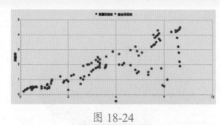

图 18-24

技术看板

相关关系表示两个变量同时变化。进行相关关系分析时，应使用连续数据，一般在 x 轴（横轴）上放置自变量，y 轴（纵轴）上放置因变量，在坐标系上绘制出相应的点。

相关关系共有三种情况，导致散点图的形状也可大致分为三种。

● 无明显关系：即点的分布比较乱。

● 正相关：自变量 x 增大时，因变量 y 随之增大。

● 负相关：随着自变量 x 增大，因变量 y 反而减小。

所以散点图是回归分析非常重要的图形展示。

此外，如果不存在相关关系，可以使用散点图总结特征点的分布模式，即矩阵图（象限图），如图 18-25 所示。

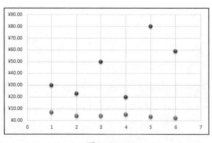

图 18-25

技术看板

散点图只是一种数据的初步分析工具，能够直观地观察两组数据可能存在什么关系，在分析时若找到变量间存在可能的关系，则需要进一步确认是否存在因果关系，并使用更多的统计分析工具进行分析。

（7）股价图。

股价图经常用来描绘股票价格走势，如图 18-26 所示。这种图表也可用于科学数据。例如，可以使用股价图来显示每天或每年温度的波动。

图 18-26

股价图数据在工作表中的组织方式非常重要，必须按正确的顺序组织数据才能创建股价图。例如，若要创建一个简单的盘高—盘低—收盘股价图，应根据按盘高、盘低和收盘次序输入的列标题来排列数据。

（8）曲面图。

曲面图显示的是连接一组数据点的三维曲面。当需要寻找两组数据之间的最优组合时，可以使用曲面图进行分析，如图 18-27 所示。

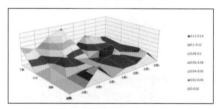

图 18-27

曲面图好像一张地质学的地图，曲面图中的不同颜色和图案表明具有相同范围的值的区域。与其他图表类型不同，曲面图中的颜色不用于区别【数据系列】。在曲面图中，颜色是用来区别值的。

（9）雷达图。

雷达图，又可称为戴布拉图、蜘蛛网图。它用于显示独立数据系列之间以及某个特定系列与其他系列的整体关系。每个分类都拥有自己的数值坐标轴，这些坐标轴从中心点向外辐射，并由折线将同一系列中的值连接起来，如图 18-28 所示。

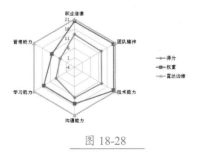

图 18-28

雷达图中，面积越大的数据点，就表示越重要。

雷达图适用于多维数据（四维以上），且每个维度必须可以排序。但是，它有一个局限，就是数据点最多6个，否则无法辨别，因此适用场合有限。而且很多用户不熟悉雷达图，解读有困难。使用时应尽量加上说明，减轻解读负担。

（10）组合图表。

组合图表是在一个图表中应用了多种图表类型的元素来同时展示多组数据。组合图可以使图表类型更加丰富，还可以更好地区别不同的数据，并强调不同数据关注的侧重点。如图18-29 所示，是应用柱形图和折线图构成的组合图表。

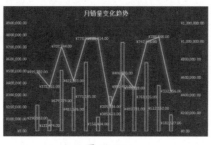

图 18-29

2. 选择合适的图表类型有技巧

我们在选择图表类型前，需要对表格中的数据进行提炼，弄清楚数据表达的信息和主题，然后根据这个信息来决定选择何种图表类型，以及对图表做何种特别处理，最后才动手制作图表。由此可见，选择何种图表类型主要决定于你要表达的主题和观点，当然，数据本身对图表选择也有一定影响，但这种影响是有限的。

为了让读者能更好地选择图表类型，笔者制作了表 18-2，读者可以根据这个表格来选择合适的图表类型。

表 18-2　数据关系与适用图表类型

数据关系		适用图表类型	
比较	基于分类		每个项目包含 2 个变量用不等宽柱形图
			包含多个项目，但每个项目只包含一个变量用条形图
			包含项目较少，且每个项目只包含一个变量用柱形图
	基于时间		少数分类用柱形图，多数分类用折线图
分布	单个变量		少数数据点用直方图，多个数据点用正态分布图
	2 个变量		用散点图
联系			2 个变量用散点图，3 个变量用气泡图
构成			随时间变化的相对差异用堆积百分比柱形图
			随时间变化的相对和绝对差异用堆积柱形图

18.2　创建图表

图表是在数据的基础上制作出来的，一般数据表中的数据很详细，但是不利于直观地分析问题。所以，如果要针对某一问题进行研究，就要在数据表的基础上做相应的图表。通过前一小节的介绍，大家对图表有了一定的认识后，即可尝试为表格数据创建图表了。在 Excel 2013 中可以很轻松地创建有专业外观的图表。

★ 新功能 18.2.1 使用快捷按钮为生产数据创建图表

实例门类	软件功能
教学视频	光盘\视频\第18章\18.2.1.mp4

在 Excel 2013 中，我们可以通过新增的【快速分析】工具快速为选择的单元格数据创建相应的图表。例如，要快速为生产数据创建合适的图表，具体操作如下。

Step01 打开"光盘\素材文件\第18章\一月份生产情况表.xlsx"文件，❶选择 C1:D7 单元格区域，❷单击选择区域附近出现的【快速分析】按钮圖，❸在弹出的下拉菜单中单击【图表】选项卡，❹在下方根据所选数据间的可能关系列出了相应的图表类型，选择需要的图表类型即可，这里选择【簇状条形图】选项，如图18-30所示。

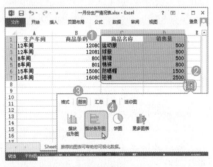

图 18-30

Step02 在工作表中看到创建图表样式生成的对应图表，效果如图18-31所示。

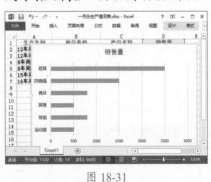

图 18-31

★ 重点 18.2.2 使用功能区为销售数据创建图表

实例门类	软件功能
教学视频	光盘\视频\第18章\18.2.2.mp4

在 Excel 中，在【插入】选项卡的【图表】组中提供了常用的几种类型。用户只需要选择图表类型就可以创建完成。

例如，要对某些学生的第一次月考成绩进行图表分析，具体操作如下。

Step01 打开"光盘\素材文件\第18章\月考平均分统计.xlsx"文件，❶选择 A2:D8 单元格区域，❷单击【插入】选项卡【图表】组中的【插入柱形图】按钮圆，❸在弹出的下拉菜单中选择需要的柱形图子类型，这里选择【堆积柱形图】选项，如图18-32所示。

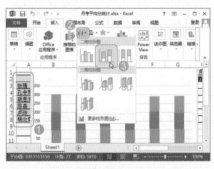

图 18-32

Step02 经过上步操作，即可看到根据选择的数据源和图表样式生成的对应图表，如图18-33所示。

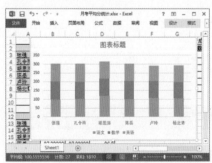

图 18-33

★ 新功能 18.2.3 实战：使用推荐功能为销售数据创建图表

实例门类	软件功能
教学视频	光盘\视频\第18章\18.2.3.mp4

图表设计是为了实施各种管理、配合生产经营的需要而进行的。但只有将数据信息以最合适的图表类型进行显示时，才会让图表更具有阅读价值，否则再漂亮的图表也是无效的。

如果我们不知道数据该使用什么样的图表，可以使用 Excel 推荐的图表进行创建。例如，要为销售表中的数据创建推荐的图表，具体操作如下。

Step01 打开"光盘\素材文件\第18章\销售表.xlsx"文件，❶选中 A1:A7 和 C1:C7 单元格区域，❷单击【插入】选项卡【图表】组中的【推荐的图表】按钮，如图18-34所示。

图 18-34

Step02 打开【插入图表】对话框，❶在【推荐的图表】选项卡左侧显示了系统根据所选数据推荐的图表类型，选择需要的图表类型，这里选择【饼图】选项，❷在右侧即可预览图表效果，对效果满意后单击【确定】按钮确认，如图18-35所示。

Step03 经过上步操作，即可在工作表中看到根据选择的数据源和图表样式生成的对应图表，如图18-36所示。

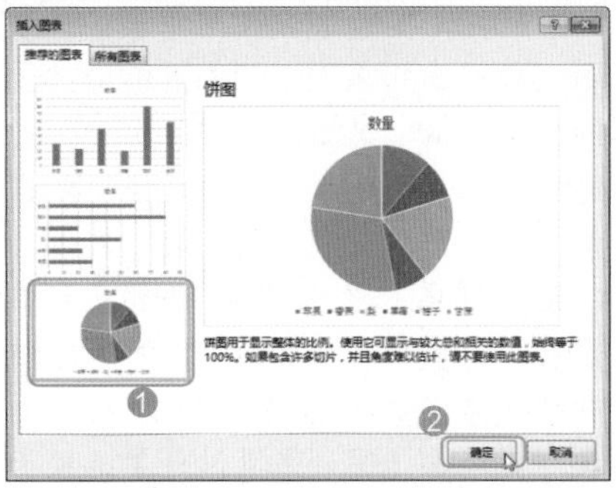

图 18-35

图 18-36

18.3　图表的美化和调整

通常在插入图表后，还需要对图表进行编辑和美化操作。如对图表的大小、位置、数据源、布局、图表样式和图表类型等进行编辑和美化，以满足不同的需要。下面就介绍一些实用和常用的方法和技巧。

18.3.1　实战：调整销售表中图表的大小

实例门类	软件功能
教学视频	光盘\视频\第 18 章\18.3.1.mp4

有时因为图表中的内容较多，会导致图表中的内容不能完全显示或显示不清楚图表所要表达的意义，此时可适当地调整图表的大小。

例如，对"销售表 1"工作簿中图表大小进行调整，具体操作如下。

Step01 打开"光盘\素材文件\第 18 章\销售表 1.xlsx"文件，❶ 选择要调整大小的图表，❷ 将鼠标光标移动到图表右下角，如图 18-37 所示。

图 18-37

> **技能拓展——精确调整图表大小**
>
> 在【图表工具/格式】选项卡【大小】组中的【形状高度】或【形状宽度】数值框中输入数值，可以精确设置图表的大小。

Step02 按住鼠标左键不放并拖动，即可缩放图表大小。将图表调整到合适大小后释放鼠标左键即可，本例改变图表大小后的效果如图 18-38 所示。

图 18-38

★ 重点 18.3.2　实战：移动销售表中的图表位置

实例门类	软件功能
教学视频	光盘\视频\第 18 章\18.3.2.mp4

默认情况下创建的图表会显示在其数据源的附近，然而这样的设置通常会遮挡工作表中的数据。这时可以将图表移动到工作表中的空白位置。

1. 在同一张工作表中移动图表位置

在同一张工作表中移动图表位置可先选择要移动的图表，然后直接通过鼠标进行拖动，具体操作如下。

Step01 选择要在同一工作表中移动位置的图表，并将鼠标光标移动到图表的边框上，当其变为十字形状时，按住鼠标左键不放并拖动即可改变图表在工作簿中的位置，如图 18-39 所示。

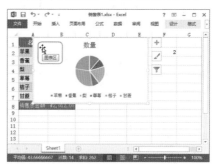

图 18-39

Step02 将图表移动到适当位置后释放鼠标左键即可，本例中的图表移动位置后的效果如图 18-40 所示。

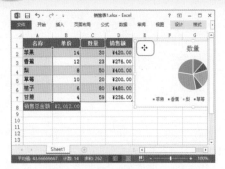

图 18-40

技术看板

图表中的各组成部分的位置并不是固定不变的，我们可以单独对图表标题、绘图区和图例等图表组成元素的位置进行移动，其方法与移动图表区的方法一样。

2. 将图表移动到其他工作表中

某些时候，为了表达图表数据的重要性或为了能清楚分析图表中的数据，需要将图表放大并单独制作为一张工作表。针对这个需求，Excel 2013 提供了【移动图表】功能。

下面，将半年销售额汇总表中的图表单独制作成一张工作表，具体操作如下。

Step01 打开"光盘\素材文件\第18章\半年销售额汇总1.xlsx"文件，❶选择要移动到其他工作表中的图表，❷单击【图表工具/设置】选项卡【位置】组中的【移动图表】按钮，如图 18-41 所示。

图 18-41

Step02 打开【移动图表】对话框，

❶选中【新工作表】单选按钮，❷在其后的文本框中输入移动图表后新建的工作表名称，这里输入【半年销售额汇总图表】，❸单击【确定】按钮，如图 18-42 所示。

图 18-42

Step03 经过上步操作，返回工作簿中即可看到新建的【半年销售汇总图表】工作表，而且该图表的大小会根据当前窗口中编辑区的大小自动以全屏显示进行调节，如图 18-43 所示。

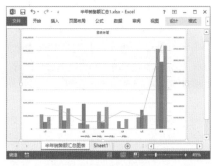

图 18-43

技术看板

当再次通过【移动图表】功能将图表移动到其他普通工作表中时，图表将还原为最初的大小。

★ 重点 18.3.3 实战：更改成绩表中图表的数据源

实例门类	软件功能
教学视频	光盘\视频\第18章\18.3.3.mp4

在创建了图表的表格中，图表中的数据与工作表中的数据源是保持动态联系的。当需要修改图表中的数据源时，可手动进行更改。

例如，要通过复制工作表并修改图表数据源的方法来制作其他成绩统计图表效果，具体操作如下。

Step01 打开"光盘\素材文件\第18章\月考平均分统计1.xlsx"文件，❶复制【第一次月考成绩图表】工作表，并重命名为【第一次月考各科成绩图表】，❷选中复制得到的图表，❸单击【图表工具设计】选项卡【数据】组中的【切换行/列】按钮，如图 18-44 所示。

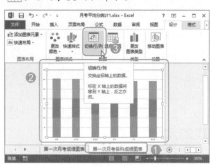

图 18-44

Step02 经过上步操作，即可改变图表中数据分类和系列的方向，如图 18-45 所示。

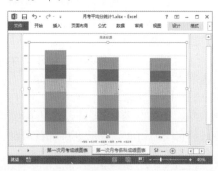

图 18-45

Step03 ❶复制【第一次月考成绩图表】工作表，并重命名为【第二次月考成绩图表】，❷选中复制得到的图表，❸单击【数据】组中的【选择数据】按钮，如图 18-46 所示。

Step04 打开【选择数据源】对话框，❶单击【图表数据区域】参数框后的【折叠】按钮，❷返回工作簿中，选中 Sheet1 工作表中的 F2:I8 单元格区域，再单击折叠对话框中的【展开】按钮，❸单击【确定】按钮，如图 18-47 所示。

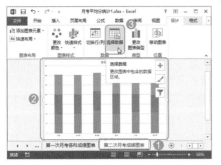

图 18-46

图 18-47

Step05 经过上步操作，即可在工作簿中查看到修改数据源后的图表效果，如图 18-48 所示，注意观察图表中数据的变化。

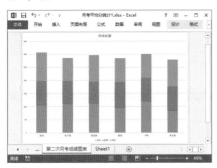

图 18-48

★ **重点 18.3.4 实战：更改汇总表中图表的类型**

实例门类	软件功能
教学视频	光盘\视频\第18章\18.3.4.mp4

如果对图表各类型的使用情况不是很清楚，有可能创建的图表不能够表达出数据的含义。不用担心，创建好的图表依然可以方便地更改图表类型。

用户还可以只修改图表中某个或某些数据系列的图表类型，从而自定义出组合图表。

例如，要让销售汇总表中的各产品数据用柱形图表示，将汇总数据用折线图表示，具体操作如下。

Step01 打开"光盘\素材文件\第18章\半年销售额汇总 2.xlsx"文件，❶ 选择需要更改图表类型的图表，❷ 单击【图表工具/设计】选项卡【类型】组中的【更改图表类型】按钮，如图 18-49 所示。

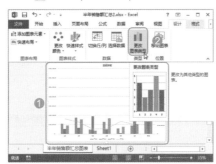

图 18-49

Step02 打开【更改图表类型】对话框，❶ 单击【所有图表】选项卡，❷ 在左侧列表框中选择【柱形图】选项，❸ 在右侧选择合适的柱形图样式，❹ 单击【确定】按钮，如图 18-50 所示。

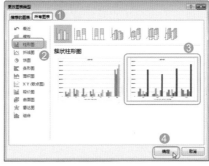

图 18-50

Step03 经过上步操作，即可将原来的

组合图表更改为柱形图表。❶ 选择图表中的【汇总】数据系列，并在其上单击鼠标右键，❷ 在弹出的快捷菜单中选择【更改系列图表类型】命令，如图 18-51 所示。

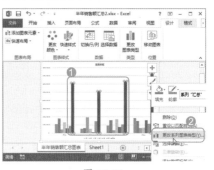

图 18-51

Step04 打开【更改图表类型】对话框，❶ 单击【所有图表】选项卡，❷ 在左侧列表框中选择【组合】选项，❸ 在右侧上方单击【自定义组合】按钮，❹ 在下方的列表框中设置【汇总】数据系列的图表类型为【折线图】，❺ 选中【汇总】数据系列后的复选框，为该数据系列添加次坐标轴，❻ 单击【确定】按钮，如图 18-52 所示。

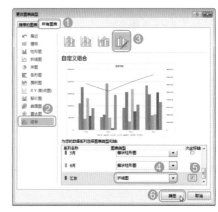

图 18-52

Step05 返回工作表中即可看到已经将【汇总】数据系列从原来的柱形图更改为折线图，效果如图 18-53 所示。

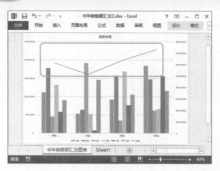

图 18-53

图 18-54

18.3.5 实战：设置生产表中的图表样式

实例门类	软件功能
教学视频	光盘\视频\第18章\18.3.5.mp4

创建图表后，可以快速将一个预定义的图表样式应用到图表中，让图表外观更加专业；还可以更改图表的颜色方案，快速更改数据系列采用的颜色；如果需要设置图表中各组成元素的样式，则可以在【图表工具 / 格式】选项卡中进行自定义设置，包括对图表区中文字的格式、填充颜色、边框颜色、边框样式、阴影以及三维格式等进行设置。

例如，要为生产表中的图表设置样式，具体操作如下。

Step01 打开"光盘 \ 素材文件 \ 第18章 \ 一月份生产情况表 1.xlsx"文件，❶选择图表，❷单击【图表工具 / 设计】选项卡【图表样式】组中的【快速样式】按钮，❸在弹出的下拉列表中选择需要应用的图表样式，如图 18-54 所示。

Step02 ❶单击【图表样式】组中的【更改颜色】按钮，❷在弹出的下拉列表中选择要应用的色彩方案，即可改变图表中数据系列的配色，如图 18-55 所示。

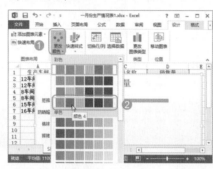

图 18-55

18.3.6 实战：设置汇总表中图表的布局

实例门类	软件功能
教学视频	光盘\视频\第18章\18.3.6.mp4

对创建的图表进行合理的布局可以使图表效果更加美观。在 Excel 中创建的图表会采用系统默认的图表布局，实质上，Excel 2013 中提供了 10 种预定义布局样式，使用这些预定义的布局样式可以快速更改图表的布局效果。

例如，要使用预定义的布局样式快速改变销售汇总表中图表的布局效果，具体操作如下。

Step01 ❶选择图表，❷单击【图表工具 / 设计】选项卡【图表布局】组中的【快速布局】按钮，❸在弹出的下拉列表中选择需要的布局样式，这里选择【布局 11】选项，如图 18-56 所示。

图 18-56

Step02 经过上步操作，即可看到应用新布局样式的图表效果，如图 18-57 所示。

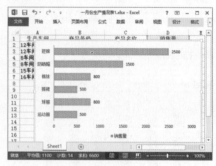

图 18-57

18.4 添加图表元素

在 Excel 2013 中，图表中可以显示和隐藏一些图表元素，同时可对图表中的元素位置进行调整，以使图表内容结构更加合理、美观。本节就来介绍修改图表布局的方法，包括为图表添加标题、设置坐标轴格式、添加坐标轴标题、设置数据标签格式、添加数据表、设置网格线、添加趋势线、误差线等。

18.4.1 实战：设置汇总图表标题

实例门类	软件功能
教学视频	光盘\视频\第18章\18.4.1.mp4

在创建图表时，默认会添加一个图表标题，标题的内容是系统根据图表数据源进行自动添加的，或为数据源所在的工作表标题，或为数据源对应的表头名称，如果系统没有识别到合适的名称，就会显示为【图表标题】字样。

用户需要为图表手动添加适当的图表标题，使其他用户在只看到图表标题时就能掌握该图表所要表达的大致信息。

例如，要为销售汇总表中的图表添加图表标题，具体操作如下。

Step01 打开"光盘\素材文件\第18章\半年销售额汇总3.xlsx"文件，❶选择图表，❷单击【图表工具/设计】选项卡【图表布局】组中的【添加图表元素】按钮，❸在弹出的下拉菜单中选择【图表标题】命令，❹在弹出的下级子菜单中选择【居中覆盖】命令，即可在图表中的上部显示出图表标题，如图18-58所示。

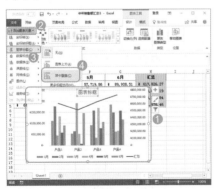

图 18-58

Step02 选中图表标题文本框中出现的默认内容，重新输入合适的图表标题文本，如图18-59所示。

Step03 选中图表标题文本框，将鼠标

光标移动到图表标题文本框上，当其变为形状时，按住鼠标左键不放并拖动即可调整标题在图表中的位置，如图18-60所示。

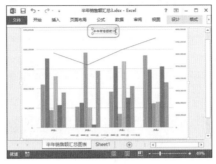

图 18-59

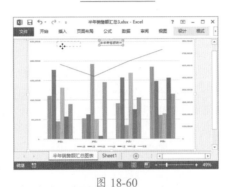

图 18-60

18.4.2 实战：设置汇总图表的坐标轴

实例门类	软件功能
教学视频	光盘\视频\第18章\18.4.2.mp4

通常在图表中会有横坐标轴（水平坐标轴）和纵坐标轴（垂直坐标轴），在坐标轴上需要用数值或文字数据作为刻度和标签。

例如，在"饮料销售统计表"工作簿的图表中，为了区别销售额和销售量数据，要将销售额的数据值用次要纵坐标表示，并修改其中的刻度值到合适，具体操作如下。

Step01 打开"光盘\素材文件\第18章\饮料销售统计表.xlsx"文件，❶选中图表中需要添加坐标轴的【销售量】数据系列，❷单击【图表工具/格式】选项卡【当前所选内容】组中

的【设置所选内容格式】按钮，如图18-61所示。

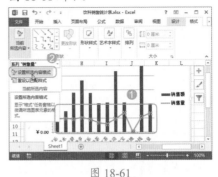

图 18-61

Step02 显示出【设置数据系列格式】任务窗格，选中【次坐标轴】单选按钮，即可在图表右侧显示出相应的次坐标轴，如图18-62所示。

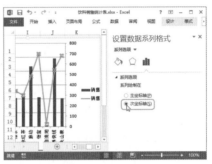

图 18-62

Step03 ❶选中图表，❷单击【图表工具设计】选项卡【图表布局】组中的【添加图表元素】按钮，❸在弹出的下拉菜单中选择【坐标轴】命令，❹在弹出的下级子菜单中选择【更多轴选项】命令，如图18-63所示。

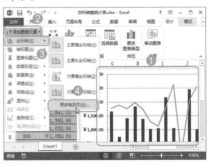

图 18-63

Step04 显示出【设置坐标轴格式】任务窗格，❶选中图表中左侧的垂直坐

标轴，❷ 单击任务窗格上方的【坐标轴选项】选项卡，❸ 单击下方的【坐标轴选项】按钮，❹ 在【坐标轴选项】栏中的各数值框中输入相应的数值，从而设置该坐标轴的刻度显示，如图 18-64 所示。

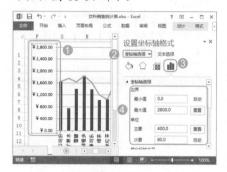

图 18-64

Step05 ❶ 选中图表中右侧的垂直坐标轴，❷ 单击任务窗格上方的【坐标轴选项】选项卡，❸ 单击下方的【坐标轴选项】按钮，❹ 在【坐标轴选项】栏中的各数值框中输入相应的数值，从而设置该坐标轴的刻度显示，如图 18-65 所示。

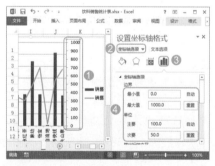

图 18-65

Step06 ❶ 选中图表中的水平坐标轴，❷ 单击任务窗格上方的【坐标轴选项】选项卡，❸ 单击下方的【坐标轴选项】按钮，❹ 在【标签】栏中的【与坐标轴的距离】文本框中输入【150】，设置该坐标轴与图表绘图区的距离，如图 18-66 所示。

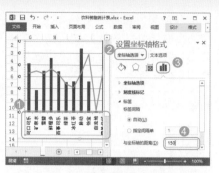

图 18-66

技术看板

在【坐标轴】下拉菜单中选择【主要横坐标轴】命令，可以控制主要横坐标轴的显示与否；选择【主要纵坐标轴】命令，可以控制主要纵坐标轴的显示与否；同理，选择【次要横坐标轴】或【次要纵坐标轴】命令，可以控制次要横坐标轴和次要纵坐标轴的显示与否。若要设置坐标轴的详细参数，则需要在【设置坐标轴格式】任务窗格中完成。

18.4.3 实战：设置统计表中图表的图例

实例门类	软件功能
教学视频	光盘\视频\第 18 章\18.4.3.mp4

创建一个统计图表后，图表中的图例都会根据该图表模板自动地放置在图表的右侧或上端。当然，图例在图表中的位置也可根据需要随时进行调整。

例如，要将销售统计图表中原来位于右侧的图例放置到图表的顶部，具体操作如下。

打开"光盘\素材文件\第 18 章\饮料销售统计表 1.xlsx"文件，❶ 选中图表，❷ 单击【添加图表元素】按钮，❸ 在弹出的下拉菜单中选择【图例】命令，❹ 在弹出的下级子菜单中选择【顶部】命令，即可看到将图例移动到图表顶部的效果，同

时图表中的其他组成部分也会重新进行排列，如图 18-67 所示。

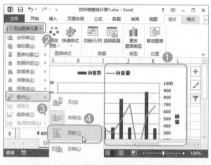

图 18-67

技术看板

在【图例】下拉菜单中可以选择图例在图表中的显示位置，如果选择【无】命令，将隐藏图例，如果选择【更多图例选项】命令，将显示出【设置图例格式】任务窗格，在其中可以设置图例的位置、填充样式、边框颜色、边框样式、阴影效果、发光和柔化边缘效果。

18.4.4 实战：设置销售图表的数据标签

实例门类	软件功能
教学视频	光盘\视频\第 18 章\18.4.4.mp4

数据标签是图表中用于显示数据点具体数值的元素，添加数据标签后可以使图表更清楚地表现数据的含义。在图表中可以为一个或多个数据系列进行数据标签的设置。例如，要为销售图表添加数据标签，并设置数据格式为百分比类型，具体操作如下。

Step01 打开"光盘\素材文件\第 18 章\销售表 2.xlsx"文件，❶ 选中图表，❷ 单击【添加图表元素】按钮，❸ 在弹出的下拉菜单中选择【数据标签】命令，❹ 在弹出的下级子菜单中选择【最佳匹配】命令，即可在各数据系列的内侧显示出数据标签，如图 18-68 所示。

图 18-68

技术看板

在【数据标签】下拉菜单中可以选择数据标签在图表数据系列中显示的位置。如果选择【无】命令，将隐藏所选数据系列或所有数据系列的数据标签；如果选择【其他数据标签选项】命令，将显示出【设置数据标签格式】任务窗格，在其中可以设置数据标签的数字格式、填充颜色、边框颜色和样式、阴影、三维格式和对齐方式等样式。

Step02 ❶单击图表右侧的【图表元素】按钮➕，❷在弹出的下拉菜单中单击【数据标签】右侧的下拉按钮，❸在弹出的下级子菜单中选择【更多选项】命令，如图 18-69 所示。

图 18-69

Step03 显示出【设置数据标签格式】任务窗格，❶单击上方的【标签选项】选项卡，❷单击下方的【标签选项】按钮，❸在【标签选项】栏中选中【类别名称】【百分比】【显示引导线】复选框，即可即时改变图表中数据标签的格式，如图

18-70 所示。

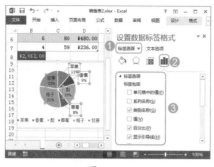

图 18-70

18.4.5 实战：设置生产情况图表的网格线

实例门类	软件功能
教学视频	光盘\视频\第 18 章\18.4.5.mp4

为了便于查看图表中的数据，可以在图表的绘图区中显示水平轴和垂直轴延伸出的水平网格线和垂直网格线。

例如，要为生产统计图表设置隐约的细小网格线，便于数据识读，具体操作如下。

Step01 打开"光盘\素材文件\第 18 章\一月份生产情况表 2.xlsx"文件，❶选中工作表中的图表，❷单击【添加图表元素】按钮，❸在弹出的下拉菜单中选择【网格线】命令，❹在弹出的下级子菜单中选择【主轴主要垂直网格线】命令，即可显示出主要垂直网格线，如图 18-71 所示。

图 18-71

Step02 ❶单击【添加图表元素】按钮，❷在弹出的下拉菜单中选择【网格线】命令，❸在弹出的子菜单中

选择【主轴次要垂直网格线】命令，即可显示出次要垂直网格线，如图 18-72 所示。

图 18-72

18.4.6 实战：显示成绩分析图表的模拟运算表

实例门类	软件功能
教学视频	光盘\视频\第 18 章\18.4.6.mp4

当图表单独置于一张工作表中时，若将图表打印出来，将只会得到图表区域，而没有具体的数据源。若在图表中显示数据表格，则可以在查看图表的同时查看详细的表格数据。

例如，要在成绩统计图表中添加数据表，具体操作如下。

打开"光盘\素材文件\第 18 章\月考平均分统计 2.xlsx"文件，❶选中【第二次月考成绩图表】工作表中的图表，❷单击【添加图表元素】按钮，❸在弹出的下拉菜单中选择【数据表】命令，❹在弹出的子菜单中选择【显示图例项标示】命令，如图 18-73 所示。

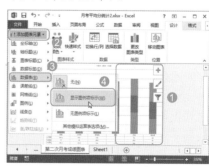

图 18-73

18.4.7 实战：为销售汇总图表添加趋势线

实例门类	软件功能
教学视频	光盘\视频\第18章\18.4.7.mp4

趋势线用于问题预测研究，又称为回归分析。在图表中，趋势线是以图形的方式表示数据系列的趋势。Excel 中趋势线的类型有线性、指数、对数、多项式、乘幂和移动平均 6 种，用户可以根据需要选择趋势线，从而查看数据的动向。各类趋势线的功能如下。

➡ 线性趋势线：适用于简单线性数据集的最佳拟合直线。如果数据点构成的图案类似于一条直线，则表明数据是线性的。

➡ 指数趋势线：一种曲线，它适用于速度增减越来越快的数据值。如果数据值中含有零或负值，就不能使用指数趋势线。

➡ 对数趋势线：如果数据的增加或减小速度很快，但又迅速趋近于平稳，那么对数趋势线是最佳的拟合曲线。对数趋势线可以使用正值和负值。

➡ 多项式趋势线：数据波动较大时适用的曲线。它可用于分析大量数据的偏差。多项式的阶数可由数据波动的次数或曲线中拐点（峰和谷）的个数确定。二阶多项式趋势线通常仅有一个峰或谷。三阶多项式趋势线通常有一个或两个峰或谷。四阶通常多达三个。

➡ 乘幂趋势线：一种适用于以特定速度增加的数据集的曲线。如果数据中含有零或负数值，就不能创建乘幂趋势线。

➡ 移动平均趋势线：平滑处理了数据中的微小波动，从而更清晰地显示了图案和趋势。移动平均使用特定数目的数据点（由【周期】选项设置），取其平均值，然后将该平均值作为趋势线中的一个点。

例如，为了更加明确产品的销售情况，需要为销售汇总图表中的产品 1 数据系列添加趋势线，以便能够直观地观察到该系列前 6 个月销售数据的变化趋势，对未来工作的开展进行分析和预测。添加趋势线的具体操作如下。

Step 01 打开"光盘\素材文件\第18章\半年销售额汇总4.xlsx"文件，选择【产品销售趋势分析】工作表，❶ 选中图表中需要添加趋势线的产品 1 数据系列，❷ 单击【添加图表元素】按钮，❸ 在弹出的下拉菜单中选择【趋势线】命令，❹ 在弹出的下级子菜单中选择【移动平均】命令，如图 18-74 所示。

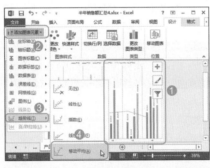

图 18-74

Step 02 ❶ 再次单击【添加图表元素】按钮，❷ 在弹出的下拉菜单中选择【趋势线】命令，❸ 在弹出的子菜单中选择【其他趋势线选项】命令，如图 18-75 所示。

图 18-75

Step 03 显示出【设置趋势线格式】任务窗格，在【趋势线选项】栏中选中【移动平均】单选按钮，并在其后的【周期】数值框中设置数值为【3】，即调整为使用 3 个数据点进行数据的平均计算，然后将该平均值作为趋势线中的一个点进行标记，如图 18-76 所示。

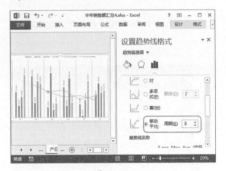

图 18-76

Step 04 选中最早添加的趋势线，按【Delete】键将其删除，如图 18-77 所示。

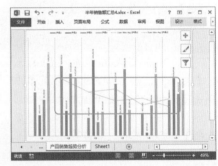

图 18-77

18.4.8 实战：为销售汇总图表添加误差线

实例门类	软件功能
教学视频	光盘\视频\第18章\18.4.8.mp4

误差线通常运用在统计或科学记数法数据中，误差线显示了相对序列中的每个数据标记的潜在误差或不确定度。

在 Excel 图表中，误差线可形象地表现所观察数据的随机波动。任何抽样数据的观察值都具有偶然性，误差线是代表数据系列中每一数据标记潜在误差的图形线条。Excel中误差线的类型有标准误差、百分比误差、标准偏差3种。

➡ 标准误差：是各测量值误差的平方和的平均值的平方根。标准误差用于估计参数的可信区间，进行假设检验等。

➡ 百分比误差：和标准误差基本相同，也用于估计参数的可信区间，进行假设检验等，只是百分比误差中使用百分比的方式来估算参数的可信范围。

➡ 标准偏差：是离均差平方和平均后的方根。标准偏差可以与均数结合估计参考值范围，计算变异系数，计算标准误差等。

技术看板

标准误差和标准偏差的计算方式有本质上的不同，具体计算公式如下所示。

$$样本标准偏差\ S.D.=s=\sqrt{\frac{\sum_{i}^{n}(x_i-\bar{x})^2}{n-1}}=\sqrt{\frac{\sum_{i}^{n}x_i^2-\frac{(\sum_{i}^{n}x_i)^2}{n}}{n-1}}$$

$$标准误差\ S.E.=\frac{s}{\sqrt{n}}$$

与样本含量的关系不同：当样本含量n足够大时，标准偏差趋向稳定；而标准误差会随n的增大而减小，甚至趋于0。

例如，要为销售汇总图表中的数据系列添加百分比误差线，具体操作如下。

Step01 ❶ 选中图表，❷ 单击【添加图表元素】按钮，❸ 在弹出的下拉菜单中选择【误差线】命令，❹ 在弹出的子菜单中选择【百分比】命令，即可看到为图表中的数据系列添加该类误差线的效果，如图 18-78 所示。

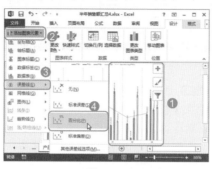

图 18-78

Step02 ❶ 选中图表中的产品2数据系列，❷ 单击图表右侧的【图表元素】按钮，❸ 在弹出的下拉菜单中单击【误差线】右侧的下拉按钮，❹ 在弹出的下级子菜单中选择【更多选项】命令，如图 18-79 所示。

Step03 显示出【设置误差线格式】任务窗格，在【垂直误差线】栏中【百分比】单选按钮后的文本框中输入【3.0】，即可调整误差线的百分比，如图 18-80 所示。

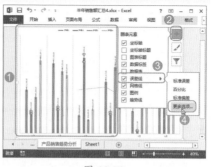

图 18-79

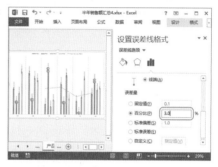

图 18-80

18.5 创建迷你图

Excel 2013 中可以快速制作折线迷你图、柱形迷你图和盈亏迷你图，每种类型迷你图的创建方法都相同。下面根据创建迷你图的多少（一个或一组）讲解迷你图的具体创建方法。

18.5.1 实战：迷你图的特点

迷你图是创建在工作表单元格中的一个微型图表，是 Excel 2010 版本后就一直带有的一个功能。迷你图与上一节中讲解的 Excel 传统图表相比，具有以下特点。

➡ 与 Excel 工作表中的传统图表最大的不同，是传统图表是嵌在工作表中的一个图形对象，而迷你图并非对象，它实际上是在单元格背景中显示的微型图表。

➡ 由于迷你图是一个嵌在单元格中的微型图表，因此，我们可以在使用迷你图的单元格中输入文字，让迷你图作为其背景，如图 18-81 所示，或者为该单元格设置填充颜色。

季度股票走势

图 18-81

- 迷你图相比于传统图表最大的优势在于，其可以像填充公式一样方便地创建一组相似的图表。
- 迷你图的整个图形比较简洁，没有纵坐标轴、图表标题、图例、数据标签、网格线等图表元素，主要用数据系列体现数据的变化趋势或者数据对比。
- Excel 中的迷你图图表类型有限，不像传统图表那样分为很多种图表类型，每种类型下又可以划分出多种子类型，还可以制作组合图表。迷你图仅提供了 3 种常用图表类型：折线迷你图、柱形迷你图和盈亏迷你图，并且不能够制作两种以上图表类型的组合图。
- 迷你图可以根据需要突出显示最大值、最小值和一些特殊数据点，而且操作非常方便。

迷你图占用的空间较小，可以方便地进行页面设置和打印。

18.5.2 实战：在销售表中创建单个迷你图

实例门类	软件功能
教学视频	光盘\视频\第18章\18.5.2.mp4

使用迷你图只需占用少量空间就可以通过清晰简明的图形表示一系列数值的趋势。所以，在只需要对数据进行简单分析时，插入迷你图非常好用。

在工作表中插入迷你图的方法与插入图表的方法基本相似，下面为【产品销售表】工作簿中的第一季度数据创建一个迷你图，具体操作如下。

Step01 打开"光盘\素材文件\第18章\产品销售表.xlsx"文件，❶选中需要存放迷你图的 G2 单元格，❷在

【插入】选项卡【迷你图】组中选择需要的迷你图类型，这里单击【柱形图】按钮，如图 18-82 所示。

图 18-82

Step02 打开【创建迷你图】对话框，❶在【数据范围】文本框中引用需要创建迷你图的源数据区域，即 B2:F2 单元格区域，❷单击【确定】按钮，如图 18-83 所示。

图 18-83

Step03 经过上步操作，即可为所选单元格区域创建对应的迷你图，如图 18-84 所示。

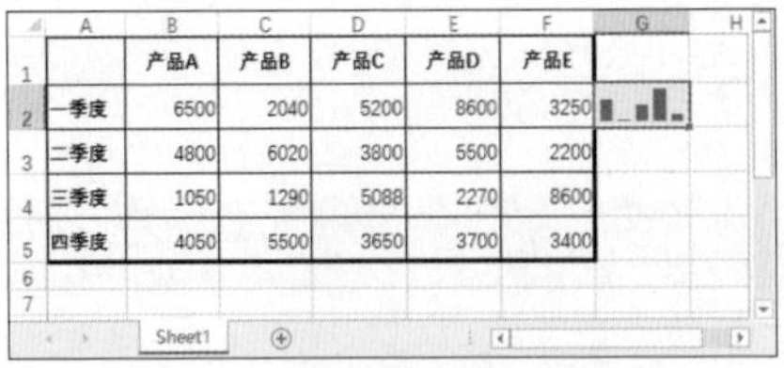

图 18-84

技术看板

单个迷你图只能使用一行或一列数据作为源数据，如果使用多行或多列数据创建单个迷你图，则 Excel 会打开提示对话框提示数据引用出错。

★ 重点 18.5.3 实战：为销售表创建一组迷你图

实例门类	软件功能
教学视频	光盘\视频\第18章\18.5.3.mp4

Excel 中除了可以为一行或一列数据创建一个或多个迷你图外，还可以为多行或多列数据创建一组迷你图。一组迷你图具有相同的图表特征。创建一组迷你图的方法有如下三种。

1. 插入法

与创建单个迷你图的方法相同，如果我们选择了与基本数据相对应的多个单元格，则可以同时创建若干个迷你图，让他们形成一组迷你图。例如，要为【产品销售表】工作簿中各产品的销售数据创建迷你图，具体操作如下。

Step01 ❶选中要存放迷你图的 B6:F6 单元格区域，❷在【插入】选项卡【迷你图】组中选择需要的迷你图类型，这里单击【折线图】按钮，如图 18-85 所示。

图 18-85

Step02 打开【创建迷你图】对话框，❶在【数据范围】文本框中引用需要创建迷你图的源数据区域，即 B2:F5 单元格区域，❷单击【确定】按钮，如图 18-86 所示。

Step03 经过上步操作，即可为所选单元格区域按照列为标准分别创建对应的迷你图，如图 18-87 所示。

图 18-86

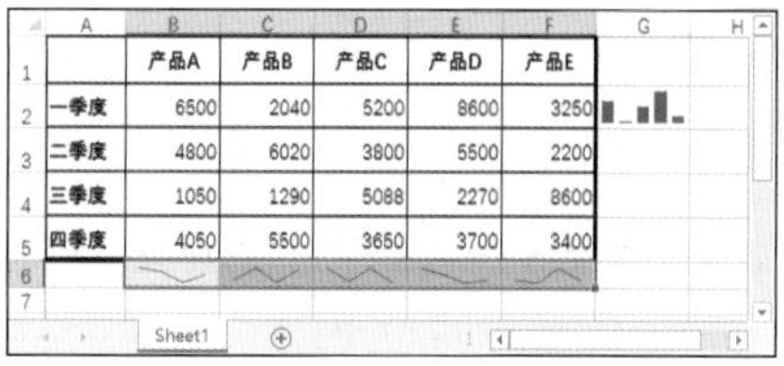

图 18-87

2. 填充法

我们也可以像填充公式一样，为包含迷你图的相邻单元格填充相同图表特征的迷你图。通过该方法复制创建的迷你图，会将"位置范围"设置成单元格区域，即转换为一组迷你图。

例如，要通过拖动控制柄的方法为【产品销售表】工作簿中各季度数据创建迷你图，具体操作如下。

Step 01 ❶ 选择要创建一组迷你图时已经创建好的单个迷你图，这里选择 G2 单元格，❷ 将鼠标光标移动到该单元格的右下角，显示出控制柄，如图 18-88 所示。

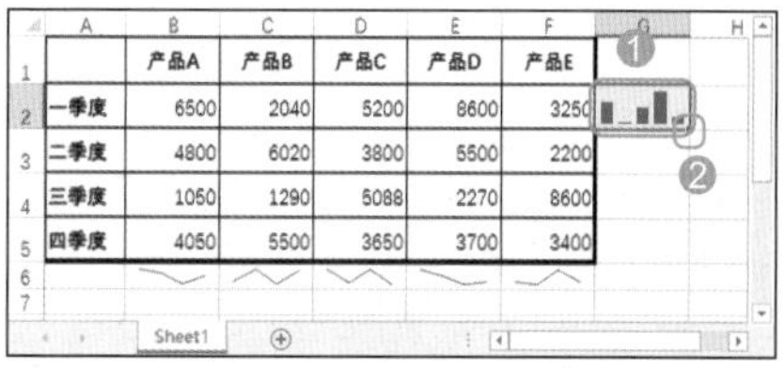

图 18-88

Step 02 拖动控制柄至 G5 单元格，如图 18-89 所示，即可为该列数据都复制相应的迷你图，但引用的数据源会自动发生改变，就像复制公式时单元格的相对引用会发生改变一样。

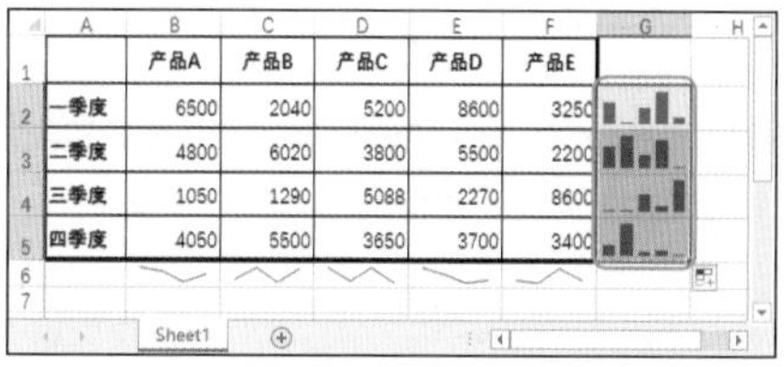

图 18-89

> ### 技能拓展——填充迷你图的其他方法
>
> 选择需要创建为一组迷你图的单元格区域（包括已经创建好的单个迷你图和后续要创建迷你图放置的单元格区域），然后单击【开始】选项卡【编辑】组中的【填充】按钮，在弹出的下拉列表中选择需要填充的方向，也可以快速地为相邻单元格填充迷你图。

3. 组合法

利用迷你图的组合功能，可以将原本不同的迷你图组合成一组迷你图。例如，要将【产品销售表】工作簿中根据各产品的销售数据和各季度数据创建的两组迷你图组合为一组迷你图，具体操作如下。

Step 01 ❶ 按住【Ctrl】键的同时依次选择已经创建好的两组迷你图，即 G2:G5 和 B6:F6 单元格区域，❷ 单击【迷你图工具 / 设计】选项卡【分组】组中的【组合】按钮，如图

18-90 所示。

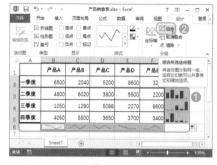

图 18-90

Step 02 经过上步操作，即可完成两组迷你图的组合操作，使其变为一组迷你图。而且组合后的迷你图的图表类型由最后选中的单元格中的迷你图类型决定。本例最后选择的迷你图是 F6 单元格，所以组合后的迷你图均显示为折线迷你图。后期我们只要选择该组迷你图中的任意一个迷你图，Excel 便会选择整组迷你图，同时会显示出整组迷你图所在的单元格区域的蓝色外边框线，如图 18-91 所示。

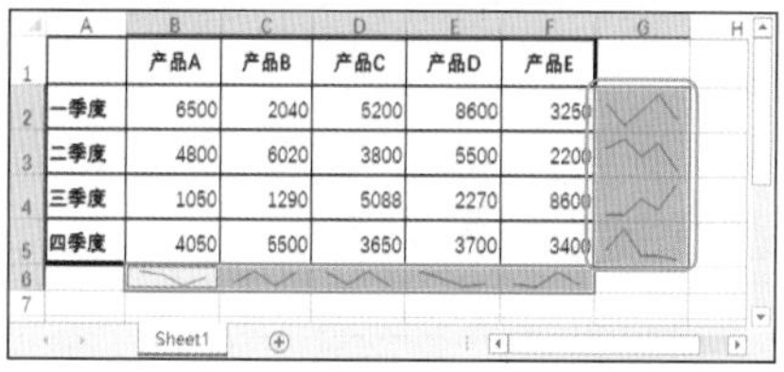

图 18-91

18.6 迷你图样式和颜色设置

在工作表中插入的迷你图样式并不是一成不变的，我们可以快速将一个预定义的迷你图样式应用到迷你图上。此外，还可以单独修改迷你图中的线条和各种数据点的样式，让迷你图效果更美观。

★ 重点 18.6.1 实战：为销售迷你图标记数据点

实例门类	软件功能
教学视频	光盘\视频\第18章\18.6.1.mp4

如果你创建了一个折线迷你图，则可以通过设置标记出迷你图中的所有数据点，具体操作如下。

❶ 选中 B6 单元格中的迷你图，❷ 选中【迷你图工具 / 设计】选项卡【显示】组中的【标记】复选框，同时可以看到迷你图中的数据点都显示出来了，如图 18-92 所示。

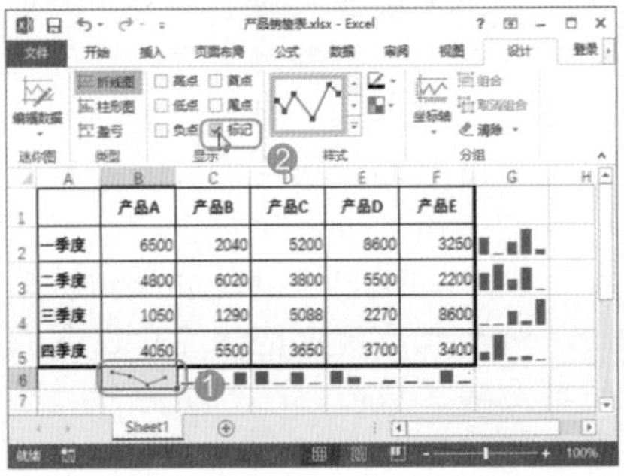

图 18-93

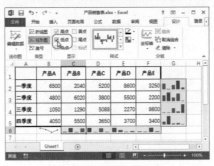

图 18-94

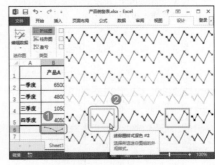

图 18-95

❷ 在【迷你图工具 / 设计】选项卡【样式】组中的列表框中选择需要的迷你图样式，如图 18-95 所示。

Step02 经过上步操作，即可为所选迷你图应用选择的样式，如图 18-96 所示。

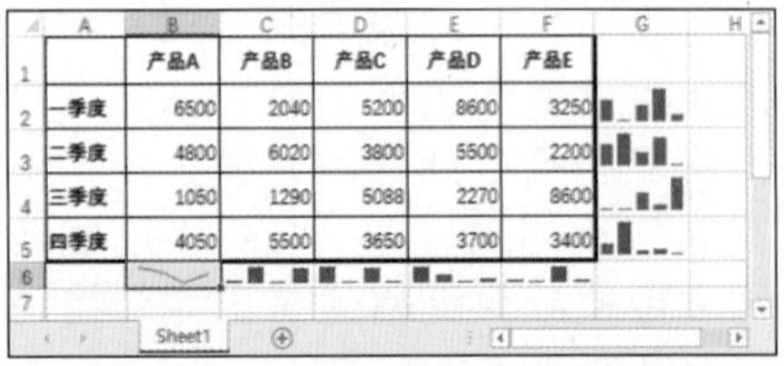

图 18-96

图 18-92

★ 重点 18.6.2 实战：为突出显示销量的高点和低点

实例门类	软件功能
教学视频	光盘\视频\第18章\18.6.2.mp4

在各类型的迷你图中都提供了标记高点和低点的功能。例如，要为刚刚制作的一组柱形迷你图标记高点和低点，具体操作如下。

Step01 ❶ 选中工作表中的一组迷你图，❷ 选中【迷你图工具 / 设计】选项卡【显示】组中的【高点】复选框，即可改变每个迷你图中最高柱形图的颜色，如图 18-93 所示。

Step02 选中【显示】组中的【低点】复选框，即可改变每个迷你图中最低柱形图的颜色，如图 18-94 所示。

技术看板

在三种迷你图类型中都提供了标记特殊数据点的功能。我们在【显示】组中选中【负点】【首点】和【尾点】复选框，即可在迷你图中标记出负数值、第一个值和最后一个值。

★ 重点 18.6.3 实战：为销售迷你图设置样式

实例门类	软件功能
教学视频	光盘\视频\第18章\18.6.3.mp4

迷你图提供了多种常用的预定义样式，在图库中选择相应选项即可使迷你图快速应用选择的预定义样式。

例如，要为销售表中的折线迷你图设置预定义的样式，具体操作如下。

Step01 ❶ 选中 B6 单元格中的迷你图，

18.6.4 实战：为销售迷你图设置颜色

实例门类	软件功能
教学视频	光盘\视频\第18章\18.6.4.mp4

如果对预设的迷你图样式不满意，用户也可以根据需要自定义迷你图颜色。例如，要将销售表中的柱形迷你图的线条颜色设置为橙色，具体操作如下。

Step01 ❶ 选中工作表中的一组迷你图，❷ 单击【样式】组中的【迷你图颜色】按钮，❸ 在弹出的下拉菜单中选择【橙色】命令，如图 18-97 所示。

Step02 经过上步操作，即可修改该组迷你图的线条颜色为橙色，如图 18-98 所示。

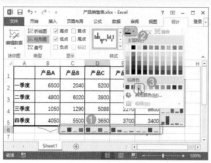

图 18-97

图 18-98

妙招技法

通过前面知识的学习，相信读者朋友已经掌握了用图表、迷你图展示和分析表格数据的相关操作。下面结合本章内容，给大家介绍一些实用技巧。

技巧 01：隐藏靠近零值的数据标签

教学视频	光盘\视频\第18章\技巧 01.mp4

制作饼图时，有时会因为数据百分比相差悬殊，或某个数据本身靠近零值，而不能显示出相应的色块，只在图表中显示一个【0%】的数据标签，非常难看。且即使将其删除后，一旦更改表格中的数据，这个【0%】数据标签又会显示出来。此时，我们可以通过设置数字格式的方法对其进行隐藏。

例如，要将文具销量图表中靠近零值的数据标签隐藏起来，具体操作如下。

Step01 打开"光盘\素材文件\第18章\文具销量.xlsx"文件，❶选中图表，❷单击【图表工具/设计】选项卡【图表布局】组中的【添加图表元素】按钮，❸在弹出的下拉菜单中选择【数据标签】命令，❹在弹出的下级子菜单中选择【其他数据标签选项】命令，如图 18-99 所示。

Step02 显示出【设置数据标签格式】任务窗格，❶单击【标签选项】选项卡，❷在下方单击【标签选项】按钮，

❸在【数字】栏中的【格式代码】文本框中输入【[<0.01]"";0%】，❹单击【添加】按钮，如图 18-100 所示。

图 18-99

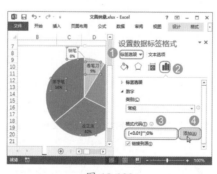

图 18-100

技术看板

【[<0.01]"";0%】自定义格式代码的含义是，当数值小于 0.01 时则不显示。

Step03 经过上步操作，将把自定义的格式添加到【类别】列表框中，同时可看到图表中的【0%】数据标签已经消失了，如图 18-101 所示。

图 18-101

技巧 02：在图表中处理负值

教学视频	光盘\视频\第18章\技巧 02.mp4

我们也可以对数据标签中的任意数据进行设置，如使用不同颜色或不同数据格式来显示某个数据。例如，要将资产统计图表中的负值数据标签设置为红色，值大于 1000 的数据标签设置为绿色，其余数值的数据标签保持默认颜色，具体操作如下。

Step01 打开"光盘\素材文件\第18章\资产统计表.xlsx"文件，❶选中

图表，❷ 单击【添加图表元素】按钮 ，❸ 在弹出的下拉菜单中选择【数据标签】命令，❹ 在弹出的下级子菜单中选择【其他数据标签选项】命令，如图 18-102 所示。

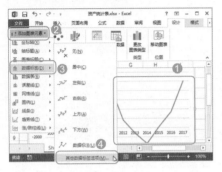

图 18-102

Step 02 经过上步操作，将在图表上以默认方式显示出数据标签。❶ 单击【设置数据标签格式】任务窗格中的【标签选项】选项卡，❷ 在下方单击【标签选项】按钮 ，❸ 在【数字】栏中的【格式代码】文本框中输入【[红色][<0]-0;[绿色][>1000]0;0】，❹ 单击【添加】按钮，如图 18-103 所示。

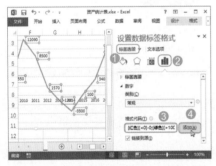

图 18-103

Step 03 经过上步操作，即可看到图表中负值的数据标签显示为红色，值大于 1000 的数据标签显示为绿色，其余数值的数据标签仍然为黑色。在图表中与水平坐标轴重合的数据标签上单击两次选择该数据标签，通过拖动鼠标光标将其移动到图表的空白处，如图 18-104 所示。

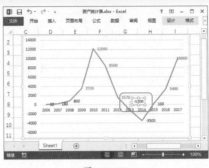

图 18-104

技巧 03：在图表中插入图片

在图表中不但可以为数据点设置颜色和形状样式，还可以为其使用特定的图片。为数据点自定义图片，可以使图表效果更加丰富。

例如，要让生产情况图表中的每个数据系列用相应的图片显示，具体操作如下。

Step 01 打开"光盘 \ 素材文件 \ 第 18 章 \ 一月份生产情况表 3.xlsx"文件，❶ 选择任意空白单元格，❷ 单击【插入】选项卡【插图】组中的【图片】按钮 ，如图 18-105 所示。

图 18-105

Step 02 打开【插入图片】对话框，❶ 在上方的下拉列表框中选择要插入图片所在的文件夹，❷ 在下面的列表框中选择要插入的多张图片，如图 18-106 所示，❸ 单击【插入】按钮。

Step 03 返回工作簿中即可看到已经将

选中的多张图片插入表格中了，并激活了【图片工具 / 格式】选项卡，❶ 保持所有图片的选中状态，❷ 在【图片工具 / 格式】选项卡【大小】组中的【形状宽度】数值框中输入数值【0.5 厘米】，按【Enter】键确认输入的数值，系统即可根据输入的宽度值自动调整图片的大小，如图 18-107 所示。

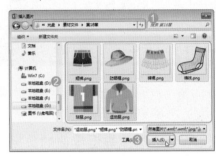

图 18-106

图 18-107

Step 04 ❶ 选择插入的【短裤】图片，并按【Ctrl+C】组合键进行复制，❷ 选中图表中的第 1 个数据系列，并按【Ctrl+V】组合键即可将复制的图片粘贴到数据系列中，效果如图 18-108 所示。

图 18-108

Step05 ① 在【短裤】数据系列上单击鼠标右键，② 在弹出的快捷菜单中选择【设置数据点格式】命令，如图18-109所示。

图 18-109

Step06 显示出【设置数据点格式】任务窗格，① 单击下方的【填充线条】按钮🖋️，② 在【填充】栏中选中【层叠】单选按钮，即可让图片效果得到完美的展现，如图18-110所示。

图 18-110

Step07 用相同的方法将其他图片粘贴到条形图相应的数据系列中，并进行层叠设置，完成后的效果如图18-111所示。

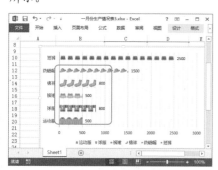

图 18-111

技巧 04：为图表使用透明填充色

教学视频	光盘\视频\第18章\技巧04.mp4

在有些情况下，虽然图表挡住了下方的表格内容（如图18-112所示），但又不想移动图表的位置，那么可以为图表中的组成部分设置透明颜色，具体操作如下。

图 18-112

Step01 打开"光盘\素材文件\第18章\销售表4.xlsx"文件，① 选择图表，② 单击【图表工具/格式】选项卡【形状样式】组中的【形状填充】按钮🖌️，③ 在弹出的下拉菜单中选择【无填充颜色】命令，如图18-113所示。

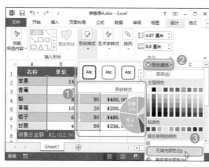

图 18-113

Step02 经过上步操作，图表背景便采用了透明色，能够清晰看到下方的数据了，但图表中部分原来为白色的内容因为和表格底色相同就看不到了，此时需要为其设置合适的颜色。① 选择图表中的数据标签，② 单击【开始】选项卡【字体】组中的【字体颜

色】按钮A右侧的下拉按钮·，③ 在弹出的下拉列表中选择需要的颜色即可，这里选择【自动】选项，即可让数据标签以黑色显示，如图18-114所示。

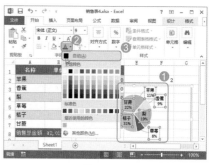

图 18-114

Step03 ① 选择图表中的图例，② 单击【开始】选项卡【字体】组中的【字体颜色】按钮A，即可为图例使用上次使用的颜色，完成后的效果如图18-115所示。

图 18-115

技巧 05：处理空单元格

教学视频	光盘\视频\第18章\技巧05.mp4

创建迷你图后，可以使用【隐藏和空单元格设置】对话框来控制迷你图如何处理区域中显示的空值或零值，从而控制如何显示迷你图，尤其折线图中对空值和零值的处理，对折线图的效果影响很大。例如，删除了生产表中的某数据，要让迷你图用零值替代空值来显示，具体操作如下。

Step01 打开"光盘\素材文件\第18章\销售表4.xlsx"文件，选择C4单元格，并按【Delete】键删除单元格中的数据，同时可以看到G4单元格中的迷你图相应柱形消失了，如图18-116所示。

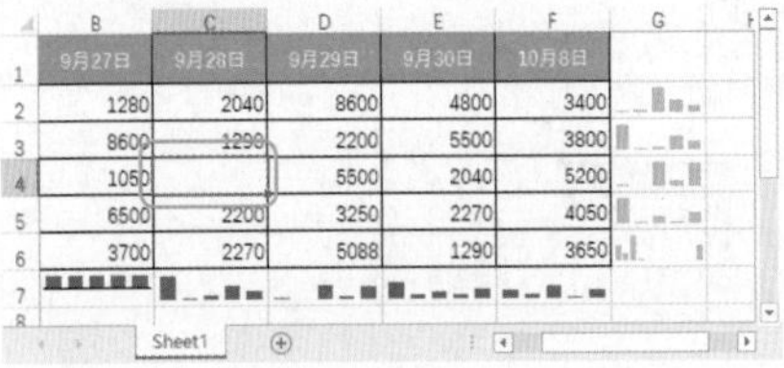

图 18-116

Step02 ❶选择G4单元格，❷单击【迷你图工具/设计】选项卡【分组】组中的【取消组合】按钮，取消该迷你图与其他迷你图的组合关系，如图18-117所示。

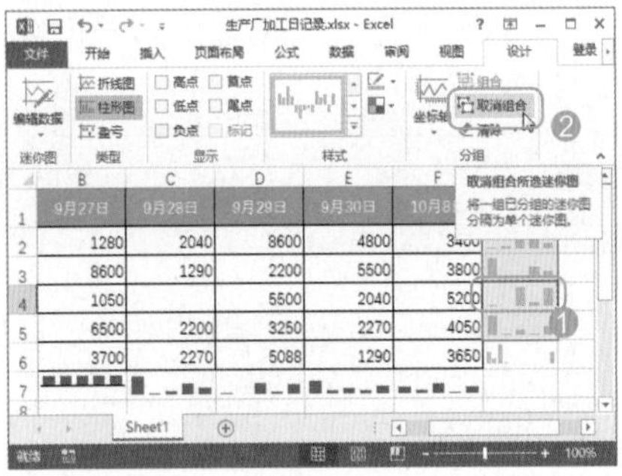

图 18-117

Step03 单击【类型】组中的【折线图】按钮，将该迷你图显示为折线图效果，发现折线显示只有后面部分的效果，如图18-118所示。

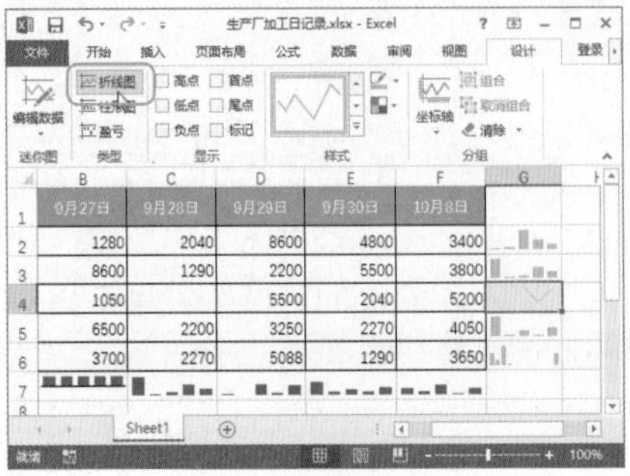

图 18-118

Step04 ❶单击【迷你图】组中的【编辑数据】按钮，❷在弹出的下拉菜单中选择【隐藏和清空单元格】命令，如图18-119所示。

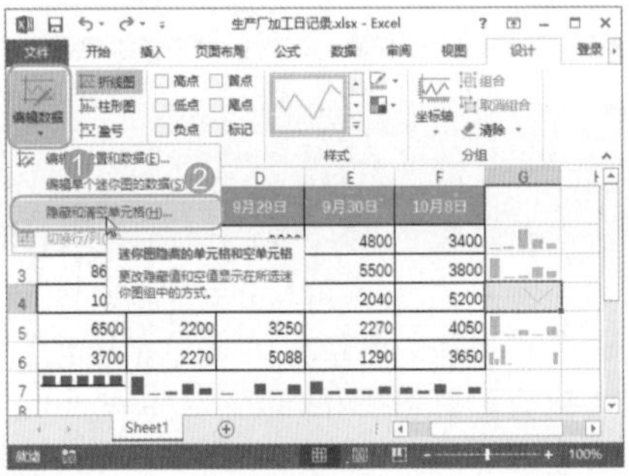

图 18-119

Step05 打开【隐藏和空单元格设置】对话框，❶选中【零值】单选按钮，❷单击【确定】按钮，如图18-120所示。

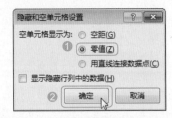

图 18-120

Step06 经过上步操作，可以在折线迷你图中用零值代替空值，完成折线迷你图的绘制，效果如图18-121所示。

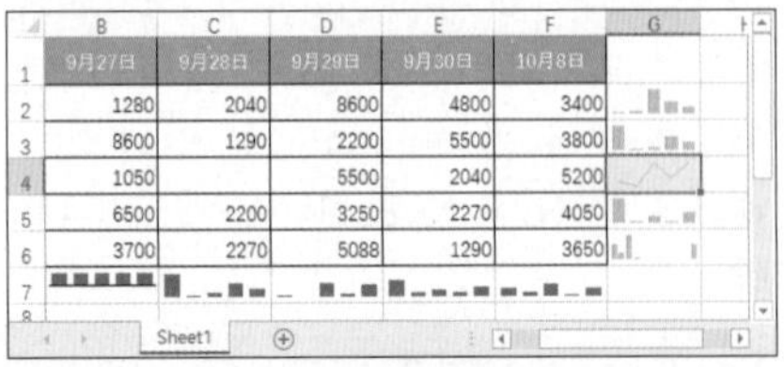

图 18-121

本章小结

　　本章我们首先介绍了图表的相关基础知识，包括图表的组成，各部分的作用；常见图表的分类，让你知道什么样的数据需要用什么样的图表类型来展示；创建图表的几种方法；编辑图表的常用操作，紧接着我们又讲解了图表布局的一些方法，让读者掌握了对图表中各组成部分进行设置的技巧，并选择性进行布局的操作。最后，我们将迷你图作为一种补充和拓展知识介绍给读者。希望读者在学习本章知识后，能够对各类数据进行灵活分析。

第19章 Excel 表格数据的多维度透视分析

➥ 你真的会用透视表分析数据吗？

➥ 数据透视图 / 表的常用创建方法有哪几种？

➥ 透视图表与统计图表一样吗？

➥ 什么是切片器，如何正确使用切片器？

上面的问题基本上覆盖了大部分有关数据透视图表和切片器的知识，读者可能心中已有部分答案，但是不能全部概括，不急，接下来就带大家一起在本章的知识中寻找最合适和最贴切的答案。

19.1 整理数据源

前面学习了使用图表形象地表现数据，但图表只能算是 Excel 中对数据的一种图形显示方式，并不能深入对数据进行分析。Excel 2013 还提供了功能更强大的数据透视图，它兼具数据透视分析和图表的功能。数据透视表和数据透视图在数据透视方面的基本操作是相同的，本小节我们先来介绍数据透视表的基本知识。

19.1.1 认识数据透视表

数据透视表，顾名思义就是将数据看透了。

在学习数据透视表的其他知识之前，先来学习掌握数据透视表的基本术语，也是它的关键功能——【透视】，指通过重新排列或定位一个或多个字段的位置来重新安排数据透视表。

之所以称为数据透视表，是因为可以动态地改变数据间的版面布置，以便按照不同方式分析数据，也可以重新安排行号、列标和页字段。每一次改变版面布置时，数据透视表会立即按照新的布置重新计算数据。另外，如果原始数据发生更改，则可以更新数据透视表。

简而言之，数据透视表是一种可以对大量数据进行快速汇总和建立交叉列表的交互式表格，也就是一个产生于数据库的动态报告，可以驻留在工作表中或一个外部文件中。

数据透视表是 Excel 中具有强大分析能力的工具，可以帮助用户将行或列中的数字转变为有意义的数据表示。

19.1.2 判断数据源是否可用

一个完整的数据透视表主要由数据库、行字段、列字段、求值项和汇总项等部分组成。而对数据透视表的透视方式进行控制需要在【数据透视表字段】任务窗格中来完成。

如图 19-1 所示为某订购记录制作的数据透视表。

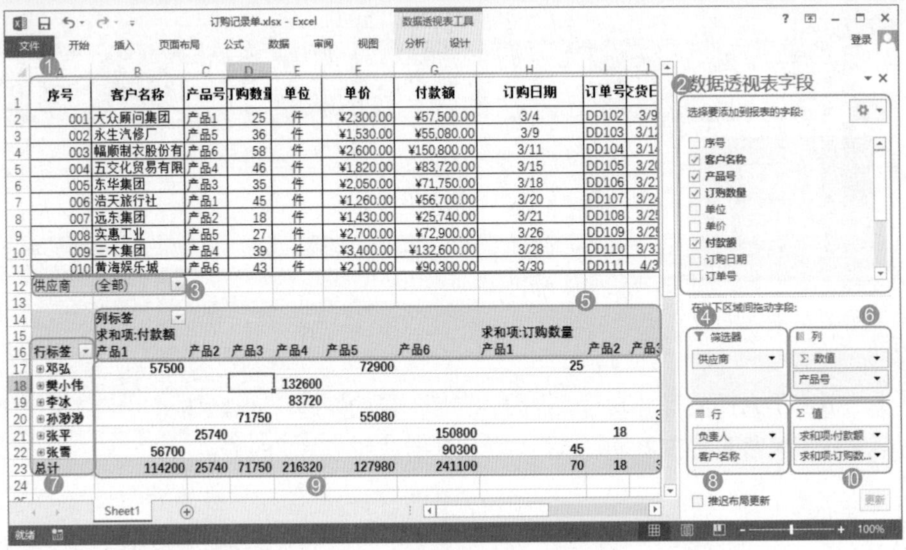

图 19-1

在 Excel 2013 中创建数据透视表后，会显示出【数据透视表字段】任务窗格，对数据透视表的透视方式进行设置的所有操作都需要在该任务窗格中完成。【数据透视表字段】任务窗格分为两部分显示，下部分是用于重新排列和定位字段的 4 个列表框。为了在设置数据透视表布局时能够获得所需结果，用户需要深入了解并掌握【数据透视表字段】任务窗格的工作方式以及排列不同类型字段的方法。下面结合数据透视表中的显示效果来介绍一个完整数据透视表的各组成部分的作用，如表 19-1 所示。

表 19-1　数据透视表各组成部分及作用

序号	名称	作　用
❶	数据库	也称为数据源，是从中创建数据透视表的数据清单、多维数据集。数据透视表的数据库可以驻留在工作表中或一个外部文件中
❷	【字段列表】列表框	字段列表中包含了数据透视表中所需要的数据的字段（也称为列）。在该列表框中选中或取消选中字段标题对应的复选框，可以对数据透视表进行透视
❸	报表筛选字段	又称为页字段，用于筛选表格中需要保留的项，项是组成字段的成员
❹	【筛选器】列表框	移动到该列表框中的字段即为报表筛选字段，将在数据透视表的报表筛选区域显示
❺	列字段	信息的种类，等价于数据清单中的列
❻	【列】列表框	移动到该列表框中的字段即为列字段，将在数据透视表的列字段区域显示
❼	行字段	信息的种类，等价于数据清单中的行
❽	【行】列表框	移动到该列表框中的字段即为行字段，将在数据透视表的行字段区域显示
❾	值字段	根据设置的求值函数对选择的字段项进行求值。数值和文本的默认汇总函数分别是 SUM（求和）和 COUNT（计数）
❿	【值】列表框	移动到该列表框中的字段即为值字段，将在数据透视表的求值项区域显示

19.2　创建数据透视表

数据透视表可以深入分析数据并了解一些预计不到的数据问题，使用数据透视表之前首先要创建数据透视表，再对其进行设置。在 Excel 2013 中可以通过【推荐的数据透视表】功能快速创建相应的数据透视表，也可以根据需要手动创建数据透视表。

19.2.1 数据透视表的作用

数据透视表是对数据源进行透视，并进行分类、汇总、比较，进行大量数据的筛选，可以达到快速查看源数据不同方面的统计结果的目的。

数据透视表综合了数据的排序、筛选、分类、汇总等常用的数据分析方法，并且可以方便地调整分类、汇总方式，灵活地以不同的方式展示数据的特征。

数据透视表最大的优势在于，它可以根据数据源的变化进行变动，而且非常的快速和方便，这也是函数公式计算所不能比的。

归纳总结后，数据透视表的主要用途有以下几种。

➥ 以多种方式查询大量数据。通过对数据透视表中各个字段的行列进行交换，能够快速得到用户需要的数据。

➥ 可以对数值数据进行分类汇总和聚合。按分类和子分类对数据进行汇总，还可以创建自定义计算和公式。

➥ 展开或折叠要关注结果的数据级别，可以选择性查看感兴趣区域，摘要数据的明细。

➥ 将行移动到列或将列移动到行，以查看源数据的不同汇总。

➥ 对最有用和最关注的数据子集进行筛选、排序、分组和有条件地设置格式，让用户能够关注和重点分析所需的信息。

➥ 提供简明、有吸引力并且带有批注的联机报表或打印报表。

★ 重点 19.2.2 实战：**手动创建数据透视表**

实例门类	软件功能
教学视频	光盘\视频\第19章\19.2.2.mp4

由于数据透视表的创建本身是要根据用户想查看数据的某个方面的信息而存在的，这要求用户的主观能动性很强，能根据需要做出恰当的字段形式判断，从而得到一堆数据关联后在某个方面的关系。因此，掌握手动创建数据透视表的方法是学习数据透视表的最基本操作。

通过前面的介绍，我们知道数据透视表包括4类字段，分别为报表筛选字段、列字段、行字段和值字段。手动创建数据透视表就是要连接到数据源，在指定位置创建一个空白数据透视表，然后在【数据透视表字段】任务窗格中的【字段列表】列表框中添加数据透视表中需要的数据字段，此时，系统会将这些字段放置在数据透视表的默认区域中，用户还需要手动调整字段在数据透视表中的区域。

例如，要创建数据透视表分析产品库存表中的数据，具体操作如下。

Step01 打开"光盘\素材文件\第19章\产品库存表.xlsx"文件，❶选中任意包含数据的单元格，❷单击【插入】选项卡【表格】组中的【数据透视表】按钮，如图19-2所示。

图 19-2

Step02 打开【创建数据透视表】对话框，❶选中【选择一个表或区域】单选按钮，在【表/区域】参数框中会自动引用表格中所有包含数据的单元格区域（本例因为数据源设置了表格样式，自动定义样式所在区域的名称为【表1】了），❷在【选择放置数据透视表的位置】栏中选中【新工作表】单选按钮，❸单击【确定】按钮，如图19-3所示。

图 19-3

Step03 经过上步操作，即可在新工作表中创建一个空白数据透视表，并显示出【数据透视表字段】任务窗格。在任务窗格中的【字段列表】列表框中选中需要添加到数据透视表中的字段对应的复选框，这里这里选中"款号""颜色""S""M""L"和"XL"复选框，系统会根据默认规则，自动将选择的字段显示在数据透视表的各区域中，效果如图19-4所示。

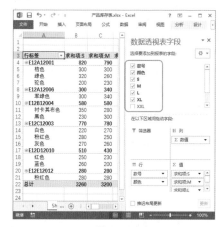

图 19-4

技术看板

如果要将创建的数据透视表存放到源数据所在的工作表中，可以在【创建数据透视表】对话框的【选择放置数据透视表的位置】栏中选中【现有工作表】单选按钮，并在下方的【位置】文本框中选择要以哪个单元格作为起始位置存放数据透视表。在【创建数据透视表】对话框中选中【使用外部数据源】单选按钮，然后单击【选择连接】按钮可选择外部数据源。

★ 重点 19.2.3 实战：使用推荐功能创建销售数据透视表

实例门类	软件功能
教学视频	光盘\视频\第19章\19.2.3.mp4

Excel 2013 中提供的【推荐的数据透视表】功能，会汇总选中的数据并提供各种数据透视表选项的预览，让用户直接选择某种最能体现其观点的数据透视表效果即可生成相应的数据透视表，不必重新编辑字段列表，非常方便。

例如，要在销售表中为某个品牌的销售数据创建推荐的数据透视表，具体操作如下。

Step01 打开"光盘\素材文件\第19

章\公司日常费用开支表.xlsx"文件，❶选中任意包含数据的单元格，❷单击【插入】选项卡【表格】组中的【推荐的数据透视表】按钮，如图 19-5 所示。

图 19-5

Step02 打开【推荐的数据透视表】对话框，❶在左侧选择需要的数据透视表效果，❷在右侧预览相应的透视表字段数据，满意后单击【确定】按钮，如图 19-6 所示。

Step03 经过上步操作，即可在新工作表中创建对应的数据透视表，同时可以在右侧显示出的【数据透视表字段】任务窗格中查看到当前数据透视

表的透视设置参数，如图 19-7 所示。

图 19-6

图 19-7

19.3 编辑数据透视表

创建数据透视表之后，在显示出的【数据透视表字段】任务窗格中可以编辑数据透视表中的各字段，以便对源数据中的行或列数据进行分析，用以查看数据表的不同汇总结果。同时，数据透视表作为 Excel 中的对象，与创建其他 Excel 对象一样，会激活编辑对象的工具选项卡——【数据透视表工具分析】和【数据透视表工具设计】选项卡，通过这两个选项卡可以对创建的数据透视表进行更多编辑，如更改汇总计算方式、筛选数据透视表中的数据、设置数据透视表样式等。下面就介绍一些常用、高效地编辑数据透视表的知识。

19.3.1 实战：改变库存数据透视表的透视方式

实例门类	软件功能
教学视频	光盘\视频\第19章\19.3.1.mp4

创建数据透视表时我们只是将相应的数据字段添加到数据透视表的默认区域中了，进行具体数据分析时，还需要调整字段在数据透视表的区域，主要可以通过以下 3 种方法进行调整。

➥ 通过拖动鼠标光标进行调整：在【数据透视表字段】任务窗格中直接通过鼠标光标将需要调整的字段名称拖动到相应的列表框中。

➥ 通过菜单进行调整：在【数据透视表字段】任务窗格下方的 4 个列表框中选择并单击需要调整的字段名称按钮，在弹出的下拉菜单中选择需要移动到其他区域的命令，如【移动到行标签】【移

动到列标签】等命令，即可在不同的区域之间移动字段。

➥ 通过快捷菜单进行调整：在【数据透视表字段】任务窗格的【字段列表】列表框中需要调整的字段名称上单击鼠标右键，在弹出的快捷菜单中选择【添加到报表筛选】【添加到列标签】【添加到行标签】或【添加到值】命令，即可将该字段放置在数据透视表中的某个特定区域中。

下面，为手动创建的库存数据透视表进行透视设置，使其符合实际分析需要，具体操作如下。

Step01 打开"光盘\素材文件\第19章\产品库存表 1.xlsx"文件，❶ 在【行】列表框中选择【款号】字段名称，❷ 按住鼠标左键不放并拖动到【筛选器】列表框中，如图 19-8 所示。

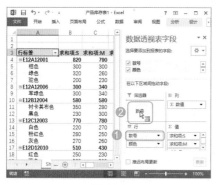

图 19-8

Step02 经过上步操作，可将【款号】字段移动到【筛选】列表框中，作为整个数据透视表的筛选项目，❶ 单击【值】列表框中【求和项：M】字段名称右侧的下拉按钮，❷ 在弹出的下拉菜单中选择【移至开头】命令，如图 19-9 所示。

图 19-9

Step03 经过上步操作，即可将【求和项：M】字段移动到值字段的最顶层，同时数据透视表的透视方式又发生了改变，完成后的效果如图 19-10 所示。

图 19-10

★ 重点 19.3.2 实战：改变库存数据透视表中的数值显示方式

实例门类	软件功能
教学视频	光盘\视频\第19章\19.3.2.mp4

数据透视表中数据字段值的显示方式也是可以改变的，如可以设置数据值显示的方式为普通、差异和百分比等。具体操作也需要通过【值字段设置】对话框来完成。

下面，就在"产品库存表 1"工作簿中让数据透视表【S】字段以百分比进行显示，具体操作如下。

Step01 ❶ 选中需要修改值显示方式的【S】字段，❷ 单击【数据透视表工具 / 分析】选项卡【活动字段】组中的【字段设置】按钮，如图 19-11 所示。

图 19-11

Step02 打开【值字段设置】对话框，❶ 单击【值显示方式】选项卡，❷ 在【值显示方式】下拉列表框中选择需

要的显示方式，这里选择【列汇总的百分比】选项，❸ 单击【数字格式】按钮，如图 19-12 所示。

图 19-12

Step03 打开【设置单元格格式】对话框，❶ 在【分类】列表框中选择【百分比】选项，❷ 在【小数位数】数值框中设置小数位数为一位，❸ 单击【确定】按钮，如图 19-13 所示。

图 19-13

Step04 返回【值字段设置】对话框，单击【确定】按钮，如图 19-14 所示。

图 19-14

Step 05 返回工作表中即可看到【S】字段的数据均显示为两位数的百分比数据效果，如图 19-15 所示。

图 19-15

★ 重点 19.3.3 实战：改变库存数据透视表中的汇总方式

实例门类	软件功能
教学视频	光盘\视频\第 19 章\19.3.3.mp4

在 Excel 2013 中，数据透视表中的汇总数据默认按照【求和】的方式进行运算。如果用户不想使用这样的方式，也可以对汇总方式进行更改，如可以设置为计数、平均值、最大值、最小值、乘积、偏差和方差等，不同的汇总方式会使创建的数据透视表的汇总方式显示出不同的数据结果。

例如，要更改库存数据透视表中【L】字段的汇总方式为计数，【XL】字段的汇总方式为求最大值，其具体操作如下。

Step 01 ① 单击【数据透视表字段】任务窗格【值】列表框中【计数项：L】字段名称右侧的下拉按钮，② 在弹出的下拉菜单中选择【值字段设置】命令，如图 19-16 所示。

Step 02 打开【值字段设置】对话框，① 单击【值汇总方式】选项卡，② 在【计算类型】列表框中选择需要的汇总方式，这里选择【求和】选项，③ 单击【确定】按钮，如图 19-17 所示。

图 19-16

图 19-17

技能拓展——打开【值字段设置】对话框的其他方法

直接在数据透视表中值字段的字段名称单元格上双击，也可以打开【值字段设置】对话框。在【值字段设置】对话框的【自定义名称】文本框中可以对字段的名称进行重命名。

Step 03 经过上步操作，在工作表中即可看到【求和项：L】字段的汇总方式修改为求和了，如图 19-18 所示。

图 19-18

★ 重点 19.3.4 实战：筛选库存数据透视表中的字段

实例门类	软件功能
教学视频	光盘\视频\第 19 章\19.3.4.mp4

在 Excel 2013 数据透视表中，筛选字段数据主要通过在相应字段的下拉菜单中选择和插入切片器的方法来完成，下面分别进行讲解。

1. 通过下拉菜单进行筛选

在 Excel 2013 中创建的数据透视表，其报表筛选字段、行字段和列字段、值字段会提供相应的下拉按钮，单击相应的按钮，在弹出的下拉菜单中，用户可以同时创建多达 4 种类型的筛选：手动筛选、标签筛选、值筛选和复选框设置。

例如，要对库存表数据透视表中的报表筛选字段、行字段进行数据筛选，具体操作如下。

Step 01 根据【Sheet1】工作表中的数据源创建数据透视表并将其放置在新工作表中，在【数据透视表字段】任务窗格的【字段列表】列表框中选中所有复选框并将【款号】字段添加为筛选字段，如图 19-19 所示。

图 19-19

Step 02 ① 单击【款号（全部）】字段右侧的下拉按钮，② 在弹出的下拉菜单中选中【选择多项】复选框，③ 在上方的列表框中仅选中前 3 项对应的复选框，④ 单击【确定】按钮，如图

19-20 所示。

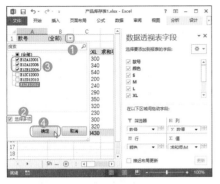

图 19-20

技术看板

并不是所有创建的数据透视表中的报表筛选字段、行字段和列字段、值字段都会提供相应的下拉按钮用于筛选字段，系统会根据相应字段的内容判断出是否需要进行筛选，只有可用于筛选的数据时才会在字段旁显示出下拉按钮。

Step03 经过以上操作，将筛选出数据透视表中相应款号的数据内容，❶ 修改工作表名称为【E12AB 系列】，单击【行标签】字段右侧的下拉按钮，❷ 在弹出的下拉菜单的列表框中选中要筛选字段的对应复选框，这里选中【军绿色】和【绿色】复选框，❸ 单击【确定】按钮，如图 19-21 所示。

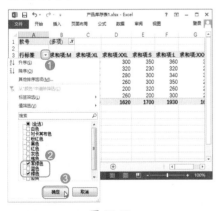

图 19-21

Step04 经过上步操作，即可在上次筛

选的结果中继续筛选颜色为军绿色或绿色的数据，效果如图 19-22 所示。

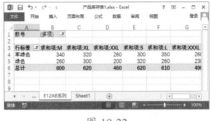

图 19-22

技能拓展——在数据透视表中筛选数据的其他方法

上面的案例中我们介绍了筛选报表字段、行字段的方法，它们都会弹出一个下拉菜单，在这个下拉菜单的【搜索】文本框中可以手动输入要筛选的条件，还可以在【标签筛选】和【值筛选】子菜单中选择相应的命令来进行筛选。

2. 插入切片器筛选

上一节中我们讲解了通过筛选器筛选数据透视表中数据的方法，可以发现在对多个字段进行筛选时，很难看到当前的筛选状态，必须打开一个下拉菜单才能找到有关筛选的详细信息，而且有些筛选方式还不能实现。更多的时候，我们可以使用切片器来对数据透视表中的数据进行筛选。

切片器提供了一种可视性极强的筛选方法来筛选数据透视表中的数据。它包含一组易于使用的筛选组件，一旦插入切片器，用户就可以使用多个按钮对数据进行快速分段和筛选，仅显示所需数据。此外，切片器还会清晰地标记已应用的筛选器，提供详细信息指示当前筛选状态，从而便于其他用户能够轻松、准确地了解已筛选的数据透视表中所显示的内容。

要在 Excel 2013 中使用切片器对数据透视表中的数据进行筛选，首先需要插入用于筛选的字段的切片器，然后根据需要筛选的数据依据在切片

器中选择要筛选出的数据选项即可。

例如，在库存数据透视表中要撤销上次的筛选效果，并根据款号和颜色重新进行筛选，具体操作如下。

Step01 ❶ 复制【E12AB 系列】工作表，❷ 选择数据透视表中的任意单元格，❸ 单击【数据透视表工具/分析】选项卡【操作】组中的【清除】按钮，❹ 在弹出的下拉列表中选择【清除筛选】选项，如图 19-23 所示。

图 19-23

Step02 经过上步操作，将清除对数据透视表中数据进行筛选的操作，显示出所有透视数据。❶ 选中数据透视表中的任意单元格，❷ 单击【数据透视表工具/分析】选项卡【筛选】组中的【插入切片器】按钮，如图 19-24 所示。

图 19-24

Step03 打开【插入切片器】对话框，❶ 在列表框中选中需要插入切片器的字段，这里选中【款号】和【颜色】复选框，❷ 单击【确定】按钮，如图 19-25 所示。

图 19-25

Step04 经过上步操作，将插入【款号】和【颜色】2 个切片器，且每个切片器中的数据都以升序自动进行了排列。❶ 选择插入的切片器，并将它们移动到合适位置，❷ 在【款号】切片器中，按住【Ctrl】键选择同时需要筛选出的数据，即可在数据透视表中筛选出相关的数据，如图 19-26 所示。

图 19-26

Step05 使用相同的方法，在【颜色】切片器中选择需要的字段选项，即可在数据透视表中上次筛选结果的基础上继续筛选出符合本次设置条件的相关数据，如图 19-27 所示。

图 19-27

技能拓展——断开切片器与数据透视表的链接

在 Excel 2013 中，可以管理切片器连接到哪里，如果需要切断切片器与数据透视表的链接，选择切片器，单击【切片器工具 / 选项】选项卡【切片器】组中的【报表连接】按钮。打开【数据透视表连接（款号）】对话框，取消选中【数据透视表 11】复选框，单击【确定】按钮即可，如图 19-28 所示。

图 19-28

★ **重点 19.3.5 实战：对库存数据进行排序**

实例门类	软件功能
教学视频	光盘\视频\第 19 章\19.3.5.mp4

数据透视表中的数据已经进行了一些处理，因此，即使需要对表格中的数据进行排序，也不会像在普通数据表中进行排序那么复杂。数据透视表中的排序都比较简单，经常需要进行升序或降序排列即可。

例如，要让库存数据透视表中的数据按照销量最好的码数的具体销量从大到小进行排列，具体操作如下。

Step01 打开"光盘\素材文件\第 19 章\产品库存表 2.xlsx"文件，❶ 选择【畅销款】工作表，❷ 选中数据透视表中总计行的任意单元格，❸ 单击【数据】选项卡【排序和筛选】组中的【降序】按钮，如图 19-29 所示。

图 19-29

Step02 经过上步操作，数据透视表中的数据会根据【总计】数据从大到小进行排列，且所有与这些数据有对应关系的单元格数据都自动进行了排列，效果如图 19-30 所示。❶ 选中数据透视表中总计排在第一列的【L】字段列中的任意单元格，❷ 单击【数据】选项卡【排序和筛选】组中的【降序】按钮。

图 19-30

Step03 经过上步操作，可以看到数据透视表中的数据在上次排序结果上，再次根据【L】字段列从大到小进行了排列，且所有与这些数据有对应关系的单元格数据都自动进行了排列，效果如图 19-31 所示。

图 19-31

★ 重点 19.3.6 实战：设置库存数据透视表样式

实例门类	软件功能
教学视频	光盘\视频\第19章\19.3.6.mp4

设置数据透视表的样式总体上包括两个方面：布局样式和内容样式。下面分别进行讲解。

1. 设置布局样式

在 Excel 2013 中，默认情况下，创建的数据透视表都压缩在左边，不方便数据的查看。利用数据透视表布局功能可以更改数据透视表原有的布局效果。

例如，要为刚刚创建的数据透视表设置布局样式，具体操作如下。

Step01 ❶ 选中数据透视表中的任意单元格，❷ 单击【数据透视表工具 / 设计】选项卡【布局】组中的【报表布局】按钮，❸ 在弹出的下拉列表中选择【以表格形式显示】选项，如图 19-32 所示。

图 19-32

技术看板

单击【布局】组中的【空行】按钮，在弹出的下拉列表中可以选择是否在每个汇总项目后插入空行。

在【布局】组中还可以设置数据透视表的汇总形式、总计形式。

Step02 经过上步操作，即可更改数据透视表布局为表格格式，最明显的是行字段的名称改变为表格中相应的字段名称了，效果如图 19-33 所示。

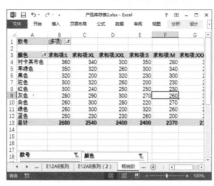

图 19-33

2. 设置内容样式

默认情况下创建的数据透视表都是白底黑字蓝边框样式，让人感觉很枯燥。其实，Excel 中为数据透视表预定义了多种样式，用户只需在【数据透视表工具 / 设计】选项卡的【数据透视表样式】列表框中进行选择，即可为数据透视表快速应用这些样式，还可以在【数据透视表样式选项】组中选择数据透视表样式应用的范围，如列标题、行标题、镶边行和镶边列等。

下面，为刚刚创建的数据透视表设置一种样式，并将样式应用到列标题、行标题和镶边行上，其具体操作如下。

Step01 ❶ 选中数据透视表中的任意单元格，❷ 在【数据透视表工具 / 设计】选项卡【数据透视表样式】组中的列表框中选择需要的数据透视表样式，即可为数据透视表应用选择的样式，效果如图 19-34 所示。

图 19-34

Step02 在【数据透视表样式选项】组中选中【镶边行】和【镶边列】复选框，即可看到为数据透视表应用相应镶边行和镶边列样式后的效果，如图 19-35 所示。

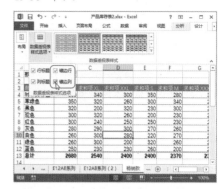

图 19-35

19.4 创建数据透视图

数据透视图是数据的另一种表现形式，与数据透视表的不同在于它可以选择适当的图表，并使用多种颜色来描述数据的特性，它能够更加直观地分析数据。

★ **重点 19.4.1 实战：基于数据源直接创建数据透视图**

实例门类	软件功能
教学视频	光盘\视频\第19章\19.4.1.mp4

在 Excel 2013 中，可以使用【数据透视图】功能一次性创建数据的透视表和数据透视图。而且，基于数据源创建数据透视图的方法与手动创建数据透视表的方法相似，都需要选择数据表中的字段作数据透视数据图表中的行字段、列字段以及值字段。

例如，要用数据透视图展示汽车销售表中的销售数据，具体操作如下。

Step01 打开"光盘\素材文件\第19章\汽车销售表.xlsx"文件，❶选择Sheet1 工作表，❷选中包含数据的任意单元格，❸单击【插入】选项卡【图表】组中的【数据透视图】按钮，如图19-36所示。

图 19-36

Step02 打开【创建数据透视图】对话框，❶在【表/区域】参数框中自动引用了该工作表中的A1:F15单元格区域，❷选中【新工作表】单选按钮，❸单击【确定】按钮，如图19-37所示。

Step03 经过上步操作，即可在新工作表中创建一个空白数据透视图，❶按照前面介绍的方法在【数据透视图字段】任务窗格的【字段列表】列表框中选中需要添加到数据透视图中的字段对应的复选框，❷将合适的字段移动到下方的四个列表框中，即可根据设置的透视方式显示数据透视表和透视图，如图19-38所示。

图 19-37

图 19-38

技术看板

若需要将数据透视图创建在源数据透视表中，可以在打开的【创建数据透视图】对话框中，选中【现有工作表】单选按钮，在【位置】文本框中输入单元格地址。

技术看板

数据透视表与数据透视图都是利用数据库进行创建的，但它们是两个不同的概念。数据透视表对于汇总、分析、浏览和呈现汇总数据非常有用。而数据透视图则有助于形象呈现数据透视表中的汇总数据，以便用户能够轻松查看比较模式和趋势。

19.4.2 实战：基于已有的数据透视表创建数据透视图

实例门类	软件功能
教学视频	光盘\视频\第19章\19.4.2.mp4

如果在工作表中已经创建了数据透视表，并添加了可用字段，可以直接根据数据透视表中的内容快速创建相应的数据透视图。根据已有的数据透视表创建出的数据透视图两者之间的字段是相互对应的，如果更改了某一报表的某个字段，这时另一个报表的相应字段也会随之发生变化。例如，要根据之前在公司日常费用开支表中创建的数据透视表创建数据透视图，具体操作如下。

Step01 打开"光盘\素材文件\第19章\公司日常费用开支表1.xlsx"文件，❶选择【Sheet1】工作表，❷选中数据透视表中的任意单元格，❸单击【数据透视图工具/分析】选项卡【工具】组中的【数据透视图】按钮，如图19-39所示。

图 19-39

Step02 打开【插入图表】对话框，❶在左侧选择需要展示的图表类型，这里选择【柱形图】选项，❷在右侧上方选择具体的图表分类，❸单击【确定】按钮，如图19-40所示。

Step03 经过以上操作，在工作表中将根据数据透视表创建一个柱形图的数据透视图，效果如图19-41所示。

图 19-40

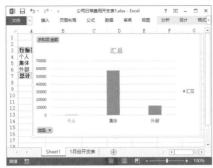

图 19-41

19.5 编辑数据透视图

数据透视图的编辑方法同样综合了数据透视表和普通图表的编辑方法。在工作表中创建数据透视图后，会激活【数据透视图工具 / 分析】【数据透视图工具 / 设计】和【数据透视图工具 / 格式】3 个选项卡。其中，【数据透视图工具 / 分析】选项卡中的工具和数据透视表中的相同，而【数据透视图工具 / 设计】和【数据透视图工具 / 格式】选项卡的操作方法与普通图表的编辑操作基本相同。本节简单对数据透视图的部分编辑操作进行讲解。

19.5.1 移动数据透视图的位置

如果对已经制作好的数据透视图的位置不满意，可以通过复制或移动操作将其移动到同一工作簿或不同工作簿中，但是通过这种方法得到的数据透视图有可能会改变原有的性质，丢失某些组成部分。

为了保证移动前后的数据透视图中的所有信息都不发生改变，可以使用 Excel 2013 中提供的移动功能对其进行移动。即先选择需要移动数据透视图，然后单击【数据透视图工具 / 分析】选项卡【操作】组中的【移动图表】按钮，在打开的【移动图表】对话框中设置要移动的位置即可，如图 19-42 所示。

图 19-42

使用移动功能只能在同一工作簿中移动数据透视表和数据透视图，如果需要移动到其他工作簿中，可以在进行该操作后，再对工作表进行复制或移动。

> **技能拓展——移动数据透视表的位置**
>
> 如果需要移动数据透视表，可以先选择该数据透视表，然后单击【数据透视表工具 / 分析】选项卡的【操作】组中的【移动数据透视表】按钮，在打开的【移动数据透视表】对话框中设置要移动的位置即可，如图19-43 所示。

图 19-43

★ 新功能 19.5.2 编辑数据透视图的标题

默认情况下，创建的数据透视图是没有标题的。要为数据透视图标题添加合适的标题，具体操作如下。

Step01 选中数据透视图，❶ 单击出现的【添加元素】按钮，❷ 在弹出的列表框中单击【图标标题】下拉按钮，❸ 在弹出的选项框中选择相应的标题放置位置选项，如图 19-44 所示。

图 19-44

Step02 在数据透视图中的图表标题文本框上双击鼠标，进入其编辑状态，删除原有的标题内容，输入【库存分析】，然后鼠标光标单击其他任意地方退出图表标题编辑状态，如图 19-45 所示。

图 19-45

★ 新功能 19.5.3 实战：**设置数据透视图的布局样式**

实例门类	软件功能
教学视频	光盘\视频\第 19 章\19.5.3.mp4

数据透视图和普通图表的组成部分基本相同，也由图表区、图表标题、坐标轴、绘图区、数据系列、网格线和图例等部分组成。但默认情况下创建的数据透视图图表中只包含有图表区、坐标轴、绘图区、数据系列和图例元素，我们可以通过设置数据透视图的布局来添加图表标题等元素，还可以更改各组成部分的位置。

例如，要为更改图表类型后的折线图数据透视图进行布局设置，使创建的数据透视图布局更加符合要求，具体操作如下。

Step01 ❶ 选择数据透视图，❷ 单击【数据透视图工具/设计】选项卡【图表布局】组中的【快速布局】按钮，❸ 在弹出的下拉列表中选择需要的图表布局效果，这里选择【布局 2】选项，如图 19-46 所示。

Step02 经过上步操作，即可重新布局数据透视图。❶ 单击【图表布局】组中的【添加图表元素】按钮，❷ 在弹出的下拉菜单中选择【图表标题】命令，❸ 在弹出的下级子菜单中选

择【无】命令，取消图表标题，如图 19-47 所示。

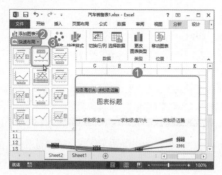

图 19-46

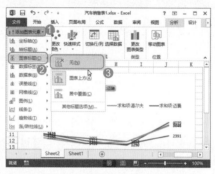

图 19-47

Step03 拖动鼠标光标调整图表的高度，如图 19-48 所示。

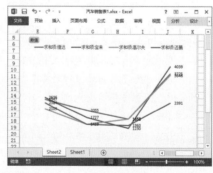

图 19-48

Step04 ❶ 单击【添加图表元素】按钮，❷ 在弹出的下拉菜单中选择【坐标轴】命令，❸ 在弹出的下级子菜单中选择【主要纵坐标轴】命令，如图 19-49 所示。

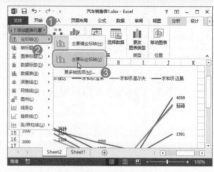

图 19-49

Step05 ❶ 单击【添加图表元素】按钮，❷ 在弹出的下拉菜单中选择【线条】命令，❸ 在弹出的下级子菜单中选择【垂直线】命令，如图 19-50 所示。

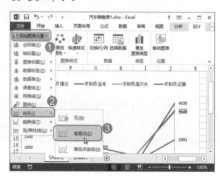

图 19-50

Step06 ❶ 单击【添加图表元素】按钮，❷ 在弹出的下拉菜单中选择【数据标签】命令，❸ 在弹出的下级子菜单中选择【数据标注】命令，如图 19-51 所示。

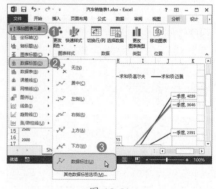

图 19-51

Step07 ❶ 单击【添加图表元素】按钮，❷ 在弹出的下拉菜单中再次选

择【数据标签】命令，③ 在弹出的下级子菜单中选择【其他数据标签选项】命令，如图 19-52 所示。

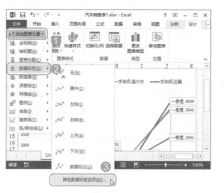

图 19-52

Step⑧ 显示出【设置数据标签格式】任务窗格，① 单击【标签选项】选项卡，② 单击【标签选项】按钮 ，③ 依次选择透视图表中的各数据标签，④ 在【标签选项】栏中的【标签包括】区域取消选中【类别名称】复选框，如图 19-53 所示。

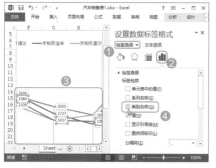

图 19-53

Step⑨ 拖动鼠标光标依次调整各数据标签的位置，使其不遮挡折线的显示效果，如图 19-54 所示。

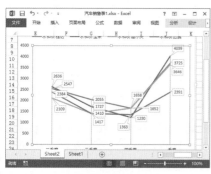

图 19-54

技能拓展——更改数据透视图中的汇总计算方式

创建数据透视图/表后，更改数据透视图/表的汇总计算方式，可以在数据透视图上进行更改，也可以在数据透视表中更改，其方法相同。

★ 新功能 19.5.4 实战：筛选数据透视图的显示数据

实例门类	软件功能
教学视频	光盘\视频\第 19 章\19.5.4.mp4

默认情况下创建的数据透视图中，会根据数据字段的类别不同，显示出相应的【报表筛选字段按钮】【图例字段按钮】【坐标轴字段按钮】和【值字段按钮】，单击这些按钮中带 图标的按钮时，在弹出的下拉菜单中可以对该字段数据进行排序和筛选，从而有利于对数据进行直观的分析。

下面，通过使用数据透视图中的筛选按钮为产品库存表中的数据进行分析，具体操作如下。

Step① 打开"光盘\素材文件\第 19 章\产品库存表 3.xlsx"文件，① 复制【畅销款】工作表，并重命名为【新款】，② 单击图表中的【款号】按钮，③ 在弹出的列表框中选中最后两项对应的复选框，④ 单击【确定】按钮，如图 19-55 所示。

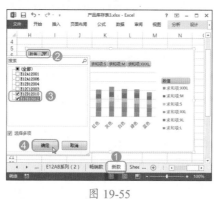

图 19-55

Step② 经过上步操作，即可筛选出相

应款号的产品数据，① 单击图表左下角的【颜色】按钮，② 在弹出的下拉菜单中仅选中【粉红色】和【红色】复选框，③ 单击【确定】按钮，如图 19-56 所示。

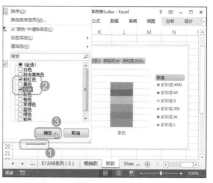

图 19-56

Step③ 经过上步操作，即可筛选出这两款产品中的红色和粉红色数据，再次单击图表中的【颜色】按钮，在弹出的下拉菜单中选择【升序】命令，如图 19-57 所示。

图 19-57

Step④ 经过上步操作，即可对筛选后的数据进行升序排列，效果如图 19-58 所示。

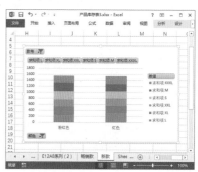

图 19-58

★ **新功能 19.5.5 实战：美化数据透视图**

实例门类	软件功能
教学视频	光盘\视频\第 19 章\19.5.5.mp4

在数据透视图中也可以像普通图表一样为其设置图表样式，让数据透视图看起来更加美观。用户可以为数据透视图快速应用不同的 Excel 预定义图表样式，也可以自定义数据透视图样式。快速美化数据透视图的具体操作如下。

> **技术看板**
>
> 如果需要分别设置数据透视图中各个元素的样式，可以在数据透视图中选择需要设置的图表元素，然后在【数据透视图工具 / 格式】选项卡中进行设置，包括设置数据透视图的填充效果、轮廓效果、形状样式、艺术字样式、排列方式以及大小等。

Step01 ❶ 选择【新款】工作表中的数据透视图，❷ 单击【数据透视图工具 / 设计】选项卡【图表样式】组中的【快速样式】按钮，❸ 在弹出的下拉列表中选择需要应用的图表样式，即可为数据透视图应用所选图表样式效果，如图 19-59 所示。

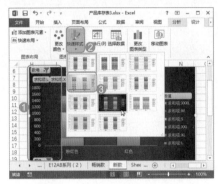

图 19-59

Step02 ❶ 单击【图表样式】组中的【更改颜色】按钮，❷ 在弹出的下拉列表中选择要应用的色彩方案，即可为数据透视图中的数据系列应用

所选配色方案，如图 19-60 所示。

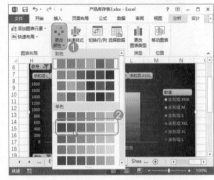

图 19-60

19.6 使用切片器

要对数据透视图表按指定字段进行筛选，默认的方法是通过筛选功能，虽然这种方法有效，但不够方便。不过，Excel 提供了切片器。读者可通过插入切片器来随心控制数据透视图表的数据显示。

★ **重点 19.6.1 实战：在销售表中创建切片器**

实例门类	软件功能
教学视频	光盘\视频\第 19 章\19.6.1.mp4

例如，要在数据透视表中插入【商品类别】切片器来控制数据透视表的显示，具体操作如下。

Step01 打开"光盘\素材文件\第 19 章\家电销售 .xlsx"文件，❶ 在数据透视表中选择任一单元格，❷ 单击【数据透视表工具 / 分析】选项卡【筛选】组中的【切片器】按钮，如图 19-61 所示。

图 19-61

Step02 打开【插入切片器】对话框，❶ 选中需要插入切片器的复选框，这里选中【商品类别】复选框，❷ 单击【确定】按钮，如图 19-62 所示。

图 19-62

Step03 系统自动在表格中插入【商品类别】的切片器（要删除插入的切片器，可选择切片器，按【Delete】键

将其删除），效果如图 19-63 所示。

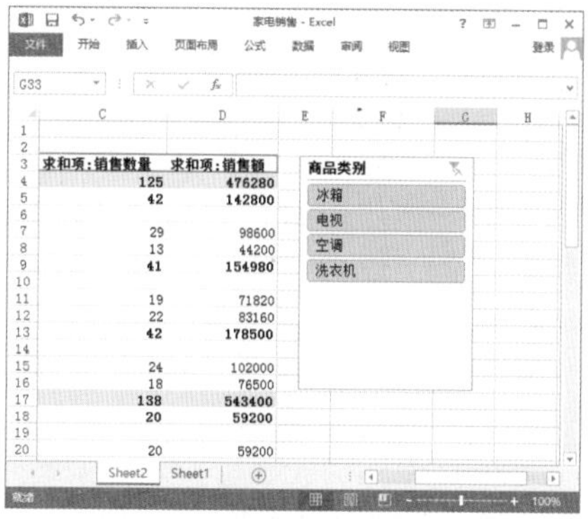

图 19-63

19.6.2　实战：设置切片器样式

实例门类	软件功能
教学视频	光盘\视频\第 19 章\19.6.2.mp4

Excel 2013 还为切片器提供了预设的切片器样式，使用切片器样式可以快速更改切片器的外观，从而使切片器更突出、更美观。美化切片器的具体操作如下。

❶ 选择工作表中的【款号】切片器，❷ 单击【切片工具 / 选项】选项卡【切片器样式】组中的【快速

样式】按钮，❸ 在弹出的下拉列表中选择需要的切片器样式，如图 19-64 所示。

图 19-64

19.6.3　使用切片器控制数据透视图表显示

在数据透视图表中插入切片器不是用来作为一种装饰，用户可使用它来控制数据透视图表的数据集筛选，帮助用户快速查阅相应的数据信息。

例如，通过切片器让家电销售分析透视图中只显示电视数据图形。其方法非常简单，只需在切片器中单击相应的形状，如单击【电视】形状，在数据透视图表中及时筛选出对应的

数据，如图 19-65 所示。

图 19-65

> **技术看板**
>
> 在切片器中单击【多选】按钮进入多选模式，在切片器中单击筛选形状，系统自动会将单击形状对应的数据全部筛选出来。

妙招技法

通过前面知识的学习，相信读者已经掌握了数据透视表、数据透视图和切片器的基本操作了。下面结合本章内容，给大家介绍一些实用技巧。

技巧 01：更改数据透视表的数据源

教学视频	光盘\视频\第 19 章\技巧01.mp4

如果需要分析的数据透视表中的源数据选择出错，可以像更改图表的源数据一样进行更改，具体操作如下。

Step01 打开"光盘\素材文件\第 19 章\订单统计 .xlsx"文件，❶ 选中【Sheet1】工作表中数据透视表中的任意单元格，❷ 单击【数据透视表工

具 / 分析】选项卡【数据】组中的【更改数据源】按钮，如图 19-66 所示。

图 19-66

> **技术看板**
>
> 数据透视表和数据透视图中的数据也可以像设置单元格数据一样设置各种格式，如颜色和字体等。

Step02 打开【更改数据透视表数据源】对话框，❶ 拖动鼠标重新选择【表 / 区域】参数框中的单元格区域为需要进行数据透视的数据区域，❷ 单击【确定】按钮，如图 19-67 所示。

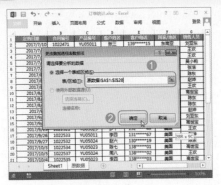

图 19-67

Step 03 经过上步操作，数据透视表中的透视区域会更改为设置后的数据源区域，同时可能改变汇总的结果，如图 19-68 所示。

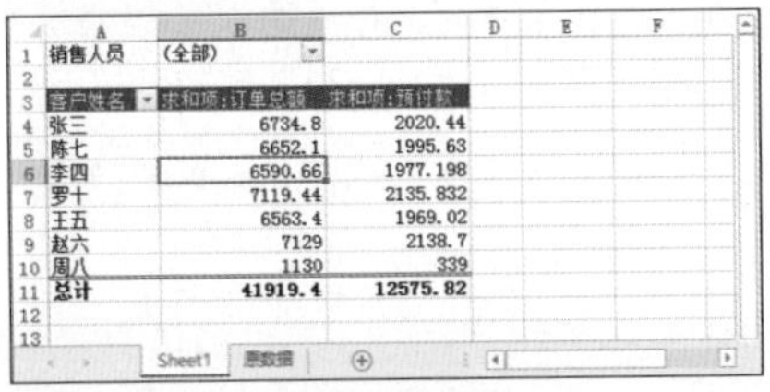

图 19-68

技巧 02：手动刷新数据透视表

教学视频	光盘\视频\第 19 章\技巧 02.mp4

默认状态下，Excel 不会自动刷新数据透视表和数据透视图中的数据。即当我们更改了数据源中的数据时，数据透视表和数据透视图不会随之发生改变。此时必须对数据透视表和数据透视图中的数据进行刷新操作，以保证这两个报表中显示的数据与源数据同步。

如果需要手动刷新数据透视表中的数据源，可以在【数据透视表工具/选项】选项卡的【数据】组中单击【刷新】按钮，具体操作如下。

Step 01 ❶ 选择数据透视表源数据所在的工作表，这里选择【原数据】工作表，❷ 修改作为数据透视表源数据区

域中的任意单元格数据，这里将 I10 单元格中的数据修改为【2500】，如图 19-69 所示。

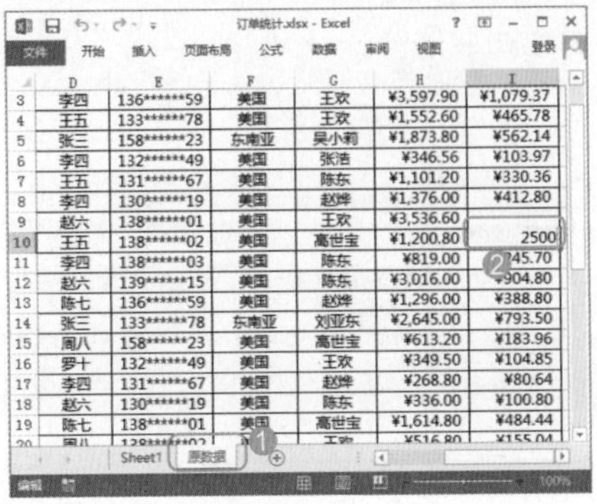

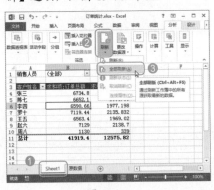

图 19-69

Step 02 ❶ 选择数据透视表所在工作表，可以看到其中的数据并没有根据源数据的变化而发生改变，❷ 单击【数据透视表工具/分析】选项卡【数据】组中的【刷新】按钮，❸ 在弹出的下拉列表中选择【全部刷新】选项，如图 19-70 所示。

图 19-70

Step 03 经过上步操作，即可刷新数据透视表中的数据，同时可以看到相应单元格的数据变化，如图 19-71 所示。

图 19-71

技巧 03：设置数据透视表选项

教学视频	光盘\视频\第 19 章\技巧 03.mp4

上一技巧中我们讲解了手动刷新数据的方法，实际上，我们还可以指定在打开包含数据透视表的工作簿时自动刷新数据透视表。该项设置需要在【数据透视表选项】对话框中完成。

【数据透视表选项】对话框专门用于设置数据透视表的布局和格式、汇总和筛选、显示、打印和数据等。下面，为【订单统计】工作簿中的数据透视表进行选项设置，具体操作如下。

Step 01 ❶ 选中数据透视表中的任意单元格，❷ 单击【数据透视表工具/分析】选项卡【数据透视表】组中的【选项】按钮，❸ 在弹出的下拉列表中选择【选项】选项，如图 19-72 所示。

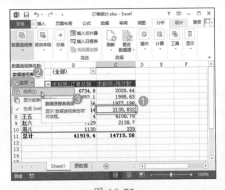

图 19-72

Step 02 打开【数据透视表选项】对话框，❶ 单击【布局和格式】选项卡，❷ 在【格式】栏中取消选中【对于空单元格，显示】复选框，如图 19-73 所示。

Step 03 ❶ 单击【数据】选项卡，❷ 在【数据透视表数据】栏中选中【打开文件时刷新数据】复选框，如图 19-74 所示。

图 19-73

图 19-75

设置的参数看不到明显的效果，只是在操作过程中都应用了这些设置，用户应该可以感受到。

图 19-77

技巧04：在数据透视表中查看明细数据

默认情况下，数据透视表中的数据是汇总数据，用户可以在汇总数据上双击鼠标，显示明细数据进行查看，具体操作如下。

Step 01 在需要查看的金额上双击，这里双击 B12 单元格，如图 19-78 所示。

图 19-78

图 19-74

图 19-76

Step 04 ❶ 单击【显示】选项卡，❷ 在【显示】栏中选中【经典数据透视表布局（启用网格中的字段拖放）】复选框，如图 19-75 所示。

Step 05 ❶ 单击【汇总和筛选】选项卡，❷ 在【筛选】栏中选中【每个字段允许多个筛选（A）】复选框，如图 19-76 所示，❸ 单击【确定】按钮关闭该对话框。

技能拓展——打开【数据透视表选项】对话框的其他方法

在数据透视表中单击鼠标右键，在弹出的快捷菜单中选择【数据透视表选项】命令，也可以打开【数据透视表选项】对话框。

Step 06 返回工作表中可以看到数据透视表按照经典数据透视表进行了布局，效果如图 19-77 所示，还有一些

Step 02 此时，即可根据选择的汇总数据生成新的数据明细表，明细表中显示了汇总数据背后的明细数据，效果如图 19-79 所示。

图 19-79

技巧 05：删除数据透视表

创建数据透视表后，如果对其不满意，可以删除原有数据透视表后再创建新的数据透视表，如果只是对其中添加的字段不满意，可以单独进行删除。下面分别讲解删除的方法。

1. 删除数据表透视表中的字段

要删除数据透视表中的某个字段，可以通过以下几种方法实现。

→ 通过快捷菜单删除：在数据透视表中选择需要删除的字段名称，并在其上单击鼠标右键，在弹出的快捷菜单中选择【删除字段】命令。

→ 通过字段列表删除：在【数据透视表字段】任务窗格中的【字段列表】列表框中取消选中需要删除的字段名称对应的复选框。

→ 通过菜单删除：在【数据透视表字段】任务窗格下方的各列表框中单击需要删除的字段名称按钮，在弹出的下拉菜单中选择【删除字段】命令。

2. 删除整个数据透视表

如果需要删除整个数据透视表，可先选择整个数据透视表，然后按【Delete】键进行删除。如果只想删除数据透视表中的数据，则可单击【数据透视表工具 / 分析】选项卡的【操作】组中的【清除】按钮，在弹出的下拉菜单中选择【全部清除】命令，将数据透视表中的数据全部删除。

本章小结

本章主要介绍了 Excel 2013 中如何使用数据透视图表对数据进行透视分析，同时，借助于切片器进行数据的显示控制，起到辅助的作用。读者在学习本章知识时，重点就是要掌握如何透视数据。使用数据透视表 / 图时，只有清晰地知道最终要实现的效果并找出分析数据的角度，再结合数据透视表 / 图的应用，才能对同一组数据进行各种交互显示效果，从而发现潜在的问题和规律。

第 4 篇　PPT 办公应用

PowerPoint 是用于制作和演示幻灯片的软件,被广泛应用到职场办公及生活领域中。例如,PPT 可以帮你说服客户,达成一次商务合作;PPT 可以帮你吸引学生,完成一堂生动易懂的课程;月初时,可以用 PPT 帮你做计划汇报;年终时,可以用 PPT 帮你做述职汇报;如果你在找工作,PPT 可以帮你赢得 HR 的倾心;如果你在开网店,PPT 可以帮你做广告;如果你即将结婚,PPT 可以帮你搞气氛……这就是 PPT 的强大功能与作用。

但是,要想通过 PowerPoint 制作出优秀的 PPT,并没有那么简单。它不仅需要用户掌握 PowerPoint 软件相关的基础操作知识,还需要用户掌握一些设计知识,如排版、布局和配色等,本篇将对此进行讲解。

第 20 章　PPT 设计与制作的经验之谈

> ➡ 如何设计 PPT,才能吸引观众的注意力?
> ➡ 想知道别人的漂亮设计都是怎样做出来的?
> ➡ 如何使 PPT 拥有一个好的配色方案?
> ➡ 常见的 PPT 版式布局就那些,来看看本章帮你归纳的那些效果吧,说不定你的设计灵感就有了。
> ➡ 文字、图片和图表在 PPT 排版中如何设计更具吸引力?

合理的设计与布局,可以让制作的 PPT 更具吸引力。本章我们将介绍一些关于 PPT 设计与布局的基础知识,包括如何设计 PPT、点线面的构成、常见的 PPT 布局样式、PPT 对象的布局设计等。这些知识非常实用,大家在具体的 PPT 制作中只要做好知行合一,便可以收获一份漂亮的 PPT。

20.1　了解 PPT 制作的五大原则

制作 PPT 时盲目添加内容,容易造成主题混乱,让人无法抓住重点。读者在制作 PPT 时必须要遵循一些制作原则,才可能制作出一个好的 PPT。

20.1.1 主题要明确

无论 PPT 的内容多么丰富，最终的目标都是体现 PPT 的主题思想。所以，在制作之初就要先确定好 PPT 的主题。只有确定好 PPT 主题后，才能确定 PPT 中要添加的内容以及采用什么形式讲解 PPT 等。说得更简单一点，就是在制作 PPT 之前我们要弄明白为什么要做 PPT，制作它的最终目的是什么？

在确定 PPT 主题时，我们还需要注意，一个 PPT 只允许拥有一个主题，如果有多个主题，很难确定 PPT 的中心思想，导致观众不能明白 PPT 所要传递的重点内容，所以，我们在确定 PPT 主题时，一定要坚持"一个 PPT 一个主题"的原则。

主题确定后，在 PPT 的制作过程中还需要注意以下三个方面，才能保证表达的是一个精准无误、鲜明、突出的主题。

➡ 明确中心，切实有料。在填充 PPT 内容时，一定要围绕已经确定好的中心思想进行。内容一定要是客观事实，能有效说明问题，引人深思，切忌让 PPT 变得空洞。

➡ 合理选材，彰宗显旨。在选择 PPT 素材时，一定要考虑所选素材对说明 PPT 主题是否有帮助，尽量选择本身就能体现 PPT 主题的素材，切记"宁少勿滥"。

➡ 精准表达，凸显中心。这一点主要体现在对素材加工方面，无论是对文字的描述，还是图片的修饰，又或者是动画的使用都要符合主题需要，否则就会变得华而不实。

20.1.2 逻辑要清晰

一个好的 PPT 必定有一个非常清晰的逻辑。只有逻辑清晰、严密，

才能让制作出的 PPT 内容更具吸引力，让观众明白并认可你的 PPT。而要想使制作的 PPT 逻辑清晰，首先要围绕确定的主题展开多个节点，然后仔细推敲每一个节点内容是否符合主题，再将符合主题的节点按照 PPT 构思过程中所列的大纲或思维导图罗列为大纲，接着再从多个方面思考节点之间的排布顺序、深浅程度、主次关系等，最后再从这些方面进行反复检查、确认，以保证每一部分的内容逻辑无误。如图 20-1 所示先将内容分为五大点，然后再将每大点分为多个小点进行讲解。

图 20-1

20.1.3 结构要完整

每个故事都有一个完整的故事情节，PPT 也一样，不仅要求 PPT 整体的外在形式结构完整，更重要的还包括内容结构的完整。一个完整的 PPT 一般由封面、序言、目录、过渡页、内容页、封底 6 个组成部分，如图 20-2 所示。其中封面、内容页、封底（结束页）是一份 PPT 必不可少的部分；序言、目录、过渡页主要用于内容较多的 PPT，所以，可以根据 PPT 内容的多少来决定。

图 20-2

20.1.4 内容要简明

PPT 虽然和 Word 文档和 PDF 文档有些相似的地方，但是它并不能像这些文档一样，一味地堆放内容。人们之所以会选择用 PPT 来呈现内容，是因为 PPT 的使用可以节省会议时间、提高演讲水平、清楚展示主题。所以，PPT 的制作一定要使内容简洁、重点突出，这样才能有效地抓住观众的眼球，提高展示效率。

20.1.5 整体要统一

在制作幻灯片时，不仅要求幻灯片中的内容完整，还要求整个幻灯片中的布局、色调、主题等都要统一。在设计幻灯片时，PPT 中每张幻灯片的布局，如字体颜色、字体大小等都要统一，而且幻灯片中采用的颜色尽量使用相近色和相邻色，尤其是在使用版式相同（即布局一致）的幻灯片时，相对应的板块一定要颜色一致，这样整体看起来会比较统一、协调，便于观众更好地查看和接受传递的信息，如图 20-3 所示。

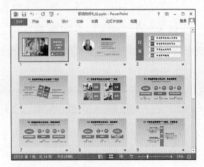

图 20-3

20.2　PPT 素材的搜集与整理

制作 PPT 时，经常会用到很多素材，如图片、字体、模板、图示等，不同的素材会为 PPT 提供不同的视觉感受，所以，素材的搜集、挑选和整理，对于制作优秀的 PPT 来说非常重要。本节将对 PPT 素材的搜集、挑选和整理的相关知识进行讲解。

20.2.1　搜集素材

PPT 中需要的素材很大部分都是借助互联网进行搜集的，但要在互联网中搜索到好的素材，就需要知道搜集素材的一些渠道，这样不仅能收集到好的素材，还能提高工作效率。

1. 强大的搜索引擎

要想在海量的互联网信息中快速准确地搜索到需要的 PPT 素材，搜索引擎是必不可少的，它在通过互联网搜索信息的过程中扮演着一个重要角色。常用的搜索引擎有百度、360 和搜狗等。

搜索引擎主要是通过输入的关键字来进行搜索，所以，要想精准地搜索到需要的素材，那么输入的关键字必须准确，如在百度搜索引擎中搜索"上升箭头"相关的图片，可先打开百度（https://www.baidu.com/），在搜索框中输入关键字"上升箭头图片"，单击【百度一下】按钮，即可在互联网中进行搜索，并在页面中显示搜索的结果，如图 20-4 所示。

图 20-4

技术看板

如果输入的关键字不能准确搜索到需要的素材，那么可重新输入其他关键字，或多输入几个不同的关键字进行搜索。

2. 专业的 PPT 素材网站

在网络中提供了很多关于 PPT 素材资源的一些网站，用户可以借鉴或使用 PPT 网站中提供的一些资源，以帮助自己制作更加精美、专业的 PPT 效果。常用的 PPT 素材网站介绍如下。

➜ 微软 OfficePLUS：微软 OfficePLUS（http://www.officeplus.cn/）是微软 Office 官方在线模板网站，该网站不仅提供了 PPT 模板，还提供了很多精美的 PPT 图表，而且提供的 PPT 模板和图表都是免费的，可以下载直接修改使用，非常方便，如图 20-5 所示。

图 20-5

➜ 锐普 PPT：锐普（http://www.rapidppt.com/）是目前提供 PPT 资源最全面的 PPT 交流平台之一，拥有强大的 PPT 创作团队，制作的 PPT 模板非常美观且实用，受到众

多用户的推崇。而且该网站不仅提供了不同类别的 PPT 模板、PPT 图表和 PPT 素材等（如图 20-6 所示），还提供了 PPT 教程和 PPT 论坛，以供 PPT 爱好者学习和交流。

图 20-6

➜ 扑奔网：扑奔网（http://www.pooban.com/）是一个集 PPT 模板、PPT 图表、PPT 背景、矢量素材、PPT 教程、资料文档等于一体的高质量 Office 文档资源在线分享平台（如图 20-7 所示），而且拥有 PPT 论坛，从论坛中不仅可以获得很多他人分享的 PPT 资源，还能认识很多 PPT 爱好者，和他们一起交流学习。

图 20-7

➜ 三联素材网：三联素材网（http://www.3lian.com/sucai/）提供了素材资源，包括矢量图、高清图、psd 素材、PPT 模板、网页模板、图标、Flash 素材和字体下载等多个

资源模块，虽然在 PPT 方面只提供了模板，但该网站中提供的字体、矢量图、高清图等在制作 PPT 的过程中经常使用到，而且该网站提供的很多图片类型丰富，所以，对制作 PPT 来说，也是一个非常不错的交流平台，如图 20-8 所示。

图 20-8

20.2.2 整理素材

对于搜罗的素材，经常会遇到文本素材语句不通顺、有错别字、图片和模板素材有水印等情况，所以，对于 PPT 收集来的素材，还需要对其进行加工，以提升 PPT 的整体质量。

1. 文本内容太啰唆

如果 PPT 中需要的文本素材是从网上复制过来的，那么，就需要对文本内容进行检查和修改，因为网页中复制的文本内容并不能保证 100% 正确。

PPT 中能承载的文字内容有限，所以，每张幻灯片中包含的文字内容不宜太多，如果文字内容较多，还需要对文本内容进行梳理、精简，使其变成自己的语句，以便更好地传递信息。如图 20-9 所示为直接复制文本粘贴到幻灯片中的效果；如图 20-10 所示为修改、精简文字内容后的效果。

图 20-9

图 20-10

2. 图片有水印

网上的图片虽然多，但很多图片都有网址、图片编号等水印，有些图片还有一些说明文字，如图 20-11 所示。因此，下载后并不能直接使用，需要将图片中的水印删除，并将图片中不需要的文字也删除，如图 20-12 所示，这样制作的 PPT 才显得更专业。

图 20-12

3. 模板有 LOGO

网上提供的 PPT 模板很多，而且进行了分类，用起来非常方便，但网上下载的模板很多都带有制作者、LOGO 等水印，如图 20-13 所示。所以，下载的模板并不能直接使用，需要将不要的 LOGO 删除，或对模板中的部分对象进行简单的编辑，将其变成自己的，这样编辑后的 PPT 模板才更能满足需要，如图 20-14 所示。否则，会降低 PPT 的整体效果。

图 20-13

图 20-14

4. 图示颜色与 PPT 主题不搭配

在制作 PPT 的过程中，为了使幻灯片中的内容结构清晰，便于记忆，经常会使用一些图示来展示幻灯片中的内容。但一般都不会自己制作图示，而是从 PPT 网站中下载需要的图示。

从网上下载图示时，可以根据幻灯片中内容的层次结构来选择合适的图示，但网上下载的图示颜色都是根据当前的主题色来决定的，所以，下载的图示颜色可能与当前演示文稿的主题不搭配，这时就需要根据 PPT 当前的主题色来修改图示的颜色，这样才能使图示与 PPT 主题融为一体，图 20-15 所示为原图示效果，图 20-16 所示为修改颜色后的图示效果。

图 20-16

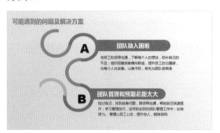

图 20-15

20.3　PPT 的正确配色

如果说内容是 PPT 的灵魂，那么颜色就是 PPT 的生命。颜色对于 PPT 来说不仅仅是为了美观，颜色同样是一种内容，它可以向观众传达不同的信息，或者是强化信息体现。要搭配出既不失美观又不失内涵的颜色，读者需要先了解颜色的基本知识，再根据配色"公式"、配色技巧，快速搭配出合理的幻灯片颜色。

20.3.1　色彩的分类

认识颜色的分类有助于 PPT 设计时快速选择符合实际需求的配色。颜色的分类是根据不同颜色在色相环中的角度来定义的。所谓色相，说通俗点，就是什么颜色，是不同色彩的区分标准，如红色、绿色、蓝色等。

色相环根据中间色相的数量，可以做成十色相、十二色相或二十四色相环。如图 20-17 所示，是十二色相环，而图 20-18 所示，是二十四色相环。

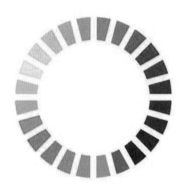

图 20-18

在色相环中，颜色与颜色之间形成一定的角度，利用角度的大小可以判断两个颜色属于哪个分类的颜色，从而正确地选择配色，是不同角度的颜色分类。

颜色之间角度越小则越相近、和谐性越强，对比越不明显。角度小的颜色适合用在对和谐性、统一性要求高的页面或页面元素中。

角度越大则统一性越差，对比越强烈。角度大的颜色适合用来对比不同的内容，或者是分别用作背景色与文字颜色，从而较好地突出文字。

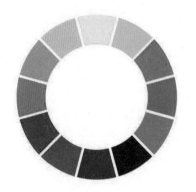

图 20-17

20.3.2　色彩的三要素

每一种色彩都同时具有三种基本属性，即明度、色相和纯度，如图 20-19 所示。

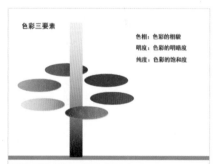

图 20-19

（1）明度。

在无色彩中，明度最高的色为白色，明度最低的色为黑色，中间存在一个从亮到暗的灰色系列。在彩色中，任何一种纯度都有着自己的明度特征。例如，黄色为明度最高的色，紫色为明度最低的色。

明度在三要素中具有较强的独立性，它可以不带任何色相的特征而通过黑白灰的关系单独呈现出来。色相与纯度则必须依赖一定的明暗才能显现，色彩一旦发生，明暗关系就会出现。我们可以把这种抽象出来的明度关系看作色彩的骨骼，它是色彩结构的关键，如图 20-20 所示。

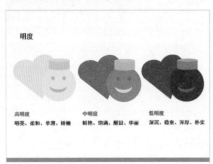

图 20-20

（2）色相。

色相是指色彩的相貌。而色调是对一幅绘画作品的整体颜色的评价。从色相中可以集中反映色调。

色相体现着色彩外向的性格，是色彩的灵魂。如红、橙、黄等色相集中反映为暖色调，蓝绿紫集中反映为冷色调，如图 20-21 所示。

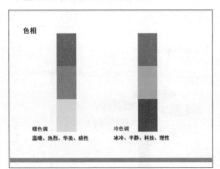

图 20-21

（3）纯度。

纯度指的是色彩的鲜浊成度。

混入白色，鲜艳度降低，明度提高；混入黑色，鲜艳度降低，明度变暗；混入明度相同的中性灰时，纯度降低，明度没有改变。

不同的色相不但明度不等，纯度也不相等。纯度最高为红色，黄色纯度也较高，绿色纯度为红色的一半左右。

纯度体现了色彩内向的品格。同一色相，即使纯度发生了细微的变化，也会立即带来色彩性格的变化，如图 20-22 所示。

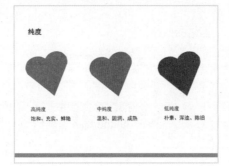

图 20-22

★ 重点 20.3.3　色彩的搭配原则

色彩搭配是 PPT 设计中的主要一环。正确选取 PPT 主色，准确把握视觉的冲击中心点，同时，还要合理搭配辅助色减轻其对观看者产生的视觉疲劳度，起到一定量的视觉分散的效果。

（1）使用预定义的颜色组合。

在 PPT 中可以使用预定义的具有良好颜色组合的颜色方案来设置演示文稿的格式。

一些颜色组合具有高对比度以便于阅读。例如，下列背景色和文字颜色的组合就很合适：紫色背景绿色文字、黑色背景白色文字、黄色背景紫红色文字，以及红色背景蓝绿色文字，如图 20-23 所示。

图 20-23

如要使用图片，请尝试选择图片中的一种或多种颜色用于文字颜色，使之产生协调的效果，如图 20-24 所示。

图 20-24

（2）背景色选取原则。

选择背景色的一个原则是，在选择背景色的基础上选择其他三种文字颜色以获得最强的效果。

可以同时考虑使用背景色和纹理。有时具有恰当纹理的淡色背景比纯色背景具有更好的效果，如图 20-25 所示。

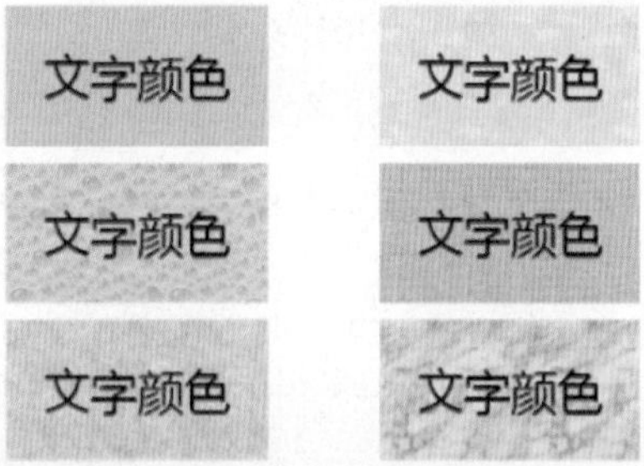

文字颜色　文字颜色
文字颜色　文字颜色
文字颜色　文字颜色

图 20-25

如果使用多种背景色，请考虑使用近似色；构成近似色的颜色可以柔和过渡并不会影响前景文字的可读性。你可以通过使用补色进一步突出前景文字。

（3）颜色使用原则。

不要使用过多的颜色，避免使观众眼花缭乱。相似的颜色可能产生不同的作用；颜色的细微差别可能使信息内容的格调和感觉发生变化，如图 20-26 所示。

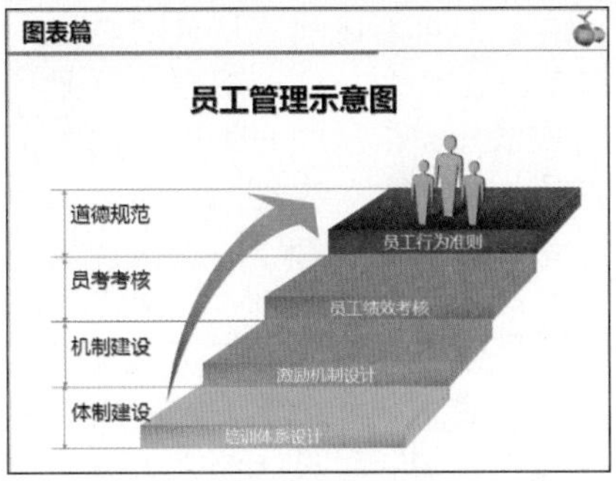

图 20-26

使用颜色可表明信息内容间的关系，表达特定的信息或进行强调。一些颜色有其特定含义。

例如，红色表示警告或重点提示，而绿色表示认可。可使用这些相关颜色表达您的观点，如图20-27所示。

图 20-27

（4）注重颜色的可读性。

根据不同的调查显示，5%~8%的人有不同程度的色盲，其中红绿色盲为大多数。因此，请尽量避免使用红色绿色的对比来突出显示内容。

避免仅依靠颜色来表示信息内容，应做到让所有用户，包括盲人和视觉稍有障碍的人都能获取所有信息。

★ 重点 20.3.4　色彩选择的注意事项

PPT配色时，有的颜色搭配纵然美观，却不符合观众的审美需要，因此在选择颜色时，制作者要站在观众的角度、行业的角度去考虑问题，分析色彩选择是否合理。

1. 注意观众的年龄

不同年龄段的观众有不同的颜色喜好，通常情况下，年龄越小的观众越喜欢鲜艳的配色，年龄越大的观众越喜欢严肃、深沉的配色。

在设计幻灯片时，根据观众年龄的不同，更换颜色后就可以快速得到另一种风格，如图20-28和图20-29所示，分别是对年龄较大和年龄较小的观众看的幻灯片页面。

图 20-28

图 20-29

2. 注意行业的不同

不同行业有不同的代表颜色，在给PPT配色时要注意目标行业是什么。这是因为不少行业在长期发展的过程中，已经具有一定的象征色，只要看到这个颜色就能让观众联想到特定的行业，如红色，会让人想到政府机关、黄色会让人想到金融行业。除此之外，颜色会带给人不同的心理效应，制作者需要借助颜色来强化PPT的宣传效果。

20.4　PPT的页面布局要素

专业的PPT往往在色彩搭配上恰到好处，既能着重突出主体，又能在色彩上达到深浅适宜、一目了然的效果。下面我们就来了解和掌握一些PPT配色的相关知识。

★ 重点 20.4.1　点、线、面的构成

点、线、面是构成视觉空间的基本元素，是表现视觉形象的基本设计语言。PPT设计实际上就是如何经营好三者的关系，因为不管是视觉形象或者版式构成，都可以归纳为点、线和面。下面介绍点、线、面的构成。

1. 点

点是相对线和面而存在的视觉元素，一个单独而细小的形象就可以称为点，而当页面中拥有不同的点，则会给人带来不同的视觉效果。所以，利用点的大小、形状与距离的变化，便可以设计出富于节奏韵律的页面。如图20-30所示便将水滴作为点的应用发挥得很好，使左侧的矢量图和右侧的文字得到很好的融合。

图 20-30

除此之外，我们可以利用点组成各种各样的具象的和抽象的图形，如图20-31所示。

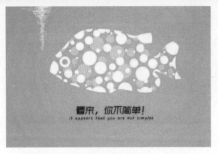

图 20-31

2. 线

点的连续排列构成线，点与点之间的距离越近，线的特性就越显著。线的构成方式众多，不同的构成方式可以带给人不同的视觉感受。线在平面构成中起着非常重要的作用，是设计版面时经常使用的设计元素。

如图 20-32 所示幻灯片中的线起着引导作用，通过页面中的横向直线，会引导我们查看内容的方向是从左到右。

图 20-32

如图 20-33 所示幻灯片中的线起着连接作用，通过线条将多个对象连接起来，使其被认为是一个整体，从而显得有条理。

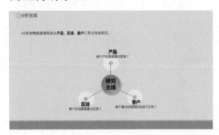

图 20-33

如图 20-34 所示幻灯片中的线起着装饰作用，通过线条可以让版面效果更美观。

图 20-34

3. 面

面是无数点和线的组合，也可以看作线的移动至终结而形成的。面具有一定的面积和质量，占据空间的位置更多，因而相比点和线来说视觉冲击力更大、更强烈。不同形态的面，在视觉上有着不同的作用和特征，面的构成方式众多，不同的构成方式可以带给人不同的视觉感觉，只有合理地安排好面的关系，才能设计出充满美感，兼具艺术性和实用性的 PPT 作品，如图 20-35 所示的幻灯片用色块展示不同内容的模块区域效果，显得很规整。

图 20-35

在 PPT 的视觉构成中，点、线、面既是最基本的造型元素，又是最重要的表现手段，所以，只有合理地安排好点线面的互相关系，才能设计出具有最佳视觉效果的页面。

★ 重点 20.4.2 常见的 PPT 版式布局

版式设计是 PPT 设计的重要组成部分，是视觉传达的重要手段。好的 PPT 布局可以清晰有效地传达信息，并能给观众一种身心愉悦的感觉，尽可能让观众从被动地接受 PPT 内容变为主动去挖掘。下面我们提供几种常见的 PPT 版式供大家欣赏。

➥ 满版型：以图像充满整版为效果，主要以图像为展示，视觉传达直观而强烈。文字配置压置在上下、左右或中部（边部和中心）的图像上，满版型设计给人大方、舒展的感觉，常用于设计 PPT 的封面，如图 20-36 所示。

图 20-36

➥ 中轴型：将整个版面作水平方向或垂直方向排列，这是一种对称的构成形态。标题、图片、说明文与标题图形放在轴心线或图形的两边，具有良好的平衡感，如图 20-37 所示为水平方向排列的中轴型版面。

图 20-37

➥ 上下分割型：将整个版面分成上下两部分，在上半部或下半部配置图片或色块（可以是单幅或多幅），另一部分则配置文字，图片部分感性而有活力，而文字部分则理性而静止，上下分割型案如图 20-38 所示。

图 20-38

➥ 左右分割型：将整个版面分割为左右两部分，分别配置文字和图片。左右两部分形成强弱对比时，会造成视觉心理的不平衡，如图 20-39 所示。

图 20-39

➥ 斜置型：斜置型的幻灯片布局方式是指，在构图时，将主体形象或多幅图像或全部构成要素向右边或左边作适当的倾斜。斜置型可以使视线上下流动，造成版面强烈的动感和不稳定因素，引人注目，如图 20-40 所示。

图 20-40

➥ 棋盘型：在安排这类版面时，需要将版面全部或部分分割成若干等量的方块形态，互相之间进行明显区别，再作棋盘式设计，如图 20-41 所示。

图 20-41

➥ 并置型：将相同或不同的图片作大小相同而位置不同的重复排列，并置构成的版面有比较、解说的意味，给予原本复杂喧闹的版面以秩序、安静、调和与节奏感，如图 20-42 所示。

图 20-42

➥ 散点型：在进行散点型布局时，需要将构成要素在版面上作不规则的排放，形成随意轻松的视觉效果。在布局时要注意统一气氛，进行色彩或图形的相似处理，避免杂乱无章。同时又要主体突出，符合视觉流程规律，这样方能取得最佳诉求效果，如图 20-43 所示。

图 20-43

★ 重点 20.4.3 文字的布局设计

文字是演示文稿的主体，演示文稿要展现的内容以及要表达的思想，主要是通过文字表达出来并让受众接受的。要想使 PPT 中的文字具有阅读性，那么需要对文字的排版布局进行设计，使文字也能像图片一样具有观赏性。

1. 文本字体选用的大原则

极简、扁平化（去掉多余的装饰，让信息本身作为核心凸显出来的设计理念）的风格符合当下大众的审美标准，在手机 UI、网页设计、包装设计……诸多行业设计领域这类风格都比较流行。在辅助演示方面，本来就崇尚简洁的 PPT 设计中，这类风格更成为一种时尚，这样的风格也影响着 PPT 设计在字体选择上趋于简洁。如图 20-44 所示为凡客诚品 2014 年衬衫发布会的 PPT（来源于凡客网），整个 PPT 均采用纤细、简洁的字体。

图 20-44

（1）选无衬线字体，不选衬线字体

传统中文印刷中字体可分为衬线字体和无衬线字体两种。衬线字体（Serif）是在字的笔画开始、结束的地方有额外的装饰，而且笔画的粗细会有所不同的一类字体，比如，宋体、Times new roman。无衬线字体是没有这些额外的装饰，而且笔画的粗细差不多的一类字体，比如，微软雅黑、Arial。

无衬线字体由于粗细较为一致、无过细的笔锋、整饬干净，显示效果往往比衬线字体好，尤其在远距离观看状态下。因此，在设计 PPT 时，无论是标题或正文都应尽量使用无衬线字体。如图 20-45 所示采用的是无衬线字体；如图 20-46 所示采用的是衬线字体。

图 20-45

图 20-46

（2）选拓展字体，不选预置字体。

在安装系统或软件时，往往会提供一些预置的字体，比如 Windows 7 系统自带的微软雅黑字体、office 2016 自带的等线字体等。由于这些系统、软件使用广泛，这些字体也比较普遍，因此在做设计时，使用这些预置的字体往往会显得比较普通，难以让人有眼前一亮的新鲜感。此时我们可以通过网络下载，拓展一些独特的、美观的字体，如图 20-47 所示。

图 20-47

2. 六种经典字体搭配

为了让 PPT 更规范、美观，同一份 PPT 一般选择不超过 3 种字体（标题、正文不同的字体）搭配使用即可。下面是一些经典的字体搭配方案。

（1）微软雅黑（加粗）+ 微软雅黑（常规）。

Windows 系统自带的微软雅黑字体本身简洁、美观，作为一种无衬线字体，显示效果也非常不错。

为了避免 PPT 文件拷贝到其他电脑播放时，出现因字体缺失导致的设计"走样"问题，标题采用微软雅黑加粗字体，正文采用微软雅黑常规字体的搭配方案也是不错的选择，如图 20-48 所示。

图 20-48

（2）方正粗雅宋简体 + 方正兰亭黑简体。

这种字体搭配方案清晰、严整、明确，非常适合政府、事业单位公务汇报等较为严肃场合下的 PPT，如图 20-49 所示。

图 20-49

（3）汉仪综艺体简 + 微软雅黑。

这种字体搭配适合学术报告、论文、教学课件等类型的 PPT 使用，如图 20-50 所示，右侧部分标题采用汉仪综艺体简，正文采用微软雅黑字体，既不失严谨，又不过于古板，简洁而清晰。

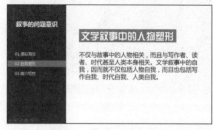

图 20-50

（4）方正兰亭黑体 +Arial。

在设计中添加英文，能有效提升时尚感、国际范，PPT 的设计也一样。

Arial 是 Windows 系统自带的一款不错的英文字体，它与方正兰亭黑体搭配，能够让 PPT 形成现代商务风格，间接展现公司的实力，如图 20-51 所示。

图 20-51

（5）文鼎习字体 + 方正兰亭黑体。

该字体搭配方案适用于中国风类型的 PPT，主次分明，文化韵味强烈。如图 20-52 是中医企业讲述企业文化的一页 PPT。

图 20-52

（6）方正胖娃简体 + 迷你简特细等线体。

该字体搭配方案轻松、有趣，适用于儿童教育、漫画、卡通等轻松场合下的 PPT。图 20-53 所示是儿童节学校组织家庭亲子活动的一页 PPT。

图 20-53

技能拓展——粗细字体搭配

为了突出 PPT 中的重点内容，在为标题或正文段落选用字体时，也可选用粗细搭配，它能快速地在文本段落中显示出重要内容，带来不一样的视觉效果。

3. 大字号的妙用

在 PPT 中，为了使幻灯片中的重点内容突出，让人一眼就能抓住重点，可以对重点内容使用大字号。大字号的使用通常是在正文段落进行，而不是标题。将某段文字以大字号显示后一般还要配上颜色，以进行区分，这样所要表述的观点就能一目了然，快速帮助听众抓住要点，如图 20-54 所示。

图 20-54

4. 段落排版四字诀

有时候做 PPT 可能无法避免某一页上大段文字的情况，为了让这样的页面阅读起来轻松、看起来美观，排版时应注意"齐""分""疏""散"，

分别介绍如下。

➥ 齐：指选择合适的对齐方式。一般情况下，在同一页面下应当保持对齐方式的统一，具体到每一段落内部的对齐方式，还应根据整个页面图、文、形状等混排情况选择对齐方式，使段落既符合逻辑又美观，如图 20-55 所示 PPT 内容为左对齐，来自搜狐网《企鹅智酷：2016 年最新〈微信影响力报告〉》。

图 20-55

➥ 分：指厘清内容的逻辑，将内容分解开来表现，将各段落分开，同一含义下的内容聚拢，以便观众理解。在 PowerPoint 中，并列关系的内容可以用项目符号来自动分解，先后关系的内容可以用编号来自动分解。如图 20-56 所示的推广规划中的每一点都有步骤的先后关系。

图 20-56

➥ 疏：指疏扩段落行距，制造合适的留白，避免文字密密麻麻堆积带来的压迫感。

➥ 散：指将原来的段落打散，在尊

重内容逻辑的基础上，跳出 Word 的思维套路，以设计的思维对各个段落进行更为自由的排版。如图 20-57 所示的正文内容即 Word 思维下的段落版式。如图 20-58 所示为将一个文本框内三段文字打散成三个文本框后的效果。

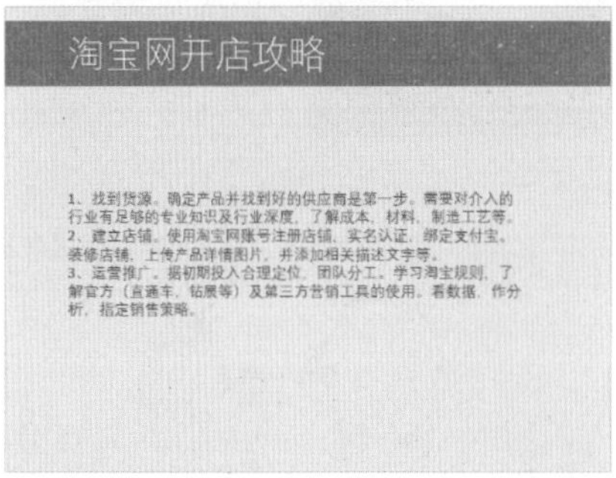

图 20-57

图 20-58

★ 重点 20.4.4 图片的布局设计

相对于长篇大论的文字，图片更有优势，但要通过图片吸引观众的眼球，抓住观众的心，就必须要注意图片在 PPT 中的排版布局，合理的排版布局可以提升 PPT 的整体效果。

1. 巧妙裁剪图片

提到裁剪，很多人都知道这个功能，无非就是选择图片，然后单击【裁剪】按钮，即可一键式地完成。但是要想使图片发挥最大的用处，还需要根据图片的用途巧妙地裁剪图片，如图 20-59 所示是按照原图大小制作的幻灯片效果，而如图 20-60 所示为将图片裁剪放大并删除图片不需

要的部分后制作的幻灯片效果，相对于裁剪前的效果，裁剪后的图片视觉效果更具冲击力。

图 20-59

图 20-60

一般情况下，图片默认为长方形，但是有时候我们需要将图片裁剪成指定的形状，比如圆形、三角形或者六边形，以满足一些特殊的需要，如图 20-61 所示为没有裁剪图片的效果，感觉图片与右上角的形状不搭，而且图片中的文字也看不清楚。

图 20-61

如图 20-62 所示将幻灯片中的图片裁剪成了"流程图：多文档"形状，并对图片的效果进行了简单设置，使幻灯片中的图片和内容看起来更加直观。

图 20-62

2. 图多不能乱

当一页幻灯片上有多张图片时，最忌随意、凌乱。通过裁剪、对齐，让这些图片以同样的尺寸大小整齐地排列，页面干净、清爽，观众看起来更轻松。如图 20-63 所示采用经典九宫格排版方式，每一张图片同样大小。也可将其中一些图片替换为色块，做一些变化。

图 20-63

如图 20-64 所示将图片裁剪为同样大小的圆形整齐排列，针对不同内容，也可裁剪为其他各种形状。

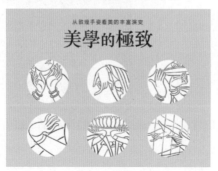

图 20-64

如图 20-65 所示，将图片与形状、线条搭配，在整齐的基础上做出设计感。

图 20-65

但有时图片有主次、重要程度等方面的不同，我们可以在确保页面依然规整的前提下，打破常规、均衡的结构，单独将某些图片放大来排版，如图 20-66 所示。

图 20-66

某些内容我们还可以巧借形状，将图片排得更有造型。如图 20-67 在电影胶片的形状上排 LOGO 图片，图片多的时候还可以让这些图片沿直线路径移动，展示所有图片。

图 20-67

如图 20-68 所示，图片沿着斜上方呈阶梯排版，图片大小变化，呈现更具真实感的透视效果。

如图 20-69 所示，圆弧形图片排版，以"相交"的方法将图片裁剪在圆弧上。在较正式场合、轻松的场合均可使用。

图 20-68

图 20-69

当一页幻灯片上图片非常多时，还可以参考照片墙的排版方式，将图片排出更多花样。图 20-70 所示的心形排版，每一张图可等大，也可大小错落。能够表现亲密、温馨的感觉。

图 20-70

3. 一图当 N 张用

当页面上仅有一张图片时，为了增强页面的表现力，通过多次的图片裁剪、重新着色等，也能排出多张图片的设计感。将猫咪图用平行四边形截成各自独立又相互联系的四张图，表现局部的美，又不失整体的"萌"感。呈现如图 20-71 所示的经典的一大多小结构。

如图 20-72 所示为从一张完整的图片中截取多张并列关系的局部图片共同排版。

图 20-71

图 20-72

如图 20-73 所示为将一张图片复制多份，选择不同的色调分别重新着色排版的效果。

图 20-73

4. 利用 SmartArt 图形排版

如果你不擅排版，那就用 SmartArt 图形吧。SmartArt 本身预制了各种形状、图片排版方式，只需要将形状全部或部分替换填充为图片来，如图 20-74 所示为竖图版式；如图 20-75 所示为蜂巢版式。

图 20-74

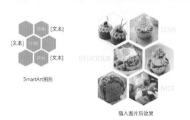

图 20-75

★ 重点 20.4.5 图文混排布局设计

图文混排是指将文字与图片混合排列，是 PPT 排版布局中极为重要的一项技术，它不仅影响着 PPT 的美观度，还影响着信息的传递，所以，合理的布局可以让 PPT 更出彩。

1. 为文字添加蒙版

PPT 中所说的蒙版是指半透明的模板，也就是将一个形状设置为无轮廓半透明状态，在 PPT 排版过程中经常使用。

在图文混排的 PPT 中，当需要突出显示文字内容时，就可为文字添加蒙版，使幻灯片中的文字内容突出显示。如图 20-76 所示为没有为文字添加蒙版的效果；如图 20-77 所示为文字添加蒙版后的效果。

图 20-76

图 20-77

技术看板

蒙版并不局限于文字内容的多少，当幻灯片中的文字内容较多，且文字内容不宜阅读和查看时，也可为文字内容添加蒙版进行突出显示。

2. 专门划出一块空间放置文字

当 PPT 页面中背景图片的颜色较丰富，在图片上放置的文字内容不能查看时，可以根据文字内容的多少将其置于不同的形状中，然后设置好文字和形状的效果，使形状、文字与图片完美地结合在一起。

当幻灯片中的文字内容较少时，可以采用在每个字下面添加色块的方式来使文字更为突出，也可以将所有文字放置在一个色块中进行显示，如图 20-78 所示就是将文字内容放置在圆形色块中显示。

图 20-78

当幻灯片中有大段文字时，可以用更大的色块遮盖图片上重要性稍次的部分进行排版，效果如图 20-79 所示。

图 20-79

3. 虚化文字后面的图片

虚化图片是指将图片景深变浅，以凸显图片上的文字或图片中的重要部分。图 20-80 所示为没有虚化图片的幻灯片效果，图 20-81 所示为虚化图片后的幻灯片效果。

图 20-80

图 20-81

除了对图片的整体进行虚化外，还可只虚化图片中不重要的部分，将重要的部分凸显出来，如图 20-82 所示。

图 20-82

4. 为图片添加蒙版

在 PPT 页面中除了可通过为文本添加蒙版突出内容外，还可为图片添加蒙版，以降低图片的明亮度，使图片整体效果没那么鲜艳，如图 20-83 所示为没有为图片添加蒙版的效果。

图 20-83

如图 20-84 所示为图片添加蒙版后的效果，凸显出了图片上的文字。

图 20-84

图片中除了可添加和图片相同大小的蒙版外，还可根据需要只为图片中需要的部分添加蒙版，并且一张图片可添加多个蒙版，如图 20-85 所示。

图 20-85

本章小结

本章主要给初学 PPT 的读者讲解了 PPT 设计的相关原则、PPT 素材的搜集与整理方法、PPT 的配色方法，以及 PPT 页面布局与排版的相关要素。通过本章内容的学习，可以给读者打下基础，从整体上认识 PPT 设计的相关要点，以便在后面的 PPT 学习与制作中，更能明白 PPT 的设计方法与流程。

第21章　PPT 幻灯片的基础操作

- ➥ 设计 PPT 时应注意哪些问题？
- ➥ 能不能实现幻灯片背景的多样化填充？
- ➥ 为什么设计幻灯片母版？
- ➥ 如何为演示文稿应用多个幻灯片母版？
- ➥ 演示文稿中不同的幻灯片可以应用不同的幻灯片版式吗？

本章将带你了解如何制作更具吸引力的 PPT 及其相关知识。学会幻灯片的基本操作和设计幻灯片以及幻灯片母版的方法。学习过程中，你还会得到以上问题的答案哦！还等什么？赶快学起来吧！

21.1　幻灯片的基本操作

演示文稿是由多张幻灯片组成的，幻灯片是演示文稿的主体，所以，要想使用 PowerPoint 2013 制作演示文稿，就必须掌握幻灯片的一些基本操作，如新建、移动、复制和删除等。

21.1.1　实战：新建幻灯片

实例门类	软件功能
教学视频	光盘\视频\第21章\21.1.1.mp4

默认情况下，新建的演示文稿中只包含一张标题页幻灯片，但这并不能满足演示文稿的制作需要，这时就需要新建幻灯片。

在 PowerPoint 2013 中既可新建默认版式的幻灯片，也可新建其他版式的幻灯片。

例如，在"公司简介"演示文稿中新建多张不同版式的幻灯片，具体操作如下。

Step01 打开"光盘\素材文件\第21章\公司介绍.pptx"文件，❶ 单击【开始】选项卡【幻灯片】组中的【新建幻灯片】下拉按钮▼，❷ 在弹出的下拉菜单中选择需要新建幻灯片的版式，如选择【仅标题】命令，如图 21-1 所示。

图 21-1

Step02 此时，即可在所选幻灯片下方新建一张只带标题的幻灯片，效果如图 21-2 所示。

图 21-2

Step03 ❶ 选中新建的幻灯片，单击【幻

灯片】组中的【新建幻灯片】下拉按钮▼，❷ 在弹出的下拉菜单中选择【内容和标题】命令，如图 21-3 所示。

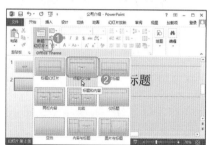

图 21-3

Step04 此时，即可在所选幻灯片下方新建一张带标题和内容占位符的版式，效果如图 21-4 所示。

图 21-4

21.1.2 删除幻灯片

对于演示文稿中多余的幻灯片或无用的幻灯片，为了方便对演示文稿中的幻灯片进行管理，可以将其删除。其方法是：在演示文稿的幻灯片窗格中选择需要删除的幻灯片，然后按【Delete】键或【Backspace】键即可。

★ 重点 21.1.3 移动与复制幻灯片

实例门类	软件功能
教学视频	光盘\视频\第21章\21.1.3.mp4

当制作的幻灯片位置不正确时，可以通过移动幻灯片的方法将其移动到合适位置；而在制作结构与格式相同的幻灯片时，可以直接复制幻灯片，然后对其内容进行修改，以达到快速创建幻灯片的目的。例如，在"员工礼仪培训"演示文稿中移动第8张幻灯片的位置，然后通过复制第1张幻灯片来制作第12张幻灯片，具体操作如下。

Step01 打开"光盘\素材文件\第21章\员工礼仪培训.pptx"文件，在幻灯片窗格中选择第8张幻灯片，将鼠标光标移动到所选幻灯片上，然后按住鼠标左键不放，将其拖动到第10张幻灯片下面，如图21-5所示。

图 21-5

Step02 然后释放鼠标，即可将原来的第8张幻灯片移动到第10张幻灯片下面，并变成第10张幻灯片，效果如图21-6所示。

图 21-6

技术看板

拖动鼠标移动幻灯片时，如按住【Ctrl】键，则表示复制幻灯片。

Step03 选择第1张幻灯片，单击鼠标右键，在弹出的快捷菜单中选择【复制】命令，如图21-7所示。

图 21-7

技术看板

若在弹出的快捷菜单中选择【复制幻灯片】命令，即可在所选幻灯片下方粘贴复制的幻灯片。

Step04 在幻灯片窗格中需要粘贴幻灯片的位置单击鼠标，出现一条红线，表示幻灯片粘贴的位置，如图21-8所示。

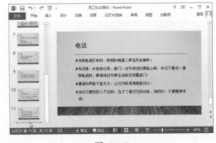

图 21-8

Step05 在该位置单击鼠标右键，在弹出的快捷菜单中选择【粘贴源格式】命令，如图21-9所示。

图 21-9

Step06 即可将复制的幻灯片粘贴到该位置，然后对幻灯片中的内容进行修改即可，效果如图21-10所示。

图 21-10

21.1.4 实战：更改幻灯片版式

实例门类	软件功能
教学视频	光盘\视频\第21章\21.1.4.mp4

对于演示文稿中幻灯片的版式，用户也可以根据幻灯片中的内容对幻灯片版式进行更改，使幻灯片中内容的排版更合理。

例如，继续上例操作，对"企业介绍"演示文稿中部分幻灯片的版式进行修改，具体操作如下。

Step01 打开"光盘\素材文件\第21章\企业介绍.pptx"文件，❶选择需要更改版式的幻灯片，如选中第12张幻灯片，❷单击【开始】选项卡【幻灯片】组中的【版式】按钮，❸在弹出的下拉菜单中选择需要的版式，如选择【1-标题和内容】命令，如图21-11所示。

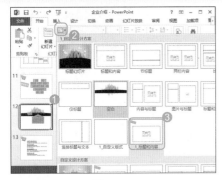

图 21-11

Step02 即可将所选版式应用于幻灯片，然后删除幻灯片中多余的占位符，效果如图 21-12 所示。

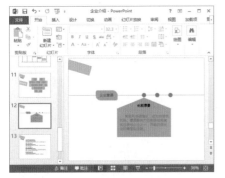

图 21-12

Step03 ❶ 选择第 14 张幻灯片，❷ 单击【开始】选项卡【幻灯片】组中的【版式】按钮，❸ 在弹出的下拉菜单中选择【标题幻灯片】命令，如图 21-13 所示。

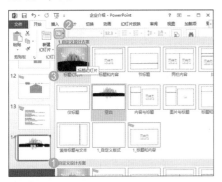

图 21-13

Step04 即可将所选版式应用于幻灯片，然后删除幻灯片中多余的占位符，并将【谢谢】移动到黑色背景上，效果如图 21-14 所示。

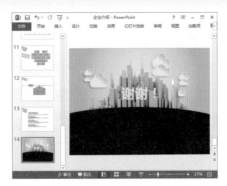

图 21-14

★ **重点 21.1.5 实战：使用节管理员工礼仪培训幻灯片**

实例门类	软件功能
教学视频	光盘\视频\第 21 章\21.1.5.mp4

当演示文稿中的幻灯片较多时，为了厘清幻灯片的整体结构，可以使用 PowerPoint 2013 提供的节功能对幻灯片进行分组管理。

例如，对"员工礼仪培训 1"演示文稿进行分节管理，具体操作如下。

Step01 打开"光盘\素材文件\第 21 章\员工礼仪培训 1.pptx"文件，❶ 在幻灯片窗格的第 1 张幻灯片前面的空白区域单击鼠标，出现一条红线，❷ 单击【开始】选项卡【幻灯片】组中的【节】按钮，❸ 在弹出的下拉菜单中选择【新增节】命令，如图 21-15 所示。

图 21-15

Step02 此时，红线处增加一个节，在节上单击鼠标右键，在弹出的快捷菜单中选择【重命名节】命令，如图 21-16 所示。

图 21-16

Step03 ❶ 打开【重命名节】对话框，在【节名称】文本框中输入节的名称，如输入【第一节】，❷ 单击【重命名】按钮，如图 21-17 所示。

图 21-17

Step04 ❶ 此时，节的名称将发生变化，然后在第 3 张幻灯片下面单击，进行定位，❷ 单击【幻灯片】组中的【节】按钮，❸ 在弹出的下拉菜单中选择【新增节】命令，如图 21-18 所示。

图 21-18

技术看板

单击节标题前的▲按钮，可折叠节；单击▷按钮，可展开节。

Step05 即可新增一个节，并对节的名称进行命名，然后再在第6张幻灯片前面新增一个名为【第三节】的节，效果如图21-19所示。

图 21-19

21.2　幻灯片的常用设计

不同内容的演示文稿，可能对幻灯片的大小、背景效果等要求不一样，所以，在制作幻灯片内容之前，可以先对幻灯片的大小、主题和背景格式等进行设置，使演示文稿中的幻灯片整体效果更统一。

★ 新功能 21.2.1　实战：设置幻灯片大小

实例门类	软件功能
教学视频	光盘\视频\第21章\21.2.1.mp4

PowerPoint 2013 提供了幻灯片大小功能，它是 PowerPoint 2013 的新功能，通过它可以根据需要对幻灯片的大小进行设置。

例如，将"企业文化宣传"演示文稿中幻灯片的大小设置为标准，具体操作如下。

Step01 打开"光盘\素材文件\第21章\企业文化宣传.pptx"文件，❶单击【设计】选项卡【自定义】组中的【幻灯片大小】按钮，❷在弹出的下拉菜单中选择【标准】命令，如图21-20所示。

图 21-20

技术看板

PowerPoint 2013 中默认的幻灯片大小为宽屏 (16:9)。

Step02 打开【Microsoft PowerPoint】对话框，提示是按最大化内容大小还是按比例缩小幻灯片，这里单击【确保合适】按钮，表示按比例缩放幻灯片大小，以确保幻灯片中的内容能适应新幻灯片大小，如图21-21所示。

图 21-21

Step03 返回演示文稿编辑区，演示文稿中的所有幻灯片都将变成宽屏，效果如图21-22所示。

图 21-22

★ 重点 21.2.2　实战：为幻灯片应用主题

实例门类	软件功能
教学视频	光盘\视频\第21章\21.2.2.mp4

PowerPoint 2013 提供了大量的主题，每个主题使用其惟一的一组颜色、字体和效果，通过为演示文稿中的幻灯片应用主题，可快速设置幻灯片的外观效果。

例如，继续上例操作，在"企业文化宣传"演示文稿中为幻灯片应用主题，具体操作如下。

Step01 在打开的"企业文化宣传"演示文稿中单击【设计】选项卡【主题】组中的【其他】按钮，在弹出的下拉菜单中选择需要的主题，如选择【平面】命令，如图21-23所示。

图 21-23

Step02 即可为演示文稿中的所有幻灯片应用选择的主题，效果如图21-24所示。

图 21-24

> **技能拓展——为单张幻灯片应用主题**
>
> 默认情况下，选择主题后，会为演示文稿中的所有幻灯片应用主题。如果只需要演示文稿中的某张幻灯片应用选择的主题，可先选择需要应用主题的幻灯片，然后在【主题】组中的列表框中要应用的主题上单击鼠标右键，在弹出的快捷菜单中选择【应用于选定幻灯片】命令，则可只为选择的幻灯片应用主题。

★ 重点 21.2.3 实战：设置主题变体

实例门类	软件功能
教学视频	光盘\视频\第21章\21.2.3.mp4

有些主题还提供了变体功能，使用该功能可以在应用主题效果后，对其中设计的变体进行更改，如背景颜色、形状样式上的变化等。

例如，对"企业文化宣传"演示文稿中主题的变体，具体操作如下。

Step01 在打开的"企业文化宣传"演示文稿中的【设计】选项卡【变体】组中的列表框中选择需要的主题变体，如选择第3种，如图21-25所示。

图 21-25

Step02 即可将主题的变体更改为选择的变体，效果如图21-26所示。

图 21-26

> **技能拓展——设置变体颜色和字体**
>
> 当默认的变体效果不能满足需要时，用户可自行对变体颜色和字体进行设置。其方法是：在【变体】下拉菜单中若选择【颜色】命令，在弹出的子菜单中可选择主题颜色；若选择【字体】命令，在弹出的子菜单中可选择主题需要的字体。

★ 重点 21.2.4 实战：设置幻灯片背景格式

实例门类	软件功能
教学视频	光盘\视频\第21章\21.2.4.mp4

设置幻灯片背景格式是PowerPoint 2013的一个新功能，通过该功能可以将默认的幻灯片背景设置为其他填充效果，如纯色填充、渐变填充、图片或纹理填充以及图案填充等，用户可根据实际情况来选择不同的填充方式。

例如，在"新品上市营销计划"演示文稿中设置幻灯片背景，具体操作如下。

Step01 打开"光盘\素材文件\第21章\新品上市营销计划.pptx"文件，❶选择第1张幻灯片，❷单击【设计】选项卡【自定义】组中的【设置背景格式】按钮，如图21-27所示。

图 21-27

Step02 打开【设置背景格式】任务窗格，❶在【填充】栏中选择背景填充方式，如选中【图片或纹理填充】单选按钮，❷单击【插入图片来自】栏中的【文件】按钮，如图21-28所示。

图 21-28

技术看板

如果计算机连接网络，也可单击【插入图片来自】栏中的【联机】按钮，可从网络中搜索合适的图片，将其填充为幻灯片的背景。

Step03 ① 打开【插入图片】对话框，在地址栏中选择插入图片所保存的位置，② 然后选择需要插入的图片【背景图片】，③ 单击【插入】按钮，如图 21-29 所示。

图 21-29

Step04 即可插入图片，并将它作为所选幻灯片的背景，效果如图 21-30 所示。

图 21-30

技能拓展——使用图案对幻灯片背景进行填充

选择需要使用图案填充背景的幻灯片，在【设置背景格式】任务窗格的【填充】栏中选中【图案填充】单选按钮，在【图案】栏中可选择需要的图案，然后对图案的前景色和背景色进行填充即可。

Step05 ① 选择第 2 张幻灯片，打开【设置背景格式】任务窗格，在【填

充】栏中选中【渐变填充】单选按钮，② 然后单击【预设渐变】按钮，③ 在弹出的下拉菜单中选择需要的预设渐变样式，如选择【顶部聚光灯 - 着色 3】命令，如图 21-31 所示。

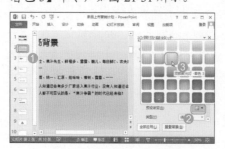

图 21-31

Step06 此时，所选幻灯片的背景将被填充为所选的渐变样式效果，如图 21-32 所示。

图 21-32

技术看板

如果【预设渐变】下拉菜单中没有合适的渐变填充效果，可在下方的【渐变光圈】栏中对渐变光圈的个数、位置、渐变颜色、透明度和亮度等进行设置，以制作出合适的渐变填充效果。

Step07 ① 选择第 3 张至第 10 张幻灯片，② 打开【设置背景格式】任务窗格，在【填充】栏中选中【图片或纹理填充】单选按钮，③ 然后单击【纹理】按钮，如图 21-33 所示。

Step08 在弹出的下拉菜单中选择需要的纹理样式，如选择【新闻纸】命令，如图 21-34 所示。

图 21-33

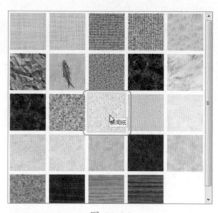

图 21-34

技能拓展——为所有的幻灯片应用相同的背景效果

为幻灯片设置背景效果时，默认是只为选择的幻灯片应用设置的背景效果，如果要为所有的幻灯片应用相同的背景效果，可在【设置背景格式】任务窗格中设置好背景效果后，单击任务窗格下方的【全部应用】按钮即可。

Step09 即可将所选幻灯片的背景填充为所选的纹理样式，效果如图 21-35 所示。

图 21-35

21.3 幻灯片文本的输入与编辑

文本是幻灯片的主体，要想通过幻灯片向受众传递信息，文本是必不可少的。在幻灯片中，不仅可输入文本，还可对文本的格式进行编辑，这样可有效通过文本传递信息。

★ 重点 21.3.1 实战：输入文本

实例门类	软件功能
教学视频	光盘\视频\第21章\21.3.1.mp4

在幻灯片中输入文本主要是通过占位符、文本框和幻灯片大纲窗格来实现的，用户可根据实际情况来选择文本的输入场所。

1. 通过占位符输入文本

通过占位符输入文本是最常用的方法，因为新建的幻灯片中自带有占位符，而且输入的文本有一定的格式。在占位符中输入文本的方法很简单，只需在幻灯片中的占位符上单击，即可将鼠标光标定位到幻灯片中，然后输入需要的文本即可，如图21-36所示。

图 21-36

2. 通过文本框输入文本

当幻灯片中的占位符不够或需要在幻灯片中的其他位置输入文本，则可使用文本框，相对于占位符来说，使用文本框可灵活创建各种形式的文本，但要使用文本框输入文本，首先需要绘制文本框，然后才能在其中输入文本。

例如，在"业务员培训"演示文稿的标题页幻灯片中绘制一个文本框，并在文本框中输入相应的文本，具体操作如下。

Step 01 打开"光盘\素材文件\第20章\业务员培训.pptx"文件，单击【插入】选项卡【文本】组中的【文本框】按钮，如图21-37所示。

图 21-37

技术看板

若单击【文本框】下拉按钮，在弹出的下拉菜单中提供了【横排文本框】和【竖排文本框】命令，读者可根据需要选择相应的命令进行绘制。

Step 02 此时鼠标光标变成↓形状，将鼠标光标移动到幻灯片需要绘制文本框的位置，然后按住鼠标左键不放进行拖动，如图21-38所示。

图 21-38

Step 03 拖动到合适位置释放鼠标，即可绘制一个横排文本框，并将鼠标定位到横排文本框中，然后输入需要的文本即可，效果如图21-39所示。

图 21-39

技术看板

在绘制的文本框中，不仅可以输入文本，还可插入图片、形状、表格等对象。

3. 通过大纲窗格输入文本

当演示文稿幻灯片中需要输入的文本内容较多，且具有不同的层次结构时，则可通过大纲视图中的大纲窗格方便地创建。例如，继续上例操作，在"业务员培训"演示文稿大纲视图的大纲窗格中输入文本，创建第2张幻灯片，具体操作如下。

Step 01 在打开的"业务员培训"演示文稿中单击【视图】选项卡【演示文稿视图】组中的【大纲视图】按钮，如图21-40所示。

图 21-40

Step 02 进入大纲视图，将鼠标光标定位到左侧幻灯片大纲窗格的【科达公司人事部】文本后面，如图21-41所示。

图 21-41

Step03 按【Ctrl+Enter】组合键，即可新建一张幻灯片，将鼠标光标定位到新建的幻灯片后面，输入幻灯片标题，如图 21-42 所示。

图 21-42

技术看板

在幻灯片大纲窗格中输入文本后，在幻灯片编辑区的占位符中将显示对应的文本。

Step04 按【Enter】键，即可在第 2 张幻灯片下方新建 1 张幻灯片，如图 21-43 所示。

图 21-43

Step05 按【Tab】键，降低一级，原来的第 3 张幻灯片的标题占位符将变成第 2 张幻灯片的内容占位符，然后输入文本，效果如图 21-44 所示。

图 21-44

Step06 然后按【Enter】键进行分段，继续输入幻灯片中需要的文本内容，效果如图 21-45 所示。

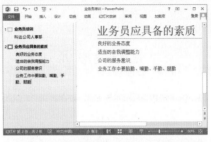

图 21-45

技术看板

幻灯片大纲窗格中输入文本时，按【Tab】键表示降级，按【Enter】键表示分段或创建新幻灯片。

★ 重点 21.3.2 实战：设置字体格式

实例门类	软件功能
教学视频	光盘\视频\第 21 章\21.3.2.mp4

与 Word 一样，在幻灯片中输入文本后，还需要对文本的字体格式进行设置，这样才能突出重点内容。

例如，在"商业项目计划"演示文稿中设置第 1 张和第 2 张幻灯片的字体格式，具体操作如下。

Step01 打开"光盘\素材文件\第 21 章\商业项目计划 .pptx"文件，❶ 在幻灯片窗格中选择第 1 张幻灯片，❷ 选择标题占位符中的文本，在【开始】选项卡【字体】组中的【字号】下拉列表框中选择需要的字体，如选择【黑体】选项，❸ 在【字号】下拉列表框中选择需要的字号，如选择【60】选项，❹ 单击【字体颜色】下拉按钮▼，❺ 在弹出的下拉菜单中选择需要的颜色，如选择【白色，背景 1】命令，如图 21-46 所示。

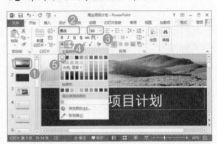

图 21-46

Step02 选择副标题占位符，❶ 在【字号】下拉列表框中选择【32】，❷ 再单击【字体颜色】下拉按钮▼，❸ 在弹出的下拉菜单中选择【灰色，背景 2，深色 25%】命令，如图 21-47 所示。

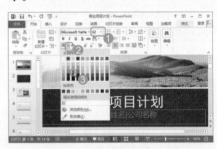

图 21-47

Step03 ❶ 选择第 2 张幻灯片，❷ 选择标题占位符，在【字体】组中设置字体为【黑体】，字号设置为【54】，❸ 单击【加粗】按钮▣，❹ 再单击【字体颜色】下拉按钮▼，❺ 在弹出的下拉菜单中选择【白色，文字 1，深色 25%】命令，如图 21-48 所示。

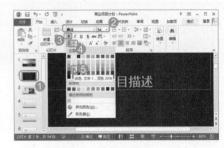

图 21-48

Step04 ❶ 选择副标题占位符，字号设置为【36】，❷ 单击【倾斜】按钮 *I* 和【文字阴影】按钮 S，❸ 再单击【字体颜色】下拉按钮，❹ 在弹出的下拉菜单中选择【灰色 -25%，文字 2，深色 25%】命令，如图 21-49 所示。

图 21-49

技术看板

在【字体】组中单击 按钮，在打开的【字体】对话框中也可对文本的字体格式进行设置。

★ 重点 21.3.3 实战：设置段落格式

实例门类	软件功能
教学视频	光盘\视频\第 21 章\21.3.3.mp4

设置文本的段落格式，可以使段与段之间的距离更相符，使幻灯片中的内容更容易被记忆和阅读。在幻灯片中，设置文本段落格式的方法与在 Word 中设置文本段落格式的方法基本相同。

例如，继续上例操作，在"商业项目计划书"演示文稿中为幻灯片文本的对齐方式、项目符号、编号和段落间距等进行设置，具体操作如下。

Step01 ❶ 在打开的"商业项目计划书"演示文稿中选择第 3 张幻灯片，❷ 然后选择标题文本【项目范围】，❸ 单击【开始】选项卡【段落】组中的【居中】按钮，如图 21-50 所示。

图 21-50

Step02 选择的文本即可居中对齐于占位符中，然后选择内容占位符中的所有段落，❶ 单击【段落】组中的【项目符号】下拉按钮，❷ 在弹出的下拉菜单中选择需要的项目符号，即可更改所有段落的项目符号，如图 21-51 所示。

图 21-51

Step03 保持段落的选中状态，❶ 单击【段落】组中的【行距】按钮，❷ 在弹出的下拉菜单中选择需要的行距命令，如选择【1.5】命令，即可更改所选段落的行距，如图 21-52 所示。

图 21-52

Step04 ❶ 选择第 4 张幻灯片，❷ 选择内容占位符中需要添加编号的多个段落，❸ 单击【段落】组中的【编号】下拉按钮，❹ 在弹出的下拉菜单中选择需要的编号样式，如图 21-53 所示。

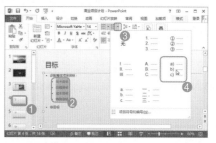

图 21-53

Step05 即可为所选的段落添加选择的编号样式，效果如图 21-54 所示。

图 21-54

技能拓展——多列显示文本

如果希望占位符中的段落多列显示，那么可先选择占位符，单击【开始】选项卡【段落】组中的【分栏】按钮，在弹出的下拉菜单中选择分栏选项即可。

★ 重点 21.3.4 实战：使用艺术字凸显文本

实例门类	软件功能
教学视频	光盘\视频\第 21 章\21.3.4.mp4

PowerPoint 提供了艺术字功能，通过该功能可以快速制作出具有特殊效果的文本，艺术字常用于制作幻灯片的标题，能突出显示标题，吸引读者的注意力。例如，在"年终工作总结"演示文稿中插入艺术字，并对艺术字效果进行相应的设置，具体操作如下。

Step01 打开"光盘\素材文件\第21章\年终工作总结.pptx"文件，❶选择第1张幻灯片，❷单击【插入】选项卡【文本】组中的【艺术字】按钮，❸在弹出的下拉菜单中选择需要的艺术字样式，如选择【填充-白色，文本1;轮廓-背景1，清晰阴影，颜色1】命令，如图21-55所示。

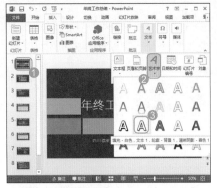

图 21-55

Step02 ❶即可在幻灯片中插入艺术字文本框，在其中输入【2017】，❷选择艺术字文本框，在【字体】组中将字号设置为【80】，效果如图21-56所示。

图 21-66

Step03 ❶选择【2017】艺术字，单击【格式】选项卡【艺术字样式】组中的【文本填充】下拉按钮，❷在弹出的下拉菜单中选择需要的颜色，如选择【橙色】，如图21-57所示。

Step04 将艺术字填充为橙色，❶继续在【文本填充】下拉菜单中选择【渐

变】命令，❷在弹出的子菜单中选择需要的渐变效果，如选择【线型向右】命令，如图21-58所示。

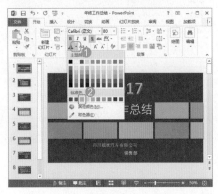

图 21-57

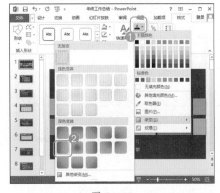

图 21-58

Step05 ❶渐变填充艺术字，然后单击【格式】选项卡【艺术字样式】组中的【文本轮廓】下拉按钮，❷在弹出的下拉菜单中选择需要的轮廓填充颜色，如选择【无轮廓】命令，取消形状轮廓，如图21-59所示。

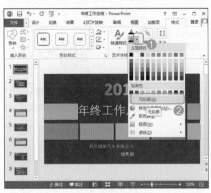

图 21-59

Step06 ❶选择【2017】艺术字，单击【格式】选项卡【艺术字样式】组中的【文本效果】按钮A，❷在弹出的下拉菜单中选择需要的文本效果，如选择【棱台】命令，❸在弹出的子菜单中选择棱台效果，如选择【柔圆】命令，如图21-60所示。

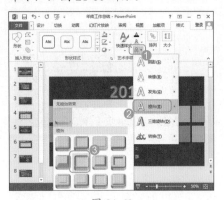

图 21-60

Step07 保持艺术字的选中状态，❶单击【格式】选项卡【艺术字样式】组中的【文本效果】按钮A，❷在弹出的下拉菜单中选择【转换】命令，❸在弹出的子菜单中选择需要的转换效果，如选择【波形2】命令，设置艺术字的转换效果，如图21-61所示。

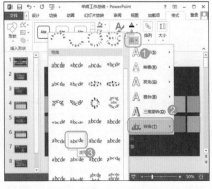

图 21-61

21.4 幻灯片母版的设计

幻灯片母版相当于一种模板，它能够存储幻灯片的所有信息，包括文本和对象在幻灯片上放置的位置、文本和对象的大小、文本样式、背景、颜色主题、效果和动画等。通过幻灯片母版可以快速制作出多张风格相同的幻灯片，使演示文稿的整体风格更统一。

21.4.1 认识幻灯片母版

实例门类	软件功能
教学视频	光盘\视频\第21章\21.4.1.mp4

幻灯片母版是制作幻灯片过程中应用最多的母版，它相当于一种模板，能够存储幻灯片的所有信息，包括文本和对象在幻灯片上放置的位置、文本和对象的大小、文本样式、背景、颜色、主题、效果和动画等，如图21-62所示。当幻灯片母版发生变化时，则对应的幻灯片中的效果也将随之发生变化。

图 21-62

技能拓展——认识母版视图

在 PowerPoint 2013 中，母版视图分为幻灯片母版、讲义母版和备注母版3种类型，其中，使用最多的是幻灯片母版，它用于设置幻灯片的效果，而当需要将演示文稿以讲义的形式进行打印或输出时，则可通过讲义母版进行设置；当需要在演示文稿中插入域备注内容时，则可通过备注母版进行设置。

★ 重点 21.4.2 实战：设置幻灯片母版占位符格式

实例门类	软件功能
教学视频	光盘\视频\第21章\21.4.2.mp4

若希望演示文稿中的所有幻灯片拥有相同的字体格式、段落格式等，可以通过幻灯片母版进行统一设置，这样可以提高演示文稿的制作效率。例如，继续上例操作，在"产品构造方案"中通过幻灯片母版对占位符的格式进行相应的设置，具体操作如下。

Step01 ❶ 在打开的"产品构造方案"演示文稿的幻灯片母版视图中选择幻灯片母版，❷ 选择标题占位符，在【开始】选项卡【字体】组中将字体设置为【黑体】，字号设置为【44】，❸ 单击【加粗】按钮，❹ 然后单击【字体颜色】下拉按钮，❺ 在弹出的下拉菜单中选择【蓝-灰，文字2】命令，如图21-63所示。

图 21-63

Step02 选择内容占位符，❶ 在【字体】组中的【字号】下拉列表框中选择【28】，❷ 单击【字体颜色】下拉按钮，❸ 在弹出的下拉菜单中选择【蓝色，着色1，深色50%】命令，如图21-64所示。

Step03 ❶ 保持内容占位符的选中状态，单击【开始】选项卡【段落】组

中的【项目符号】下拉按钮，❷ 在弹出的下拉菜单中选择需要的项目符号，如图21-65所示。

图 21-64

图 21-65

Step04 ❶ 选择幻灯片母版版式的第1张幻灯片，❷ 选择副标题占位符，在【字体】组中将字号设置为【48】，❸ 单击【加粗】按钮，❹ 然后将鼠标光标移动到副标题占位符上，按住鼠标左键不放向下进行拖动，如图21-66所示。

图 21-66

Step05 拖动到合适位置后释放鼠标即可，效果如图21-67所示。

图 21-67

★ 重点 21.4.3 实战：设置幻灯片母版背景格式

实例门类	软件功能
教学视频	光盘\视频\第21章\21.4.3.mp4

设置幻灯片母版背景主要是指对幻灯片母版和母版版式的背景进行设置，其设置与设置幻灯片背景格式的方法基本相同，不同的是，设置幻灯片母版必须在幻灯片母版视图中进行。

例如，在"产品构造方案"演示文稿中进入幻灯片母版视图，然后对幻灯片母版和标题幻灯片版式的背景进行设置，具体操作如下。

Step01 打开"光盘\素材文件\第21章\产品构造方案.pptx"文件，单击【视图】选项卡【母版视图】组中的【幻灯片母版】按钮，如图21-68所示。

图 21-68

Step02 进入幻灯片母版视图，❶选择幻灯片母版，❷单击【幻灯片母版】选项卡【背景】组中的【背景样式】按钮，❸在弹出的下拉菜单中选择需要的背景样式，如选择第6种，如图21-69所示。

Step03 即可为幻灯片母版和所有的幻灯片版式应用所选的背景样式，效果如图21-70所示。

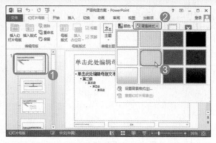

图 21-69

图 21-70

技术看板

幻灯片母版视图中的第1张幻灯片为幻灯片母版，而其余幻灯片为幻灯片母版版式，默认情况下，每个幻灯片母版中包含11张幻灯片母版版式，对幻灯片母版背景进行设置后，幻灯片母版和幻灯片母版版式的背景都将发生变化，但对幻灯片母版版式的背景进行设置后，只有所选幻灯片母版版式的背景发生变化，其余幻灯片母版版式和幻灯片母版背景都不会发生变化。

Step04 ❶在幻灯片窗格中选择第1张幻灯片母版版式，❷单击【幻灯片母版】选项卡【背景】组中的【背景样式】按钮，❸在弹出的下拉菜单中选择【设置背景格式】命令，如图21-71所示。

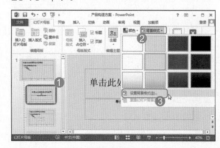

图 21-71

Step05 ❶打开【设置背景格式】任务窗格，在【填充】栏中选中【渐变填充】单选按钮，❷单击【方向】按钮，❸在弹出的下拉菜单中选择需要的渐变方向，如选择【线性对角 - 左下到右上】命令，如图21-72所示。

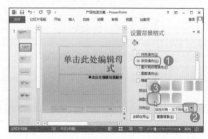

图 21-72

Step06 ❶在【渐变光圈】栏中选择第2个光圈，❷单击其后的【删除渐变光圈】按钮，如图21-73所示。

图 21-73

技术看板

如果默认的渐变光圈个数不够，可单击【渐变光圈】后的【添加渐变光圈】按钮，可添加一个渐变光圈。

Step07 ❶选择第一个渐变光圈，❷单击【颜色】下拉按钮，❸在弹出的下拉菜单中选择需要的填充色，如选择【灰色 -25%，背景2，深色50%】命令，如图21-74所示。

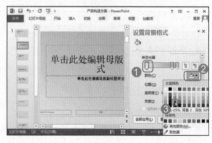

图 21-74

Step 08 ❶选择第2个渐变光圈，❷将其颜色设置为【白色，背景1】，❸在【位置】数值框中输入光圈位置，如输入【66】，如图21-75所示。

图 21-75

技术看板

将鼠标指针移动到需要调整光圈位置的光圈图表上，按住鼠标左键不放进行拖动，也可调整光圈位置。

Step 09 ❶选择第3个渐变光圈，❷单击【颜色】下拉按钮▾，❸在弹出的下拉菜单中选择【灰色-50%，着色3】命令，如图21-76所示。

图 21-76

Step 10 关闭任务窗格，即可查看到设置第1张幻灯片母版版式后的效果，如图21-77所示。

图 21-77

★ 重点 21.4.4 实战：设置幻灯片母版页眉页脚

实例门类	软件功能
教学视频	光盘\视频\第21章\21.4.4.mp4

在幻灯片母版中，还可快速为演示文稿中的幻灯片添加相同的页眉页脚，如日期、公司名称、幻灯片编号等。

例如，在"产品构造方案"中通过幻灯片母版添加日期和幻灯片编号，具体操作如下。

Step 01 ❶在打开的"产品构造方案"演示文稿的幻灯片母版视图中选择幻灯片母版，❷单击【插入】选项卡【文本】组中的【日期和时间】按钮，如图21-78所示。

图 21-78

Step 02 打开【页眉和页脚】对话框，❶选中【日期和时间】复选框，❷选中【固定】单选按钮，❸在其下的文本框中输入固定时间【2017/1/15】，❹选中【幻灯片编号】复选框和【标题幻灯片中不显示】复选框，❺然后单击【全部应用】按钮，如图21-79所示。

图 21-79

技术看板

在【文本】组中单击【页眉和页脚】按钮或【幻灯片编号】按钮，都可打开【页眉和页脚】对话框。

Step 03 即可为所有幻灯片添加设置的日期和编号，❶选择幻灯片母版中最下方的3个文本框，❷在【开始】选项卡【字体】组中将字号设置为【14】，❸然后单击【加粗】按钮B加粗文本，如图21-80所示。

图 21-80

Step 04 单击【幻灯片母版】选项卡【关闭】组中的【关闭幻灯片母版】按钮，如图21-81所示。

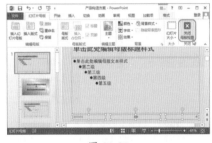

图 21-81

Step 05 返回到幻灯片普通视图中，即可查看到设置的页眉页脚效果，如图21-82所示。

图 21-82

妙招技法

通过前面知识的学习，相信读者朋友已经掌握了 PowerPoint 2013 编辑与制作幻灯片的基本操作了。下面结合本章内容，给大家介绍一些实用技巧。

技巧 01：保存当前主题

教学视频	光盘＼视频＼第 21 章＼技巧 01.mp4

对于自定义的主题，用户可以将其保存下来，以方便下次制作相同效果的幻灯片时使用。例如，将"年终工作总结 1"演示文稿中的主题保存到计算机中，具体操作如下。

Step01 打开"光盘＼素材文件＼第 21 章＼年终工作总结 1.pptx"文件，单击【设计】选项卡【主题】组中的【其他】按钮，在弹出的下拉菜单中选择【保存当前主题】命令，如图 21-83 所示。

图 21-83

Step02 打开【保存当前主题】对话框，❶ 在【文件名】文本框中输入名称，❷ 单击【保存】按钮，如图 21-84 所示。

图 21-84

Step03 即可将当前主题保存到默认位置，然后在【主题】下拉菜单中显示保存的主题，如图 21-85 所示。

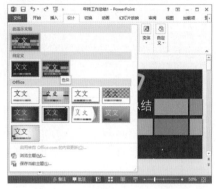

图 21-85

技能拓展——将其他演示文稿中的主题应用到当前演示文稿中

如果希望将其他演示文稿中的主题应用到当前演示文稿中，那么可在需要应用主题的演示文稿的【主题】下拉菜单中选择【浏览主题】命令，打开【选择主题或主题文档】对话框，在地址栏中设置演示文稿所保存的位置，然后在中间的列表框中选择需要的演示文稿，单击【应用】按钮，即可将所选演示文稿中的主题应用到当前演示文稿中。

技巧 02：快速替换幻灯片中的字体格式

教学视频	光盘＼视频＼第 21 章＼技巧 02.mp4

PowerPoint 提供了替换字体功能，通过该功能可对幻灯片中指定的字体快速进行替换。

例如，在"年终工作总结"演示文稿中使用替换字体功能将字体"等线 Light"替换成"方正宋黑简体"，具体操作如下。

Step01 打开"光盘＼素材文件＼第 21 章＼年终工作总结 1.pptx"文件，❶ 选择第 3 张幻灯片，❷ 将鼠标光标定位到应用【等线 Light】字体的标题中，单击【开始】选项卡【编辑】组中的【替换】下拉按钮回，❸ 在弹出的下拉菜单中选择【替换字体】命令，如图 21-86 所示。

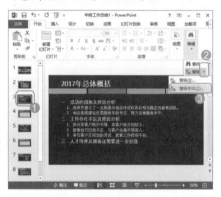

图 21-86

Step02 打开【替换字体】对话框，在【替换】下拉列表框中选择需要替换的字体，如选择【等线 Light】选项，如图 21-87 所示。

图 21-87

Step03 在【替换为】下拉列表框中选择需要替换成的字体，如选择【方正宋黑简体】选项，如图 21-88 所示。

图 21-88

Step04 然后单击【替换】按钮，最后关闭对话框，如图 21-89 所示。

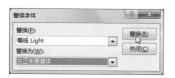

图 21-89

Step05 即可将演示文稿中所有【等线 Light】替换成【方正宋黑简体】，效果如图 21-90 所示。

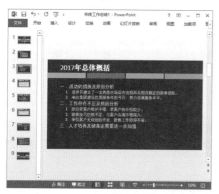

图 21-90

技术看板

在 PowerPoint 中替换字体时需要注意，单字节字体不能替换成双字节字体，也就是说英文字符字体不能替换成中文字符字体。

技巧 03：如何在幻灯片母版中设计多个幻灯片版式

教学视频	光盘\视频\第 21 章\技巧 03.mp4

在幻灯片母版中提供了 11 个幻灯片母版版式，如果想要演示文稿中的幻灯片应用不同的幻灯片版式，那么可分别对幻灯片母版版式进行设计，然后应用到相应的幻灯片中即可。

例如，在"企业文化宣传"演示文稿母版视图中对幻灯片母版版式进行设计，然后应用于不同的幻灯片中，具体操作如下。

Step01 打开"光盘\素材文件\第 21 章\企业文化宣传.pptx"文件，进入幻灯片母版视图，选择第 1 张幻灯片母版版式，对其进行设计，如图 21-91 所示。

图 21-91

Step02 选择第 2 张幻灯片母版版式，对其进行设计，效果如图 21-92 所示。

图 21-92

Step03 选择第 3 张幻灯片母版版式，对其进行设计，效果如图 21-93 所示。

图 21-93

Step04 选择第 6 张幻灯片母版版式，对其进行设计，效果如图 21-94 所示。

图 21-94

技术看板

在幻灯片母版视图中，不同的幻灯片母版版式默认应用到对应的幻灯片中，如果不知道幻灯片母版版式应用于哪张幻灯片，可将鼠标移动到幻灯片母版版式上，即可显示出提示信息，提示了该幻灯片母版版式可应用于哪些幻灯片中。

Step05 退出幻灯片母版视图，即可将设计的幻灯片母版版式应用到演示文稿对应的幻灯片中，❶ 然后选择第 2 张幻灯片，❷ 单击【开始】选项卡【幻灯片】组中的【版式】按钮，❸ 在弹出的下拉菜单中选择需要的版式，如选择【仅标题】命令，如图 21-95 所示。

图 21-95

Step06 即可将选择的版式应用到选择的幻灯片中，效果如图 21-96 所示。

Step07 然后使用相同的方法为演示文稿中其他需要应用版式的幻灯片应用相应的版式，效果如图 21-97 所示。

图 21-96

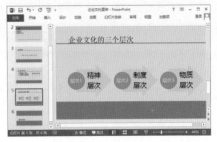

图 21-97

技巧 04：为同一演示文稿应用多个幻灯片母版

教学视频	光盘 \ 视频 \ 第 21 章 \ 技巧 04.mp4

　　对于大型的演示文稿来说，有时为使演示文稿的效果更加丰富，幻灯片更具吸引力，会为同一个演示文稿应用多个幻灯片母版。例如，在"公司年终会议"演示文稿中设计两种幻灯片母版，并将其应用到幻灯片中，具体操作如下。

Step01 打开"光盘 \ 素材文件 \ 第 21 章 \ 公司年终会议 .pptx"文件，进入幻灯片母版中，单击【幻灯片母版】选项卡【编辑母版】组中的【插入幻灯片母版】按钮，如图 21-98 所示。

Step02 即可在默认的幻灯片母版版式

后插入一个幻灯片母版，效果如图 21-99 所示。

图 21-98

图 21-99

Step03 然后对插入的幻灯片母版版式进行设计，效果如图 21-100 所示。

图 21-100

Step04 关闭幻灯片母版，❶选择需要应用第 2 个幻灯片母版效果的幻灯片，这里选择第 6 张幻灯片，❷单击【开始】选项卡【幻灯片】组中的【版式】按钮，如图 21-101 所示。

Step05 在弹出的下拉菜单中显示了两种幻灯片母版的版式，在【自定义设计方案】栏中选择需要的版式，如选

择【标题和内容】命令，如图 21-102 所示。

图 21-101

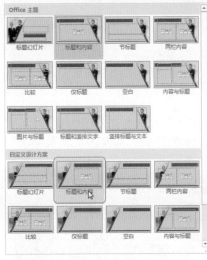

图 21-102

Step06 即可将所选的幻灯片版式应用到选择的幻灯片中，效果如图 21-103 所示。

图 21-103

本章小结

　　通过本章知识的学习，相信读者已经掌握了幻灯片的一些基础操作，以及设计幻灯片、幻灯片母版的相关知识。在制作幻灯片的过程中，只要灵活应用幻灯片设计和幻灯片母版设计的相关知识，就可以制作出各种所需的幻灯片效果，最后还讲解了一些幻灯片制作和设计的操作技巧，以帮助用户设计出更加有吸引力的 PPT。

第 22 章　在 PPT 中添加多媒体对象

- ➥ 在幻灯片中如何插入图形、图片、表格及图表等元素？
- ➥ 如何在幻灯片中插入声音？
- ➥ 插入的声音太长怎么办？
- ➥ 如何在幻灯片中插入视频对象？

本章详细讲解了图片、形状、艺术字、SmartArt 图形、表格、图表等图形对象在 PPT 中的使用，以及多媒体和交互功能的添加，使制作的幻灯片更具魅力，还在等什么？赶快来学习吧！

22.1　插入平面媒体

在幻灯片中，文本对象并不能有效传递所有的信息，有时还需要借助其他平面媒体对象，如图片、艺术字、形状、SmartArt 图形、表格和图表等对象来更好地展现内容。

★ 重点 22.1.1　实战：在企业投资分析报告中插入图片

实例门类	软件功能
教学视频	光盘\视频\第 22 章\22.1.1.mp4

为了让制作的幻灯片更形象、美观，经常需要在幻灯片中插入图片，与 Word 中一样，在幻灯片中不仅可插入图片，还可对图片的大小、位置、排列位置、亮度、对比度、图片样式、图片效果等进行调整。

例如，在"企业投资分析报告"演示文稿的第 1 张和第 4 张幻灯片中插入需要的图片，并对图片进行编辑，具体操作如下。

Step01 打开"光盘\素材文件\第 22 章\企业投资分析报告 .pptx"文件，❶ 在幻灯片窗格中选择第 1 张幻灯片，❷ 单击【插入】选项卡【图像】组中的【图片】按钮，如图 22-1 所示。

Step02 ❶ 打开【插入图片】对话框，在地址栏中选择插入图片所保存的位置，❷ 然后选择需要插入的图片【封面图】，❸ 单击【插入】按钮，如图 22-2 所示。

图 22-1

图 22-2

技术看板

在【插入图片】对话框中需要插入的图片上双击鼠标，可快速将图片插入到幻灯片中。

Step03 返回幻灯片编辑区，即可查看到插入的图片，选择图片，将鼠标光标移动到图片右上角的控制点上，当鼠标光标变成↖形状时，按住鼠标左键不放，向右上拖动，如图 22-3 所示。

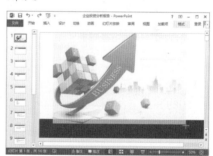

图 22-3

Step04 拖动到合适位置后释放鼠标，即可调整图片到合适的大小，❶ 然后将图片调整到合适的位置，❷ 再单击【格式】选项卡【排列】组中的【下移一层】下拉按钮，❸ 在弹出的下拉菜单中选择【置于底层】命令，如图 22-4 所示。

Step05 即可将选择的图片置于幻灯片中其他对象的最底层，如图 22-5 所示。

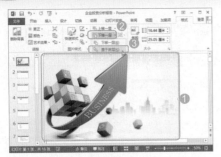

图 22-4

图 22-5

Step06 ❶ 选中图片，单击【格式】选项卡【调整】组中的【艺术效果】按钮，❷ 在弹出的下拉菜单中选择需要的艺术效果，如选择【十字图案蚀刻】命令，如图 22-6 所示。

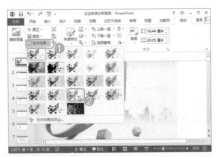

图 22-6

Step07 ❶ 保持图片的选中状态，单击【格式】选项卡【调整】组中的【颜色】按钮，❷ 在弹出的下拉菜单中选择需要的颜色效果，如选择【颜色和饱和度】栏中的【饱和度：400%】命令，更改图片的饱和度，如图 22-7 所示。

Step08 ❶ 再单击【调整】组中的【更正】按钮，❷ 在弹出的下拉菜单中选择需要的亮度和对比度，如选择【亮度：0%（正常）对比度：+20%】命令，

如图 22-8 所示。

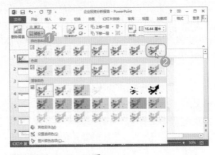

图 22-7

图 22-8

Step09 即可更改图片的对比度，在幻灯片编辑区，即可查看到设置图片后的效果，如图 22-9 所示。

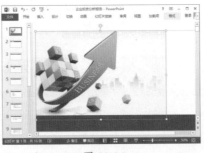

图 22-9

Step10 ❶ 选中第 4 张幻灯片，❷ 在其中插入【箭头图】图片，并对图片的大小、位置和排列顺序进行调整，效果如图 22-10 所示。

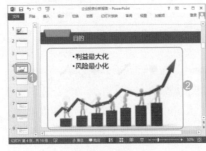

图 22-10

22.1.2 实战：在标题页幻灯片中插入艺术字

实例门类	软件功能
教学视频	光盘\视频\第 22 章\22.1.2.mp4

在演示文稿中，艺术字通常用于制作幻灯片的标题。插入艺术字后，可以通过改变其样式、大小、位置和字体格式等操作来设置艺术字格式。例如，继续上例操作，在"企业投资分析报告"演示文稿的第 1 张幻灯片中插入艺术字，制作幻灯片标题，具体操作如下。

Step01 ❶ 在打开的"企业投资分析报告 .pptx"演示文稿中选择第 1 张幻灯片，❷ 单击【插入】选项卡【文本】组中的【艺术字】按钮，❸ 在弹出的下拉菜单中选择需要的艺术字样式，如选择【填充 - 黑色，文本 1，轮廓 - 背景 1，清晰阴影 - 着色 1】命令，如图 22-11 所示。

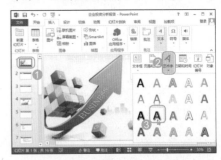

图 22-11

Step02 即可在幻灯片中插入一个艺术字文本框，选择艺术字文本框中的文字，将其修改为需要的艺术字，效果如图 22-12 所示。

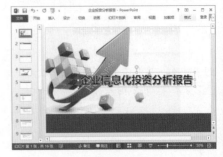

图 22-12

Step03 ❶ 选择艺术字文本框，在【开始】选项卡【字体】组中将字号设置为【66】，❷ 将鼠标光标移动到文本框右侧中间的控制点上，当鼠标光标变成⬄形状时，按住鼠标左键，向左进行拖动，使艺术字以两排显示在文本框中，如图22-13所示。

图 22-13

Step04 ❶ 选择艺术字文本框，单击【格式】选项卡【艺术字样式】组中的【文本效果】按钮Ⓐ，❷ 在弹出的下拉菜单中选择【发光】命令，❸ 在弹出的子菜单中选择需要的发光效果，如选择【蓝色，5pt发光，着色5】命令，如图22-14所示。

图 22-14

Step05 ❶ 单击【插入】选项卡【文本】组中的【艺术字】按钮，❷ 在弹出的下拉菜单中选择【填充-黑色，文本1，阴影】命令，如图22-15所示。

Step06 ❶ 插入艺术字文本框，将其中的文本更改为需要的艺术字，❷ 然后选中艺术字文本框，在【开始】选项卡【字体】组中将字号设置为【40】，效果如图22-16所示。

图 22-15

图 22-16

Step07 ❶ 复制第2个艺术字文本框，将其粘贴到幻灯片最下方的形状上，并将艺术字更改为【诺远投资有限公司】，❷ 选择该文本框，单击【开始】选项卡【字体】组中的【字体颜色】下拉按钮▾，❸ 在弹出的下拉菜单中选择需要的颜色，如选择【白色，背景1】命令，更改字体的颜色，效果如图22-17所示。

图 22-17

技术看板

在 PowerPoint 2013 中，插入与编辑图片、艺术字的方法与在 Word 2013 中插入与编辑的方法基本相同。

★ 重点 22.1.3 实战：在目录页幻灯片中插入形状

实例门类	软件功能
教学视频	光盘\视频\第22章\22.1.3.mp4

形状是幻灯片中使用较多的对象之一，通过形状可以灵活排列幻灯片内容，使幻灯片展现的内容更形象。

例如，继续上例操作，在"企业投资分析报告"演示文稿的第2张幻灯片插入形状，并对形状效果进行编辑，具体操作如下。

Step01 ❶ 在打开的"企业投资分析报告.pptx"演示文稿中选择第2张幻灯片，❷ 单击【插入】选项卡【插图】组中的【形状】按钮，❸ 在弹出的下拉菜单中选择需要的形状，如选择【矩形】命令，如图22-18所示。

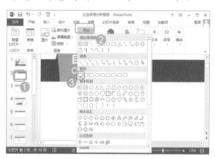

图 22-18

Step02 此时，鼠标光标将变成+形状，将鼠标移动到幻灯片中需要绘制形状的位置，然后按住鼠标左键不放进行拖动，效果如图22-19所示。

图 22-19

Step03 拖动到合适位置后释放鼠标，

即可完成矩形的绘制，选择绘制的形状，单击鼠标右键，在弹出的快捷菜单中选择【编辑文字】命令，如图22-20所示。

图 22-20

Step04 ❶ 鼠标光标将定位到形状中，然后输入需要的文本【01】，❷ 选中文本，在【开始】选项卡【字体】组中将字号设置为【32】，❸ 单击【加粗】按钮加粗文本，如图22-21所示。

图 22-21

Step05 ❶ 选择形状，单击【格式】选项卡【形状样式】组中的【形状填充】下拉按钮，❷ 在弹出的下拉菜单中选择【最近使用的颜色】栏中的【橙色】命令，如图22-22所示。

图 22-22

技术看板

在【形状填充】下拉菜单中的【最近使用的颜色】栏中显示的颜色是最近使用的颜色，或演示文稿主题或模板中使用的颜色。

Step06 ❶ 单击【形状样式】组中的【形状轮廓】下拉按钮，❷ 在弹出的下拉菜单中选择【无轮廓】命令，如图22-23所示。

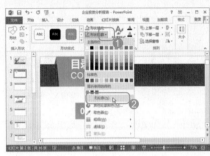

图 22-23

Step07 ❶ 取消形状轮廓，然后单击【形状样式】组中的【形状效果】按钮，❷ 在弹出的下拉菜单中选择【阴影】命令，❸ 在弹出的子菜单中选择需要的阴影样式，如选择【右下斜偏移】，如图22-24所示。

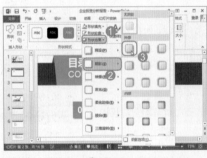

图 22-24

Step08 ❶ 在矩形形状后面再绘制一个矩形，并在其中输入相应的文本，然后在【字体】组中将字号设置为【28】，❷ 单击【段落】组中的【左对齐】按钮，使文本居于矩形左侧对齐，效果如图22-25所示。

Step09 选择蓝色矩形，单击【形状样式】组中的【其他】按钮，在弹出的下拉菜单中选择需要的形状样式，如图22-26所示。

图 22-25

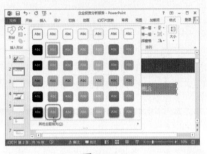

图 22-26

Step10 将蓝色矩形的形状填充色更改为深蓝色，然后选择幻灯片中的两个矩形，按住【Ctrl】键和【Shift】键不放，水平向下移动并复制选择的形状，如图22-27所示。

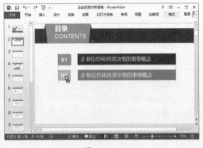

图 22-27

Step11 拖动到合适位置后释放鼠标，然后继续复制，复制完成后，对复制的形状中的文本进行修改，效果如图22-28所示。

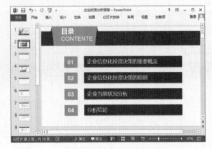

图 22-28

★ 重点 22.1.4 实战：在幻灯片中插入 SmartArt 图形

实例门类	软件功能
教学视频	光盘\视频\第22章\22.1.4.mp4

SmartArt 图形可以最简单的方式、最美观的图形效果来体现某种思维逻辑，从而快速、轻松、有效地传递信息，在幻灯片中应用比较广泛。例如，继续上例操作，在"企业投资分析报告"演示文稿的第3张和第5张幻灯片中插入 SmartArt 图形，具体操作如下。

Step01 ❶ 在打开的"企业投资分析报告.pptx"演示文稿中选择第3张幻灯片，❷ 单击【插入】选项卡【插图】组中的【SmartArt】按钮，如图22-29所示。

图 22-29

Step02 ❶ 打开【选择 SmartArt 图形】对话框，在左侧选择【流程】选项，❷ 在中间的列表框中选择需要的 SmartArt 图形，如选择【圆形重点日程表】选项，❸ 单击【确定】按钮，如图22-30所示。

图 22-30

Step03 即可在幻灯片中插入 SmartArt 图形，单击【设计】选项卡【创建图形】组中的【文本窗格】按钮，如图22-31所示。

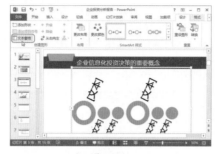

图 22-31

Step04 在文本框窗格中依次输入需要的文本，效果如图22-32所示。

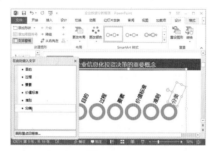

图 22-32

Step05 选择 SmartArt 图形，单击【设计】选项卡【SmartArt 样式】组中的【其他】按钮，在弹出的下拉菜单中选择需要的样式，如选择【优雅】命令，如图22-33所示。

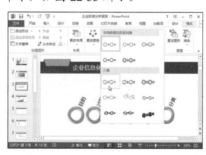

图 22-33

Step06 ❶ 保持 SmartArt 图形的选择状态，单击【设计】选项卡【SmartArt 样式】组中的【更改颜色】按钮，❷ 在弹出的下拉菜单中选择需要的 SmartArt 颜色，选择【彩色范围-着色3至4】命令，如图22-34所示。

Step07 复制 SmartArt 图形，将其粘贴到第5张幻灯片中，打开文本窗格，对其中的文本进行更改，效果如图22-35所示。

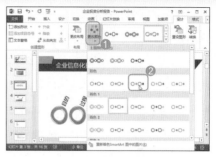

图 22-34

图 22-35

Step08 ❶ 选择 SmartArt 图形，单击【设计】选项卡【布局】组中的【更改布局】按钮，❷ 在弹出的下拉菜单中选择需要的布局，如选择【连续块状流程】命令，如图22-36所示。

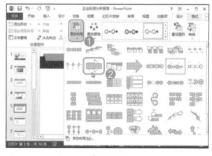

图 22-36

Step09 即可将 SmartArt 图形更改为选择的布局，效果如图22-37所示。

图 22-37

22.1.5 实战：在幻灯片中插入表格

实例门类	软件功能
教学视频	光盘\视频\第22章\22.1.5.mp4

当需要在幻灯片中通过数据来传递信息时，可以使用表格来放置数据，这样不仅便于查看数据，还能提高幻灯片的整体效果。例如，在"销售业绩报告"演示文稿的第2张幻灯片中插入表格，并对表格进行相应的编辑，具体操作如下。

Step01 ❶ 打开"光盘\素材文件\第22章\销售业绩报告.pptx"文件，选择第2张幻灯片，❷ 单击【插入】选项卡【表格】组中的【表格】按钮，❸ 在弹出的下拉菜单中拖动鼠标选择插入表格的行列数，如图22-38所示。

Step02 ❶ 即可在幻灯片中插入表格，在表格中输入相应的数据，❷ 然后选中表格，将鼠标光标移动到表格上，按住鼠标左键不放向下进行拖动，如图22-39所示。

图 22-38

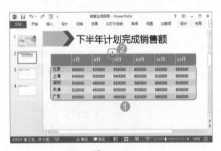

图 22-39

Step03 将表格拖动到合适位置后释放

鼠标，然后将鼠标光标移动到表格右下角的控制点上，当鼠标光标变成形状时，按住鼠标左键不放向右下拖动，如图22-40所示。

图 22-40

Step04 拖动到合适大小后释放鼠标，❶ 然后选择表格中的所有单元格，❷ 单击【布局】选项卡【对齐方式】组中的【居中】按钮和【垂直居中】按钮，使文本居中和垂直居中于单元格中，效果如图22-41所示。

Step05 ❶ 将鼠标光标定位到表格第1个单元格中，❷ 单击【设计】选项卡【表格样式】组中的【边框】下拉按钮，❸ 在弹出的下拉菜单中选择【斜下框线】命令，如图22-42所示。

图 22-41

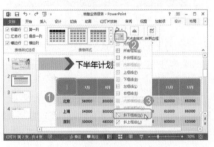

图 22-42

Step06 即可为单元格添加一条斜线，然后在单元格中输入相应的内容，并

通过按空格键对文本位置进行调整，效果如图22-43所示。

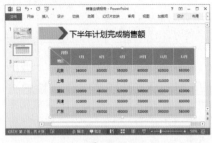

图 22-43

Step07 选中表格进行复制，将其粘贴到第3张幻灯片中，并对表格中的数据进行更改，效果如图22-44所示。

图 22-44

Step08 ❶ 选中表格第1行，单击【设计】选项卡【表格样式】组中的【底纹】下拉按钮，❷ 在弹出的下拉菜单中选择需要的颜色，如选择【紫色，着色4】命令，即可将所选行的底纹更改为所选颜色，如图22-45所示。

图 22-45

Step09 使用相同的方法继续对表格中其他单元格的底纹颜色进行设置，效果如图22-46所示。

图 22-46

技术看板

设置底纹颜色时，本例之所以没有直接应用表格样式，是因为表格第1个单元格中的斜线，因为应用表格样式后，单元格中的斜线将不会显示。

★ 重点 22.1.6 实战：在幻灯片中插入图表

实例门类	软件功能
教学视频	光盘\视频\第22章\22.1.6.mp4

当需要对幻灯片中的数据进行分析或比较时，可以采用图表来直观展现数据。例如，继续上例操作，在"销售业绩报告"演示文稿的第4张幻灯片中插入需要的图表，具体操作如下。

Step01 ❶ 在打开的"销售业绩报告.pptx"演示文稿中选择第4张幻灯片，❷ 单击【插入】选项卡【插图】组中的【图表】按钮，如图 2-47 所示。

图 22-47

Step02 ❶ 打开【插入图表】对话框，在左侧选择【柱形图】选项，❷ 在右侧选择【三维簇状柱形图】选项，❸ 单击【确定】按钮，如图 22-48 所示。

图 22-48

Step03 ❶ 打开【Microsoft PowerPoint 中的图表】对话框，在单元格中输入相应的图表数据，❷ 输入完成后单击右上角的【关闭】按钮×关闭对话框，如图 22-49 所示。

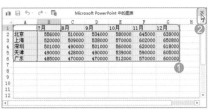

图 22-49

Step04 返回幻灯片编辑区，即可查看到插入的图表，然后选择图表标题，将其更改为【下半年销售额对比分析】，效果如图 22-50 所示。

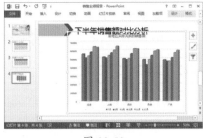

图 22-50

Step05 选中图表，将其调整到合适的大小和位置，效果如图 22-51 所示。

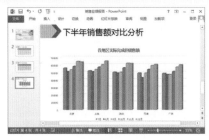

图 22-51

Step06 选中图表，单击【设计】选项卡【图表样式】组中的【其他】按钮，在弹出的下拉菜单中选择需要的图表样式，如选择【样式9】命令，如图 22-52 所示。

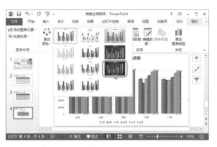

图 22-52

Step07 即可为图表应用选择的样式，效果如图 22-53 所示。

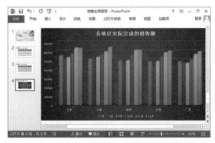

图 22-53

技能拓展——更改图表数据

如果发现图表中的数据有误，可以在图表上单击鼠标右键，在弹出的快捷菜单中选择【编辑数据】命令，打开【Microsoft PowerPoint 中的图表】对话框，在其中对图表数据进行修改即可。

22.2 插入与编辑音频

在幻灯片中插入适当的音频文件，有助于演示文稿时调动观众的情绪，将观众带入演讲中，音频是多媒体演示文稿中不可或缺的元素。

★ 重点 22.2.1 实战：在手机产品相册中插入计算机中保存的音频文件

实例门类	软件功能
教学视频	光盘\视频\第22章\22.2.1.mp4

在 PowerPoint 2013 中既可以插入计算机中保存的音频文件，也可以插入录制的音频。例如，在"手机产品相册"演示文稿的第 1 张幻灯片中插入计算机中保存的音频文件，具体操作如下。

Step01 ❶ 打开"光盘\素材文件\第 22 章\手机产品相册 .pptx"文件，选中第 1 张幻灯片，❷ 单击【插入】选项卡【媒体】组中的【音频】按钮，❸ 在弹出的下拉菜单中选择【PC 上的音频】命令，如图 22-54 所示。

图 22-54

🔧 技术看板

虽然【音频】下拉菜单中提供了【联机音频】命令，但由于程序没有提供受支持的音频网站可用，所以不能插入联机音频文件。

Step02 ❶ 打开【插入音频】对话框，在地址栏中设置插入音频保存的位置，❷ 选择需要插入的音频文件【背景音乐】，❸ 单击【插入】按钮，如图 22-55 所示。

图 22-55

Step03 即可将选择的音频文件插入幻灯片中，并在幻灯片中显示声音文件的图标，效果如图 22-56 所示。

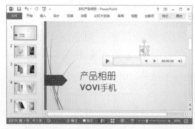

图 22-56

🔧 技能拓展——在幻灯片中插入录制的音频

当需要为演示文稿中的内容添加解说词时，可以通过添加录制音频来实现，但前提是计算机必须安装声卡，且带有话筒或可语音的话筒，否则将不能进行声音的录制。插入录制声音的方法是：在【音频】下拉菜单中选择【录制音频】命令，打开【录制声音】对话框，在【名称】文本框中输入录制的音频名称，单击●按钮开始录制声音，录制完成后，单击■按钮暂停声音录制，然后单击【确定】按钮，即可将录制的声音插入到幻灯片中。

22.2.2 实战：插入录制的音频文件

实例门类	软件功能
教学视频	光盘\视频\第22章\22.2.2.mp4

使用 PowerPoint 2013 提供的录制音频功能可以为演示文稿添加解说词，以帮助观众理解传递的信息。例如，在"益新家居"演示文稿中插入录制的音频，具体操作如下。

Step01 打开"光盘\素材文件\第 22 章\益新家居 .pptx"文件，❶ 选择第 1 张幻灯片，❷ 单击【插入】选项卡【媒体】组中的【音频】按钮，❸ 在弹出的下拉列表中选择【录制音频】命令，如图 22-57 所示。

图 22-57

🔧 技术看板

如果要录制音频，首先要保证计算机安装有声卡和录制声音的设备，否则将不能进行录制。

Step02 打开【录制声音】对话框，❶ 在【名称】文本框中输入录制的音频名称，如输入【公司介绍】，❷ 然后单击●按钮，如图 22-58 所示。

图 22-58

Step03 开始录制声音，录制完成后，❶ 单击【录制声音】对话框中的暂停■按钮暂停声音录制，❷ 单击【确定】按钮,如图22-59所示。

图 22-59

技术看板

在【录制声音】对话框中单击▶按钮,可试听录制的音频。

Step04 即可将录制的声音插入幻灯片中,选择音频图标,在出现的播放控制条上单击▶按钮,如图22-60所示。

图 22-60

Step05 即可开始播放录制的音频,如图22-61所示。

图 22-61

22.2.3 实战:剪辑音频

实例门类	软件功能
教学视频	光盘\视频\第22章\22.2.3.mp4

如果插入到幻灯片中的音频文件长短不能满足当前需要,那么可通过PowerPoint 2013提供的剪裁音频功能对音频文件进行剪辑。例如,对"公司介绍"演示文稿中的音频文件进行剪辑,其具体操作如下。

Step01 打开"光盘\素材文件\第22章\公司介绍.pptx"文件,❶选择第1张幻灯片中的音频图标,❷单击【播放】选项卡【编辑】组中的【剪裁音频】按钮,如图22-62所示。

图 22-62

Step02 打开【剪裁音频】对话框,将鼠标光标移动到▮图标上,当鼠标光标变成◄►形状时,按住鼠标左键不放向右拖动调整声音播放的开始时间,效果如图22-63所示。

图 22-63

Step03 ❶再将鼠标光标移动到▮图标上,当鼠标光标变成◄►形状时,按住鼠标左键不放向左拖动调整声音播放的结束时间,❷单击▶按钮,如图22-64所示。

图 22-64

Step04 开始对剪裁的音频进行试听,试听完成,确认不再剪裁后,单击【确定】按钮确认即可,如图22-65所示。

图 22-65

22.2.4 实战:**设置音频播放属性**

实例门类	软件功能
教学视频	光盘\视频\第22章\22.2.4.mp4

在幻灯片中插入音频文件后,读者还可通过"播放"选项卡对音频文件的音量、播放时间、播放方式等属性进行设置。

例如,继续上例操作,在"公司介绍"演示文稿中对音频属性进行设置,其具体操作如下。

Step01 在打开的"公司介绍"演示文稿,选中第1张幻灯片中的音频图标◄,❶单击【播放】选项卡【音频选项】组中的【音量】按钮,❷在弹出的下拉菜单中选择播放的音量,如选择【中】命令,如图22-66所示。

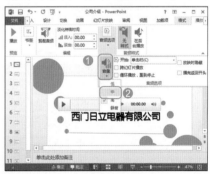

图 22-66

Step02 ❶单击【播放】选项卡【音频选项】组中的【开始】下拉按钮▾,❷在弹出的下拉菜单中选择开始播放的时间，如选择【自动】命令，如图 22-67 所示。

Step03 ① 在【音频选项】组中选中【跨幻灯片播放】和【循环播放，直到停止】复选框，② 再选中【放映时隐藏】复选框，完成声音属性的设置，如图 22-68 所示。

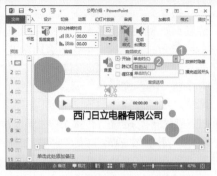

图 22-67

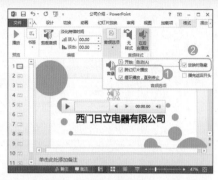

图 22-68

22.3 在幻灯片中插入视频文件

除了可在幻灯片中插入音频文件外，还可插入各类视频文件，以增强幻灯片的播放效果。

★ 新功能 ★ 重点 22.3.1 实战：在景点宣传中插入宣传视频

实例门类	软件功能
教学视频	光盘\视频\第22章\22.3.1.mp4

在 PowerPoint 2013 中，不仅可在幻灯片中插入计算机中保存的视频，在计算机连接网络的情况下，还可插入联机视频。

1. 插入计算机中保存的视频

如果计算机中保存有幻灯片需要的视频文件，则可直接将其插入幻灯片中，以提高效率。例如，在"景点宣传"演示文稿中进入计算中保存的视频，具体操作如下。

Step01 打开"光盘\素材文件\第22章\景点宣传.pptx"文件，① 选中第3张幻灯片，② 单击【插入】选项卡【媒体】组中的【视频】按钮，③ 在弹出的下拉菜单中选择【PC 上的视频】命令，如图 22-69 所示。

Step02 ① 打开【插入视频文件】对话框，在地址栏中设置计算机中视频保存的位置，② 然后选择需要插入的视频文件【九寨沟】，③ 单击【插入】按钮，如图 22-70 所示。

图 22-69

图 22-70

Step03 即可将选择的视频文件插入幻灯片中，选择视频图标，单击出现的播放控制条中的【播放/暂停】按钮 ▶，如图 22-71 所示。

图 22-71

Step04 即可对插入的视频文件进行播放，效果如图 22-72 所示。

图 22-72

2. 插入联机视频

插入联机视频是 PowerPoint 2013 的一个新功能，在计算机联网的情况下，既可直接通过关键字搜索，然后通过搜索结果选择需要的视频插入，还可通过视频代码快速插入。例如，在"景点宣传 1"演示文稿中通过视频代码插入联机视频，具体操作如下。

Step01 先在网络中搜索需要插入幻灯片中的视频，然后进入播放页面，在视频播放的代码后单击【复制】按钮，复制视频代码，如图 22-73 所示。

图 22-73

技术看板

并不是所有的视频网站都提供视频代码，只有部分视频网站提供了视频代码。

Step02 打开"光盘\素材文件\第22章\景点宣传1.pptx"文件，❶选中第3张幻灯片，❷单击【媒体】组中的【视频】按钮，❸在弹出的下拉菜单中选择【联机视频】命令，如图 22-74 所示。

图 22-74

Step03 在打开的提示对话框中单击【是】按钮，打开【插入视频】对话框，在【来自视频嵌入代码】文本框中单击鼠标右键，在弹出的快捷菜单中单击【粘贴】命令，如图 22-75 所示。

图 22-75

技能拓展——插入网络中搜索到的视频

在【插入视频】对话框【You Tube】文本框中输入要搜索视频的关键字，单击其后的【搜索】按钮，即可从 YouTube 网站中搜索与关键字相关的视频，并在打开的搜索结果对话框中显示搜索到的视频，选择需要插入的视频，单击【插入】按钮，即可将选择的视频插入幻灯片中。

Step04 即可将复制的视频代码粘贴到文本框中，单击其后的【插入】按钮，如图 22-76 所示。

图 22-76

Step05 即可将网站中的视频插入到幻灯片中，返回幻灯片编辑区，将幻灯片中的视频图标调整到合适大小，单击【播放】选项卡【预览】组中的【播放】按钮，如图 22-77 所示。

图 22-77

技术看板

将鼠标光标移动到视频图标上，双击鼠标，也可对插入的视频进行播放。

Step06 即可对插入的视频文件进行播放，效果如图 22-78 所示。

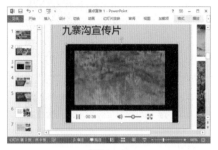

图 22-78

22.3.2 实战：剪辑景点宣传视频

实例门类	软件功能
教学视频	光盘\视频\第22章\22.3.2.mp4

如果在幻灯片中插入的是保存在计算机中的视频，那么还可像声音一样进行剪辑。例如，在"景点宣传2"中对视频文件进行剪辑，具体操作如下。

Step01 打开"光盘\素材文件\第22章\景点宣传2.pptx"文件，❶选中第3张幻灯片中的视频图标，❷单击【播放】选项卡【编辑】组中的【剪裁视频】按钮，如图 22-79 所示。

图 22-79

Step02 ❶打开【剪裁视频】对话框，在【开始时间】数值框中输入视频开始播放的时间，如输入【00:04.940】，❷在【结束时间】数值框中输入视频结束播放的时间，如输入【00:48.548】，❸单击【确定】按钮，如图 22-80 所示。

图 22-80

Step03 返回幻灯片编辑区，单击播放控制条中的【播放／暂停】按钮▶，即可对视频进行播放，查看效果，如图 22-81 所示。

图 22-81

★ 重点 22.3.3 实战：**设置景点宣传视频的播放属性**

实例门类	软件功能
教学视频	光盘\视频\第22章\22.3.3.mp4

在幻灯片中插入视频，还需要对视频的播放属性进行设置，如音量、播放选项等进行设置。例如，继续上例操作，在"景点宣传 2"演示文稿中对视频的播放属性进行设置，具体操作如下。

Step01 在打开的"景点宣传 2"演示文稿的幻灯片中选择视频图标，① 单击【播放】选项卡【视频选项】组中的【音量】按钮，② 在弹出的下拉菜单中选择【高】命令，如图 22-82

所示。

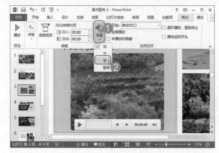

图 22-82

Step02 保持视频图标的选中状态，在【视频选项】组中选中【全屏播放】复选框，这样在放映幻灯片时，将全屏放映视频文件，如图 22-83 所示。

图 22-83

22.3.4 实战：对景点宣传视频的图标进行美化

实例门类	软件功能
教学视频	光盘\视频\第22章\22.3.4.mp4

对于幻灯片中的视频图标，还可通过更改视频图标形状、应用视频样式、设置视频效果等操作对视频图标进行美化。例如，继续上例操作，在"景点宣传 2"演示文稿中对视频图标进行美化，具体操作如下。

Step01 在打开的"景点宣传 2"演示文稿的幻灯片中选择视频图标，① 单击【格式】选项卡【视频样式】组中的【视频样式】按钮，② 在弹出的下拉菜单中选择需要的视频样式，如选择【中等复杂框架，黑色】命令，如图 22-84 所示。

图 22-84

Step02 即可为视频图标应用选择的样式，① 然后单击【视频样式】组中的【视频形状】按钮，② 在弹出的下拉菜单中选择需要的视频形状，如选择【圆角矩形】命令，如图 22-85 所示。

图 22-85

Step03 即可将视频图标更改为圆角矩形，① 单击【视频样式】组中的【视频边框】下拉按钮，② 在弹出的下拉菜单中选择需要的边框颜色，如选择【黄色】命令，如图 22-86 所示。

图 22-86

Step04 即可将视频图标边框颜色更改为选择的颜色，① 再次单击【视频样式】组中的【视频边框】下拉按钮，② 在弹出的下拉菜单中选择【粗细】命令，③ 在弹出的子菜单中选择需要的边框粗细，如选择【6磅】命令，如图22-87所示。

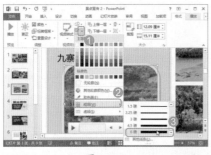

图 22-87

Step05 即可将视频图标的边框粗细更改为设置的粗细，效果如图22-88所示。

图 22-88

妙招技法

通过前面知识的学习，相信读者已经掌握了 PowerPoint 2013 幻灯片对象的添加与编辑操作了。下面结合本章内容，给大家介绍一些实用技巧。

技巧 01：如何将喜欢的图片设置为视频图标封面

教学视频	光盘\视频\第22章\技巧01.mp4

在幻灯片中插入视频后，其视频图标上的画面将显示视频中的第一个场景，为了让幻灯片整体效果更加美观，可以将视频图标的显示画面更改为其他图片。

例如，将"九寨沟景点宣传"演示文稿中的视频图标画面更改为计算机保存的图片，其具体操作如下。

Step01 打开"光盘\素材文件\第22章\九寨沟景点宣传.pptx"文件，❶ 选中第 3 张幻灯片中的视频图标，❷ 单击【格式】选项卡【调整】组中的【标牌框架】按钮，❸ 在弹出的下拉菜单中选择【文件中的图像】命令，如图22-89所示。

图 22-89

Step02 在打开的对话框中单击【浏览】按钮，❶ 打开【插入图片】对话框，在地址栏中选择图片保存的位置，❷ 然后选择需要插入的图片【九寨沟】，❸ 单击【插入】按钮，如图22-90所示。

图 22-90

Step03 即可将插入的图片设置为视频图标的显示画面，如图 22-91 所示。

图 22-91

技巧 02：文本与 SmartArt 图形之间的转换

教学视频	光盘\视频\第22章\技巧02.mp4

在 PowerPoint 2013 中提供了转化为 SmartArt 功能和转化为文本功能，通过这两个功能可以非常方便地将幻灯片中的文本内容快速转化为 SmartArt 图形，或将幻灯片中的 SmartArt 图形转化为文本。

1. 将文本转化为 SmartArt 图形

PowerPoint 2013 提供了转化为

SmartArt 图形功能，通过该功能可快速将幻灯片中结构清晰的文本转化为 SmartArt 图形。

例如，在"婚庆公司介绍"演示文稿的第 2 张幻灯片中将文本转化为 SmartArt 图形，其具体操作如下。

Step01 打开"光盘\素材文件\第 22 章\婚庆公司介绍.pptx"文件，❶ 选择第 2 张幻灯片，❷ 然后选择幻灯片中的内容占位符，单击【开始】选项卡【段落】组中的【转换为 SmartArt】按钮，❸ 在弹出的下拉菜单中选择需要的 SmartArt 图形，如选择【基本矩阵】，如图 22-92 所示。

图 22-92

Step02 即可将占位符中的文本转化为选择的 SmartArt 图形，效果如图 22-93 所示。

图 22-93

2. 将 SmartArt 图形转化文本

PowerPoint 2013 提供了 SmartArt 图形转化功能，可以快速将 SmartArt 图形转化为文本或形状。例如，将"销售工作计划"演示文稿中将第 3 张幻灯片中的 SmartArt 图形转化为文本内容，具体操作如下。

Step01 ❶ 打开"光盘\素材文件\第 22 章\销售工作计划.pptx"文件，选中第 3 张幻灯片，❷ 然后选择幻灯片中的 SmartArt 图形，❸ 单击【设计】选项卡【重置】组中的【转换】按钮，❹ 在弹出的下拉菜单中选择【转换为文本】命令，如图 22-94 所示。

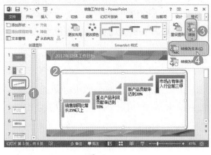

图 22-94

Step02 即可将选择的 SmartArt 图形转化为文本内容，效果如图 22-95 所示。

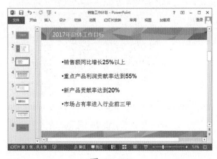

图 22-95

技巧 03: 快速美化视频图标形状

教学视频	光盘\视频\第 22 章\技巧 03.mp4

对于幻灯片中的视频图标，还可通过更改视频图标形状、应用视频样式、设置视频效果等操作对视频图标进行美化。例如，在"汽车宣传"演示文稿中对视频图标进行美化，具体操作如下。

Step01 打开"光盘\素材文件\第 22 章\汽车宣传.pptx"文件，❶ 选择幻灯片中的视频图标，单击【格式】选项卡【视频样式】组中的【视频样式】按钮，❷ 在弹出的下拉菜单中选择需要的视频样式，如选择【棱台框架，渐变】命令，为视频图标应用选择的样式，如图 22-96 所示。

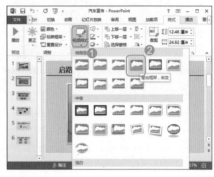

图 22-96

Step02 ❶ 单击【视频样式】组中的【视频形状】按钮，❷ 在弹出的下拉菜单中选择需要的视频形状，如选择【圆角矩形】命令，如图 22-97 所示。

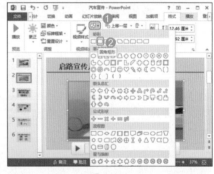

图 22-97

Step03 即可将视频图标更改为圆角矩形，效果如图 22-98 所示。

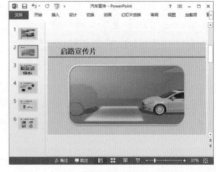

图 22-98

技巧04：通过编辑形状顶点来改变形状外观

教学视频	光盘\视频\第22章\技巧04.mp4

在制作幻灯片的过程中，如果"形状"下拉菜单中没有需要的形状，用户可以选择相似的形状，然后通过编辑形状的顶点来改变形状的外观，使形状能满足需要。

例如，在"楼盘推广策划"演示文稿中对第2张幻灯片中的形状进行更改，具体操作如下。

Step01 ❶打开"光盘\素材文件\第22章\楼盘推广策划.pptx"文件，选中第2张幻灯片，❷然后选择【目标客户分析】形状，❸单击【格式】选项卡【插入形状】组中的【编辑形状】按钮，❹在弹出的下拉菜单中选择【编辑顶点】命令，如图22-99所示。

图 22-99

Step02 此时，形状的顶点将显示出来，将鼠标光标移动到右侧的第2个顶点上，此时鼠标光标将变成 形状，在顶点上单击鼠标右键，在弹出的快捷菜单中选择【删除顶点】命令，如图22-100所示。

图 22-100

技术看板

在所选形状上单击鼠标右键，在弹出的快捷菜单中选择【编辑顶点】命令，也可将形状的节点显示出来。

Step03 即可将该顶点删除，然后将鼠标光标移动到另一个顶点上，单击鼠标右键，在弹出的快捷菜单中选择【删除顶点】命令，如图22-101所示。

Step04 删除该顶点后，将鼠标光标移动到形状右侧上方的顶点上，按住鼠标左键不放进行拖动，调整顶点的位置，如图22-102所示。

图 22-101

Step05 调整到合适位置后，释放鼠标，再将鼠标光标移动到形状右侧下方的顶点上，按住鼠标左键不放进行拖动，如图22-103所示。

图 22-102

图 22-103

Step06 拖动到合适位置释放鼠标即可，然后继续对【项目目标消费者分析】和【项目推广策划】两个形状的顶点进行编辑，效果如图22-104所示。

图 22-104

技能拓展——退出编辑顶点

当不需要再编辑形状的顶点时，可直接在幻灯片空白位置处单击鼠标，即可退出形状顶点的编辑状态。

本章小结

通过本章知识的学习，相信读者已经掌握了幻灯片对象的添加与编辑相关知识。在幻灯片中对文本、图片、形状、SmartArt图形、文本框、艺术字、表格音频、视频等对象的添加与编辑方法基本相同，所以在幻灯片中使用这些对象时，可结合Word中各对象使用的相关知识。本章在最后还讲解了一些幻灯片对象的一些操作技巧，以帮助读者制作出各种需要的幻灯片。

第23章 在 PPT 中制作交互动态效果的幻灯片

➡ 在幻灯片中能不能实现单击某一对象跳转到另一对象或另一幻灯片中呢？

➡ 动作按钮和动作是不是一样的？

➡ 能不能为同一个对象添加多个动画效果呢？

➡ 怎么能让动画之间的播放更流畅？

在放映幻灯片的过程中，要想快速实现幻灯片对象与幻灯片、幻灯片与幻灯片之间的交互，可通过为幻灯片或幻灯片中的对象添加超链接、切换动画和动画效果来实现。本章详细讲解了超链接、动作按钮、动作、切换动画以及动画等知识，赶快行动起来学习吧！

23.1 在幻灯片中添加超链接和动作的方式

PowerPoint 2013 提供了超链接、动作按钮和动作等交互功能，通过为对象创建交互，在放映幻灯片时，单击交互对象，即可快速跳转到链接的幻灯片，对其进行放映。

★ 重点 23.1.1 实战：为幻灯片文本添加超链接

实例门类	软件功能
教学视频	光盘\视频\第23章\23.1.1.mp4

PowerPoint 2013 中提供了超链接功能，通过该功能可为幻灯片中的内容添加链接，使其链接到其他幻灯片中或其他文档中。

例如，为"销售工作计划"演示文稿第 2 张幻灯片中的文本添加超链接，具体操作如下。

Step01 打开"光盘\素材文件\第23章\销售工作计划.pptx"文件，❶选择第 2 张幻灯片，在打开的幻灯片目录中，❷选中【2017年总体工作目标】文本，单击【插入】选项卡【链接】组中的【超链接】按钮，如图23-1所示。

技术看板

选中需要添加超链接的对象后，按【Ctrl+K】组合键，也能打开【插入超链接】对话框。

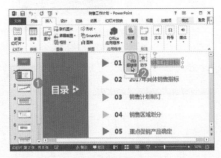

图 23-1

Step02 ❶打开【插入超链接】对话框，在【链接到】栏中选择链接的位置，如选择【本文档中的位置】选项，❷在【请选择文档中的位置】文本框中显示了当前演示文稿的所有幻灯片，选择需要链接的幻灯片，如选择【3.幻灯片 3】选项，❸在【幻灯片预览】中显示了链接的幻灯片效果，确认无误后单击【确定】按钮，

如图 23-2 所示。

图 23-2

技术看板

若在【链接到】栏中选择【现有文件或网页】选项，可链接到当前文件或计算机中保存的文件，以及浏览过的网页；若选择【新建文档】选项，可新建一个文档，并链接到新建的文档中；若选择【电子邮件地址】选项，可链接到某个电子邮件地址。

Step03 返回幻灯片编辑区，即可查看到添加超链接的文本颜色发生了变化，还为文本添加了下画线，效果如图 23-3 所示。

图 23-3

Step④ 使用相同的方法，继续为幻灯片中其他需要添加超链接的文本添加超链接，效果如图 23-4 所示。

图 23-4

Step⑤ 按【F5】键对幻灯片进行放映，在放映过程中，若单击添加超链接的文本，如单击【销售计划制订】文本，如图 23-5 所示。

图 23-5

Step⑥ 即可快速跳转到链接的幻灯片，并对其进行放映，如图 23-6 所示。

图 23-6

技能拓展——编辑超链接

为对象添加超链接后，如果发现链接位置或内容不正确，可对其进行修改。其方法是：在幻灯片中选择添加超链接的对象，单击【插入】选项卡【链接】组中的【超链接】按钮，打开【编辑超链接】对话框，在其中对链接位置和链接内容进行修改，修改完成后单击【确定】按钮即可。

★ 重点 23.1.2 实战：在幻灯片中添加动作按钮

实例门类	软件功能
教学视频	光盘\视频\第 23 章\23.1.2.mp4

动作按钮是一些被理解为用于转到下一张、上一张、最后一张等的按钮，在放映幻灯片时，通过这些按钮，也可实现幻灯片之间的跳转。

例如，在"销售工作计划"演示文稿的第 2 张幻灯片中添加两个动作按钮，具体操作如下。

Step① 打开"光盘\素材文件\第 23 章\销售工作计划.pptx"文件，❶选择第 2 张幻灯片，❷单击【插入】选项卡【插图】组中的【形状】按钮，❸在弹出的下拉菜单中的【动作按钮】栏中选择需要的动作按钮，如选择【动作按钮：前进或下一项】选项，如图 23-7 所示。

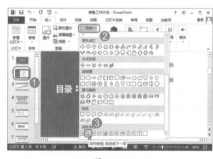

图 23-7

Step② 此时鼠标光标变成 + 形状，在

需要绘制的位置拖动鼠标绘制动作按钮，如图 23-8 所示。

图 23-8

Step③ 绘制完成后，释放鼠标，即可自动打开【操作设置】对话框，在其中对链接位置进行设置，这里保持默认设置，单击【确定】按钮，如图 23-9 所示。

图 23-9

Step④ 返回幻灯片编辑区，再绘制一个【动作按钮：结束】按钮，并在打开的【操作设置】对话框中单击【确定】按钮，如图 23-10 所示。

图 23-10

Step⑤ 选择绘制的两个动作按钮，在【格式】选项卡【形状样式】组中的

列表框中选择【强烈效果 - 橙色，强调颜色 2】命令，如图 23-11 所示。

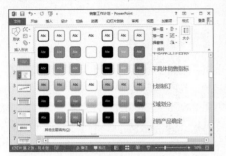

图 23-11

Step06 即可为选择的动作按钮应用选择的样式，效果如图 23-12 所示。

图 23-12

Step07 进入幻灯片放映状态，单击动作按钮，如单击【动作按钮：结束】，如图 23-13 所示。

图 23-13

Step08 即可快速跳转到结束页幻灯片，效果如图 23-14 所示。

图 23-14

 技术看板

如果需要为演示文稿中的每张幻灯片添加相同的动作按钮，可通过幻灯片母版进行设置。其方法是：进入幻灯片母版视图，选择幻灯片母版，然后绘制相应的动作按钮，并对其动作进行设置，完成后退出幻灯片母版即可。若要想删除通过幻灯片母版添加的动作按钮，就必须进入幻灯片母版中进行删除。

23.1.3 实战：为幻灯片对象添加动作

实例门类	软件功能
教学视频	光盘\视频\第 23 章\23.1.3.mp4

PowerPoint 2013 中还提供了动作功能，通过该功能可为所选对象提供当单击或鼠标悬停时要执行的操作，实现对象与幻灯片或对象与对象之间的交互，以方便放映者对幻灯片进行切换。例如，在"销售工作计划"演示文稿的第 2 张幻灯片中为部分文本添加动作，具体操作如下：

Step01 打开"光盘\素材文件\第 23 章\销售工作计划 .pptx"文件，❶选择第 2 张幻灯片，❷选中幻灯片中的【2017 年总体工作目标】文本，单击【插入】选项卡【链接】组中的【动作】按钮，如图 23-15 所示。

图 23-15

Step02 ❶打开【操作设置】对话框，在【单击鼠标】选项卡中选中【超链接到】单选按钮，❷在下方的下

拉列表框中选择【下一张幻灯片】选项，❸单击【确定】按钮，如图 23-16 所示。

图 23-16

Step03 即可为选择的文本添加动作，添加动作后的文本与添加超链接后的文本颜色效果一样，如图 23-17 所示。

图 23-17

⚙ **技能拓展——添加鼠标悬停动作**

鼠标悬停动作是指鼠标移动到对象上的动作，在 PowerPoint 2013 中为对象添加鼠标悬停动作的方法与添加单击鼠标动作的方法基本相同。选择需要添加鼠标悬停动作的对象，打开【操作设置】对话框，选择【鼠标悬停】选项卡，在其中对鼠标悬停时，对象的超链接位置进行设置即可。

Step04 选中【2017 年具体销售目标】文本，❶打开【操作设置】对话框，在【单击鼠标】选项卡中选中【超链接到】单选按钮，❷在下方的下拉列表框中选择【幻灯片】选项，如图23-18所示。

图 23-18

Step05 ❶ 打开【超链接到幻灯片】对话框，在【幻灯片标题】列表框中选择【4.幻灯片4】选项，❷单击【确定】按钮，如图23-19所示。

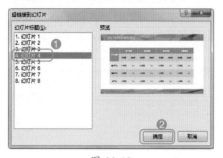

图 23-19

Step06 返回【操作设置】对话框，单击【确定】按钮，返回幻灯片编辑区，继续对幻灯片中其他文本添加动作，效果如图23-20所示。

图 23-20

23.2 添加和编辑对象动画

除了可为幻灯片之间添加切换动画外，还可为幻灯片中的对象添加需要的动画效果，以增加幻灯片的趣味性，提高观众的阅读兴趣。

★ 重点 23.2.1 了解动画的分类

PowerPoint 2013 提供了包括进入、强调、退出、动作路径，以及页面切换等多种形式的动画效果，为幻灯片添加这些动画特效，可以使 PPT 实现和 Flash 动画一样的炫动效果。

1. 进入动画

动画是演示文稿的精华，在动画中尤其以"进入动画"最为常用。"进入动画"可以实现多种对象从无到有、陆续展现的动画效果，主要包括出现、淡出、飞入、浮入、形状、回旋、中心旋转等数十种动画，如图23-21和图23-22所示。

图 23-21

图 23-22

2. 强调动画

"强调动画"是通过放大、缩小、闪烁、陀螺旋等方式突出显示对象和组合的一种动画，主要包括脉冲、跷跷板、补色、陀螺旋、波浪形等数十种动画，如图23-23和图23-24所示。

图 23-23

图 23-24

3. 退出动画

"退出动画"是让对象从有到无、逐渐消失的一种动画效果。退出动画实现了画面的连贯过渡，是不可或缺的动画效果，主要包括消失、飞出、浮出、向外溶解、层叠等数十种动画，如图 23-25 和图 23-26 所示。

图 23-25

图 23-26

4. 动作路径动画

"动作路径动画"是让对象按照绘制的路径运动的一种高级动画效果，可以实现 PPT 的千变万化，主要包括直线、弧形、六边形、漏斗、衰减波等数十种动画，如图 23-27 和图 23-28 所示。

图 23-27

图 23-28

5. 页面切换动画

"页面切换动画"是幻灯片之间进行切换的一种动画效果。添加页面切换动画不仅可以轻松实现动画之间的自然切换，还可以使 PPT 真正动起来。"页面切换动画"主要包括细微型、华丽型和动态内容 3 种类型，数十种动画，如图 23-29 所示。

图 23-29

★ 重点 23.2.2 实战：添加单个动画效果

实例门类	软件功能
教学视频	光盘\视频\第 23 章\23.2.2.mp4

PowerPoint 2013 中提供进入、强调、退出和动作路径等多个类型的多个动画效果，用户可根据对象的不同选用不同的动画效果。

例如，为"销售工作计划"演示文稿中的幻灯片添加单个动画效果，其具体操作如下。

Step 01 打开"光盘\素材文件\第 23 章\销售工作计划.pptx"文件，❶选择第 1 张幻灯片中的标题占位符，单击【动画】选项卡【动画】组中的【动画样式】按钮，❷在弹出的下拉菜单中选择需要的动画效果，如选择【进入】栏中的【翻转式由远及近】命令，如图 23-30 所示。

图 23-30

技术看板

若在【动画样式】下拉菜单中选择【更多进入效果】命令，可打开【更改进入效果】对话框，在其中提供了更多的进入动画效果，用户可根据需要进行选择。

Step 02 即可为标题文本添加选择的进入动画，然后选择副标题文本，❶单击【动画】选项卡【动画】组中的【动画样式】按钮，❷在弹出的下拉菜单中选择【强调】栏中的【放大/

缩小】命令，如图23-31所示。

图 23-31

Step03 即可为选择的对象添加强调动画，单击【动画】选项卡【预览】栏中的【预览】按钮，如图 23-32 所示。

图 23-32

技术看板

为幻灯片中的对象添加动画效果后，则会在对象前面显示动画序号，如 ❶、❷ 等，它表示动画播放的顺序。

Step04 即可对所选幻灯片中对象的动画效果进行播放，播放效果如图 23-33 和图 23-34 所示。

图 23-33

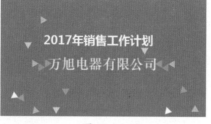

图 23-34

技术看板

单击幻灯片窗格中序号下方的 ★ 图标，也可对幻灯片中的动画效果进行预览。

Step05 ❶ 选中第 2 张幻灯片中的【目录】文本，单击【动画】选项卡【动画】组中的【动画样式】按钮，❷ 在弹出的下拉菜单中选择【动作路径】栏中的【形状】命令，如图 23-35 所示。

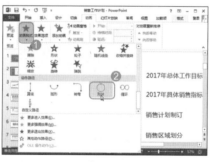

图 23-35

Step06 即可为所选文本添加路径动画，然后使用相同的方法，为该幻灯片其他文本或其他幻灯片中的对象添加需要的动画效果，如图 23-36 所示。

图 23-36

★ 重点 23.2.3 实战：为同一对象添加多个动画效果

实例门类	软件功能
教学视频	光盘\视频\第23章\23.2.3.mp4

为幻灯片中的对象添加一个动画效果后，使用"高级动画"组中的"添加动画"功能，可以为同一对象添加多个动画。例如，继续上例操作，在"销售工作计划"演示文稿的幻灯片中为同一对象添加多个动画，具体操作如下。

Step01 在打开的"销售工作计划"演示文稿的第 1 张幻灯片中选择标题占位符，❶ 单击【动画】选项卡【高级动画】组中的【添加动画】按钮，❷ 在弹出的下拉菜单中选择需要的动画，如选择【强调】栏中的【画笔颜色】命令，如图 23-37 所示。

图 23-37

Step02 即可为标题文本添加第 2 个动画，然后选择副标题文本，❶ 单击【动画】选项卡【高级动画】组中的【添加动画】按钮，❷ 在弹出的下拉菜单中选择需要的动画，如选择【退出】栏中的【飞出】命令，如图 23-38 所示。

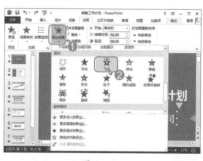

图 23-38

Step03 即可为副标题文本页添加两个动画效果，如图 23-39 所示。

图 23-39

★ 重点 23.2.4 实战：添加自定义的路径动画

实例门类	软件功能
教学视频	光盘\视频\第 23 章\23.2.4.mp4

当 PowerPoint 2013 中提供的路径动画不能满足需要时，读者也可自定义动画的动作路径，并且可对动作路径的长短、方向等进行调整。例如，为"公司片头动画"演示文稿中自定义公司标志图片的路径，具体操作如下。

Step01 打开"光盘\素材文件\第 23 章\公司片头动画.pptx"文件，选择第 1 张幻灯片中的公司标志图片，❶ 单击【动画】选项卡【动画】组中的【动画样式】按钮，❷ 在弹出的下拉菜单中选择【动作路径】组中的【自定义路径】命令，如图 23-40 所示。

图 23-40

Step02 此时鼠标光标将变成+形状，在需要绘制动作路径的开始处拖动鼠标绘制动作路径，如图 23-41 所示。

图 23-41

Step03 绘制到合适位置后双击鼠标，即可完成路径的绘制，单击【动画】选项卡【预览】组中的【预览】按钮，效果如图 23-42 所示。

图 23-42

Step04 即可对动画效果进行预览，然后选择动作路径，将鼠标光标移动到

路径开始处，当鼠标光标变成+形状时，按住鼠标左键不放，向下进行拖动，可移动动作路径，如图 23-43 所示。

图 23-43

Step05 然后使用本章添加和设置动画效果的方法对幻灯片中其他对象添加需要的动画效果，并对计时进行相应的设置，如图 23-44 所示。

图 23-44

★ 重点 23.2.5 实战：设置幻灯片对象的动画效果选项

实例门类	软件功能
教学视频	光盘\视频\第 23 章\23.2.5.mp4

与设置幻灯片切换效果一样，为幻灯片对象添加动画后，用户还可以根据需要对动画的效果进行设置。

例如，在"销售工作计划"演示文稿中对幻灯片对象的动画效果进行设置，具体操作如下。

Step01 打开"光盘\素材文件\第23章\销售工作计划1.pptx"文件，❶选择第2张幻灯片，❷选中【目录】文本，单击【动画】选项卡【动画】组中的【效果选项】按钮，❸在弹出的下拉菜单中选择需要的效果选项，如选择【等边三角形】命令，如图23-45所示。

图 23-45

Step02 此时可发现，【目录】文本由【圆】动作路径变成了【等边三角形】动作路径，效果如图23-46所示。

图 23-46

Step03 ❶选择第2张幻灯片右侧空白区域的所有形状和文本，❷单击【动画】选项卡【动画】组中的【效果选项】按钮，❸在弹出的下拉菜单

中选择【自左侧】命令，如图23-47所示。

图 23-47

Step04 ❶选择第3张幻灯片，将标题文本的效果选项设置为【自左侧】，❷然后选择幻灯片中的SmartArt图形，单击【动画】选项卡【动画】组中的【效果选项】按钮，❸在弹出的下拉菜单中选择【逐个】命令，如图23-48所示。

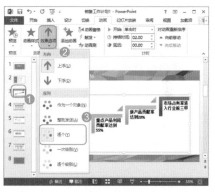

图 23-48

Step05 即可逐个播放SmartArt图形中的对象，效果如图23-49和图23-50所示。然后再将其他幻灯片的标题文本的效果选项设置为【自左侧】。

图 23-49

图 23-50

★ **重点 23.2.6 实战：调整动画的播放顺序**

实例门类	软件功能
教学视频	光盘\视频\第23章\23.2.6.mp4

默认情况下，幻灯片中对象的播放顺序是根据动画添加的先后顺序来决定的，但为了使各动画能衔接起来，还需要对动画的播放顺序进行调整。

例如，在"工作总结"演示文稿中对幻灯片对象的动画播放顺序进行相应的调整，具体操作如下。

Step01 打开"光盘\素材文件\第23章\工作总结.pptx"文件，❶选择第1张幻灯片，❷单击【动画】选项卡【高级动画】组中的【动画窗格】按钮，如图23-51所示。

图 23-51

Step02 ❶打开【动画窗格】任务窗格，在其中选择需要调整顺序的动画效果选项，如选择【文本框22】选项，❷多次单击▲按钮，如图23-52所示。

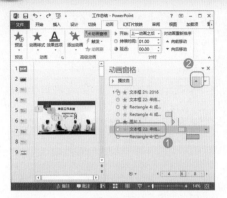

图 23-52

Step03 即可将选择的动画效果选项向前移动一步，效果如图 23-53 所示。

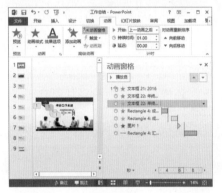

图 23-53

★ 重点 23.2.7　实战：设置动画计时

实例门类	软件功能
教学视频	光盘\视频\第23章\23.2.7.mp4

为幻灯片对象添加动画后，还需要对动画计时进行设置，如动画播放方式、持续时间、延迟时间等，使幻灯片中的动画衔接更自然，播放更流畅。

例如，对"工作总结1"演示文稿幻灯片中动画的计时进行设置，具体操作如下。

Step01 打开"光盘\素材文件\第23章\工作总结 1.pptx"文件，❶ 选择第 2 张幻灯片，❷ 在动画窗格中选择第 2 个至第 4 个动画效果选项，❸ 单击【动画】选项卡【计时】组中的【开始】下拉按钮▯，❹ 在弹出的下拉菜单中选择开始播放选项，如选择【上一动画之后】选项，如图 23-54 所示。

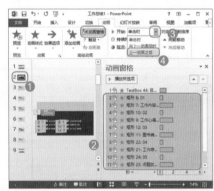

图 23-54

Step02 ❶ 在动画窗格中选择第 1 个动画效果选项，❷ 在【动画】选项卡【计时】组中的【持续时间】数值

框中输入动画的播放时间，如输入【01.50】，如图 23-55 所示。

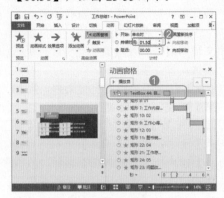

图 23-55

Step03 即可更改动画的播放时间，❶ 选择第 2 个动画效果选项，❷ 在【动画】选项卡【计时】组中将【持续时间】更改为【01.00】，❸ 在【延迟】数值框中输入动画的延迟播放时间，如输入【00.50】，如图 23-56 所示，动画计时设置完成。

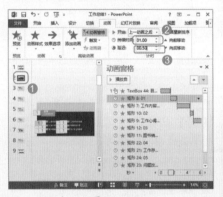

图 23-56

23.3　给幻灯片添加放映切换动画

制作演示文稿的目的就是对其进行放映，而不同的放映场合，其对幻灯片的放映要求会有所不同，所以，在放映幻灯片之前，还需要对幻灯片进行放映设置，使幻灯片能满足不同的放映需求。

★ 重点 23.3.1　实战：添加幻灯片页面切换动画

实例门类	软件功能
教学视频	光盘\视频\第23章\23.3.1.mp4

PowerPoint 2013 提供了很多幻灯

片切换动画效果，用户可以选择需要的切换动画添加到幻灯片中，使幻灯片之间的播放更流畅。

例如，在"销售培训课件"演示文稿中为幻灯片添加切换动画，其具体操作如下。

Step01 打开"光盘\素材文件\第23

章\销售培训课件.pptx"文件，❶ 选择第 1 张幻灯片，单击【切换】选项卡【切换到此张幻灯片】组中的【切换样式】按钮，❷ 在弹出的下拉菜单中选择需要的切换动画效果，如选择【揭开】命令，如图 23-57 所示。

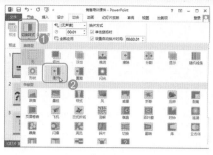

图 23-57

Step02 即可为选择的幻灯片添加切换效果，并在幻灯片窗格中的幻灯片编号下添加 ⁎ 图标，表示该幻灯片已添加有动画效果，如图 23-58 所示。

图 23-58

Step03 然后使用相同的方法为其他幻灯片添加需要的切换动画，如图 23-59 所示。

图 23-59

★ **重点 23.3.2 实战：设置幻灯片切换效果**

实例门类	软件功能
教学视频	光盘\视频\第23章\23.3.2.mp4

为幻灯片添加切换动画后，读者还可根据实际需要对幻灯片切换

动画的切换效果进行相应的设置。例如，继续上例操作，在"销售培训课件"演示文稿中为幻灯片切换动画的切换效果进行设置，具体操作如下。

Step01 ❶ 在打开的"销售培训课件"演示文稿中选择第 1 张幻灯片，❷ 单击【切换】选项卡【切换到此张幻灯片】组中的【效果选项】按钮，❸ 在弹出的下拉菜单中选择需要的切换效果，如选择【自底部】命令，如图 23-60 所示。

图 23-60

Step02 此时，该幻灯片的切换动画方向将发生变化，❶ 然后选择 2 张幻灯片，❷ 单击【切换】选项卡【切换到此张幻灯片】组中的【效果选项】按钮，❸ 在弹出的下拉菜单中选择【自左侧】命令，如图 23-61 所示。

图 23-61

Step03 ❶ 选择第 11 张幻灯片，❷ 单击【切换】选项卡【切换到此张幻灯片】组中的【效果选项】按钮，❸ 在弹出的下拉菜单中选择【缩放和旋转】命令，如图 23-62 所示，此时，切换动画的切换效果将发生相应的变化。

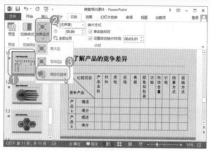

图 23-62

技术看板

不同的幻灯片切换动画，其提供的切换效果是不相同的。

★ **重点 23.3.3 实战：设置幻灯片切换时间和切换方式**

实例门类	软件功能
教学视频	光盘\视频\第23章\23.3.3.mp4

对幻灯片的切换时间和切换方式进行设置，可使幻灯片之间的切换更流畅。例如，继续上例操作，在"销售培训课件"演示文稿中对幻灯片的切换时间和切换方式进行设置，具体操作如下。

Step01 ❶ 在打开的"销售培训计划"演示文稿中选择第 1 张幻灯片，❷ 在【切换】选项卡【计时】组中的【持续时间】数值框中输入幻灯片切换的时间，如输入【01.50】，如图 23-63 所示。

图 23-63

Step02 ❶ 在【计时】组中取消选中【设置自动幻灯片时间】复选框，

❷ 然后单击【切换】选项卡【预览】组中的【预览】按钮，如图23-64所示。

图 23-64

技术看板

若在【切换】选项卡【计时】组中勾选中【设置自动幻灯片时间】复选框，在其后的数值框中输入自动换片的时间，那么在进行幻灯片切换时，即可根据设置的换片时间进行自动切换。

Step 03 即可对幻灯片的页面切换动画效果进行播放，效果如图23-65所示。

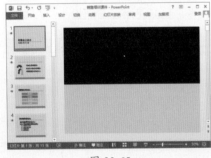

图 23-65

技能拓展——快速为每张幻灯片添加相同的页面切换效果

如果需要为演示文稿中的所有幻灯片添加相同的页面切换效果，那么可先为演示文稿的第1张幻灯片添加切换效果，并对切换方向、计时和声音等进行设置，设置完成后，单击【切换】选项卡【计时】组中的【全部应用】按钮。

PowerPoint 2013 中提供了多种切换声音，用于上一张幻灯片切换到下一张幻灯片时播放，用户可以根据需要为幻灯片添加切换声音。

例如，继续上例操作，在"销售培训课件"演示文稿中对幻灯片的切换声音进行设置，具体操作如下。

Step 01 ❶ 在打开的"销售培训计划"演示文稿中选择第1张幻灯片，❷ 在【切换】选项卡【计时】组中单击【声音】下拉按钮▫，❸ 在弹出的下拉菜单中选择需要的声音，如选择【单击】命令，如图23-66所示。

Step 02 即可为选择的幻灯片添加选择的切换声音，❶ 选择第15张幻灯片，❷ 在【切换】选项卡【计时】组中单击【声音】下拉按钮▫，❸ 在弹出的下拉菜单中选择【鼓掌】命令，如图23-67所示。

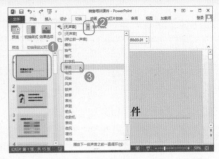

图 23-66

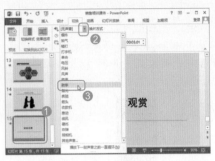

图 23-67

妙招技法

通过前面知识的学习，相信读者已经掌握了添加超链接、切换动画和动画的方法以及放映动画的基本操作了。下面结合本章内容，给大家介绍一些实用技巧。

技巧01：使用触发器触发动画

教学视频	光盘\视频\第23章\技巧01.mp4

PowerPoint 2013 中提供了触发器功能，通过该功能可单击一个对象，触发另一个对象或动画的发生，常用于弹出菜单的制作、视频播放控制等。例如，在"楼盘推广策划"演示文稿第5张幻灯片中使用触发器来触发对象的发生，具体操作如下。

Step 01 打开"光盘\素材文件\第23章\楼盘推广策划.pptx"文件，❶ 选择第5张幻灯片中的【启动期】文本框，❷ 单击【高级动画】组中的【触发】按钮，❸ 在弹出的下拉列表中选择【单击】选项，❹ 在弹出的子列表中选择需要单击的对象，如选择【文本框1】选项，如图 23-68 所示。

图 23-68

技术看板

选择【文本框1】选项，表示在放映幻灯片时，单击【文本框1】中的文本，就可触发【启动期】文本框中的文本。

Step02 即在所选文本框前面添加一个触发器，❶然后选择【公开期】文本框，❷单击【高级动画】组中的【触发】按钮，❸在弹出的下拉列表中选择【单击】选项，❹在弹出的子列表中选择【文本框2】选项，效果如图 23-69 所示。

图 23-69

Step03 使用相同的方法为【高潮期】和【持续期】文本框添加触发器，然后单击【动画】选项卡【高级动画】组中的【动画窗格】按钮，如图 23-70 所示。

技术看板

要为对象添加触发器，首先需要为对象添加动画效果，然后才能激活触发器功能。

图 23-70

Step04 打开【动画窗格】任务窗格，选择【组合12】动画效果选项，将其移动到最后，如图 23-71 所示。

图 23-71

Step05 单击状态栏中的【幻灯片放映】按钮，开始放映当前幻灯片，将鼠标光标移动到【1】数值上，然后单击鼠标，如图 23-72 所示。

图 23-72

Step06 即可弹出【启动器】文本框中的文本，然后单击【2】，即可弹出【公开期】文本框中的文本，效果如图 23-73 所示。

Step07 单击【3】，则触发【高潮期】文本框，单击【4】，则触发【持续期】文本框，效果如图 23-74 所示。

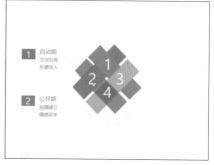

图 23-73

图 23-74

技巧 02：使用动画刷快速复制动画

教学视频	光盘\视频\第23章\技巧02.mp4

如果要幻灯片中的其他对象或其他幻灯片中的对象应用相同的动画效果，可通过动画刷复制动画，使对象快速拥有相同的动画效果。

例如，在"景点宣传"演示文稿中使用动画刷复制动画，具体操作如下。

Step01 打开"光盘\素材文件\第23章\景点宣传.pptx"文件，❶选择第1张幻灯片左上方已设置好动画效果的图片，❷单击【动画】选项卡【高级动画】组中的【动画刷】按钮，如图 23-75 所示。

技术看板

选择已设置好动画效果的对象后，按【Alt+Shift+C】组合键，也可对对象的动画效果进行复制。

图 23-75

Step 02 此时鼠标光标将变成 形状，将鼠标光标移动到需要应用复制的动画效果的图片上，如图 23-76 所示。

图 23-76

Step 03 即可为图片应用复制的动画效果，然后使用动画刷为该幻灯片中右侧上方和左侧下方的图片应用相同的动画效果，如图 23-77 所示。

图 23-77

技术看板

动画刷的使用方法与 Word 中格式刷的使用方法相同。

技巧 03：设置动画播放后的效果

教学视频 光盘\视频\第 23 章\技巧 03.mp4

除了可对动画的播放声音进行设置外，还可对动画播放后的效果进行设置。例如，在"工作总结 2"演示文稿中对部分文本动画播放后的效果进行设置，具体操作如下。

Step 01 打开"光盘\素材文件\第 23 章\工作总结 2.pptx"文件，❶ 选择第 3 张幻灯片，❷ 在动画窗格中选择相应的动画效果选项，单击鼠标右键，在弹出的快捷菜单中选择【效果选项】命令，如图 23-78 所示。

图 23-78

Step 02 打开【效果选项】对话框，默认选择【效果】选项卡，❶ 单击【动画播放后】下拉按钮，❷ 在弹出的下拉列表框中选择动画播放后的效果，

如选择【紫色】选项，❸ 然后单击【确定】按钮，如图 23-79 所示。

图 23-79

Step 03 返回幻灯片编辑区，对动画效果进行预览，待文字动画播放完成后，文字的颜色将变成设置的紫色，效果如图 23-80 所示。

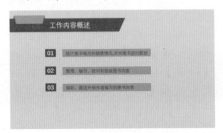

图 23-80

Step 04 使用相同的方法将第 4 张幻灯片文本动画播放后的文字颜色设置为橙色，效果如图 23-81 所示。

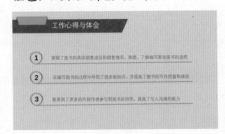

图 23-81

本章小结

通过本章知识的学习，相信读者已经掌握了幻灯片超链接和动画的添加、编辑和设置等相关操作，所有的知识点都较为基础简单，读者可轻松掌握，不过，在实际应用中的变化是多种多样的，需要读者不断积累经验和创意，以设计出精彩的动画。

PPT 幻灯片的放映、共享和输出

- ➡ 能不能指定放映演示文稿中的部分幻灯片呢？
- ➡ 放映过程中怎么有效控制幻灯片的放映过程？
- ➡ 能不能让其他人查看演示文稿的放映过程呢？
- ➡ 演示文稿可以导出为哪些文件？

为幻灯片中添加的多媒体文件、链接、动画等都只有在放映幻灯片时才能观赏到整体效果，所以，放映幻灯片是必不可少的。本章将对放映前应做的准备、放映过程中的控制以及共享、导出等相关知识进行讲解，以满足读者不同的需要。

24.1 设置放映方式

制作演示文稿的目的就是对其进行放映，而不同的放映场合，其对幻灯片的放映要求会有所不同，所以，在放映幻灯片之前，还需要对幻灯片进行放映设置，使幻灯片能满足不同的放映需求。

24.1.1 设置幻灯片放映类型

实例门类	软件功能
教学视频	光盘\视频\第24章\24.1.1.mp4

演示文稿的放映类型主要有演讲者放映、观众自行浏览和在展台浏览3种，用户可以根据放映场所来选择放映类型。例如，在"婚庆用品展"演示文稿中设置放映类型，具体操作如下。

Step01 打开"光盘\素材文件\第24章\婚庆用品展.pptx"文件，单击【幻灯片放映】选项卡【设置】组中的【设置幻灯片放映】按钮，如图24-1所示。

图 24-1

Step02 打开【设置放映方式】对话框，❶在【放映类型】栏中选择放映类型，如选中【在展台浏览（全屏幕）】单选按钮，❷单击【确定】按钮，如图24-2所示。

图 24-2

> **技术看板**
>
> 在【设置放映方式】对话框中除了可对放映类型进行设置外，在【放映选项】栏中可指定放映时的声音文件、解说或动画在演示文稿中的运行方式等；在【放映幻灯片】栏中可对放映幻灯片的数量进行设置，如放映

全部幻灯片，放映连续几张幻灯片，或自定义放映指定的任意几张幻灯片；在【换片方式】栏中对幻灯片动画的切换方式进行设置。

★ 重点 24.1.2 设置排练计时

实例门类	软件功能
教学视频	光盘\视频\第24章\24.1.2.mp4

如果希望幻灯片按照规定的时间进行自动播放，那么可通过PowerPoint 2013提供的排练计时功能来记录每张幻灯片放映的时间。

例如，继续上例操作，在"婚庆用品展"演示文稿中通过排练计时记录幻灯片播放的时间，具体操作如下。

Step01 在"婚庆用品展"演示文稿中单击【幻灯片放映】选项卡中的【排练计时】按钮，如图24-3所示。

图 24-3

Step02 进入幻灯片放映状态，并打开【录制】窗格记录第 1 张幻灯片的播放时间，如图 24-4 所示。

图 24-4

Step03 第 1 张幻灯片录制完成后，单击鼠标左键，进入第 2 张幻灯片的录制，效果如图 24-5 所示。

图 24-5

技术看板

若在排练计时过程中出现错误，可以单击【录制】窗格中的【重复】按钮 ↻，可重新开始当前幻灯片的录制；单击【暂停】按钮 ▮▮，可以暂停当前排练计时的录制。

Step04 继续单击鼠标左键，进行下一张幻灯片的录制，直至录制完最后一张幻灯片的播放时间后，按【Esc】键，打开提示对话框，在其中显示了

录制的总时间，单击【是】按钮进行保存，如图 24-6 所示。

图 24-6

Step05 返回幻灯片编辑区，单击【视图】选项卡【演示文稿视图】组中的【幻灯片浏览】按钮，如图 24-7 所示。

图 24-7

Step06 进入幻灯片浏览视图，在每张幻灯片下方将显示录制的时间，如图 24-8 所示。

图 24-8

技术看板

设置了排练计时后，打开【设置放映方式】对话框，选中【如果存在排练时间，则使用它】单选按钮，此时放映演示文稿时，才能自动放映演示文稿。

★ **重点 24.1.3 指定幻灯片放映**

实例门类	软件功能
教学视频	光盘\视频\第 24 章\24.1.3.mp4

在放映幻灯片之前，用户也可根据需要指定要放映的幻灯片，这样，在放映幻灯片时，将只放映指定要放映的幻灯片。

例如，继续上例操作，在"婚庆用品展"演示文稿中指定要放映的幻灯片，具体操作如下。

Step01 ❶ 在打开的"婚庆用品展"演示文稿中单击【幻灯片放映】选项卡【开始放映幻灯片】组中的【自定义幻灯片放映】下拉按钮，❷ 在弹出的下拉菜单中选择【自定义放映】命令，如图 24-9 所示。

图 24-9

Step02 打开【自定义放映】对话框，单击【新建】按钮，打开【定义自定义放映】对话框，❶ 在【幻灯片放映名称】文本框中输入放映名称，如输入【布置】，❷ 在【演示文稿中的幻灯片】列表框中选中需要放映的幻灯片前面的复选框，❸ 单击【添加】按钮，如图 24-10 所示。

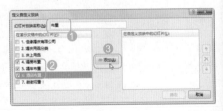

图 24-10

Step03 即可将选择的幻灯片添加到【在自定义放映中的幻灯片】列表框中，单击【确定】按钮，如图24-11所示。

图 24-11

Step04 返回【自定义放映】对话框，在其中显示了自定义放映幻灯片的名称，单击【关闭】按钮，如图24-12所示。

图 24-12

技术看板

在【自定义放映】对话框中单击【放映】按钮，可直接对定义的幻灯片进行放映；单击【编辑】按钮，可对幻灯片放映名称、需要放映的幻灯片等进行设置；单击【删除】按钮，可删除自定义要放映的幻灯片。

Step05 返回幻灯片编辑区，在【自定义幻灯片放映】下拉菜单中显示了自定义放映的幻灯片名称，选择该名称，如选择【布置】命令，如图24-13所示。

Step06 即可对指定的幻灯片进行放映，效果如图24-14所示。

图 24-13

图 24-14

★ 重点 24.1.4 开始放映幻灯片

实例门类	软件功能
教学视频	光盘\视频\第24章\24.1.5.mp4

对幻灯片进行放映设置后，即可开始对幻灯片进行放映，放映幻灯片时，即可从当前幻灯片开始放映，也可从演示文稿第1张幻灯片进行放映。

例如，从头开始放映"楼盘推广策划"演示文稿，具体操作如下。

Step01 打开"光盘\素材文件\第24章\楼盘推广策划.pptx"文件，单击【幻灯片放映】选项卡【开始放映幻灯片】组中的【从头开始】按钮，如图24-15所示。

Step02 此时幻灯片进入放映状态，并从第1张幻灯片开始，播放完成后，单击鼠标右键，在弹出的快捷菜单中选择【下一张】命令，如图24-16所示。

图 24-15

图 24-16

技术看板

在【开始放映幻灯片】组中单击【从当前幻灯片开始】按钮，即可从当前选择的幻灯片开始放映。

Step03 即可切换到第2张幻灯片进行播放，播放完成后，单击鼠标左键，继续对其他幻灯片进行播放，播放完最后一张幻灯片后，按【Esc】键，即可退出幻灯片放映，如图24-17所示。

THANK YOU

图 24-17

24.2 控制放映过程

在放映演示文稿的过程中，要想有效传递幻灯片中的信息，那么演示者对幻灯片放映过程的控制就非常重要。下面将对幻灯片放映过程中的一些控制手段进行讲解。

★ 重点 24.2.1 在放映过程中快速跳转到指定的幻灯片

实例门类	软件功能
教学视频	光盘\视频\第24章\24.2.1.mp4

在放映幻灯片的过程中，如果不按顺序进行放映，那么可通过右键菜单快速跳转到指定的幻灯片进行放映。

例如，在"年终工作总结"演示文稿中快速跳转到指定的幻灯片进行放映，具体操作如下。

Step01 打开"光盘\素材文件\第24章\年终工作总结.pptx"文件，进入幻灯片放映状态，在放映的幻灯片上单击鼠标右键，在弹出的快捷菜单中选择【下一张】命令，如图24-18所示。

图 24-18

Step02 即可放映下一张幻灯片，在该幻灯片上单击鼠标右键，在弹出的快捷菜单中选择【查看所有幻灯片】命令，如图24-19所示。

图 24-19

Step03 在打开的页面中显示了演示文稿中的所有幻灯片，单击需要查看的幻灯片，如单击第9张幻灯片，如图24-20所示。

图 24-20

Step04 即可切换到第9张幻灯片，并对其进行放映，效果如图24-21所示。

图 24-21

★ 重点 24.2.2 实战：在销售工作计划中为幻灯片重要的内容添加标注

实例门类	软件功能
教学视频	光盘\视频\第24章\24.2.2.mp4

在放映过程中，还可根据需要为幻灯片中的重点内容添加标注。例如，在"销售工作计划"演示文稿的放映状态下为幻灯片中的重要内容添加标注，具体操作如下。

Step01 打开"光盘\素材文件\第24章\销售工作计划.pptx"文件，开始放映幻灯片，❶放映到需要标注重点

的幻灯片上单击鼠标右键，在弹出的快捷菜单中选择【指针选项】命令，❷在弹出的子菜单中选择【荧光笔】命令，如图24-22所示。

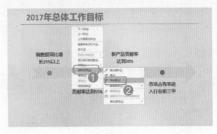

图 24-22

技术看板

在【指针选项】子菜单中选择【笔】命令，可使用笔对幻灯片中的重点内容进行标注。

Step02 ❶再单击鼠标右键，在弹出的快捷菜单中选择【指针选项】命令，❷在弹出的子菜单中选择【墨迹颜色】命令，❸再在弹出的下一级菜单中选择荧光笔需要的颜色，如选择【紫色】命令，如图24-23所示。

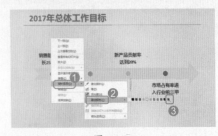

图 24-23

Step03 此时，鼠标指针将变成 形状，然后拖动鼠标，在需要标注的文本上拖动鼠标圈出来，如图24-24所示。

Step04 继续在该幻灯片中拖动鼠标标注重点内容，❶标注完成后，单击鼠标右键，在弹出的快捷菜单中选择

【指针选项】命令，❷ 在弹出的子菜单中选择【荧光笔】命令，如图24-25所示。

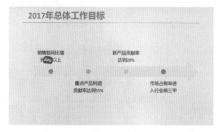

图 24-24

图 24-25

Step05 即可使鼠标指针恢复到正常状态，然后单击鼠标继续进行放映，放映完成后，单击鼠标，可打开【Microsoft PowerPoint】对话框，提示是否保留墨迹注释，这里单击【保留】按钮，如图24-26所示。

图 24-26

Step06 即可对标注墨迹进行保存，返回到普通视图中，也可查看到保存的标注墨迹，效果如图24-27所示。

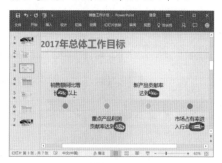

图 24-27

技能拓展——删除幻灯片中的标注墨迹

当不要幻灯片中的标注墨迹时，可将其删除。其方法是：在普通视图中选择幻灯片中的标注墨迹，按【Delete】键，即可删除。

★ 重点 24.2.3 实战：在销售工作计划中使用演示者视图进行放映

实例门类	软件功能
教学视频	光盘\视频\第24章\24.2.3.mp4

PowerPoint 2013 中还提供了演示者视图功能，通过该功能可以在一个监视器上全屏放映幻灯片，而在另一个监视器左侧显示正在放映的幻灯片、计时器和一些简单操作按钮，而在显示器右侧显示下一张幻灯片和研究者备注。

例如，在"销售工作计划"演示文稿中使用演示者视图进行放映，具体操作如下。

Step01 打开"光盘\素材文件\第24章\销售工作计划.pptx"文件，从头开始放映幻灯片，在第1张幻灯片上单击鼠标右键，在弹出的快捷菜单中选择【显示演示者视图】命令，如图24-28所示。

图 24-28

Step02 打开演示者视图窗口，如图24-29所示。

Step03 在幻灯片放映区域上单击，可切换到下一张幻灯片进行放映，在放映到需要放大显示的幻灯片上时，单击【放大】按钮，如图24-30所示。

图 24-29

图 24-30

Step04 此时鼠标指针将变成形状，并自带一个半透明框，将鼠标指针移动到放映的幻灯片上，将半透明框移动到需要放大查看的内容上，如图24-31所示。

图 24-31

Step05 单击鼠标，即可放大显示半透明框中的内容，效果如图24-32所示。

520万元	560万元	620万元	650万元
250万元	300万元	350万元	400万元
150万元	180万元	200万元	240万元

图 24-32

Step06 将鼠标指针移动到放映的幻灯片上，鼠标指针将变成🖐形状，按住鼠标左键不放，拖动放映的幻灯片，可调整放大显示的区域，效果如图24-33所示。

重点产品	520万元	560万元	620万
普通产品	250万元	300万元	350万
新产品	150万元	180万元	200万

图 24-33

Step07 查看完成后，再次单击【放大】按钮🔍，使幻灯片恢复到正常大小，继续对其他幻灯片进行放映，放映完成后，将黑屏显示，再次单击鼠标，即可退出演示者视图，如图24-34所示。

放映结束，单击鼠标退出。

图 24-34

技术看板

在演示者视图中单击【笔和荧光笔工具】按钮，可在该视图中标记重点内容；单击【请查看所有幻灯片】按钮，可查看演示文稿中的所有幻灯片；单击【变黑或还原幻灯片】按钮，放映幻灯片的区域将变黑，再次单击可还原；单击【更多放映选项】按钮，可执行隐藏演示者视图、结束放映等操作。

24.3 共享演示文稿

如果需要将制作好的演示文稿共享给他人，那么可通过 PowerPoint 提供的共享功能来实现，但共享演示文稿的方式有多种，用户可根据实际情况来选择共享的方式，与他人共享自己的幻灯片。

★ 重点 24.3.1 与他人共享演示文稿

与他人共享是指将演示文稿先保存到 OneDrive 中，然后再将保存的演示文稿共享给他人即可。例如，将"销售工作计划1"演示文稿共享给他人，具体操作如下。

Step01 打开目标演示文稿，登录到用户账户，单击【文件】选项卡，进入 Backstage 界面，❶选择【共享】选项，❷在中间的【共享】栏中选择【邀请他人】选项，如图24-35所示。然后在右侧单击【保存到云】按钮即可。

Step02 在打开的【共享】任务窗格，❶在【邀请他人】文本框中输入邀请人员的电子邮箱地址，❷然后单击【可编辑】下拉按钮，❸在弹出的下拉菜单中选择共享演示文稿的权限，【可查看】选项，如图24-36所示。

图 24-35

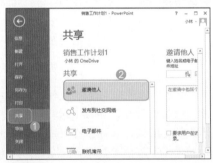

图 24-36

Step03 然后单击【共享】按钮，即可给共享的人发送电子邮件邀请他人进行共享，如图24-37所示。

图 24-37

★ 重点 24.3.2 实战：通过电子邮件共享销售工作计划

实例门类	软件功能
教学视频	光盘\视频\第24章\24.3.2.mp4

当需要将制作好的演示文稿以邮件的形式发送给客户或他人时，可通过电子邮件共享方式共享给他人。

例如，通过电子邮件共享"销售工作计划"演示文稿，具体操作如下。

Step01 打开"光盘\素材文件\第24章\销售工作计划.pptx"文件，❶单击【文件】菜单命令，在打开的页面左侧选择【共享】选项，❷在中间的【共享】栏中选择【电子邮件】选项，❸在右侧选择电子邮件发送的方式，如单击【作为附件发送】按钮，如图24-38所示。

图 24-38

Step02 打开【选择配置文件】对话框，保持默认设置，单击【确定】按钮，如图24-39所示。

图 24-39

Step03 即可启动 Outlook 程序，❶并在邮件页面中显示发送的主题和附件，在【收件人】文本框中输入收件人邮件地址，❷单击【发送】按钮，即可对邮件进行发送，如图24-40所示。

图 24-40

★ 重点 24.3.3 实战：联机放映销售工作计划演示文稿

实例门类	软件功能
教学视频	光盘\视频\第24章\24.3.3.mp4

PowerPoint 2013 中提供了联机放映幻灯片的功能，通过该功能，演示者可以在任意位置通过 Web 与任何人共享幻灯片放映。

例如，对"销售工作计划"演示文稿进行远程放映，具体操作如下。

Step01 打开"光盘\素材文件\第24章\销售工作计划.pptx"文件，登录到 PowerPoint 账户，❶单击【文件】菜单命令，在打开的页面左侧选择【共享】选项，❷在中间的【共享】栏中选择【联机演示】选项，❸在右侧单击【联机演示】按钮，如图24-41所示。

图 24-41

Step02 开始准备联机演示文稿，准备完成后，在【联机演示】对话框中显示连接地址，❶单击【复制连接】超链接，复制连接地址，将地址发给访问群体，当访问群体打开链接地址后，❷单击【开始演示】按钮，如图24-42所示。

图 24-42

Step03 进入幻灯片全屏放映状态，开始对演示文稿进行放映，如图24-43所示。

图 24-43

Step04 访问群体打开地址后，就可查看到放映的过程，如图24-44所示。

图 24-44

技术看板

在联机演示过程中，只有发起联机演示的用户才能控制演示文稿的放映过程。

Step05 放映结束后，退出演示文稿放映状态，❶单击【联机演示】选项卡【联机演示】组中的【结束联机演示】按钮，❷打开提示对话框，单击【结束联机演示文稿】按钮即可，如图 24-45 所示。

图 24-45

Step06 结束联机演示后，访问者访问的地址页面中将提示【演示文稿已结束】，如图 24-46 所示。

图 24-46

技能拓展——通过【开始放映幻灯片】组中的联机演示实现

单击【幻灯片放映】选项卡【开始放映幻灯片】组中的【联机演示】按钮，打开【联机演示】对话框，选中【启用远程查看器下载演示文稿】复选框，单击【连接】按钮，账户通过验证后，会在【联机演示】对话框中显示连接进度，连接成功后，在【联机演示】对话框中显示连接地址，然后按照提示进行相应的操作即可。

★ 重点 24.3.4 实战：发布销售工作计划中的幻灯片到库或 SharePoint 网站

实例门类	软件功能
教学视频	光盘\视频\第 24 章\24.3.4.mp4

将演示文稿中的幻灯片发布到幻灯片库或 SharePoint 网站等共享地址，也可实现与他人共享。例如，将"销售工作计划"演示文稿中的幻灯片发布到幻灯片库，具体操作如下。

Step01 打开"光盘\素材文件\第 24 章\销售工作计划 .pptx"文件，❶单击【文件】菜单命令，在打开的页面左侧选择【共享】选项，❷在中间的【共享】栏中选择【发布幻灯片】选项，❸在右侧单击【发布幻灯片】按钮，如图 24-47 所示。

图 24-47

Step02 打开【发布幻灯片】对话框，❶在【选择要发布的幻灯片】列表框中选择需要发布的幻灯片，❷单击【浏览】按钮，如图 24-48 所示。

图 24-48

Step03 打开【选择幻灯片库】对话框，❶在地址栏中选择发布的位置，❷然后选择保存的文件夹，❸单击【选择】按钮，如图 24-49 所示。

图 24-49

Step04 返回【发布幻灯片】对话框，在【发布到】下拉列表框中显示发布的位置，单击【发布】按钮，如图 24-50 所示。

图 24-50

Step05 开始发布幻灯片，发布完成后，程序会自动将原来演示文稿中的幻灯片单独分配到一个独立的演示文稿中，如图 24-51 所示。

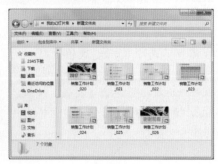

图 24-51

24.4 打包和导出演示文稿

制作好的演示文稿往往需要在不同的情况下进行放映或查看，所需要的文件格式也不一定相同，因此，需要根据不同使用情况合理地导出幻灯片文件。在 PowerPoint 2013 中，读者可以将制作好的演示文稿输出为多种形式，如将幻灯片进行打包、保存为图形文件、幻灯片大纲、视频文件或进行发布等。

★ 重点 24.4.1 实战：打包演示文稿

实例门类	软件功能
教学视频	光盘\视频\第24章\24.4.1.mp4

打包演示文稿是指将演示文稿打包到一个文件夹中，包括演示文稿和一些必要的数据文件（如链接文件），以供在没有安装 PowerPoint 的计算机中观看。

例如，对"产品宣传画册"演示文稿进行打包，具体操作如下。

Step01 打开"光盘\素材文件\第24章\产品宣传画册.pptx"文件，单击【文件】菜单命令，❶在打开的页面左侧选择【导出】命令，❷在中间选择导出的类型，如选择【将演示文稿打包成CD】选项，❸在页面右侧单击【打包成CD】按钮，如图24-52所示。

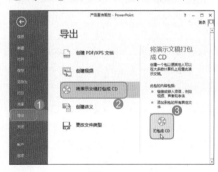

图 24-52

Step02 打开【打包成CD】对话框，单击【复制到文件夹】按钮，如图24-53所示。

Step03 打开【复制到文件夹】对话框，❶在【文件夹名称】文本框中输入文件夹的名称，如输入【产品宣传】，❷单击【浏览】按钮，如图24-54所示。

图 24-53

图 24-54

Step04 打开【选择位置】对话框，❶在地址栏中设置演示文稿打包后保存的位置，❷单击【选择】按钮，如图24-55所示。

图 24-55

Step05 返回【复制到文件夹】对话框，在【位置】文本框中显示打包后的保存位置，单击【确定】按钮，如图24-55所示。

图 24-56

技术看板

在【复制到文件夹】对话框中选中【完成后打开文件夹】复选框，表示打包完成后，将自动打开文件夹。

Step06 打开提示对话框，提示用户是否选择打包演示文稿中的所有链接文件，这里单击【是】按钮，如图24-57所示。

图 24-57

Step07 开始打包演示文稿，打包完成后将自动打开保存的文件夹，在其中可查看到打包的文件，如图24-58所示。

图 24-58

★ 重点 24.4.2 实战：导出为 PDF 文件

实例门类	软件功能
教学视频	光盘\视频\第24章\24.4.2.mp4

在 PowerPoint 2013 中，也可将演示文稿导出为 PDF 文件，这样演示文稿中的内容就不能对其进行修改。例如，将"产品宣传画册"演示文稿导出为 PDF 文件，具体操作

如下。

Step01 打开"光盘\素材文件\第24章\产品宣传画册.pptx"文件，单击【文件】菜单命令，❶ 在打开的页面左侧选择【导出】命令，❷ 在中间选择导出的类型，如选择【创建PDF/XPS文档】选项，❸ 单击右侧的【创建PDF/XPS】按钮，如图24-59所示。

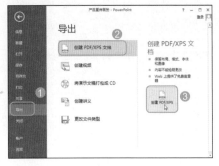

图 24-59

Step02 打开【发布为PDF或XPS】对话框，❶ 在地址栏中设置发布后文件的保存位置，❷ 然后单击【选项】按钮，如图24-60所示。

图 24-60

Step03 打开【选项】对话框，❶ 在【范围】栏中选中【幻灯片】单选按钮，❷ 在其后的【到】数值框中输入所导出的最后范围，如输入【5】，❸ 在【发布选项】栏中选中【幻灯片加框】复选框，❹ 然后单击【确定】按钮，如图24-61所示。

Step04 返回【发布为PDF或XPS】对话框，单击【发布】按钮，打开【正在发布】对话框，在其中显示发布的进度，如图24-62所示。

图 24-61

图 24-62

Step05 发布完成后，即可打开发布的PDF文件，效果如图24-63所示。

图 24-63

★ 重点 24.4.3 实战：导出为视频文件

实例门类	软件功能
教学视频	光盘\视频\第24章\24.4.3.mp4

如果需要在视频播放器上播放演示文稿，或在没有安装PowerPoint 2013软件的电脑上播放，可以将演示文稿导出为视频文件，这样既可以播放幻灯片中的动画效果，还可以保护幻灯片中的内容不被他人利用。例如，将"产品宣传画册"演示文稿导出为视频文件，具体操作如下。

Step01 打开"光盘\素材文件\第24章\产品宣传画册.pptx"文件，单击【文件】选项卡，❶ 在打开的页面左侧选择【导出】命令，❷ 在中间选择导出的类型，如选择【创建视频】选项，❸ 单击右侧的【创建视频】按钮，如图24-64所示。

图 24-64

技能拓展——设置幻灯片导出为视频的秒数

默认情况下，将幻灯片导出为视频后，每张幻灯片播放的时间为5秒，用户可以根据幻灯片中动画的多少来设置幻灯片播放的时间。其方法是：在演示文稿中导出页面中间选择【创建为视频】选项后，在页面右侧的【放映每张幻灯片的秒数】数值框中输入幻灯片播放的时间，然后单击【创建视频】按钮进行创建即可。

Step02 打开【另存为】对话框，❶ 在地址栏中设置视频保存的位置，❷ 其他保持默认设置，单击【保存】按钮，如图24-65所示。

图 24-65

Step03 开始制作视频，并在 Power Point 2013 工作界面的状态栏中显示视频导出进度，如图 24-66 所示。

图 24-66

Step04 导出完成后，即可使用视频播放器将其打开，预览演示文稿的播放效果，如图 24-67 所示。

图 24-67

★ 重点 24.4.4 实战：导出为图形文件

实例门类	软件功能
教学视频	光盘\视频\第24章\24.4.4.mp4

有时为了宣传和展示需要，须将演示文稿中的多张幻灯片（包含背景）导出，此时，可以通过提供的导出为图片功能，将演示文稿中的幻灯片导出为图片。例如，将"产品宣传画册"演示文稿中的幻灯片导出为图片，具体操作如下。

Step01 打开"光盘\素材文件\第24章\产品宣传画册.pptx"文件，单击【文件】菜单命令，❶在打开的页面左侧选择【导出】命令，❷在中间选择导出的类型，如选择【更改文件类型】选项，❸在页面右侧的【图片文件类型】栏中选择导出的图片格式，如选择【JPEG 文件交换格式】选项，❹单击【另存为】按钮，如图 24-68 所示。

图 24-68

Step02 打开【另存为】对话框，❶在地址栏中设置导出的位置，❷其他保持默认设置不变，单击【保存】按钮，如图 24-69 所示。

Step03 打开【Microsoft PowerPoint】对话框，提示用户"您希望导出哪些幻灯片？"，这里单击【所有幻灯片】按钮，如图 24-70 所示。

Step04 在打开的提示对话框中单击【确定】按钮，即可将演示文稿中的所有幻灯片导出为图片文件，如图 24-71 所示。

图 24-69

图 24-70

图 24-71

技术看板

若在【Microsoft PowerPoint】对话框单击【仅当前幻灯片】按钮，将只就演示文稿选择的幻灯片导出为图片。

妙招技法

通过前面知识的学习，相信读者已经掌握了 PowerPoint 2013 的放映、共享与输出的基本操作了。下面结合本章内容，给大家介绍一些实用技巧。

技巧01：放映时隐藏鼠标光标

教学视频	光盘\视频\第24章\技巧01.mp4

在放映幻灯片时，默认会显示指针，若用户不需要鼠标指针的显示，可将其人为隐藏。具体操作如下。

在任意位置单击鼠标右键，❶在弹出的快捷菜单中选择【指针选项】命令，❷在弹出的子菜单中选择【箭头选项】命令，❸在弹出的级联子菜单中取消选中【永远隐藏】命令，如

图 24-72 所示。

图 24-72

技巧 02：演示文稿放映过程中的控制方式

教学视频	光盘\视频\第 24 章\技巧 02.mp4

在放映演示文稿时，如果在"设置放映方式"对话框中将放映类型设置为"演讲者放映"，且换片方式设置为"手动"，那么，在放映演示文稿的过程中，可以通过键盘、鼠标和右键菜单等多种方式来控制幻灯片的播放。

1. 通过方向键控制

键盘中提供了向左（←）、向右（→）、向上（↑）和向下（↓）4 个方向键。在放映演示文稿的过程中，可以通过向上（↑）方向键切换到上一个动画或上一张幻灯片中；按向下（↓）方向键可以切换到下一个动画或下一张幻灯片中。

2. 通过鼠标控制

在放映演示文稿的过程中，通过鼠标是最常用的控制幻灯片播放的方法。通过鼠标控制时，单击鼠标左键，可切换到下一个动画或下一张幻灯片；向上滚动鼠标滚轮，可切换到上一个动画或上一张幻灯片；向下滚动鼠标滚轮，可切换到下一个动画或下一张幻灯片。

3. 通过右键菜单控制

在幻灯片放映过程中，PowerPoint 提供了右键菜单功能，在右键菜单中，用户可以根据需要上、下切换幻灯片，查看上次查看过的幻灯片，查看所有幻灯片，放大幻灯片区域，显示演示者视图，设置屏幕，设置指针选项，结束放映等。例如，在"面试培训"演示文稿中通过右键菜单控制幻灯片播放，具体操作如下。

Step 01 打开"光盘\素材文件\第 24 章\面试培训.pptx"文件，按【F5】键进入幻灯片放映状态，并从第 1 张幻灯片开始放映，放映完成后，单击鼠标右键，在弹出的快捷菜单中选择【下一张】命令，如图 24-73 所示。

图 24-73

Step 02 此时即可切换到下一张幻灯片，并进行放映，放映完成后，单击鼠标右键，在弹出的快捷菜单中选择【查看所有幻灯片】命令，如图 24-74 所示。

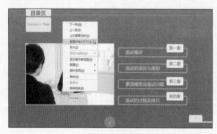

图 24-74

Step 03 此时即可查看所有幻灯片，在垂直滚动条中拖动鼠标左键，即可上、下查看幻灯片，若单击第 7 张幻灯片，如图 24-75 所示。

图 24-75

Step 04 即可切换到第 7 张幻灯片，并对其进行放映，效果如图 24-76 所示。

图 24-76

技巧 03：演示文稿放映过程中的添加墨迹

教学视频	光盘\视频\第 24 章\技巧 03.mp4

在放映演示文稿过程中，我们还可以在其中进行一些重点或要点的标注或标识等，以引起注意或重视，最后还能确定是否要保存这些标注或标识的墨迹，其具体操作如下。

Step 01 放映结束后，❶ 单击鼠标右键，在弹出的快捷菜单中选择【指针选项】命令，❷ 在弹出的子菜单中选择【荧光笔】命令，如图 24-77 所示。

Step 02 ❶ 再单击鼠标右键，在弹出的快捷菜单中选择【指针选项】命令，❷ 在弹出的子菜单中选择【墨迹颜色】命令，❸ 再在弹出的下一级子菜单中选择需要的颜色，如选择【紫色】命令，如图 24-78 所示。

图 24-77

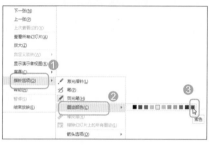

图 24-78

Step03 此时，鼠标光标将变成 形状，将鼠标光标移动到需要标记的内容附近，然后拖动鼠标标记处需要标记的内容，效果如图 24-79 所示。

图 24-79

Step04 单击鼠标右键，在弹出的快捷菜单中选择【显示演示者视图】命令，如图 24-80 所示。

图 24-80

Step05 此时进入演示者视图，在该视图下，可查看当前幻灯片和下一张幻灯片的内容以及为幻灯片添加的备注内容等，这里单击【结束幻灯片放映】按钮，如图 24-81 所示。

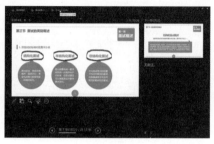

图 24-81

Step06 打开提示对话框，提示是否保留墨迹，这里单击【保留】按钮，如图 24-82 所示。

图 24-82

Step07 返回幻灯片编辑区，在其中可查看到保留的墨迹效果，效果如图 24-83 所示。

图 24-83

⚙ **技能拓展——删除墨迹**

如果对添加的标注不满意。可以将其删除。其方法是：在演示文稿普通视图中选择幻灯片中标记的墨迹，然后按【Delete】键或【Backspace】键删除即可。

技巧04：不打开演示文稿就能放映幻灯片

教学视频	光盘\视频\第24章\技巧04.mp4

要想快速对演示文稿进行放映，通过"显示"命令，不打开演示文稿就能直接对演示文稿进行放映。例如，对"年终工作总结"演示文稿进行放映，具体操作如下。

Step01 ❶ 在文件窗口中选择需要放映的演示文稿，❷ 单击鼠标右键，在弹出的快捷菜单中选择【显示】命令，如图 24-84 所示。

图 24-84

Step02 即可直接进行演示文稿的放映状态，效果如图 24-85 所示。

图 24-85

技巧05：如何将字体嵌入演示文稿中

教学视频	光盘\视频\第24章\技巧05.mp4

如果制作的演示文稿中使用了系统自带字体之外的其他字体，那么将演示文稿发送到其他计算机上进行浏览时，若该计算机没有安装演示文

稿中使用的字体，那演示文稿中使用该字体的文字将使用系统默认的其他字体进行代替，字体原有的字体样式将发生变化。如果希望幻灯片中的字体在未安装原有字体的计算机上也能正常显示出原字体的样式，保存时，可以将字体嵌入演示文稿中，这样在没有安装字体的计算机上也能正常显示。例如，在"汽车宣传"演示文稿中嵌入字体，具体操作如下。

Step01 打开"光盘\素材文件\第24章\汽车宣传.pptx"文件，① 打开【PowerPoint选项】对话框，在左侧

选择【保存】选项，② 在右侧选中【将字体嵌入文件】复选框，③ 单击【确定】按钮，如图 24-86 所示。

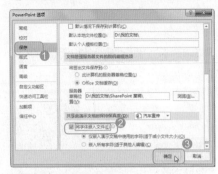

图 24-86

技术看板

在对话框中选中【将字体嵌入文件】复选框后，若选中【仅嵌入演示文稿中使用的字体(适于减小文件大小)】单选按钮，表示只将演示文稿中使用的字体嵌入文件中；若选中【嵌入所有字符(适于其他人编辑)】单选按钮，将会把演示文稿中使用的所有字体、符号等字符都嵌入文件中。

Step02 再对演示文稿进行保存，即可将使用的字体嵌入演示文稿中。

本章小结

通过本章知识的学习，相信读者已经掌握了幻灯片放映、共享和输出等相关知识，在放映演示文稿的过程中，要想有效控制幻灯片的放映过程，需要演示者灵活使用本章中所讲的方式方法进行设置和操作，同时，需要读者朋友们在实际中总结和积累更多的实践经验，将这些方式方法进行实验性锤炼。在最后，介绍了几个有关放映的一些技巧，为读者提供放映方面的几个妙招。

高效人士

人士

效|率|倍|增|手|册

技巧 1 日常事务记录和处理

面对繁忙的工作、杂乱的事务，很多时候都会忙得不可开交，甚至是一团乱麻。一些工作或事务就会很"自然"地被遗忘，往往带来不必要的麻烦和后果。这时，用户可采用一些实用的日常事务记录和处理技巧。

PC 端日常事务记录和处理

1. 便笺附件

便笺是 Windows 程序中自带的一个附件程序，小巧轻便。用户可直接启用它来记录日常的待办事项或重要事务，其具体操作步骤如下。

Step 01 单击"开始"按钮 ，❶ 单击"所有程序"菜单项，❷ 单击"附件"文件夹，❸ 在展开的选项中选择"便笺"程序选项，操作过程如下图所示。

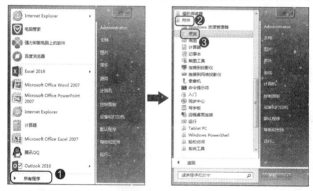

Step 02 系统自动在桌面的右上角添加一个新的便签，❶ 用户在其中输入

第一条事项，❷ 单击 + 按钮，❸ 新建空白便签，在其中输入相应的事项，操作过程如下图所示。

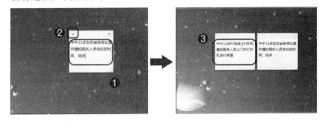

2. 印象笔记

印象笔记（EverNote）是较为常用的一款日常事务记录与处理的程序，供用户添加相应的事项并按指定时间进行提醒（用户可在相应网站进行下载，然后将其安装到电脑中才能使用）。其具体操作如下。

Step01 ❶ 在桌面上双击印象笔记的快捷方式将其打开，❷ 单击"登录"按钮展开用户注册区，❸ 输入注册的账户和密码，❹ 单击"登录"按钮，操作过程如下图所示。

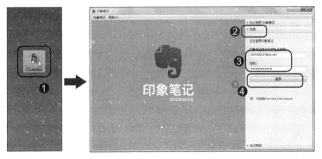

Step02 ❶ 单击"新建笔记"按钮，打开"印象笔记"窗口，❷ 在文本框中输入事项，❸ 单击"添加标签"超链接，操作过程如下图所示。

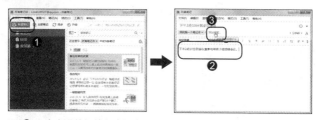

Step03 ❶ 在出现的标签文本框中输入第一个便签，单击出现的"添加标签"超链接进入其编辑状态，❷ 输入第二个标签，操作过程如下图所示。

Step04 ❶ 单击 ▾ 按钮，❷ 在弹出下拉列表选项中选择"提醒"选项，❸ 在弹出的面板中选择"添加日期"命令，操作过程如下图所示。

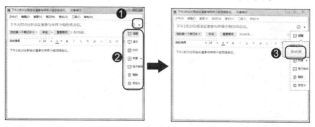

Step05 在弹出的日期设置器中，❶ 设置提醒的日期，如这里设置为"2017年 1 月 5 日 13:19:00"，❷ 单击"关闭"按钮，返回到主窗口中即可查看到添加笔记，操作过程及效果如下图所示。

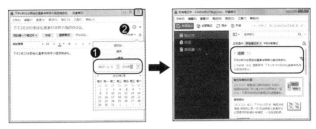

3. 滴答清单

滴答清单是一款基于 GTD 理念设计的跨平台云同步的待办事项和任务提醒程序，用户可在其中进行任务的添加，并让其在指定时间进行提醒。如下面新建"工作"清单，并在其中添加一个高优先级的"选题策划"任务为例，其具体操作步骤如下。

Step 01 启动"滴答清单"程序，❶ 单击 ☰ 按钮，❷ 在展开的面板中单击"添加清单"超链接（若用户不需要对事项进行分类，可在直接"所有"窗口中进行任务事项的添加设置），操作过程如下图所示。

Step 02 ❶ 在打开的清单页面中输入清单名称，如这里输入"工作"，❷ 单击相应的颜色按钮，❸ 单击"保存"按钮，❹ 在打开的任务窗口输入具体任务，❺ 单击 📅 按钮，操作过程如下图所示。

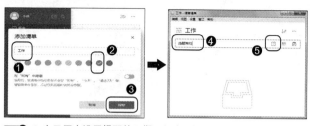

Step 03 ❶ 在日历中设置提醒的日期，如这里设置为 2017 年 1 月 6 日，
❷ 单击"设置时间"按钮，❸ 选择小时数据，滚动鼠标滑轮调节时间，
❹ 单击"准时"按钮，操作过程如下图所示。

Step 04 ❶ 在弹出的时间提醒方式选择相应的选项，❷ 单击"确定"按钮，
❸ 返回到主界面中单击"确定"按钮，操作过程如下图所示。

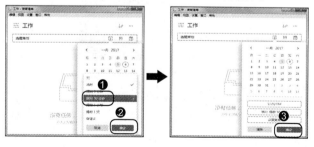

教您一招：设置重复提醒（重复事项的设置）

在设置时间面板中单击"设置重复"按钮，在弹出的面板中选择相应的重复项。

Step05 ❶ 单击 ⫶ 按钮，❷ 在弹出的下拉选项中选择相应的级别选项，如这里选择"高优先级"选项，按【Enter】键确认并添加任务，❸ 在任务区中即可查看到新添加的任务（要删除任务，可其选择后，在弹出区域的右下角单击"删除"按钮 🗑 ），操作过程和效果如下图所示。

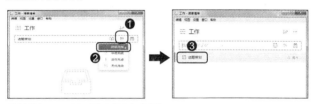

移动端在日历中添加日程事务提醒

日历在大部分手机上都默认安装存在，用户可借助于该程序来轻松地记录一些事项，并让其自动进行提醒，其具体操作步骤如下。

Step01 打开日历，❶ 点击要添加事务的日期，进入到该日期的编辑页面，❷ 点击 按钮添加新的日程事务，❸ 在事项名称文本框中输入事项名称，如这里输入"拜访客户"，❹ 设置开始时间，操作过程如下图所示。

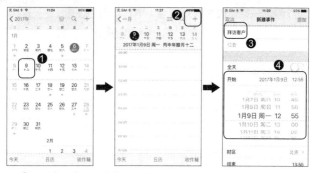

Step 02 ❶ 选择"提醒"选项，❷ 在弹出的选项中选择提醒发生时间选项，如这里选择"30 分钟前"选项，❸ 点击"添加"按钮，操作过程如下图所示。

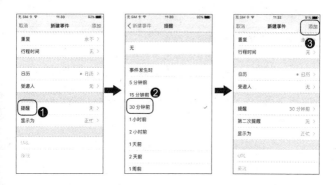

技巧 2 时间管理

要让工作生活更加有节奏、做事效率更高，效果更好。不至于总是处于"瞎忙"状态，大家可尝试进行一些常用的时间管理技巧并借用一些时间管理的小程序，如番茄土豆、doit.im、工作安排的"两分法"等，下面分别进行介绍。

PC 端时间管理

1. 番茄土豆

番茄土豆是一个结合了番茄（番茄工作法）与土豆（To-do List）的在线工具，它能帮助大家更好地改进工作效率，减少工作时间，其具体操作步骤如下。

Step01 启动"番茄土豆"程序，❶ 在"添加新土豆"文本框中输入新任务名称，如这里输入"网上收集时间管理小程序"，❷ 单击"开始番茄"按钮，❸ 系统自动进入 25 分钟的倒计时，操作过程及效果如下图所示。

Step02 一个番茄土豆的默认工作时长是 25 分钟，中途休息 5~15 分钟，用户可根据自身的喜好进行相应的设置，其方法为：❶ 单击"设置"按

钮 ⚙️，❷在弹出的下拉选项中选择"偏好设置"选项，打开"偏好设置"对话框，❸单击"番茄相关"选项卡，❹设置相应的参数，❺单击"关闭"按钮，如下图所示。

2. doit.im

doit.im 采用了优秀的任务管理理念，也就是 GTD 理念，有条不紊地组织规划各项任务，轻松应对各项庞大繁杂的工作。下面以添加上午工作时间管理为例，其具体操作步骤如下。

Step 01 启动"doit.im"程序，❶在打开的登录页面中输入账户和密码（用户在 https://i.doitim.com/register 网址中进行注册），❷选中"中国"单选按钮，❸单击"登录"按钮，❹在打开的页面中根据实际的工作情况设置各项参数，❺单击"好了，开始吧"按钮，操作过程如下图所示。

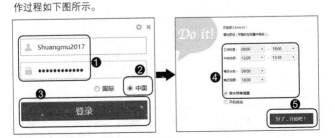

Step 02 进入到 doit.im 主界面，❶ 单击"新添加任务"按钮，打开新建任务界面，❷ 在"标题"文本框中输入任务名称，❸ 在"描述"文本框中输入任务的相应说明内容，❹ 取消选中"全天"复选框，❺ 单击左侧的🕐 按钮，在弹出下拉选项中选择"今日待办"选项，在右侧选择日期并设置时间，操作过程如下图所示。

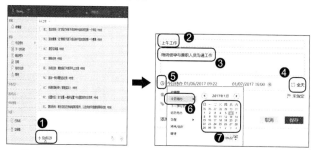

Step 03 ❶ 在截至日期上单击，❷ 在弹出的日期选择器中设置工作截至时间，❸ 在情景区域上单击，❹ 在弹出的下拉选项中选择工作任务进行的场所，如这里选择"办公室"选项，❺ 单击"保存"按钮，操作过程如下图所示。

3. 工作安排的"两分法"

要让一天的时间变得更加有效率，除了对任务时间进行有效的安排和规划外，大家还可以对工作进行安排，从而让时间用到"刀刃上"，让时间的"含金量"更多。

工作安排的两分法分为两部分：一是确定工作制作时间，是否必须是当天完成，是否需要他人协作；二是明确该工作是否必须自己来完成，是否可以交给其他人员或团队来完成，从而把时间安排到其他的工作任务中。

在工作安排两分法中，若是工作紧急情况较高，通常要由多人协作来快速完成。对于非常重要的任务一般不设置完成期限。对于一些不重要或是他人可待办的事务，可分配给相应人员，从而有更多时间用于完成其他工作任务。

4. 管理生物钟

对于那些精力容易涣散，时间观念不强的用户而言，管理生物钟将会是非常有帮助的时间管理术。用户大体可以按照以下几个方面来执行。

(1) 以半个小时为单位，并将这些时间段记录下来，如 8:00-8:30、8:31-9:00。

(2) 为每一时间段，安排要完成的任务。

(3) 在不同时间段，询问自己在这个时间段应该做什么，实际在做什么。

(4) 制定起床和睡觉的时间。并在睡觉前的一小段时间将明天的工作进行简要规划和安排。

(5) 在当天上班前，抽出半个小时左右回顾当天的工作日程。

(6) 找出自己工作效率、敏捷度、状态最好和最差的时间。并将重要和紧急的任务安排在自己效率最好、敏捷度和状态最好的时刻。

| 教您一招：早起的 4 个招数 |

早起对于一些人而言是不容易的，甚至是困难的，这里介绍让自己早起的 4 个小招数。
① 每天保持在同一时间起床。
② 让房间能随着太阳升起变得"亮"起来。
③ 起床后喝一杯水，然后尽快吃早饭，唤醒肚子中的"早起时钟"。
④ 按时睡觉，在睡觉前不做令自己兴奋的事情，如看电视、玩游戏、听动感很强的音乐等。

移动端时间管理

1. 利用闹钟进行时间提醒

手机闹钟是绝大部分手机都有的小程序，除了使用它作为起床闹铃外，用户还可以将其作为时间管理的一款利器，让它在指定时间提醒自己该做什么事情，以及在该点是否将事项完成等。如使用闹铃提示在 15 点 03 分应该完成调研报告并上交，其具体操作步骤为：打开闹钟程序，❶ 点击██按钮进入添加闹钟页面，❷ 设置闹钟提醒时间，❸ 选择"标签"选项，进入标签编辑状态，❹ 输入标签，点击"完成"按钮，❺ 返回到"添加闹钟"页面中点击"存储"按钮保存当前闹钟提醒方案，如下图所示。

2. **借用"爱今天"管理时间**

"爱今天"是一款以一万小时天才理论为主导的安卓时间管理软件，能够记录用户花费在目标上的时间，保持对自己时间的掌控，知道时间都去哪儿了，从而更加高效地利用时间。下面以添加的投资项"调研报告"为例，其具体操作步骤如下。

Step 01 打开"爱今天"程序，❶ 点击"投资"项的 ▶ 按钮，❷ 在打开的"添加目标"页面中点击"添加"按钮，❸ 进入项目添加页面中，输入项目名称，操作过程如下图所示。

Step02 ❶ 点击"目标"选项卡，❷ 点击"级别"项后的"点击选择"按钮，
❸ 在打开的页面中选择"自定义"选项，❹ 在打开的"修改需要时间"
页面中输入时间数字，如这里设置修改时间为"9"，❺ 点击"确定"按钮，
操作过程如下图所示。

Step03 ❶ 点击"期限"项后的"点击选择"按钮，❷ 在弹出的日期选择
器中选择当前项目的结束日期，点击"确定"按钮，程序自动将每天的
时间进行平均分配，❸ 点击"保存"按钮，操作过程如下图所示。

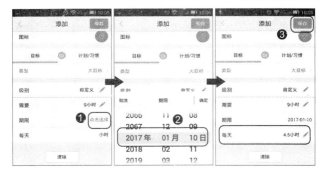

| 教您一招：执行项目 |

新建项目后，要开始按计划进行，可单击目标项目后的▶按钮，程序自动进行计时统计。

技巧 3 邮件处理

邮件处理在办公事务中或私人事务中都会经常涉及。这里介绍一些能让邮件处理变得简单、轻松、快速和随时随地的方法技巧。

PC 端日常事务记录和处理

1. 邮件处理利器

邮件处理程序有很多，如 Outlook、Foxmail、网页邮箱等，用户可借助这些邮件处理利器来对邮件进行轻松处理。下面以 Outlook 为例进行邮件多份同时发送为例（Office 中自带的程序），其具体操作步骤为：启动 Outlook 程序，❶ 单击"新建电子邮件"按钮，进入发送邮件界面，❷ 在"收件人"文本框中输入相应的邮件地址（也可以是单一的），❸ 在"主题"文本框中输入邮件主题，❹ 在邮件内容文本框中输入邮件内容，然后单击"发送"按钮即可，如下图所示。

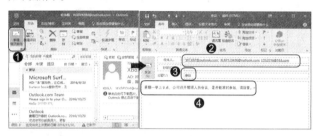

| 教您一招：发送附件 | ┊┊┊┊┊┊

　　要发送一些文件，如报表、档案等，用户可 ❶ 单击"添加文件"下拉按钮，❷ 在弹出的下拉列表中选择"浏览此电脑"命令，❸ 在打开的对话框中选择要添加的附件文件，❹ 单击"插入"按钮，最后发送即可，如下图所示。

2. TODO 标记邮件紧急情况

　　收到邮件后，用户可根据邮件的紧急情况来对其进行相应的标记，如用 TODO 来标记邮件，表示该邮件在手头工作完成后立即处理，其具体操作步骤为：❶ 选择"收件箱"选项，在目标邮件上右击，❷ 在弹出的快捷菜单中选择"后续标志"命令，❸ 在弹出的子菜单命令中选择"添加提醒"命令，打开"自定义"对话框，❹ 在"标志"文本框中输入"TODO"，❺ 设置提醒日期和时间，❻ 单击"确定"按钮，如下图所示。

| 温馨提示 | ::::::::

　　我们收到的邮件，不是全天候都有，有时有，有时没有。除了那些特别重要或紧急的邮件进行及时回复外，其他邮件，我们可以根据邮件的多少来进行处理：如果邮件的总量小于当前工作的10%，可立即处理。若大于10%则可在指定时间点进行处理，也就是定时定点。

3. 4D 邮件处理法

　　收到邮件后，用户可采取4种处理方法：行动（DO）或答复、搁置（Defer）、转发（Delegate）和删除（Delete）。下面分别进行介绍。

- 行动：对于邮件中重要的工作或事项，可以立即完成的，用户可立即采取行动（小于当前工作量的10%），如对当前邮件进行答复（其方法为：打开并查看邮件后，❶ 单击"答复"按钮，❷ 进入答复界面，❸ 输入答复内容，❹ 单击"答复"按钮）。

- 搁置：对于那些工作量大于当前工作量 10% 的邮件，用户可以将其暂时放置，同时可使用 TODO 标记进行提醒。
- 转发：对于那些需要处理，同时他人处理会更加合适或效率更高的邮件，用户可将其进行转发（❶ 选择目标邮件，❷ 单击"转发"按钮，❸ 在回复邮件界面中输入收件人邮箱和主题，❹ 单击"发送"按钮），如下图所示。

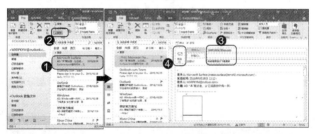

- 删除：对于那些只是传达信息或垃圾邮件的邮件，可直接将其删除，其方法为：选择目标邮件，单击"删除"按钮，如下图所示。

移动端邮件处理

1. 配置移动邮箱

当用户没有使用电脑时，为了避免重要邮件不能及时查阅和处理，用户可在移动端配置移动邮箱。下面以在手机上配置的移动Outlook 邮箱为例进行介绍，其具体操作步骤如下。

Step 01 在手机上下载并安装启动 Outlook 程序，❶ 点击"请通知我"按钮，❷ 在打开页面中输入 Outlook 邮箱，❸ 点击"添加账户"按钮，❹ 打开"输入密码"页面，输入密码，❺ 点击"登录"按钮，如下图所示。

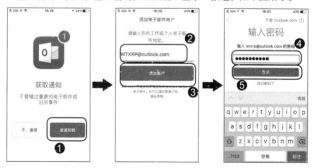

Step 02 在打开的页面中，❶ 点击"是"按钮，❷ 在打开页面中点击"以后再说"按钮，如下图所示。

19

2. 随时随地收发邮件

在移动端配置邮件收发程序后，系统会自动接收邮件，用户只需对邮件进行查看即可。然后发送邮件，则需要用户手动进行操作。下面以在手机端用 Outlook 程序发送邮件为例进行介绍，其具体操作步骤为：启动 Outlook 程序，❶ 点击 按钮进入"新建邮件"页面，❷ 分别设置收件人、主题和邮件内容，❸ 点击 按钮，如下图所示。

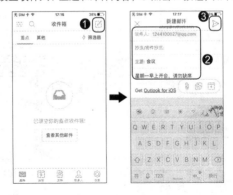

技巧 4 垃圾清理

用户在使用计算机或移动端的过程中都会产生大量的垃圾，会占用设备内存和移动磁盘空间，导致其他文件放置空间减少，甚至使设备反映变慢，这时需要用户手动进行清理。

PC 端垃圾清理

1. 桌面语言清理系统垃圾

设备运行的快慢，很大程度受到系统盘的空间大小影响。所以，每隔一段时间可以对其进行垃圾清理，以腾出更多的空间，供系统运行。为了更加方便和快捷，用户可复制一小段程序语言来自制简易的系统垃圾清理小程序，其具体操作步骤如下。

Step 01 新建空白的记事本，❶ 在其中输入清理系统垃圾的语言（可在网页上复制，这里提供一网址"http://jingyan.baidu.com/article/e9fb46e1ae37207520f76645.html"），❷ 将其保存为".bat"格式文件。

Step 02 在目标位置双击保存的清理系统 BAT 文件，系统自动对系统垃圾进行清理，如下图所示。

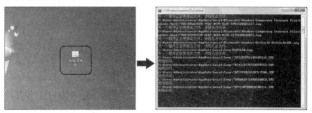

2. 利用杀毒软件清理

计算机设备中都会安装的杀毒软件，以保证的计算机的安全，用户可借助这些杀毒软件进行垃圾的清理。如下面通过电脑管家软件对计算机垃圾进行清理为例，其具体操作步骤为：打开电脑管家软件，❶ 单击"清理垃圾"按钮，进入垃圾清理页面，❷ 单击"扫描垃圾"按钮，系统自动对计算机中的垃圾进行扫描，❸ 单击"立即清理"按钮清除，如下图所示。

移动端垃圾清理

1. 利用手机管家清理垃圾

移动设备上垃圾清理，可直接借助于手机上防护软件进行清理。如下面在手机上使用腾讯手机管家清理手机垃圾为例，其具体操作步骤为：启动腾讯手机管家程序，❶ 点击"清理加速"，系统自动对手机垃圾进行扫描，❷ 带扫描结束后点击"一键清理加速"按钮清理垃圾，❸ 点击"完成"按钮，如下图所示。

2. 使用净化大师快速清除垃圾

除了手动对移动设备进行垃圾清理外，用户还可以通过使用净化大师智能清理移动端垃圾，其具体操作步骤为：安装并启动净化大师程序，系统自动对手机进行垃圾清理（同时还会对后台的一些自启动程序进行关闭和阻止再启），如下图所示。

> **温馨提示**
>
> 　　如果大概知道文件存储的位置，可以打开文件存储的盘符或者文件夹进行搜索，可以提高搜索的速度。

技巧5 桌面整理

整洁有序的桌面，不仅可让用户感觉到清爽，同时，还有助于用户找到相应的程序的快捷方式或文件等。下面就介绍几个常用和实用的整理桌面的方法技巧。

PC端桌面整理

1. 桌面整理原则

整理电脑桌面，并不是将所有程序的快捷方式或文件删除，而是要让其更加简洁和实用，用户可以遵循如下几个原则。

(1) 桌面是系统盘的一部分，因此桌面的文件越多，占有系统盘的空间越大，直接会影响到系统的运行速度，所以用户在整理电脑桌面时，需将各类文件或文件夹剪切放置到其他的盘符中，如E盘、F盘等，让桌面上尽量是快捷图标方式。

(2) 对于桌面上不需要或不常用的程序快捷方式，用户可手动将其删除(其方法为：选择目标快捷方式选项，按【Delete】键删除)，让桌面上放置常用的快捷方式，从而让桌面更加简洁清爽。

(3) 对桌面文件或快捷方式较多时，用户可按照一定的顺序对其进行整理排列，如名称、时间等，让桌面放置对象显得有条理，同时，将桌面上的对象集中放置，而不是处于散乱放置状态，其方法为：在桌面任一空白处右击，❶ 在弹出的快捷菜单中选择"排序方式"命令，❷ 在弹出的子菜单中选择相应的排列选项，如下左图所示。

(4) 桌面图标的大小要适度，若桌面上的对象较少时，可让其以大图标或中等图标显示；若对象较多时，则最好用小图标。其更改方法为：在桌面任一空白处右击，❶ 在弹出的快捷菜单中选择"查看"命令，❷ 在弹出的子菜单中选择相应的排列选项，如下右图所示。

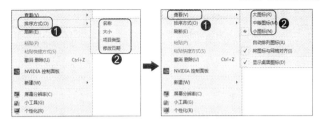

2. 用 QQ 管家整理桌面

用户不仅可以手动对桌面对象进行整理，同时还可以借助于 QQ 管家整理桌面，让对象智能分类，从而让桌面显得整洁有序、结构分明，其操作步骤如下。

打开电脑管家操作界面，❶ 单击"工具箱"按钮，❷ 单击"桌面整理"按钮，即可完成桌面的快捷整理，如下图所示。

| 教您一招：再次桌面整理或退出桌面整理 |

使用 QQ 管家进行桌面整理后，桌面上又产生了新的文件或快捷方式等对象，可在桌面任意空白位置处右击，在弹出的快捷菜单中选择"一键桌面整理"命令，如下左图所示；若要退出桌面整理应用，可在桌面任意空白位置处右击，在弹出的快捷菜单中选择"退出桌面整理"命令，如下右图所示。

移动端手机桌面整理

随着手机中 App 程序的增多，手机桌面将会越来越挤、越来越杂，给用户在使用上造成一定的麻烦，这时用户可按照如下几种方法对手机桌面进行整理。

(1) 卸载 App 程序：对于手机中那些不必要的程序或很少使用的程序以及那些恶意安装的程序，用户可将其直接卸载。其方法为：❶ 按住任一 App 程序图标，直到进入让手机处于屏幕管理状态，单击目标程序图标上出现的卸载符号，❷ 在弹出的面板中点击"删除"按钮，删除该程序桌面图标并卸载该程序，如下图所示。

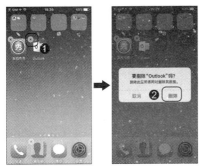

| 温馨提示 |:::

在一些安卓程序中，进入屏幕管理状态后，需要将卸载的程序图标按住并将其移动到屏幕上方出现的卸载面板中，才能进行卸载。

(2) 移动 App 程序图标位置：手机桌面分成多个屏幕区域，用户可将指定程序图标移到指定的位置（也可是当前屏幕区域的其他位置），其方法为：进入屏幕管理状态后，按住指定程序图标并将其拖动到目标屏幕区域位置，然后释放。

(3) 对 App 程序图标归类：若是 App 程序图标过多，用户可将指定 App 程序图标放置在指定的文件夹中。其方法为：进入屏幕管理状态，❶ 按住目标程序图标移向另一个目标程序图标，让两个应用处于重合状态，系统自动新建文件夹，❷ 输入文件夹名称，❸ 点击"完成"按钮，点击桌面任一位置退出的文件夹编辑状态，完成后即可将多个程序放置在同一文件夹中，如下图所示。

(4) 使用桌面整理程序：在手机中（或是平板电脑中），用户也可借助于一些桌面管理程序，自动对桌面进行整理，如 360 手机桌面、点心桌面等。下面是使用 360 手机桌面程序整理的效果样式。

技巧 6 文件整理

无论是计算机、手机还是其他设备，都会存在或产生大量的文件。为了便于管理和使用这些文件，用户可掌握一些常用和实用的文件整理的方法和技巧。

PC 端文件整理

1. 文件整理 5 项原则

在使用计算机进行办公或使用过程中，会随着工作量的增加、时间的延长，增加大量的文件。为了方便文件的处理和调用等，用户可按照如下 5 项原则进行整理。

(1) 非系统文件存放在非系统盘中：系统盘中最好存放与系统有关的文件，或是尽量少放与系统无关的文件。因为系统盘中存放过多会直接导致计算机卡顿，同时容易造成文件丢失，造成不必要的损失。

(2) 文件分类存放：将同类文件或相关文件尽量存放在同一文件夹中，便于文件的查找和调用。

(3) 文件或文件夹命名准确：根据文件内容对文件进行准确命令，同样，将存放文件的文件夹进行准确的命令，从而便于文件的查找和管理。

(4) 删除无价值文件：对于那些不再使用或无实际意义的文件或文件夹，可将它们直接删除，以腾出更多空间放置有价值的文件或文件夹。

(5) 重要文件备份：为了避免文件的意外损坏或丢失，用户可通过复制的方式对重要文件进行手动备份。

2. 搜索指定文件

当文件放置的位置被遗忘或手动寻找比较烦琐时，可通过搜索文件来快速将其找到，从而提高工作效率，节省时间和精力。

在桌面双击"计算机"快捷方式，❶ 在收缩文本框中输入搜索文件名称或部分名称(若能确定文件存放的盘符，可先进入该盘符)，如这里输入"会议内容"，按【Enter】键确认并搜索，❷ 系统自动进行搜索找到该文件，用户可根据需要对其进行相应操作，如复制、打开等，如下图所示。

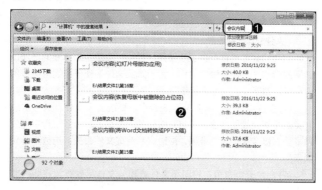

3. 创建文件快捷方式

对于一些经常使用到或最近常要打开的文件或文件夹，用户可以为其在桌面上创建快捷方式，便于再次快速打开。

在目标文件或文件夹上右击，❶ 在弹出的快捷菜单中选择"发送到"命令，❷ 在弹出的子菜单中选择"桌面快捷方式"命令，操作如下图所示。

效果

移动端文件整理

1. TXT 文档显示混乱

移动设备中 TXT 文档显示混乱，很大可能是该设备中没有安装相应的 TXT 应用程序。这时，可下载安装 TXT 应用来轻松解决。下面以苹果手机中下载 txt 阅读器应用为例进行讲解。

Step 01 打开"App Store"，❶ 在搜索框中输入"txt 阅读器"，❷ 在搜索到应用中点击需要应用的"获取"按钮，如这里点击"多多阅读器"应用的"获取"按钮进行下载，❸ 点击"安装"按钮进行安装，❹ 点击"打开"按钮，如下图所示。

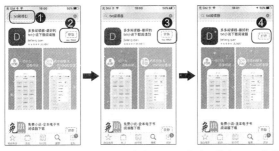

Step 02 ❶ 在弹出的面板中点击"允许"/"不允许"按钮，❷ 在弹出的面板中点击"Cancel"按钮，完成安装，如下图所示。

| 温馨提示 |:::::::

　　手机或 iPad 等移动设备中，一些文档需要 PDF 阅读器进行打开。一旦这类文档出现混乱显示，可下载安装 PDF 阅读器应用。

2. Office 文档无法打开

Office 文档无法打开，也就是 Word、Excel 和 PPT 文件无法正常打开，这对协同和移动办公很有影响，不过用户可直接安装相应的 Office 应用，如 WPS Office，或单独安装 Office 的 Word、Excel 和 PPT 组件。这里以苹果手机中下载 WPS Office 应用为例进行讲解。

Step01 打开"App Store"，❶ 在搜索框中输入"Office"，点击"搜索"按钮在线搜索，❷ 点击 WPS Office 应用的"获取"按钮，如下图所示。

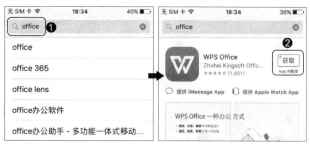

Step02 ❶ 点击"安装"按钮安装，❷ 点击"打开"按钮，❸ 在弹出的面板中点击"允许"/"不允许"按钮，如下图所示。

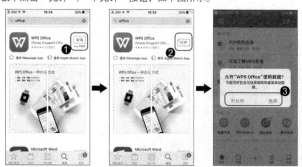

3. 压缩文件无法解压

在移动端中压缩文件无法解压，很可能是没有解压应用程序，这时用户只需下载并安装该类应用程序。下面在应用宝中下载解压应用程序为例进行介绍。

打开"应用宝"应用程序，❶ 在搜索框中输入"Zip"，❷ 点击"搜索"按钮，❸ 点击"解压者"应用的"下载"按钮，❹ 点击"安装"按钮，❺ 点击"安装"按钮，❻ 点击"下一步"按钮，❼ 点击"完成"按钮，如下图所示。

| 温馨提示 |

要对指定文件进行解压，只需打开解压工具，选择要解压文件选项，然后进行解压。

技巧7 文件同步

数据同步是指移动设备能够迅速实现与台式计算机、笔记本电脑等实现数据同步与信息共享，保持数据完整性和一致性。下面就分别介绍的 PC 端和移动端的文件同步的常用方法和技巧。

PC 端文件同步

1. 数据同步

数据同步，特点在于"同步"，也就是数据的一致性和安全性及操作简单化，实现多种设备跨区域进行文件同步查看、下载。

- **一致性**：保证在多种设备上能及时查看、调用和下载到最新的文件，如刚上传的图片、刚修改内容的文档，刚收集的音乐等。
- **安全性**：同步计数能将本地的文件，同步上传到指定网盘中，从而自动生成了备份文件，这就增加了文件安全性，即使本地文件损坏、遗失，用户都能从网盘中下载找回。
- **操作简单化**：随着网络科技的发展，同步变得越来越简单和智能，如 OneDrive、百度云、360 云盘等，只需用户指定同步文件，程序自动进行文件上传和存储。

2. OneDrive 上传

在 Office 办公文档中，用户可直接在当前程序中将文件上传到 OneDrive 中进行文件备份和共享，如在 Excel 中将当前工作簿上传到 OneDrive 的"文档"文件夹中，其具体操作步骤如下。

Step01 单击"文件"选项卡进入 Backstage 界面，❶ 单击"另存为"选项卡，❷ 双击登录成功后的 OneDrive 个人账号图标，打开"另存为"对话框，如下图所示。

Step 02 ❶ 选择"文档"文件夹，❷ 单击"打开"按钮，❸ 单击"保存"按钮，同步上传文件，如下图所示。

3. 文件同步共享

在 Office 组件中对文件进行同步上传，只能将当前文件同步上传，同时也只能将当前类型的文件同步上传。当用户需要将其他类型文件（如图片、音频、视频等）同步上传，就无法做到。此时，用户可使用 OneDrive 客户端来轻松解决。下面将指定文件夹中所有的文件同步上传。

Step 01 按【Windows】键，❶ 选择"Microsoft OneDrive"选项启动 OneDrive 程序，❷ 在打开的窗口中输入 Office 账号，❸ 单击"登录"按钮，如下图所示。

Step02 ❶ 在打开的"输入密码"窗口中输入 Office 账号对应的密码，❷ 单击"登录"按钮，❸ 在打开的窗口中单击"更改位置"超链接，如下图所示。

Step03 打开"选择你的 OneDrive 位置"对话框，❶ 选择要同步上传共享的文件夹，❷ 单击"选择文件夹"按钮，❸ 在打开的窗口中选中的相应的复选框，❹ 单击"下一步"按钮，如下图所示。

Step 04 在打开的窗口中即可查看到共享文件夹的时时同步状态，在任务栏中单击 OneDrive 程序图标，也能查看到系统自动将 OneDrive 中的文件进行下载同步的当前进度状态，如下图所示。

文件同步下载状态

文件同步状态

| 教您一招：**断开 OneDrive 同步** |

❶ 在任务栏中单击 OneDrive 图标，❷ 在弹出的菜单选项中选择"设置"命令，打开"Microsoft OneDrive"对话框，❸ 单击"账户"选项卡，❹ 单击"取消链接 OneDrive"按钮，❺ 单击"确定"按钮，如下图所示。

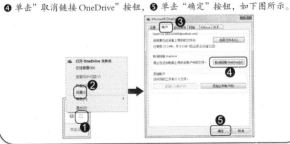

4. 腾讯微云

在 Office 办公文档中，用户可直接在当前程序中将文件上传到 OneDrive 中进行文件备份和共享，如在 Excel 中将当前工作簿上传到 OneDrive 的"文档"文件夹中，其具体操作步骤如下。

Step 01 下载并安装腾讯微云并将其启动，❶ 单击"QQ 登录"选项卡，❷ 输入登录账户和密码，❸ 单击"登录"按钮，❹ 在主界面中单击"添加"按钮，如下图所示。

Step 02 打开"上传文件到微云"对话框，❶ 选择要同步上传的文件或文件夹，❷ 在打开的对话框中单击"上传"按钮，❸ 单击"开始上传"按钮，如下图所示。

| 教您一招：修改文件上传位置 |

❶ 在"选择上传目的地"对话框中单击"修改"按钮，❷ 单击"新建文件夹"超链接，❸ 为新建文件夹进行指定命令，按【Enter】键确认，❹ 单击"开始上传"按钮，如下图所示。

38

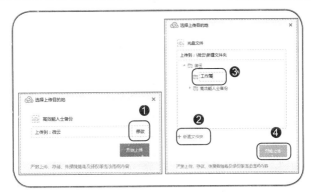

Step 03 系统自动将整个文件夹上传到腾讯云盘中（用户可单击"任务列表"选项卡，查看文件上传情况，如速度、上传不成功文件等），如下图所示。

指定文件夹上传到腾讯云端状态

| 教您一招：修改文件上传位置 |

要将腾讯云中的文件或文件夹等对象下载到本地计算机上，可在目标对象上右击，在弹出的快捷菜单中选择"下载"命令。

移动端文件同步

1. 在 OneDrive 中下载文件

通过计算机或其他设备将文件或文件夹上传到 OneDrive 中，用户不仅可以在其他计算机上进行下载，同时还可以在其他移动设备上进行下载。如在手机中通过 OneDrive 程序下载指定 Office 文件，其具体操作步骤如下。

Step 01 在手机上下载安装 OneDrive 程序并将其启动，❶ 在账号文本框中输入邮箱地址，❷ 点击"前往"按钮，❸ 在"输入密码"页面中输入密码，❹ 点击"登录"按钮，如下图所示。

Step 02 ❶ 选择目标文件，如这里选择"产品利润方案（1）"，❷ 进入预览状态点击 Excel 图表按钮，❸ 系统自动从 OneDrive 中进行工作簿下载，如下图所示。

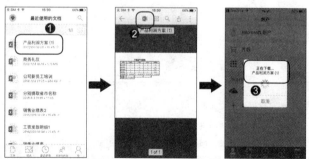

Step 03 系统自动将工作簿以 Excel 程序打开，❶ 点击 按钮，❷ 设置保存工作簿的名称，❸ 在"位置"区域中选择工作簿保存的位置，如这里选择"iPhone"，❹ 点击"保存"按钮，系统自动将工作簿保存

到手机上，实现工作簿文件从 OneDrive 下载到手机上的目的，如下图所示。

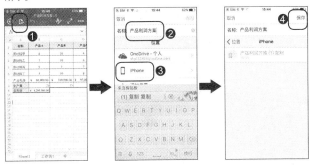

| 教您一招：下载图片对象 |

❶ 选择目标图片，进入到图片显示状态，❷ 点击按钮，❸ 在弹出的下拉选项中选择"下载"选项，如右图所示。

2. 将文件上传到腾讯微云中

在移动端不仅可以下载文件，同时也可将文件上传到指定的网盘中，如腾讯微云、360 网盘及 OneDrive 中。由于它们大体操作基本相同，如这里以在手机端上传文件到腾讯微云中进行备份保存为例。其具体操作步骤如下。

Step01 在手机上下载安装腾讯微云程序并将其启动，❶ 点击"QQ 登录"

按钮，❷ 在 QQ 登录页面中分别输入 QQ 账号和密码，❸ 点击"登录"按钮，❹ 点击 ⊕ 按钮，如下图所示。

Step02 ❶ 选择需要上传的文件类型，如这里选择图片，❷ 选择要上传图片选项，❸ 点击"上传"按钮，❹ 系统自动将文件上传到腾讯微云中，如下图所示。

技巧 8　人脉与通讯录管理

我们每个人都是社会中的一员，与相关人员发生这样或那样的关系。这就产生了人际关系网，也就是人脉。为了更好地管理这些人际关系或人脉的信息数据，用户可以使用一些实用和高效的方法和技巧。

PC 端人脉管理

1. 脉客大师

脉客大师是一款可以拥有方便快捷的通讯录管理功能，可使用户更好、更方便管理人脉资料的软件。其中较为常用的人脉关系管理主要包括通讯录管理、人脉关系管理。下面通过对同事通讯录进行添加并将他们之间的人脉关系进行整理为例，其具体操作步骤如下。

Step01 在官网上下载并安装脉客大师（http://www.cvcphp.com/index.html），❶ 双击"脉客大师"快捷方式将其启动，❷ 在打开的窗口中输入用户名和密码（默认用户名和密码都是"www.cvcphp.com"），❸ 单击"登录"按钮，打开"快速提醒"对话框，❹ 单击"关闭"按钮，如下图所示。

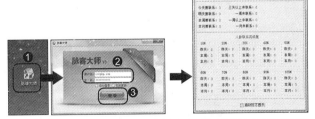

Step02 进入脉客大师主界面，❶ 在右侧关系区域选择相应的人脉关系选项，如这里选择"同事"选项，❷ 单击"通讯录添加"选项卡，❸ 输入相应通讯录内容，❹ 单击"保存"按钮，如下图所示。

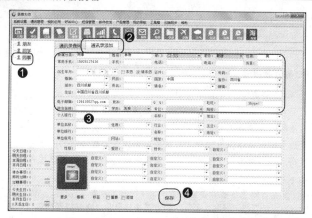

教您一招: 更改人脉关系

　　随着时间的推移人际关系可能会发生这样或那样的变化，通讯录中的关系也需要作出及时的调整：一是自己人脉关系的调整，二是联系人之间的关系调整。

● 在通讯录中要将关系进行调整，可在目标对象上右击，❶ 在弹出的快捷菜单中选择"修改"命令，❷ 在弹出的子菜单中选择"修改"命令，打开通讯录修改对话框，在关系文本框中单击，❸ 在弹出的下拉选项中选择相应的关系选项，如下图所示。

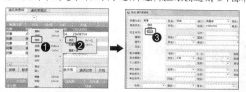

● 对通讯录中人员之间的人脉关系进行修改，特别是朋友、恋人这些可能发生变化的修改，❶ 选择目标对象，❷ 在人脉关系选项卡双击现有的人脉关系，打开人脉关系对话框，在人脉关系上右击，❸ 在弹出的快捷菜单中选择"删除"命令（若有其他关系，可通过再次添加人际关系的方法添加），如下图所示。

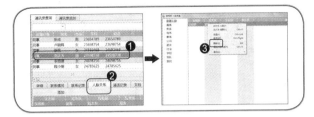

2. 鸿言人脉管理

鸿言人脉管理是一款用来管理人际关系及人际圈子的共享软件，该软件可以方便、快捷、安全地管理自己的人脉信息，并且能直观地展示人脉关系图，如下图所示。

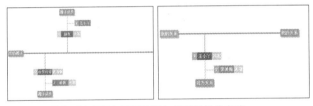

下面就分别介绍添加圈子和添加关系的操作方法。

（1）添加圈子

Step 01 在官网上下载并安装鸿言人脉管理软件（http://www.hystudio.net/1.html），❶ 双击"鸿言人脉管理"快捷方式，❷ 在打开的登录对话框中输入密码（默认密码是"123456"），❸ 单击"登录"按钮，如下图所示。

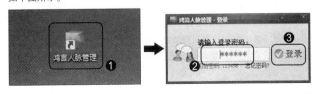

Step 02 进入主界面，❶ 单击"我的圈子"按钮，❷ 单击"添加圈子"按钮，打开"添加我的圈子"对话框，❸ 设置相应的内容，❹ 选中"保存后关闭窗口"复选框，❺ 单击"保存"按钮，如下图所示。

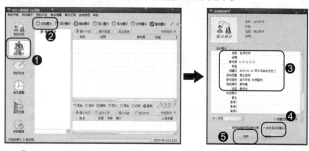

Step 03 ❶ 在圈子列表中选择圈子选项，❷ 单击"添加"按钮，打开"添加"对话框，❸ 设置相应的内容，❹ 选中"保存后关闭窗口"复选框，❺ 单击"保存"按钮，添加圈子成员，如下图所示。

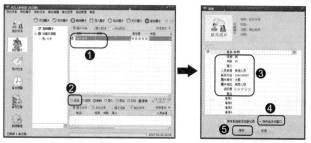

（2）添加我的关系

❶ 在主界面中单击"我的关系"按钮，❷ 单击"添加关系"按钮，打开"添加我的关系"对话框，❸ 设置相应的内容，❹ 选中"保存后关闭窗口"复选框，❺ 单击"保存"按钮，如下图所示。

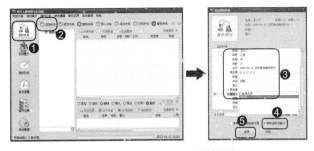

|教您一招：为关系人员添加关系|::::::::

　　要为自己关系的人员添加关系人员，从而帮助自己扩大关系圈，❶ 用户可在"关系列表"中选择目标对象，❷ 单击"对方关系"选项卡，❸ 单击"添加"按钮，❹ 在打开的"添加对方关系"对话框中输入相应内容，❺ 选中"保存后关闭窗口"复选框，❻ 单击"保存"按钮，如下图所示。

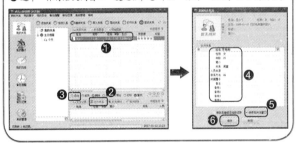

3. 佳盟个人信息管理软件

　　佳盟个人信息管理软件集合了好友与客户管理等应用功能，是一款性能卓越、功能全面的个人信息管理软件。其中人脉管理模块能帮助用户记录和管理人脉网络关系。下面在佳盟个人信息管理软件中添加朋友的信息为例进行介绍。

Step 01 在官网上下载并安装佳盟个人信息管理软件（http://www.baeit.com/），❶ 双击"佳盟个人信息管理软件"快捷方式，❷ 在打开的对话框中输入账号和密码（新用户注册可直接在官网中进行），❸ 单击"登录"按钮，如下图所示。

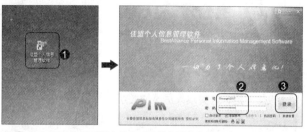

Step 02 ❶ 在打开的对话框中单击"我的主界面"按钮进入主界面，❷ 选择"人脉管理"选项，展开人脉管理选项和界面，❸ 单击"增加好友"按钮，如下图所示。

Step 03 打开"好友维护"对话框，❶ 在其中输入相应的信息，❷ 单击"保存"按钮，❸ 返回到人脉关系的主界面中即可查看到添加的好友信息，如下图所示。

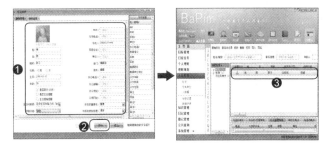

移动端人脉管理

1. 名片管理和备份

名片在商务活动中应用非常广泛，用户要用移动端收集和管理这些信息，可借用一些名片的专业管理软件，如名片全能王。

（1）添加名片并分组

Step01 启动名片管理王，进入主界面，❶ 点击 ◎ 按钮，❷ 进入拍照界面，对准名片，点击拍照按钮，程序自动识别并获取名片中的关键信息，❸ 点击"保存"按钮，如下图所示。

Step02 ❶ 选择"分组和备注"选项，❷ 选择"设置分组"选项，❸ 选择

"新建分组"选项，如下图所示。

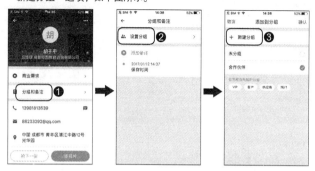

|温馨提示|::::::::

在新建分组页面中，程序会默认一些分组类型，如客户、供应商、同行、合作伙伴等。若满足用户需要，可直接对其进行选择调用，不用在进行新建分组的操作。

Step03 打开"新建分组"面板，❶ 在文本框中输入分组名称，如这里输入"领导"，❷ 点击"完成"按钮，❸ 点击"确认"按钮完成操作，如下图所示。

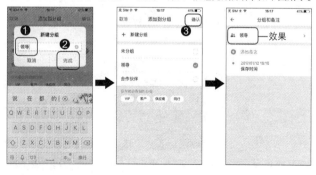

（2）名片备份

Step01 在主界面，❶ 点击"我"按钮，进入"设置"页面，❷ 点击"账户与同步"按钮，进入"账户与同步"页面，❸ 选择相应备份方式，如这里选择"添加备份邮箱"选项，如下图所示。

Step02 进入"添加备用邮箱"页面，❶ 输入备用邮箱，❷ 点击"绑定"按钮，❸ 在打开的"查收绑定邮件"页面中输入验证码，❹ 点击"完成"按钮，如下图所示。

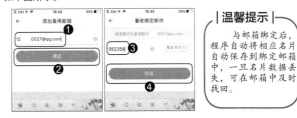

| 温馨提示 |

与邮箱绑定后，程序自动将相应名片自动保存到绑定邮箱中，一旦名片数据丢失，可在邮箱中及时找回。

2. 合并重复联系人

在通讯录中若是有多个重复的联系人，则会让整个通讯录变得臃肿，不利于用户的使用。这时，用户可使用 QQ 助手来合并那些重复的联系人，其具体操作步骤如下。

Step01 启动 QQ 同步助手，进入主界面，❶ 点击左上角的 ▣ 按钮，❷ 在打开的页面中选择"通讯录管理"选项，进入"通讯录管理"页面，❸ 选择"合并重复联系人"选项，如下图所示。

Step02 程序自动查找到重复的联系人，❶ 点击"自动合并"按钮，❷ 点击"完成"按钮，❸ 在弹出的"合并成功"面板中单击相应的按钮，如这里点击"下次再说"按钮，如下图所示。

3. 恢复联系人

若是误将联系人删除或需要找回删除的联系人，可使用 QQ 同步助手将其快速准确的找回，其具体操作步骤如下。

Step01 在 QQ 同步助手主界面中，❶ 点击左上角的 ▤ 按钮，❷ 在打开的页面中选择"号码找回"选项，进入"号码找回"页面，程序自动找到删除的号码，❸ 点击"还原"按钮，如下图所示。

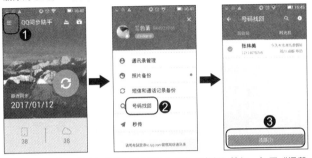

Step 02 ❶ 在打开的"还原提示"面板中点击"确定"按钮，打开"温馨提示"面板，❷ 点击"确定"按钮，如下图所示。

|温馨提示|:::

若是通过合并重复联系人功能删除的联系人，程序可能无法正常将其找回／恢复，这点用户需要注意

|教您一招：与 QQ 绑定|

　　无论是使用 QQ 同步助手合并重复联系人，还是恢复联系人，首先需要将其绑定指定 QQ（或是微信），其方法为：❶ 在主界面中点击 按钮，进入"账号登录"页面，❷ 点击"QQ 快速登录"按钮（或是"微信授权登录"按钮），❸ 在打开的登录页面，输入账号和密码，❹ 点击登录按钮，如下图所示。

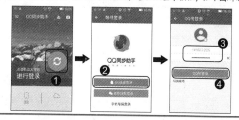

4. 利用微信对通讯录备份

　　若是误将联系人删除或需要找回删除的联系人，可使用 QQ 同步助手将其快速准确的找回，其具体操作步骤如下。

Step 01 启动微信，❶ 在"我"页面中点击"设置"，进入"设置"页面，❷ 选择"通用"选项，❸ 在打开的页面中选择"功能"选项，如下图所示。

Step 02 进入到"功能"页面，❶ 选择"通讯录同步助手"选项，进入"详细资料"页面，❷ 点击"启用该功能"按钮，❸ 启用通讯录同步助手，

如下图所示。

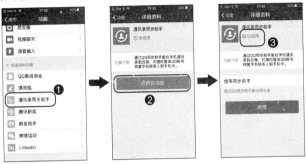

技巧 9 空间整理术

是否能很好地提高办公效率，空间环境在其中会起到一定的作用。因此，一个高效率办公人士，也要会懂得几项实用的空间整理术。

1. 办公桌整理艺术

办公桌是办公人员的主要工作场所，也是主要"战斗"的地方，为了让工作效率更高，工作更加得心应手，用户可按照如下几条方法对办公桌进行整理，其具体操作方法如下。

(1) 常用办公用品放置办公桌上。

日常的办公用品，如便签、签字笔、订书机、固体胶等，可以将它们直接放在办公桌上，方便随时地拿取和使用，也避免放置在抽屉或其他位置不易找到，花去不必要的时间寻找。当然，对于一些签字笔、橡皮擦、修正液等，用户可将它们统一放在笔筒里。

(2) 办公用品放置办公桌的固定位置。

若是办公用品多且杂，用户可以将它们分配一个固定的地方，每次使用完毕后，可将其放回在原有的位置，这样既能保证办公桌的规整，同时，方便再次快速找到它。

(3) 办公用品放置伸手可及的位置。

对于那些最常用的办公用品，不要放在较远的地方，最好是放置在伸手可及的位置，这样可以节省很多移动拿办公用品的碎片时间，从而更集中精力和时间在办公上。

(4) 办公桌不要慌忙整理。

当一项事务还没有完成，用户不必要在下班后对其进行所谓的"及时"整理，因为再次接着做该事项，会发现一些用品或资料不在以前的位置，从而会花费一些时间进行设备和资料的寻找，浪费时间，也不利于集中精力开展工作。

(5) 抽屉里的办公用品要整理。

一些不常用的办公用品或设备会放置在抽屉中，但并不意味可以随意乱放，也需要将其规整，以方便办公用品或设备的寻找和使用。

2. **文件资料整理技巧**

文件资料的整理并不是将所有资料进行打包或直接放进纸箱，需要一定整理技巧。下面介绍几种常用的整理资料的技巧，帮助用户提高资料整理、保管和查阅调用的效率。

(1) 正在开展事项的文件资料整理。

对于正在开展事项的文件资料，用户可根据项目来进行分类，同时，将同一项目或相关项目的文件资料放在一个大文件夹中。若是文件项目过多，用户可以将它们放在多个文件夹中，并分别为每一文件夹贴上说明的标签，从而方便对文件资料的快速精确查找。

把近期需要处理的文件资料放在比较显眼的地方，并一起将它们放置在"马上待办"文件夹中。把那些现在无法处理或不急需处理的文件资料放置在"保留文件"文件夹中。对于一些重复的文件资料，可保留一份，将其重复多余的文件资料处理掉，如粉碎等。

(2) 事项开展结束的文件资料整理。

事项结束后，相应的文件资料应该进行归类处理并在相应的文件夹上贴上说明标签。其遵循的原则是：是否便于拿出、是否便于还原、是否能及时找到。因此，用户可按照项目、内容、日期、客户名称、区域等进行分类。同时，在放置时，最好按照一定顺序进行摆放，如1期资料→2期资料→3期资料。

3. 书籍、杂志、报刊的整理

书籍、杂志、报刊的整理技巧有如下几点。

(1) 将书籍、杂志和报刊的重要内容或信息进行摘抄或复印，将它们保存在指定的笔记本电脑中或计算机中（中以 Word 和 TXT 存储）。一些特别的内容页，用户可将它们剪下来进行实物保管。这样，那些看过的书籍、报刊和杂志就可以处理掉，从而不占用有空间。

(2) 对于一些重要或常用的书籍，如工具书等，用户可将它们放置在指定位置，如书柜。

(3) 对于杂志和报刊，由于信息更新非常快，在看完后，可以直接将其处理掉或将近期杂志报刊保留，将前期的杂志报刊处理掉。

技巧 10 支付宝和微信快捷支付

支付宝和微信的快捷支付在一定程度上改变了广大用户的支付方式和支付习惯，为人们的消费支付带来了很大的便利和一定实惠。

PC 端支付宝快捷支付

1. 设置高强度登录密码

登录密码是支付宝的第一道保护，密码最好是数字和大小字母的组合，形成一种高强度的保护（当然，用户更不能设置成自己的生日、纪念日、相同的数字等，因为很容易被他人猜中）。若是设置的登录密码过于简单，用户可对其进行更改，其具体操作步骤如下。

Step 01 登录支付宝，❶ 在菜单栏中单击"账户设置"菜单导航按钮，❷ 单击登录密码对应的"重置"超链接，如下图所示。

Step 02 ❶ 单击相应的验证方式对应的"立即重置"按钮，如这里单击通过登录密码验证方式对应的"立即重置"按钮，❷ 在"登录密码"文本框中输入原有密码，❸ 单击"下一步"按钮，如下图所示。

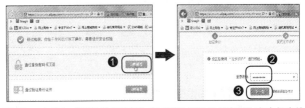

Step 03 ❶ 在输入"新的登录密码"和"确认新的登录密码"文本框中输入新的密码（两者要完全相同），❷ 单击"确认"按钮，在打开的页面中即可查看到重置登录密码成功，如下图所示。

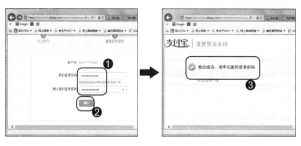

2. 设置信用卡还款

设置信用卡还款的操作步骤如下。

Step01 ❶ 在菜单栏中单击"信用卡还款"菜单导航按钮，❷ 在打开的页面中设置信用卡的发卡行、卡号及还款金额，❸ 单击"提交还款金额"按钮，如下图所示。

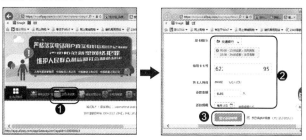

Step02 ❶ 在打开的页面中选择支付方式，❷ 输入支付宝的支付密码，❸ 单击"确认付款"按钮，如下图所示。

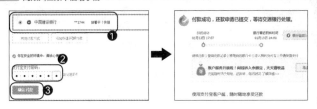

移动端支付宝和微信快捷支付

1. 设置微信支付安全防护

要让微信支付更加安全、更加放心和更加可靠，用户可设置微信支付的安全防护，从而防止自己的微信钱包意外"掉钱"，如这里以开启手势密码为例，其具体操作步骤如下。

Step01 登录微信，❶ 点击"我"按钮进入到"我"页面，❷ 选择"钱包"选项进入"钱包"页面，❸ 点击 ••• 按钮，❹ 在弹出的面板中选择"支付管理"选项，如下图所示。

Step02 进入"支付管理"页面，❶ 滑动"手势密码"上的滑块到右侧，❷ 在打开的"验证身份"页面中输入设置的支付密码以验证身份，❸ 在"开启手势密码"页面中先后两次绘制同样的支付手势，如下图所示。

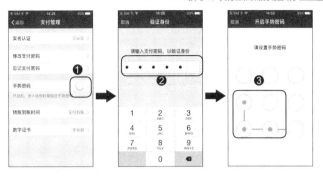

2. 微信快捷支付和转账

要让微信支付更加安全、更加放心和更加可靠，用户可设置微信支付的安全防护，从而防止自己的微信钱包意外"掉钱"，如这里以开启手势密码为例，其具体操作步骤如下。

Step 01 登录微信，❶ 点击"我"按钮进入"我"页面，❷ 选择"钱包"选项进入"钱包"页面，❸ 选择"信用卡还款"选项，❹ 点击"我要还款"按钮，如下图所示。

Step 02 ❶ 在打开的"添加信用卡"页面中要先添加还款的信用卡信息，

61

包括信用卡号、持卡人和银行信息（只有第一次在微信绑定信用卡才会有此步操作，若是已绑定，则会跳过添加信用卡的页面操作），❷ 点击"确认绑卡"按钮，❸ 进入"信用卡还款"页面中点击"现在去还款"按钮，❹ 输入还款金额，❺ 点击"立即还款"按钮，如下图所示。

Step 03 ❶ 在弹出的面板中输入支付密码，❷ 点击"完成"按钮，如下图所示。

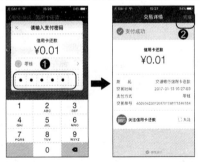

3. 微信快捷支付

微信不仅能够发信息、红包和对信用卡还款，还能直接通过付款功能来进行快捷支付，特别是一些小额支付，其具体操作步骤为：

点击"我"按钮进入"我"页面,选择"钱包"选项进入"钱包"页面,❶ 点击"付款"按钮(要为微信好友进行转账,可在"钱包"页面选择"转账"选项,在打开页面中选择转账好友对象,然后输入支付密码即可),❷ 在"开启付款"页面中输入支付密码,程序自动弹出二维码,用户让商家进行扫描即可快速实现支付,如下图所示。

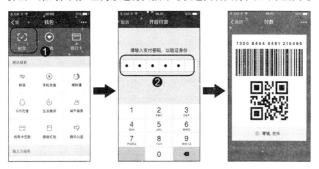

4. 用支付宝给客户支付宝转账

若是自己和客户都安装了支付宝,对于一些金额不大的来往,可直接通过支付宝来快速完成,其具体操作步骤如下。

Step01 打开支付宝,❶ 选择目标客户对象,❷ 进入对话页面点击 ⊕ 按钮,❸ 点击"转账"按钮,❹ 在打开的页面中输入转账金额,❺ 点击"确认转账"按钮,如下图所示。

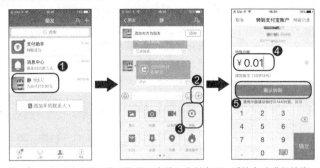

Step 02 ❶ 打开的"输入密码"页面中输入支付密码，系统自动进行转账，❷ 点击"完成"按钮，系统自动切换到会话页面中并等待对方领取转账金额，如下图所示。